네트워크 속의 유령

신출귀몰 블랙 해커의 사이버 범죄 실화

Ghost in the wires: my adventures as the world's most wanted hacker

네트워크 속의 유령

신출귀몰 블랙 해커의 사이버 범죄 실화

차백만 옮김

케빈 미트닉 · 윌리엄 사이먼 지음

에이콘

• 추천의 글 •

내가 케빈을 처음 만난 건 2001년에 디스커버리 채널에서 방영하는 다큐멘터리 「해킹의 역사The History of Hacking」를 촬영하면서였다. 그 후로 우리는 연락을 주고받는 사이가 됐다. 2년 후 나는 피츠버그로 날아가 카네기멜론 대학에서 강연자 케빈을 소개했다. 나는 그곳에서 케빈의 해킹 전력을 들으며 너무나 놀라워서 입을 다물 수가 없었다. 케빈은 회사 컴퓨터를 해킹하고도 데이터를 파괴하지 않았다. 자신이 해킹한 신용카드 정보를 사용하거나 누군가에게 판매하지도 않았다. 해킹을 통해 소프트웨어를 손에 넣고도 돈을 받고 팔아 넘기지 않았다. 케빈은 그저 재미로, 자신의 실력을 시험해보기 위해 해킹을 했던 것이다.

강연 중에 케빈은 FBI의 수사망을 파헤친 기막힌 실화도 들려줬다. 케빈은 해킹을 통해 자신이 새로 사귄 해커 '친구'가 실제로는 FBI 정보원이라는 사실을 알아냈고, FBI 수사팀 전원의 이름과 집주소를 알아냈으며, 심지어 자신에 대한 증거를 수집하는 이들의 통화내용과 음성사서함을 감청하기도 했다. 케빈이 구축해놓은 조기경보시스템은 FBI가 접근할 때마다 케빈에게 먼저 그 사실을 알려줬다.

한 번은 「스크린 세이버스The Screen Savers」라는 TV쇼에서 케빈과 나를 초대해 공동진행을 맡겼다. 제작진은 내게 당시 막 대중화되던 최신 전자제품인 내비게이션을 소개해달라고 요청했다. 내가 차를 몰고 가면 제작진은 내비게이션으로 내 위치를 추적했다. 제작진은 내가 아무렇게나 차를 몰았다고 생각했다. 하지만 막상 내가 차를 몰고 지나간 경로를 방송에 내보내자 하나의 문구가 나타났다.

FREE KEVIN (케빈을 석방하라)

케빈과 나는 2006년에 다시 한 번 공동진행을 했다. 아트 벨이 진행하던 라디오 토크쇼 「코스트 투 코스트 AM Coast to Coast AM」의 고정게스트였던 케빈은 나를 방송에 초대했다. 당시 나는 케빈에 대해 많은 이야기를 알고 있었다. 하지만 그날 방송은 케빈이 오히려 나에 대해 많은 이야기를 물었고, 우리는 언제나처럼 함께 껄껄대며 방송을 했다.

케빈 때문에 내 인생도 바뀌었다. 하루는 케빈이 아주 먼 곳에서 전화를 걸어왔다. 그는 러시아에서 강연을 하고, 그런 뒤 스페인으로 이동해서 기업의 보안문제를 해결하고, 다시 칠레로 옮겨가 해킹당한 은행에게 자문을 해야 한다고 했다. 꽤 재미있을 것 같았다. 당시 나는 10년간 여권에 손도 안 대고 살았다. 하지만 케빈의 전화를 받고 나니 왠지 좀이 쑤셨다. 케빈은 자신의 강연일정을 잡아주는 대행사에 나를 소개해줬다. 대행사 직원이 내게 말했다. "워즈니악 씨께도 강연일정을 잡아드리죠." 이렇게 해서 케빈 덕분에 나도 전 세계를 떠돌아 다니기 시작했다.

케빈은 가장 친한 친구 중 한 명이 되었다. 나는 그와 시간을 보내는 게 좋다. 그의 해킹과 모험담에 대해 듣는 것도 재미있다. 그가 살아온 삶은 신나는 첩보영화만큼이나 흥미진진하고 손에 땀이 맺힌다.

내가 그랬던 것처럼, 이제 독자분들도 이 책에서 케빈의 이야기를 하나도 빠짐없이 맛볼 수 있다. 어떤 면에서 나는 독자들이 부럽다. 이제 막 그 흥미진진하고 기막힌 케빈 미트닉의 삶과 모험에 뛰어들게 될 것이니 말이다.

스티브 워즈니악 애플 공동창업자

에이콘출판의 기틀을 마련하신 故 정완재 선생님 (1935-2004)

목 차

• 프롤로그 •

'물리적 침입: 목표회사의 건물에 잠입하는 것.' 나는 물리적 침입을 결코 좋아하지 않는다. 매우 위험하기 때문이다. 이에 관한 글을 쓰는 것만으로도 식은땀이 흐를 정도다.

그런데도 나는 어느 봄날 저녁, 기업가치가 수십억 달러에 달하는 한 회사의 어두운 주차장에서 기회를 엿보고 있었다. 일주일 전 나는 우편물을 배송하는 척하면서 백주대낮에 그 회사를 방문한 적이 있다. 하지만 실제 내 목적은 직원들이 사용하는 사원증을 자세히 관찰하는 것이었다. 사원증 왼쪽 상단에는 직원 사진이 부착돼 있었고, 바로 아래에 성과 이름이 대문자로 새겨져 있었다. 회사명은 명찰 아래쪽에 빨간색 대문자로 박혀 있었다.

나는 킨코스에 가서 인터넷을 통해 그 회사의 로고이미지를 다운로드해 복사했다. 로고와 내 사진을 이용해 20분 정도 포토샵 작업을 통해 제법 그럴듯한 사원증을 만들어냈다. 이렇게 만든 이미지를 출력하여 싸구려 비닐 코팅지에 끼워 넣고 코팅을 했다. 그리고 내 친구가 쓸 사원증도 만들었다. 친구는 만일의 경우를 대비해 나와 함께 회사에 잠입하겠다고 약속했다.

놀라운 얘기를 하나 하자면, 사원증은 꼭 진짜처럼 보일 필요가 없다. 사람들은 99퍼센트, 사원증을 그저 흘깃 쳐다보기만 한다. 주요 정보들이 제 위치에만 박혀 있다면, 그리고 얼핏 보기에 진짜와 비슷하게 보이기만 한다면 발각될 위험은 없다. 물론 보안에 상당히 민감한 경비원이나 직원들이 명찰을 자세히 보자고 요구할 가능성은 늘 존재한다. 하지만 그런 위험은 내가 하는 일에 늘 뒤따르기 마련이다.

나는 주차장에 몸을 숨긴 채, 건물 밖에서 담배를 피우며 휴식을 취하는 직원들을 바라본다. 직원들이 입에 문 담뱃불이 빨갛게 피어 올랐다가 다시 잦아든다. 마침내 대여섯 명이 함께 건물에 들어가기 위해 서서히 움직인다. 회사건물의 뒤쪽 출입문은 입구에 부착된 카드인식기에 사원증을 대면 열린다. 직원들이 출입문 앞에서 문이 열리기를 기다리며 잠깐 서 있는 동안 나는 재빨리 맨 뒤에 따라붙는다. 출입문을 연 직원은 나를 눈여겨봤지만, 목에 걸린 사원증을 보고는 고맙게도 내가 들어갈 때까지 출입문을 잡고 기다려준다. 나는 고개를 끄덕여 고맙다는 인사를 한다.

이런 기법을 이른바 '꼬리물고 출입문 통과하기tailgating'라고 한다.

일단 건물 안에 들어서자 맨 먼저 눈에 들어온 건 벽에 걸린 보안 포스터다. 포스터에는 뒷사람을 위해 출입문을 잡아주지 말고 직원들 각자 자신의 사원증을 인식기에 대고 출입문을 통과해야 한다는 문구가 적혀있다. 하지만 직장인들은 동료직원에 대한 일상적인 호의와 예절 때문에 보안 포스터의 충고를 거의 매번 무시한다.

건물 안에서 나는 중요한 일이 있는 듯 빠르게 복도를 걷는다. 하지만 사실 내 목적은 내부를 이리저리 살피면서 전산부서를 찾는 것이다. 약 10분 뒤 나는 건물의 서쪽에서 전산부서를 찾아낸다. 사전조사를 통해 이 회사의 네트워크관리자 중 한 명을 알아냈다. 그는 회사 전체 네트워크에 접근할 수 있는 총괄관리자 권한을 가지고 있다.

이런! 막상 찾고 보니 그 네트워크관리자가 일하는 곳은 쉽게 접근할 수 있는 칸막이 책상이 아닌 별도로 분리된 사무실이다. 하지만 나는 이내 해결책을 찾아낸다. 위를 올려다보니 하얀 정사각형 방음판으로 만들어진 낮은 천정이다. 천정 위에 배관, 전선, 통풍구를 설치하기 위해 사람이 기어다닐 수 있을 정도의 공간이 있다.

나는 친구에게 전화를 걸어 도움을 요청한다. 건물 뒤 출입문으로 가서 친구가 들어올 수 있도록 문을 열어준다. 키 크고 야윈 이 친구는 내가 할 수 없는 일을 해낼 수 있으리라. 우리는 다시 전산부서로 간다. 친구는 책상 위로 몸을 끌어올린다. 친구는 천정 방음판 한 장을 뜯어서 옆으로 치워놓고 파이프를 잡고 위로 올라간다. 몇 분 지난 뒤 잠긴 사무실 안으로 뛰어내리는 소리가 들린다. 문고리가 돌아가고, 문이 열리자 친구가 그곳에 서있다. 그는 먼지를 뒤집어 쓴 채 씩 웃고 있다.

나는 사무실 안으로 들어가 조용히 문을 닫는다. 이제 친구와 나 모두 안전하다. 누군가에게 발각될 염려는 크게 줄어들었다. 사무실 안은 컴컴하다. 불을 켠다는 건 위험하고, 또 굳이 그래야 할 필요도 없다. 네트워크관리자의 컴퓨터에서 새어 나오는 불빛만으로도 주변을 둘러보기엔 충분하기 때문이다. 나는 네트워크관리자의 책상을 쓱 훑어본 뒤 맨 위 서랍을 확인한다. 키보드 밑도 살펴본다. 혹시 네트워크관리자가 패스워드를 적은 종이쪽지를 남겨놓았을지도 모를 일이다. 하지만 아무것도 없다. 뭐, 문제될 건 없다.

나는 조그만 가방에서 컴퓨터부팅이 가능한 리눅스 운영체제와 여러 해킹툴이 저장된 CD를 꺼내 컴퓨터에 삽입한다. 컴퓨터를 다시 부팅한다. CD에 저장된 해킹툴 중 하나를 이용해 네트워크관리자의 컴퓨터 패스워드를 내가 쉽게 기억할 수 있는 패스워드로 임의로 변경한 후 컴퓨터에서 CD를 꺼내고 다시 컴퓨터를 부팅한다. 그런 다음, 방금 내가 변경한 패스워드로 컴퓨터에 로그인한다.

나는 최대한 신속하게 '원격접속 트로이목마'를 설치한다. 나는 이 악성 소프트웨어를 통해 이 컴퓨터에 완벽하게 접근할 수 있다. 키보드로 입력되는 값을 저장할 수도 있고, 암호화된 패스워드의 키값을 가로챌 수도 있으며, 심지어 컴퓨터에 달린 화상카메라를 이용해서 컴퓨터를 사용하는 사람의 사진도 찍을 수 있다. 특히 내가 설치해놓은 트로이목마는 지시에 따라 몇 분마다 한 번씩 내가 조작하는 다른 컴퓨터로 접속을 시도할 것이고, 이로써 네트워크관리자의 컴퓨터는 전적으로 내 통제 하에 들어오게 된다.

모든 과정이 끝났다. 마지막으로 컴퓨터 레지스트리에 들어가 '마지막으로 접속한 사용자명'을 네트워크관리자의 사용자명으로 바꿔놓는다. 컴퓨터관리자계정에 내가 침입했다는 어떤 증거도 남기지 않기 위함이다. 네트워크관리자는 이튿날 아침에 출근하면 컴퓨터가 로그아웃 돼있다는 사실을 발견할 것이다. 하지만 그렇다고 문제될 긴 없다. 다시 컴퓨터에 로그인하면 모든 것이 정상처럼 보일 것이기 때문이다.

떠날 준비가 됐다. 이미 내 친구는 사무실 천정의 방음판을 떼내고 있다. 나 역시 사무실을 빠져나가기 전, 원래 상태대로 사무실 문을 잠가놓는 걸 잊지 않는다.

이튿날 아침, 네트워크관리자는 8시 30분경 컴퓨터를 켠다. 그와 동시에 네트워크관리자의 컴퓨터가 내 노트북컴퓨터로 연결된다. 네트워크관리자의 계정에는 내가 심어놓은 트로이목마가 작동한다. 이로써 나는 도메인관리자 권한을 확보하게 된다. 그리고 단 몇 초 만에 회사 내 모든 직원들의 패스워드를 관리하는 도메인제어기를 찾아내 'fgdump'라는 해킹툴을 사용해서 직원 전체의 암호화된 패스워드를 노트북컴퓨터로 저장한다.

나는 암호화된 패스워드를 '레인보우테이블'에 대입해 대부분 해독해낸다(레인보우테이블rainbow table은 패스워드 암호화에 사용되는 값을 저장해놓은 거대한 데이터베이스다). 이번에는 이 회사가 고객과의 거래를 처리하는 데 사용하는 서버를 찾아낸다. 서버에 저장돼있는 신용카드정보도 모두 암호화 돼있다. 이 또한 나한테는 별로 문제가 되지 않는다. 신용카드정보를 암호화하는 데 사용되는 키값 역시 대체로 데이터베이스 관리자라면 쉽게 접속할 수 있는 'SQL서버'라는 곳에 저장돼있다는 사실을 알기 때문이다.

이런 식으로 나는 수백만 건의 신용카드정보를 입수한다. 그야말로 매번 다른 신용카드를 사용해서 매일 물건을 구매해도 평생 부족하지 않을 만큼 엄청나게 많은 정보다.

하지만 나는 입수한 신용카드 정보로 물건을 사는 일은 하지 않았다. 이 실화는 과거에 나를 곤경에 빠트렸던 해킹 이야기가 아니다. 오히려 나는 회사로부터 돈을 받고 이 해킹을 실행했다.

이와 같은 해킹을 '침투테스트(penetration test 또는 pen test)'라고 한다. 그리고 내가 요즘 내가 가장 많은 시간을 할애하는 일도 바로 이 침투테스트다. 나는 세계에서 가장 큰 회사들을 해킹했고, 지금까지 개발된 시스템 중에서 가장 안전하다는 시스템에도 침투했다. 회사들은 보안취약점을 제거하고, 보안을 강화하기 위해 일부러 나를 고용한다. 더 큰 해킹을 당하는 걸 미연에 방지하기 위해 내 도움을 받는 것이다.

나는 독학으로 해킹을 배웠다. 지난 수십 년간 보안을 회피해 컴퓨터에 침입하는 데 사용되는 해킹기법, 전술, 전략을 연구했다. 컴퓨터시스템과 통신시스템이 어떻게 작동하는지도 배웠다.

테크놀로지에 대한 열정과 집착은 내 인생을 순탄치 못한 길로 이끌었다. 나는 해킹 때문에 5년을 감옥에서 보내야 했고, 그로 인해 나를 사랑하는 이들의 마음을 아프게 했다.

이제 내가 살아온 이야기를 들려주고자 한다. 이 이야기는 내 기억과 개인적인 메모, 재판기록, 정보공개법을 통해 입수한 자료, FBI의 감청기록, 수십 시간에 걸친 인터뷰, 그리고 두 명의 정부 정보원과의 대화를 토대로 한 가장 자세하고 정확한 내용이다.

무엇보다 이 이야기는 내가 어떻게 전 세계에서 가장 유명한 지명수배자 해커가 되었는지를 자세히 들려줄 것이다.

1부

해커

• 일러두기 •

각 장마다 맨 앞에 실린 암호문은 저자가 독자 여러분께 드리는 선물입니다.
직접 풀어보세요. – 옮긴이

Yjcv ku vjg pcog qh vjg uauvgo wugf da jco qrgtcvqtu vq ocmg htgg rjqpg ecnnu?

01 험난한 출발

보안 장치와 장애물을 요리조리 피해가는 본능은 아주 어린 시절부터 발휘되었다. 태어난 지 18개월 정도 됐을 때, 나는 유아용 침대를 빠져 나와 바닥을 엉금엉금 기어가 문에 달린 유아용 차단막을 열곤 했다. 어머니의 입장에서 보면, 그 사건은 이후 벌어질 모든 일들에 대한 첫 징조였던 셈이다.

나는 외아들로 자랐다. 세 살 때 아버지가 떠난 후, 어머니와 나는 LA에서 언덕만 넘으면 바로 있는 샌페르난두밸리의 괜찮은 중산층 아파트에서 살았다. 어머니는 샌페르난두밸리 동서를 가로지르는 벤츄라거리에 늘어선 레스토랑에서 웨이트리스로 일하면서 가족을 부양했다. 아버지는 나를 아끼긴 했지만 다른 주에 살다가 내가 13세가 될 무렵 다시 LA로 이사 오기 전까지 내 어린 삶에서 아주 가끔씩만 등장했다.

어머니와 나는 이사를 자주 다녔고, 그 때문에 나는 다른 아이들처럼 친구를 사귈 기회가 없었다. 그래서인지 나는 어린 시절 대부분 혼자서, 대체로 활동적이지 않은 일을 하며 시간을 보냈다. 학창시절 선생님들은 내가 수학과 철자법에서 상위 1퍼센트 안에 든다며, 몇 학년이나 높은 학생들과 같은 수준이라고 어머니에게 말하기도 했다. 하지만 나는 에너지가 넘치는 아이였기에 수업시간에 가만히 앉아있는 걸 힘들어했다.

내가 자라는 동안 어머니에게는 세 명의 남편과 여러 명의 남자친구들이 있었다. 그 중 한 명은 나를 학대했고, 경찰관이었던 또 다른 한 명은 나를 성추행했다. 신문에 나오는 어머니들과는 달리, 우리 어머니는 절대 그런 일을 묵과하지 않았다. 어머니는 남편이든 남자친구든 나를 학대하는 것은 물론 폭언을 한다는 사실을 알면 즉각 내쫓았고 다시는 집에 들여놓지 않았다. 굳이 핑계를 댈 생각은 없지만, 내가 지금까지 권위적인 인물이나 권력기관에 반항하며 살아온 이유가 어쩌면 어린 시절의 학대 때문이 아닐까 생각한다.

여름은 내게 가장 신나는 계절이었다. 특히나 어머니가 2교대로 근무하면서 낮에 시간이 날 때는 정말이지 최고였다. 특히 어머니를 따라 아름다운 산타모니카 해변으로 수영을 하러 갈 때면 정말 신이 났다. 어머니는 모래밭에 누워 일광욕을 하고 휴식을 취하면서 파도에 휩쓸려 물속으로 들어갔다 나오길 반복하면서 자지러지게 좋아하는 내 모습을 지켜봤다. 나는 몇 년간 여름마다 참가했던 YMCA캠프에서 배운 수영을 연습했다(나는 YMCA캠프를 싫어했지만, 캠프에서 모두를 해변으로 데리고 가는 경우는 예외였다).

나는 어린 시절부터 운동을 잘했다. 어린이 야구단에도 참가했고, 일부러 시간을 내서 타격 연습을 할 정도로 야구를 좋아했다. 그러다가 10살이 될 무렵 인생의 진로를 결정할 열정을 발견하게 된다. 우리 집 맞은 편 아파트에는 또래 여자아이가 살고 있었다. 아마도 나는 그 애를 짝사랑했던 것 같다. 그리고 그 애도 내게 비슷한 감정을 느낀 것 같다. 그도 그럴 것이 그 여자애는 내 앞에서 실제로 옷을 벗고 춤을 춘 적이 있기 때문이다. 하지만 10살 아이들이 늘 그렇듯, 당시 나는 그 여자애보다 그 애 아버지가 내게 보여준 것에 더 관심이 있었다. 바로 마술이었다.

여자애 아버지는 꽤 능숙한 마술사였다. 카드마술, 동전묘기, 눈속임마술에 나는 매료됐다. 하지만 나는 여자애 아버지로부터 마술보다 더욱 중요한 사실을 깨달았다. 한 명이든 두 명이든 방 안 가득 사람들이 모이든, 마술을 보러 온 사람들은 속임수라는 것을 알면서도 즐거워한다는 사실이다. 내가 의식적으로 그렇게 생각한 건 아니지만, 적어도 내가 보기에 사람들은 속는 걸 좋아했다. 나로선 꽤나 놀라운 사실이었다. 그리고 사람들이 속는 걸 좋아한다는 깨달음은 이후 내 인생에 막대한 영향을 미친다.

집에서 자전거로 금방 갈 수 있는 거리에 위치한 마술용품 매장은 내가 여가 시간을 보내는 장소가 되었다. 그러니까 마술은 내가 사람들을 속이는 기술을 익히게 된 첫걸음이었던 셈이다.

가끔은 자전거 대신에 버스를 탔다. 그렇게 2년 정도 지난 어느 날 버스 기사 밥 알카우는 내가 입고 있는 내 티셔츠에 새겨진 "무선통신광은 그 짓도 무선으로 한다CBers Do It on the Air"라는 문구를 보고는 내게 말을 걸었다. 그러면서 밥은 자신이 얼마 전 모토롤라 휴대용 무선 통신기를 우연히 손에 넣었는데 알고 보니 경찰이 쓰는 무전기라면서 경찰들의 무전을 엿들을 수 있다면 얼마나 멋지겠냐며 호들갑을 떨었다. 나중에 안 사실이지만 밥의 말은 허풍이었다. 하지만 밥은 아마추어 무선통신사였고, 그 덕분에 나도 무선 통신에 흥미를 느끼게 되었다. 밥은 내게 햄라디오로 공짜 전화를 거는 법을 가르쳐줬는데, 이는 햄라디오 사용자들 사이에서 사용되는 '오토패치auto patch'라는 서비스를 이용한 것이었다. 공짜 전화라니! 너무나 대단했다. 나는 무선통신에 홀딱 빠졌다.

여러 주 동안 야간강좌를 다닌 뒤 나는 라디오 회로와 햄라디오 규정을 충분히 익혔고 자격증 필기시험을 통과했다. 모르스부호도 배웠고, 마찬가지로 자격증도 땄다. 얼마 뒤 미국 연방통신위원회에서 우편물이 날아왔다.

아마추어 무선통신사 자격증이었다. 그 자격증은 십대 초반의 아이들이 결코 쉽게 딸 수 있는 자격증이 아니었기에 나는 대단한 성취감을 느꼈다.

마술로 사람들을 속이는 건 멋졌다. 하지만 전화 시스템이 어떻게 작동하는지 알아내는 건 그보다 훨씬 재미있었다. 나는 초등학교와 중학교 시절 내내 성적이 좋았다. 하지만 중학교 2, 3학년 때부터 슬슬 땡땡이를 치고 LA 서부에 있는 햄라디오 가게 헨리라디오에서 통신 이론에 대한 책을 읽으면서 시간을 보내기 시작했다. 내게 헨리라디오는 디즈니랜드만큼 멋진 곳이었다. 햄라디오 덕분에 공동체에 봉사하는 기회가 주어지기도 했다. 나는 꽤 오랫동안 주말에 지역 적십자 단체에서 무선통신 자원봉사를 했고, 장애인 올림픽이 열렸던 해에는 한 여름 일주일 동안 활동을 하기도 했다.

버스를 타는 건 내게 축제와도 같았다. 친숙한 광경이라고 해도 버스를 타고 도시를 구경하는 게 매우 좋았다. 당시 내가 살던 캘리포니아 남부는 늘 날씨가 끝내줬다. 물론 스모그가 자욱할 때도 있었는데, 그때는 지금보다 대기오염이 훨씬 심했다. 버스 요금은 25센트였고 다른 버스로 환승할 때는 10센트를 더 내야 했다. 여름방학 때 엄마가 일하러 가면 하루 종일 버스를 타기도 했다. 열두 살이 되면서부터 나는 벌써 남을 속이기 위해 별의별 생각을 다했다. 그러다가 어느 날 문득 이런 생각이 떠올랐다. 내가 직접 승차권을 만들고, 승차권을 확인했다는 표시인 구멍을 직접 찍는다면 공짜로 버스를 탈 수 있지 않을까?

영업일에 종사했던 우리 아버지와 삼촌들은 모두 말솜씨 하나만큼은 타고난 사람들이었다. 아마 나도 같은 유전자를 지녔던 것 같다. 나도 아주 어린 시절부터 말로 남을 구워삶아 내가 원하는 것을 얻어내는 데 아주 능숙했기 때문이다. 어느 날 나는 버스 앞으로 걸어가 운전기사와 가장 가까운 자리에 앉았다. 신호에 걸려 차가 멈췄을 때 이렇게 말했다. "아저씨, 학교에 과제물을 내야 하는데 두꺼운 종이에 여러 재미난 모양을 뚫어야 해요. 아저씨가 검표하는 데 쓰는 그 펀치가 딱 좋을 것 같은데, 그거 어디서 살 수 있어요?"

나는 운전기사가 얼토당토않은 그 말을 믿으리라 기대하지도 않았다. 하지만 운전기사는 아마도 나처럼 어린 애가 자신을 속일 거라고 생각하지 않았던지 내게 가게 이름을 말해줬고, 나는 즉시 전화를 걸어 검표용 펀치를 15달러에 판다는 사실을 알아냈다. 혹시 독자 여러분들도 열두 살 때 거짓말로 부모님에게서 돈을 타낸 적이 있는가? 아무튼 내 경우에는 15달러를 타내기란 식은 죽 먹기였다. 나는 바로 다음날 검표용 펀치를 샀다. 하지만 어디까지나 이제 겨우 첫 단계가 끝난 것뿐이었다. 다음은 승차권을 구할 차례였다.

승차권은 어디서 구하지? 그래, 혹시 버스 세차장에 간다면 있을지도 몰라. 나는 가까운 버스 차고로 갔고, 버스 세차장 옆에 커다란 쓰레기통이 있는 것을 보고는 안을 살펴보았다.

대박!

나는 쓰레기통에 버려진 쓰다 남은 승차권을 호주머니에 마구 쑤셔 넣었다. 이것이 후에 내가 수도 없이 저지른 '쓰레기통 뒤지기dumpster-diving'의 시초다.

나는 늘 보통 사람들보다 기억력이 뛰어난 편이었고, 따라서 샌페르난두밸리의 버스 운행 일정을 모두 기억했다. 나는 버스가 다니는 곳이라면 어디든 마음껏 다녔다. LA, 리버사이드, 샌버나디노 등 모든 지역들을 돌아다니면서 주변세상을 만끽했다.

버스 여행을 하면서 나는 리처드 윌리엄스라는 아이와 친구가 됐다. 그는 나와 똑같이 버스를 타고 돌아다녔지만 두 가지 다른 점이 있었다. 일단 리처드의 버스 여행은 합법적이었다. 그는 버스 운전기사의 아들이었고, 따라서 버스를 공짜로 탈 수 있었다. 또 하나는, 적어도 처음 만났을 때 우리는 체중에서 큰 차이가 났다. 리처드는 비만이었고 하루에 대여섯 번씩 패스트푸드 레스토랑에 들려 슈퍼타코를 먹고 싶어 했다. 나 역시 그의 식습관을 받아들였고, 서서히 허리 부분에 살이 오르기 시작했다.

리처드 윌리엄스를 사귄 지 얼마 지나지 않아 학교버스에서 금발머리를 양 갈래로 땋은 소녀가 내게 말했다. "넌 귀엽긴 한데 뚱뚱해. 살 좀 빼."

그렇다면 나는 그 여자애의 신랄하지만 당연한 조언을 받아들였을까? 천만의 말씀이다.

그렇다면 나는 쓰레기통을 뒤져 찾아낸 승차권으로 버스에 무임승차했다는 이유로 혼쭐이 났을까? 마찬가지로 천만의 말씀이다. 그 일을 안 어머니는 오히려 나를 대견해 하셨고, 아버지는 내가 결단력이 있다고 생각했으며, 버스 기사들은 내가 직접 구멍을 뚫은 가짜 승차권을 사용한다는 걸 알면서도 그저 웃어넘겼다. 그건 내가 나쁜 짓을 한다는 걸 아는 사람들이 하나같이 내게 잘한다고 칭찬하는 것과 같았다.

사실 이 모든 사람들의 격려가 없었더라도 어차피 내 문제 행동은 나를 더 큰 곤경으로 이끌었을 것이다. 우연히 쇼핑을 갔다가 내 인생이 완전히 새로운 방향으로 나아갈지 누가 알았겠는가? 그것도 아주 불행한 방향으로 말이다.

Wbth lal voe htat oy voe wxbirtn vfzbqt wagye
C poh aeovsn vojgav?

02 그냥 들러봤어요

신앙심이 깊지 않은 유대인 가족들도 아들의 유대교 성년식만큼은 꼭 치러준다. 내 경우도 그랬다. 유대교 성년식에는 성년이 된 주인공이 회중 앞에서 토라 경전에 적혀있는 문구를 읽는 과정이 있다. 물론 히브리어로 읽어야 한다. 히브리어는 영어와는 전혀 다른 알파벳, 예를 들어 ב, ד, ש 같은 철자를 쓴다. 따라서 성년식에서 읽어야 하는 토라 문구를 익히려면 수개월이 걸린다.

나는 셔만오크스에 있는 히브리어 학교에 다녔지만 농땡이를 친다는 이유로 쫓겨났다. 어머니는 대신 유대교 예배 시간에 성가대를 이끄는 선창자를 데려다가 과외를 시켰다. 나는 더 이상 학교에서처럼 히브리어 수업 시간에 책상 밑에 기술서적을 펼쳐놓고 딴 짓을 할 수 없었다. 덕분에 나는 성년식 예배를 무사히 마치고, 사람들 앞에서 토라 문구를 약간 더듬으면서, 하지만 웃음거리가 되지 않을 만큼 읽어 내려갈 수 있을 정도로 히브리어를 익힐 수 있었다.

성년식이 끝난 후 부모님은 내가 랍비의 억양과 몸짓을 흉내 낸 것을 두고 꾸중했다. 하지만 나는 결코 의식적으로 랍비를 흉내 낸 게 아니었다. 후에 나는 남을 흉내 내는 게 대단히 효과적인 방법이라는 것을 깨달았다. 사람들은 자신과 비슷한 말투나 몸짓을 하는 사람에게 끌린다. 이렇게 아주 어린 시절부터, 나는 자연스럽게 남을 흉내 내는 행동을 익히고 연습하게 된 셈이다. 이런 행동을 '사회공학social engineering'이라고 부른다. 사회공학은 자연스럽게 또는 의도적으로 상대방을 속여서 평상시라면 하지 않을 행동을 이끌어내고, 나아가 전혀 의심을 사지 않으면서 상대방에게 신뢰감을 심어주는 것을 말한다.

성인식이 끝난 후 오디세이 레스토랑에서 열린 연회에 참석한 친지들과 지인들은 많은 선물을 주었는데, 그 중에는 미국 국채도 있었다. 이 미국 국채는 이후 놀랄 만큼 큰돈이 된다.

나는 책벌레였다. 특히 내가 관심 있던 분야의 책을 찾다가 우연히 노스할리우드에 위치한 서바이벌서점이란 곳을 알게 됐다. 지저분한 작은 동네에 있었던 이 초라한 서점은, 친근하게 이름을 불러달라고 내게 줄곧 요구하는 금발의 푸근한 중년 아주머니가 운영했다. 서점 안은 마치 해적이 숨겨둔 보물상자 같았다. 당시 내 우상은 브루스 리와 전설적인 마술사 후디니[1], 드라마 「록포드 파일스」에서 제임스 가너가 연기한 멋진 사립탐정 짐 록포드였다. 짐 록포드는 자물쇠를 따고, 사람들을 쉽게 속이고, 눈 깜짝할 사이에 다른 사람으로 변신할 수 있었다. 나는 록포드가 하는 모든 멋진 일을 나도 하고 싶었다.

서바이벌서점에는 짐 록포드가 보여주는 것을 비롯해 다양한 수법을 설명하는 책들이 많았다. 열세 살부터 나는 대부분 주말을 그곳에서 보내면

1 Harry Houdini: 마술사이자 탈출 묘기의 전문가로 쇠사슬을 묶은 자물쇠나 금고에서 탈출하는 마술로 유명했다. – 옮긴이

서 하루 종일 이 책 저 책 연구했다. 그 중에는 죽은 사람의 출생증명서를 이용해 새로운 신원을 만들어내는 방법을 설명한 베리 리드가 쓴 『페이퍼 트립The Paper Trip』이란 책도 있었다.

스콧 프렌치가 쓴 『빅 브라더 게임The Big Brother Game』은 내게 성경과도 같았다. 그 이유는 책에 차량면허기록, 재산 서류, 신용정보 서류, 은행정보, 등록되지 않은 전화번호, 심지어 경찰서에서 정보를 빼내는 방법 등이 자세하게 적혀있었기 때문이다. (오랜 세월이 흐른 뒤에 스콧 프렌치는 후속작을 내놓으면서 내게 전화를 걸어와 전화 회사를 상대로 사회공학 기법을 활용하는 방법에 대한 원고를 써줄 수 있겠냐고 물었다. 당시 나는 공저자와 함께 두 번째 책 『해킹, 침입의 드라마The Art of Intrusion』를 한창 쓰던 중이었기에 눈코 뜰 새 없이 바빴다. 하지만 나는 그 공교로운 인연이 매우 흥미로웠고, 스콧 프렌치가 내게 도움을 요청했다는 사실이 정말 기뻤다.)

서바이벌서점은 알아서는 안 될 것들을 가르쳐주는 이른바 '지하세계'의 책들로 가득했다. 나는 언제나 금지된 선악과를 한입 베어 먹고 지혜를 얻고자 하는 강렬한 충동이 있었기에 서바이벌서점이 무척 좋았다. 당시 나는, 그로부터 20년 후에 도피 생활을 하는 동안 너무나도 요긴하게 쓰일 지식들을 온몸으로 빨아들이고 있었다.

서바이벌서점에서 책 이외에 또 흥미를 느낀 물건은 바로 서점에서 팔던 자물쇠 따는 도구들이었다. 나는 여러 종류를 구입했다. 카네기홀에 가고 싶으면 연습하고, 연습하고, 또 연습하라고 하지 않았던가? 내가 자물쇠 따기의 달인이 되기 위해 한 일도 바로 연습, 또 연습이었다. 가끔씩 나는 내가 살던 아파트건물 주차장에 있는 입주자용 창고의 자물쇠를 따서 서로 바꿔서 잠가 놓곤 했다. 당시 나는 그게 그저 재미있는 장난이라고 생각했지만 지금 생각해보면 아마도 많은 사람들이 화를 내거나 어쩌면 상당히 곤란을 겪었을 것이다. 게다가 기존의 자물쇠를 제거한 뒤 새 자물쇠로 교체하는 비용도 만만치 않았을 것이다. 내 생각에 그런 장난이 재미있었던 이유는 당시 내가 십대였기 때문이다.

열네 살쯤 되었을 때 어느 날, 내가 대단히 따랐던 미첼 삼촌을 따라서 차량면허국DMV, Department of Motor Vehicles에 간 적이 있다. 차량면허국은 사람들로 가득했다. 삼촌은 내게 잠시 기다리라고 한 뒤 아무런 거리낌 없이 줄 서있는 사람들을 모두 제치고 안내창구로 다가갔다. 따분한 표정의 차량면허국 여직원은 놀란 표정으로 삼촌을 쳐다보았다. 삼촌은 여직원이 안내 창구 앞에 서있던 사내와 하던 업무를 채 마치기도 전에 뭐라 말하기 시작했다. 삼촌이 몇 마디 말하자마자 여직원은 고개를 끄덕인 후 앞에 서있던 사내에게 잠시 옆으로 비키라고 손짓했다. 그런 후 삼촌의 업무를 먼저 처리해줬다. 삼촌은 사람들을 다루는 데 특별한 재주가 있었다. 그건 나도 마찬가지였다. 그때가 내가 사회공학 기법의 효력을 눈으로 확인한 첫 번째 사례였다.

그렇다면 먼로 고등학교에 다니던 시절 나에 대한 사람들의 평가는 어땠을까? 선생님은 아마도 나를 예측 불가능한 아이라고 생각했을 것이다. 다른 애들이 TV수리점에서 TV를 수리하는 방법이나 익히고 있을 때, 나는 스티브 잡스와 스티브 워즈니악의 발자취를 따라, 전화 네트워크를 마음대로 조종하고 심지어 공짜 전화도 걸 수 있는 소프트웨어를 만들었다. 나는 학교에 늘 휴대용 햄라디오를 가져갔고, 점심시간과 쉬는 시간마다 햄라디오로 통신했다.

그러던 중 동급생 중 한 명이 내 삶을 완전히 바꿔놓게 된다. 스티븐 쉐일리타는 자신을 마치 첩보영화 주인공이나 된다고 생각하며, 뻐기길 좋아하는 남학생이었다. 그의 차에는 라디오 안테나가 여러 개 달려있었다. 그는 전화로 할 수 있는 속임수를 보여주며 자랑하길 좋아했고, 실제로 꽤 놀라운 속임수를 쓸 수 있었다. 그는 자신의 전화번호를 가르쳐주지도 않고 자신에게 남들이 전화를 걸도록 하는 방법을 보여줬다. 그것은 '우회접속 loop-around'이라는 전화 회사의 시험용 회선에 전화를 거는 방법이었다. 일단 우회 접속 전화번호 중 하나에 전화를 걸고 상대방이 또 다른 우회 접속 전화번호에 전화를 걸면 두 명은 마술처럼 전화가 연결됐다. 스티븐은 전화번호부에 등록돼 있지 않은 전화번호라고 할지라도 전화 회사의 고객관리부서에 전화를 걸어 해당 전화번호의 사용자 이름과 주소를 알아낼 수 있었다. 실제로 그는 전화 한 통화로 전화번호부에 등록돼있지 않은 내 어머니의 전화번호를 알아냈다. 와우! 스티븐은 모든 사람의 전화번호와 주소를 알아낼 수 있었던 것이다. 심지어 영화배우들의 전화번호까지도 말이다. 그건 마치 전화 회사 직원들이 언제든 스티븐을 도와주기 위해 대기하고 있는 것 같았다.

나는 대단히 흥미를 느꼈고, 그와 어울리기 시작했다. 스티븐의 대단한 속임수들을 배우고 싶었다. 하지만 스티븐은 내게 자신의 능력을 자랑하는 데에만 관심이 있었을 뿐 그 속임수들이 어떻게 가능한 지, 그리고 대화할 때 사회공학 기법을 어떻게 사용하는지 가르쳐줄 생각이 없었다.

얼마 지나지 않아 나는 스티븐은 겨우 하나 '전화 프리킹[2]' 기법을 알려주었다. 나는 그것을 완전히 습득했다. 그리고 틈이 날 때마다 전화네트워크를 탐험하면서 여러 속임수들을 혼자 힘으로 익혔다. 내가 배운 속임수 중에는 심지어 스티븐도 모르는 기법들이 있었다. 게다가 '프리커'들의 세계에는 자신들만의 친목회가 존재했다. 나는 비슷한 취미를 지닌 이들을

---

2 프리킹(phreaking): 전화시스템이나 통신망을 불법으로 해킹하는 행위. 대체로 요금을 내지 않고 전화를 거는 것을 의미한다. 프리킹을 구사하는 사람을 프리커(phreaker)라고 한다. – 옮긴이

알아가기 시작했고, 비록 몇몇 프리커들은 사회에 적응 못하는 괴상한 녀석들이었지만, 아무튼 그들의 모임에도 나가기 시작했다.

나는 특히나 사회공학 기법을 활용한 프리킹에 뛰어났다. 전화 회사 기술자에게 한밤중에 전화국(해당 지역의 거는 전화와 받는 전화를 연결해주는 센터)으로 출동해서 '긴급 회선 연결 업무'를 처리하게 할 수도 있었다. 전화 회사 기술자가 그렇게 할 수밖에 없었던 이유는 내가 다른 전화국에서 근무하는 직원이라고 믿었거나, 또는 전화 회사 현장 수리공이라고 생각했기 때문이다. 한마디로 식은 죽 먹기였다. 나는 원래부터 사회공학 기법에 타고난 재능이 있었다. 하지만 내 능력이 얼마나 대단한 힘을 발휘할 수 있는지 가르쳐준 건 고등학교 시절에 알게 된 스티븐이었던 셈이다.

사회공학기법의 기본적인 방식은 간단하다. 사회공학기법을 활용해 특정한 목적을 이루려면 일단 사전조사가 필요하다. 목표회사에 대한 정보를 수집해야 하고, 특정 부서나 사업부가 어떻게 운영되는지, 담당 업무가 무엇이며 직원들이 어떤 정보에 접속할 수 있는지, 정보 요청 절차가 어떻게 되는지, 해당 부서의 직원들이 대체로 어떤 업무 요청을 받는지, 내가 필요로 하는 정보를 알려주는 데 필요한 조건이 무엇인지, 회사 내에서 통용되는 전문 용어가 무엇인지 알아내야 한다.

사회공학 기법이 제대로 먹히는 이유는 간단하다. 일단 같은 회사 직원이라고 믿게 만드는 데 성공하기만 하면 사람들은 대체로 쉽게 상대방을 신뢰한다. 사전 조사가 필요한 이유도 이 때문이다. 외부에 공개되지 않은 전화번호를 얻고자 할 때면 전화 회사의 기업 담당직원에게 전화를 걸어 이렇게 말한다. "비공개번호국의 제이크 로버츠라고 합니다. 그쪽 담당자랑 통화할 수 있을까요?"

담당자가 전화를 받으면 나는 또 다시 나를 소개한 뒤 이렇게 말한다.

"우리 쪽에서 전화번호를 바꾼다는 공문을 보냈는데 혹시 받으셨나요?"

담당자는 잠시 확인 후에 이렇게 답한다. "아뇨. 아직요."

나는 이렇게 말한다. "213-687-9962번을 사용해야 하는데요."

"아뇨. 우리는 아직 213-320-0055를 사용하는데요."

바로 이거다! 나는 이렇게 말한다.

"알겠습니다. 전화번호 변경과 관련해서 2선으로 공문을 보내기로 하지요." 2선은 전화 회사에서 관리자급을 말하는 전문용어다. "공문이 도착하기 전까지는 320-0055번을 계속 사용하시기 바랍니다."

하지만 막상 비공개번호국에 전화를 걸어본 결과, 고객정보를 알려면 먼저 내 이름이 담당자 목록에 올라가 있어야 하고, 사내 전화번호도 있어야만 했다. 사회공학 기법에 막 입문했거나 그다지 능숙하지 못한 사람이라면 아마도 이쯤에서 그냥 전화를 끊을 것이다. 하지만 그건 결코 현명하지 못한 대응이다. 공연한 의심을 불러일으킬 수 있기 때문이다.

나는 임기응변으로 대처하면서 이렇게 말한다. "우리 부서 관리자 말로는 나를 담당자 목록에 올린다고 했는데, 아마도 아직 공문이 도착하지 않은 것 같다고 보고해야겠네요."

또 다른 장애물도 있었다. 내가 받을 수 있는 사내 전화번호도 알려줘야 했다!

나는 세 군데 부서에 전화를 한 뒤 내가 말투를 쉽게 흉내 낼 수 있는 2선 관리자를 찾았다. 나는 전화를 걸어 이렇게 말한다. "비공개번호국의 탐 핸슨이라고 합니다. 담당자 목록을 새롭게 업데이트하고 있는데, 혹시 그쪽도 목록에 포함돼야 하나요?"

그는 당연히 그렇다고 답한다.

나는 그에게 이름 철자를 알려달라고 한 뒤, 사내 전화번호를 받아 적는다. 아이에게서 사탕을 뺏는 것만큼 쉽다.

그 다음에 나는 RCMAC, 그러니까 신규번호 변경기록 승인센터Recent Change Memory Authorization Center로 전화를 건다. RCMAC은 맞춤형 전화 서비스를 추가하거나 해지하는 부서다. 나는 통화했던 관리자로 가장해서 해당 직원에게 관리자의 전화번호에 착신서비스를 추가해달라고 한다. 직원은 내 말을 쉽게 믿는다. 왜냐하면 내가 준 전화번호가 퍼시픽전화회사의 사내번호가 맞기 때문이다.

구체적으로 설명하자면, 이후 일은 이렇게 진행됐다. 나는 해당 전화국의 기술자에게 전화를 건다. 내가 현장수리공이라고 생각한 기술자는 현장수리공이 가지고 다니는 휴대용 전화기를 사용해 관리자의 회선에 연결한 뒤 내가 준 전화번호로 전화를 건다. 그러자 관리자에게 걸려온 전화는 착신이 돼서 전화 회사의 우회접속회선으로 연결된다. 우회접속회선은 2개의 숫자가 연동돼 있는 특별한 회선이다. 쌍방이 특정 번호를 통해 우회접속회선으로 전화를 걸면 마치 양측이 서로 전화를 건 것처럼 마술같이 연결된다.

나는 우회접속회선으로 전화를 건 뒤 계속해서 연결신호음만 들리는 전화를 추가로 연결해 3자 통화를 설정했다. 따라서 비공개번호국이 내가 준 담당 관리자의 전화번호로 전화를 걸면 전화는 우회접속회선으로 착신됐고, 이후 계속해서 연결신호음만 들렸다. 나는 비공개번호국 직원이 연결신호음을 몇 번 들을 때까지 기다린 후 이렇게 답했다. "퍼시픽전화국 스티브 캐플란입니다."

이렇게 하면 나는 비공개번호국 직원으로부터 내가 원하는 어떤 정보든 얻을 수 있다. 그런 뒤에 나는 다시 전화국 기술자에게 전화를 걸어 착신서비스를 해지한다.

정보를 빼내기가 힘들수록 스릴감은 더 컸다. 이 수법은 꽤 오랫동안 써먹을 수 있었고, 내 생각에 아마 지금도 여전히 먹힐 것이다!

나는 이 수법을 여러 차례 시간을 두고 활용했다. 왜냐하면 비공개번호국에 여러 명의 유명 인사 전화번호를 한꺼번에 물을 경우 의심을 살 수 있기 때문이다. 이런 식으로 나는 로저 무어, 루실 볼, 제임스 가너, 브루스 스프링스틴을 비롯한 여러 유명 인사의 전화번호와 집주소를 알아냈다. 가끔씩 나는 알아낸 전화번호로 전화를 걸어 유명 인사와 직접 통화를 하기도 했다. 연결되면 이렇게 말했다. "브루스, 잘 지내지?" 결코 악의 있는 장난은 아니었다. 아무튼 내가 원하는 전화번호는 어떤 것이든 알아낼 수 있다는 건 대단히 신나는 일이었다.

먼로 고등학교에는 컴퓨터 수업이 있었다. 나는 컴퓨터 수업을 듣는 데 필요한 수학과 과학을 이수하지 않았지만, 컴퓨터를 가르치는 크리스티 선생은 내가 컴퓨터에 대단히 열심이고, 이미 독학으로 컴퓨터에 대해 많은 내용을 깨우친 것을 보고 수업 듣는 걸 허락해줬다. 아마도 그는 그 결정을 후회했을 것이다. 그도 그럴 것이 나는 골치 아픈 학생이었기 때문이다. 나는 크리스티 선생이 우리 학교가 속한 교육청의 미니컴퓨터에 연결할 수 있는 학교 컴퓨터의 패스워드를 바꿀 때마다 매번 바뀐 패스워드를 알아냈다. 그러자 크리스티 선생은 궁여지책으로, 나를 이겨보기 위해 플로피디스크가 출시되기 전에 저장매체로 사용하던 컴퓨터 종이테이프에 구멍을 내서 패스워드를 찍었다. 그런 후 매번 미니컴퓨터에 접속할 때마다 그 종이테이프를 테이프 판독 장치에 넣어 인식했다. 하지만 크리스티 선생은 구멍이 뚫린 컴퓨터 테이프를 자신의 셔츠 호주머니에 넣어 보관했고, 얇은 천 사이로 구멍이 뚫린 위치가 보였다. 같이 수업을 듣던 학생들은 나를 도와 테이프에

난 구멍의 위치를 알아냈고, 따라서 나는 크리스티 선생이 패스워드를 바꿀 때마다 역시나 변경된 패스워드를 알아낼 수 있었다. 물론 크리스티 선생은 내가 매번 바뀐 패스워드를 어떻게 알아내는지 영원히 알지 못했다.

컴퓨터 교실에는 전화기도 있었다. 다이얼을 돌려서 전화를 거는 아주 오래된 구식 전화기였다. 전화는 교육구 내에 속하는 전화번호로만 전화를 걸 수 있게 설정돼있었다. 나는 그 전화기로 서던캘리포니아대학USC 컴퓨터에 접속해 게임을 하기도 했다. 일단 교환원에게 전화를 걸어 이렇게 말했다. "크리스티 선생입니다. 외부전화선을 연결해 주세요." 지나치게 전화를 많이 거는 바람에 교환원이 의심을 하기 시작하자, 나는 프리킹을 시도했다. 전화 회사 교환부서에 직접 전화를 걸어 외부전화 금지를 아예 해지한 것이다. 따라서 나는 내가 원할 때면 언제든 서던캘리포니아대학에 전화를 걸 수 있었다. 마침내 크리스티 선생은 내가 마음껏 외부전화를 걸 수 있다는 사실을 알게 됐다.

얼마 뒤 크리스티 선생은 수업시간에 내가 서던캘리포니아대학에 전화를 거는 걸 영원히 못하게 막을 방법이 있다고 호언장담하면서 전화기 다이얼에 자물쇠를 달았다. 자물쇠를 달면 다이얼을 '1번' 구멍 이상은 돌릴 수가 없었다.

크리스티 선생이 자물쇠를 걸자마자, 나는 학생들이 모두 쳐다보는 앞에서 전화기로 다가가 수화기를 들고는 수화기를 걸쳐놓는 고리를 딸깍딸깍 눌렀다 떼기를 반복했다. 빠르게 아홉 번 누르면 '9번' 신호가 전송되고, 일곱 번을 빠르게 누르면 '7번' 신호가 전송되고, 네 번을 빠르게 누르면 '4번' 신호를 전송되었다. 일 분이 채 되지 않아 나는 다시 서던캘리포니아대학 컴퓨터에 접속할 수 있었다.

그 일은 그저 누가 더 실력이 뛰어난지 겨루는 게임에 불과했다. 하지만 학생들 앞에서 망신을 당한 크리스티 선생은 얼굴이 붉어지더니 책상 위에 놓인 전화기를 들어 교실 바닥에 내던져버렸다.

한편 나는 당시 독학으로 디지털이큅먼트DEC[3]에서 제작한 운영체제 RSTS/E('리스티시'라고 읽는다)를 공부하고 있었다. RSTS/E는 LA 시내에 위치한 학교의 미니컴퓨터에서 동작했다. 캘리포니아주립대학 노스릿지캠퍼스의 컴퓨터에도 RSTS/E가 사용됐다. 나는 컴퓨터공학부 학장이었던 웨스 햄튼과 약속을 잡았고, 만난 자리에서 이렇게 말했다. "제가 컴퓨터를 공부하는 데 대단히 관심이 많거든요. 혹시 교내 컴퓨터를 사용할 수 있는 계정을 하나 저에게 팔면 안 될까요?"

"그건 어렵겠군. 재학생들만 사용할 수 있거든."

나는 쉽게 물러서는 성격이 아니다. "제가 다니는 고등학교의 전산실은 3시만 되면 문을 닫거든요. 혹시 프로그램을 설치해서 고등학생들이 이 학교 컴퓨터를 사용해 컴퓨터를 배울 기회를 주실 수는 없나요?"

웨스 햄튼은 다시 거절했지만 얼마 후 전화를 걸어왔다. "자네가 우리 학교 컴퓨터를 사용할 수 있도록 허락하기로 했네. 자네가 재학생이 아니기에 계정을 열어줄 수는 없으니, 대신 내 개인용 계정을 사용하게나. 계정은 '5, 4'이고 패스워드는 '웨스Wes'일세."

컴퓨터공학부 학과장이란 사람이 고작 생각해낸 안전한 패스워드가 자신의 이름이라니. 정말이지 대단한 보안이 아닐 수 없었다!

나는 포트란과 베이직 프로그램 언어를 독학으로 익히기 시작했다. 컴퓨터수업을 달랑 몇 주 듣고 난 후에 나는 다른 이들의 패스워드를 훔쳐내

3 Digital Equipment Corporation: 1960년대부터 1990년대까지 컴퓨터 시스템, 소프트웨어, 주변장치를 생산해낸 선도적인 미국 회사. 후에 컴팩으로 합병되었다. – 옮긴이

는 프로그램을 만들 수 있었다. 이 프로그램을 깔아놓으면 컴퓨터에 로그인하려는 재학생들이 평상시 보아왔던 로그인 화면과 비슷한 화면이 모니터에 표시됐다. 하지만 실제로 그 로그인 화면은 운영체제를 가장한 내 프로그램이었다. 즉, 사용자를 속여서 계정과 패스워드를 입력하도록 설계된 프로그램이었던 것이다(오늘날 피싱공격과 매우 유사한 방식이다). 심지어 캘리포니아주립대CSUN 전산담당자 중 한 명은 내 프로그램의 버그를 수정하는 것을 도와주기까지 했다. 고등학생이 패스워드를 훔쳐내는 방법을 생각해냈다는 것에 흥미를 느낀 것이다. 캘리포니아주립대 컴퓨터에 프로그램을 설치하고 나자 일단 재학생들이 로그인을 하면 사용자 이름과 패스워드는 비밀리에 파일로 저장됐다.

그렇다면 나는 왜 그런 짓을 했을까? 친구들과 나는 그저 모든 이들의 패스워드를 수집하는 게 꽤나 쿨하다고 생각했다. 악의적인 의도는 전혀 없었고, 그저 정보를 수집하는 게 좋아서 그랬던 것뿐이다. 그게 이유였다. 그러니까 그 짓도 내가 어린 시절에 처음으로 마술묘기를 본 이후로 반복적으로 나 자신에게 던졌던 여러 도전과제들 중 하나였을 뿐이다. 나는 늘 스스로 이런 질문을 했다. 나도 저런 속임수를 써먹을 수 있을까? 다른 사람들을 속이는 방법을 배울 수 있을까? 내게 허락되지 않은 권한을 손에 넣을 수는 없을까?

나중에 캘리포니아주립대 전산담당자는 내가 한 짓을 시스템운영자에게 고자질했다. 영문도 모르는 상황에서 캠퍼스 경비 세 명이 전산실로 들이닥쳤다. 그들은 나를 데리러 어머니가 올 때까지 나를 잡아두었다.

전산실 사용을 허락하고 심지어 자신의 개인계정까지 빌려준 컴퓨터공학부 학장은 머리끝까지 화가 났다. 하지만 그가 할 수 있는 일이라고는 별로 없었는데, 당시만 하더라도 해킹과 관련한 법률이 제정돼있지 않았기 때문이다. 따라서 나를 기소할 수 없었다. 하지만 내가 누리던 특권은 취소됐고, 나는 캠퍼스 근처에 얼씬도 못하게 됐다.

어머니는 이런 말을 들었다. "다음 달이면 아드님이 한 짓을 범죄로 규정하는 캘리포니아 주법이 통과될 겁니다." (미국 의회는 이후 4년이 지나서야 비로소 컴퓨터범죄에 대한 연방법을 통과시켰다. 그리고 내가 저지른 수많은 해킹은 미국 의회가 컴퓨터범죄 법안을 통과시키기로 결심하는 데 큰 역할을 했다.)

아무튼 나는 이런 위협에 굴하지 않았다. 캠퍼스 경비에게 체포되고 난 후 얼마 지나지 않아, 나는 로드아일랜드의 전화번호 안내서비스로 걸려오는 전화를 나한테 연결하는 방법을 알아냈다. 전화번호를 물어보는 사람들을 어떻게 골탕 먹일까? 대체로 이런 식이었다.

나: 찾으시는 전화번호의 지역을 말씀해주시겠습니까?

상대방: 프로비던스요.

나: 찾는 분 성함을 말씀해주시겠습니까?

상대방: 존 노튼이요.

나: 집 전화번호인가요, 아니면 사무실 전화번호인가요?

상대방: 집전화요.

나: 문의하신 전화번호는 8 3 6에 5 $\frac{1}{2}$ 6 6번입니다.

이쯤 되면 상대방은 어이없어 하거나 화를 낸다.

상대방: 전화기로 어떻게 $\frac{1}{2}$을 겁니까?

나: $\frac{1}{2}$ 버튼이 달려있는 새 전화기를 구입하세요.

전화를 걸어온 이들의 반응은 정말 웃겼다.

당시 LA는 전화 회사 두 곳이 각각 지역을 나눠서 전화 서비스를 제공했다. 나와 어머니가 살던 샌페르난두밸리의 북부지역에 서비스를 제공하던 회사는 GTE였다. 19킬로미터 이상 떨어진 지역으로 거는 전화는 무조건 장거리 통화비용이 부과됐다. 당연히 나는 어머니의 전화비가 불어나는 걸 원치 않았기에 햄라디오의 오토패치를 이용해서 장거리 전화를 걸었다.

하루는 햄라디오로 무선통신을 하다가 중계기를 운영하는 이와 심한 말다툼을 벌인 적이 있었다. 그는 내가 '이상한 전화'를 걸어댄다고 비난했다. 그는 내가 오토패치 서비스를 이용해서 정기적으로 일련의 긴 숫자로 된 번호를 입력하는 것을 알아챘다. 그 번호는 MCI라는 장거리 전화 서비스 제공업체를 통해 공짜로 장거리 전화를 거는 데 사용되는 번호였다. 하지만 그 사실을 그에게 말해줄 생각은 없었다. 그는 내가 무슨 짓을 하고 있는지 전혀 몰랐지만 오토패치 서비스를 이상한 방식으로 사용하는 점에 대해선 탐탁해하지 않았다. 무선통신 상에서 중계기 운영자와 나의 논쟁을 듣고 있던 한 사내가 후에 무선으로 내게 연락을 취해왔다. 그는 자신을 루이스 드페인이라고 소개하면서 자신의 전화번호를 알려줬다. 나는 그날 저녁 그에게 전화를 걸었다. 루이스는 내가 하는 프리킹에 대단히 흥미가 있다고 말했다.

우리는 만났고 친구가 됐다. 그리고 그 관계는 이후 거의 20년간 지속되게 된다. 루이스는 아르헨티나 혈통의 마르고 약간은 괴팍한 친구였다. 짧게 자른 검은 머리는 매끈하게 정돈해 뒤로 넘겼다. 콧수염도 길렀는데, 아마도 그렇게 하면 나이가 들어 보인다고 생각했던 것 같다. 해킹에 있어서만큼 루이스는 내가 세상에서 가장 신뢰하는 친구다. 하지만 그는 매우 상반된 두 가지 성격을 지니고 있었다. 상대방에게 깍듯하면서도, 한편으론 상대방을 늘 이기려 들었다. 유행이 지난 터틀넥 스웨터와 나팔바지를 즐겨 입는 촌스러운 구석도 있으면서 사교성은 매우 좋았다. 튀지 않으려고 하면서 한편으로는 매우 잘난 체 했다.

루이스와 나는 유머 코드가 서로 통했다. 나는 어떤 취미든 재미나지 않으면 그다지 쓸모없다고 생각한다. 이런 점에서 루이스와 나는 서로 잘 맞았다. '맥도날드 해킹'이 그 예다. 우리는 라디오 무전기를 개조해서 맥도날드 드라이브스루drive-through에서 음식을 주문할 때 사용하는 스피커에서 우리 목소리가 흘러나오게 하는 방법을 알아냈다. 우리는 맥도날드로 가서 드라이브스루는 보이지만 맥도날드 레스토랑에서는 우리를 볼 수 없는 곳에 차를 주차한 뒤 맥도날드에서 사용하는 주파수에 우리 라디오 주파수를 맞췄다.

경찰차가 드라이브스루에 들어선 후 스피커 근처로 오자 루이스와 내가 말했다. "미안합니다. 경찰에게는 음식을 팔지 않습니다. 가까운 잭인더박스로 가세요." 한 여성이 차를 몰고 오자 이번에는 스피커에서 내 목소리가 흘러나왔다. "가슴을 보여주면 공짜로 빅맥을 드립니다!" 그 여성은 농담을 농담으로 받아들이지 않았다. 시동을 끈 후 트렁크에서 뭔가를 꺼낸 후에 맥도날드 안으로 뛰어 들어갔다. 야구방망이였다.

'공짜 사과주스'는 내가 가장 재미있어하던 장난이었다. 일단 고객이 주문을 하고 나면, 나와 루이스는 얼음 만드는 기계가 고장 났다고 말한 뒤 대신 사과주스를 공짜로 제공한다고 말했다. "자몽주스도 있고, 오렌지주스도 있고…… 아, 잠시 만요. 죄송한데 자몽주스랑 오렌지주스 둘 다 떨어졌네요. 사과주스 괜찮으시겠어요?" 고객이 괜찮다고 말하면 우리는 컵에 오줌을 싸는 소리를 녹음한 것을 재생한 후 이렇게 말했다. "네, 사과주스 준비됐습니다. 창구 쪽으로 오셔서 받아가세요."

사람들이 주문을 못해서 짜증을 내는 모습도 매우 재미있었다. 맥도날드 스피커를 우리 마음대로 조정하게 된 후, 매번 손님이 스피커 앞에 차를 대고 주문을 할 때마다 우리 친구 중 한 명이 확인을 위해 주문내용을 반복했다. 다만, 알아듣기 힘든 인도식 억양을 써서 말이다. 그러면 고객들은 무슨 말인지 알아들을 수가 없다고 말했고, 그러면 친구는 다시 전혀 이해할 수 없는 말을 중얼거렸다. 그렇게 계속해서 드라이브스루 고객들을 한 명씩 차례로 화나게 만들었다.

가장 재미난 점은 드라이브스루 주파수를 통해 우리가 말한 모든 내용이 맥도날드 외부 스피커에서 흘러나왔건만 직원들은 어쩔 도리가 없었다는 점이다. 때로는 야외에 있는 테이블에 고객들이 앉아서 햄버거를 먹으며 깔깔대고 웃기도 했다. 어떤 일이 벌어지고 있는지를 아는 사람은 아무도 없었다.

한번은 맥도날드 매장관리자가 스피커를 가지고 장난을 치는 녀석들이 누구인지를 살펴보려 밖으로 뛰어나왔다. 그는 주차장을 이리저리 훑어본 후 머리를 긁적였다. 주차장에는 아무도 없었고, 주차된 차 안에도 아무도 없었다. 맥도날드 간판 뒤를 살펴봤지만 마찬가지로 쥐새끼 한 마리 없었다. 그런 후 매장관리자는 스피커 쪽으로 다가가 눈을 찌푸린 채 안을 자세히 들여다봤다. 마치 스피커 안에 아주 자그만 사람이 있는 것처럼.

"뭘 보슈!" 내가 거칠게 소리쳤다.

지금 생각해보면 매장관리자는 아마도 3미터쯤 뒤로 나가떨어진 것 같다.

때로는 우리가 이런 장난을 칠 때면 주변 아파트에 사는 사람들이 베란다로 나와 웃었다. 보도를 걸어가던 사람들도 배를 잡고 웃었다. 맥도날드 해킹은 너무나 재미있었기에 루이스와 나는 여러 번 친구들을 데려가기도 했다.

유치하다는 건 나도 안다. 하지만 당시 나는 겨우 16, 17세 정도였다.

내 무모한 장난이 모두 순진했던 건 아니다. 나는 어떤 경우에도 전화 회사 건물에 침입하지 않는다는 개인적인 원칙이 있었다. 물론 전화 회사에 침입하면 시스템에 직접 접속하고 기술매뉴얼을 읽을 수 있다는 점이 구미가 당기긴 했다. 그리고 내게 그 원칙은 반드시 지켜야하는 규칙이라기보다는 그저 지침에 불과했다.

내가 열여섯 살이 되던 1981년 어느 날 저녁, 나는 프리커친구 스티븐 로즈와 시간을 보내고 있었다. 우리는 할리우드에 위치한 퍼시픽전화회사의 선셋-가워 전화국에 몰래 잠입하기로 결심했다. 당시 우리는 이미 전화 시스템을 해킹한 후였기에 직접 물리적으로 전화 회사에 침입한다는 건 대단한 도전이었던 셈이다. 전화국에 들어가려면 외부 출입문에 달린 키패드에 정확한 비밀번호를 입력해야 했다. 우리는 사회공학 기법을 써서 쉽게 비밀번호를 알아냈고 건물에 잠입했다.

정말 신이 났다. 우리에게 전화국은 지상 최고의 낙원이었다. 일단 뭐부터 해볼까?

경비원 제복을 입은 덩치 큰 사내가 건물 안에서 순찰을 돌다가 우리에게 다가왔다. 그는 나이트클럽 경비나 NFL 미식축구 수비수처럼 체구가 컸고 압도적이었다. 아무 말 없이 허리춤에 손을 대고 서있는 것만으로도 사람들이 겁먹기에 충분했다. 하지만 어찌된 영문인지 상황이 긴박해질수록 나는 더 침착해졌다.

당시 나는 전화 회사 직원이라고 보기에는 지나치게 어려 보였다. 하지만 일단 선수를 치며 먼저 말을 걸기로 했다. "안녕하세요. 별 일 없죠?"

"안녕하세요. 사원증 좀 볼 수 있을까요?" 경비원이 말했다.

나는 호주머니를 뒤졌다. "이런. 차에 놓고 왔나 보네요. 가서 가져오죠."

경비원이 그냥 넘어갈 리가 없었다. "아니, 둘 다 나를 따라와요."

우리는 그 말에 순순히 따랐다.

경비원은 9층에 있는 교환운영센터로 우리를 데려갔다. 직원들이 일을 하고 있었다.

심장이 쿵쾅댔고, 호흡이 가빠졌다.

교환기술자들 몇몇이 다가와 무슨 일인지 물었다. 나는 선택할 수 있는 유일한 방법이 잽싸게 도망치는 것뿐이라고 생각했지만, 그래봤자 성공할 가능성이 매우 낮다는 사실도 알았다. 절박한 심정이었다. 감옥행을 면하려면 오로지 사회공학 기술을 사용하는 수밖에 없다고 생각했다.

당시 나는 퍼시픽전화회사에서 일하는 직원들의 이름과 직함을 상당수 알았기에 속임수를 써보기로 했다. 나는 설명했다. "나는 샌디에이고에 있는 코스모스[4]에서 일하는 직원인데, 여기 이 친구에게 전화국이 어떻게 생겼는지를 보여주려고 들른 겁니다." 그런 후 경비원에게 코스모스 담당자의 이름을 알려주었다. 나는 내 놀라운 기억력에 감사하면서도 한편으론 우리가 결코 코스모스에서 일하는 사람처럼 보이지 않으며, 내가 지어낸 이야기도 허무맹랑하다고 생각했다.

경비원은 사내 전화번호부에서 담당자의 이름을 찾아 집전화번호를 알아냈고 전화를 걸었다. 따르릉, 따르릉, 따르릉. 경비원은 먼저 늦은 시간에 전화해서 미안하다고 말한 뒤 상황을 설명했다.

"저를 바꿔주세요." 내가 말했다.

경비원은 내게 수화기를 건네줬고, 나는 수화기를 귀에 최대한 가깝게

4 코스모스(COSMOS, Computer System for Main Frame Operations). 전화 회사에서 사용하는 주배선시스템(Main Distribution System)을 관리하는 소프트웨어 – 옮긴이

밀착해서 소리가 새어나가지 않도록 했다. 그리고 임기응변을 발휘해 이렇게 말했다. "주디, 정말 미안하게 됐어요. 친구에게 교환센터를 구경시키고 있었는데 그만 깜빡하고 사원증을 차에 놓고 왔더군요. 여기 경비원은 그저 내가 샌디에이고 코스모스센터에서 근무하는 직원이 맞는지를 확인하려는 겁니다. 이 일 때문에 기분 나빠하지 않았으면 좋겠네요."

나는 마치 그녀의 얘기를 듣는 것처럼 잠시 말을 멈추고 기다렸다. 코스모스 담당자는 큰 소리로 물었다. "당신 누구죠? 날 아나요? 거기서 뭐하는 거죠?"

나는 다시 말했다. "그러니까 어차피 내일 아침에 이곳에 와야 하잖아요. 새로운 훈련 매뉴얼 때문에 말이에요. 그와 관련해 월요일 11시에 검과 검토회의를 하기로 했으니까 원하시면 회의에 참석해도 좋아요. 그리고 화요일에 우리 같이 점심 먹기로 한 것 기억하죠?"

나는 다시 말을 멈추었다. 코스모스 담당자는 여전히 고래고래 소리를 질렀다.

"알겠어요. 늦은 시간에 방해해서 미안해요." 그리고 전화를 끊었다.

경비원과 교환기술자들은 당황한 눈치였다. 그들은 내가 경비원에게 수화기를 건네 담당자가 별 일 아니라고 확인해 줄 거라고 기대했던 것이다. 나는 경비원의 표정에서 그의 생각을 읽을 수 있었다. 다시 전화를 걸어서 코스모스 담당자를 귀찮게 해야 하나, 말아야 하나?

나는 경비원에게 말했다. "새벽 2시 30분에 전화를 걸어 깨웠다고 노발대발하네요."

그리고 나서 이렇게 덧붙였다. "친구에게 몇 가지 더 보여줄 게 있습니다. 10분만 더 둘러볼게요."

나는 사무실을 천천히 걸어 나왔고, 로스는 내 뒤를 바싹 따랐다.

기분 같아서야 뛰어서 도망치고 싶었지만 그랬다간 의심을 사기에 딱 좋았다. 나는 로즈와 함께 엘리베이터에 올라탄 후 1층 버튼을 세게 눌렀다. 건물을 빠져나온 뒤 안도감에 숨을 크게 내쉬었다. 위기일발의 상황이었기에 둘 다 잔뜩 겁에 질려 있었고, 그저 건물을 빠져나왔다는 사실만으로도 행복했다.

하지만 동시에 나는 지금 어떤 일이 벌어지고 있을지도 알았다. 코스모스 담당자는 아마도 한밤중에 선셋-가워 전화국의 경비원 전화번호를 아는 사람을 찾아 이리저리 전화를 걸어대고 있으리라.

로즈와 나는 차에 올라탔다. 나는 헤드라이트를 켜지 않은 채 한 블록 정도 떨어진 곳까지 차를 몰았다. 차를 멈춘 뒤 우리는 그곳에서 숨죽이고 건물 정문을 바라보았다.

10분 정도 지나자 덩치 큰 경비원이 건물 밖으로 뛰어나왔다. 그는 이쪽저쪽을 샅샅이 살펴보았지만 이미 우리가 사라졌다고 생각하는 게 분명했다. 물론 그는 이번에도 또 잘못 짚은 셈이다.

나는 경비원이 건물 안으로 사라지길 기다렸다가 차를 몰고 그곳을 빠져나갔고, 첫 번째 모퉁이를 돈 후에야 헤드라이트를 켰다.

천만다행이었다. 만약 경비원이 경찰을 불렀더라면, 아마도 죄목은 무단 침입이었거나, 재수가 없었다면 강도였을 것이다. 그리고 스티브와 나는 아마도 소년원으로 직행했을 것이다.

나는 이후 상당기간 동안 전화 회사 근처에 얼씬도 하지 않았다. 하지만 나는 내 기발한 재주를 시험해볼 또 다른 기회를 열심히 찾았다.

Nyrk grjjnfiu uzu Z xzmv kf jvk lg re rttflek fe Kyv Rib?

03 원죄

공개되지 않은 전화번호를 알아내는 방법을 알고 난 후 나는 사람들, 그러니까 친구들, 친구의 친구들, 선생님들, 심지어 전혀 모르는 사람들에 대한 정보를 알아내는 재미에 푹 빠졌다. 특히 차량면허국은 정보의 보물창고였다. 그렇다면 어떻게 해야 보물창고에 접근할 수 있을까?

일단 나는 한 식당에 설치된 공중전화로 차량면허국에 전화를 걸어 이렇게 말했다. "LA경찰청 소속 경찰관 캠벨입니다. 현장에 출동해있는 경찰관들에게 몇 가지 정보가 필요한데 우리 쪽 컴퓨터가 작동하지 않는군요. 혹시 도와줄 수 있을까요?"

차량면허국의 여직원이 말했다. "왜 경찰관 전용선으로 전화를 걸지 않았죠?"

아, 그래? 경찰들이 사용하는 전용선이 따로 있구나. 그렇다면 어떻게 그 번호를 알아내야 하지? 당연하겠지만 경찰서에 있는 경찰관들은 당연히 그 번호를 알고 있을 것이다. 하지만 나는 진정 위법적인 정보를 알아내기 위해 경찰서에 전화를 한 것인가? 아, 그래! 좋은 방법이 있어!

나는 가까운 경찰서에 전화를 걸어, 차량면허국에 전화를 걸어야 하는 데 마침 경찰 전용 전화번호를 아는 경찰관이 자리를 비웠다고 말했다. 그러면서 전화번호를 알려 줄 수 없느냐고 묻자 상대방은 내게 전화번호를 알려줬다. 너무나 간단했다.

최근 이 일화를 떠올리면서, 나는 내가 여전히 차량면허국의 경찰 전용선 번호를 기억하고 있고, 또 필요하다면 알아낼 수 있다고 생각했다. 나는 수화기를 들고 전화를 걸었다. 차량면허국은 센트렉스Centrex 전화시스템을 사용한다. 따라서 모든 전화번호는 동일한 지역번호 916번과 국번 657번을 사용한다. 오직 부서별로 마지막 네 자리 숫자만 다를 뿐이다. 나는 무작위로 마지막 네 자리 숫자를 눌렀다. 이런 식으로 전화를 걸면 누군가가 전화를 받을 것이고, 내가 구내전화번호로 전화를 걸었기 때문에 상대방은 나를 신뢰할 것이다.

전화를 받은 여자가 내가 알아들을 수 없는 말을 했다. 나는 이렇게 말했다.

"혹시 내가 건 이 번호가 경찰 전용선 맞나요?"

"아닌데요." 여자가 말했다.

"잘못 걸었나 보내요. 경찰 전용선 번호가 몇 번이죠?"

여자는 내게 전화번호를 알려줬다. 오랜 시간이 흘렀건만 그들은 여전히 보안에 둔감하다.

나는 경찰 전용 전화번호로 차량면허국에 전화를 걸은 후 또 다른 보안장치가 있다는 것을 알았다. 그러니까 '정보요청코드'가 필요했던 것이다. 과거에도 그랬듯이 나는 임기응변으로 이야기를 꾸며내야 했다. 나는 일부러 급한 말투로 차량면허국 직원에게 말했다. "지금 긴급상황이 벌어져서 나중에 다시 통화하죠."

나는 LA 반누이스경찰서에 전화를 걸어 차량면허국 직원인데 데이터베이스를 새로 구축하고 있다고 말했다. "혹시 그쪽 정보 요청 코드가 36472가 맞나요?"

"아니요. 63883인데요."

(이 수법은 대단히 효과적이다. 민감한 정보를 물어보면 대부분 사람들은 즉각 의심을 품는다. 하지만 이미 정보를 알고 있는 척하면서 잘못된 정보를 말하면 대부분 그 정보가 잘못됐다고 말하면서 정확한 정보를 알려주기 마련이다.)

나는 단지 몇 분 동안 이리저리 전화를 거는 것만으로 모든 캘리포니아 주민들의 운전면허 번호와 주소를 알 수 있게 된 것이다. 또 차량 번호를 조회해서 차량 소유주 이름과 주소를 알아내거나, 사람의 이름만으로도 상세한 차량 등록 정보를 알아낼 수 있었다. 당시만 해도 그저 사회공학 기법에 얼마나 능숙한 지를 스스로 시험해본 것에 불과했다. 하지만 이후 차량면허국은 내게 여러모로 유용한 도움이 된 정보 제공처가 된다.

내가 익히게 된 이런 여러 해킹 수법들은 식사 뒤에 나오는 달달한 후식에 불과했다. 메인 요리는 여전히 전화 시스템 해킹이었다. 나는 퍼시픽전화국과 GTE의 여러 부서에 수없이 전화를 걸어 정보를 수집했고, 그 과정에서 '정보수집'에 대한 갈증을 해소하고 또 전화 회사의 부서, 업무 절차, 전문용어에 대한 지식을 쌓았다. 전화 회사의 추적을 피하기 위해 일부러 다른 장거리 전화 서비스 제공업체를 통해 전화를 경유하기도 했다. 그리고 이 모든 해킹은 우리 아파트에 설치된 어머니 명의의 전화로 이뤄졌다.

당연한 얘기지만 프리커들은 새로 배운 해킹 기법을 다른 프리커들에게 뻐기면서 의기양양해 하는 걸 좋아한다. 나는 프리커든 아니든 내가 아는 사람들에게 장난을 치는 걸 좋아했다. 하루는 친구 스티브 코즈가 힐미니와 함께 거주하는 지역에 전화 교환 서비스를 제공하는 전화 회사를 해킹해서 스티브의 집에서 사용하는 전화 '분류코드'를 가정용에서 공중전화로 바꿔놓았다. 그러자 스티브와 할머니가 전화를 걸려고 수화기를 들면 매번 이런 메시지가 흘러나왔다. "10센트를 넣어주시기 바랍니다." 당연히 스티브는 내 소행이라는 걸 알았고, 내게 전화를 걸어 짜증을 냈다. 나는 다시 원상태로 돌려놓겠다고 약속한 뒤, 이번에는 교도소내 공중전화로 분류코드를 바꿔놓았다. 그러자 스티브와 할머니가 전화를 걸려고 하면 교환원이 나와서 이렇게 말했다. "지금 거실 전화는 수신자 부담입니다. 거시는 분 성함을 말씀해 주시겠습니까?" 스티브는 내게 전화를 걸어 말했다. "하나도 안 웃기니까 다시 원상태로 돌려놔!" 나는 이미 한껏 재미를 보았기에 원상태로 복구시켜줬다.

프리커들은 착신기의 오류를 사용해서 공짜로 전화를 거는 법을 이미 알고 있었다. 이때는 전화 회사들이 착신 서비스를 본격적으로 제공하기 이전이라 착신 기능은 전화국 내에서만 사용되었다(예를 들어, 걸려온 전화를 응답서비스로 돌려주는 기능을 제공했다). 대체로 프리커는 회사가 문을 닫은 밤 시간에 전화를 걸었다. 만약 응답 서비스 요원이 전화를 받으면 "몇 시부터 문을 여나요?"라는 단순한 질문을 한다. 서비스 요원이 대답을 한 다음 전화를 끊고 난 뒤 잠시 기다리면 전화 신호음이 들려온다. 그러면 프리커는 공짜로 전 세계 어디든 전화를 걸 수 있었고, 비용은 회사로 청구됐다.

착신기는 또한 사회공학 해킹 공격 중에 걸려오는 회신 전화를 받는 데에도 사용됐다.

그밖에도 프리커는 착신기를 사용해서 '자동 식별 번호'로 전화를 걸 수 있었다. 자동 식별 번호는 전화 회사 기술자들이 사용하는 번호로 프리커들은 이 방법을 사용해서 외부로 나가는 착신기용 전화선의 전화번호를 알아낼 수 있었다. 일단 전화번호를 알아내고 나면 프리커는 그 전화번호를 '자신'의 회신 전화번호로 사용할 수 있었다. 프리커는 착신기가 연결된 회사 전화번호로 전화를 걸어 걸려오는 전화를 받기만하면 됐다. 그러면 착신기는 응답 서비스로 전화를 착신해주려고 착신번호로 전화를 거는 과정에서 자동으로 걸려온 전화를 받았다.

어느 날 나는 이 방법을 사용해 친구 스티브와 늦은 밤까지 통화를 했다. 스티브는 샌페르난두밸리에 위치한 프리스티지 커피숍의 착신기 전화선을 사용해 내 전화를 받았다.

우리가 한참 전화 해킹에 대해 떠들고 있는데 갑자기 중간에 다른 사람의 목소리가 끼어들었다.

"우리가 너희들을 감청하고 있다." 낯선 목소리가 말했다.

스티브와 나는 즉각 전화를 끊었다. 우리는 이번에는 직통 전화를 걸어 전화 회사가 우리를 놀라게 하려고 뜬금없는 짓을 한다며 비웃었다. 전화 회사에서 일하는 놈들은 하나같이 멍청하다고 말했다. 그 순간 똑같은 목소리가 흘러나왔다. "우리는 여전히 너희들을 감청하고 있다!"

과연 멍청한 건 누구란 말인가?

얼마 후 어머니는 GTE로부터 편지를 받았다. 그리고 다시 얼마 후 GTE의 보안 총책임자인 돈 무디가 직접 우리 집을 방문했다. 그는 어머니에게 만약 내가 프리킹을 그만두지 않는다면 사기와 악용을 이유로 전화 서비스를 끊겠다고 경고했다. 어머니는 전화 서비스가 중단될 지도 모른다는 말에 충격을 받았다. 그리고 무디의 경고는 진심이었다. 내가 계속해서 프리킹을 하자 GTE는 정말로 우리 전화 서비스를 끊었다. 나는 어머니에게 석정하지 말라며, 내게 해결책이 있다고 말했다.

전화 회사는 모든 전화선마다 특정 주소를 연동시킨다. 해지된 우리 전화선은 13호에 연동돼 있었다. 내가 생각해낸 방법은 기술적인 해결책과는 거리가 멀었는데, 나는 철물점에 가서 대문에 주소를 표시하는 데 사용하는 글자 사인을 뒤졌다. 아파트로 돌아와 현관에 붙어있는 '13'을 떼어내고 그 자리에 '12B'를 붙였다.

그런 뒤 전화를 걸어 전화 서비스 신청부서를 연결해 달라고 말했다. 나는 새로운 주소, 그러니까 12B가 아파트에 새롭게 추가됐으니 기록을 그에 맞게 바꿔달라고 요청했다. 회사 측은 24시간에서 48시간 정도 걸릴 거라고 답했다.

나는 기다렸다.

그런 후 다시 신청부서로 전화를 걸어 이번에는 내가 12B에 새로 입주한 사람인데 전화 서비스를 신청하고 싶다고 말했다. 전화를 받은 여직원은 전화번호의 명의를 누구 이름으로 하겠냐고 물었다.

"짐 본드요." 내가 말했다. "아, 잠시만, 짐은 애칭이니까 정식 이름을 쓰죠. 제임스입니다."

"성함은 제임스 본드시고요." 그녀가 반복했다. 그녀는 전혀 이상한 낌새를 알아채지 못했다. 심지어 추가 비용을 지불하고 다음과 같은 전화번호를 선택하기로 했는데도 말이다. 내가 선택한 전화번호는 895-5…007이었다.

전화가 설치되고 난 뒤 나는 현관에 붙어있는 '12B'를 떼어내고 다시 '13'을 붙였다. GTE는 몇 주가 지나서야 이 사실을 알아챘고 다시 전화 서비스를 끊었다.

후에 알고 보니 GTE는 그때부터 나를 요주의 인물로 관리하기 시작했다. 당시 나는 17세였다.

거의 같은 시기에 나는 데이브 콤펠이라는 사내를 알게 됐다. 그는 아마도 20대 중반이었을 텐데 10대 시절의 여드름 자국이 너무나도 흉하게 남아 외모가 볼썽사나웠다. 데이브는 LA통합학군에 산재해 있는 PDP-11/70 미니컴퓨터의 유지보수를 담당했다. 이 미니컴퓨터들은 RSTS/E 운영체제를 사용했다. 데이브를 비롯해 그의 친구들은 특히나 내가 너무나도 간절히 탐냈던 컴퓨터 지식을 지니고 있었다. 나는 그들이 그 지식을 나눠줄 지도 모른다는 기대에 그 무리 속에 끼려 애썼다. 나는 데이브와 그의 친구 닐 골드스미스에게 간청했다. 짧은 머리에 상당한 비만이었던 닐은, 한눈에 봐도 부모가 오냐오냐하며 키운 것 같았다. 그가 삶에서 집중하는 거리고는 오직 음식과 컴퓨터뿐인 듯했다.

닐은 내게 무리에 끼는 건 좋지만, 그러려면 먼저 내 능력을 증명해야 한다고 말했다. 그들은 내게 '방주The Ark'라고 하는 컴퓨터 시스템을 해킹하라고 말했다. 방주는 DEC에서 RSTS/E 개발팀이 사용하는 컴퓨터 시스템이었다. "만약 네가 방주를 해킹할 수 있다면, 우리가 정보를 공유해도 좋을 만한 실력이라고 인정해주지." 닐이 말했다. 그리고 내가 해킹을 할 수 있도록 닐은 RSTS/E 개발팀에서 일하는 친구에게서 전화 접속 번호를 이미 받아놓은 상태였다.

닐이 나를 시험한 이유는 내가 절대로 그 일을 해낼 수 없을 거라고 생각했기 때문이다.

어쩌면 정말로 불가능한 일일지도 몰랐다. 하지만 나는 언제나처럼 일단 부딪혀보기로 했다.

닐이 준 전화 접속 모뎀 번호를 전화를 걸자 방주의 로그인 메뉴가 나타났다. 당연히 유효한 계정번호와 패스워드를 입력해야만 했다. 하지만 어디서 그 권한을 손에 넣는단 말인가?

나는 이미 생각해둔 계획이 있었고, 어쩌면 통할지도 모른다고 생각했다. 하지만 그 계획을 실행하려면 먼저 시스템관리자의 이름을 알아야 했다. 그것도 개발팀에 속한 아무 직원의 이름이 아닌 DEC에서 내부 컴퓨터 시스템을 총괄하는 사람의 이름이어야 했다. 나는 방주가 위치해 있는 뉴햄프셔 메리맥의 교환국에 전화를 걸어 컴퓨터실에 연결해 달라고 말했다.

"어떤 컴퓨터실을 말씀하시는 거죠?" 교환원이 물었다.

이런! 방주가 있는 컴퓨터실이 어디인지 사전 조사를 하지 않았다. 나는 대충 둘러댔다. "RSTS/E 개발팀을 말하는 겁니다."

"아, 돌출바닥으로 된 컴퓨터실을 말씀하시는 거군요. 연결해 드리죠."
(대형 컴퓨터 시스템은 바닥을 2중으로 높게 올려 그 공간에 수많은 케이블을 배선할 수 있는 공간을 확보하는 경우가 많다.)

이윽고 한 여직원이 전화를 받았다. 나로서는 위험한 도박을 하는 셈이었지만 어차피 내 전화가 추적될 리는 없었다. 따라서 만에 하나 의심을 산다 해도 나로선 잃을 게 없었다.

"그 컴퓨터실에 방주에 사용되는 PDP-11/70 컴퓨터가 있습니까?" 이 컴퓨터는 당시 DEC에서 제조한 가장 강력한 컴퓨터였고, 나는 개발팀이 당연히 그 컴퓨터를 사용하고 있으리라고 생각했다.

여직원은 그렇다고 답했다.

"저는 안톤 체르노프라고 합니다." 나는 태연하게 말했다. 체르노프는 RSTS/E 개발팀의 핵심 개발자 중 한 명이었다. 하지만 그 여직원이 체르노프의 목소리를 알아챈다면 실패할 수 있는 위험한 시도였다. "방주에 접속할 수 있는 내 계정에 뭔가 문제가 있는 것 같아서요."

"그 문제라면 제리 코버트와 통화를 해야 할 것 같은데요."

나는 제리 코버트의 내선 번호를 물었고, 여직원은 아무 의심 없이 내선 번호를 알려주었다. 나는 제리 코버트에게 전화를 걸었다. "제리, 나 안톤이에요." 그가 체호프를 개인적으로 알지 못해도 적어도 이름은 알 거라고 확신했기 때문에 이렇게 말했다.

"아, 잘 지내요?" 제리 코버트가 쾌활하게 말했다. 내 목소리가 체르노프의 목소리와 다르다는 걸 알지 못할 만큼 체르노프와는 그다지 친하지 않은 게 분명했다.

"잘 지냅니다." 내가 말했다. "그건 그렇고, 혹시 내 계정을 삭제했나요? 지난주에 프로그램 코드를 테스트하려고 계정을 새로 만들었는데, 지금 해보니 로그인이 안 되네요." 그러자 제리 코버트가 내 계정 로그인 정보가 어떻게 되냐고 물었다.

나는 과거의 경험을 통해 RSTS/E 계정번호가 1119처럼 개발 프로젝트 번호와 프로그래머 번호를 조합해 놓은 번호이며, 프로그래머 번호는 최대 254까지 배정될 수 있다는 사실을 알고 있었다. 특히 중요한 개발 프로젝트는 언제나 1로 시작됐다. 게다가 이전에 RSTS/E 개발팀의 프로그래머 번호가 200에서 시작한다는 것도 이미 알고 있었다.

나는 제리 코버트에게 테스트 계정번호가 '1119'라고 말한 뒤 그저 그 번호가 다른 프로그래머에게 배정된 번호가 아니길 마음속으로 빌었다.

정말이지 그건 대단히 운 좋은 추측이었다. 제리 코버트는 확인을 한 뒤 1119라는 계정번호는 없다고 말했다. 나는 말했다. "이런, 누군가 삭제했나본데, 혹시 다시 계정을 개설해줄 수 있을까요?"

체르노프의 요청인데 어찌 감히 거절하겠는가. "당연히 그래야죠. 패스워드는 뭘로 하실 건가요?"

나는 문득 건너편 부엌 선반에 딸기 젤리가 담겨있는 병을 보고는 이렇게 말했다. "'젤리'로 하죠."

곧바로 대답이 돌아왔다. "다 됐습니다."

나는 크게 놀랐고, 동시에 몸속에 아드레날린이 분비되는 걸 느꼈다. 이렇게 쉬울 거라고는 상상조차 못했던 것이다. 하지만 실제로 접속이 될까?

나는 내 컴퓨터를 사용해 향후 내 컴퓨터 멘토가 될 닐이 준 전화 접속 번호로 연결했다. 연결이 되자 아래와 같은 메시지가 떴다.

```
RSTS V7.0-07 * The Ark * Job 25 KB42 05-Jul-80 11:17 AM
# 1,119
Password:
Dialup password:
```

젠장, 젠장, 젠장. 나는 제리 코퍼트에게 다시 전화를 걸어 체르노프인 척하며 말했다. "내가 지금 집에서 전화접속을 하는데 전화접속 패스워드를 입력하라고 화면에 뜨네요."

"이메일로 보내드렸는데 못 받았나요? 패스워드는 'buffoon'입니다."

나는 재차 시도했고 결국 접속에 성공했다!

나는 먼저 개발팀 전원의 패스워드를 수집하기 시작했다.

나는 닐을 다시 만난 자리에서 말했다. "방주를 해킹하는 건 너무 쉬웠어요. RSTS/E 개발자 전원의 패스워드도 손에 넣었죠." 닐은 '이 자식 뭐 잘못 먹은 거 아냐?'라는 표정으로 눈을 굴렸다.

닐은 전화 접속 모뎀으로 방주에 접속했다. 로그인 메뉴가 뜨자 나는 그에게 "저리 비켜 봐요"라고 말한 뒤 로그인 정보를 입력했다. 그러자

'Ready' 프롬프트 화면이 나타났다.

"닐, 이 정도면 만족해요?"

닐은 눈앞에서 벌어진 일을 도무지 믿을 수 없다는 표정이었다. 마치 내가 로또 당첨 번호라도 알려준 것 같은 그런 표정이었다. 닐과 데이브, 그리고 그들의 몇몇 친구들은 한참 동안 내가 어떻게 방주를 해킹했는지를 시시콜콜 캐묻더니 컬버시티에서 가까운 곳에 있는 PSI라는 회사로 향했다. 그곳에는 1,200보드baud에 달하는 그 당시 가장 속도가 빠른 최신형 모뎀이 있었다. 1,200보드면 그 당시 일반인들이 보유하고 있던 300보드 모뎀보다 네 배나 빨랐던 셈이다. 그들은 그 모뎀을 사용해 RSTS/E 소스코드를 다운로드하기 시작했다.

도둑에게 의리 따위는 없다는 속담이 있다. 그들은 나를 무리에 끼워주고 컴퓨터에 대한 지식을 알려주기는커녕 RSTS/E 소스코드를 다운로드한 뒤 내게는 보여주지도 않았다.

그 후 그 녀석들이 DEC에 전화를 걸어 방주가 해킹됐다는 사실을 알려준 것을 뒤늦게 알게 됐다. 심지어 그 녀석들은 해커가 바로 나라는 사실도 밝혔다. 완전히 배신당한 셈이다. 나는 그 자식들이 나를 고자질할 거라고는 생각도 못했다. 특히나 그 해킹을 통해서 자신들도 RSTS/E 소스코드라는 엄청난 선물을 손에 넣었으니 더더욱 그럴 거라고는 상상도 하지 못했다. 하지만 이 일은 내가 믿었던 이들에게 무수히 배신당하는 시작에 불과했다.

17세 때 나는 여전히 고등학교를 다니면서 말하자면 RSTS/E 해킹 분야의 박사학위라도 딸 것처럼 그 일에 모든 시간을 쏟았다. 해킹 목표물은 회사들이 신문에 낸 RSTS/E 컴퓨터전문가 채용공고를 통해 발굴했다. 일단 채용공고를 낸 회사에 전화를 걸어 DEC현장지원직원이라고 말하면 대체로 시스템관리자로부터 전화 접속 번호와 계정번호, 패스워드를 알아낼 수 있었다.

1980년 12월에 나는 미카 허쉬만이란 친구를 우연히 만나게 된다. 그의 아버지는 블러드스톡리서치란 회사에서 회계사로 일했는데, 마침 그 회사는 RSTS/E시스템을 사용했다. 그 회사는 경주마들의 혈통기록을 보관하고 관리하며 경주마 사육자와 경마내기꾼들에게 정보를 제공했다. 나는 허쉬만의 계정을 이용해서 이 회사의 컴퓨터에 접속한 뒤 보안 취약점을 찾아 특별계정 에 접근했다. 그런 뒤 미카와 함께 그저 재미삼아 운영체제를 이런저런 식으로 사용해보면서 그 기능을 차차 익혀나갔다.

사건은 바로 우리 눈앞에서 터졌다. 어느 날 밤 미카는 나 없이 혼자서 이 회사의 시스템에 접속했고, 회사는 해커 침입사실을 발견하고는 곧장 FBI에 신고했다. 그들은 허쉬만 계정을 통해 공격이 일어났다고 FBI에게 알렸다. FBI가 허쉬만 씨의 집을 방문했고, 허쉬만 씨는 해킹에 대해 전혀 아는 바가 없다고 부인했다. 하지만 FBI가 계속 추궁하자 아들 미카의 짓이라고 털어놓았고, 미카는 다시 내 짓이라고 말했다.

그때 나는 아파트 2층에 있는 내 침실에서 온라인에 접속한 채 전화모뎀을 이용해 퍼시픽전화회사의 교환기를 한창 해킹하는 중이었다. 나는 누군가 현관문을 노크하는 소리를 듣고는 창문을 열어 아래를 향해 소리쳤다. "누구세요?" 이후 들려온 대답은 이후 악몽처럼 나를 괴롭히게 될 대답이었다. "로빈 브라운. FBI에서 나왔소."

심장이 쿵쾅댔다.

어머니가 큰 소리로 물었다. "누가 왔니?"

"FBI래요." 내가 큰 소리로 답했다.

어머니는 그저 웃었다. 노크를 한 사람이 누구인지는 몰랐지만 적어도 FBI일 리는 없을 거라고 생각한 것이다.

나는 공황상태에 빠졌다. 재빨리 컴퓨터모뎀 거치대에서 수화기를 내려놓았고, 루이스 드페인이 몇 주 동안 빌려준 TI-700 컴퓨터도 침대 밑에 감췄다. 개인용 PC시대가 열리기 전인 당시 내가 가진 것이라고는 회사나 대학의 시스템에 접속하는 데 사용하는 단말기와 모뎀이 전부였다. 심지어 컴퓨터모니터도 없었다. 내가 입력한 명령어에 대한 응답은 감열지thermal paper에 인쇄돼 나왔다.

문득 내 침대 밑에 엄청난 양의 감열지가 있다는 사실이 떠올랐다. 감열지에는 내가 매주 여러 시간에 걸쳐 전화 회사 컴퓨터와 교환기, 그리고 수많은 기업들의 컴퓨터를 해킹했다는 사실을 입증할 데이터가 인쇄돼 있었다.

아래층으로 내려가 문을 열어주자 FBI요원은 내게 손을 건넸고, 나는 그 손을 잡았다. "내가 바로 스탠리 리프킨을 체포했지." 요원이 대뜸 말했다. 그는 내가 스탠리 리프킨을 잘 안다는 걸 이미 알고 있었다. 스탠리 리프킨은 역사상 가장 큰 규모의 절도를 저지른 사내였다. 그는 자금이체 사기를 통해 시큐리티퍼시픽은행에서 1천만 달러를 훔쳤다. 아마도 FBI요원은 스탠리 리프킨을 체포했다는 말에 내가 꽤나 겁먹을 거라고 생각했던 것 같다. 하지만 나는 스탠리 리프킨이 체포된 이유가 멍청하게도 그가 미국으로 다시 돌아와 자신이 한 짓을 자랑스레 여기저기 떠벌리고 다녔기 때문이라는 걸 알고 있었다. 만약 그러지 않았더라면 스탠리 리프킨은 아마도 지금까지도 외국에서 호화로운 삶을 살고 있었으리라.

하지만 이 사내는 연방범죄에만 권한이 있는 FBI요원이었고, 당시까지만 해도 내가 저지른 컴퓨터 해킹에 대한 연방법은 아직 존재하지 않았다. FBI요원이 말했다. "전화 회사를 상대로 자꾸 이런 문제를 일으키면 25년

형을 받을 수 있다는 걸 명심하게." 나는 그가 아무런 권한이 없으며, 단지 내게 겁주기 위해 그런 말을 한다는 걸 알았다.

그리고 실제로 그 협박은 전혀 소용이 없었다. FBI요원이 떠나자마자 나는 다시 온라인에 접속했다. 감열지를 태워버리지도 않았다. 지금 생각해 보면 분명 멍청한 짓이었지만 당시 나는 구제불능 상태였다.

FBI요원의 방문도 효과가 없었지만, 어머니의 반응도 예상 밖이었다. 어머니가 볼 때 FBI의 방문은 그저 기분 나쁜 협박에 지나지 않았다. 도대체 아이가 집에서 가지고 노는 컴퓨터로 남에게 무슨 대단한 피해를 입힐 수 있다는 말인지, 어머니는 전혀 개념조차 없었다.

나는 해서는 안 될 일을 하면서 너무나 큰 스릴감과 만족감을 느꼈다. 전화와 컴퓨터 기술에 매료됐고, 내 자신이 탐험가처럼 느껴졌다. 해킹은 마치 끝이 없는 사이버공간을 여행하면서 온몸으로 전율과 만족을 느끼기 위해 시스템에 몰래 잠입하고, 경험이 많은 보안전문가들을 농락하고, 보안장치를 우회하고, 시스템이 어떻게 작동하는지 배워나가는 것과 같았다.

얼마 지나지 않아 나는 이번에는 정부기관으로부터 압박을 받기 시작했다. 미카는 FBI의 방문이 있은 지 얼마 뒤 파리로 여행을 떠나기로 했다. 에어프랑스 항공편이 두어 시간쯤 비행을 하던 중에 내부 안내방송이 흘러나왔다. "미카 허쉬만 씨, 스튜어디스 호출 버튼을 켜주시기 바랍니다." 미카가 그 말대로 하자 스튜어디스가 다가와 말했다. "기장님이 조종실에서 보자고 합니다." 미카가 깜짝 놀랐다는 건 두 말하면 잔소리다.

미카는 조종실로 안내를 받았다. 부기장은 무전기를 통해 미카가 왔다고 말한 뒤 미카에게 무전기를 넘겨주었다. 무전기에서 흘러나오는 목소리는 이렇게 말했다. "FBI 특수요원 로빈 브라운일세. 자네, 미국을 떠나 프랑스로 향하는 중이더군. 프랑스에는 왜 가는 거지?"

미카는 이 모든 상황을 도무지 이해할 수가 없었다. 미카는 질문에 답변했고, FBI요원은 몇 분간 그에게 꼬치꼬치 캐물었다. 후에 알고 보니 FBI는 미카와 내가 스탠리 리프킨처럼 대형 컴퓨터 해킹사건을 저질렀고, 어쩌면 미국 은행에서 유럽 은행으로 수백만 달러를 사기송금을 했을지 모른다고 의심했다.

그건 마치 액션영화의 한 장면 같았다. 그리고 나는 그 긴박감을 즐겼다.

일단 그런 흥분을 맛보고 나서 나는 빠져나올 수 없을 만큼 해킹에 사로잡혔고, 심지어 더 큰 스릴을 느끼고 싶어 안달했다. 고등학교 시절에 내 머릿속은 해킹과 프리킹으로 꽉 차있었기에 수업에는 흥미도 관심도 없었다. 다행히도 나는 고등학교를 자퇴하지도 않았고, 또는 LA교육청이 마음에 안 든다는 이유로 나를 퇴학시키기 전에 다른 해결책을 발견해냈다.

고졸학력 인증시험을 통과하면 고등학교 졸업장과 똑같은 학위를 얻을 수 있고, 게다가 더 이상 나나 선생들이나 서로 시간을 낭비할 필요가 없었다. 나는 시험을 신청했다. 시험은 내가 예상했던 것보다 훨씬 쉬웠다. 아마 중학교 2학년 수준이었던 것으로 기억한다.

대학에 가서 컴퓨터를 전공한다면 컴퓨터에 대한 채워지지 않는 나의 지적 갈증을 채우면서 동시에 학위까지 딸 수 있으니 일석이조 아니겠는가? 1981년 여름, 나는 17살에 우드랜드힐 근교에 있는 2년제 피어스칼리지에 입학했다.

피어스칼리지 전산실 관리자였던 게리 리바이는 컴퓨터에 대한 나의 열정을 즉각 알아봤다. 그는 나를 아꼈고 내게 RSTS/E시스템에 접속할 수 있는 특별계정을 사용할 수 있는 특권을 제공했다.

하지만 그가 준 선물에는 유효기간이 있었다. 바로 얼마 뒤 게리 리바이가 학교를 떠난 것이다. 그와 함께 컴퓨터공학부 학장은 척 알바레즈라는 사람으로 바뀌었다. 척 알바레즈는 내가 특별계정에 접속해 있는 걸 보고는 즉각 로그오프를 하라고 말했다. 나는 게리 리바이가 허락했다고 항변했지만 아무 소용이 없었다. 심지어 척 알바레즈는 나를 전산실에서 영원히 쫓아냈다. 아버지는 나와 함께 척 알바레즈를 만나러 갔고, 척은 변명처럼 이런 말을 늘어놓았다. "아드님은 이미 컴퓨터에 대해 너무나 많이 알기 때문에 피어스칼리지에서 더 이상 가르칠 게 없습니다."

나는 학교를 그만뒀다.

비록 나는 대단한 시스템에 접근할 수 있는 권한을 잃어버리긴 했지만 1970년대 후반과 1980년대 초반, 개인용 컴퓨터 시대는 극적인 전환기를 맞이하고 있었다. 바로 모니터가 달린 최초의 데스크톱 컴퓨터들이 등장했던 것이다. 애플II, 코모도어PET, 최초의 IBM PC가 등장하면서 컴퓨터는 누구든 사용할 수 있는 도구가 됐고, 컴퓨터 해커를 비롯해 컴퓨터에 심취한 전문가들이 이전보다 훨씬 쉽게 컴퓨터를 사용할 수 있게 됐다. 나는 더할 나위 없이 행복했다.

루이스 드페인은 처음으로 내게 전화를 걸어 내게서 해킹을 배우고 싶다고 말한 사람이었다. 그 때부터 드페인은 나의 가장 가까운 해킹 및 프리킹 동지였다. 그는 나보다 다섯 살이 많았다. 결코 적은 나이 차이는 아니었다. 하지만 그와 나는 공통점이 있었으니 둘 다 프리킹과 해킹을 하면서 철없는 아이 같은 흥분을 느끼곤 했다는 것이다. 게다가 목표도 같았다. 기업 컴퓨터를 해킹하고, 패스워드를 빼내고, 허용되지 않은 정보에 접근하는 것이었다. 분명한 건, 나는 결코 다른 사람의 컴퓨터 파일을 손상시키거나 돈을 벌려는 목적으로 해킹을 하지 않았다는 점이다. 그리고 내가 아는 한 이 점은 루이스도 마찬가지다.

우리는 서로 신뢰했다. 하지만 그의 가치관은 나와 달랐는데, 그 차이를 극명하게 보여준 사건은 US리싱U.S. Leasing 사의 해킹이었다.

내가 US리싱 시스템을 해킹하는 데 사용한 해킹기법은 너무나 단순해서 그 방법을 썼다는 사실 자체가 민망할 정도다. 그 해킹기법은 이런 식으로 진행된다.

일단 나는 해킹하기로 마음먹은 회사로 전화를 걸어 전산실을 바꿔달라고 한 뒤 시스템관리자가 전화를 받으면 이렇게 말한다. "저는 DEC지원부서의 아무개(그 순간에 머리에서 떠오르는 이름을 댄다)라고 합니다. 당신이 사용하는 RSTS/E 버전에서 심각한 버그를 발견했습니다. 잘못될 경우 데이터가 날아갈 수도 있습니다." 이 방법은 강력한 사회공학기법이다. 왜냐하면 사람들은 데이터를 잃는다는 말을 들으면 대단히 겁을 먹기에 대부분 협조를 제공하는 데 전혀 주저하지 않는다.

일단 상대방이 충분히 겁을 먹으면 이렇게 말한다. "귀사의 업무를 방해하지 않고 우리 쪽에서 직접 귀사 시스템을 패치해 드릴 수 있습니다." 이쯤 되면 상대방은 이미 전화 접속 번호와 시스템관리자 접속정보를 알려주고 싶어 안달한다. 혹시라도 상대방이 주저하면 나는 그저 "알겠으니, 패치는 우편으로 보내드리죠."라고 말한 뒤 다음 목표물로 옮겨가면 그만이다.

US리싱의 시스템관리자는 전혀 주저하지 않고 내게 시스템관리자계정의 패스워드를 순순히 알려줬다. 나는 시스템에 접속해 새로운 계정을 개설한 뒤 운영체제를 패치하는 척하면서 '백도어' 프로그램을 설치했다. 백도어 프로그램이란 언제라도 시스템에 몰래 접속할 수 있게 해주는 소프트웨어이다.

나는 US리싱에 설치해 놓은 백도어프로그램에 대해 루이스에게 말해줬다. 당시 루이스는 해커가 되고 싶어 하는 수잔 썬더라는 여자와 한창 사귀던 중이었다. 수잔 썬더는 나중에 언론과의 인터뷰에서 자신이 그 당시 매춘부로 일했지만 그 이유가 단지 컴퓨터장비를 구입할 돈을 마련하기 위해서였다고 말했다. 나는 과연 그 말이 사실인지 의심스럽다. 아무튼 루이스는 수잔에게 내가 US리싱을 해킹했다는 사실을 말했고, 그녀에게 US리싱 시스템접속에 필요한 기밀정보를 알려주었다. 아니 어쩌면 루이스가 후에 주장한 바대로 그 정보는 루이스가 수잔에게 건네준 게 아니라 루이스가 컴퓨터 옆에 놓아둔 공책에 적어놓은 정보를 수잔이 훔친 것일 수도 있다.

얼마 뒤 둘은 크게 다툰 후 헤어졌고, 내 생각에는 그 과정에서 서로에게 악감정이 남은 것 같다. 그리고 수잔은 그 악감정을 나에게 분풀이했다. 지금까지도 나는 왜 수잔이 나를 복수상대로 삼았는지 이해할 수가 없다. 어쩌면 수잔은 루이스가 자신과 헤어진 이유가 나와 더 많은 시간을 보내기 위해서라고 생각했고, 그래서 둘이 헤어진 게 내 탓이라고 여겼을 수도 있다.

이유야 어쨌든, 전하는 말에 의하면 수잔은 루이스에게서 빼낸 접속정보를 사용해 US리싱 컴퓨터 시스템에 접속했다. 그 사건에 대해 후에 알려진 이야기에 의하면, 수잔은 US리싱의 컴퓨터 파일들을 상당수 파괴했다. 그리고 US리싱 프린터기에 메시지를 전송해 종이가 다 소진될 때까지 다음과 같은 메시지가 계속 출력되게 했다.

미트닉이 다녀갔음
미트닉이 다녀갔음
엿 먹어라
엿 먹어라

이 모든 상황이 내게 심각한 문제를 초래한 건, 후에 내가 재판을 받으며 형량을 합의할 때 검찰이 계속해서 내가 저지르지도 않은 이 사건을 내 죄목에 포함시켰다는 점이다. 당시 나는 이 가학적이고 말도 안 되는 짓을 내가 저질렀다고 시인하든지, 아니면 소년원에 가든지 둘 중 하나를 선택해야만 하는 기로에 직면했다.

이후로도 수잔은 나를 상대로 상당기간 분풀이를 했다. 내 전화 서비스를 방해하거나 전화 회사에 내 전화선을 끊으라고 지시를 내리기도 했다. 내가 이를 되갚아줄 기회는 아주 우연히 찾아왔다. 언젠가 전화 회사를 해킹하던 과정에서 나는 계속해서 전화벨이 울리되 아무도 전화를 받지 않는 전화선이 필요했다. 나는 머릿속에 기억해둔 공중전화번호로 전화를 걸었다. 세상은 정말 좁고, 가끔은 전혀 이해할 수 없는 우연도 생기는 법이다. 마침 근처에 살던 수잔 썬더가 공중전화 부스 옆을 지나치고 있었던 것이다. 수잔은 공중전화를 받아 "여보세요."라고 말했다. 나는 목소리를 듣고 즉각 상대방이 수잔 썬더임을 알아챘다.

"수잔, 나 케빈이야. 네게 꼭 알려주고 싶은 게 있는데, 내가 네 일거수일투족을 모두 감시하고 있거든. 그러니까 더 이상 까불지 말라고!"

그 일로 수잔이 여러 주 동안 잔뜩 겁을 먹었을 거라 생각한다.

나는 당시 신나게 해킹을 저질러댔다. 하지만 영원히 법망을 피할 수는 없었다.

1981년 5월, 17살 무렵 나는 UCLA로 학교를 옮겨 교양과목을 수강했다. UCLA 전산실에서 학생들은 숙제를 하거나 컴퓨터와 프로그래밍에 대해 배웠다. 반면에 나는 그곳에서 멀리 떨어져 있는 컴퓨터를 해킹했다. 당시 나는 집에 컴퓨터가 없었고, 따라서 대학처럼 컴퓨터를 사용할 수 있는 곳을 찾아야만 했다.

당연히 학생들이 이용하는 전산실에 놓인 컴퓨터들은 외부로 접속할 수 있는 회선이 없었다. 컴퓨터마다 설치된 모뎀을 이용해서 전화접속을 할 수는 있었지만 오직 다른 분교로만 전화를 걸 수 있었고, 그 외에 외부 전화번호로 전화를 거는 건 허용되지 않았다. 다시 말해, 그 컴퓨터들은 내가 하려는 해킹에는 전혀 도움이 안 됐던 셈이다.

그렇다고 해서 문제될 건 없었다. 전산실 벽에는 걸려오는 전화만 받을 수 있는, 다이얼이 없는 전화기가 한 대 걸려있었다. 나는 고등학교 시절 크리스티 선생의 컴퓨터 수업에서 사용한 방법을 그대로 사용했다. 수화기를 든 후 전화기 스위치를 빠르게 아홉 번 누르면 다이얼 9번이 걸리고, 열 번 빠르게 누르면 0번이 걸리면서 교환원이 연결됐다.

교환원이 전화를 받으면 내가 사용하던 컴퓨터에 설치된 모뎀 전화번호로 전화를 걸어달라고 요청했다. 당시 UCLA 전산실 컴퓨터는 내장 모뎀이 달려있지 않았다. 대신 모뎀 연결을 하려면 수화기를 옆에 있는 음향결합기[1]에 올려놓아야 했다. 그러면 음향결합기는 모뎀신호를 수화기로 전송했고 다시 외부 전화선으로 전송했다. 교환원이 모뎀 전화번호로 전화를 걸어오면 나는 전화를 받은 후에 그녀에게 특정 번호를 연결해 달라고 요청했다.

나는 이 방식으로 RSTS/E 운영체제에서 작동하는, DEC에서 제조한 PDP-11을 사용하는 수많은 기업들로 전화접속을 했다. 나는 DEC현장직원이라고 속이는 사회공학기법을 통해 기업들의 전화 접속 번호와 시스템 접속정보를 알아냈다. 그 당시 나는 컴퓨터접속을 하기 위해 떠돌이처럼 대학캠퍼스를 여기저기 돌아다녔다. 온라인에 접속하기 위해 대학캠퍼스

1 음향결합기(acoustic coupler): 모뎀과 전화를 직접 연결하는 것이 아니라 전화 수화기를 통해 모뎀 신호를 소리로 바꾸어 데이터를 전송하는 모뎀의 한 종류. – 옮긴이

로 차를 몰고 갈 때면 아드레날린이 솟구쳤다. 15분 동안 컴퓨터를 사용하기 위해 과속을 하면서 45분이나 차를 몰고 가기도 했다.

이런 와중에 전산실에 있던 학생이 내가 하는 짓을 엿듣고 고자질을 할 거라고는 꿈에도 생각 못했다.

어느 날 저녁 UCLA 전산실에서 컴퓨터 앞에 앉아있는데 갑자기 떠들썩한 소리가 들렸다. 올려다보니 대학 경비들이 전산실로 뛰어 들어와 곧장 나를 향해 달려오고 있었다. 나는 걱정스럽지만 한편으론 애써 태연한 표정을 지었다.

대학경찰은 나를 의자에서 끌어낸 후 수갑을 채웠다. 매우 아팠다. 이제 캘리포니아 주는 해킹을 법정범죄로 규정했던 것이다. 하지만 나는 여전히 미성년자였기에 감옥에 갈 일은 없었다.

하지만 여전히 죽을 만큼 겁이 났다. 내 차 안에 있는 가방 안에는 여러 회사를 해킹했다는 사실을 보여주는 인쇄물로 가득했다. 만약 대학경찰들이 내 차를 수색해서 보물단지와도 같은 인쇄물을 찾아내고 그것이 무엇을 의미하는지를 이해한다면 나는 재학생이 아니면서 학교 컴퓨터를 사용한 것보다 훨씬 강력한 처벌을 받을 게 분명했다.

대학경찰 중 한 명이 내 차 열쇠를 압수한 뒤 내 차를 찾아내 해킹 증거물들이 담긴 가방을 찾아냈다. 그런 뒤 경찰들은 나를 교내에 있는 경찰서로 데려갔다. 그건 체포된 것과 마찬가지였고, 경찰들은 나를 '무단 침입' 혐의로 구금한다고 말했다. 그런 후 어머니에게 전화를 걸어 나를 데려가라고 말했다.

결론적으로 UCLA에는 내 인쇄물이 의미하는 바를 이해하는 사람이 없었던 것이다. 대학 측은 나를 기소하지 않고 가석방 부서로 넘겼다. 가석방 부서는 나를 소년법원으로 넘길 수 있었지만 끝내 그렇게 하지 않았다.

어쩌면 당시 나는 손댈 수 없는 존재였을지도 모르겠다. 내가 하던 짓을 계속 하더라도 가끔씩 문제는 일어나겠지만 결코 심각하게 고민할 정도의 수준은 아닐 수도 있었다. 나는 이 사건으로 대단히 겁을 먹긴 했지만, 아무튼 또 다시 날아오는 총알을 피한 거나 마찬가지였다.

Flle ujw esc wexp mo xsp kjr hsm hiwwcm,
"Wplpll stq lec qma e wzerg mzkk!"?

04 도주왕

1981년 미국 현충일이 낀 주말에 루이스 드페인과 나는 다른 프리커들과 함께 '파티'에 참석했다. 파티라는 단어에 따옴표까지 붙여 강조한 이유는 파티가 열린 장소가 세이키스 피자가게였기 때문이다. 그 가게는 고작해야 6살짜리 아이들, 또는 아주 찌질한 녀석들이나 모여서 노는 장소였다.

아무튼 약 스무 명 정도가 파티에 참석했고, 그들 모두 하나같이 가장 지루한 아마추어 라디오 마니아만큼이나 따분하기 짝이 없는 인간들이었다. 하지만 그중 일부는 기술에 대한 지식이 대단했고, 따라서 나로서는 그 파티가 완전한 시간낭비는 아니었다.

대화는 내가 가장 좋아하던 해킹대상이었던 코스모스, 그러니까 퍼시픽전화회사에서 가장 중요한 시스템이자, 접속하는 데 성공하기만 하면 해커에게 엄청난 권한을 부여해줄 수 있는 수 배선반 관리 소프트웨어로 옮겨갔다.

루이스와 나는 이미 내가 초기에 해킹했던 퍼시픽전화회사의 코스모스에 접속할 수 있었다. 하지만 당시 코스모스에 접속할 수 있는 사람들은 몇 명 안 됐다. 그리고 나는 그들에게 어떻게 코스모스를 해킹할 수 있는지 말해줄 생각은 눈곱만큼도 없었다. 대화를 나누면서 나는 코스모스가 위치한 건물이 파티 장소에서 고작 몇 킬로미터 떨어진 가까운 곳에 있다는 것을 떠올렸다. 나는 우리 몇 명이 그 건물로 가서 주변 쓰레기통을 뒤진다면 유용한 정보를 찾아낼 수 있을지도 모른다고 생각했다.

루이스는 언제나처럼 내 해킹에 기꺼이 동참했고, 우리는 파티에 참석한 마크 로스라는 또 다른 해커를 꾀어냈다. 그는 전화시스템에 대해 잘 알았고, 우리가 신뢰할 수 있다고 생각한 사람이었다.

우리는 중간에 잠시 24시간 슈퍼에 들러 장갑과 손전등을 산 후 코스모스가 있는 건물로 향했다. 쓰레기통을 뒤진 결과 흥미로운 것들이 몇 개 발견되긴 했지만 대부분 그다지 쓸모없는 것들이었다. 한 시간 정도 쓰레기통을 뒤지다가 실망한 내가 제안했다. "우리 이러지 말고 건물 안으로 들어갈 수 없을까?"

루이스와 마크 둘 다, 내가 먼저 건물 안으로 들어가 사회공학기법으로 경비원을 속인 후 휴대용 햄라디오로 신호를 보내라고 했다. 하지만 어림도 없는 제안이었다. 삼총사처럼 모두가 함께 하든지 아니면 아예 안 하든지 둘 중 하나였다.

그래서 우리는 건물 안으로 함께 들어갔다. 경비원은 대마초를 꽤나 즐길 것처럼 보이는 젊은 사내였다. 내가 먼저 말을 걸었다. "안녕하세요. 시간이 늦었네요. 저는 여기서 일하는 사람인데 친구들한테 내가 일하는 곳을 좀 보여주려고요."

"아, 그러세요. 여기 서명만 해주시면 됩니다." 경비원은 사원증을 보여달라는 요구조차 하지 않았다. 너무나 쉽게 무사통과할 수 있었다.

우리는 이미 그전부터 전화 회사의 여러 부서에 전화를 걸어댔고, 오랫동안 전화 회사의 업무절차를 자세히 관찰해왔기에 코스모스 담당직원들이 어디에서 근무하는지를 이미 훤히 알고 있었다. 퍼시픽전화회사와의 통화 과정에서 늘 언급된 방이 있으니 바로 '108호'였다. 우리는 108호로 향했다.

코스모스가 이곳에 있다. 모든 해커들이 탐내는 가장 큰 광맥이자 최고의 목표물이 바로 이 방에 있다.

벽에 걸려있는 서류철 안에는 캘리포니아 남부에 위치한 모든 교환국의 전화 접속 번호가 적힌 서류가 들어있었다. 마치 병원 진료실에 비치돼 있는, '한 부 가져가세요'라는 스티커가 붙어있는 홍보용 팸플릿처럼 우리를 기다리고 있었다. 이렇게 운이 좋을 수가 있다니. 나는 믿을 수가 없었다. 이곳은 내가 가장 탐내던 보물창고와 다름없었다.

모든 전화국에는 한 개 이상의 교환국이 있다. 각각의 전화국에서 교환되는 통화는 특정 교환국으로 배정된다. 따라서 모든 교환국의 전화 접속 번호와 로그인정보를 손에 넣었다는 건 퍼시픽전화회사가 서비스를 제공하는 캘리포니아 남부의 모든 전화선을 내 마음대로 조종할 수 있는 것과 다름없었다.

대단한 수확이었다. 하지만 다른 관리자계정에 대한 패스워드도 필요했다. 나는 주변 사무실을 돌아다니며 서류철을 들춰보고 책상서랍을 뒤졌다. 우연히 들춰본 서류철에 '패스워드'라는 제목이 적힌 서류가 들어있었다.

와우!

믿을 수가 없었다. 저절로 입이 귀에 걸렸다.

그때 건물을 빠져나왔어야 했다.

하지만 나는 여러 권으로 된 코스모스 매뉴얼을 발견했다. 매뉴얼에는 꼭 손에 넣어야 할 정보들이 담겨있을 게 분명했다. 참을 수 없을 정도로 유혹이 밀려왔다. 매뉴얼만 있다면 전화 회사 직원들이 암호로 된 명령어로 정보를 요청하는 법부터 시작해서 코스모스 시스템이 작동하는 모든 부분까지 알고 싶은 것들은 모두 알아낼 수 있었다. 요즘이라면 이런 정보는 구글을 검색하면 다 나올 것이다. 하지만 당시만 해도 이런 정보는 오직 매뉴얼에서만 찾을 수 있었다.

나는 루이스와 마크에게 말했다. "매뉴얼을 복사가게로 가져가서 한 부씩 복사한 다음 직원들이 아침에 출근하기 전에 다시 가져다 놓자."

경비원은 우리가 올 때는 빈손이었건만 나갈 때는 루이스가 사무실에서 찾아낸 서류가방에 매뉴얼을 꽉 채우고 나가는 것을 보면서도 아무런 말도 하지 않았다.

매뉴얼을 들고 나온 건 내가 어린 시절 저지른 가장 멍청한 실수였다.

우리는 차를 몰고 복사가게를 찾았지만 찾을 수가 없었다. 당연히 일반적인 복사가게는 새벽 2시에 문을 열지 않는다. 그러다가 우리는 매뉴얼을 다시 가져다 놓기 위해 사무실을 두 번째로 방문한다는 건 너무나 위험한 짓이라고 결론지었다. 혹시라도 그 사이에 경비원이 교대라도 했다면 내 임기응변이 아무리 뛰어난들 납득할 만한 설명을 늘어놓지 못할 수도 있었다.

어쩔 수 없이 나는 매뉴얼을 집으로 가져갔다. 하지만 왠지 예감이 좋지 않아 매뉴얼을 쓰레기봉투 여러 개에 나눠 담았고, 루이스는 쓰레기봉투를 내게서 건네받아 내가 모르는 곳에 숨겼다. 사실 나는 숨긴 장소를 알고 싶지도 않았다.

루이스는 더 이상 수잔 썬더와 사귀지 않았지만, 여전히 그녀와 어울리긴 했다. 그리고 루이스는 여전히 입이 가벼웠다. 루이스는 자신이나 친구들이 심각한 상황에 처할 수도 있는 그 일에 대해 끝내 입단속을 못했고, 결국 수잔 썬더에게 매뉴얼 사건에 대해 털어놓았다.

수잔은 전화 회사에 우리를 밀고했다. 매뉴얼 사건이 있은 지 며칠 후 무더운 어느 여름 저녁, 나는 집으로 가기 위해 전화안내원으로 일하던 스티븐 와이즈 템플의 주차장을 빠져나왔다. 세 명의 사내가 탄 크라운빅토리아 승용차가 스쳐지나갔다. 수사관들의 차가 분명했다. (왜 수사관들은 늘 똑같은 차종을 모는 걸까? 그게 '잠복형사'라고 차 옆에 써놓는 것만큼이나 뻔히 눈에 띈다는 걸 모르는 걸까?)

나는 속도를 냈고 그들이 유턴해서 나를 추적하는지 살펴보았다. 빌어먹을 그들이 내 차 뒤를 쫓아온다. 아냐, 그냥 우연일지도 몰라.

나는 다시 속도를 높여 샌페르난두밸리로 향하는 405번 도로로 진입한다.

크라운빅토리아 승용차가 빠르게 내 차와의 거리를 좁혀온다. 후방거울을 통해 보니 크라운빅토리아에서 팔이 하나 빠져나오더니 차 지붕 위에 사이렌을 부착하는 모습이 눈에 들어온다. 사이렌이 빙글빙글 돌면서 조명이 번쩍인다. 젠장! 왜 나를 갓길로 세우려는 거지? 잠시 총알같이 차를 몰아 도주하고픈 생각이 머리를 스친다. 고속도로에서 과속으로 추격전을 벌인다? 미친 짓이다.

어떤 경우에도 나는 도주를 시도할 생각이 없다. 나는 갓길에 차를 댄다. 크라운빅토리아도 내 차 뒤에 섰다. 세 명의 사내가 차에서 뛰쳐나온다. 그리고 나를 향해 뛰어온다.

그들의 손에 권총이 들려있다!!

그들이 소리친다. "차에서 내려!"

순식간에 내 손에 수갑이 채워진다. 이번에도 아프게 수갑이 세게 조여

온다.

사내 한 명이 내 귀에 대고 고함친다. "전화 회사를 엿 먹이는 걸 그만두는 게 좋을 거다! 이제 본때를 보여주지!" 나는 겁에 질린 나머지 울음을 터트렸다.

또 다른 차 한 대가 다가와 멈춘다. 운전하던 이가 뛰쳐나와 우리를 향해 달려온다. 그는 수사관들에게 외친다. "저 자식 차에 폭탄을 찾아보라고! 논리폭탄[1]이 설치돼 있어!!"

이쯤에서 나는 우는 와중에도 웃음이 터져 나왔다. 논리폭탄은 소프트웨어일 뿐인데 이 사내들은 그 사실을 모른다. 그들은 내 차 안에 사람들을 날려버릴 수 있는 뭔가가 들어있다고 생각한다. 수사관들이 나를 다그친다. "매뉴얼은 어디다 뒀지?"

"전 미성년자에요. 일단 변호사랑 통화하겠어요."

하지만 수사관들은 나를 마치 테러리스트처럼 다루며 차로 약 45분이나 떨어진 패서디나 경찰서로 연행한 후 유치장에 처넣었다. 유치장은 쇠창살이 없는 시멘트로 만든 아주 자그만 관처럼 보이는 방이었는데 커다란 철문이 굳게 닫혀 쥐새끼 소리조차 흘러나갈 수 없는 곳이었다. 나는 법으로 허용된 전화 한 통을 걸길 원했지만 수사관들은 허락하지 않았다. 마치 미성년자에게는 헌법조차 적용되지 않는다는 듯 나를 대했다.

마침내 보호관찰관이 나를 취조하기 위해 나타났다. 보호관찰관은 나를 풀어주고 부모에게 인도해 줄 수 있는 권한이 있었다. 하지만 수사관들

1 논리폭탄(logic bomb): 특정 조건이 충족되면 자동실행되어 프로그램의 오류를 초래하는 악성 소프트웨어 – 옮긴이

은 내가 컴퓨터 해킹 범죄의 한니발 렉터[2] 같은 존재라며 보호관찰관에게 풀어줘선 안 된다고 설득했다. 덕분에 나는 수갑을 찬 채 LA 동부에 위치한 소년원으로 이송돼 하룻밤을 지냈고, 다음 날 재판정에 출두했다. 아버지와 어머니는 재판에 참석했고, 둘 다 내 석방을 위해 백방으로 뛰어다녔다.

「패서디나 스타뉴스」는 나에 대해 긴 기사를 실었다. 그리고 이어서 「LA 타임스」 일요일 자에는 더 긴 기사가 실렸다. 당시 나는 여전히 미성년자였기에 신문들은 내 이름을 결코 공개해선 안 됐다. 하지만 신문들은 내 이름을 공개했고, 후에 이 점은 내게 불리하게 작용하게 된다.

(잠시 이 이야기에 대해 부연 설명을 좀 하자면, 논리 폭탄이라고 외치며 뛰어온 사내는 내 사건을 배정 받은 차장 검사인 스티그 쿨리였다. 오늘날 그는 LA를 총괄하는 지방 검사장 자리에 올랐다. 오래도록 치키보석금보증회사를 운영해온 숙모 치키 레븐덜과도 잘 아는 사이다. 몇 년 전에 내 책 『해킹, 침입의 드라마』가 출간된 후 숙모는 그 책을 아이들을 위한 자선기금모집파티에 상품으로 내놓았다. 마침 그 파티에 쿨리 검사장이 참석했고, 내가 조카라는 사실을 알고는, 쿨리는 그 책에 다음과 같은 글을 서명으로 적어달라고 부탁했다. "우리 둘 다 아주 먼 길을 함께 지나왔군요." 사실 그 말은 틀린 말이 아니다. 그리고 나는 기쁘게 책에 서명을 해주었다.)

내 사건에 대해 설명을 들은 소년법원 판사는 어리둥절해 했다. 왜냐하면 나는 해킹이란 죄목으로 기소됐긴 했어도 결코 해킹으로 신용카드정보를 훔치거나 사용하지 않았고, 돈을 받고 상표권이 등록된 소프트웨어나 영업기밀을 빼내지도 않았기 때문이었다. 나는 컴퓨터와 전화 회사를 그저 재미삼아 해킹했다. 판사는 내가 어떤 이득도 취하지 않으면서 왜 해킹을 했는지 도무지 이해하지 못했다. 그저 재미로 해킹을 한다는 사실을 전혀

2 영화 「양들의 침묵」에 나오는 희대의 살인마 — 옮긴이

납득할 수 없었던 것이다.

판사는 내가 컴퓨터나 전화 회사 시스템을 해킹한 뒤 정확히 어떤 짓을 했는지를 잘 몰랐기에 어쩌면 자신이 뭔가 중요한 단서를 놓치고 있다고 생각했다. 어쩌면 내가 자신이 이해 못하는 최첨단수법을 사용해서 남에게 돈을 받거나 이익을 취하고 있다고 생각했다. 판사의 입장에서는 아마도 이런 모든 상황이 미심쩍었던 모양이다.

하지만 진실은 이렇다. 내가 전화시스템에 잠입한 건 마치 아이가 늘 지나다니는 거리에 있는 폐가에 한 번 들어가 보는 것과 같았다. 그저 그 안에 뭐가 있는지 확인해보고 싶은 것뿐이다. 탐험을 하고, 무엇이 있는지를 알아내고픈 유혹은 너무나 강렬하다. 물론 위험이 뒤따를 수도 있지만 위험 또한 재미의 일부가 아닌가.

내 사건은 해킹으로 기소된 최초의 사건이었기에 지방검찰은 나를 어떤 죄목으로 기소해야 할지 상당히 혼란스러워했다. 전화 회사를 무단 침입했다는 일부 죄목은 정당했지만 다른 죄목들은 터무니없었다. 검사는 내가 해킹 과정에서 US리싱의 컴퓨터에 손상을 입혔다고 주장했다. 나는 결코 그런 짓을 저지르지 않았지만, 이후로도 여러 차례 이런 잘못된 죄목을 뒤집어쓰게 된다.

소년법원 판사는 나를 캘리포니아 노르워크에 있는 캘리포니아 소년범죄자 구류센터로 보내 90일간 심리 진단을 받게 했고, 그 결과를 바탕으로 나를 소년원에 감금해야 할지를 결정하기로 했다. 태어나서 그때보다 더 겁을 먹은 적은 없었다. 내가 보내진 곳에 수감된 아이들은 폭행, 강간, 살인, 조직범죄 등으로 기소된 이들이었다. 물론 모두 미성년자였지만 성인보다 훨씬 폭력적이고 위험했는데, 그들은 세상에 무서울 게 없었기 때문이다.

우리는 각각의 방에 수감됐고, 하루에 세 시간씩 방에서 나와 몇 명씩

교류할 수 있었다.

나는 매일 집으로 편지를 보냈다. 편지의 첫머리는 언제나 '케빈 미트닉 수감 1일째' '2일째' '3일째'라고 시작했다. 노르워크는 LA지역에 속하긴 했지만 어머니가 사는 곳, 그리고 어머니의 어머니, 즉 외할머니가 사는 곳과 차로 90분 정도 떨어져 있었다. 어머니와 외할머니는 나쁜 짓을 한 나를 여전히 아꼈고, 매주 음식을 싸서 면회를 왔으며, 언제나 가장 먼저 면회를 하기 위해 일찍 집에서 출발했다.

노르워크에 수감돼 있는 동안 18번째 생일이 지나갔다. 캘리포니아 소년범죄부는 여전히 나를 수감할 권한이 있었지만, 아무튼 나는 더 이상 미성년자가 아니었다. 따라서 내가 또 다시 범죄를 저지른다면 성년으로 기소될 것이고, 유죄판결을 받으면 일반 교도소로 보내질 수밖에 없었다.

90일 구류기간이 끝나자 캘리포니아 소년범죄부는 나를 석방하되 보호관찰에 처할 것을 제안했고 판사는 그 제안을 수용했다.

나를 담당하게 된 보호관찰관은 아주 뚱뚱한 메리 릿지웨이라는 여성이었다. 내가 보기에 그녀의 관심사는 오직 먹는 것과 자신이 담당한 보호관찰 대상인 아이들에게 스트레스를 푸는 게 전부였다. 하루는 그녀의 전화가 먹통이 됐다. 전화 회사는 그녀의 전화선을 수리해주면서 왜 갑자기 먹통이 됐는지 이유를 모르겠다고 말했고, 나는 그 사실을 수개월 뒤에야 알게 됐다. 메리 릿지웨이는 그게 분명 내 소행이라고 생각했는지 내 보호관찰 서류에 그 사실을 적어 넣었다. 그리고 그 기록은 후에 재판에서 사실로 받아들여져 내게 불리한 증거로 쓰이게 된다. 당시 전화에 이유를 알 수 없는 기술적 고장이 일어나면, 종종 그 비난은 나를 향했다.

보호관찰과 함께 심리상담도 진행됐다. 나는 성범죄를 비롯해 다른 강력한 중독증을 치료하는 심리치료소로 보내졌다. 심리상담사는 영국에서 온, 박사학위를 지닌 인턴의사 로이 에스카파였다. 내가 프리킹으로 보호관찰 중이라고 설명하자 그의 눈이 반짝 빛났다. "그렇다면 혹시 ITT에 대해서도 잘 아니?" (ITT는 국제전신전화International Telephone and Telegraph의 약자다.)

"당연하죠." 내가 말했다.

"혹시 내가 ITT 코드를 얻을 수 있을까?"

그는 내게 ITT 접속코드에 대해 묻는 것이었다. 일단 접속코드가 있으면 지역 ITT 접속 전화번호로 전화를 건 뒤 접속코드를 입력하고 장거리 전화를 걸 수 있었다. 다른 사람의 ITT 접속코드를 사용해서 장거리 전화를 걸면 불행히도 접속코드 소유주에게 요금이 부과됐고, 따라서 장거리 전화를 거는 사람은 공짜로 장거리 전화를 사용하는 셈이었다.

나는 씩 웃었다. 로이와는 아주 친하게 지낼 수 있으리라 생각했다. 1981년과 1982년에 법원이 명령한 심리치료를 받는 동안, 로이와 나는 만나면 대체로 잡담이나 하는 아주 친한 사이가 됐다. 로이는 내게 내가 한 짓이 자신이 치료하는 다른 환자들이 저지른 범죄에 비하면 별 것 아니라고 말했다. 수년 후 1988년에 내가 다시 문제에 처하게 되자 그는 판사에게 편지를 보내 내가 충동적으로 해킹을 하는 이유가 사악한 의도나 범죄적 동기 때문이라기보다는 강박장애 때문이라고 설명했다. 그의 말에 의하면, 나는 해킹에 '중독된 상태'였다.

나와 내 변호사가 기억하는 바로는 그때가 처음으로 해킹이 마약중독, 알코올중독, 도박중독, 섹스중독과 같은 병으로 간주된 최초 사례였다. 판사는 중독이라는 진단내용을 듣고 내가 질병에 시달리고 있다는 것을 깨달았고, 내 감형 요청을 받아들였다.

1982년 12월 22일, 그러니까 크리스마스를 3일 앞둔 날 자정에 나는 서던캘리포니아대학 캠퍼스 내 살바코리홀에 있는 전산실에 앉아 있었다. 내 곁에는 약 180센티미터가 넘는 큰 키에 탄탄한 근육질 체구를 갖춘 레니 디치코가 앉아있었다. 그는 내 가까운 해킹 동지였지만 후에 나를 배신하게 된다.

우리는 당시 한참 전화접속모뎀을 통해 서던캘리포니아대학 시스템을 해킹하고 있었다. 하지만 너무나 느린 모뎀속도에 짜증이 나서 이리저리 알아보니 사토리홀이라는 건물에 DEC에서 제작한 TOPS-20 메인프레임 컴퓨터가 설치돼 있고, 그 메인프레임 컴퓨터들이 인터넷의 전신인 아르파넷Arpanet에 연결돼있다는 매우 흥미로운 사실을 알게 됐다. 따라서 사토리홀에서 접속한다면 서던캘리포니아대학 시스템에 더 빠른 속도로 접속할 수 있었다.

그보다 일주일 전에 우리는 DECUSDigital Equipment Computer User's Society 컨퍼런스에 참석했고, 레니는 데이브 콤펠에게서 TOPS-20 메인프레임 컴퓨터의 새로 발견된 취약점을 몰래 입수했다. 우리는 그 취약점을 이용해 학생들이 사용하는 TOPS-20 시스템에 대한 전적인 접속권한을 이미 손에 넣은 후였다. 하지만 우리는 가능한 많은 패스워드를 수집하고 싶었다. 문제는 우리에게 시스템관리자권한이 있었지만, 시스템이 모든 패스워드를 암호화하도록 설정돼 있었다는 점이었다.

뭐, 그렇다고 해서 포기할 내가 아니다. 나는 관리자권한을 지닌 직원들의 이메일을 뒤지기 시작했다. 시스템 내부를 이리저리 쑤시다보니 회계부서의 이메일에 접근할 수 있었다. 회계부서는 사용자이름과 패스워드 발급을 담당하는 부서였다. 회계부서 이메일을 살펴보니 암호화가 되지 않은 일반 텍스트로 사용자이름과 패스워드를 배포하는 수많은 이메일을 찾이

낼 수 있었다. 대박!

나는 위험하다는 걸 알면서도 사용자이름과 패스워드를 발급하는 모든 이메일 파일을 출력했다. 인쇄명령을 내리고 15분쯤 지나자 출력담당자가 두꺼운 인쇄물을 학생용 사물함에 올려두었다. 학생들로 가득한 전산실에서 어떻게 하면 다른 사람들의 눈을 피해 의심을 사지 않고 그 인쇄물을 가져올 수 있을까? 나는 애써 아주 태연한 척 인쇄물을 집어 들고 레니와 내가 한참 해킹을 하던 컴퓨터로 돌아왔다.

한참 후 교내 경찰 두 명이 전산실로 뛰어 들어와 곧장 나와 레니에게 달려왔다. "꼼짝 마!"

내 악명이 이미 꽤나 널리 알려진 게 분명했다. 그도 그럴 것이 교내 경찰은 우리 둘 중 내가 주범이라는 걸 정확히 알았고, 심지어 내 이름도 알고 있었다. 후에 알고 보니, 존 솔로몬이라는 시스템관리자가 우리가 일주일 전에 참석했던 DECUS 컨퍼런스에 참석했었고, 그는 교내 전산실에서 나를 본 후 누구인지 즉각 알아챘다. 그는 데이브 콤펠에게 전화를 걸었다. 데이브 콤펠은 이전에 내가 먼로 고등학교에 다닐 때 내게 DEC의 RSTS/E 개발 시스템을 해킹할 수 있는지 시험해본 바로 그 녀석이다. 데이브 콤펠은 존 솔로몬에게 바로 신고해서 나를 체포하라고 말했다.

교내 경찰은 패스워드가 인쇄된 출력물을 집어 들었다. 나는 당시 보호관찰 중이었기에 이번 사건은 정말 심각한 문제가 될 수 있다는 걸 직감했다. 경찰은 나와 레니를 데리고 교내 경찰서로 향했고, 우리를 긴 의자에 수갑으로 묶어놓은 후 자신들의 사무실로 사라졌다. 레니는 잠시 몸을 꿈틀대더니 자유롭게 풀린 손을 내게 보여줬다. 레니가 늘 지갑에 넣어 다니는 수갑열쇠로 수갑을 푼 것이었다.

그는 내 수갑을 풀어준 뒤 이렇게 말했다. "너는 나보다 더 곤란해질 수 있으니까 얼른 도망쳐." 하지만 어떻게 도망칠 수 있겠는가? 내 차 열쇠는 이미 경찰들이 빼앗아간 상황이었고, 심지어 경찰들이 내 이름도 알고 있는데 말이다.

경찰 한 명이 돌아왔다. 나는 등 뒤로 다시 수갑을 채웠다. 하지만 경찰은 수갑을 채우는 소리를 들었고 내 등 뒤로 돌아와 자세히 살폈다. "이런, 이런. 여기 이 자식 후디니였어." 그는 사무실 쪽을 향해 크게 소리쳤고, 그 동안 레니는 눈에 띄지 않게 수갑열쇠를 바닥에 떨어트린 후 발로 멀리 차 버렸다. 다행히도 어떤 영문인지 차가 벽에 바싹 달라붙게 주차돼 있었고, 수갑열쇠는 주차된 자동차 타이어 밑으로 사라졌다.

열 받은 경찰들이 다그쳤다. "열쇠는 어디 있지?" 경찰들은 우리를 화장실로 데리고 가서 알몸 수색을 했다. 하지만 아무것도 발견하지 못하지 어리둥절해했다.

얼마 후 LA경찰청 사기위조 담당반에서 나온 경찰들이 나를 데리고 어디론가 향했다. 나는 LA경찰본부가 위치한 파커센터에서 구속절차를 받았다. 이번에는 유치장에 갇혔고, 유치장 안에는 두 대의 공중전화가 있었다. 나는 제일 먼저 어머니에게 전화를 걸어 어떤 일이 벌어졌는지를 설명했고, 그 다음으로 치키 숙모에게 전화를 걸어 상황이 긴박하니 최대한 빨리 보석으로 나를 좀 꺼내달라고 간청했다. 나는 경찰들보다 먼저 내 차에 가야만 했다. 왜냐하면 언제나처럼 내 차에는 내 해킹 사실을 입증할 명백한 증거들인 서류와 플로피디스크로 가득했기 때문이었다. 몇 시간 후 새벽 5시경 치키 숙모의 동료가 나를 보석으로 빼냈다.

나한테 여러 번 실망하면서도 언제나 나를 믿어주는 어머니는 나를 기다리고 있다가 차에 태운 후 내 차가 주차돼있는 서던캘리포니아대학 캠퍼스로 향했다. 어머니는 내가 무사하고, 유치장에서 풀려나왔다는 사실만으로도 안도했다. 어머니가 화를 내거나 심하게 나를 야단쳐도 당연한 상황이었지만, 그건 어머니의 성격이 아니었다. 대신 어머니는 나를 걱정했고, 특히나 내가 커서 심각한 범죄자가 될까봐 염려했다.

보석으로 풀려난 후 내 자유는 오래가지 못했다. 나는 그날 저녁 일하러 가면서 나와 어머니가 함께 일하던 프로민스델리로 전화를 걸어 어머니에게 혹시 나를 찾아온 사람이 있었냐고 물었다. "꼭 그렇다고는 할 수 없단다." 어머니가 답했다. 어머니의 아리송한 답변을 무시한 채 나는 가게로 향했다. 가게에는 내 보호관찰관인 메리 릿지웨이가 형사 두 명과 함께 나를 기다리고 있었다. 메리 릿지웨이는 나를 보자마자 보호관찰 위반으로 나를 체포한다고 말했고, 나는 형사들의 차를 타고 실마에 위치한 소년범죄 단기 수감시설로 향했다.

사실 나는 소년범죄 단기 수감시설로 향한다는 사실에 오히려 안도했다. 당시 나는 이미 18세가 넘었고, 따라서 법적으로는 성년이었지만 소년법원의 보호관찰 하에 있었기에 다행히도 소년범죄자로 취급됐고, 덕분에 미성년자 범죄자와 똑같은 취급을 받을 수 있었다.

하지만 어머니에게는 그 차이가 별다른 의미가 없었다. 어머니의 입장에서는 자식이 또 다시 경찰에 체포돼 수감됐다는 게 가장 속상했다. 아들의 체포와 수감은 점차 반복되는 현상이 돼가고 있었다. 사랑하는 아들에게 도대체 무슨 일이 벌어지고 있는 거란 말인가? 혹시 아들이 평생 감방을 들락거리면 살지는 않을까? 면회 온 어머니는 울음을 터트렸다. 어머니는 내게 너무나 많을 것을 베풀었건만, 나는 어머니에게 오직 실망과 걱정만을 안겨드렸다. 어머니가 우는 모습을 보자 가슴이 미어졌다. 나는 어머니에게 더 이상 해킹을 하지 않겠다고 진심으로 수도 없이 약속했다. 하지만 마치 알코올 중독자가 다시 입에 술을 대는 것처럼 나는 그 약속을 도저히 지킬 수가 없었다.

다시 나를 감방으로 보낸 그 해킹사건은 후에 내가 생각했던 것보다 훨씬 오랫동안 내 인생에 큰 악영향을 끼치게 된다. 내가 서던캘리포니아대학 전산실에서 접속했던 계정 중에 서던캘리포니아대학 계정을 사용하기는 했지만 실제로는 미국 국방부 직원의 계정이 포함돼 있었던 것이다. 경찰은 그 사실을 발견하고는 언론에 대대적으로 알렸다. 그러자 신문들은 사실을 왜곡하는 과장된 기사를 대서특필해서 내가 국방부를 해킹했다고 보도했다. 절대 사실이 아니건만 이 헛소문은 지금까지도 나를 쫓아다닌다.

나는 보호관찰 위반에 대해 유죄를 인정했고, 3년 8개월 동안 소년원 수감이라는 형량을 선고받았다. 3년 8개월은 내게 내려질 수 있는 최대 형량이었다.

하지만 나는 여전히 해킹에 중독돼 있었고, 감옥에 갇힌 상황에서도 계속해서 체계화된 시스템을 깨부술 방안만을 궁리했다.

Bmfy ytbs ini N mnij tzy ns zsynq ymj Ozajsnqj Htzwy qtxy ozwnxinhynts tajw rj?

05 전화를 마음대로 주무르다

선고가 끝난 후 나는 소년원 배정을 기다리기 위해 또 다시 노르워크에 위치한 캘리포니아 소년범죄자 구류센터로 이송됐다. 나는 대부분 시간을 센터 내에 있는 도서관에 틀어박혀 지냈다. 도서관에는 많은 법률서적이 비치돼있었고, 법률공부는 내 새로운 관심사가 됐다.

그곳에 구류돼있는 상당수 아이들은 항소를 어떻게 신청하는지, 자신들에게 어떤 권리가 있는지 알고 싶어 했다. 나는 그들을 위해 법률조사를 대신해줬다. 작지만 남을 위해 좋은 일을 한다는 점에 만족감을 느꼈다.

도서관에 비치된 책 중에는 캘리포니아 소년범죄부서의 모든 규정을 관장하는 운영절차 지침서도 포함돼 있었다. "정말 편하게 됐군." 나는 생각했다. 소년범죄부서는 자신들이 어떻게 일처리를 하는지를 내가 파악하고 그 과정에서 맹점과 빠져나갈 구멍을 찾을 수 있도록 해준 셈이다. 나는 지침서를 열심히 파기 시작했다.

내게 배정된 법정변호사는 단 몇 번 대화를 한 뒤 나를 프레스톤소년원으로 보내야 한다는 제안을 담은 서류를 작성했다. 프레스톤소년원은 악명높은 샌쿠엔틴형무소와 비슷한, 한마디로 가장 위험하고 폭력적인 미성년범죄자를 수용하는 소년원이었다. 왜 그렇게 제안했을까? 왜냐하면 나는 소년원부서가 이전까지 거의 다뤄본 경험이 없는 이른바 '화이트칼라' 범죄자였기 때문이다.

법정변호사는 심지어 프레스톤소년원을 선정한 이유 중 하나가 집과 아주 멀기 때문이라고 말하기도 했다. 실제로 집과는 거의 차로 약 7, 8시간이 걸렸는데, 그럴 경우 어머니와 할머니는 나를 자주 방문할 수 없었다. 법정변호사는 내가 중산층 집안의 아이로 자라면서 도심 빈민가지역에 사는 아이들은 절대로 누릴 수 없는 삶의 혜택을 누리건만 대학졸업장을 따서 안정적인 높은 보수의 직업을 구하지 않고 계속해서 문제를 저지른다고 생각했다. 따라서 나를 매우 흉악하고 위험한 프레스톤소년원으로 보낸다면 "정신을 차리게 하기에" 충분하다고 생각했던 것 같다. 아니면 법정변호사가 그저 악의로 가득한, 자신의 권한을 남용하는 나쁜 자식이었거나.

하지만 하늘이 무너져도 솟아날 구멍은 있기 마련이다. 소년범죄부서의 운영절차 지침서에서 나는 미성년 범죄자가 수감될 보호감호시설을 결정할 때 고려해야 할 여러 사항들을 적어놓은 목록을 발견했다. 만약 미성년자 범죄자가 고등학교를 졸업했거나 고등학력을 인정받았다면 반드시 대학과정을 제공하는 시설로 보내져야 했다. 당연히 프레스톤소년원에는 대학과정이 없었다. 나아가 보호감호시설을 결정할 때는 미성년자 범죄자의 폭력성이 우선 고려돼야 했고, 탈옥할 가능성이 있는지도 고려돼야 했다. 나는 수감된 기간 동안 단 한 번도 싸움을 하거나 탈옥을 시도한 적이 없었다. 무엇보다도, 지침서에 의하면, 보호감호시설의 목적은 수감이 아닌 사회복귀를 위한 갱생에 있었다. 정말 내게 너무나 유리한 규정이었다.

나는 해당 내용이 담긴 페이지를 복사했다. 관련된 절차에 관한 내용도 상당히 흥미로웠다. 수감자는 여러 번 공청회를 요구할 수 있었고, 맨 마시

막에는 외부중재인이 참석해 양측의 주장을 듣고 공정한, 그리고 법적 구속력이 있는 결정을 내릴 수 있었다.

나는 공청회 절차를 거쳤다. 공정한 외부중재인이 공청회에 참석한 자리에서 소년범죄부서 직원 5명은 사건에 대한 자신들의 주장을 펼쳤다. 게다가 프레스톤소년원 배정을 결정한 것이 옳았음을 주장하기 위해 운영절차 지침서를 복사한 내용도 제출했다.

그것은 상당히 영리한 행위였지만 딱 하나 문제가 있었다. 내가 알기로 그들이 복사해서 제출한 운영절차 지침서는 내게는 상당히 불리한 조항을 담고 있는, 내용이 개정되기 전에 쓰인 판본이었다.

발언할 차례가 돌아오자 나는 이렇게 말했다. "제가 운영절차 지침서의 최신판을 보여드리겠습니다. 그리고 이 최신판은 상대편에서 일부러 숨기고 제출하지 않은 것입니다." 그런 후 나는 내가 갱생을 절실히 원한다고 호소했다.

중재인은 상대편이 제출한 복사본의 날짜를 본 뒤 이어 내가 제출한 복사본의 날짜를 살펴보았다. 그런 후 심지어 내게 윙크까지 날렸다.

중재인은 나를 대학과정을 제공하는 보호감호시설로 보내라고 명령했다. 나는 샌프란시스코 동쪽 스탁턴에 있는 칼홀튼소년원으로 보내졌다. 여전히 집에서 꽤 먼 거리였지만 나는 승리감에 휩싸였고 스스로 무척이나 대견했다. 지금 그 일을 떠올릴 때면 나는 톰 페티가 부른 노랫말이 떠오른다. "나를 지옥문 앞에 세워놓아도 나는 뒤돌아보지 않고 전진하리라."

내가 보기에 칼홀튼소년원은 캘리포니아 소년범죄부서가 관리하는 여러 소년원 중에서도 호텔급에 속했다. 삶의 질도 꽤 높았고 음식도 썩 괜찮았다. 어머니와 할머니는 차로 다섯 시간이나 걸리는 거리인데도 이전처럼 음식을 바리바리 싸들고 2주에 한 번씩 나를 방문했다. 우리는 민간인들처럼 야외에 설치된 바비큐 시설에서 스테이크와 가재를 구워 먹었고, 어머니와 나는 야외 면회장에 있는 정원에서 네잎클로버를 찾기도 했다. 두 분의 방문 덕분에 나는 수감생활이 훨씬 짧게 느껴졌다.

소년원 법정변호사들도 가끔씩 들러 부모님을 만나곤 했고, 나를 담당한 법정변호사는 특히나 어머니에게 싹싹하게 대했다.

반면 수감생활의 다른 부분은 그다지 유쾌하지 못했다. 수감생활에서 유일하게 허용되는 면도기는 일회용이었는데 나는 늘 면도를 하면서 상처를 내기 일쑤였고 그래서 면도하는 걸 그만뒀다. 턱수염이 무성하게 자라면서 외모까지 바뀌었다. 나는 수감기간 동안 계속해서 턱수염을 길렀다.

6개월이 지난 후 조기 가석방 결성이 벌어졌다. 소년원측은 가석방조건을 담은 서류를 작성하면서 이렇게 물었다. "가석방 서류에 자네가 더 이상 해킹을 안 한다는 조항을 집어넣으려면 뭐라고 써야 하나?"

도무지 어떻게 그 질문에 답해야할지 암담했지만 나는 이렇게 답했다. "해킹에는 윤리적 해킹과 비윤리적 해킹이 있어요."

이런 답변이 돌아왔다. "비윤리적 해킹보다는 좀 더 입에 착 달라붙는 표현이 필요해. 서류에 뭐라고 적어야 하지?"

갑자기 영화 「스타워즈」가 떠올랐다. "그렇다면 어둠의 해킹darkside hacking이라고 적으시죠."

그런 식으로 내 가석방조건에 '어둠의 해킹금지'라는 조항이 삽입됐다.

내 기억에 '어둠의 해킹'이라는 표현을 처음으로 널리 퍼트린 긴 「LA타임스」 기자였다. 그 표현은 즉각 유행처럼 번졌고 많은 언론매체에서 언급되기 시작했다. 그리고 그 표현은 내 별명 중 하나가 된다. 어둠의 해커 케빈 미트닉.

석방된 후 한 형사가 내게 전화를 걸어왔다. 그는 자신을 도미닉 도미노라고 소개한 후 프로민스델리에서 나를 체포해 소년범죄 단기 수감시설로 차를 태우고 갔던 사람이 자신이라고 말했다. 그는 마침 LA경찰청에서 컴퓨터범죄에 대한 훈련용 비디오를 제작하고 있었다. 혹시 카메라 앞에서 인터뷰에 응해줄 수 있겠나? 그가 물었다. 기꺼이 해드려야죠, 내가 말했다.

나는 LA경찰청이 지금까지도 그 비디오를 사용할 거라고는 생각하지 않지만, 적어도 상당 기간 동안 그 비디오는 LA경찰들이 나 같은 해커들을 체포하는 데 일조했다.

당시 할머니는 친구이자 룸메이트인 도나 러셀이란 분과 함께 살았다. 도나 러셀은 20세기폭스의 소프트웨어 개발 총괄임원이었고 내게 일자리를 제안했다. 진짜 멋진 걸. 나는 생각했다. 어쩌면 영화배우들과 가깝게 지낼 수도 있지 않을까. 새로운 일자리가 대단히 마음에 들었다. 나는 영화촬영장에서 직접 일했다. 실제로 내가 일하는 건물로 가려면 방음 스튜디오를 지나쳐 가야만 했다. 보수도 나쁘지 않았다. 게다가 일을 하면서 나는 코볼 및 IBM 베이직 어셈블러 언어로 프로그램을 개발하는 방법을 교육받았고, IBM 메인프레임과 HP 미니컴퓨터를 다루는 방법도 배웠다.

하지만 좋은 시절은 언젠가 끝이 있기 마련이다. 그리고 내 경우는 너무나 짧게 끝났다. 한 직원이 노동조합 조항에 의거해 내가 차지한 일자리를 현재 고용된 직원에게 줘야 한다고 진정을 냈기 때문이다. 그렇게 딱 두 달 만에 나는 다시 실직자가 돼 거리로 나서게 된다.

그러던 어느 날 당시 내 보호관찰관이었던 멜빈 보이어가 갑자기 전화를 걸어왔다. "케빈, 아침 든든히 먹고 나한테 오게." 나는 깜짝 놀랄 수밖에 없었다. 보호관찰관이 갑자기 나를 호출한 이유는 너무나 뻔했다. 뭔가 문제가 터진 것이었다.

LA 햄라디오 무선통신 세계에는 주파수 148.435Mhz를 사용하면서 중계서비스를 제공하는 '애니멀하우스'라고 하는 무리가 있다. 햄라디오 사용자들은 서로 공격하면서 욕을 퍼붓거나 다른 사용자들의 송수신을 방해하곤 했다. 일종의 재미난 장난과 마찬가지였다. 후에 알고 보니 애니멀하우스에 속한 한 사내가 내게 앙심을 품고 소년범죄 보호관찰사무소에 전화를 걸어 내가 컴퓨터 네트워크를 해킹했다고 고발했다. 물론 사실이 아니었다. 하지만 그 사내는 제록스에서 일했고, 따라서 보호관찰사무소는 그의 말이 신빙성이 있다고 생각했던 것이다.

어머니는 나를 보호관찰사무소까지 차로 태워다 줬다. 보호관찰 책임자는 내게 자신의 사무실로 따라 들어오라고 말했다. 나는 어머니에게 곧장 돌아오겠다며 응접실에서 잠시 기다리라고 말했다. 하지만 그 말과는 달리 보호관찰관은 내게 즉각 수갑을 채웠고, 어머니가 못 보게 옆문으로 나를 끌어내 대기 중이던 차량으로 데려갔다. 나는 어머니에게 내가 옆문으로 끌려가고 있다고, 내가 저지른 짓도 아닌 일로 나를 체포한다고 고래고래 소리를 질렀다.

보호관찰관과 보호관찰 책임자는 나를 반누이스유치장에 내려줬다. 공교롭게도 그곳은 미첼 삼촌이 몇 주 전에 수감돼 전화를 걸어왔던 바로 그 유치장이었다. 삼촌은 하늘 높이 솟구쳤다가 끝없이 추락하는 대단히 굴곡진 삶을 살았다. 부동산으로 백만장자가 된 후 벨에어에 있는 대저택에 정착했다. 벨에어는 LA에서 가장 유명한 부촌인 비버리힐스보다 훨씬 고급스런 부촌이었다. 하지만 삼촌은 코카인을 접하게 됐고, 그러다가 헤로인을 시작했고, 결국 뻔한 얘기지만 집도 돈도 명예도 자존심도 모두 잃었다.

하지만 당시 나는 여전히 미첼 삼촌을 좋아했다. 삼촌이 반누이스유치장에서 내게 전화를 걸어온 그날 밤, 나는 이렇게 말했다. "삼촌, 거기 있는 공중전화를 내가 손 좀 봐줄까? 그러면 아무 데나 공짜로 전화를 걸 수 있어." 삼촌은 좋다고 말했다.

"전화를 끊고 나서 다시 수화기를 들고 211-2345로 전화를 걸어. 그러면 메시지가 흘러나오면서 삼촌이 지금 쓰는 전화의 전화번호를 말해줄 거야. 그런 다음 다시 나한테 수신자부담 전화를 걸어서 그 전화번호를 말해주면 돼." 일단 전화번호를 파악한 후 내가 다음에 한 일은 전화 회사 교환기를 조작하는 것이었다. 나는 내 컴퓨터를 이용해 해당 교환기로 접속한 후 '전화선 분류코드'를 공중전화용에서 주거용으로 바꿔놓았다. 그 전화기는 이제 거는 전화와 받는 전화가 모두 가능했다. 나는 그 과정에서 또한 3자 통화와 통화대기 기능을 추가했고, 그런 후 교환기를 조작해 모든 통화 비용이 LA경찰청 소속 반누이스경찰서로 부과되게 해놓았다.

일주일이 지난 뒤 나 역시 반누이스유치장에 갇혀있었고, 내가 미첼 삼촌에게 베푼 호의 덕분에 나는 어디건 공짜로 전화를 걸 수 있었다. 나는 전화통을 붙잡고 밤을 샜다. 친구들과 전화를 하면서 잠시나마 내가 유치장에 감금돼 있다는 사실을 잊을 수 있었다. 게다가 나는 내 사건을 변호해줄 변호사가 필요했다. 왜냐하면 이번에 또 다시 캘리포니아 소년범죄부서의 가석방위원회를 대면하게 된다면 결코 쉽지 않은 싸움이 될 것임을 알았기 때문이다. 가석방된 사람이 주장할 수 있는 권리는 상당히 제한적이었다. 나아가 가석방위원회가 내가 저지르지도 않은 죄에 대해 유죄라고 판단한다면 그걸로 끝이었다. 다시 말해, 가석방위원회는 형사재판처럼 명백한 증거가 없는 한 무죄로 간주되는 관례를 따르지 않았다.

상황은 갈수록 악화됐다. 나는 LA카운티유치장으로 이송됐다. 그곳에서 나를 맞이한 건 살충제를 살포하기 위해 옷을 모두 벗으라는 명령이었다. 나는 너무나 무시무시한 공동숙소로 안내됐다. 도대체 누구를 조심해야 할지 모를 지경이었다. 기회만 있다면 내 눈알을 뽑아버릴 것만 같이 흉악한 사내들을 조심해야 할지, 아니면 남에게 상처를 주면서 자신조차 그 사실을 모르는 싸이코들을 조심해야 할지 분간할 수 없었다. 간이침대는 이미 다른 수감자들이 모두 차지하고 있었기에 나는 딱히 잘 곳이 없었다. 나는 벽에 등을 기대고 앉아 최대한 잠에 들지 않으려 애쓰면서 이튿날 아침 해가 뜰 때 온몸이 성하게 남아있길 바랄 수밖에 없었다.

내 보호관찰관이었던 보이어가 어머니에게 말했다. "LA카운티유치장은 매우 위험한 곳입니다. 아드님은 그곳에서 심각한 부상을 입을 수도 있습니다." 그런 후 다음 날 나를 다시 노르워크 소년범죄자 구류센터로 이감했다. 만약 보이어를 다시 만난다면 꽉 안아줘야 할지도 모르겠다.

나는 당시 20세였지만 여전히 소년범죄자로 보호관찰 중이었기에 소년범죄부서의 소관이었다. 그때가 내가 세 번째로 노르워크 소년범죄자 구류센터를 방문한 때였다. 일부 교도관들이 마치 오랜 친구처럼 느껴졌다.

나는 가석방위원회에 출석했다. 가석방위원회는 내 혐의가 그다지 중하지 않다고 생각했다. 아마도 단 한 명의 고발에 근거해 보호관찰관이 작성한 보고서를 제외하고는 증거가 없었기 때문이리라. 가석방위원회는 내게 햄라디오를 사용해선 안 된다는 보호관찰 부서의 지시를 어긴 책임을 물었다. 하지만 그 지시는 법적 강제성이 없었다. 내가 햄라디오를 사용할 수 있는 권리를 박탈할 수 있는 건 미국 연방통신위원회뿐이었다. 가석방위원회는 60일 구류를 명령했다. 당시 나는 이미 57일이나 구류된 이후였기에 며칠 만에 다시 풀려날 수 있었다.

어머니가 나를 데리러 왔고, 나는 어머니에게 LA성찰학교로 데려다 날라고 말했다. 그곳에 가면 LA경찰끼리만 서로 통하는 차량번호판 케이스를 구입할 수 있다는 말을 들었기 때문이다. 그 차량번호판 케이스를 차에 달면 교통법규를 위반하더라도 눈을 감아준다는 소문이 돌았다. LA경찰학교 상점에 들어서니 책이 한 무더기 쌓여있었다. LA경찰청 연감이었다. 나는 점원에게 "LA경찰청에서 일하는 삼촌에게 선물로 주려고" 한다며 한 권을 사고 싶다고 말했다. 연감은 가격이 75달러나 됐지만 내게는 마치 성배와도 같은 대단한 발견이었다. 연감에는 모든 LA경찰의 사진이 실려 있었다. 심지어 범죄조직에 잠입해있는 잠복형사들의 사진도 실려 있었다.

지금도 매년 LA경찰청 연감을 파는지는 의문이다. 그리고 여전히 돈만 지불하면 아무에게나 파는지도 궁금하다.

어머니의 친구이자 사업가인 돈 데이빗 윌슨은 프랜마크라는 회사를 통해 여러 회사를 거느리고 있었다. 그는 프로그래밍이나 데이터입력과 같은 컴퓨터 관련업무를 처리하기 위해 나를 고용했다. 일은 지루하기 짝이 없었다. 그리고 이미 독자들도 예상하듯, 나는 재미와 흥분, 지적 도전을 위해 또 다시 해킹과 프리킹으로 눈을 돌렸다. 내 오래된 프리커친구인 스티브 로즈도 저녁이면 프랜마크 사무실에 와서 컴퓨터를 사용하곤 했다.

하루는 사무실에서 만난 젊은 여직원과 점심을 먹으러 외출하던 중에 사복경찰처럼 보이는 여러 사내들이 모여 있는 것을 목격했다. 나는 그중 한 명이 내 보호관찰관이고, 다른 한 명은 수년 전에 '논리폭탄'을 찾아 내 차를 뒤지던 사내라는 것을 알아챘다. 그들이 단지 안부를 묻기 위해 나를 방문했을 리는 없었다. 젠장! 몸속에서 아드레날린이 솟구치기 시작했고 두려움이 온몸을 휘감았다. 갑자기 뛰어 도망가거나 지나치게 빨리 걷는다면 주변의 이목을 끌 수밖에 없었다. 그래서 나는 사내들을 등지고 돌아앉아 여직원에게 몸을 밀착한 후 귀에 대고 속삭였다. 저기 내 오랜 친구가 있는데 그가 나를 알아보는 게 싫다고 말했다. 우리는 여직원의 차에 올라탔다. 여전히 사내들이 우리를 발견할 수 있는 상황이었다.

나는 차에 올라탄 후 몸을 최대한 낮췄고, 여직원에게 중요한 전화를 걸어야 하니 서두르라고 말했다. 공중전화에서 나는 LA경찰청 웨스트밸리 담당부서로 전화를 걸어 범죄기록반을 연결해달라고 말했다. "쉐퍼 형사입니다. 지역 및 국가 범죄정보센터 기록에서 용의자가 수배 중인지 확인 부탁합니다. 용의자 성은 미트닉. M-I-T-N-I-C-K. 이름은 케빈 데이빗입니다. 생년월일은 1963년 8월 6일입니다."

나는 어떤 대답이 나올지 이미 알고 있었다.

"예, 수배 중이 맞습니다. 소년범죄부서에서 보호관찰 위반으로 영장을 발부한 것 같네요."

빌어먹을! 그나마 아직까지 체포되지 않은 게 다행이었다.

나는 어머니에게 전화를 걸었다. "엄마, 나 세븐일레븐에 있어요. 우리 얘기 좀 해요."

세븐일레븐은 어머니와 나 사이에 통하는 일종의 암호였다. 어머니는 내가 말하는 세븐일레븐이 어떤 세븐일레븐인지를 알았고, 얘기 좀 하자는 것이 내가 문제에 처해있다는 의미라는 것도 알았다. 어머니가 나타났을 때 자초지종을 설명한 후 다음 결정을 내리기 전까지 숨어 지낼 곳이 필요하다고 말했다.

할머니는 내게 20세기폭스 일자리를 줬던 친구 도나 러셀에게 부탁해 내가 당분간 거실에서 머물 수 있게 해주었다.

어머니는 나를 도나 러셀의 집으로 데려다 주었다. 우리는 잠시 중간에 가게에 들러 칫솔, 면도기, 갈아입을 속옷과 양말을 샀다. 나는 도나 러셀의 집에 도착하자마자 전화번호부에서 가장 가까운 법대를 찾았고, 이후 며칠 동안 법대에서 불철주야 복지 및 보호감호시설 법규에 대해 공부했다. 여간해선 빠져나갈 구멍이 보이지 않았다.

하지만 이런 말이 있지 않은가? '뜻이 있는 곳에 길이 있다.' 나는 조항 하나를 찾아냈다. 비폭력적 범죄의 경우, 소년법원의 관할권은 피고가 21세가 되는 날, 또는 죄가 확정된 지 2년이 지난 날 중에서 더 늦은 날짜에 만료된다는 조항이었다. 이 말은 내 경우 그러니까 3년 8개월 형을 선고받은 1983년 2월에서 2년이 지난 후에 소년법원의 관할권이 만료된다는 의미였다.

나는 머리를 긁적였다. 계산을 해보니 만료일은 대략 4개월 뒤였다. 소년법원의 관할권이 만료될 때까지 그냥 잠적해 버린다면? 나는 생각했다.

나는 변호사에게 전화를 걸어 내 생각을 말했다. 변호사의 답변에 짜증이 묻어났다. "그건 터무니없는 말일세. 피고가 잠적하더라도 영장이 발부된 상태라면 피고가 체포될 때까지 수년이 지나더라도 만료시한이 연장되는 게 법의 기본원칙일세."

그런 뒤 덧붙였다. "자네 스스로 변호사 노릇을 하는 건 그만두게. 내가 자네 변호사야. 그러니 나한테 모든 걸 맡기라고."

나는 변호사에게 적어도 그 조항을 확인해달라고 부탁했고, 변호사는 성가시다는 반응을 보이긴 했지만 그러겠다고 말했다. 이틀 후 내가 다시 전화를 걸어 묻자 변호사는 내 보호관찰관인 멜빈 보이어와 통화를 했다고 말했다. 멜빈 보이어는 나를 정글처럼 위험한 LA카운티유치장에서 다른 보호시설로 애써 옮겨 줄만큼 동정심이 많은 사내였다. 보이어는 변호사에게 이렇게 말했다. "케빈 말이 맞습니다. 만약 케빈이 1985년 2월까지 잠적해서 사라져있으면 우리 쪽에서 취할 수 있는 조치는 아무것도 없습니다. 그때가 되면 영장도 만료될 것이고, 그러면 케빈도 수배에서 벗어날 수 있는 겁니다."

살다보면 천사 같은 사람들이 더러 있는 법이다. 도나 러셀은 샌프란시스코에서 북동쪽으로 240킬로미터 떨어진 오로빌에 거주하는 자신의 부모님께 연락을 취했다. 그분들은 하숙인을 치겠다며, 단지 내가 집안일을 돕고 월마다 약간의 하숙비를 지불해야 한다는 조건을 내걸었다.

이튿날 나는 그레이하운드 버스를 타고 장거리 여행을 떠나면서 사용할 가명을 골랐다. 마이클 펠프스였다(펠프스는 TV드라마 「미션 임파서블」에서 따왔다).

아마도 그때부터 내가 신뢰하는 해커 '동지들' 사이에서 내가 이스라엘로 도주했다는 소문이 퍼지기 시작했다. 실제로 나는 그때도, 그 이후로도 오랜 세월 동안 외국에 나가기는커녕 캐나다나 멕시코 국경도 넘어본 적이 없다. 하지만 해외도피는 이후 나를 둘러싼 갖가지 헛소문의 일부가 되어, 다른 주장들과 마찬가지로, '사실'이 아니건만 후에 나에게 불리하게 작용해 이후 재판과정에서 판사들이 내 보석신청을 기각하는 이유가 된다.

오로빌에 있는 하숙집 주인부부 제시와 듀크는 은퇴한 후 2천 제곱미터에 달하는 농장에서 살았다. 둘 다 매우 친절했지만 생활방식은 엄격했고, 나도 그들의 규칙에 맞추어 움직여야만 했다. 새벽 5시에 기상해서 옥수수빵과 우유로 아침식사를 했다. 저녁을 먹은 후에는 TV퀴즈쇼를 시청했다. 컴퓨터도, 모뎀도, 햄라디오도 없었다. 나 같은 아이에게는 매우 힘든 생활이었지만 적어도 소년원 감방에 갇혀 지내는 것보다는 훨씬 나았다.

주인부부는 닭과 돼지들, 개 두 마리를 키웠다. 마치 TV드라마 「그린에이커」[1]에 등장하는 삶처럼 느껴졌다. 맹세컨대 돼지 중 한 마리는 드라마에 나오는 아놀드와 똑같았다!

---

1 그린에이커(Green Acres): 1960년대 후반 미국 TV에서 방영된 드라마. 뉴욕에 살다가 시골농장으로 이주한 부부의 이야기다. – 옮긴이

내가 소지한 운전면허증은 내 실명으로 발급된 것이었고 그 이름으로 영장이 발부된 상태였기에 당연히 나는 운전을 해선 안 됐다. 대신 주변을 돌아다니기 위해 나는 자전거를 구입했다.

나는 자전거를 타고 근처 도서관에 가서 책을 읽으며 시간을 보냈다. 그리고 무료함을 달래기 위해 그 지역에 있는 대학에서 수업을 들었다. 수강한 과목은 다름 아닌 형사법이었다. 과목을 가르치는 교수는 실제로 버트 카운티에서 근무하는 형사법원 판사였다. 수업시간에 교수는 피의자들이 범죄에 대해 시인하는 과정을 녹화한 비디오를 보여줬다. 그러면서 피의자들이 변호사가 없는 상황에서 경찰과 얘기를 하는 것은 어리석은 짓이라고 강의했다. 이런 말도 했다. "범죄자들 대부분 이리저리 둘러대서 상황을 모면할 수 있다고 생각합니다." 그 값진 충고에 나는 씩 웃었다. 만약 그가 자신이 가르치는 수업의 맨 앞줄에 앉아있는 학생이 체포영장을 발부받은 도망자라는 사실을 안다면 어떤 반응을 보일지 생각하자 너무나 우스웠다.

나는 「그린에이커」와 같은 삶을 4개월 동안 유지했다. 그리고 마침내 변호사가 내게 전화를 걸어 소년범죄부서에서 나에 대한 관할권이 만료됐다는 해제통지서를 발부했다고 말했다. 변호사는 특히 내 경우가 '불명예' 해제라는 점을 강조했다. 나는 그저 웃었다. 불명예이건 아니건 뭐가 대수란 말인가? 애당초 이 모든 일에 명예로운 건 전혀 없었다. 내가 군대를 제대한 것도 아니지 않은가?

며칠 후 나는 희망을 가득 품고 LA로 돌아왔다. 당시 컴퓨터운영자로 휴스항공기에 재직하고 있던 레니 디치코는, 내가 자신의 사무실에 들르길 손꼽아 기다리고 있었다. 더 흥미로운 건 레니가 내게 꼭 말해주고 싶은 게 있다고 하는 것이었다. 결코 전화로는 말해줄 수 없는 내용라고 했다. 나는 도대체 무슨 일인지 너무나 궁금했다.

Kyoo olxi rzr Niyovo Cohjpcx ojy dn T apopsy?

06 해커의 사랑

레니 디치코는 내게 자신이 휴스항공기에서 근무하면서 한 여자경비원과 매우 친해졌다고 말했다. 그러면서 내가 자신의 사무실에 방문할 날 저녁에 그 여자경비원이 근무하고 있을 것이며, 내가 그저 DEC직원이라고 말하면 통과시켜 줄 거라고 덧붙였다. 실제로 내가 나타나자 여자경비원은 신분증조차 요구하지 않고 내게 눈짓을 한 후 나를 출입시켜줬다.

레니는 나를 데리러 로비까지 내려왔다. 언제나처럼 빼기고 자신만만해 하는 표정이었지만 왠지 들떠보였다. 그는 나를 백스컴퓨터 앞으로 데리고 갔다. 백스컴퓨터는 아르파넷에 접속할 수 있었고 수많은 대학, 연구소, 정부계약회사 등과 연결돼있었다. 명령어를 입력하면서 레니는 독마스터Dock-master라는 컴퓨터 시스템에 접속하는 거라고 말했다. 독마스터는 일급 첩보기관인 미국 국가안보국NSA에 속한 국가컴퓨터보안센터의 시스템이다. 우리는 어쩌면 이번 기회가 국가안보국에 가장 가깝게 직접 접근할 수 있는 기회일지도 모른다는 생각에 매우 신이 났다.

레니는 자신의 사회공학기법에 대해 자랑하면서 자신이 국가컴퓨터보안센터의 전산팀 직원으로 가장해서 아놀드라는 직원을 속여 시스템접속

정보를 알아냈다고 말했다. 거의 꼴 보기 싫을 정도로 잘난 체를 했다. 하지만 내가 볼 때 레니는 대단한 얼간이였고, 따라서 그가 "케빈, 난 너만큼이나 사회공학기법에 능하다고!"라고 잘난 척을 할 때마다 그의 모습이 마치 약에 취한 것처럼 보였다.

우리는 약 한 시간 정도 시스템을 해킹했지만 흥미로운 정보는 건지지 못했다.

그리고 오랜 세월이 지난 후에 그날 레니의 사무실에서 내가 보낸 그 한 시간은 악령처럼 나를 괴롭히게 된다.

컴퓨터 기술을 더 빨리 익힌다면 내가 원하던 직장에 들어갈 수준에 도달할 수 있으리라 생각했다. 그 직장은 바로 GTE였다. 나는 GTE가 컴퓨터학습센터라는 기술학교 졸업생들을 상당수 고용한다는 사실을 알아냈다. 컴퓨터학습센터는 우리 집에서 차로 그다지 멀지 않았고, 6개월만 수강하면 수료증을 딸 수 있었다.

나는 미국정부에서 수여하는 펠장학금에서 학자금을 대출해 학비를 냈고, 기타 필요한 추가경비는 어머니가 대줬다. 학교는 모든 남학생들에게 매일 수업 때마다 정장착용을 요구했다. 나는 13살 유대교 성년식 이후로 정장을 입어본 적이 없었고, 23살이 된 지금 성년식 때 입었던 정장이 몸에 맞을 리 없었다. 결국 정장 두 벌을 사기 위해 또 다시 어머니가 지갑을 열어야 했다.

나는 특히 '어셈블러 언어'로 프로그래밍하는 것을 즐겼다. 어셈블러 언어로 프로그램을 작성하는 건 다른 많은 기술적 세부사항을 알아야만 했기에 훨씬 힘들었다. 하지만 그만큼 효율적이고 훨씬 적게 메모리공간을 차지하는 프로그램코드를 작성할 수 있었다. 어셈블러 언어처럼 하위언어로 프로그램을 작성하는 게 무척 재미있었다. 하위언어로 애플리케이션을 개발하면 애플리케이션이 내 의도대로 더 잘 작동한다는 느낌을 받았다. 왜냐하면 코볼처럼 상위언어를 사용할 때보다 기계와 더 가깝게 소통할 수 있었기 때문이다. 학교에서 내주는 과제는 일반적인 것부터 약간 어렵지만 재미나는 것까지 다양했다. 당시 나는 내가 늘 좋아하는 컴퓨터를 배우고 있었고, 시스템과 프로그램에 대해 더 자세히 알아가고 있었다. 가끔씩 수업 중에 해킹에 대한 주제가 언급되면 나는 그저 아무것도 모르는 척 잠자코 듣기만 했다.

물론 나는 계속해서 해킹을 했다. 당시 나는 퍼시픽전화회사에서 이름을 바꾼 퍼시픽벨과 물고물리는 게임을 벌이고 있었다. 내가 교환기로 접근하는 새로운 방법을 고안해낼 때마다 퍼시픽벨은 내 접근을 막을 방법을 찾아냈다. 신규번호 변경기록 승인센터가 전화 서비스 신청요구를 처리하기 위해 여러 교환기로 연결하는 데 사용하는 전화번호를 내가 알아내 접속을 하면, 퍼시픽벨은 이를 알아채고 전화번호를 아예 바꾸거나 내가 접속하지 못하도록 차단했다. 그러면 나는 퍼시픽벨이 잠시 한눈을 팔고 있을 때 차단을 해지했다. 그 일은 몇 개월 동안이나 반복됐다. 퍼시픽벨의 방해가 심해지면서 교환기해킹은 더 이상 재미가 아닌 지루한 게임처럼 느껴질 정도였다.

그러던 와중에 나는 교환기가 아닌 좀 더 상위 수준에서 해킹을 하는 게 좋겠다고 생각했다. 그러니까 교환기 제어 중앙시스템SCCS, Switching Control Center System을 공격하기로 한 것이다. 만약 교환기 제어 중앙시스템을 해킹하는 데 성공한다면 그건 마치 교환기 앞에 직접 앉아서 마음껏 교환기를 조종하는 것과 다를 게 없었다. 나아가 매번 사회공학기법을 활용해서 멍청한 기술자들을 속일 필요도 없었다. 교환기 제어 중앙시스템 해킹은 아주 대단한 해킹이었고, 성공한다면 나는 막강한 권한을 손에 넣을 수 있었다.

나는 캘리포니아 북부 오클랜드에 위치한 교환기 제어 중앙시스템을 목표로 공격을 시작했다. 일단 전화를 걸어 내가 회사에서 사용하는 모든 교환기 제어 중앙시스템 소프트웨어의 지원을 담당하는 전자시스템 지원센터 직원이라고 말하기로 사전에 계획했다. 나는 사전조사를 진행해 알아낸 실제 전자시스템 지원센터 직원의 이름을 대며 이렇게 말했다. "오클랜드 교환기 제어 중앙시스템에 접속해야 하는데 마침 우리 쪽 데이터킷[1] 장비가 고장이 나서요. 그래서 아무래도 전화모뎀으로 접속해야 할 것 같은데요."

"그러시죠."

내 전화를 받은 사내는 전화 접속 번호와 함께 패스워드를 여러 개 알려준 후, 전화를 끊지 않고 내가 접속하는 절차를 차근차근 안내해줬다.

이런, 시스템에 '다이얼백dial back' 보안기능이 설치돼 있었다. 그러니까 일단 전화번호를 입력한 뒤에 다시 컴퓨터가 내게 전화를 걸어올 때까지 기다려야 했다. 이를 어쩌지? 나는 머리에 떠오르는 대로 말했다.

"이봐요, 내가 지금 외부에 나와 있어서요. 그래서 걸려오는 전화를 받을 수가 없어요."

우연히도 나는 꽤나 그럴싸한 핑계를 댈 수 있었다.

"알겠습니다. 제가 프로그램을 조작해서 다이얼백을 그냥 통과하고 곧장 시스템에 접속할 수 있게 해드리죠." 사내가 나를 안심시켰다. 결국 그는 그 과정에서 회사가 애써 마련해놓은, 다시 말해 승인된 회신 전화번호

---

1 데이터킷(Datakit): 벨 연구소가 개발해낸 가상회선 교환기. 지역 전화 회사들이 널리 채택해서 사용했다. – 옮긴이

가 있는 직원만 접속할 수 있도록 해놓은 보안기능을 무용지물로 만든 셈이다.

레니도 교환기 제어 중앙시스템 해킹 시도에 동참했다. 교환기 제어 중앙시스템 한 대를 해킹할 때마다 우리는 전화국 교환기 대여섯 대에 대한 접속권한과 전적인 통제권한을 손에 넣을 수 있었다. 우리는 전화국에서 교환기 앞에 앉아 근무하는 기술자와 똑같이 모든 것을 조종할 수 있었다. 전화를 추적할 수도 있었고, 새로운 전화번호를 개설하거나 해지하거나, 맞춤형 통화기능을 추가하거나 해지하거나, 발신번호 추적기능을 설치한 후 저장기록을 살펴볼 수도 있었다. (발신번호 추적기능은 특정 전화로 걸려오는 전화번호를 저장하는 기능이다. 대체로 전화폭력에 시달리는 피해고객들의 요청에 의해 고객전화에 설치됐다.)

레니와 나는 1985년 후반부터 1986년 내내 교환기 제어 중앙시스템 해킹에 많은 시간을 쏟아 부었다. 그 결과 퍼시픽벨의 모든 교환기에 접속할 수 있게 됐고, 나아가 맨해튼, 유타 주와 네바다 주, 그 밖에 미국 전역의 여러 지역 전화 회사 교환기에도 접속할 수 있게 됐다. 그중에는 C&P(체서피크앤포토맥)전화 회사도 포함됐는데, C&P는 워싱턴DC지역에 전화 서비스를 제공했고, 따라서 고객 중에는 미국 연방정부 부서와 국방부도 포함됐다.

미국 국가안보국 해킹은 나로서는 도저히 참을 수 없는 유혹이었다. 국가안보국의 전화 서비스는 메릴랜드 로렐에 위치한 C&P 교환기를 통해 제공됐다. 당시 레니와 나는 이미 그 교환기에 접속할 수 있었다. 전화번호부에는 국가안보국의 대표전화가 301-688-6331로 등록돼 있었다. 나는 여러 차례 무작위로 688 국번으로 시작되는 전화번호를 걸어봤고, 그런 후에 688 국번이 모두 국가안보국에 할당돼 있다는 걸 알아냈다. 나는 교환기 기술자들이 교환기를 테스트하기 위해 사용하는 '통화 모니터링' 기능을 사용해서 무작위로 통화내용을 들을 수 있는 회선을 설치했다. 나는 한 통화내용을 감청해서 한 남자와 한 여자가 통화하는 내용을 엿들었다. 국가안보국 직원들의 통화내용을 엿들을 수 있다니. 도무지 믿기지가 않았다. 흥분과 불안감이 동시에 느껴졌다. 그 상황은 정말이지 있을 수 없는 일이었다. 전 세계에서 가장 감청을 많이 하는 이들을 오히려 내가 감청하고 있었던 것이다.

이 정도면 됐어. 국가안보국을 해킹할 수 있다는 걸 알았으니까! 이젠 잽싸게 빠져나가야 할 시간이었다. 나는 그들이 어떤 대화를 나누는지 알 수 있을 만큼 오래 엿듣지도 않았고, 알고 싶은 생각도 없었다. 만약 그 통화내용이 대단히 민감한 사안이라면 분명 직통전화로 통화하고 있는 게 확실했지만, 그렇다고 해도 오래 엿듣는 건 여전히 위험했다. 이번 딱 한 번만 감청하고 다시는 감청하지 않는다면 국가안보국에서 감청됐다는 걸 알아챌 가능성은 대단히 낮았다.

미국정부는 내가 국가안보국 전화를 해킹하는 데 성공했다는 걸 끝내 몰랐다. 내가 이 책에서 이 사실을 털어놓는 이유도 이미 내 공소시효가 오래 전에 만료됐기 때문이다.

레니와 나는 매번 또 다른 교환기 제어 중앙시스템을 해킹할 때마다 마치 비디오게임의 더 높은 단계로 넘어가는 것과 같은 희열을 느꼈다.

교환기 제어 중앙시스템 해킹은 미국 대부분 지역의 전화시스템을 조종할 수 있는 힘을 얻게 됐다는 점에서 내 삶에서 가장 대단한 해킹이라고 할 수 있다. 그런데도 레니와 나는 그 힘을 결코 다른 목적에 쓰지 않았다. 단지 그 막강한 힘을 우리 손에 넣었다는 것에 희열을 느끼는 걸로 충분했다.

퍼시픽벨도 마침내 우리가 교환기 제어 중앙시스템을 해킹했다는 사실을 알아챘다. 하지만 우리는 체포되거나 기소되지 않았는데, 후에 알고 보니, 그 이유는 그 사실이 외부로 알려질 경우 다른 이들도 똑같은 수법으로 해킹을 할까봐 회사경영진이 두려워했기 때문이었다.

반면에 레니의 독마스터시스템 해킹에 대해선 잠자코 넘어가지 않았다. 국가안보국은 해킹을 추적해서 해킹시도가 휴스항공기에서 비롯됐다는 걸 알아냈고, 나아가 해킹시도가 내가 방문했던 그날 밤 레니가 일하던 전산실에서 이뤄졌다는 것을 밝혀냈다. 레니는 휴스항공기의 보안팀으로부터 조사를 받았다. 그런 후 FBI가 다시 레니를 소환해서 공식심문을 진행했다. 레니는 변호사를 고용해 FBI 심문에 응했다.

레니는 FBI요원들에게 자신과 내가 독마스터를 이용해서 아무 짓도 하지 않았다고 진술했다. 휴스항공기 경영진도 이런 사례 뒤딜했지만 레니는 자신의 주장을 굽히지 않았고, 내게 잘못을 돌리지도 않았다. 하지만 결국 레니는 자신이 처한 위기를 모면하기 위해 내가 그날 밤 휴스항공기를 방문했을 때 독마스터시스템을 해킹했다고 털어놓고 말았다. 요원들이 레니에게 왜 처음부터 내가 관련돼 있다는 걸 숨겼냐고 묻자 레니는 만약 누설할 경우 내가 죽인다고 협박을 해서 겁에 질려서 그랬다고 답했다. 분명한 건 레니가 FBI요원들에게 거짓말을 한 변명을 대려고 아무 말이나 떠오르는 대로 지껄였다는 점이다.

방문자 목록에는 케빈 미트닉이 레니를 만나기 위해 실제로 휴스항공기를 방문했다는 기록이 명백히 남아있었다. 당연히 레니는 즉각 휴스항공기에서 해고됐다.

그 일이 있은 후 2년 뒤에 나는 국가안보국 시스템에 접속할 수 있는 기밀 접속코드를 보유했다는 이유로 기소된다. 하지만 실제로 나는 오로지 'whois' 명령어를 입력했을 때 출력된 자료, 그러니까 독마스터에 계정이

등록돼있는 사용자의 이름과 전화번호가 적힌 목록만을 가지고 있었을 뿐이다. 게다가 그 목록은 아르파넷에 접속할 수만 있다면 누구라도 쉽게 입수할 수 있는 정보였다.

한편 내가 다니던 학교에 남학생들만 있었던 건 아니다. 특히 학생 중에 매우 귀엽고 자그마한 보니라는 여학생이 있었다. 솔직히 나는 아주 매력적인 사내는 아니다. 게다가 나는 어린 시절에 버스를 타고 이곳저곳을 돌아다닐 때 만났던 친구 덕분에 이후로 패스트푸드를 주식으로 삼았고, 당시에도 그때 찐 살이 여전히 남아있었다. 당시 나는 정상체중보다 약 25킬로그램 정도가 더 나갔고, '비만'이란 단어로는 형용하기 어려울 만큼 뚱뚱했다.

그렇지만 나는 보니가 너무나 사랑스러웠다. 어느 날 나는 전산실에서 보니와 함께 남아 학교과제물을 하게 됐고, 그녀에게 메시지를 전송하기 시작했다. 나는 보니에게 우선순위가 높게 작동하고 있는 내 프로그램을 멈추지 말아 달라고 요청했고, 그럴 때마다 그녀는 친근한 답변을 보내왔다. 나는 그녀에게 함께 저녁을 먹자고 제안했다. 그녀가 답했다. "그건 안 되겠어. 난 약혼했거든." 하지만 나는 해킹을 하면서 결코 장벽에 굴하지 않는 태도를 배웠다. 왜냐하면 언제나 뚫을 방법은 있기 때문이다. 이틀 정도 지난 후 나는 다시 저녁식사를 제안했고, 그녀에게 웃는 얼굴이 너무나 예쁘다고 말했다. 이게 웬 걸? 그녀가 승낙했다.

후에 보니는 약혼자가 자신에게 재산에 대해 속이고 있는 것 같다고 털어놓았다. 어떤 차를 모는지, 차에 남아있는 대출금이 얼마인지 등이 의심스럽다고 했다. "원한다면 알아봐 줄게." 내가 말했다. "그래주면 나야 고맙지." 보니가 답했다.

나는 고등학교 시절에 신용평가 회사인 TRW를 해킹한 적이 있었다. 사실 그 해킹은 별반 대단할 것이 없었다. 어느 날 밤 나는 우연히 샌페르난두 밸리에 있는 갤핀포드 자동차대리점 뒤에 있는 쓰레기통을 뒤졌다. 약 15분 정도 걸렸는데 소득이 꽤 있었다. 자동차대리점에서 차를 사려는 고객들의 신용보고서를 상당수 발견한 것이다. 놀랍게도 모든 신용보고서에는 갤핀포드가 TRW에 접속할 때 사용하는 접속코드가 박혀있었다. (이보다 더 놀라운 건 이후로 꽤 시간이 지난 후에도 TRW는 접속코드가 신용보고서에 여전히 박힌 채로 출력됐다는 점이다.)

당시만 해도 TRW는 고객에게 매우 친절했다. 전화를 걸어 고객명과 정확한 접속코드를 알려준 후 그 다음 절차를 잘 모르겠다고 말하면 친절한 여성상담원은 신용평가서를 발급하는 데 필요한 절차를 하나씩 차근차근 설명해 주었다. 실제 고객에게도 유용한 서비스였겠지만, 나 같은 해커에게도 또한 유용했다.

보니가 내게 약혼자가 무엇을 숨기고 있는지 알아봐달라고 부탁했을 때, 나는 이미 모든 준비가 돼있었다. TRW에 전화를 걸어 몇 시간 컴퓨터를 두드린 후에 나는 약혼자의 신용보고서, 은행잔고, 재산기록을 뽑아낼 수 있었다. 의심은 사실로 드러났다. 보니의 약혼자는 말했던 것만큼 부자가 아니었고, 심지어 일부 자산은 동결된 상태였다. 차량면허국 기록을 조회하자 그는 보니에게 이미 팔았다고 말한 차량을 여전히 보유하고 있는 것으로 드러났다. 나는 결코 보니와 약혼자의 관계를 깨트리려는 생각이 없었기에 이 모든 사실에 안타까운 마음이었다. 아무튼 결국 보니는 파혼했다.

2, 3주가 지나 보니가 결별의 아픔을 잊을 무렵이 되면서 우리는 사귀기 시작했다. 보니는 나보다 여섯 살이 많았고, 따라서 남녀관계에 대해 훨씬 경험이 많았다. 게다가 그녀는 미반인 나를 영리하고 나름 미남이라고

생각했다. 나로서는 보니와의 교제가 생애 최초로 진지한 이성교제였다. 마치 구름 위를 떠다니는 기분이었다.

보니와 나는 둘 다 태국음식을 좋아했고 영화 보는 걸 좋아했다. 보니 때문에 나는 내 일상적인 생활방식과는 거리가 먼 하이킹에도 관심을 가지게 됐다. 보니는 내게 근처에 있는 샌가브리엘 산맥의 아름다운 산행길을 안내해 주기도 했다. 보니는 사람에 대한 정보를 잘 입수하는 내 능력에 대단히 관심이 많았다. 게다가 보니와 나 사이에는 지금 생각해도 너무나 재미난 아주 공교로운 인연이 또 하나 있었다. 내 새 여자친구에게 월급을 주고 학비까지 대주면서 학교를 보내준 회사가 바로 내가 평생 동안 해킹을 했던 전화 회사 GTE였다는 점이다.

나는 컴퓨터학습센터에서 6개월 필수과정을 수료한 후 약간 더 학교에 머물렀다. 당시 아리엘이라는 시스템관리자는 내가 학교 VM/CMS 시스템에 해킹하는 것을 잡으려고 몇 개월에 걸쳐 애쓰고 있었다. 마침내 그는 전산실 커튼 뒤에 숨어 자신이 관리하던 시스템디렉토리에 내가 침입하는 것을 현장에서 잡았다. 하지만 나를 프로그램에서 축출하기보다는 내게 제안을 했다. 아리엘은 내가 학교컴퓨터를 해킹하는 데 사용한 기술에 탄복하면서 만약 IBM 미니컴퓨터의 보안을 강화할 강의프로그램을 작성해준다면 '최우수 과제물'로 인정해주겠다고 제안했다. 황당한 제안이었다. 학생들에게 전문적인 컴퓨터지식을 가르쳐주는 학교에서 막상 학생을 고용해 보안을 개선하다니 말이다. 아무튼 그 제안은 내게 엄지손가락을 추켜올리며 내 실력을 칭찬해 주는 것과 다름없었기에 나는 그 일을 맡았다. 과제를 완수한 뒤 나는 우등생으로 학교를 졸업했다.

아리엘과 나는 후에 친구가 됐다.

컴퓨터학습센터가 학생들에게 내세운 유인책은 졸업하면 유명한 기업에 고용된다는 점이었다. 그리고 그 유명한 기업 중에는 보니의 고용주이자 오랜 기간 내 해킹대상이었던 GTE도 포함돼 있었다. 공교로운 일이 아닐 수 없다.

나는 GTE 전산부서와 면접을 본 후 다시 인사팀 직원 3명과 면접을 봤고, 프로그래머로 고용됐다. 꿈이 이뤄진 셈이다! 나는 더 이상 해킹을 하지 않아도 됐다. 그럴 필요가 없었다. 이제는 내가 늘 희망하던 전화 회사에서 내가 늘 좋아하던 전화시스템과 관련된 일을 하면서 보수까지 받을 수 있었기 때문이다.

GTE에서 내 첫 업무는 신규직원 오리엔테이션에 참가해 GTE에서 사용하는 모든 시스템의 명칭과 기능을 배우는 것이었다. 이런! GTE는 전화 회사였고, 나는 전화 회사에 대해 너무나 많은 걸 알고 있었기에 오리엔테이션은 오히려 내가 배우기보다는 가르쳐야 할 자리였다. 하지만 당연히 나는 다른 신규직원들처럼 잠자코 필기만 했다.

새로 생긴 멋진 일자리에 점심시간에는 여자친구 보니와 직원식당에서 밥을 먹을 수 있었고, 게다가 썩 괜찮은 보수까지 받았으니, 한 마디로 나는 성공한 것과 진배없었다. 나는 사무실 안을 거닐 때면 사용자이름과 패스워드가 적힌 수많은 포스트잇이 떡하니 붙어있는 것을 목격했고, 그럴 때마다 속으로 씩 웃곤 했다. 마치 양조장 견학을 온 술 끊은 알코올중독자처럼 느껴졌다. 손을 대지 않을 것이라는 자신감이 있긴 했어도 계속해서 '딱 이번 한 번만?'이라는 생각이 떠올랐기 때문이다.

나는 보니, 그리고 그녀의 동료인 보안팀 남자직원과 함께 점심식사를 자주 했다. 그럴 때 나는 일부러 사원카드가 보이지 않게 뒤집어 놓았다. 다행히 남자직원은 나와 처음 인사를 나눴을 때 내 이름을 제대로 알아듣지 못했다. 따라서 그에게 내가 '전화 회사 공공의 적 1호'임을 알려줄 이유는 전혀 없었다.

한 마디로 모든 상황을 고려해볼 때 그때는 더 이상 해킹을 하고픈 마음조차 사라진, 내 인생에서 가장 멋진 시기였다.

하지만 내가 고용된 지 일주일 후 상사는 내게 폭탄을 떨구기 시작한다. 상사는 내게 비상시에 데이터센터로 언제든 출입할 수 있는 출입증을 발급받기 위한 보안서류를 건네줬다. 나는 즉각 내 정체가 드러날 것임을 예감했다. GTE 보안팀이 보안서류를 본다면 내 이름을 알아챌 게 뻔했고 그런 후 어떻게 내가 채용 과정에서 보안점검절차를 무사히 통과했고, 그것도 일반직원이 아닌 프로그래머로 고용됐는지 어리둥절해 할 게 분명했다.

이틀 후, 나는 불길한 예감을 지닌 채 회사로 출근했다. 그날 오전 늦은 시간에 상사가 나를 불렀고, 상사의 상사인 러스 트롬블리는 평판조회를 해봤는데 결과가 안 좋다며 내게 그 동안의 보수와 퇴직금에 해당하는 수표를 건네주며 해고할 수밖에 없다고 말했다. 말도 안 되는 핑계였다. 내가 취업할 때 신원보증인으로 내세운 이들은 하나같이 나에 대해 좋은 말을 해줄 사람들이었기 때문이다.

나는 다시 내 책상으로 안내되어 소지품을 챙겼다. 잠시 후 보안팀 직원들이 나타났고, 그중에는 종종 함께 점심식사를 하던 그 직원도 포함돼 있었다. 보안팀 직원들은 플로피디스크를 담아둔 상자를 뒤져 혹시라도 회사자산이 포함돼 있는지를 확인했다. 뭐, 상관없었다. 회사자산이 저장된 디스크는 없었고 모두 합법적인 소프트웨어였기 때문이다. 보안팀 직원들은 나를 문밖으로 안내했고 내 차가 있는 곳까지 나를 따라왔다. 나는 차를 몰고 떠나면서 후방거울을 흘깃 쳐다보았다. 모두들 나를 향해 손을 흔들고 있었다.

내가 GTE에서 근무한 기간은 모두 더해서 9일이었다.

나중에 알게 됐지만, 그 일로 퍼시픽벨 보안팀 직원들은 GTE 보안팀 직원들을 꽤나 놀려먹었다. 그들은 악명 높은 프리커이자 수년간 요주의 인물로 별도 관리해온 케빈 미트닉을 직원으로 고용했다는 사실에 배를 잡고 웃었다.

일보 후퇴하면 일보 전진하는 법이다. 컴퓨터학습센터 강사 중에 시큐리티퍼시픽은행에서 정보보안 전문가로 근무하는 이가 있었다. 그는 내게 그 일자리에 지원해보라고 권했다. 몇 주에 걸쳐 나는 총 세 번 면접을 보았고, 특히 마지막 면접에는 은행 부사장이 참석했다. 그런 후 상당히 긴 시간을 기다리던 어느 날 마침내 전화가 걸려왔다. "대학을 졸업한 다른 후보자도 있었지만 당신이 더 적임자라고 판단했습니다." 연봉은 3만 4,000달러였고 나로서는 대단히 만족스런 수준이었다!

그런 후 은행은 회사 내부공문을 통해 내 고용소식을 알렸다. "다음 주부터 일을 시작하는 신규직원 케빈 미트닉을 환영해 주시기 바랍니다."

앞에서 언급했듯이, 내가 소년범죄로 체포됐을 당시 나는 미성년자였기에 신문에 이름을 싣는 건 위법이었다. 그런데도 LA타임스는 내 이름을 대문짝만하게 기사에 실었다. 불행히도 시큐리티퍼시픽은행 직원 중 한 명이 그 기사를 기억했다.

나는 출근하기 전날 ISSA Information Systems Security Association (정보시스템 보안협회)의 설립자이자 나를 채용한 산드라 램버트에게 이상한 전화를 받았다. 전화통화는 대화라기보다는 취조에 가까웠다.

산드라: "혹시 자네 하트Hearts 할 줄 아나?"

나: "카드 게임 말씀하시는 건가요?"

산드라: "맞아."

왠지 가슴이 철렁했다. 더 이상 농담은 없을 거라는 예감이 들었다.

산드라: "혹시 자네가 WA6VPS라는 무전명을 쓰는 햄라디오 무선사인가?"

나: "맞는데요."

산드라: "혹시 건물 뒤에 있는 쓰레기통을 뒤지거나 하지 않았나?"

나: (이런.) "아주 배고플 때는요."

내 농담은 먹히지 않았다. 산드라는 작별인사를 남긴 후 전화를 끊었다. 다음 날 은행 인사부서에서 전화를 걸어와 내 고용을 취소했다. 또 다시 내 과거가 내 발목을 잡은 것이다.

얼마 뒤 언론사들은 시큐리티퍼시픽은행으로부터 보도자료를 받았다. 보도자료에는 은행이 해당 분기에 4억 달러에 달하는 손실을 입었다는 내용이 적혀있었다. 그 보도자료는 가짜였다. 다시 말해, 시큐리티퍼시픽이 배포한 것이 아니었고, 나아가 시큐리티퍼시픽은 해당 분기에 손실을 기록하지도 않았다. 당연히 은행 고위층은 내 소행이라고 추측했다. 나는 몇 달이 지난 후, 재판과정에서 검사측이 내가 악의적인 행위를 저질렀다고 말했을 때 비로소 그런 일이 있었다는 걸 알게 됐다. 지금 생각해 보면 나는 친구 루이스 드페인에게 은행이 내 고용을 취소했다고 말한 적이 있다. 시간이 꽤 흐른 후 나는 루이스 드페인에게 혹시 그 보도자료가 그의 소행이냐고 물었다. 그는 화를 내면서 부인했다. 아무튼 확실한 건 나는 결코 그 짓을 저지르지 않았다는 점이다. 그런 짓은 나에게는 어울리지 않는다. 왜냐하면 지금까지 나는 결코 어떤 경우에도 앙심을 품고 사악한 보복을 가한 적이 없기 때문이다.

하지만 결국 이 가짜 보도자료 사건도 케빈 미트닉에 대한 전설의 일부가 된다.

그래도 여전히 내 인생에는 보니가 있었다. 그녀는 살면서 내게 주어진 가장 큰 선물이었다. 하지만 혹시 당신은 이처럼 좋은 일은 결코 오래가지 못 할 거라는 그런 불안감을 느껴본 적이 있는가?

Kvoh wg hvs boas ct hvs Doqwtwq Pszz sadzcmss kvc fsor hvs wbhsfboz asac opcih am voqywbu oqhwjwhwsg cjsf hvs voa forwc?

07 서둘러 결혼하다

최근 보니는 여전히 '케빈이 너무나 재미있고 자상했던' 것으로 기억한다고 말했다.

나도 보니에게 똑같은 감정을 느꼈다. 보니 이전에도 마음을 빼앗겼던 여자들이 있긴 하지만, 진지한 감정으로 너무나 아껴주고 싶었던 여자는 보니가 처음이었다. 우리는 공통적으로 좋아하는 것이 많았다. 심지어 둘 다 리스 땅콩버터를 좋아해서 집으로 향하는 길에 일부러 먼 길을 돌아 세븐일레븐에 들르기도 했다. 보니는 함께 있는 것만으로도 편안함과 행복감을 주는 사람이었다. 두 번의 신속한 해고를 당한 나로서는 보니와 함께 한다는 것이 일종의 치료과정이었다. 나는 보니 집에서 정말 많은 시간을 보냈고, 그러다보니 내 짐들도 하나둘씩 늘어나기 시작했다. 그렇게 동거를 하려는 의도는 아니었지만 자연스럽게 동거가 시작됐다.

우리는 함께 자전거를 타는 걸 좋아했다. 와인을 들고 해변에 가는 것도 좋아했다. 아카디아에 있는 챈트리플랫 폭포로 하이킹을 가는 것도 좋아했는데, 마치 LA 한복판에 있는 숲속처럼 느껴졌다. 공기가 정말로 신선했기에 나처럼 하루 종일 컴퓨터 앞에 앉아있어 혈색이 창백한 사람에게는 달콤한 휴식처였다.

나는 심지어 보니가 그다지 살림에 소질이 없었어도 전혀 개의치 않았다. 그녀 침실에는 늘 더러운 옷가지들이 바닥에 널브러져있었다. 나는 우리 부모님만큼 결벽증은 아니었지만 그래도 깨끗하게 정돈된 걸 좋아했다. 하지만 우리 둘은 다른 면에서는 서로 너무나 잘 맞았기에 적어도 집안환경에 대해서만큼은 나는 아무런 잔소리도 하지 않았다.

나는 직업이 없었기에 우리 집에서 멀지 않은 웨스트우드에 있는 UCLA 외부교육원에 입학했다. 등록할 때 보니도 따라왔다.

하지만 외부교육원은 어디까지나 눈속임이었다. 그러니까 어떤 면에서 나는 그때 처음으로 보니를 속인 셈이다. 나는 수업을 들으러 간다며 일주일에 세 번 저녁에 외출했다. 하지만 수업에 가는 대신 레니 디치코가 일하던 곳으로 가서 밤새도록 해킹을 했다. 지금 생각하면 정말이지 멍청한 짓이었다.

외출하지 않는 날 밤에는 아파트에 있는 컴퓨터 앞에 앉아 보니의 전화선을 이용해 해킹을 했다. 그럴 때면 보니는 혼자서 책을 읽고, 혼자서 TV도 시청하고, 혼자 잠자리에 들었다. 어쩌면 내 행동은 두 번씩이나 일자리에서 쫓겨난 데 내 절망감의 표출로도 볼 수 있지만, 솔직하게 말하자면 그건 사실이 아니었다. 물론 거대한 좌절감 때문에 힘들긴 했다. 하지만 그게 내 끔찍한 행동의 원인은 아니었다. 진짜 이유는 내가 해킹이라는 집착의 노예가 됐기 때문이었다.

보니도 내 행동을 우려했을 게 분명하지만, 내가 그녀의 살림솜씨를 눈감아 준 것처럼 그녀 또한 내 행동을 너그럽게 받아들였다. 우리는 몇 달 동안 함께 살면서 평생을 함께하고 싶어 한다는 걸 깨달았다. 우리는 사랑에 빠져있었고, 결혼에 대해 의논했고, 돈을 모으기 시작했다. 나는 내가 받은 월급에서 남은 돈(당시 나는 프로민스텔리에서 포스POS, point-of-sale 시스템을 구축하고 있었다)을 100달러짜리 지폐로 바꿔 집안 옷장에 있는 코트 속주머니에 넣어두었다.

당시 나는 스물세 살이었고 여자친구 아파트에 기거하면서 깨어있는 시간은 모두 컴퓨터에 쏟았다. 컴퓨터를 할 때면 나는 다윗이었고, 내가 공격하는 미국 전역의 거대한 전화 회사들 네트워크는 골리앗이었다.

전화 회사들은 당시 유닉스를 변형한 운영체제를 사용했고, 나는 그 변형된 운영체제를 배우고 싶었다. 캘리포니아 북부에 있는 SCOSanta Cruz Operation는 유닉스에 기반한 PC용 운영체제인 제닉스Xenix를 개발 중이었다. 만약 제닉스의 소스코드를 손에 넣을 수만 있다면 내 컴퓨터에 설치된 운영체제의 자세한 작동법을 배울 수 있으리라. 그래서 나는 퍼시픽벨을 해킹해서 SCO 컴퓨터에 접속할 수 있는 비밀 전화 접속 번호를 알아냈다. 그런 후 SCO 직원을 속여 사용자이름을 알아냈고 패스워드를 내가 일러준 패스워드로 변경하게 했다. 마침내 나는 SCO 컴퓨터에 접속할 수 있었다.

나는 SCO 시스템을 자세히 들여다보면서 내가 원하던 소스코드를 찾는 데 푹 빠져있었다. 그러던 중 나는 시스템관리자가 내 일거수일투족을 지켜보고 있다는 걸 알아챘다. 나는 그에게 메시지를 보냈다. "왜 날 감시하는 거지?"

놀랍게도 그는 이렇게 회신했다. "그게 내 일이니까."

나는 시스템관리자가 어디까지 내 해킹행위를 내버려둘지 시험해보기 위해 시스템에 접속할 수 있는 계정을 만들어달라고 메시지를 보냈다. 그러자 시스템관리자는 계정을 만들어주었다. 심지어 내가 요청한 사용자이름인 'hacker'로 계정을 열어주었다. 나는 시스템관리자가 내 계정을 지속적으로 감시할 것임을 알았기에 아무 데이터나 건드려보며 그의 주의를 분산시켰다. 내가 원하는 소스코드를 발견했지만 끝내 다운로드를 하지 않았다. 다른 이유 때문이 아니라 내 2,400보드 모뎀으로는 다운로드하는 데 평생이 걸릴 것이기 때문이었다.

하지만 그 사건은 여기서 끝나지 않는다.

7월 초 어느 날 보니가 회사에서 퇴근해 집에 돌아오자 집안이 온통 어질러져있었다. 강도를 당한 것이었다. 보니는 내게 삐삐를 쳤고 전화를 건 나는 보니 목소리에서 놀라움과 분노를 느낄 수 있었다.

나는 보니에게 결혼식 자금으로 코트 속주머니에 모아둔 돈이 아직 있는지 확인해보라고 말했다. 하지만 보니는 내가 모아 둔 총 3,000달러에 달하는 100달러짜리 지폐가 식탁 위에 가지런히 놓여있음을 발견했다. 그리고 그 옆에는 수색영장이 놓여있었다.

그러니까 우리는 강도를 당한 게 아니라 가택수색을 당한 것이었다. 가택수색을 실시한 건 산타크루즈경찰서였다. 산타크루즈라고! 나는 가택수색이 늦은 밤 SCO 컴퓨터를 해킹했던 일과 연관이 있음을 직감했다.

내 컴퓨터와 디스크가 감쪽같이 사라졌다는 보니의 말을 듣는 순간 땅이 꺼지는 느낌이었다. 나는 보니에게 잽싸게 옷가지를 챙겨 만나자고 말했다. 나는 큰 위기가 닥쳐오고 있음을 예감했고, 변호사를 선임해 사태를 해결해야 한다고 생각했다. 가급적 최대한 빨리!

나는 동네공원에서 보니를 만났다. 어머니도 함께였다. 나는 둘에게 큰 문제가 아니라고 말했다. 어디까지나 시스템을 살짝 살펴보았을 뿐, SCO의 파일을 손상시키거나 소스코드를 다운로드하지는 않았으니 별 일 아니라고 말했다. 나는 당면한 법적문제보다도 보니와 어머니, 할머니가 느낄 절망감과 고통이 더 걱정스러웠다. 그들이야말로 내 인생에서 가장 소중한 사람들이었다.

어머니는 차를 몰고 집으로 향했고, 나는 보니를 데리고 가까운 모텔에 투숙했다. 보니는 사생활이 침해됐다는 사실에 화가 나 있었다. 만약 보니가 그때 나와 헤어졌다 해도 나로선 할 말이 없었다. 하지만 보니는 조금도 망설이지 않고 진정한 그녀의 모습, 즉 나에 대한 의리를 보여줬다. 그녀의 몸짓은 "왜 그런 짓을 했어?"라고 말하지 않았다. 그보다는 "이제 우리 어떻게 할까?"라고 말하고 있었다.

이튿날 아침 보니는 직장으로 전화를 걸어 집안에 큰 일이 생겨 잠시 휴가를 다녀오고 싶다고 말했다. 그녀 상관은 경찰관들이 보니를 만나러 회사에 왔다고 말했다. 내게 가장 먼저 떠오른 생각은 내가 보니의 아파트에서 보니의 전화선으로 해킹을 했으니 경찰이 보니가 해커라고 생각할 수도 있다는 것이었다. 하지만 이내 나는 경찰들이 보니를 체포한 후 나를 압박하기 위한 수단으로 이용하려는 작전이라고 판단했다. "자네가 모든 죄를 시인하지 않으면 대신 자네 여자친구가 감방행이야." 이런 식으로 말이다.

나는 이후 며칠 간 변호사와 통화하면서 상황을 설명하고 계획을 세웠다. 보니는 당시 상황을 이렇게 회상한다. "우리는 함께 많이 울었지만 결국 서로의 곁을 지켜주었다."

왜 보니는 나를 떠나지 않았을까? 후에 그녀는 이렇게 대답했다. "난 케빈을 너무나 사랑했거든."

우리는 많은 시간 서로 사랑을 나누며 약간이나마 불안과 근심을 덜 수 있었다. 나는 보니를 이런 지경에 처하게 한 게 너무나 미안했고, 어머니와 할머니에게 또 다시 심려를 끼쳤다는 생각에 마음이 아팠다. 보니와 나는 슬픈 감정을 함께 분출하면서 그나마 위안을 얻었던 것 같다.

치키 숙모는 보니와 나를 차에 태워 LA카운티경찰청 웨스트할리우드경찰서로 데려다줬다. 보니와 나는 자수했고, 치키 숙모는 즉각 우리를 보석으로 빼내주었다. 보석금은 각각 5,000달러였다. 어떤 이유인지 경찰은 우리 지문을 채취하거나 사진을 찍는 걸 깜빡했다. 이런 중대한 실수 덕분에 보니와 나는 둘 다 체포 기록이 남지 않았다. 지금까지도 내가 SCO 해킹으로 체포됐다는 공식적인 기록은 남아있지 않다. 독자들도 제발 이 사실은 쉬쉬해주기 바란다.

이후 수개월 동안 보니와 내가 산타크루즈 법정에 출석할 때마다 나는 왕복 비행기표를 네 매씩 끊어야 했다. 보니, 나, 각자 변호사까지. 게다가 호텔객실, 렌터카, 식사 비용까지 지불해야 했다. 두 변호사 모두 선불로 사건수임료를 요구했다. 내가 결혼자금으로 모아둔 3,000달러는 내 변호사 선임 비용으로 모두 날아갔고, 보니의 변호사 선임 비용은 어머니와 할머니에게 꾼 돈으로 지불해야만 했다.

따라서 보니와 나는 제대로 결혼식을 올릴 만한 돈이 없었다. 실제로 상황은 그보다 더 처참했는데, 사실 그 일은 아무리 사랑이란 이름으로 포장하려해도 포장할 도리가 없다. 나는 보니가 나에게 불리한 증언을 하지 않게 확실히 하려면 나와 결혼해야 한다고 말했다. 심지어 진행되는 상황을 볼 때 내가 감옥에 수감될 게 분명하다며, 보니에게 나와 결혼을 해야만 나를 면회 오지 않겠냐고 말했다.

나는 보니에게 다이아몬드 결혼반지를 선물했고, 우리는 우드랜드힐에 있는 자신의 집에서 결혼식을 주례하는 목사 앞에서 결혼했다. 결혼식에는 할머니와 어머니, 당시 어머니가 사귀던 남자친구이자 레스토랑 사업가 아니 프로민도 참석했다. 보니 가족 중에는 아무도 참석하지 않았다. 당연하지만 보니 어머니는 나 때문에 보니가 처하게 된 상황에 대해 분개했다.

결혼식은 소녀들이 어린 시절 꿈꿔왔던 그런 요술에 걸린 것 같은 황홀한 순간이 아니었다. 보니는 웨딩드레스가 아닌 바지에 티셔츠를 입고 슬리퍼를 신었다. 심지어 보니는 마음을 추스른 상태도 아니었다. 결혼식이 끝난 후 우리 모두는 아파트로 향했고, 할머니는 음식을 내왔다.

법적 상황은 갈수록 불리해졌다. 기소와는 별도로 SCO는 손해배상으로 140만 달러를 요구했다. 보니에게도 마찬가지였다.

그러던 중 일말의 햇살이 비춘다. 알고 보니 기소는 그저 나를 압박하기 위한 수단이었다. 상대측 변호사는 내가 해킹한 방법을 알려주면 SCO측에서 기소를 취하할 용의가 있다고 말했다. 다시 말해, SCO는 내가 어떻게 해킹을 할 수 있었는지 알아내지 못했던 것이다.

당연히 나는 그 제안에 동의했고, 스티븐 마르라는 시스템관리자와 마주했다. 스티븐 마르는 마치 친한 친구인 척 내게 말을 걸어왔다. 반면 나는 마치 법정증언을 하는 식으로 임했다. 스티븐 마르가 내게 질문을 던지면 내가 대답하는 식이었다. 사실 그다지 대단하게 할 말은 없었다. 첨단의 해킹비법 따위는 없었던 것이다. 나는 스티븐 마르에게 내가 그저 SCO에 근무하는 비서에게 전화를 걸어 말로 잘 구워삶아 그녀의 사용자이름을 알아내고 패스워드를 내가 제공한 새로운 패스워드로 바꾸게 했다고 말했을 뿐이다. 그러니까 별 대단한 일도 아니었다.

보니 어머니는 결혼식에는 참석하지 않았지만, 우리가 샌디마스에 있는 처가를 방문했을 때 결혼축하 파티를 열어주었다. 적어도 이번에 보니는 웨딩드레스를 입었고 나는 턱시도를 빌려 입었다. 우리 아버지와 어머니, 할머니, 동생 애덤, 그리고 보니의 형제자매들, 심지어 보니의 전 남자친구까지도 파티에 참석했다. 웨딩 케이크와 사진사까지 구비되어, 결혼식 때보다 훨씬 행복했다.

SCO 해킹에 대한 기소는 생각했던 것보다 훨씬 잘 해결됐다. 일단 보니에 대한 모든 기소는 취하됐고, 내 변호사는 해당 사건의 검사였던 마이클 바튼과 잘 아는 사이였기에 상당히 좋은 합의안을 이끌어냈다. 내가 과거에 저질렀던 해킹 범죄전과는 당시 내가 미성년자였기에 이미 기록이 봉인돼 상태였고, 따라서 나는 초범으로 간주됐다. 만약 다른 사람이었다면 SCO 해킹은 경범죄에 해당됐을 것이다. 하지만 나는 악당으로 명성이 자자한 케빈 미트닉이었고, 심지어 법적으로도 내 SCO 해킹은 경범죄에 해당됐건만 검사는 처음부터 나를 중범죄로 처벌할 것을 주장했다. 나는 결국 무단 침입이란 죄목에 시인함으로써 보니에 대한 기소를 모두 취하하고 재판을 종료하는 데 합의했다. 나는 감방에 수감되지 않아도 됐고, 단지 벌금으로 216달러만 내고, 36개월 동안 '약식 보호관찰'을 받게 됐다. 다시 말해, 36개월 동안 정기적으로 보호관찰관에게 보고해야 한다는 말이다. 그밖에 유일한 단서조항은, 당연한 얘기지만, 향후 절대로 '범죄를 저지르지 않는다'는 것이었다.

며칠 후 나는 압류된 물품들을 가지러 산타크루즈로 향했다. 경찰은 내게 컴퓨터는 돌려줬지만 디스크는 돌려주지 않았다. 나는 그 점이 매우 걱정스러웠다. 왜냐하면 디스크에는 내가 퍼시픽벨을 비롯해 다른 흥미로운 회사를 해킹했다는 명백한 증거가 담겨있었기 때문이다. 경찰이 내게 또 다른 상자 하나를 돌려줬는데 분명 상자 안을 자세히 살펴보지 않았던 게 분명했다. 상자 안에는 보니가 쓰던 마리화나가 담긴 봉투와 마리화나 파이프가 담겨 있었기 때문이다. 하긴 어찌 보면 그곳은 자유분방한 산타크루즈였고 작은 동네였으니 그냥 눈감아준 걸지도 모르겠다.

SCO 해킹은 후유증을 남겼다. 내가 우려했던 바대로 산타크루즈 경찰들은 내 컴퓨터 디스크에 담긴 내용을 살펴본 후 퍼시픽벨에 내가 그들 시스템에 어떤 짓을 했는지 정보를 넘겼다. 퍼시픽벨 보안팀은 너무나 놀라 사내 모든 관리자들을 대상으로 공문을 보냈다. 나는 그 사실을 아주 우연히 알게 됐다. 퍼시픽벨 직원 중에 빌 쿡이라는 사내가 있었다. 그는 LA지역에서 147.435Mhz 주파수로 운영하는 중계기를 자주 사용하는 아마추어 무선사이기도 했다. 그런 그가 나를 골려먹기 위해 무선통신으로 그 공문 내용을 읽어준 것이었다.

당연히 나는 내 눈으로 직접 그 공문을 보고 싶었다. 공문을 입수할 방법이 없을까?

나는 직장에서 일하고 있던 루이스 드페인에게 연락을 취해 직장 팩스기계를 잠시 조작해서 전화가 걸려오면 기계에서 퍼시픽벨 보안팀이라는 응답이 흘러나오게 했다.

그런 후 퍼시픽벨 보안팀에 전화선을 제공하는 교환기에 접속해서 보안팀이 사용하는 팩스용 전화선을 루이스의 직장 팩스기로 착신되게 바꿔놓았다. 그걸로 모든 준비는 끝났다.

나는 퍼시픽벨 부사장이었던 프랭크 스필러에게 전화를 걸었다. 비서가 전화를 받았다. 나는 실제 보안팀 직원 이름을 대며 퍼시픽벨 보안팀 직원이라고 나를 소개했다. 아마 스티브 도커티라는 이름을 썼던 걸로 기억한다.

"혹시 부사장님이 케빈 미트닉 건에 대한 공문을 받았나요?"

"어떤 내용인데요?" 비서가 물었다.

"우리 회사를 계속해서 해킹해왔던 해커에 대한 내용입니다."

"아, 맞아요. 여기 잘 받았어요."

"아무래도 새로 내용이 수정되기 전에 작성된 이전 공문을 보내드린 것 같아서 말인데요. 혹시 가지고 계신 공문을 팩스로 보내주실 수 있을까요?" 나는 캘리포니아 북부에 위치한 퍼시픽벨 보안팀의 사내 팩스번호를 비서에게 알려줬다.

"그러죠. 지금 즉시 보내드릴게요." 비서가 말했다.

루이스는 팩스가 도착하자마자 그 내용을 다시 내게 팩스로 보냈다. 그런 후 우리는 모든 것을 원상태로 되돌려놓았다.

공문에는 내 플로피디스크에서 다음과 같은 내용이 발견됐다고 적혀있었다.

- 미트닉이 캘리포니아 남부에 위치한 SCC/ESAC 컴퓨터를 해킹했다는 증거. 북부 및 남부 ESAC에 속한 전체 직원의 이름, 사용자이름, 패스워드, 집전화번호가 저장되어 있는 파일
- SCC 컴퓨터와 데이터킷에 대한 전화 접속 번호와 회선식별 서류
- 시외전화 회선과 채널을 시험하고 조작하기 위한 명령어
- 캘리포니아 북부와 남부에서 사용되는 코스모스 교환센터 명령어 및 접속정보
- 전화선 모니터링 및 전화 발신음 조작을 위한 명령어
- 미트닉이 정보를 빼내기 위해 남부 캘리포니아 보안직원과 ESAC 직원으로 사칭한 근거

- 발신번호 추적 서비스를 개설하거나 해지하기 위한 명령어
- 남부 캘리포니아에 위치한 퍼시픽벨 사무소 주소들 및 전자출입문 자물쇠 해제코드 (해당되는 사무소는 다음과 같음. ELSG12, LSAN06, LSAN12, LSAN15, LSAN56, AVLN11, HLWD01, HWTH01, IGWD01, LOMT11, SNPD01)
- 새로운 로그인/패스워드 발급절차와 보안절차에 대한 자세한 내용을 담은 사내 이메일
- 유닉스 암호화 판독기를 해킹하기 위한 프로그램. 만약 해킹에 성공할 경우, 이 프로그램은 언제든 유닉스 시스템을 해킹하는 데 사용될 수 있음

대다수 퍼시픽벨 직원들은 내가 대단히 깊숙하게 자신들의 시스템에 침입했고, 그 과정에서 모든 정교한 보안장치를 우회했다는 점에 단단히 화가 났을 것이다. 나는 내 플로피디스크에 담긴 내용을 보며, FBI요원이 지금 당장이라도 우리 집에 들이닥치지 않는 게 그나마 다행이라고 생각했다.

수개월이 지나고 1988년 가을 무렵이 되자 나는 다시 프랜마크로 복귀해 돈 데이빗 윌슨과 함께 근무했다. 보니는 여전히 GTE에서 일했다. 다만 회사 보안팀이 자신이 회사 컴퓨터를 해킹했다는 증거를 찾으려 했다는 점을 알았다. 보니와 나는 집을 사기 위한 계약금을 마련하기 위해 다시 돈을 모으기 시작했다. 비록 당시 보유한 돈으로 구매할 수 있는 집이 있긴 했지만 대체로 시내에서 많이 떨어져 있었기에 출퇴근이 너무 힘들었고 지나친 인내심을 요구했다.

어머니는 보니와 내가 계약금을 마련하는 것을 도와주고 싶어 했다. 그래서 집세를 아끼고 더 빨리 계약금을 모으려면 당분간 자신의 집에 남는

방에서 거주하라고 제안했다. 보니와 나는 썩 내키지는 않았지만 일단 그렇게 해보기로 결심했다.

어머니와 한 집에서 산다는 건 애당초 좋은 생각이 아니었다. 어머니는 우리를 최대한 편하게 해주려 했다. 하지만 문제는 사생활이 전혀 없었다는 점이었다. 보니는 후에 당시의 감정을 적어놓은 쪽지를 어머니 집에 남겨놓았다. 쪽지에는 보니가 "어머니와 함께 사는 게 싫고 힘들다."는 불평이 적혀 있었다.

보니와 나는 사이가 벌어지고 있었고, 그럴수록 나는 더 깊게 해킹에 빠져들었다. 나는 온종일 프랜마크에서 시간을 보낸 후 밤이 되면 다시 레니 디치코와 함께 밤새도록 해킹을 했다. 해킹 대상은 대체로 DEC였다.

어느 날 레니는 가까운 피어스칼리지에서 컴퓨터과목을 수강하기로 했다고 말했고, 나도 같이 그 수업을 듣겠다고 말했다. 나는 과거에 피어스칼리지 컴퓨터공학부 학장과 크게 부딪힌 적이 있었고, 그 때문에 피어스칼리지를 자퇴해야만 했다. 내 바람과는 달리 피어스칼리지 전산실 관리자들은 여전히 나를 기억하고 있었다.

어느 날 레니와 나는 학생전산실로 향했다. 전산실에는 마이크로백스[1] VMS 시스템에 연동된 컴퓨터들이 여러 대 있었다. 우리는 잽싸게 시스템을 해킹해서 모든 특수계정을 손에 넣었다. 레니는 전에 시스템 전체에 대한 백업 카피를 수행하는 프로그램을 작성한 적이 있었다. 사실 그 프로그램은 별로 유용하지 않았고 우리는 그저 그 프로그램을 여기저기 보여주며 자랑하는 데 그쳤다. 아무튼 일단 시스템에 해킹한 후 레니는 테이프 드라이브에 휴대용 테이프 저장매체를 삽입한 후 프로그램을 작동해 백업카피

1 마이크로백스(MicroVAX)는 DEC에서 제조한 저사양 미니컴퓨터로 VMS(Virtual Memory System)를 운영체제로 사용했다. 옮긴이

를 시작했다. 그런 뒤 우리는 전산실을 빠져나왔다. 몇 시간 후 백업카피가 완성되면 돌아올 생각이었다.

얼마 후 우리가 캠퍼스를 걷고 있는데 한동안 연락이 뜸했던 내 오랜 친구인 엘리엇 무어로부터 삐삐가 왔다. 나는 공중전화로 가서 그에게 전화를 걸었다.

"너 혹시 지금 피어스칼리지에 있냐?" 엘리엇이 물었다.

"응."

"혹시 테이프 드라이브에 테이프 넣어놓은 것도 너냐?"

"맙소사…… 너 어떻게 알았어?" 내가 말했다.

"전산실로 돌아오지 마라." 엘리엇이 경고했다. "지금 사람들이 널 기다리고 있어."

컴퓨터공학 교수가 전산실에 있는 마이크로백스 테이프 드라이브에 달린 불이 반짝이는 것을 발견했을 때 우연히도 엘리엇은 전산실에 있었다. 한눈에 봐도 누군가가 테이프 저장매체를 삽입해서 파일을 복사하고 있는 게 분명했다.

컴퓨터공학 교수 피트 슐레펜박은 즉각 레니와 내 짓이라고 의심했다. 엘리엇은 교수가 다른 직원과 그 일에 대해 의논하는 걸 엿들었고 즉각 내게 전화를 건 것이었다. 만약 엘리엇이 아니었다면 우리는 제 발로 호랑이 굴에 걸어 들어갔을 것이다.

대학 측은 후에 LA경찰청에 이 사건을 신고했다.

우리가 테이프 저장매체를 가지러 전산실로 돌아가지 않았기에 우리 짓이라는 증거는 없었다. 따라서 우리는 계속 학생 신분을 유지하면서 수업을 듣고 전산실을 이용할 수 있었다. 하지만 LA경찰청은 우리를 계속 감시했다. 우리가 수업을 듣는 건물 옥상에 감시팀을 배치했고, 며칠 간 우리 뒤를 미행하기도 했다. 분명 이보다 훨씬 중요한 사건들이 있을 텐데도 마치 전산실에서 파일을 복사하는 게 아주 중대한 범죄인 것처럼 행동했다. 밤이면 경찰은 우리 뒤를 쫓아 레니가 일하던 사무실까지 따라왔다. 레니와 나는 사무실에서 꼭두새벽까지 해킹을 했다. 경찰들은 우리가 뭔가 나쁜 짓을 하고 있다는 걸 알았지만 결코 증거를 잡을 수가 없었다.

내 생각에 피어스칼리지 측은 증거를 찾지 못하자 실망했지만 그렇다고 포기하지도 않았다. 하루는 대학주차장에 DEC회사차량이 주차돼 있는 걸 목격했다. 나는 LA지역을 담당하는 DEC현장사무소에 전화를 걸어 피어스칼리지 출금부서직원이라고 소개한 후 현재 DEC에서 피어스칼리지에 어떤 서비스를 제공하고 있냐고 물었다.

"아, 현재 해커를 붙잡는 일을 도와드리고 있습니다." 전화를 받은 사내가 답했다.

나는 피어스칼리지 전산실에 있는 컴퓨터에서 내 학생용 계정정보가 저장돼 있는 메모리 위치를 찾아냈다. 살펴보니 내 계정에는 모든 '보안감시기능'이 활성화돼 있었다. 레니도 같은 방법으로 자신의 계정정보를 확인해 보니 마찬가지였다. 알고 보니 DEC에서 파견 나온 직원은 컴퓨터와 프린터가 놓여있는 조그만 사무실에 자리를 잡고 우리가 학생용 계정에 로그인해 컴퓨터를 사용하는 내역을 일거수일투족 감시하고 있었다. (나는 어느 날 아침 DEC직원이 출근하기 전에 먼저 전산실에서 기다리고 있다가 그 직원을 뒤를 따라갔다. 그리고 그가 그 사무실에서 우리를 감시하고 있다는 사실을 알게 됐다.) 나는 이 모든 일이 도가 지나치다고 생각했다. 그 컴퓨터는 학생들이 과제를 할 때만 사용했고, 전화선이나 네트워크와도 연결돼있지 않았기 때문이다. 나는 DEC직원을 분주하게 만들 방법을 찾아냈다. 바로 내 디렉토리에 저장된 파일들을 계속해서 조회하는 프로그램을 작성한 것이다. 내 계정에 활성화돼 있는 보안감시기능은 파일을 열거나 읽을 경우 DEC직원의 컴퓨터로 경고메시지를 보내도록 설정돼 있었다. 따라서 나는 DEC직원의 프린터가 계속해서 보안경고 메시지를 출력할 것임을 알았다. 머릿속에 DEC직원이 작은 사무실에 갇힌 채 프린터가 용지가 떨어질 때까지 계속해서 보안경고 메시지를 출력을 하는 것을 보면서 머리를 쥐어뜯고 있는 광경이 저절로 상상됐다. 그리고 만약 새로 용지를 공급한다면 또 다시 프린터는 용지가 다 떨어질 때까지 출력을 계속할 것이다.

잠시 후 교수가 나와 레니를 전산실에서 끌어내 우리가 허용되지 않은 프로그램을 작성했다며 혼을 냈다. 내가 물었다. "내 디렉토리를 조회하는 게 불법인가요?" 레니와 나는 컴퓨터공학부 학장에게 보내졌다.

이후 여러 주 동안 피어스칼리지는 우리가 벌인 일에 대해 임시 청문회를 열었다. 피어스칼리지는 해킹사건의 주범이 우리라고 의심했지만 증거가 없었다. 목격자도, 지문도, 자백도 없었다. 그런데도 레니와 나는 정황증거에 근거해 퇴학을 당했다.

Iwh xwqv wpvpj fwr Vfvyj qks wf nzc ncgsoo
esg psd gwc ntoqujvr ejs rypz nzfs?

08 렉스 루터

레니와 내가 DEC가 개발한 VMS운영체제의 소스코드를 손에 넣고 싶어 했던 이유는 운영체제에서 보안 취약점을 밝혀내기 위해서였다. 게다가 소스코드를 입수한다면 보안 취약점 수정과 관련해 개발자들이 프로그램에 남겨놓은 참조글을 읽을 수 있었고, 그렇다면 우리는 그 정반대로 따라하면 어떤 보안 취약점이 존재하는지, 나아가 그 보안 취약점을 해킹에 어떻게 이용할 수 있는지도 알 수 있었다. 우리는 또한 우리가 사용할 별도의 VMS운영체제를 만들어서 우리가 해킹한 시스템에 좀 더 쉽게 백도어프로그램을 설치하고자 했다. 레니와 나는 사회공학기법을 사용해서 VMS개발그룹에 접근하기로 했다. 일단 나는 VMS개발그룹이 사용하는 일련의 모뎀에 접속할 수 있는 전화번호를 알아냈다.

레니는 자신이 일하던 회사건물의 단자함에서 다른 입주기업이 사용하는 팩스용 전화선을 찾아냈다. 그 건물에는 많은 회사들이 입주해 있었기에 레니는 다른 입주기업의 전화선을 자신이 근무하던 VPA 전산실로 연결되는 단자에 꽂아놓음으로써 해당 전화선으로 걸려온 전화를 추적하지 못하게 할 수 있었다.

한편 그동안 나는 레니의 사무실 근처에 있는 컨트리인호텔로 가서 호텔 안에 있는 공중전화로 레니에게 전화를 걸었다. 일단 레니와 전화가 연결되자 이번에는 또 다른 공중전화로 뉴햄프셔 주 내슈아에 위치한 DEC전산실과 개발부서 대표전화번호로 전화를 걸었다.

그런 후 나는 양쪽 귀에 각각 수화기를 댄 채 기다렸다.

나는 전화를 받은 DEC여직원에게 나를 DEC직원이라고 소개한 후 전산실 위치와 담당부서 전화번호를 알아냈다.

나는 전산실 담당부서로 전화를 걸어 DEC개발부서직원 이름을 댄 후 혹시 그 부서가 '스타클러스터'라고 불리는 VMS개발그룹이 사용하는 여러 VMS시스템의 지원업무를 담당하냐고 물었다. 전화를 받은 DEC교환원은 그렇다고 답했다. 나는 손으로 수화기를 가린 채 반대편 수화기로 레니에게 모뎀접속번호로 전화를 걸라고 말했다.

그런 후 나는 DEC교환원에게 'show users'라는 명령어를 입력해서 현재 누가 시스템에 로그인해 있는지를 확인해 달라고 말했다. (당시 레니가 그랬던 것처럼 VMS시스템에 로그인해 있는 상태라면 해당 명령어를 입력하면 화면에는 '〈LOGIN〉'이라는 메시지와 함께 로그인을 하는 데 사용된 컴퓨터의 명칭까지 볼 수 있었다.) 명령어를 입력하자 DEC교환원이 보고 있던 모니터에 다음과 같은 내용이 나타났다.

```
VMS User Processes at 9-JUN-1988 02:23 PM
Total number of users = 3, number of processes = 3

Username     Node    Process        NamePID     Terminal
GOLDSTEIN    STAR    Aaaaaa_fta2:   2180012D    FTA2:
PIPER        STAR    DYSLI          2180011A    FTA1:
〈LOGIN〉                              2180011E    TTG4:
```

'〈LOGIN〉'은 레니가 접속하는 데 이용한 컴퓨터인 TTG4를 지칭했다.

나는 다시 교환원에게 아래와 같이 'spawn' 명령어를 입력해 달라고 요청했다.

```
spawn/nowait/nolog/nonotify/input=ttg4:/output=ttg4:
```

교환원은 그 과정에서 어떤 사용자이름이나 패스워드도 입력할 필요가 없었기에 내 요청에 대해 조금도 의심하지 않았다. 사실 교환원은 'spawn' 명령어가 어떤 작동을 하는지 당연히 알고 있어야 했다. 하지만 그 명령어를 자주 사용해 본 적이 없는 듯했고, 따라서 기능도 알지 못했다.

'spawn' 명령어를 입력하자 교환원 계정으로 레니가 접속한 모뎀장치에 로그인 프로세스가 생성됐다. 그리고 교환원이 명령어를 입력하는 것과 동시에 레니의 모니터에 '$' 표시와 함께 명령프롬프트가 나타났다. 그것은 이제 레니가 VMS시스템에 교환원과 똑같은 계정권한으로 접속했다는 의미였다. '$' 표시가 뜨자 레니는 너무나 흥분한 나머지 전화기에 대고 소리쳤다. "프롬프트 떴어! 프롬프트 떴다고!"

나는 레니와 연결된 전화기를 귀에서 멀리 뗀 후 반대쪽 수화기를 통해 DEC교환원에게 침착하게 말했다. "잠시만 끊지 말고 기다려 주세요." 그런 후 수화기를 허벅지에 꾹 파묻어 소리가 들리지 않게 한 뒤 반대편 수화기에 대고 레니에게 말했다. "조용히 해!" 그런 후 다시 교환원과 통화를 계속했다.

레니는 즉각 보안감시기능이 활성화돼 있는지를 확인했다. 기능은 켜져 있었고, 만약 새로운 계정을 생성할 경우에는 보안경고 메시지가 뜨면서 의심을 살 수 있었기에 레니는 대신 모든 시스템권한을 지닌 휴면계정을 찾아 패스워드를 바꿔놓았다.

그러는 동안 나는 교환원에게 고맙다고 말한 후 이제 VMS시스템에서 로그아웃해도 좋다고 말했다. 그런 후 레니는 다시 시스템에 접속해 휴면 계정과 변경해놓은 새 패스워드를 사용해 로그인했다.

일단 DEC개발부서가 사용하는 VMS시스템 해킹에 성공했으니, 다음 목표는 VMS소스코드의 최종 버전을 확보하는 것이었다. 그 일은 그다지 어렵지 않았다. VMS시스템에 장착된 디스크의 항목을 조회하자 그중 하나의 제목이 'VMS_SOURCE'였던 것이다. 정말이지 이보다 더 쉬울 수는 없었다.

그 시점에서 우리는 모든 보안감시기능을 비활성화해서 경고메시지가 발송되지 않게 하는 작은 프로그램을 VMS시스템으로 업로드했다. 보안감시기능이 꺼지자 우리는 모든 권한을 지닌 사용자 계정을 두 개 개설했고, 적어도 지난 6개월 동안 한 번도 사용된 적이 없는 다른 특별계정을 몇 개 골라서 패스워드를 바꿔놓았다. 우리 계획은 최신 VMS소스코드의 복사본을 서던캘리포니아대학USC 컴퓨터로 옮겨놓는 것이었다. 그럴 경우 만에 하나 '스타클러스터' 시스템에서 접속이 차단될 경우에도 언제든 VMS소스코드에 접속할 수 있었다.

레니와 나는 새로운 계정을 개설한 후 이번에는 앤디 골드스타인의 이메일을 뒤지기 시작했다. 앤디 골드스타인은 DEC에서 VMS를 최초로 설계한 팀의 일원이었고, VMS커뮤니티에서는 운영체제에 관해 손꼽히는 전문가였다. 우리는 또한 앤디 골드스타인이 VMS의 보안문제를 다루고 있다는 걸 알았기에 그의 이메일에서 DEC가 수정 중인 최신 보안문제를 찾을 수 있으리라고 생각했다.

이메일을 뒤져본 결과 닐 클리프트라는 사내가 골드스타인에게 보안 취약점과 관련한 보고서를 꾸준히 보내고 있다는 걸 알 수 있었다. 나는 곧장 닐 클리프트가 영국에 있는 리즈대학에서 유기화학을 전공하는 대학원생이라는 사실을 알아냈다. 닐 클리프트는 또한 아주 특이한 재능을 지닌 컴퓨터광이기도 했다. 그는 VMS운영체제의 보안 취약점을 밝혀내는 데 아주 능숙했던 것이다. 그리고 그는 자신이 발견한 보안 취약점을 충실하게 DEC에 보고했다. 다만 닐 클리프트는 이제부터는 자신이 보낸 VMS보안 취약점 보고서가 골드스타인뿐만 아니라 내게도 전송된다는 사실은 까맣게 몰랐다.

그리고 그 보고서들은 후에 내가 해킹을 하는 데 대단히 큰 도움이 된다.

나는 골드스타인의 이메일을 뒤지다가 VMS의 로그인기능인 '로그인아웃Loginout'을 변경하는 프로그램에 대한 자세한 분석보고서를 찾아냈다. 변경프로그램을 개발한 이들은 '카오스컴퓨터클럽' 소속이라는 독일 해커들이었고, 특히나 그중 몇몇 회원은 열심히 VMS프로그램에 대한 모든 권한을 획득할 수 있는 해킹프로그램을 개발하고 있었다.

독일 해커들이 개발한 '로그인아웃' 변경프로그램은 여러 형태로 VMS의 로그인기능을 바꿔놓았다. 예를 들어, 사용자 모르게 패스워드를 시스템 권한 파일 내에 숨겨진 장소에 저장하게 하거나, 시스템에 접속한 사용자가 노출되지 않게 하거나, 사용자가 특수한 패스워드를 이용해 VMS시스템에 로그인할 경우 모든 보안경고기능을 비활성화할 수도 있었다.

카오스컴퓨터클럽에 대한 신문기사에는 클럽 수장의 이름이 언급돼 있었다. 나는 그의 전화번호를 알아내 전화를 걸었다. 당시 해커들 사이에서 내 명성은 서서히 퍼지고 있던 참이었기에 그는 내 이름을 들어본 적이 있었다. 나는 클럽 수장에게 카오스컴퓨터클럽에 속한 또 다른 회원과 통화를 하고 싶다고 말했다. 안타깝게도 그 회원은 말기 암환자였다. 나는 그가 입원해있던 병원으로 전화를 걸어 VMS '로그인아웃' 기능과 '보여주기Show' 프로그램을 변경하는 백도어프로그램에 대해 대단히 뛰어나다고 칭찬한 후 혹시 그것들 이외에 다른 해킹툴이나 프로그램이 있다면 내게 보내줄 수 있냐고 물었다.

그는 매우 말이 많고 대단히 쿨한 사내였다. 그는 내게 관련된 정보를 보내준다며, 하지만 안타깝게도 병원에는 컴퓨터가 없기에 어쩔 수 없이 달팽이처럼 느려터진 우편으로 보내주겠다고 말했다. 몇 주 뒤 우편물이 도착했다. 우편물 안에는 카오스컴퓨터클럽이 고안해낸 해킹기법과 관련해 아직까지 외부에 공개되지 않은 자세한 정보가 적힌 인쇄물이 담겨있었다.

레니와 나는 카오스컴퓨터클럽의 해킹기법에 더 많은 기능을 추가해서 개선된 해킹프로그램을 만들어냈다. 요약하면, 우리는 카오스컴퓨터클럽이 만든 프로그램 설계기반 위에 추가 기능을 집어넣은 셈이다. VMS신규버전이 출시되자 레니와 나는 신규버전에 맞춰 우리가 개발한 해킹프로그램을 수정했다. 당시 레니는 VMS시스템을 쓰는 회사에서 늘 근무했기에 우리는 레니가 사용하는 업무용 VMS시스템에서 해킹프로그램을 시험해본 후 우리가 목표로 한 다른 VMS시스템에도 해킹프로그램을 설치할 수 있었다.

DEC에서 일하던 개발자들은 일부 대형고객들의 VMS시스템이 해킹을 당하자 우리가 개발해낸 카오스 해킹프로그램을 인식하는 보안프로그램을 고안해냈다. 레니와 나는 인식프로그램을 입수해 분석한 후 카오스 해킹프로그램을 수정해서 더 이상 인식되지 않게 변형했다. 그다지 어렵지 않았다. 덕분에 우리는 전 세계에서 운영되는 DEC의 네트워크인 '이지넷Easynet'에 연동된 수많은 VMS시스템에 카오스 해킹프로그램을 손쉽게 심어놓을 수 있었다.

VMS소스코드를 찾아내는 건 어렵지 않았지만 다른 컴퓨터로 전송하기란 여간 힘든 일이 아니었다. 소스코드는 용량이 방대했다. 우리는 용량을 줄이기 위해 소스코드를 압축했다. 각각의 디렉토리에는 수백 개의 파일이 존재했고, 우리는 그 파일들을 하나의 파일로 압축한 후 암호화했다. 만약 누군가가 그 파일을 발견할 경우 쓸모없는 파일처럼 보이게 하기 위해서였다.

소스코드를 분석하려면 원하는 시간에 언제고 소스코드에 접속할 수 있어야 했고, 그러려면 아르파넷에 연결돼있는 DEC이지넷 상에 존재하는 시스템을 찾아야만 했다. 왜냐하면 DEC네트워크에서 소스코드를 외부로 전송하려면 아르파넷을 이용해야만 했기 때문이다. 우리는 이지넷에서 아르파넷으로 연결돼있는 시스템을 딱 4대 찾을 수 있었다. 다행히 4대 모두를 사용해서 코드를 조금씩 외부로 전송할 수 있었다.

USC 시스템에 소스코드 복사본을 저장해 놓으려던 계획은 대단히 이리석었다. 일단 소스코드가 발각돼 지금까지의 모든 노고가 물거품이 되지 않게 하려면 우리는 소스코드를 중복으로 저장해놓아야 했고, 따라서 저장 장소가 여러 곳 필요했다. 하지만 그보다 더 큰 문제가 있었으니 바로 소스코드 자체가 엄청나게 방대했다는 점이다. 따라서 한 곳에 소스코드 전체를 저장해 놓을 경우 발각될 위험도 그만큼 컸다. 그래서 레니와 나는 아르파넷에 연결된 수많은 시스템들을 해킹해서 다른 안전한 '물품보관소'를 찾았다. DEC에서 소스코드를 빼내는 게 식은 죽 먹기였다면 빼낸 소스코드를 저장할 곳을 찾기란 산 넘어 산이었다. 레니와 나는 메릴랜드 주에 위치한 패턱센트리버 해군비행기지를 비롯해 여러 곳의 컴퓨터 시스템을 해킹했지만, 안타깝게도 패턱센트리버 비행기지의 시스템에는 저장공간이 그다지 남아있지 않았다.

우리는 또한 수정한 카오스 해킹프로그램을 이용해서 캘리포니아 패서디나에 위치한 JPL^{Jet Propulsion Laboratory}이라는 회사의 컴퓨터 시스템을 해킹했다.

JPL은 후에 VMS운영체제의 '로그인아웃' 기능과 '보여주기' 프로그램에 허용되지 않은 변경이 가해졌는지를 살펴보다가 비로소 시스템이 해킹당했다는 사실을 알아챘다. JPL은 바이너리를 분석해서 해당 프로그램들이 어떻게 변경됐는지를 알아냈고, 그런 후 해킹이 카오스컴퓨터클럽 소행이라고 결론 내렸다. JPL 경영진은 그 사실을 언론에 알렸고, 언론은 JPL 컴퓨터를 해킹하다 발각된 독일 해커들에 대해 대서특필했다. 레니와 나는 그 기사를 보며 깔깔대고 웃었다. 하지만 동시에 JPL 시스템을 해킹했다는 사실이 발각됐다는 점에 대해 일말의 불안감도 느꼈다.

일단 소스코드 전송이 시작되자 우리는 밤낮 구별 없이 계속해서 조금씩 전송을 했다. 당시 전화모뎀 속도(사실 '속도'라는 단어가 적합한지도 의문이다)는 최대 초당 1.544메가바이트였다. 요즘은 휴대전화도 그보다 전송속도가 훨씬 빠르다.

얼마 지나지 않아 DEC는 우리가 소스코드를 빼내고 있음을 알아챘다. VMS시스템의 유지보수를 담당하는 직원들이 한밤중에 네트워크에 과부하가 걸린 걸 보고 뭔가 이상하다는 사실을 눈치 챈 것이다. 설상가상으로 직원들은 시스템의 남은 디스크 저장용량이 점차 줄어들고 있다는 사실도 발견했다. VMS시스템은 대체로 저장용량이 크지 않았다. 고작해야 메가바이트 단위에 불과했다. 하지만 당시 우리가 전송하던 소스코드는 용량이 기가바이트에 달했다.

오밤중에 네트워크 과부하가 걸리고 디스크 저장용량이 사라진다는 건 해킹을 당했다는 사실을 의미했다. DEC직원들은 재빨리 모든 계정의 패스워드를 변경했고 우리가 저장한 파일을 삭제했다. 난관에 봉착했지만 레니와 나는 단념하지 않았다. 우리는 이후 DEC직원들의 노력에 맞서 하루도 빠짐없이 밤마다 해킹을 시도했다. 우리가 이미 시스템권한을 손에 넣었고, 키보드로 입력되는 모든 내용을 중간에서 가로챌 수 있다는 사실을 DEC직원들과 사용자들은 까맣게 몰랐다. 따라서 우리는 매번 로그인정보가 바뀔 때마다 쉽게 그 정보를 알아낼 수 있었다.

DEC의 네트워크 기술자들은 상당수의 대용량 파일이 다른 곳으로 전송되고 있는 걸 빤히 눈앞에서 목격하면서도 막을 방법을 찾지 못했다. 계속된 유명 인사에 네트워크 기술자들은 아마도 그 공격이 미국 기업의 첨단기술을 빼내기 위해 돈을 받고 고용된 국제범죄조직의 소행이라고 생각했을 것이다. 실제로 당시 DEC기술자들의 이메일에는 이런 주장이 적혀 있었다. 아무튼 분명한 건 우리의 해킹 때문에 DEC기술자들이 쩔쩔맸다는 점이다. 나는 언제라도 시스템에 접속해 DEC네트워크 기술자들이 현재 어떤 보안조치를 취하고 있으며, 나아가 다음에는 어떤 방법을 쓸지도 훤히 알 수 있었다. 레니와 나는 그 과정에서 네트워크 기술자들의 주위를 최대한 딴 데로 분산시키려 애썼다. 우리는 이미 이지넷에 마음껏 접속할 수 있었기에 영국을 비롯해 전 세계 각지에 위치한 시스템으로 전화접속을 할 수 있었다. 우리는 이런 식으로 계속해서 DEC네트워크 기술자들이 우리가 접속하는 지역을 파악하지 못하게 했다.

우리는 USC에서도 비슷한 난관에 직면했다. USC 시스템관리자들도 마이크로백스 시스템 내 디스크 저장용량이 줄어든다는 사실을 알아낸 것이다. 우리는 밤에 데이터를 전송했다. 그러면 시스템관리자들은 한밤중에 전산실로 출근해 네트워크 연결을 끊곤 했다. 그러면 우리는 다시 데이터전송을 시도했고, 결국 시스템관리자들은 밤새도록 시스템의 전원을 꺼놓아야만 했다. 그러면 우리는 다시 시스템이 켜지길 기다렸다가 데이터전송을 시작했다. 이런 쫓고 쫓기는 게임은 수개월 동안이나 계속됐다.

시스템관리자들의 훼방에 맞서 속 터질 정도로 느린 네트워크 속도로 기가바이트에 달하는 소스코드를 전송하는 건 마치 바닷물을 빨대로 들이키는 것 같았다. 하지만 우리는 끝까지 포기하지 않았다.

결국 우리는 모든 VMS소스코드를 USC의 컴퓨터 시스템 여러 대로 나눠서 전송할 수 있었다. 다음 단계는 다시 소스코드를 자기테이프magnetic tape에 저장해야 했다. 왜냐하면 만약 USC 시스템에 저장된 소스코드에 직접 접속할 경우, 이지넷을 통해 전화접속을 해야만 했는데 그럴 경우 추적당할 염려가 있었기 때문이다. 소스코드를 자기테이프로 옮기는 작업은 세 명이 필요했다.

루이스 드페인은 학생으로 가장해 USC로 갔다. 루이스는 컴퓨터운영자에게 자기테이프를 건네주며 시스템의 테이프 드라이브에 넣어달라고 요청했다.

한편 도시의 반대편에서 나는 친구 데이브 해리슨의 사무실에서 전화모뎀을 사용해서 루이스가 자기테이프를 넣어달라고 요청한, '라모스'란 시스템에 접속했다. 나는 자기테이프에 최대한 소스코드를 옮겨 담았다. 그러면 루이스는 다시 새 자기테이프를 컴퓨터운영자에게 건네주고, 소스코드가 저장된 자기테이프는 레니 디치코에게 넘겨주었다. 레니는 자기테이프를 건네받을 때마다 매번 임대한 창고에 테이프를 숨겨뒀다. 우리는 여러 차례 이 짓을 반복했고, 마침내 VMS 버전5 소스코드 전부를 약 40개 자기테이프에 나눠서 복사하는 데 성공했다.

나는 소스코드를 자기테이프로 복사하려 많은 시간을 친구 데이브 해리슨의 사무실에서 보내면서 문득 같은 건물에 GTE텔레넷이라는 회사가 있다는 사실이 떠올랐다. GTE텔레넷은 전 세계 대형 기업고객들을 위해 대용량 네트워크인 'X25'를 운영하는 업체였다. 나는 X25 네트워크의 관리자권한을 획득한다면 기업고객들의 데이터통신을 모니터할 수 있다고 생각했다. 데이브는 일전에 건물 안 소화전 자물쇠를 열어 건물 내 모든 사무실 문을 열 수 있는 마스터열쇠를 손에 넣은 적이 있었다. 어느 날 밤 데이브와 나는 그 마스터열쇠를 사용해 GTE텔레넷 사무실에 몰래 들어갔다. 그저 한 번 둘러보자는 심산이었다. 나는 사무실에서 VMS시스템을 발견하고는 신이 났다. VMS시스템을 보자 마치 집처럼 편안한 느낌이 들었던 것이다.

내가 발견한 VMS시스템은 노드명이 '스누피Snoopy'였다. 나는 스누피를 잠시 살펴봤다. 시스템은 이미 누군가가 특별계정으로 로그인해 놓은 상태여서 시스템에 대한 모든 권한이 허용된 상태였다. 강렬한 유혹이 끓어 올랐다. 그 사무실은 텔레넷 직원들이 24시간 내내 언제든 불쑥 들어올 수 있는 곳이었지만 나는 시스템 앞에 앉아 시스템을 이리저리 뒤져보기 시작했다. 스크립트를 살펴보았고, 설치돼있는 외부 애플리케이션을 둘러보며 어떤 소프트웨어들이 네트워크 모니터링에 사용되는지를 파악했다. 얼마 시간이 지나지 않아 나는 그 시스템으로 고객의 네트워크 통신을 몰래 모니터링할 수 있는 방법을 알아냈다. 그리고 문득 알아챘다. 노드명이 스누피였던 이유는 그 네트워크 기술자들이 그 시스템으로 고객의 네트워크 통신을 모니터할 수 있었기 때문이라는 사실을. 다시 말해, 그 시스템을 통해 고객 네트워크를 '염탐snoop'할 수 있었던 것이다.

나는 당시 닐 클리프트가 재학 중이던 리즈대학 유기화학부에 있는 VMS시스템에 접속하는 데 필요한 X25 네트워크 주소를 이미 알고 있었기에 그 시스템에 접속했다. 다만 로그인정보는 몰랐다. 여러 차례 머리를 굴려가며 이런저런 로그인정보를 입력해보았지만 끝내 로그인할 수가 없었다. 닐 클리프트는 영국과 미국의 시간대 차이 때문에 그 VMS시스템에 접속해 있었고, 내가 로그인을 시도하는 사실을 알아채고는 스누피 관리자에게 이메일을 보내 누군가가 스누피를 사용해 리즈대학 시스템에 접속하려 한다고 경고했다. 물론 나는 그 이메일을 삭제했다.

그날 밤 나는 리즈대학 시스템에 접속하는 데에는 실패했지만, 덕분에 후에 닐 클리프트를 상대로 매우 성공적인 해킹을 할 수 있게 된다.

레니와 나는 서로 누가 더 뛰어난 해커인지를 겨루는 데 빠져들었다. 레니는 당시 VPA라는 회사에서 컴퓨터운영자로 일했고, 나는 뉴베리파크에 위치한 CK테크놀로지라는 회사에서 근무했다. 우리는 서로의 회사에서 사용하는 시스템을 누가 먼저 해킹할 수 있는지 내기를 걸었다. 둘 중 먼저 상대방이 다니는 회사의 VMS시스템을 해킹하는 사람이 상을 차지하기로 했다. 그 내기는 마치 어린 시절에 즐겨하던 '먼저 깃발잡기' 게임과도 같았고, 누가 더 상대방의 해킹시도를 잘 방어하는지를 겨루는 것이기도 했다.

레니는 내 해킹을 막아낼 만큼 약삭빠르지 못했다. 나는 계속해서 레니의 시스템을 해킹했다. 내기에 걸린 상은 유명한 요리사 울프강 퍽이 운영하는 비버리힐스 레스토랑에서 두 명이 식사를 하는 데 드는 150달러였다. 나는 여러 차례 내기에 이겼고, 레니는 서서히 약이 올랐다.

어느 날 밤새 해킹을 하던 중 레니는 자신이 단 한 번도 내기에 이기지 못했다고 불평을 쏟아냈다. 나는 레니에게 원하면 언제든 내기를 그만둬도 좋다고 말했지만, 레니는 반드시 내기에 이길 거라고 호언장담했다.

당시 레니가 근무하던 회사는 전산실 출입문에 암호식 전자자물쇠가 설치돼있었다. 레니는 이건 못 뚫을 거라는 생각에 내게 비밀번호를 추측해서 전자자물쇠를 열어보라는 내기를 걸어왔다. "만약 네가 전자자물쇠를 열고 들어오는 데 실패하면 오늘밤 당장 나한테 150달러를 줘야 해."

나는 레니에게 그 내기가 너무 쉽고, 더 이상 레니의 돈을 따고 싶지 않다고 말했다. 그런 뒤 늘 내가 내기에 이겨왔으니 이번에도 또 이길 것이고 그렇게 되면 레니가 열을 받을 거라고 덧붙였다. 내가 조롱하자 레니는 내기를 하자고 더 성화였다.

사실 그 내기는 쉽게 이길 거라고 기대할 수 없는, 결코 쉽지 않은 내기였다. 하지만 행운의 여신은 내 편이었다. 나는 레니의 사무실에 있는 시스템으로 DEC네트워크를 해킹하던 중 책상 밑에 지갑이 떨어져 있는 것을 발견했다. 나는 정말 '우연히' 내 볼펜을 떨어뜨렸고, 볼펜을 집으러 몸을 숙이는 척하면서 지갑을 내 양말 속에 집어넣었다. 그런 후 레니에게 소변을 보고 오겠다고 말한 뒤 사무실을 빠져나왔다.

지갑 안에는 전자자물쇠 비밀번호가 적혀있는 쪽지가 들어있었다. 도무지 믿을 수가 없었다. 그토록 영리한 척 하던 레니가 고작 비밀번호도 기억하지 못해 쪽지에 써놓았다니. 게다가 그 쪽지에 적어 지갑에 넣어두는 멍청한 실수를 저지르다니. 너무나 믿기지가 않아서 나는 잠시 혹시 레니가 나를 골탕 먹이기 위해 일부러 꾸민 게 아닐까 의심했다. 혹시 지갑을 책상 밑에 떨어뜨려 놓은 게 비열하게 나를 속이기 위한 수작이 아닐까?

나는 레니의 책상으로 돌아가 지갑을 다시 바닥에 떨어뜨려 놓은 후 레니에게 출입문 비밀번호를 알아내는 데 한 시간을 달라고 말했다. 우리는 절대로 전자자물쇠를 분해하지 않는 한 어떤 방법을 써도 좋다는 데 합의했다.

몇 분 뒤 레니는 뭔가를 가지러 아래층으로 향했다. 레니가 다시 사무실로 돌아왔을 때 내 모습은 어디에도 보이지 않았다. 레니는 여기저기를 살펴보다가 마침내 전자자물쇠가 설치된 전산실 문을 열었다. 그리고 그곳에서 VMS시스템에 로그인해 뭔가를 입력하고 있는 나를 발견했다. 나는 레니를 향해 씩 웃어주었다.

레니가 벌컥 화를 냈다. "너 속임수 썼지!"

나는 손을 내밀며 말했다. "나한테 150달러 빚졌으니 내놓으시지." 레니가 돈을 주길 거부하자 나는 덧붙였다. "일주일 시간 여유를 주지." 지나치게 뻐기는 레니의 자존심을 긁어놓는 건 꽤나 유쾌했다.

레니는 계속해서 돈을 주지 않았다. 나도 계속해서 레니에게 시간을 더 연장해주면서 자꾸 이러면 이자를 부과할 거라고 비아냥댔다. 하지만 아무런 소용이 없었다. 결국 나는 레니는 골탕 먹이려는 심산으로 레니가 다니는 회사의 자금출납부서에 전화를 걸었다. 미국 국세청의 채권압류부서 직원으로 가장해서 이렇게 말했다. "혹시 레니 디치코가 아직도 그 회사에 근무하고 있습니까?"

"그런데요." 전화를 받은 여직원이 답했다.

"채권압류명령이 발부됐습니다. 레니의 임금지급을 잠시 중단해 주셔야 되겠습니다." 여직원은 먼저 정식공문이 있어야만 된다고 말했다. 나는 이렇게 말했다.

"월요일에 팩스로 보내드리죠. 하지만 국세청에서 공문이 도착하기 전까지 레니 앞으로 임금지금을 일괄 중지해주길 정식으로 요청 드립니다."

아마도 레니는 약간 불편을 겪긴 했겠지만 그게 전부였다. 월요일에 공문이 도착하지 않자 자금출납 부서는 레니의 임금을 지급했다. 국세청에서 전화가 왔다는 말을 자금출납직원에게 듣고 레니는 즉각 누구 소행인지를 알아챘다.

그리고 당시 레니는 말릴 수 없을 정도로 내게 화가 나있었기에 그만 상식을 벗어난 엄청난 짓을 벌이고 만다. 바로 자신의 상사에게 쪼르르 달려가 자신과 내가 사무실 컴퓨터를 이용해 DEC를 해킹해왔다고 말한 것이다.

레니의 상사는 그 사실을 경찰에 신고하지 않았다. 대신 레니와 함께 DEC보안팀에 전화를 걸어 지난 수개월 간 레니와 내가 해킹을 해왔다고 통보했다. 결국 DEC는 FBI에게 신고했고, FBI요원들은 나를 검거하기 위해 함정수사를 계획하게 된다.

FBI요원들과 DEC직원들은 레니와 내가 평소처럼 함께 밤에 해킹을 할 것을 예상하고 사전에 레니의 사무실에 함정을 파놓았다. 사무실에 있는 컴퓨터에 모니터링 소프트웨어를 설치해 우리의 해킹내역을 모두 기록할 준비를 해둔 것이다. 심지어 레니는 나와의 대화내용을 녹취하기 위해 몸에 도청장치를 달았다. 그날 밤 내 해킹목표는 영국 리즈대학이었다. 나는 닐 클리프트가 VMS보안 취약점을 DEC에 제보하는 걸 알았고, 따라서 닐 클리프트의 계정이 있는 리즈대학 유기화학부에 위치한 VMS시스템을 해킹할 생각이었다.

해킹을 하던 와중에 나는 레니가 뭔가 이상하다는 낌새를 알아채고는 그에게 물었다. "혹시 뭔 일 있냐? 너 오늘 어딘지 행동이 이상한데." 레니는 약간 피곤할 뿐이라고 답했고, 나는 그냥 넘어갔다. 아마도 레니는 내가 모든 상황을 알아챌까 겁에 질려 있었던 것 같다. 우리는 몇 시간 해킹을 한 뒤 그만하기로 했다. 나는 좀 더 해킹을 하고 싶었지만 레니가 아침에 일찍 일어나야 한다고 말한 것이다.

며칠 후 레니에게서 전화가 걸려왔다. "케빈, 휴가수당 받았으니까 네 돈 줄게. 잠시 들려라."

두 시간 후 나는 차를 몰고 레니 사무실이 위치한 건물 앞 조그만 지상 주차장으로 들어섰다. 레니는 그곳에 미동도 않고 서있었다. 레니가 말했다. "VT100 난발기 에뮬레이터 용 소프트웨어가 필요해. 친구에게 복사해주기로 했거든." 레니는 그 소프트웨어가 담긴 디스크가 내 차 안에 있다는 걸 알고 있었다. 이미 시간은 오후 5시를 지나고 있었고, 나는 레니에게 하루 종일 아무것도 못 먹었으니 일단 같이 저녁식사부터 하자고 제안했다. 하지만 레니는 막무가내였다. 나는 그곳을 빠져나가고 싶었다. 뭔가 예감이 안 좋았다. 하지만 끝내 레니의 고집을 꺾지 못했고, 시동을 켜둔 채로 차에서 내려 디스크를 꺼냈다. 레니가 조롱하는 투로 말했다.

"너라면 이미 겪어봤으니 막 체포되기 직전에 어떤 기분인지를 잘 알겠지? 자, 이제 각오 단단히 하라고!"

갑자기 주차장 전체가 자동차 엔진소리로 뒤덮였다. 사방에서 차가 돌진해오더니 레니와 나를 빙 둘러쌌다. 차에서 정장을 입은 사내들이 뛰쳐나오며 소리쳤다.

"FBI다! 넌 체포됐다!"

"돌아서서 차 위에 손 올려!"

나는 만약 이 모든 상황이 나를 겁주기 위해 레니가 꾸민 짓이라면 정말이지 대단한 쇼라고 생각했다.

"당신들은 FBI일 리가 없어. 맞다면 신분증 좀 봅시다."

정장 사내들은 지갑을 꺼내 펼쳤다. 온 사방이 FBI 신분증이었다. 진짜였다.

나는 레니를 쳐다봤다. 레니는 승리감에 도취돼 춤이라도 출 표정이었다.

"레니, 도대체 나한테 왜 이러는 거지?"

나는 요원들에 의해 수갑이 채워지는 동안 어머니에게 전화해서 내가 체포됐다고 말해달라고 레니에게 부탁했다. 그 나쁜 자식은 나를 위해 그 사소한 친절마저 베풀지 않았다.

나는 FBI요원 두 명과 함께 차를 타고 터미널아일랜드 연방교도소로 끌려갔다. 연방교도소는 영화나 TV드라마에나 나올 법한 무시무시한 곳이었다. 쇠창살로만 분리된 채 안이 훤히 들여다보이는 감방이 쭉 이어져 있었고, 쇠창살 밖으로 죄수들이 팔을 내밀고 있었다. 악몽 같았다. 하지만 내 예상과는 달리 죄수들은 대단히 친절했다. 내게 교도소 내 매점에서 파는 물건들을 빌려주기도 했다. 죄수들 대부분은 백인이었다.

하지만 나는 감옥에 수감돼 있는 동안 샤워를 못했다. FBI요원들이 나를 감방에서 꺼내 LA서부에 있는 FBI본부로 데려간 후 내 상반신 사진을 찍을 때부터 이미 나는 매우 지저분한 상태였다. 씻지도 못했고, 머리는 산발이었으며, 3일 전부터 같은 옷을 입은 채 조그만 간이침대에서 선잠을 잤기에 꼴이 엉망이었다. 그나마 다행인 건 그날 찍은 그 사진이 향후 아주 중대한 시기에 그나마 내게 작은 도움이 됐다는 점이다.

나는 주말을 연방교도소에서 보낸 후 월요일 아침에 구금과 관련한 첫 심리를 받기 위해 치안판사 베네타 타소풀로스 앞에 섰다. 나는 보석으로 곧장 풀려나리라 기대했다. 내게 배정된 법정변호사는 과거에 도주했던 적이 있냐고 물었다. 알고 보니 법정변호사는 검사로부터 내가 1984년에 이스라엘로 도주한 적이 있다는 말을 들은 것이었다. 물론 그건 사실이 아니다.

심리가 시작되자 연방검사 레온 웰드먼은 터무니없는 주장을 늘어놓았다. 웰드먼이 판사에게 말했다. "피고가 저지른 범죄는 너무나 광범위해서 그 내용만 파악하는 것도 힘이 들 지경입니다." 웰드먼이 주장한 내 죄목 중 일부를 소개하면 다음과 같다.

- 국가안보국을 해킹해서 기밀암호를 빼냈음
- 전 보호관찰관의 전화선을 끊었음
- 판결에 불만을 품고 판사의 신용보고서를 조작했음
- 채용이 취소되자 시큐리티퍼시픽은행이 수백만 달러의 분기손실을 기록했다는 허위 보도자료를 배포했음
- 영화배우 크리스티 맥니콜에게 지속적으로 전화폭력을 가했고, 전화 서비스를 해지했음
- 경찰서 컴퓨터를 해킹해 과거 검거기록을 삭제했음

이 모든 주장은 명백한 거짓이었다.

일단 내가 국가안보국을 해킹했다는 주장은 너무나 어처구니가 없었다. 산타크루즈 경찰이 압류한 내 플로피디스크 중에 'NSA.TXT'라는 파일이 저장돼 있었다. 그 파일은 이전에 레니가 휴스항공기에 근무하던 시절에 사회공학기법을 이용해서 접속한 독마스터라는 시스템에서 입수한 정보였다. 당시 레니는 'whois' 명령어를 입력해서 독마스터에 등록된 모든 사용자들의 목록을 입수했다. 나아가 독마스터는 국가안보국이 보유한 시스템이긴 했지만 기밀로 간주되지 않는 시스템이었다. 따라서 국가컴퓨터보안센터의 내선번호를 비롯해 그 파일 안에 담긴 모든 정보는 이미 대중에 공개된 정보였다. 하지만 이런 내용을 두 눈으로 보고도 이해하지 못하는 검사는 이미 공개된 내선번호가 '기밀정보'라고 주장했다. 황당하기 그지없었다.

내가 경찰서 컴퓨터를 해킹해서 검거기록을 삭제했다는 주장도 마찬가지로 산타크루즈 해킹사건과 연관이 있었다. 하지만 검거기록이 남지 않은 건 내 잘못이 아니라 경찰의 실수였다. 아마 독자들도 기억할 것이다. 당시

보니와 나는 그 사건이 터진 후 웨스트할리우드경찰서에 자수했고, 경찰이 실수로 지문과 사진을 남기지 않는 바람에 검거기록 자체가 남지 않았던 것이다. 따라서 만약 죄가 있다면, 죄는 임무를 소홀히 한 경찰에게 있었다.

다른 모든 혐의도 사실이 아니었다. 검사는 근거 없는 헛소문을 마치 사실인 냥 늘어놓은 것에 불과했다. 하지만 그 거짓 주장은 판사에게 내가 국가안보에 심각한 위해를 가할 수 있다는 확신을 심어주기에 충분했다.

특히나 내가 가장 이해하기 힘들었던 혐의는 내가 영화배우 크리스티 맥니콜을 짝사랑한 나머지 반복적으로 그녀의 전화 서비스를 해지했다는 주장이었다. 무엇보다도 나는 과연 반복적으로 누군가의 전화 서비스를 해지하는 게 과연 상식적으로 애정을 표현하는 데 적절한 방식인지 의문스럽다. 나는 그 헛소문이 어디서 시작됐는지 끝내 알아내지 못했다. 하지만 그와 관련해 결코 잊을 수 없는 매우 끔찍한 경험을 했던 건 기억한다. 어느 날 나는 구멍가게에 들러 물건을 산 후 계산대 줄에서 기다리다가 「내셔널 이그재미너National Examiner」 1면에 내 사진이 박혀있는 걸 봤다. 기사제목에는 내가 크리스티 맥니콜에 집착하는 스토커라고 쓰여 있었다! 당시 내가 느꼈던 감정, 그러니까 가게 안에 있던 다른 사람들이 혹시나 표지에 실린 이가 나라는 사실을 알아챌까 주변을 두리번거리며 속이 메슥거렸던 그 순간은 정말이지 말로 표현하지 못할 정도로 고통스러웠다.

그 일이 있은 지 몇 주 뒤에 당시 스튜디오시티에 위치한 제리스 페이머스 델리에서 일하던 어머니는 크리스티 맥니콜이 그 식당에서 점심을 먹는 것을 발견하고는 다가가 자신을 소개한 후 이렇게 말했다. "케빈 미트닉이 내 아들이에요."

그 말에 맥니콜은 조금도 주저하지 않고 물었다. "그래요? 그런데 아드님이 내 전화를 해지했다는 소문은 도 어디서 나온 얘기죠?" 맥니콜은 선화가 해지된 적이 한 번도 없었다며, 내가 그랬던 것처럼, 그 소문의 진원지가 어디인지 궁금하다고 말했다. 후에 한 사립탐정은 그런 일이 결코 일어난 적이 없다는 걸 확인해주었다.

이후 나는 왜 미국정부의 기소를 피해 도주했냐는 질문을 받을 때마다 그때 상황을 떠올렸다. 즉, 검사측이 내게 속임수를 쓰는 상황에서 내가 정정당당하게 대응한들 무슨 소용이 있겠는가? 만약 공정한 재판을 받을 수 없다는 판단이 들면, 나아가 검찰이 확인되지 않은 루머와 추측에 근거해 나를 기소한다면, 내게 남은 유일한 선택은 도주였다!

내 변호를 할 차례가 되자 법정변호사는 판사에게 내가 1984년 후반에 이스라엘에 갔던 건 사실이지만 도주한 것이 아니라 단지 방문이 목적이었다고 말했다. 나는 어안이 벙벙했다. 나는 심리가 열리기 10분 전에 해당 사안에 대해 법정변호사에게 지난 수년 간 미국 밖을 나간 적이 없으며, 외국에는 가본 적도 없다고 말했기 때문이었다. 어머니, 할머니, 보니도 모두 깜짝 놀란 표정이었다. 법정변호사의 말이 사실이 아니라는 건 그들도 알았다. 도대체 변호사란 작자가 어찌 그리 무능할 수 있단 말인가.

연방검사 레온 월드먼은 마지막으로 판사를 설득하기 위해 연방검사로서 절대 재판정에서 해선 안 될 얼토당토않은 주장을 펼쳤다. "피고는 북미 대공방위 사령부NORAD의 전화선을 해킹해서 핵미사일을 발사할 수도 있는 자입니다." 월드먼이 말했다. 도대체 그런 말도 안 되는 주장을 어떻게 생각해냈을까? 북미 대공방위 사령부의 컴퓨터들은 외부 네트워크와 연결돼있지 않다. 게다가 북미 대공방위 사령부가 일반 전화회선을 사용해서 핵미사일 발사명령을 내릴 리도 없지 않은가.

물론 레온 월드먼 검사의 모든 주장들은 하나같이 거짓이었고, 허풍이었으며, 고작해야 3류 신문기사나 말도 안 되는 자료를 근거로 꾸며낸 것에 다름없었다. 하지만 핵 재앙을 야기할 수 있다는 주장은 나도 처음 들어보는 말이었고, 공상과학 소설에도 등장하지 않을 헛소리였다. 나는 어쩌면 레온 윌드먼 검사가 흥행에 성공한 할리우드 영화 「위험한 게임Wargames」을 보고 우연히 그런 생각을 떠올렸을지도 모른다고 생각했다(실제로 많은 사람들은 그 영화가 내 해킹사건을 기반으로 제작됐다고 생각했지만 그건 틀린 생각이다).

레온 윌드먼은 나를 마치 컴퓨터를 이용해 세상을 정복하려는 악당 렉스 루터처럼 묘사했다 (뒤집어 얘기하면 그 자신은 렉스 루터에 맞선 슈퍼맨이었던 셈이다!). 북미 대공방위 사령부 전화를 해킹한다는 발상이 너무나 우스워 나는 그만 큰 소리로 웃고 말았다. 판사도 그 말이 헛소리라는 걸 알거라고 나는 확신했다.

하지만 판사는 보석 없이 수감하라는 판결을 내렸다. 그러면서 내가 "키보드로 '무장'하고 있을 경우" 나는 사회에 위험한 존재가 될 수 있다고 말했다(그렇다면 내가 무장한 테러리스트라도 된다는 말인가!).

판사는 또한 내가 전화기 근처에는 얼씬도 못할 곳에 수감될 것이라고 덧붙였다. 대체로 교도소 내 일반 재소자들이 수감된 장소에는 재소자들이 수신자부담으로 전화를 걸 수 있게 전화기가 설치돼 있다. 따라서 교도소 내에 전화기가 없는 곳은 딱 한 곳뿐이었는데, 바로 '시궁창'이라고 알려진 독방이었다.

1989년 1월 9일자 「타임」의 '테크놀로지' 섹션에 포함된 기사에는 이런 내용이 적혀있다. "가장 흉악한 범죄자라 할지라도 대체로 전화사용은 허용된다. 하지만 케빈 미트닉은 예외다. 그는 오직 교도관의 감시 하에서만 전화를 사용할 수 있다. 그마저도 전화를 걸 수 있는 사람은 아내, 어머니, 변호사로 제한돼 있다. 이런 제한조치는 미트닉의 손에 전화기를 쥐어주는 게 청부살인자의 손에 총을 쥐어주는 것과 마찬가지이기 때문이다. 연방검찰은 한때 대학생이었던 이 25세 청년을 전화기로 컴퓨터를 해킹할 수 있는, 역사상 가장 위험한 해커로 기소했다."

「타임」은 고작해야 손에 쥔 무기라고는 컴퓨터 코드와 사회공학기법이 전부인 사내에 대해 "청부살인자의 손에 총을 쥐어주는 것"이라고 묘사한 것이다!

내 사건에 대한 두 번째 심리가 열렸다. 첫 심리는 오로지 나를 수감할지를 판결했다. 연방정부 법절차에 의하면, 일단 수감이 확정되면 그 다음부터 '돌림판이 돌아가기 시작했다.' 다시 말해, 내 사건이 연방판사에게 무작위로('돌림판'이라는 말도 그래서 나온 거다) 배정됐다. 변호사는 내 사건을 마리아나 팰처가 맡게 된 것이 대단히 행운이라고 내게 말했다. 하지만 실제로는 전혀 그렇지 않았다.

내게 새로 배정된 법정변호사 앨런 루빈은 수감기간 동안 폭행을 가하거나 교도소 내에서 위험인물로 간주되는 죄수들만 수감되는 독방에 내가 감금된 건 부당하다고 주장했다. 법정변호사의 주장에 팰처 판사는 이렇게 말했다. "피고에게는 독방이 딱 맞네."

나는 이번에는 LA도심에 위치한 새로 세워진 연방범죄자 도심 구류센터로 이감됐다. 나는 8층에 위치한 북쪽 8번 수감동에 있는 내 새로운 보금자리로 안내됐다. 약 7.4제곱미터의 넓이에 조명은 어두웠고 세로로 아주 작은 창이 나있었다. 창밖으로 지나가는 차들과 기차역, 자유롭게 왕래하는 사람들, 그리고 메트로플라자 호텔이 보였다. 호텔은 지저분하고 낡아보였지만 내 새로운 보금자리보다는 훨씬 나을 게 분명했다. 나는 쇠창살이 아닌 육중한 강철문이 굳게 닫힌 독방에 수감됐기에 교도관은 물론 다른 수감자들과도 일절 접촉할 수가 없었다. 강철문에는 고작 식판이 들어올 수 있는 구멍 하나만 뚫려있었다.

가슴이 먹먹할 정도로 외로움이 엄습했다. 독방에 장기간 수감되는 죄수들은 대체로 현실에 대한 감각을 상실한다. 그리고 그중 일부는 다시는 그 상태에서 회복하지 못한 채 평생 꿈을 꾸듯 멍한 삶을 살면서 사회에 적응하지 못하고 직업도 영위하지 못한다. 독방에 갇힌 기분이 어떤지를 상상해 보려면, 조명이라고는 40와트짜리 전구가 전부인 옷장에 하루에 1시간을 뺀 모든 시간을 갇혀있다고 상상해보라.

나는 독방에서 나올 때면 단지 3미터 떨어진 샤워장으로 갈 때에도 수갑과 쇠고랑을 차야했다. 그건 교도관을 폭행한 죄수와 똑같은 치우였다. '운동시간'이 되면 하루에 한 번씩 외부에 있는, 철조망이 쳐진 철장으로 나갈 수 있었다. 철장은 내가 머물던 독방보다 두 배 정도 넓었고, 나는 그곳에서 그나마 하루에 한 시간씩 신선한 공기를 마시며 운동을 할 수 있었다.

그렇다면 나는 어떻게 독방생활을 버텼을까? 가족의 방문 덕택이었다. 어머니, 아버지, 할머니, 아내는 독방에서 내가 유일하게 고대하던 사람들이었다. 또한 지속적으로 주의를 다른 것들에 돌리는 것도 나에게는 피난처였다. 나는 교도소 규칙을 어겨서 독방에 수감된 것이 아니었기에 상대적으로 다른 독방 수감자들에 비해 덜 엄격한 규율이 적용됐다. 나는 책, 잡지 등을 읽을 수 있었고, 편지를 쓰고 휴대용 워크맨으로 라디오를 들을 수도 있었다(당시 내가 가장 즐겨듣던 채널은 주파수 1070에서 방송됐던 KNX 뉴스 라디오와 클래식 록이었다). 글을 쓰는 건 쉽지 않았다. 나는 아주 뭉툭한 연필을 소지하는 것만이 허용됐고, 그 짧은 연필로는 도저히 한 번에 몇 분 이상 글을 쓸 수가 없었다.

나는 독방에 감금된 상황에서도, 그리고 연방정부의 모든 방해에도 불구하고, 여전히 가끔씩 전화기를 해킹했다. 당시 나는 내 변호사, 어머니, 아버지, 치키 숙모, 아내 보니에게 전화를 거는 건 허용됐다. 다만 아내에게는 직장으로 전화를 걸 수는 없었고 집으로만 전화를 걸 수 있었다. 종종 나는 아내와 통화하기를 학수고대하며 하루를 보내기도 했다. 전화를 걸려면 일단 수갑과 쇠고랑을 찬 후 복도를 지나 3대의 전화기가 있는 곳까지 가야 했다. 전화기가 있는 곳에 도착하면 교도관은 내 수갑을 벗겨 준 후 약 1.5 미터 정도 떨어진 곳에 앉아 나를 감시했다.

법원이 허락한 목록에 포함돼있지 않은 사람에게 전화를 건다는 건 불가능했다. 그러려면 교도관을 매수해야 했는데, 만약 그럴 경우 그나마 내게 허용된 특권마저 박탈되기에 딱 좋았다.

그래도 보니의 직장으로 전화를 걸 수 있는 방법이 있지 않을까? 나는 방법을 고안해냈다. 위험하긴 했지만 나로선 잃을 게 없었다. 당시 나는 이미 국가안보를 위협하는 자로 규정돼 독방에 감금돼있었고, 다시 말해, 이미 더 이상 나빠지려야 나빠질 수 없는 상황이었다.

교도관에게 말했다. "어머니에게 전화를 했으면 합니다." 그 말에 교도관은 일지에서 어머니 집전화번호를 찾아냈다. 그런 후 공중전화로 몇 걸음 다가가 전화를 건 후 내게 수화기를 건네줬다. 교환원이 전화를 받아 내 이름을 물었다. 잠시 전화를 끊지 않고 기다리자 어머니가 수신자부담전화를 받겠다고 말했고, 이윽고 통화가 연결됐다.

나는 어머니와 통화를 하면서 등이 가려운 듯 등을 공중전화에 비벼댔다. 그런 후 내 손을 등 뒤로 돌려 등을 긁는 시늉을 했다. 나는 통화를 계속하는 척 하면서 등을 긁는 척 손을 뒤로 돌려 수화기를 올려놓는 고리를 잠시 눌러 전화를 끊었다. 그런 후 다시 손을 앞으로 가져왔다.

수화기에서 간수에게 들릴 만큼 큰 소리로 뚜-뚜 신호음이 흘러나오기까지 정확히 18초의 시간적 여유가 있었다.

나는 다시 손을 등 뒤로 가져가 등을 긁는 척하면서 빠르게 내가 원하는 번호를 눌렀다. 일단 0번을 눌러 수신자부담 전화를 건 후 몸을 앞뒤로 흔들며 등을 긁는 척했다. 교도관이 내 몸짓에 익숙해져 의심을 품지 않게 하기 위해서였다.

나는 등을 전화기에 향하고 있었기에 전화기 번호판을 못 보는 상태에서 조심하면서 정확하게 숫자버튼을 눌러야 했다. 그리고 숫자버튼을 누를 때 흘러나오는 소리가 새나가지 않게 수화기는 최대한 귀에 밀착했다.

이 와중에도 나는 여전히 어머니와 통화를 하는 척해야 했다. 나는 교도관이 지켜보는 상황에서 계속 고개를 끄덕이며 어머니와 통화하는 시늉을 했다.

새로운 전화번호를 입력하고 나자 잠시 후 교환원이 연결됐다. "수신자부담 전화입니다. 전화거시는 분 이름을 말씀해 주세요." 나는 교환원에 연결되는 시간에 딱 맞추어 내가 혼잣말로 떠들어대던 대화내용에 '케빈'이 튀어나오게 해서 교도관의 의심을 피했다. (이런 식이었다. 교환원이 내 이름을 묻기 바로 전에 나는 "존 삼촌에게도 이렇게 전해줘요. 개빈……" 이렇게 교환원에게 내 이름을 말한 후, "……이 안부 전해달라고 했다고요.")

수화기로 보니의 목소리가 흘러나오자 마치 세상을 다 얻은 기분이었다. 나는 신난 표정을 애써 감추며 차분하게 보니와 대화했다. 내 방법이 성공한 것이다. 나는 마치 대단한 해킹에라도 성공한 듯 흥분했다.

언제나 처음이 가장 어려운 법이다. 나는 이후로 매일 이 방법을 써먹었다. 교도관이 내 가려운 등에 바를 연고를 사다주지 않은 게 신기할 정도였다.

내가 그 짓을 시작한 지 2주 정도 지난 어느 날 밤, 독방에서 자고 있는데 문이 열렸다. 열린 문 뒤로 정장을 입은 사내들이 서있었다. 두 명의 부교도소장과 수감센터 책임자였다. 나는 수갑과 쇠고랑이 채워져 내 독방에서 약 10미터 떨어진 회의실로 끌려갔다. 내가 의자에 앉자 부교도소장 한 명이 물었다. "미트닉, 도대체 어떻게 한 거지? 어떻게 다른 곳으로 전화를 걸었지?" 나는 금시초문인 척했다. 어리석게 시인하기보다는 그들로 하여금 내가 한 짓을 증명하게 하는 게 낫다고 생각했다.

수감센터 책임자가 끼어들었다. "우리는 자네 통화내역을 감청하고 있어. 어떻게 다른 곳으로 전화를 걸 수 있었지? 교도관이 늘 지켜보고 있었는데 말이야." 나는 씩 웃으며 답했다. "난 데이빗 카퍼필드가 아닙니다. 어떻게 내가 다른 곳으로 전화를 걸 수 있겠습니까? 교도관이 한 번도 내게서 눈을 떼지 않았는데요."

이틀 후 독방에 있는데 밖에서 소음이 들려왔다. 퍼시픽벨 기술자였다. 뭔 일이지? 기술자는 내 독방 건너편 벽에 전화선을 설치하고 있었다. 나는 다음에 전화를 걸때서야 비로소 그 이유를 알 수 있었다. 교도관이 6미터에 달하는 코드선이 달린 전화기를 가져와 코드선 다른 쪽을 건너편 전화단자에 연결했다. 그런 후 내가 요청한 전화번호로 전화를 건 뒤 내 감방문에 달린 작은 식판구멍을 통해 수화기를 내게 건네줬다. 그렇게 해서 내가 더 이상 전화기에 손도 대지 못하게 한 것이다. 망할 자식들!

보니는 내가 거는 전화를 받아준 것 말고도 여러모로 내게 힘이 돼주었다. 일주일에 3번, 퇴근 후에 차를 몰고 먼 곳까지 와서 오랜 시간 기다린 후 나를 면회했다. 그녀와 나는 면회소에서 만났고, 면회시간 내내 교도관들은 우리를 감시했다. 우리는 짧게나마 껴안고 입맞춤을 할 수 있었다. 나는 보니가 면회를 올 때마다 교도소에 수감되는 건 이번이 마지막이 될 거라고 그녀를 안심시켰다. 그리고 과거에도 그랬던 것처럼 나는 내가 그 약속을 꼭 지킬 수 있으리라고 믿었다.

내가 독방에 수감돼있는 동안 내 변호사 앨런 루빈은 내가 유죄를 시인하는 대신 감형을 해달라고 검찰 측과 협상을 벌였다. 만약 형량합의가 이뤄진다면 나는 재판 없이 출소할 수 있었다. 당시 내 죄목은 DEC를 해킹해서 MIC 접속코드를 절도한 것이었고, 그 과정에서 DEC에게 약 400만 달러의 손실을 입힌 것이었다. 한마디로 말도 안 되는 혐의였다. DEC가 실제로 손해를 본 금액은 그 사건을 수사하는 데 소요된 비용이 전부였기 때문이다. 400만 달러라는 액수는 연방법 양형기준에 따라 내게 장기형을 선고하기 위해 부풀린 액수였다. 오히려 내가 배상해야 할 금액은 400만 달러에 비하면 턱없이 적은, 내가 복제한 VMS소스코드의 구매 비용이었다.

하지만 나는 어떻게든 형량에 합의하고 관처럼 비좁은 내 독방에서 최대한 빨리 벗어나고 싶었다. 재판정에 서는 것도 가급적 피하고 싶었다. 왜냐하면 연방검찰이 내 유죄를 입증할 결정적인 증거를 확보하고 있었기 때문이다. 일단 연방검찰은 내가 적어놓은 글들과 디스크를 확보해뒀다. 기꺼이 내게 불리한 증언을 할 레니도 포섭해 둔 상태였고, 레니와 내가 마지막으로 해킹을 할 때 레니의 몸에 부착한 도청장치로 녹음한 테이프도 가지고 있었다.

마침내 내 변호사는 연방검찰과 형량을 합의하는 데 성공했다. 1년을 감옥에서 복역하고, 레니에 대해 증언한다는 조건이었다. 연방검찰의 레니에 대한 증언 요구는 나로선 전혀 예상치 못한 요구였는데, 나는 늘 먼저 자백한 이가 쉽게 풀려나며 심지어 형을 면제받는다고 생각했기 때문이다.

하지만 이제 보니 연방검찰은 자신들의 밀고자이자 이전에 내 친구였던 레니를 처벌하길 원하는 것 같았다. 레니에 대한 증언이라면 기꺼이 해드리죠, 라고 나는 답했다. 내게 불리한 증거를 제공한 레니를 내가 봐줘야 할 이유는 없지 않은가.

하지만 막상 형량합의안을 들고 최종판결을 받기 위해 재판정에 섰을 무렵, 팰처 판사는 이미 나를 둘러싼 많은 헛소문과 잘못된 비난으로부터 많은 영향을 받은 게 분명해 보였다. 팰처 판사는 합의된 형량이 너무 관대하다며 기각했다. 그마나 1년 복역이라는 수정된 형량은 받아들였고, 대신 복역 후 6개월간 사회복귀 훈련시설에 수감될 것을 선고했다. 나는 또한 DEC의 앤디 골드스타인과 마주앉아 내가 어떻게 DEC를 해킹했고, DEC가 가장 소중히 보호하던 소스코드를 복제할 수 있었는지를 설명해야만 했다.

내가 합의된 형량을 수용함과 동시에 마치 마술처럼 나는 더 이상 '국가안보에 대한 위협'으로 간주되지 않았다. 독방에서 일반감옥으로 이감된 것이다. 처음에는 마치 석방된 것처럼 기뻤지만, 그것도 잠시였을 뿐, 얼마 지나지 않자 내가 여전히 감옥에 갇혀있다는 걸 깨달았다.

일반감옥에 수감돼 있는 동안 동료수감자였던 콜롬비아 거물 마약상은 내게 만약 연방정부 교도소의 컴퓨터 시스템인 센트리를 해킹해 자신이 석방되게 해준다면 현찰로 500만 달러를 주겠다고 제안했다. 나는 괜히 그의 미움을 사지 않기 위해 그 제안을 수용하는 척했다. 하지만 그런 무모한 짓을 할 생각은 추호도 없었다.

얼마 뒤 나는 람폭에 있는 연방수용소로 이감됐다. 정말이지 천국이 따로 없었다. 감방은 기숙사 시설로 대체됐고, 심지어 수용소 주변에는 철조망도 쳐있지 않았다. 나와 함께 수감된 이들은 매우 유명한 화이트칼라 범죄자들이었다. 심지어 수감자 중에는 탈세로 기소된 전직 연방검사도 있었다.

나는 독방에 머무는 동안 거의 110킬로그램까지 몸이 불었다. 대체로 땅콩버터를 듬뿍 찍은 허쉬 초코바처럼 기분을 좋게 해주는 교도소 음식을 주로 먹었기 때문이었다. 어차피 독방에 수감돼 있는데 약간이라도 기분을 좋게 해주는 음식이라면 뭐든 어떻단 말인가.

하지만 람폭수용소로 이감되고 난 후 동료수감자이자 썩 괜찮은 사내인 로저 윌슨은 나를 설득해서 산책과 운동을 많이 하게 했고, 쌀과 야채 같은 건강한 음식을 섭취하게 했다. 처음에는 힘들었지만 로저 윌슨의 격려 덕분에 나는 끝내 건강을 되찾는 데 성공했다. 이후로 내 생활습관이 바뀌면서 내 체구뿐만 아니라 나 자신도 새롭게 변화하게 된다.

하루는 전화를 사용할 차례를 기다리며 나무 벤치에 앉아 있었다. 내 옆에는 이반 보이스키가 커피를 손에 든 채 앉아 있었다. 이반 보이스키는 모르는 사람이 없는 유명인이었다. 한때 억만장자이자 투자의 귀재였던 그는 주식 내부자거래로 유죄를 선고받았다. 이반 보이스키는 내가 누구인지를 알았다. "이봐, 미트닉." 그가 말했다. "자네 컴퓨터 해킹하면서 얼마나 벌었나?"

"돈 때문이 아니라 그저 재미삼아 해킹을 했습니다."

이반 보이스키는 이렇게 말했다. "자네는 지금 감옥에 갇혀있고, 전혀 돈을 벌지 않고 있네. 멍청하다고 생각하지 않나?" 마치 나를 경멸하는 것 같았다. 마침 그때 나는 우연히 이반 보이스키가 들고 있는 커피잔 속에 바퀴벌레가 둥둥 떠다니고 있는 걸 보았다. 나는 그것을 가리키며 말했다. "이곳은 결코 당신이 살던 호화주택만은 못하죠? 안 그런가요?"

보이스키는 대꾸도 하지 않은 채 자리에서 일어나 멀리 사라졌다.

람폭수용소에서 거의 4개월을 지내고 나자 사회복귀 훈련시설로 옮길 때가 됐다. 내가 보내질 곳은 히브리어로 '베이트티슈바'라는 곳이었는데, 알고 보니 '돌아갈 집'이라는 의미였다. 베이트티슈바는 12단계 치료법을 사용해서 마약중독자나 알코올중독자를 치료했다.

사회복귀 훈련시설로 이감된다는 건 좋은 소식이었다. 하지만 안 좋은 소식도 있었다. 보호관찰관이 보니에게 전화를 걸어 그녀가 살던 아파트를 '조사'하기 위한 일정을 잡았다는 것이었다. 보호관찰관은 보니에게 내가 석방되기 전에 내가 생활할 환경을 미리 둘러본 뒤 승인을 해야 한다고 설명했다. 이미 지칠 대로 지친 보니는 더 이상 이렇게는 못 살겠다는 생각에 이렇게 말했다. "내 아파트를 조사할 필요는 없습니다. 남편은 여기서 살지 않을 거니까요." 보니는 면회를 와서 안 좋은 소식을 들려줬다. 이혼수속을 밟겠다는 소식이었다.

당시 상황에 대해 보니는 이렇게 말한다. "나로선 아주 힘든 시간이었어요. 끝내 실패하고 말았다는 생각이 들었죠. 겁이 났고, 케빈을 떠나기가 두려웠지만 동시에 그의 곁에 남는 것도 두려웠죠. 결혼생활을 계속한다는 게 너무나 겁이 났어요."

나는 너무나 놀랐다. 보니와 나는 평생을 함께할 생각이었다. 그런데 막상 내가 석방을 앞두고 있을 때 보니가 변심한 것이다. 마치 누군가 커다란 벽돌로 나를 내려친 것 같았다. 정말로 큰 상처였고, 너무나 충격이었다.

보니는 내가 머물던 사회복귀 훈련시설에 들려 나와 함께 두어 번 부부상담을 받기는 했다. 하지만 도움이 되지는 않았다.

나는 결혼생활을 끝내자는 보니의 결정에 매우 상심했다. 도대체 왜 갑자기 마음이 돌아선 걸까? 다른 사내가 생긴 게 분명해. 나는 생각했다. 즉, 우리 삶에 다른 남자가 끼어든 것이었다. 만약 보니의 자동응답기를 확인한다면 그 사내가 누구인지 알아낼 수 있었다. 지나치다는 생각이 들긴 했지만 진실을 알고 싶었다.

나는 보니의 자동응답기에서 메시지를 남기기 전에 흘러나오는 멜로디를 듣고 래디오샤 제품이라는 걸 알아냈다. 또한 그 제품은 원격으로 메시지를 확인할 수 있는 제품이었다. 하지만 원격으로 메시지를 확인하려면 제품을 살 때 함께 따라오는, 자동응답기에 메시지 재생명령을 내리는 특수한 신호음을 전송하는 리모컨이 필요했다. 혹시 리모컨 없이 보니의 자동응답기에 녹음된 메시지를 확인할 수 있는 방법이 없을까?

나는 래디오샤 매장에 전화를 걸어 보니가 보유한 자동응답기에 대해 대략 설명한 후 리모컨을 분실해서 재구매하고 싶다고 말했다. 매장직원은 해당 자동응답기 모델에는 4개의 다른 리모컨이 있다며, 4개가 각기 다른 신호음을 전송한다고 설명했다. 내가 말했다. "나는 음악을 해서 귀가 좋은 편입니다." 매장직원은 내게 매장에 들르라고 말했지만 나는 사회복귀 훈련시설을 벗어날 수 없었다. 새로 사회복귀 훈련시설에 입소한 이들은 첫 30일 동안 시설을 벗어날 수 없었기 때문이다. 나는 매장직원에게 부탁해 각각의 리모컨을 꺼내 건전지를 넣은 후 내게 신호음을 들려달라고 부탁했다.

끈질기게 조른 보람이 있었다. 매장직원은 4개의 리모컨을 일일이 꺼내 건전지를 넣은 후 각각의 신호음을 내게 들려주었다. 나는 미니 카세트테이프 녹음기를 수화기에 가까이 대고 4가지 신호음을 모두 녹음했다.

그런 후 보니의 전화기로 전화를 걸어 녹음한 신호음을 재생했다. 세 번째 신호음을 들려주자 자동응답기가 반응했다. 나는 보니가 자신의 집으로 전화를 걸어 자동응답기에 메시지를 남겨놓는 것을 들었다. 아마도 회사에서 전화를 한 것 같았다. 보니의 음성이 자동응답기로 넘어갈 때쯤 그녀의 아파트에 있던 한 사내가 전화를 받았다. 그리고 자동응답기에는 둘의 통화내용이 녹음돼 있었다. 보니는 사내에게 '함께 시간을 보내서 너무 좋았어.'라고 말했다.

메시지를 엿들은 건 좋은 생각이 아니었다. 그저 내가 느끼던 고통이 더 커졌을 뿐이었다. 하지만 적어도 내 의심이 사실이라는 건 확인할 수 있었다. 나는 보니가 그동안 나를 속여 왔다는 사실에 매우 화가 났다. 보니를 만나기 위해 사회복귀 훈련시설을 몰래 빠져나가고 싶은 생각마저 들 정도로 자포자기한 심정이었다. 다행히도 그랬다가는 돌이킬 수 없는 실수가 될까봐 간신히 자제했다.

사회복귀 훈련시설에 들어온 지 한 달이 지나자 나는 사전에 예정된 방문을 위해 가끔씩 외출을 할 수 있었다. 나는 종종 보니를 만나러가서 그녀의 마음을 되돌리려 노력했다. 그러다가 어느 날 보니가 무심코 탁자 위에 놓아둔 전화비 청구서를 발견했다. 나는 전화비 청구서를 살펴본 뒤 보니가 최근 들어 루이스 드페인과 장시간 통화를 했다는 사실을 알았다. 그전까지 내 가장 친한 친구라고 믿었던 바로 그 루이스 드페인이었다.

당연히 나는 모든 것을 확실히 하고 싶었다. 나는 능청스럽게 보니에게 혹시 루이스나 다른 친구로부터 연락이 온 적이 있냐고 물었다.

그녀는 거짓말을 했다. 루이스 드페인과는 연락한 적이 없다고 딱 잘라 말했다. 그리고 나는 그 말을 들으며 내가 가장 우려했던 일이 터졌다는 걸 확신할 수 있었다. 보니가 나를 철저히 속여 왔다는 생각이 들었다. 내가 믿고 신뢰하던 과거의 보니는 이미 사라진 지 오래였다. 나는 그녀에게 대놓고 따졌지만 아무런 소용이 없었다. 나는 절망했다. 내 상처를 보듬으며 나는 그녀를 떠났고 이후로 오랫동안 소식을 끊었다.

얼마 후 보니는 루이스와 동거를 시작했다. 나로선 도무지 이해할 수 없었다. 해킹 중독자를 떠나서 새롭게 사랑에 빠진 상대가 고작 똑같은 중독을 지닌 녀석이라니. 하지만 그보다 더 중요한 건 보니가 단지 내 여자친구가 아닌 아내였다는 점이다. 내 아내였던 여자가 이제는 내 가장 친한 친구와 살림을 차린 것이었다.

석방 이후 내 해킹 중독은 다른 중독으로 대체됐다. 나는 헬스클럽에 처박혀 많은 시간을 운동에 집착했다.

비록 3개월 만에 그만두긴 했지만 케이스케어라는 회사에서 기술지원직으로 근무하기도 했다. 일이 끝난 후 나는 보호관찰관으로부터 어머니가 사는 라스베이거스로 이사해도 좋다는 허락을 받았고, 어머니는 내가 살 곳을 찾을 때까지 함께 사는 걸 허락했다.

수개월 동안 나는 45킬로그램 가까이 살을 뺐고, 태어난 이후로 가장 날씬한 체구를 지니게 됐다. 게다가 나는 더 이상 해킹을 하지 않았다. 그런데도 몸 상태와 정신건강은 최상이었다. 만약 그때 누군가가 내게 물었다면, 나는 해킹은 이미 다 지나간 과거의 일이라고 답했을 것이다.

적어도 나는 그렇게 생각했다.

Hsle td esp epcx qzc dzqehlcp mfcypo zy esp nsta esle Yzglepw dpye xp?

09 휴대전화 요금할인 플랜

20만 명에 달하는 방문객이 19만 제곱미터에 달하는 전시회장을 꽉 메운 채 한꺼번에 떠들어대는 광경을 상상해보라. 방문객들은 대체로 일본어, 대만어, 만다린어로 떠들어댄다. 1991년 라스베이거스 컨벤션센터에서 열린 국제전자박람회CES, Consumer Electronic Show가 꼭 그랬다. 매년 열리는 국제전자박람회는 세계에서 가장 많은 방문객을 끌어 모으는 일종의 사탕가게와도 같다.

국제전자박람회가 열리던 날, 나는 차를 몰고 시내 반대편으로 가 박람회에 참석했다. 목적은 전시회장을 둘러보거나 다가오는 크리스마스에 소비자들의 눈을 휘둥그렇게 만들 최신 전자제품을 둘러보기 위해서만은 아니었다. 오히려 나는 박람회의 커다란 소음이 필요했다. 내가 이제 막 전화를 걸려고 하는 상대방에게 믿음을 심어주려면 그런 웅성거림이 꼭 필요했다.

내가 당면한 문제는 이랬다. 나는 당시 시장에서 가장 최신기종이었던 노바텔 PTR-825 휴대전화를 소지하고 있었다. 나는 그 전화기로 내 지인들과 통화하는 것이 안전한 지, 나아가 혹시라도 FBI나 경찰이 내 휴대전화를 감청하는 게 아닌지 의심스러웠다. 내 의심을 풀 방법을 나는 알고 있었다. 그리고 박람회장에 도착한 나는 내가 생각해낸 방법이 실제로 가능한지를 알아볼 참이었다.

내가 생각해낸 계획은 휴대전화기의 단말기일련번호ESN, electronic serial number를 이용한 것이었다. 전화해커라면 누구든 아는 사실이지만, 모든 휴대전화에는 고유의 일련번호가 있다. 휴대전화로 전화를 걸면 이 일련번호는 휴대전화번호, 또는 이동국식별번호MIN, mobile identification number와 함께 가장 가까운 휴대전화 기지국으로 전송된다. 이런 정보를 통해 전화 회사는 전화를 거는 이가 합법적인 사용자인지, 나아가 누구에게 전화비를 청구할지를 파악하는 것이다.

따라서 만약 내가 합법적인 서비스이용자의 이동국식별번호와 단말기일련번호를 계속 바꿔가면서 통화를 할 수 있다면, 내 전화통화는 감청으로부터 안전할 수 있었다. 왜냐하면 이럴 경우 내 휴대전화를 추적하려고 시도하면 내가 사용하는 단말기일련번호가 할당된 휴대전화의 실소유주, 그러니까 나와는 생면부지인 사람으로 연결될 것이기 때문이었다. (맞다. 이럴 경우 휴대전화의 실소유주는 전화 회사에 자신이 요금이 청구된 전화를 건 적이 없다고 누누이 설명해야만 한다. 그나마 다행인 건 실소유주는 다른 누군가가 불법으로 통화를 한 것에 대해선 요금을 납부하지 않아도 된다.)

나는 박람회장 안에 있는 공중전화로 캐나다 앨버타 주 캘거리의 전화번호로 전화를 걸었다.

"노바텔입니다." 여자의 음성이 흘러나왔다.

"안녕하세요." 내가 말했다. "그쪽 엔지니어링부서 직원과 통화를 하고 싶은데요."

"어디신지 물어봐도 될까요?" 여직원이 물었다.

언제나처럼 나는 미리 사전조사를 해두었다. "포드워스에 있는 엔시니어링 부서에서 전화 드리는 겁니다."

"엔지니어링부서 관리자인 프레드 워커와 통화를 하셔야 할 것 같은데, 오늘 출근을 안 해서요. 전화번호를 남겨주시면 내일 전화를 드리라고 하겠습니다."

"긴급한 일이라서요. 엔지니어링부서 직원 누구든 바꿔주세요."

잠시 후 일본어억양을 쓰는 사내가 전화를 받고는 자신을 쿠마모토라고 소개했다.

"쿠마모토 상, 저는 포트워스 사무소에 근무하는 마이크 비숍이라고 합니다." 마이크 비숍은 내가 방금 전 국제전자박람회의 전자게시판에서 알아낸 이름이었다. "나는 대체로 프레드 워커와 통화를 하는데 오늘 출근을 안 했다고 하더군요. 사실 제가 지금 라스베이거스 국제전자박람회에 와있습니다." 나는 뒤에서 들리는 박람회장의 소음이 내 말에 신빙성을 더해줄 거라고 믿었다. "지금 제품시연을 위해 테스트를 하고 있는데, 혹시 휴대전화의 버튼을 이용해서 단말기일련번호를 바꿀 수 있는 방법이 있을까요?"

"그건 불가능합니다. 미국 연방통신위원회 규정 위반입니다."

나로선 실망스러운 대답이었다. 그걸로 내 뛰어난 아이디어가 허공으로 날아간 셈이었다.

잠깐, 쿠마모토 상이 뭐라 뭐라 더 주절댄다.

"하지만 그 방법 말고 특별한 펌웨어인 버전 1.05를 사용하면 전화기버튼으로 단말기일련번호를 바꿀 수 있습니다. 다만 그러려면 외부에는 공개되지 않은 프로그래밍 방법을 알아야만 합니다."

듣던 중 반가운 소리였다. 펌웨어는 휴대전화에 장착된 운영체제로서 EPROM이라고 불리는 특별한 컴퓨터 칩에 내장된다.

이런 상황에서 주의할 점은 목소리에서 흥분했다는 게 드러나지 않도록 하는 것이다. 나는 마치 시비라도 걸듯 질문을 했다. "왜 특별히 그 펌웨어 버전만 단말기일련번호를 변경할 수 있는 겁니까?"

"연방통신위원회에서 테스트를 위해 요구하는 겁니다." 쿠마모토가 답했다.

"어떻게 하면 그 펌웨어를 구할 수 있을까요?" 나는 쿠마모토가 그 펌웨어 버전이 설치된 전화기를 보내줄 거라고 기대했다.

"칩을 보내 드리죠. 휴대전화 칩을 보내드린 칩으로 교체하면 될 겁니다."

더 바랄 나위가 없었다. 만약 쿠마모토에게서 약간만 더 내가 원하는 것을 빼낸다면 새로운 전화기를 받는 것보다 오히려 나을 수도 있었다.

"혹시 그 펌웨어가 내장된 EPROM 칩도 대여섯 개 정도 보내줄 수 있을까요?"

"그러죠."

아주 잘 된 일이었지만 동시에 예상 밖의 문제가 생겼다. 어떻게 하면 내 실제이름과 배송주소를 노출하지 않고 그 칩들을 받을 수 있을까?

"일단 칩을 준비해 주시죠. 다시 전화하겠습니다."

만약 그 칩을 손에 넣을 수만 있다면 노바텔 직원을 제외하고 노바텔 휴대전화기의 버튼을 눌러 단말기일련번호를 바꿀 수 있는 사람은 전 세계에서 내가 유일했다. 그렇다면 공짜로 전화를 걸 수도 있을뿐더러 어느 누구도 내 통화내역을 엿들을 수 없었다. 일종의 투명망토가 생기는 셈이다. 게다가 단말기일련번호를 바꾼 복제 휴대전화는 내가 사회공학기법을 사용해 해킹을 할 때 추적당하지 않는 안전한 회신 전화번호로도 사용할 수 있었다.

하지만 어떻게 하면 발각되지 않고 소포를 받을 수 있을까? 만약 당신이 나와 같은 상황이라면 어떻게 그 칩들을 받겠는가? 잠시 머리를 굴려보라.

해결방안은 간단했다. 나는 손쉽게 2단계로 소포를 안전하게 받을 방법을 생각해냈다. 일단 다시 노바텔에 전화를 걸어 쿠마모토 상의 상사인 프레드 워커의 비서를 바꿔달라고 말했다. 그런 후 비서에게 말했다. "엔지니어링 부서의 쿠마모토 상이 내게 전달할 물건을 맡길 겁니다. 제가 국제전자박람회 전시회장에서 다른 직원들과 일하고 있는데, 마침 오늘 하루 캘거리에 머물 겁니다. 그러니 오늘 오후에 사무실에 들러 쿠마모토 상이 맡긴 물건을 찾아가죠."

다시 쿠마모토에게 전화를 걸었을 때 그는 이미 바쁘게 칩에 펌웨어를 설치하고 있었다. 나는 쿠마모토에게 설치가 끝나면 칩을 포장해서 프레드 워커의 비서에게 맡겨달라고 부탁했다. 그런 후 박람회장을 돌아다니며 새로 출시된 전자제품과 휴대전화를 구경하며 두어 시간을 보냈다. 이제 2단계로 넘어갈 차례였다.

퇴근하기 20분 전(캘거리는 라스베이거스보다 시간대가 한 시간 빠르다)에 나는 다시 프레드 워커의 비서와 통화를 했다. "제가 지금 공항이거든요. 전시회에 문제가 있어서 지금 급하게 라스베이거스로 떠나야 해서요. 그래서 말인데, 쿠마모토 상이 맡겨놓은 소포를 페덱스로 내가 머무는 라스베이거스 호텔로 보내주실 수 있을까요? 저는 지금 써커스써커스호텔에 머물고 있습니다." 전화를 걸기 전에 나는 이미 써커스써커스호텔에 '마이크 비숍'이란 이름으로 다음날 날짜로 객실을 예약해 뒀다. 호텔직원은 예약수속을 처리하면서 신용카드정보조차 요구하지 않았다. 나는 비서에게 호텔주소를 말해준 뒤, 확인 차 마이크 비숍이란 이름의 철자를 알려줬다.

나는 전화를 한 통 더 걸었다. 써커스써커스호텔이었다. 나는 호텔에 늦게 도착할 거라고 말한 뒤 내가 투숙하기 전에 내 앞으로 배달될 페덱스 소포를 프론트데스크에서 잘 맡아달라고 부탁했다. "알겠습니다. 비숍 씨. 만약 소포가 크면 벨보이 관리자에게 창고에 잘 넣어두라고 하겠습니다. 작은 소포라면 프론트데스크에서 맡아두겠습니다." 식은 죽 먹기였다.

나는 다음 전화를 걸기 위해 조용한 곳을 찾았다. 이번에는 내가 자주 들르는 써킷시티 전자제품매장에 전화를 걸었다. 휴대전화 판매점원이 전화를 받았다. "LA셀룰러의 스티브 왈쉬입니다. 휴대전화 개통시스템이 고장 나서요. 혹시 그쪽에서 지난 두 시간 동안 LA셀룰러 이동통신서비스를 개통한 고객이 있나요?"

점원은 지난 두 시간 동안 휴대전화 4대를 팔았다고 말했다. 나는 이렇게 말했다. "그렇다면 두 시간 동안 판매한 휴대전화의 전화번호와 단말기 일련번호를 말씀해 주시겠습니까? 저희 측 시스템에서 다시 개통을 해야 하거든요. 고객 불평이 나오면 피곤하니까요. 안 그렇습니까?" 나는 말을 마치며 일부러 큰 소리로 웃었다. 점원은 전화번호와 단말기일련번호를 내게 말해줬다.

따라서 나는 이제 4개의 단말기일련번호와 그에 일치하는 전화번호를 손에 넣은 셈이었다. 나는 조바심을 태우며 남은 오후를 보냈다. 과연 이 일이 성공할지 확신할 수가 없었다. 혹시 노바텔 직원들이 뭔가 미심쩍다고 여기고 칩을 보내지 않는 게 아닐까? 혹시 호텔 로비에 FBI요원들이 나를 체포하기 위해 잠복하고 있는 건 아닐까? 과연 내일 오후쯤이면 내가 원할 때마다 휴대전화번호를 마음대로 바꿀 수 있게 될까??

이튿날 오랜 친구 알렉스 카스페라비치우스가 도착했다. 그는 지적이고 상냥한 성격에 IT와 전화시스템 전문가였다. 알렉스는 내 해킹에 끼는 걸 좋아했지만, 그렇다고 해서 나와 함께 해킹을 하는 사이는 아니었다. 나는 해킹을 할 때면 성공할 때까지 몇 개월이 걸리더라도 해킹을 계속했다. 하지만 알렉스는 달랐다. 그는 해킹 말고도 다른 취미들이 많았다. 그리피스 공원에서 캠핑담당자로 일하기도 했고, 호른으로 클래식음악을 연주하기도 했으며, 새로운 여자친구를 찾아다니느라 늘 바빴다.

나는 알렉스에게 대충 상황을 설명해주었다. 그는 보는 내가 다 신이 날 정도로 흥분했다! 알렉스는 처음에는 노바텔이 칩을 보내준다는 걸 믿지 못하는 눈치였지만, 잠시 후 우리가 신원을 숨긴 채 마음껏 휴대전화를 걸 수 있다는 사실을 상상하며 대단히 즐거워했다.

쿠마모토는 내게 특수한 펌웨어가 설치된 휴대전화에 새로운 단말기일련번호를 설정할 수 있는 프로그래밍 방법을 알려줬다. 거의 20년이 지난 지금도 나는 그 방법을 기억한다. 다음과 같다.

Function-key(기능키)
Function-key
#
39
#
Last eight digits of the new ESN(새로운 단말기일련번호의 끝자리숫자 여덟 개)
#
Function-key

(테크놀로지에 관심 있는 독자들을 위해 부연설명을 하자면, 단말기일련번호는 11자리 숫자로 이뤄져있고, 그중 맨 앞 3개 숫자는 휴대전화 제조업체의 지정번호다. 따라서 나는 프로그래밍 설정을 통해 내 휴대전화에 노바텔 단말기일련번호는 어떤 번호든 부여할 수 있었지만, 다른 휴대전화 제조업체의 단말기일련번호는 부여할 수 없었다. 하지만 후에 노바텔의 소스코드를 입수한 뒤로는 다른 휴대전화 제조업체의 단말기일련번호를 내 휴대전화에 부여하는 방법도 터득하게 된다.)

오후 3시 무렵, 이쯤이면 써커스써커스호텔로 이미 페덱스 소포가 도착했을 때였다. 알렉스와 나는 더 이상 좀이 쑤셔 기다릴 수 없었다. 알렉스는 자진해서 자신이 소포를 가져오겠다고 말했다. 내가 호텔로 갔다가는 형사들이 잠복하고 있을지도 모르고, 그렇다면 다시 교도소로 돌아가야 할지도 모른다는 사실을 그는 잘 알고 있었다. 나는 알렉스에게 마이크 비숍이란 이름을 대라고 말했고, 소포를 즉시 라스베이거스 컨벤션센터로 가져다줘야 하기에 나중에 다시 돌아와서 객실수속을 하겠다고 말하라고 지시했다. 나는 호텔 앞에서 기다리기로 했다.

이런 상황에서는 누군가가 속임수를 간파하고 FBI에 신고했을 가능성이 늘 존재했다. 따라서 알렉스가 어쩌면 FBI가 파놓은 함정으로 자진해서 걸어 들어가는 걸지도 모른다는 건 알렉스도 나도 모두 알았다. 알렉스는 호텔에 들어서자마자 주변에 사복경찰이 잠복해 있는지를 살펴야 했다. 하지만 호텔 로비에서 있는 이들을 일일이 살펴본다면 오히려 의심을 살 수도 있었기에 대신 그저 쭉 훑어봐야만 했다.

나는 알렉스가 대단히 침착하기에 뒤를 자꾸 돌아보거나 불안한 기색을 보이지는 않을 거라는 걸 알았다. 알렉스는 만약 뭔가가 잘못됐다는 낌새를 느끼면 호텔에서 걸어 나오면 그만이었다. 다만 지나치게 허둥대서도 안 되고 지나치게 지체해서도 안 됐다.

호텔로 들어간 알렉스를 기다리는데 시간이 지날수록 더 초조했다. 고작 작은 소포 하나 찾아오는 데 왜 이렇게 시간이 걸리는 거야? 어쩌면 프론트데스크에 긴 줄이 늘어서 있어서 알렉스가 차례를 기다리는 걸지도 몰라. 나는 그렇게 생각하며 마음을 진정시켰다.

시간이 더 흘렀다. 나는 직접 호텔 안으로 들어가 형사들이 잠복해 있는지를 살펴봐야겠다는 생각이 들었다. 아니면 호텔기지나 고객들에게 혹시 방금 전에 누가 체포되거나 하는 소란이 있었는지 물어봐야겠다고 생각했다.

바로 그때 알렉스가 호텔 문을 빠져나와 만면에 웃음을 띤 채 느긋하게 내 앞으로 다가왔다.

알렉스와 나는 기대감에 부푼 심정으로 자리도 옮기지 않은 채 거리에 서서 소포를 개봉했다. 안에는 투명한 하얀 색 상자가 있었고, 쿠마모토가 약속한 대로 휴대전화용 27C512 EPROM 5개가 들어있었다. 나는 과거에도 사회공학기법으로 사람들을 여러 차례 속여 왔지만, 이 칩들이야말로 그때까지 내가 손에 넣은 가장 큰 보상이었다. 만약 이 칩들이 제대로 작동하기만 한다면 말이다. 알렉스와 나는 라스베이거스 대로를 건너 페퍼밀호텔로 갔다. 여행객들로 가득한 라운지를 피해, 섹시한 웨이트리스에게는 눈길도 주지 않은 채 곧장 남의 눈에 띄지 않는 구석 자리로 갔다.

얼마 뒤 루이스 드페인이 도착했다. 맞다. 내 전처와 사귀는 그 녀석 말이다.

내 아내를 빼앗아간 루이스와 계속 연락을 하면서 지낸 이유는 나도 잘 모르겠다. 물론 그 일이 있은 이후로 나는 루이스를 신뢰하거나 좋게 생각하지 않았던 건 분명하다. 하지만 솔직히 말하자면, 나는 주변에 친한 친구가 거의 없었고, 특히나 내 심각한 해킹중독을 공유할 누군가가 필요했다. 그리고 그런 면에서 루이스는 적임자였다. 그는 처음부터 나와 함께 해킹을 했던 동지였고, 나와 함께 수많은 일을 겪은 친구였던 것이다.

마음만 먹는다면 그에게 씁쓸한 감정을 느끼거나, 그를 철천지원수라고 생각할 수도 있었다. 루이스는 충분히 그러고도 남을 몹쓸 짓을 내게 저질렀다. 하지만 동시에 루이스는 내 진정한 친구였다. 보니 역시 나의 또 다른 친구였다. 따라서 결국 나는 악감정을 접어두고 둘을 다시 만나기 시작했다. 마치 이혼한 부부가 아이 때문에 각자 새로운 배우자를 동반해서 소풍을 가는 것처럼 우리 셋은 차츰 친구 비스무리한 관계가 됐다.

사람들은 종종 '용서하고 잊으라'고 조언한다. 하지만 내 경우에는 '용서'는 지나치게 강한 표현이다. 내가 루이스에 대한 악감정을 버린 이유는 나 자신을 위해서였기 때문이다. 하지만 루이스가 내게 한 짓만큼은 잊으려야 잊을 수 없었다. 루이스가 좋은 해킹 동지이고, 내가 그의 해킹 실력을 높게 산 건 맞지만, 나는 루이스가 언제든 나를 배반해서 경찰에 밀고할 수도 있다고 생각했다. 그래서 오직 절대 안전한 상황이라고 판단될 때에만, 다시 말해 만약 루이스가 밀고할 경우 나뿐만 아니라 자신도 위험에 처할 수 있는 상황에서만 함께 해킹을 했다.

이런 바뀐 조건 하에서 루이스와 나는 다시 함께 해킹을 했고, 이전과는 전혀 다른 새로운 형태의 친분관계를 쌓아갔다.

다시 알렉스, 나, 루이스가 모인 페퍼밀호텔로 돌아갔을 때, 루이스는 칩을 보고는 눈이 튀어나올 것처럼 놀랐다. 그는 아무 말 없이 자리에 앉더니 내 휴대전화를 분해하기 시작했다. 분해한 부품들을 조심스럽게 탁자 위에 나열해 놓았고, 나중에 다시 조립할 때를 대비해 어떤 부품이 어디로 가야 하는지를 공책에 자세히 적었다.

단 5분 만에 루이스는 내 휴대전화를 회로판까지 완전히 분해했다. 회로판에 있는 ZIF 소켓에는 칩이 꽂혀있었다. 나는 루이스에게 칩 하나를 건넸다. 루이스는 칩을 소켓에 끼운 뒤 다시 휴대전화를 조심스럽게 조립하기 시작했다. 나는 혹시나 그를 방해할까봐 입을 다물고 있었지만, 한편으로 루이스가 어서 빨리 조립하길 안달하며 지켜봤다. 정말로 이 칩이 작동할지 궁금해서 참을 수가 없었다.

조립이 끝나고 나자, 나는 루이스로부터 빼앗듯 휴대전화를 낚아채 루마

모토가 내게 알려준 프로그램코드를 입력했다. 나는 테스트를 위해 루이스의 휴대전화 단말기일련번호와 휴대전화번호를 내 휴대전화에 입력했다.

전화기는 저절로 꺼졌다가 다시 켜졌다. 마치 온 신경이 머리 앞으로 모인 것처럼, 우리 셋 모두 머리를 숙여 탁자 위에 놓인 휴대전화의 화면을 뚫어져라 쳐다보았다.

화면에 불이 들어오더니 초기화면이 떴다. 나는 단말기일련번호를 표시하는 기능을 눌렀다. 화면에 표시된 단말기일련번호는 내가 방금 전에 입력한 루이스의 단말기일련번호와 일치했다.

우리 모두는 다른 사람들이 쳐다보건 말건 크게 환호성을 질렀다.

된다! 된다!

당시 전화 회사들은 특정 전화번호로 전화를 걸면 정확한 시간을 알려주는 서비스를 제공했다. 나는 213-853-1212로 전화를 건 뒤 휴대전화를 탁자 위에 내려놓았다. 우리 모두는 귀를 쫑긋 세워 함께 그 음성을 들었다. 녹음된 여자 목소리가 흘러나왔다. "지금 현재 시각은……" 내 휴대전화는 루이스의 휴대전화로 복제됐고, 성공적으로 전화를 걸 수 있었다. 게다가 이제 이동 전화 회사는 내가 건 전화가 내 휴대전화가 아닌 루이스의 휴대전화에서 발신됐다고 기록할 것이다.

요약하자면, 나는 노바텔에 사회공학기법을 사용해 엄청난 힘을 손에 넣었다. 이제부터는 추적이 불가능한 전화를 걸 수 있었다.

그렇다면 나는 알코올 중독자가 잠시 끊었던 술을 입에 댄 것처럼 잠시 해킹을 자제하지 못한 것일까, 아니면 다시 해킹에 영영 빠져들게 된 것일까? 당시로선 어느 쪽인지 분명하지 않았다. 하지만 적어도 내가 이제 추적이 불가능한 투명인간이 됐다는 점만은 분명했다.

Bprf cup esanqneu xmm gtknv amme U
biiwy krxheu Iwqt Taied?

10 미스터리 해커

"정말 멋지시군요."

그녀가 답했다. "그쪽도 꽤 멋있는걸요."

나의 자신감은 하늘 높은 줄 모르고 치솟았다! 누구도 내게 그런 말을 해준 사람은 없었다. 보니도 그런 말은 하지 않았다. 게다가 이렇게 화끈한 여자가 내게 그런 말을 해주다니. 그녀의 몸매와 얼굴, 머릿결을 보며 나는 그녀가 라스베이거스 쇼 무대에서 하이힐을 신고 노출이 심한 의상을 걸친 채 춤을 추는 모습이 떠올랐다. 그마저도 상반신에는 아무 것도 안 걸치고 말이다.

그녀는 땀이 흐를 정도로 열심히 러닝머신을 달리고 있었다. 나는 러닝머신을 함께 달리면서 그녀에게 말을 걸었다. 그녀는 내가 막연한 희망을 품게 할 정도로 내 말을 상냥하게 받아주었다. 하지만 그 희망은 결코 오래 가지 않았다. 그녀는 자신을 지크프리트 앤 로이와 함께 공연하는 댄서라고 소개했다. 지크프리트 앤 로이는 대규모 환영마술을 펼치거나 살아있는 호랑이와 함께 묘기를 펼치는 유명한 2인조 마술사였다.

나는 당연히 그들이 어떻게 그런 속임수를 펼치는지 알고 싶었다. 아마

다른 마술사들도 마찬가지일 것이다. 나는 질문을 해대기 시작했다. 여자는 내게 '꺼지시지'라는 표정을 지어보이며 말했다. "비밀유지 문서에 서명을 해서 아무것도 말해 줄 수 없네요." 그녀는 상냥하지만 단호하게 말했다. 나는 그녀의 말에서 '썩 꺼져'라는 메시지를 명확히 알아챌 수 있었다.

젠장.

마침 휴대전화가 울렸고 나는 어색함을 모면할 수 있었다.

"케빈, 나야." 목소리가 흘러나왔다.

"안녕, 애덤." 나의 배다른 형제는 내 친한 이들 중에서 유일하게 해커가 아니었다. 그는 심지어 컴퓨터를 사용하지도 않았다.

잠시 이런저런 얘기를 한 뒤 애덤이 말했다. "내 이전 여자친구가 에릭 하인츠라는 슈퍼해커와 아는 사이인데 말이지. 여자친구가 그러는데 그 슈퍼해커가 꼭 형이랑 통화하고 싶다고 했대. 몇몇 전화 회사에 형이 아직 접해보지 않은 정보들을 자신이 안다면서."

그런 후 이렇게 덧붙였다. "아무쪼록 조심해. 그 여자애는 별로 신뢰할 만한 애가 못되거든."

애덤의 전화를 받고나서 처음에는 그저 무시할까 생각했다. 나는 이미 친하게 신뢰하며 어울리던 이들과 함께 해킹을 하다가 배신을 당한 적이 있었기에 생면부지의 사내와 해킹을 한다는 게 어리석다는 생각이 들었다.

하지만 나는 천성적으로 유혹에 약하다. 결국 나는 애덤이 알려준 전화번호로 전화를 걸었다.

전화는 에릭이 아닌 헨리 스피겔이란 사내가 받았다. 그는 자신의 성을 '쉬피-겔'이라고 발음했다. 내가 만나본 사람 중에 가장 특이한 사람이었다. 사실 나는 이상한 사람을 많이 만나봤다. 이반 보이스키도 만나봤고,

유명한 이혼전문 변호사이자 탈세로 유죄선고를 받은 마빈 미켈슨, 금융피라미드 사기범 배리 민코우도 만나봤다. 하지만 그중에서도 스피겔은 단연 최고였는데, 그는 은행강도부터 포르노제작, 심지어 매일 밤 젊은 배우들과 배우지망생들이 길게 줄을 서서 입장을 기다리는, 할리우드에서 가장 잘 나가는 나이트클럽 매니저까지 별의 별 일을 다 했다.

에릭을 바꿔달라고 하자 스피겔이 말했다. "에릭을 연결해주지. 일단 내가 그를 호출해서 컨퍼런스 콜로 연결해 주겠네. 에릭은 매사에 아주 조심스럽거든."

"조심스럽다고요?" 나는 의아했다. 혹시 조심스러운 것을 넘어 피해망상증이 아닐까하는 생각이 들었다.

나는 전화를 끊지 않고 기다렸다. 도대체 이게 뭐하는 짓인가? 만약 에릭이 정말로 해커라면, 그와 통화를 한다는 것부터 썩 좋은 생각이 아니었다. 내 가석방규정에 해커와 접촉해선 안 된다는 단서가 붙어있었기 때문이다. 이미 루이스 드페인과 연락을 하고 지내는 것만으로도 나는 가석방규정을 어기고 있는 셈이었다. 만약 에릭 하인츠가 나와 통화했다고 경찰에 입만 뻥긋하기라도 한다면, 나는 또 2년을 감옥에서 썩을 수도 있었다. 나는 가석방된 후 2년 동안 노바텔 해킹을 제외하곤 가석방규정을 준수했다. 보호관찰이 끝나려면 이제 고작 1년만 남은 상황이었다. 이런, 애당초 이 전화를 거는 게 아니었는데.

나는 에릭이 전화를 받길 기다리면서, 배다른 동생의 부탁 때문에 어쩔 수 없이 전화를 건 거라고 스스로를 위로했다.

하지만 아무 생각 없이 건 이 전화 한 통이 내 인생을 송두리째 바꿔놓을 거라고는 그때는 상상조차 못했다.

에릭은 나와 첫 통화부터 열심히 프리킹에 대한 이런저런 지식을 늘어놓으며 자신이 전화해킹과 컴퓨터 해킹에 대해 잘 안다는 인상을 심어주려 애썼다.

에릭이 말했다. "나는 케빈이랑 해킹을 했어. 그러니까 너 말고 다른 케빈, 케빈 폴슨 말이야." 에릭은 라디오방송국을 해킹하고 국가안보기밀을 훔쳐낸 혐의로 체포된 해커 케빈 폴슨의 이름을 들먹여서 내게 신뢰를 주려했다.

에릭이 말을 이었다. "나는 케빈 폴슨이랑 전화 회사에도 여러 번 몰래 들어간 적이 있어." 만약 그 말이 사실이라면 에릭은 전화 회사 건물 내부에 들어가 본 적이 있었고, 전화국 및 다른 전화 회사 시설과 장비를 직접 사용하고 조종해봤다는 의미였다. 대단히 흥미로운 얘기였고, 어느새 나는 그의 말에 귀를 기울이고 있었다. 에릭은 내게 자신이 케빈 폴슨의 해킹수법을 잘 안다며 미끼를 던졌고, 나는 그 미끼를 덥석 물었던 것이다.

에릭은 나를 더 끌어들이기 위해 대화 중간에 1AESS, 5E, DMS-100과 같은 전화 회사 교환기에 대한 내용, 코스모스, Mizar, LMOS, BANCS 네트워크와 같은 전화 회사 시스템에 대해 자세한 얘기를 곁들였다. 그런 후 케빈 폴슨과 함께 원격으로 전화 회사 교환기와 시스템을 해킹했다고 덧붙였다. 나는 그의 말이 결코 허풍이 아니라는 걸 알았다. 그는 실제로 시스템들이 작동하는 방식에 대해 잘 알았기 때문이다. 게다가 에릭은 자신이 케빈 폴슨과 함께 라디오방송국을 해킹한 소규모 해커집단의 일원이라고 말했다. 기사에 의하면, 케빈 폴슨은 라디오방송국을 해킹해서 라디오쇼에서 내건 상품인 포르쉐 자동차를 두 대나 타냈다.

에릭과 나는 약 10분 정도 통화했다. 그리고 그 다음 주에도 나는 여러 번 스피겔에게 전화를 걸어 에릭과 통화를 했다.

직감적으로 몇 가지 미심쩍은 부분이 있었다. 일단 에릭은 해커스럽게 말하지 않았다. 오히려 TV에 드라마에 나오는 형사인 조 프라이데이처럼 말했다. 예를 들어, 에릭은 내게 이런 질문을 했다. "요즘 어떤 해킹을 하고 있지? 요즘 연락하는 해커들은 누구지?"

해커끼리는 절대 그런 질문을 던지지 않는다. 그런 질문을 한다는 건 도둑놈들이 자주 모이는 술집에 가서 "어니가 나를 보냈는데, 지난 번 은행은 누구랑 같이 털었지?"라고 묻는 것과 마찬가지다.

내가 에릭에게 말했다. "나 해킹에서 손 뗐어."

"그건 나도 마찬가지야." 에릭이 말했다.

이런 대답은 친하지 않은 이에게 해커가 자신의 해킹사실을 숨기기 위해 써먹은 대답이었다. 당연히 더 이상 해킹을 하지 않는다는 에릭의 말은 거짓말이었다. 에릭 또한 내가 자신의 말을 믿지 않으리라는 건 잘 알고 있었다. 나아가 에릭도 내가 거짓말을 한다고 생각했을 게 분명했다. 하지만 내 경우, 더 이상 해킹을 하지 않는다는 말은 사실이었다. 하지만 에릭 때문에 얼마 지나지 않아 내 말은 더 이상 사실이 아니게 된다.

내가 말했다. "내 친구 중에 네가 알아두면 좋을 친구가 있어. 이름은 밥이야. 너와 통화하려면 어디로 전화를 걸라고 할까?"

"네가 전화를 건 것처럼 헨리 스피겔에게 전화를 하라고 해." 에릭이 말했다. "그러면 헨리가 다시 컨퍼런스 콜로 연결해 줄 테니까."

'밥'은 내가 그때 막 생각해낸, 루이스 드페인의 가명이었다.

에릭이 아는 전화 회사에 대한 내부정보를 빼내려면 또 다른 해커가 필요했고, 루이스 드페인은 그 역할에 적임자였다. 물론 그렇게 되면 나는 루이스를 더 깊게 내 해킹활동에 끌어들일 수밖에 없었다. 하지만 루이스를 앞세운다면, 에릭이 아는 정보를 빼내면서 동시에 나 자신을 보호할 수 있었다.

그렇다면 나는 왜 가석방규정을 어기면서까지 해커인 에릭과 통화를 했고, 심지어 해킹과 관련된 정보를 교환하고픈 유혹을 느꼈을까? 이런 식으로 생각해보라. 당시 나는 라스베이거스에 거주했다. 나는 라스베이거스에 아는 사람도 많지 않았고, 도시도 영 마음에 들지 않았다. 마치 호객행위를 하는 매춘부처럼 관광객들과 도박꾼들을 끌어들이는 화려한 호텔과 카지노는 전혀 내 관심사가 아니었다. 라스베이거스는 재미로 가득한 도시였지만 내게는 그렇지 않았다. 당시 내 인생은 햇살이 비추지 않는 암울함의 연속이었다. 과거에 전화 회사를 해킹할 때 느끼던 전율과 지적 도전은 박탈당한 상태였다. 소프트웨어의 보안 취약점을 찾아내 회사 시스템에 침투할 때마다 아드레날린이 솟구치는 짜릿함도 느낄 수 없었다. 과거에 온라인 지하세계에서 '콘돌Condor'이라는 가명을 사용하면서 유명세를 떨쳤을 때 느꼈던 그런 희열도 사라진 지 오래였다. (나는 '콘돌'이라는 가명을 내가 특히나 좋아하던 영화주인공에게서 따왔다. 그는 바로 영화 「콘돌Three Days of the Condor」에서 로버트 레드포드가 연기했던, 언제나 남보다 한 발 앞서가는 사내다.)

게다가 당시 보호관찰부서는 내게 새로운 보호관찰관을 배정한 후였다. 새로 배정된 보호관찰관은 이전까지 내 보호관찰이 지나치게 느슨하게 진행됐다고 여겼고, 내게 본때를 보여주려 했다. 예를 들어, 그는 나를 직원으로 채용하려던 회사에 전화를 걸어 이런 질문을 했다. "혹시 케빈에게 회사자금에 접근할 수 있는 업무를 맡길 겁니까?" 나는 해킹을 통해 단 한 푼도 불법적인 돈을 번 적이 없다. 마음만 먹었다면 손쉽게 돈을 벌 수 있었지만 절대 그런 적이 없었다. 나는 보호관찰관의 처사에 머리끝까지 화가 났다.

결국 회사는 나를 채용했다. 하지만 매일 내가 퇴근하기 전에 나는 플로피디스크나 자기테이프 같은 외장 저장매체를 소지했는지를 확인하기 위한 몸수색을 당해야만 했다. 회사는 다른 직원들은 내버려두고 오직 나만 몸수색을 했다. 나는 그게 너무 싫었다.

채용된 지 5개월 후 거대한 프로그램 개발을 마치자마자 회사는 나를 해고했다. 나는 전혀 섭섭하지 않았다.

하지만 새로운 일자리를 찾기란 힘들었다. 왜냐하면 새로 배정된 보호관찰관이 여전히 나를 채용하려는 회사에 전화를 걸어 놀랄만한 질문을 해댔기 때문이다. "혹시 케빈이 재무관련 정보를 볼 수 있나요?" 이런 식이었다.

덕분에 나는 무직상태에서 우울증에 빠져 지냈다.

나는 하루에 두세 시간 정도 운동을 했다. 근육은 이완됐지만 정신은 그렇지 못했다. 나는 네바다주립대 라스베이거스캠퍼스에서 컴퓨터 프로그래밍 수업과 영양학 수업을 등록했다(영양학 수업을 등록한 이유는 당시 내가 건강한 식습관에 관심이 많았기 때문이다). 나는 첫째 주 수업을 들으면서 계속해서 Ctrl 키와 C키를 같이 눌러서 컴퓨터를 껐다 켜길 반복했다. 그렇게 컴퓨터의 부트 스크립트를 중단시키고 이른바 루트root로 들어가 관리자권한을 획득할 수 있었다. 잠시 후 시스템관리자가 전산실로 뛰어 들어와 소리쳤다. "도대체 뭔 짓을 한 거지?"

나는 씩 웃었다. "버그를 찾았어요. 보세요. 루트로 들어갔잖아요."

시스템관리자는 내게 전산실에서 즉각 나가라고 명령했고, 그런 후 내 보호관찰관에게 내가 인터넷에 접속했다고 통보했다. 인터넷에 접속했다는 말은 사실이 아니었다. 하지만 나는 어쩔 수 없이 모든 프로그래밍 수업을 그만둬야만 했다.

후에 나는 당시 그 시스템관리자가 이 사건과 관련해 '우리 친구에 대해'라는 제목으로 츠토무 시모무라라는 사내에게 메시지를 보냈다는 것을 알았다. 시모무라는 이 책의 후반부에 많이 등장하는 인물이다. 하지만 내가 놀란 점은 시모무라가 내 행동을 그리도 일찍부터, 다시 말해 나와 한 번도 만난 적도 없고, 내가 자신의 존재에 대해 모를 때부터 나를 지켜봐왔다는 점이다.

나는 프로그래밍 수업에서는 쫓겨났지만 영양학에서는 좋은 성적을 받았다. 나는 학기를 마친 후 이번에는 네바다 주민이면 학비를 깍아주는 클라크카운티칼리지로 옮겨서 심화 전자공학수업과 작문수업을 들었다.

만약 함께 수업을 듣던 여학생들이 내 심장을 약간이라도 뛰게 할 만큼 좀 더 예뻤거나 활달했다면 아마도 수업에 더 열중했으리라. 하지만 그 수업은 전문대 야간수업이었고, 예쁜 여학생들이 그런 곳을 찾아올 리는 없었다.

누구나 그러하듯, 나도 우울할 때면 내게 기쁨을 주는 것들에 눈을 돌린다.

따라서 에릭의 등장은 내 지루한 인생에 갑자기 흥미로운 뭔가가 하늘에서 뚝 떨어진 것과 같았다. 그건 내 해킹실력을 시험하기에 좋은 기회이자, 다시 한 번 내 아드레날린을 샘솟게 할 수 있는 기회였다.

분명한 점은 만약 내가 루이스와의 악감정을 털어내지 못해서 에릭과의 대화에 그를 끼워주지 않았다면, 이 이야기는 흐지부지하게 끝났을 것이다. 하지만 루이스는 기꺼이 에릭에 대해 직접 알아보고 정말로 믿을 만한 해커인지를 확인해주기로 했다.

루이스는 이튿날 내게 전화를 걸어 스피겔에게 연락해 에릭과 통화를 했다고 말했다. 그는 예상했던 것과는 달리 에릭이 괜찮은 녀석 같다고 말했다.

심지어 내가 그랬던 것처럼 루이스도 에릭이, 루이스의 말을 빌리자면,

"퍼시픽벨의 내부 절차와 교환기에 대해 대단히 잘 아는 것처럼 보였고, 우리가 해킹하는 데 큰 도움이 될 수 있다."고 생각했다. 루이스는 에릭을 만나보는 게 좋겠다고 생각했다.

이제 쫓고 쫓기는 게임이 막 시작될 참이었다. 그리고 그 게임에서 나는 대단한 위험에 처하지만 한편으론 해커로서 내 천재성을 유감없이 발휘하게 된다.

GHOST IN THE WIRES

2부

에릭

Lwpi idlc sxs bn upiwtg axkt xc lwtc X bdkts xc lxiw wxb?

11 과실치사

1992년 1월 초 LA에서 아버지가 내게 전화를 걸어와 내 배다른 형제이자 나 말고는 아버지의 유일한 자식인 애덤에 대한 걱정을 털어놓았다. 나는 어린 시절 아버지를 아주 가끔씩만 볼 수 있었기에 애덤과 아버지의 관계를 늘 부러워했다.

애덤은 아버지와 함께 LA 근교 캘러배서스라는 곳에 살면서 피어스칼리지에서 법학대학원 진학을 준비하고 있었다. 아버지는 애덤이 전날 밤 집에 들어오지 않았다며, 애덤답지 않다고 말했다. 나는 아버지를 안심시키려 노력했다. 하지만 딱히 어떤 상황인지 모르는 상태에서 별로 해줄 말이 없었다.

아버지의 우려는 현실로 드러났다. 아버지는 며칠간 애덤에게서 아무런 소식이 없자 이성을 잃을 지경이었다. 나는 아버지를 안심시키려 노력하면서 미첼 삼촌, 애덤의 친구 켄트에게 전화를 돌렸고, 다른 한편으로 계속해서 애덤에게 삐삐를 쳤다.

며칠 후 아버지로부터 전화가 왔다. 아버지는 흐느끼며 제정신이 아니었다. 아버지는 방금 전 경찰로부터 전화를 받았다고 말했다. 경찰이 애덤을 찾았다. 애덤은 자신의 차 조수석에 앉은 채로 발견됐다. 차는 마약중독자들이 득실거리는 에코공원에 주차돼 있었고, 애덤은 약물 과다복용으로 사망한 후였다.

애덤과 나는 잠시 아버지와 함께 애틀랜타에서 생활한 것을 빼고는 LA에서 따로 자랐다. 하지만 지난 2년간 친형제보다 훨씬 가깝게 지냈다. 내가 LA에 살면서 애덤을 처음 알아갈 무렵, 나는 2라이브크루, 닥터드레, N.W.A 처럼 애덤이 즐겨듣는 랩과 힙합 음악을 도무지 견딜 수가 없었다. 하지만 애덤과 함께 시간을 보내면서 그런 음악을 자주 듣다보니 점차 그 음악이 좋아졌고, 결국 랩과 힙합은 애덤과 나를 이어주는 끈끈한 고리가 됐다.

그런 애덤이 죽었다니.

아버지와 나는 관계가 돈독했다가 소원해지길 반복했다. 하지만 지금은 아버지가 나를 필요로 한다는 걸 나는 알았다. 나는 보호관찰관에게 연락을 해 LA를 방문해도 좋다는 허락을 받았다. 비록 애덤을 떠나보낸 슬픔이 더 커질 수도 있었지만, 그래도 아버지가 애덤의 죽음을 이겨내고 우울증에서 벗어나게 도와줄 생각이었다. 이튿날 나는 차를 몰아 15번 국도를 달려 사막을 지나 서쪽으로 5시간 떨어진 LA로 향했다.

차를 몰고 가면서 이런저런 생각이 들었다. 애덤의 죽음은 어딘가 이해되지 않는 부분이 있었다. 다른 많은 아이들처럼 애덤도 반항기를 거쳤다. 그 시절 애덤은 자신이 가장 좋아하던 '고스Goth' 밴드들을 흉내 내기 위해 똑같은 늘 옷을 입곤 했다. 함께 거리를 다니기가 부끄러울 정도였다. 당시 애덤은 아버지와 관계가 좋지 않았고, 그래서 나와 어머니와 함께 살았다. 하지만 최근에 애덤은 대학을 다니면서 자아를 찾은 것 같았다. 가끔씩 재미삼아 약물을 복용하긴 했지만 나로서는 그가 약물을 과다복용했다는 사실이 믿어지지 않았다. 나는 최근에 애덤을 본 적이 있었고, 그는 어떤 면에서 보더라도 마약중독으로 보이지는 않았다. 게다가 아버지는 경찰이 애덤의 사체를 발견했을 때 몸에 주사자국이 없었다고 말했다.

나는 밤늦게 아버지를 향해 차를 몰고 가면서 어쩌면 내 해킹 기술을 사용해서 애덤이 그날 밤에 무엇을 했고, 어디에 있었는지를 밝혀낼 수 있지 않을까 생각했다.

그날 밤 나는 라스베이거스에서 LA까지 한참을 지루하게 차를 몰았고, 마침내 캘러배서스 라스버지니스 대로에 있는 아버지의 아파트에 도착할 수 있었다. 캘러배서스는 산타모니카 해변에서 약 70킬로미터 위쪽에 위치해 있었고, 바다에서는 약 20킬로미터 내륙 쪽으로 들어와 있었다. 아버지는 애덤의 죽음에 너무나 절망한 상태였고, 애덤의 죽음에 뭔가 미심쩍은 점이 있다는 생각에 괴로워했다. 아버지의 일상, 그러니까 건축회사를 운영하고, TV 뉴스를 시청하고, 아침을 먹으며 조간신문을 읽고, 보트를 타기 위해 채널아일랜드로 여행을 가고, 가끔씩 유대교예배에 참석하는 그 평범한 삶은 완전히 망가져 있었다. 나는 아버지와 함께 산다는 게 결코 쉽지 않을 거라는 걸 알았다. 아버지는 결코 상대를 편하게 해주는 상대가 아니었다. 하지만 그렇다고 해서 아버지를 그냥 이대로 내버려 둘 수는 없었다. 아버지에겐 내가 필요했다.

아버지가 아파트 문을 열어주었을 때 나는 아버지의 초췌한 모습과 하얗게 변해버린 머리카락에 깜짝 놀랐다. 아버지는 심정적으로 만신창이였다. 약간 벗겨진 머리, 깨끗하게 면도한 얼굴, 크지 않은 체구를 보니 마치 아버지가 갑자기 쪼그라든 것처럼 느껴졌다.

경찰은 이미 아버지에게 이렇게 통보했다. "경찰은 이런 사건은 수사하지 않습니다."

하지만 경찰은 애덤의 신발끈이 묶여있다는 사실을 발견했다. 묶여있는 형태는 애덤 자신이 묶었다기보다는 누군가가 애덤을 정면으로 마주본 상태에서 묶은 형태였다. 게다가 좀 더 자세히 살펴보자 애덤의 오른쪽 팔에서 주사자국이 발견됐다. 그 말은 애덤이 아닌 다른 누군가가 약물을 주사했다는 의미였다. 왜냐하면 애덤은 오른손잡이였고, 따라서 애덤이 왼손으로 자신의 오른쪽 팔에 주사기를 찔렀다는 건 대단히 부자연스럽기 때문이다. 따라서 애덤은 누군가와 함께 있었던 게 분명했다. 누군가 그에게 변질된 약물을 주사했거나 너무나 많은 양을 주사해서 죽음에 이르게 한 것이다. 그런 후 죽은 애덤의 사체를 애덤의 차에 실은 뒤 LA의 마약소굴에 차를 주차해 놓고 도주한 게 분명했다.

경찰이 수사를 하지 않는다면 나라도 탐정이 돼야 했다.

나는 애덤이 쓰던 방에 들어가 통화기록을 조사했다. 내가 가장 의심한 두 예상범인은 아버지로부터 애덤이 실종됐다는 전화를 받은 후 내가 가장 먼저 전화했던 두 명이었다. 일단 애덤의 가장 친한 친구 켄트가 있었다. 그는 애덤이 죽은 날 애덤과 약속이 있었다. 불행하게도 또 다른 한 명은 미첼 삼촌이었다. 미첼 삼촌은 이미 마약 때문에 자신의 삶을 망가트린 인물이었다. 애덤은 미첼 삼촌과 매우 친했다. 아버지는 어쩌면 미첼 삼촌이 애덤의 죽음에 연관돼 있다고, 심지어 미첼 삼촌이 살인범일 거라고 생각했다.

애덤의 장례식 날 조문객과 고인의 대면은 다른 방에서 진행됐다. 나는 애덤의 관이 놓인 방에 홀로 들어갔다. 애덤은 뚜껑이 열린 관 안에 누워있었다. 가까운 이의 장례식에 참석한다는 건 나로서는 처음 겪는 매우 힘든 경험이었다. 나는 애덤과 내가 얼마나 다르게 생겼는지 새삼 느꼈다. 나는 그저 지금 내가 겪는 게 잔인한 악몽이길 바랐다. 그 방에서 나는 유일한 형제와 함께 있었지만 이제 다시는 그와 얘기를 할 수 없었다. 진부한 표현이긴 하지만, 그때 나는 인생이 얼마나 짧은지를 깨달을 수 있었다.

LA에 도착한 후 내가 가장 먼저 한 일은 새로운 보호관찰관 프랭크 굴라에게 연락하는 일이었다. 프랭크 굴라는 40대 후반의 크지 않은 체구에 상냥하고 차분한 사내였다. 보호관찰에 대해서도 지나치게 엄격하지 않았다. 예를 들어, 그는 후에 나와 어느 정도 친해지자 매달 보호관찰 사무실에 들러 보고를 하는 '의무절차'도 생략해주었다. 그는 내가 사무실에 들르면 내가 보고하지 않은 달의 월간보고서를 한꺼번에 작성하게 한 뒤 작성일을 소급해서 적어주었다. 프랭크 굴라가 나보다 더 심각한 범죄를 저지른 중범죄자들에게도 나처럼 편의를 봐주지는 않았을 것이다. 아무튼 나는 그가 지나치게 엄격하지 않게 나를 대해줬다는 점이 매우 고마웠다.

나는 애덤의 죽음을 파헤치는 데 매진했다. 아버지와 나 모두 애덤의 친구 켄트가 뭔가 숨기고 있다고 의심했다. 혹시 켄트가 양심의 가책을 덜어내기 위해 다른 이들에게는 속내를 털어놓는 게 아닐까? 만약 그렇다면, 혹시 부주의하게도 전화로 그런 말을 털어놓는 게 아닐까? 나는 친구 알렉스와 함께 켄트가 사는 롱비치로 차를 몰았다. 켄트의 집 옆에 있는 아파트 단지에서 잠시 기웃거리다가 마침내 원하던 것을 발견했다. 바로 어떤 고객에게도 할당되지 않는 전화선이었다. 단지 지역 전화국으로 전화를 한 통화 하는 것만으로 전화국 기술자로 하여금 켄트의 전화선을 미사용중인 전화선으로 연결하게 할 수 있었다. 켄트의 전화선에 켄트가 모르는 또 다른 전화선이 추가된 셈이었다. 알렉스와 나는 켄트의 전화통화내용을 모두 녹음하기 위해 음성으로 작동하는 녹음기를 전화기 단자함에 넣어 두었다.

이후 며칠간 나는 아버지 집에서 녹음기를 숨겨둔 켄트의 롱비치 아파트까지 1시간 30분이 걸리는 거리를 매일 왕복했다. 매번 나는 전날 넣어 둔 테이프를 꺼내 새것으로 갈아 끼운 후 아버지 집으로 돌아오는 차 안에서 휴대용 재생기로 테이프의 내용을 들었다. 별다른 내용은 없었다. 엄청난 시간을 쏟아 부었건만 이렇다 할 성과는 전혀 없었다.

한편 나는 애덤이 죽기 전 몇 시간 동안 미첼 삼촌이 통화를 했던 이들을 수소문했다. 나는 사회공학 기법을 사용해서 팩텔셀룰러로부터 미첼 삼촌의 자세한 전화내역을 입수했다. 전화내역을 보면 미첼 삼촌이 애덤의 죽음에 놀라 특정 전화번호로 연달아 전화를 걸었거나, 또는 친구에게 도움을 요청한 내역을 파악할 수 있을지도 몰랐다.

하지만 수상한 점은 전혀 없었다.

나는 다시 팩텔셀룰러로 전화를 걸어 미첼 삼촌의 전화가 어느 지역에 위치한 휴대전화 중계기로 전송됐는지를 알아내려 했다. 중계기의 위치를 알아낸다면 애덤이 죽은 날 미첼 삼촌이 아담의 사체가 버려진 에코 공원 주변에 있었는지를 알 수 있었다. 하지만 나는 내가 원하는 정보를 알만한 팩텔셀룰러 직원을 찾지 못했다. 팩텔셀룰러가 그런 정보를 저장해두지 않았을 수도 있고, 아니면 그 정보가 저장돼있는 데이터베이스에 접속할 수 있는 사람을 내가 찾지 못한 걸 수도 있다.

이렇게 의도는 좋았지만 아무런 성과를 얻지 못하자 나는 다시 이전처럼 해커의 삶으로 돌아갔다.

나는 막다른 골목에 부딪혔다. 내가 아는 모든 수법을 시도해봤지만 아무것도 알아내지 못했다. 결국 아버지가 내게 전화를 걸어 처음으로 애덤의 죽음을 알렸을 때보다 죽음의 비밀에 한발자국도 더 가까이 다가가지 못했던 것이다. 나는 화가 났고, 좌절했다. 전혀 쓸 만한 정보를 건지지 못했다는 생각에 비참한 심정이었다.

이 슬픈 사건의 결말은 오랜 시간이 흐른 뒤에 다가오게 된다.

아버지는 애덤의 죽음에 미첼 삼촌이 연관돼 있다고 확신했기에 이후로 미첼 삼촌과 연락을 끊었다. 두 형제는 모든 소식을 끊고 지내다가 아버지가 폐암으로 고통 속에 죽기 바로 전에서야 비로소 다시 연락을 했다.

이 글을 쓰던 무렵 미첼 삼촌도 죽었다. 미첼 삼촌을 추모하기 위해 가족들이 모인 자리에서 미첼 삼촌의 전부인 중 한 명이 나를 구석으로 데려갔다. 그녀는 난처한 표정을 지으며 내게 말했다. "이 말을 오래 전부터 해주고 싶었는데, 사실 미첼은 좋은 사람이 아니었죠. 애덤이 죽은 그날 미첼이 내게 전화를 했어요. 너무나 흥분한 상태여서 무슨 말인지 알아듣기가 힘들 정도였죠. 그가 말하길 애덤과 함께 마약을 했는데 애덤이 너무 많은 양을 투여해서 쓰러졌다고 하더군요. 미첼이 깜짝 놀라 애덤을 흔들어 깨워보고, 샤워기로 데려가 물을 뿌려봤지만 아무 소용이 없다고 했어요. 내게 전화를 걸어 도움을 요청했지만 난 괜히 그 일에 끼어들기가 싫어서 거절했죠. 그래서 미첼은 자신이 아는 마약상에게 전화를 걸었어요. 마약상이 미첼을 도와 애덤의 신발을 신긴 후 애덤의 차에 실었죠. 차 두 대로 함께 에코 공원으로 향했고, 애덤을 차에 죽게 내버려 둔 채 그곳을 떠난 거예요."

그러니까 내 아버지의 의심이 맞았다. 미첼 삼촌은 119에 신고하는 대신 자신만 살기 위해 사랑하는 조카를 희생시킨 것이다.

이 글을 쓰는 지금도 피가 거꾸로 솟는다.

나는 애덤의 죽음에 미첼 삼촌이 연관돼 있다는 걸 늘 예상했지만, 막상 이렇게 진실을 알고 나니 미첼 삼촌이 그런 인간이었고, 자신의 죄를 인정하지 않은 채 죽었다는 생각에 구역질이 난다. 내가 사랑했고 존경했고 우러러보았던 그 인간은 죽는 그날까지 끝내 내게 진실을 털어놓지 않은 것이다.

Yhlt xak tzg iytfrfad RanBfld squtpm uhst uquwd ce mswf tz wjrwtsr a wioe lhsv Ecid mwnlkoyee bmt oquwdo't ledn mp acomt?

12 절대 숨을 수 없어

애덤의 죽음을 조사하느라 진이 빠진 나는 휴식이 필요했다. 주의를 돌릴 만한, 하지만 지나치게 감정적으로 에너지를 많이 소모하지 않을 뭔가가 필요했다. 내게 필요한 오락거리를 찾기는 어렵지 않았다. 나는 DEC가 개발한 VMS운영체제의 보안 취약점을 밝혀내는 데 애쓰던 영국인 닐 클리프트와 다시 맞붙기로 했다. 어떻게 하면 그를 속여서 그가 알아낸 보안 취약점을 모두 입수할 수 있을까?

나는 닐 클리프트가 DEC에 보낸 모든 메시지를 읽고는 그가 DEC에 일자리를 얻길 원한다는 걸 알았다. 나는 브리티시텔레콤에 전화를 걸어 전화번호부에 등록돼있지 않은 닐 클리프트의 집전화번호를 알아냈다. 그런 후 닐에게 전화를 걸었다. 먼저 나를 실제 DEC소프트웨어 개발자이자 VMS개발직원인 데렐 파이퍼라고 소개한 후 말했다. "지금은 직원채용이 동결된 상태예요. 하지만 보안기술자는 몇 명 채용할 수도 있습니다. 후보자를 논의하는 과정에서 그쪽 이름이 튀어나왔고, 아마도 그쪽이 열심히 VMS보안 취약점을 찾아내 우리에게 알려줬기 때문인 것 같습니다." 그런 후 이번에는 닐이 얻고 싶어 하는 DEC매뉴얼에 대해 얘기했다.

전화를 끊으며 내가 말했다. "간만에 통화해서 아주 즐거웠습니다."

이런, 엄청난 실수였다. 데렐 파이퍼와 닐 클리프트는 이전에 대화를 나눈 적이 없었다.

후에 닐 클리프트는 유명한 보안 컨설턴트인 레이 캐플란에게 전화를 걸었다. 닐은 레이 캐플란이 '적과의 대면Meet the Enemy'이라는 컨퍼런스를 위해 나를 인터뷰한 적이 있다는 걸 알았다. 레이는 그 인터뷰 테이프 일부를 닐에게 들려주었다.

닐은 테이프를 잠시만 듣고도 곧장 내 목소리를 알아챘다. "맞아요. 내게 전화했던 사내가 케빈 미트닉이었군요." 후에 레이는 나와 통화를 하면서 이렇게 말했다. "자네 여전히 사회공학 기법으로 해킹을 하더군."

나는 이리둥절해 물었다. "무슨 말입니까?"

"닐이 내게 전화를 했어. 그에게 자네와 했던 인터뷰 테이프를 약간 들려줬지. 그러자 닐은 자네 목소리를 알아채고는 자네가 그에게 계속 전화를 해댔다고 말하더군."

당연히 나는 이런 일을 벌이는 와중에도 계속해서 에릭 하인츠와 연락을 했다. 에릭 하인츠는 끊임없이 케빈 폴슨을 인급했다. 나는 케빈 폴슨을 만나본 적이 없었지만, 그의 해킹실력에 감탄할 정도로 그에 대한 기사를 읽었고 소문도 많이 들어왔다. 케빈 폴슨과 내가 만난 적이 없고, 함께 해킹을 한 적도 없다는 건 상당히 신기한 일이다. 왜냐하면 우리는 나이도 거의 같았고, 살던 동네도 서로 멀지 않았기 때문이다. 케빈 폴슨은 후에 자신이 나보다 늦게 전화프리킹에 대해서 배우기 시작했다고 말했다. 다시 말해, 내가 해커 세계에서 이미 유명세를 떨치고 있을 때 그는 여전히 초보였던 것이다.

루이스와 나는 에릭이 케빈 폴슨과 함께 어떤 해킹을 하고 있는지를 어떻게든 알아내고 싶었다. 한번은 에릭이 나와 통화를 하면서 자신과 케빈 폴슨이 퍼시픽벨의 시스템 여러 개를 해킹했다고 떠들어댔다. 에릭이 해킹한 시스템들은 대부분 이미 내가 아는 시스템이었다. 하지만 딱 하나, 내가 처음 들어본 시스템이 있었다. SAS였다.

"SAS가 뭐지?" 내가 물었다.

"전화선을 모니터하기 위한 내부 테스트 시스템이야."

전화 회사가 쓰는 전문용어인 '모니터'는 이른바 감청을 의미했다.

내가 에릭에게 말했다. "교환기에 접속할 수만 있다면 모니터는 언제든 가능해." 에릭은 내 말 뜻을 알아들었을 것이다. 전화 회사가 사용하는 1A ESS 교환기에는 '통화 및 모니터' 기능이 있었고, 그 기능을 사용하면 전화선에 끼어들어 통화내용을 엿들을 수 있었다.

에릭이 말했다. "SAS는 그에 비하면 훨씬 좋다고."

에릭은 자신과 폴슨이 웨스트 할리우드에 있는 선셋전화국을 늦은 밤에 몰래 들어간 적이 있다고 말했다. 그리고 이전에는 보지 못했던 장비들을 발견했다. 선셋전화국은 다른 전화국과는 달랐다. 생소한 컴퓨터단말기와 테이프 드라이브가 마치 "외계행성에 온 것처럼" 이리저리 복잡하게 연결돼있었던 것이다. 냉장고만큼 큰 한 상자 안에는 여러 장비들이 웅웅대는 소리를 내고 있었다. 에릭과 폴슨은 매뉴얼을 본 뒤에야 그 장비가 교환접속서비스Switched Access Service, 다시 말해 SAS 장비라는 걸 알았다. 폴슨은 매뉴얼을 살펴본 후 SAS가 전화선 테스트를 위한 장비이며, 나아가 어떤 전화선에도 연결할 수 있는 장비라는 걸 깨달았다.

그렇다면 SAS는 그저 전화선이 제대로 작동하는지만 시험할 수 있는 장비일까? 아니면 통화내용까지 감청할 수 있는 걸까?

폴슨은 SAS 운영단말기를 조작해봤다. 자신이 종종 사용하던 공중전화 번호를 입력해봤고, 실제로 SAS를 통해 전화선에 연결한 후 통화내용을 감청할 수 있다는 걸 확인했다.

며칠 후 밤에 폴슨은 자기테이프 저장장치를 들고 다시 선센전화국을 찾았다. SAS 장비에서 전송되는 데이터를 자기테이프에 저장한 후 집에 돌아가 프로토콜을 분석해서 SAS 장비와 똑같은 감청권한을 손에 넣으려는 의도였다.

나는 SAS에 너무나 접속해보고 싶었다. 하지만 자세한 내용을 캐묻자 에릭은 입을 굳게 다물고는 즉각 대화주제를 바꿨다.

나는 이튿날부터 곧장 SAS 조사에 착수했다.

SAS는 수수께끼 퍼즐이었고, 위험한 모험이기도 했다. 나아가 미궁에 빠진 SAS야말로 당시 내 인생에 결여됐던, 내가 관심을 쏟을만한 흥밋거리였다. 나는 오랜 기간 프리킹을 해왔으면서 SAS에 대해 들어본 적이 없었다. 그래서인지 대단히 흥미를 느꼈다. 반드시 알아내고야 말겠다고 생각했다.

나는 고등학교 시절부터 야심한 밤에 전화 회사를 종종 방문했고, 내가 손에 넣을 수 있는 모든 전화 회사 매뉴얼을 읽어왔으며, 나아가 사회공학 기법으로 전화 회사 직원들을 속여서 퍼시픽벨의 여러 부서, 절차, 업무방식, 전화번호에 대해 대단히 잘 알았다. 아마도 나보다 더 전화 회사의 내부조직에 대해 잘 아는 사람은 전화 회사 직원 중에서도 찾기 힘들었을 것이다.

나는 전화 회사의 여러 부서에 전화를 걸기 시작했다. 내가 써먹은 대사는 이렇다. "엔지니어링 직원인데요. 혹시 그 부서는 SAS를 사용하나요?" 여러 통 전화를 건 뒤 마침내 나는 패서디나 사무소에서 근무하는 직원 중에서 SAS에 대해 아는 직원을 찾을 수 있었다.

대부분 사람들의 경우, 사회공학 기법을 사용하는 데 있어서 가장 힘든 점은 아마도 원하는 정보를 입수하는 것이리라. 나 또한 SAS에 접속하는 방법과 SAS의 조작권한을 부여하는 명령어를 손에 넣길 원했지만, 에릭과 폴슨처럼 퍼시픽벨 사무실에 물리적 침입을 하기보다는 좀 더 안전한 방법을 쓰길 원했다.

나는 SAS에 대해 아는 패서디나 사무소 직원에게 책꽂이에서 SAS 매뉴얼을 꺼내오라고 부탁했다. 직원이 매뉴얼을 꺼내 다시 수화기를 집어 들자 나는 그에게 매뉴얼을 펼쳐 저작권 정보를 읽어달라고 요청했다.

저작권은 왜?

저작권을 안다면 SAS 장비를 만든 회사의 이름을 알 수 있었기 때문이다. 하지만 여기서 나는 다시 난관에 부딪히고 만다. 바로 그 회사는 이미 청산한 후였던 것이다.

렉시스넥시스[1] 데이터베이스에는 방대한 양의 과거 신문, 잡지기사, 법률기록, 회사자료 등이 수록돼있다. 회사가 청산했다고 해서 렉시스넥시스에 저장된 그 회사의 과거 기록도 삭제되는 건 아니다. 나는 SAS를 제작한 회사에서 근무했던 직원들과 고위경영진의 이름을 알아냈다. 그 회사는 캘리포니아 북부에 위치했었고, 나는 해당 지역의 전화번호부를 검색해서 고위경영진으로 근무했던 이의 전화번호를 알아냈다.

내가 전화를 걸었을 때 그는 집에 있었다. 나는 퍼시픽벨 엔지니어링 직원이라고 소개한 뒤 'SAS 인프라'를 일부 변경해서 개선할 계획이라고 말했고, 해당 기술에 대해 잘 아는 사람과 통화하고 싶다고 말했다. 그는 눈곱만큼도 의심하지 않은 채 내게 잠시 끊지 말고 기다리라고 한 뒤 몇 분 후

1 렉시스넥시스(LexisNexis): 세계에서 가장 큰 법률 및 공공기록, 기타 문서 데이터베이스를 제공하는 상업용 서비스 – 옮긴이

에 제품개발팀의 수석개발자였던 사내의 이름과 전화번호를 알려주었다.

수석개발자에게 중대한 전화를 걸기 전에 처리할 일이 하나 더 있었다. 당시 퍼시픽벨의 사내전화번호는 국번이 811로 시작됐다. 퍼시픽벨과 함께 일하는 사람은 누구라도 그 사실을 알았다. 나는 퍼시픽벨의 교환기를 해킹해서 811로 시작하되 한 번도 사용되지 않은 새로운 전화번호를 만들었다. 그런 후 착신기능을 추가해서 그날 내가 복제해 놓은 휴대전화번호로 착신해 놓았다.

나는 SAS 수석개발자에게 전화를 걸었다. 그날 나를 소개하는 데 사용한 이름을 나는 아직도 기억한다. 마닉스 반 앰머스는 실제 퍼시픽벨 교환기 기술자의 이름이었다. 나는 고위경영자에게 그랬던 것처럼 수석개발자에게도 퍼시픽벨이 SAS 장비의 통합작업을 진행한다고 말했다. "사용자 매뉴얼은 가지고 있습니다." 내가 말했다. "하지만 우리가 하려는 작업에는 별로 도움이 안 되는군요. 그래서 말인데, 우리 테스트센터와 전화국에 설치돼있는 SAS 장비들 간에 사용되는 실제 프로토콜이 필요합니다."

나는 수석개발자에게 이미 그가 전에 근무했던 회사의 고위경영자 이름을 말한 뒤였고, 게다가 실제 퍼시픽벨 기술자의 이름을 댄 후였다. 내 목소리도 침작했고, 말을 더듬거나 하지 않았다. 따라서 수식개발자는 내 전화를 전혀 의심하지 않았다. 그가 말했다. "내 컴퓨터에 아직도 관련자료가 있을 수도 있겠네요. 잠시만 기다리세요."

몇 분 뒤 그가 다시 전화를 받았다. "찾았습니다. 어디로 보내 드릴까요?"

나는 자료를 최대한 빨리 손에 넣고 싶었다. "너무 급해서 그런데 혹시 팩스로 보내줄 수 있을까요?" 내가 말했다. 수석개발자는 팩스로 보내기에는 자료가 너무 많다며, 대신 가장 중요한 부분만 먼저 팩스로 전송하고 나머지는 페덱스나 우편으로 모든 파일을 플로피디스크에 담아 보내겠다고 말했다. 팩스를 받기 위해 나는 기억하고 있던 팩스번호를 알려줬다. 당연히 퍼시픽벨이 사용하는 팩스번호는 아니었지만 적어도 지역번호는 같았다. 내가 알려준 번호는 바로 내가 즐겨 사용하던 킨코스 팩스번호였다. 킨코스 팩스번호를 사용한다는 건 늘 약간의 위험부담이 따랐다. 왜냐하면 팩스를 보낼 때 상당수 팩스기계들은 연결된 팩스기계의 명칭을 화면에 표시하기 때문이다. 나는 팩스를 보내는 이가 화면에 표시되는 '킨코스매장 267호'라는 것을 눈치챌까봐 늘 걱정했다. 의심을 살 수 있는 결정적인 증거였다. 하지만 내가 기억하는 한, 이 점을 눈치 챘던 사람은 지금까지 단 한 명도 없었다.

페덱스로 우편물을 받을 주소도 팩스번호만큼이나 쉬웠다. 나는 개인 사서함을 임대해 소포를 받을 수 있는 곳의 주소를 수석개발자에게 알려주었다. 수신자 이름은 내가 앞에서 말한 대로 퍼시픽벨 직원 마닉스 반 앰머스로 알려주었다. 나는 수석개발자에게 고맙다고 말한 뒤 곧장 전화를 끊지 않고 잠시 한담을 했다. 한담을 나누면 상대방이 늘 좋은 감정을 느끼고, 이후 의심할 가능성도 훨씬 낮았다. 다시 말해, 약간 친한 척 해서 속임수를 더 완벽하게 만드는 것이다.

나는 오랜 기간 사회공학 기법을 써왔지만 여전히 사람들이 너무나 쉽게 사회공학 기법에 속아 넘어가는 것을 보며 늘 놀라곤 한다. 사회공학 기법으로 사람을 속이는 데 성공하면 마치 카지노에서 잭팟을 터뜨린 것처럼 엔돌핀이 온몸에서 솟아난다.

같은 날 오후, 나는 사서함 임대업체로 가서 마닉스 반 앰머스라는 이름으로 사서함을 개설했다. 물론 사서함을 개설할 때는 늘 신분증을 보여줘야 한다. 문제될 건 없었다. 내가 설명했다. "유타 주에서 막 이사를 왔는데 그만 지갑을 도난당해서요. 그래서 유타 주에서 내 출생증명서를 보낼 주소가 필요합니다. 그래야만 운전면허증을 발급받을 수 있으니까요. 운전면허증이 나오는 대로 신분증을 보여 드리죠." 신분증을 확인하지 않은 채 사서함을 임대해준다는 건 우편법에 저촉되는 행위였다. 하지만 사서함 임대업체들은 늘 고객이 아쉬웠기에 고객을 그냥 돌려보내는 경우가 없었다. 따라서 납득할만한 설명만 제공하면 사서함을 개설하는 건 식은죽 먹기였다.

그날 저녁 무렵 나는 수석개발자가 보내준 팩스를 손에 넣을 수 있었다. 나는 그 정보를 이용해서 남부 캘리포니아의 모든 퍼시픽벨 전화선을 감청할 수 있으리라는 생각에 마음이 부풀었다. 하지만 그전에 먼저 SAS 프로토콜의 사용법을 알아내야 했다.

루이스와 나는 SAS의 작동방법을 알아내기 위해 여러모로 애썼다. SAS 시스템만 있으면 전화 회사 기술자는 어떤 전화선이든 연결할 수 있었고, 그런 뒤 고객의 전화선에서 잡음이 들리는 이유를 파악하고, 기타 문제가 있는지를 확인할 수 있었다. 그러려면 일단 기술자는 SAS에게 명령을 내려 테스트할 전화선을 제공하는 전화국으로 전화를 걸게 했다. 그러면 SAS는 전화국 내에 설치된 SAS 인프라의 특정 부분, 이른바 원격접속 테스트지점RATP, remote access test point'이라는 부분으로 전화접속을 시도했다.

그게 첫 번째 단계였다. 이후 목소리건 소음이건 잡음이건 전화선에서 들리는 소리를 들으려면 기술자는 전화국에 있는 SAS 장비에 음성연결을 해야만 했다. SAS 장비에는 상당히 기발한 보안기능이 탑재돼 있었다. 접속이 허용된 전화번호 목록이 메모리에 미리 저장돼 있었던 것이다. 따라서 기술자는 SAS 장비에 접속하려면 우선 SAS 장비에 명령을 내려 사전에 입력된 전화번호, 예를 들어 자신의 사무실 전화번호로 전화를 걸게 해야 했다.

그렇다면 이 기발하고도 완벽해 보이는 보안기능을 어떻게 피해갈 수 있을까?

예상했던 것보다 방법은 훨씬 간단했다. 그 방법을 이해하려면 전화 회사 기술자이거나 나처럼 프리커여야 한다. 하지만 간단하게 설명하자면 이렇다. 나는 일단 내 전화기로 SAS가 회신전화를 거는 데 사용하는 전화선으로 전화를 걸었다. 그런 후 즉각 SAS 장비로 하여금 메모리에 저장된 허용된 전화번호로 회신하게 했다.

이렇게 함으로써 SAS 장비는 회신전화를 걸기 위해 전화선을 연결하면 실제로는 내 전화기에서 걸려온 전화를 받게 됐다. 동시에 SAS 장비는 전화를 걸기 위한 신호음을 기다렸지만 내가 그 전화선으로 이미 전화를 건 상태였기에 신호음을 들을 수 없었다.

나는 수화기에 대고 신호음을 모방해 입으로 뚜- 소리를 냈다.

내 허밍소리가 전화신호음과 같을 수는 없었다. 미국의 전화신호음은 실제로 두 개 주파수가 혼합된 소리이기 때문이다. 하지만 별반 관계없었는데, SAS 장비는 정확한 주파수를 인식하도록 설계돼있지 않았기 때문이다. 다시 말해, SAS 장비는 아무 소리든 허밍소리만 들리면 그만이었다. 예를 들어, 캠벨수프 광고에 나오는 음- 허밍소리였어도 상관없었다.

이 시점에서 SAS 장비는 전화를 걸려 시도했다. 물론 SAS 장비가 전화를 걸려는 번호는 이미 내게 연결돼 있었기에 전화는 연결되지 않았다.

마지막 단계로 나는 내 컴퓨터에 암호화된 명령어를 입력해 SAS 장비로 하여금 내가 감청하려는 전화선에 연결하게 했다.

첫 번째 시도 후에 나는 숨이 막힐 정도로 흥분했다.

그 방법이 통한 것이다.

후에 루이스는 이렇게 말했다. "케빈, 너 미친 것 같더라. 막 춤까지 추고. 무슨 대단한 보물이라도 발견한 것처럼 말이야."

그렇게 루이스와 나는 퍼시픽벨이 제공하는 모든 전화번호를 원격으로 감청할 수 있게 됐다!

한편 나는 갈수록 에릭의 정체가 궁금해 죽을 지경이었다. 에릭은 너무나도 의심스런 구석이 많았다.

일단 에릭은 일을 하지 않는 것 같았다. 그렇다면 에릭은 무슨 돈으로 자신이 자랑스레 떠벌린 나이트클럽에서 놀 수 있단 말인가? 앨리스 쿠퍼나 도어스, 게다가 당시 록의 황제로 불렸던 지미 헨드릭스가 가끔씩 들러 잼 연주를 하던 잘 나가는 위스키어 고고 같은 나이트클럽에는 어떻게 갈 수 있딘 말인가?

게다가 내게 자신의 전화번호를 알려주지 않는 것도 수상했다. 에릭은 심지어 자신의 삐삐 번호조차 알려주려 하지 않았다. 정말이지 미심쩍었다.

루이스와 나는 그 상황에 대해 논의한 후 도대체 어떤 일이 벌어지고 있는지를 알아내기로 결심했다. 우선 '전화번호는 절대 못 줘'라는 장벽부터 뚫어보기로 했다. 전화번호를 알아낸다면 그의 주소도 알아낼 수 있으리라.

당시 캘리포니아에서는 발신자 확인서비스가 제공되지 않았다. 캘리포니아 주 공공사업 위원회가 발신자 확인서비스가 사생활 침해라며 허용하지 않았기 때문이다. 하지만 다른 전화 회사들처럼 퍼시픽벨도 벨 연구소에서 개발하고 AT&T가 제작한 전화국 교환기를 사용했고, 그 교환기들에 장착된 소프트웨어에 이미 발신자 확인 기능이 있다는 건 프리커들 사이에선 널리 알려진 사실이었다.

친구 데이브 해리슨이 일하는 사무실 건물 1층에 있는 전화 단자함에는 수백 개의 전화선이 연결돼 있었다. 나는 눈에 띄지 않게 단자함에 접근했다. 경비원이 단자함 가까운 곳에서 경비를 서고 있었지만, 다행히 단자함은 경비원이 직접 볼 수 없는 곳에 있었다. 나는 데이브의 사무실에 굴러다니던 현장수리공이 쓰는 수화기를 사용해 여기저기 전화선을 연결해서 신호음이 들리는 전화선을 찾아냈다. 전화선을 찾아낸 후 특별한 번호로 전화를 걸어 해당 전화선의 전화번호를 알아냈다. 그 전화번호는 내가 에릭으로 하여금 전화를 걸게 할 미끼였다.

그런 후 데이브는 단자함의 배선 케이블을 바꿔 끼었다. 그렇게 하자 내가 찾아낸 전화선이 데이브의 사무실에 배정된 사용하지 않는 전화선으로 연결됐다. 우리는 데이브의 사무실로 올라갔고, 그런 후 가로챈 전화선에 전화기를 연결한 후 발신자번호 표시장치를 연결했다.

나는 오래된 VT100 단말기를 사용해서 웹스터 가에 위치한 전화국 교환기에 전화를 걸어 가로챈 전화선에 발신자 확인기능을 추가했다.

그날 밤늦은 시간에 나는 캘러배서스에 있는 아버지의 아파트로 돌아가 새벽 3시 30분에 알람을 맞춰놓은 후 잠에 들었다. 나는 알람소리에 일어난 후 언제나처럼 다른 이의 전화번호로 복제된 내 휴대폰을 사용해 에릭에게 삐삐를 쳤다. 당시 에릭은 나에 대한 경계를 어느 정도 풀고 내게 삐삐 번호는 알려준 후였다. 나는 에릭의 삐삐에 미끼로 쓸 전화번호를 남겨두었다. 에릭이 그 전화번호로 전화를 걸어오자 첫 번째 전화벨 소리와 두 번째 전화벨 소리가 울릴 무렵 발신자 표시장치에 전화번호가 표시됐다. 에릭의 전화번호를 알아낸 것이다!

데이브는 마치 은둔한 사람처럼 자신이 일하는 사무실에서 숙식을 해결했다. 나는 에릭이 삐삐 호출에 응답해 전화를 했을 때쯤 데이브에게 전화를 했다. 새벽 3시 40분이었다. 데이브는 전화를 받지 않았고, 나는 그가 성난 목소리로 전화를 받을 때까지 줄기차게 전화를 걸었다. "도대체 뭐야?"

그가 수화기에 대고 소리를 질렀다.

"발신자표시 떴냐?"

"그래!"

"데이브, 정말 중요해서 그런데 번호가 뭐냐?"

"아침에 전화해!" 그는 소리친 뒤 세차게 수화기를 내려놓았다.

나는 다시 잠자리에 들었고 이튿날 오후가 돼서야 데이브에게 전화를 걸었다. 데이브는 내키지 않는 듯 억지로 발신자표시장치에 찍힌 전화번호를 알려주었다. 310-837-5412.

이제 에릭의 전화번호는 손에 넣었다. 다음은 주소를 알아낼 차례였다.

나는 전화 회사 현장수리공으로 가장해서 일반적으로 전화선 배정사무소로 잘 알려진 퍼시픽벨의 자동회선 배정센터에 전화를 걸었다. 여직원이 전화를 받았다. "안녕하세요. 현장에서 일하는 테리라고 합니다. 전화번호 310-837-5412번으로 F1과 F2가 필요한데요." F1은 전화국으로부터 지하로 매설되는 케이블선을 말한다. 그리고 F2는 집이나 사무실 건물에서 지역 전화서비스 장비로 연결된 후 다시 F1을 통해 전화국으로 연결되는 2차 케이블선이다.

"테리, 현장 식별번호가 어떻게 되죠?" 여직원이 물었다.

나는 어떤 번호든 침착하고 당당하게만 말한다면 언제나처럼 여직원이 절대 그 번호를 확인하지 않을 것이라는 걸 알았다.

"637입니다." 나는 무작위로 번호를 골라 말했다.

"F1은 23에 416번 케이블이고, 결박단자는 416번이에요." 여직원이 말했다. "F2는 10204에 36번 케이블이고, 결박단자는 36번입니다."

"단자함은 어디에 있죠?"

"영점일(0.1) 단자함이 사우스세풀베다 3636번지에 있네요." 그 위치에 현장기술자가 고객의 집전화나 사무실전화로 연결할 수 있는 단자함이 위치해 있다는 말이었다.

사실 지금까지 여직원에게 물어본 질문들은 하나같이 별 상관없는 것들이었다. 단지 내가 현장기술직이라는 걸 확신시켜주기 위한 사전작업이었다. 바로 다음에 물을 질문이야말로 내가 정말로 원하던 정보였다.

"써브Sub 주소는 어떻게 되죠?" (써브는 전화 회사에서 사용하는 전문용어로 고객이나 가입자subscriber를 뜻한다.)

"똑같이 사우스세풀베다 3636번지고, 호수는 107B호에요."

내가 물었다. "혹시 107B호에 다른 워커worker가 있나요?" '워커' 또한 '작동하는working 전화번호'를 뜻하는 전화 회사 전문용어다.

여직원이 답했다. "예, 하나 더 있네요." 그런 후 내가 두 번째 전화번호와 함께 연결된 F1및 F2 정보를 알려줬다. 너무나 쉬웠다. 에릭의 전화번호와 주소를 알아내는 데 통틀어야 몇 분 정도 걸린 셈이었다.

사회공학 기법을 사용하거나, '프리텍스팅'하는[2] 건 특정한 역할을 연기하는 것과도 같다. 나는 프리텍스팅을 하다가 상당히 망신을 당했던 이들의 이야기를 몇 차례 들은 적이 있다. 모든 배우가 무대에 선다고 해서 관객에게 확신을 줄 수는 없는 것처럼, 모든 해커가 프리텍스팅을 한다고 해서 남을 완벽하게 속을 수는 없는 노릇이다.

나처럼 프리텍스팅을 완벽하게 익히고 나면 프리텍스팅은 볼링 챔피언이 레인을 따라 공을 굴리는 것만큼이나 부드럽고 능수능란해진다. 하지만

2 프리텍스팅(pretexting): 다른 사람을 사칭해서 정보를 입수하는 기법. 사회공학기술의 일종이다. – 옮긴이

볼링 챔피언이 매번 스트라이크를 기대하지 않는 것처럼 나 또한 내가 하는 프리텍스팅이 매번 성공하리라 기대하지 않는다. 하지만 볼링 챔피언과 다른 점은, 내가 실패하더라도 나는 손해 볼 게 없고, 언제든 다시 시도할 수 있다는 점이다.

특정집단이 쓰는 용어나 전문단어를 알면 상대방에게 신뢰감을 줄 수 있다. 즉, 상대방에게 당신이 실제로 당신이 주장하는 사람이 맞고, 자신처럼 회사에서 죽도록 혹사당하는 가엾은 동료직원이라는 확신을 심어줄 수 있다. 그리고 이럴 경우 상대방은 절대로 당신의 신뢰성을 의심하지 않는다. 지금은 보안이 강화돼 다를 수도 있지만, 적어도 이전에는 그랬다.

그렇다면 자동회선 배정센터에서 근무하던 여직원은 왜 그리도 내 질문에 기꺼이 답을 해주었을까? 쉽게 말하자면 일단 내가 전화 회사 용어를 적절히 사용해가며 그녀의 질문에 제대로 대답한 후 다시 제대로 된 질문을 던졌기 때문이다. 따라서 내게 에릭의 주소를 가르쳐준 그 퍼시픽벨 여직원이 어리석다거나 멍청하다고는 생각하지 말라. 대체로 사무실 직원들은 상대방의 정보요청이 그럴싸하게 들리면 큰 의심을 하지 않기 마련이다.

사람들은 종종 지나치게 상대방을 너무 쉽게 믿는다. 나는 그 사실을 아주 어린 시절에 깨달았다.

어쩌면 내 해커로의 복귀는 내 배다른 동생의 죽음과 관련된 비밀을 풀려는 과정에서 생겨난 용납할만한, 적어도 그럴만한 행동이었을지도 모른다. 하지만 이제와 내가 문득 깨닫게 된 건 내가 이루 말할 수 없을 정도로 멍청한 실수를 저질렀다는 점이다. 당시 나는 퍼시픽벨에 사회공학 기법을 쓰고, 애덤의 죽음을 수사하고, 루이스와 통화를 하는 데 아버지 아파트에 있던 전화선 세 개를 번갈아가며 사용했다.

그리고 이 모든 행위는 보호관찰기간 동안 내가 준수해야 할 규정에 하나같이 위배되는 행위였다. 만약 FBI가 내 아버지의 전화선을 감청해서 내 모든 통화내역을 엿들었다면?

나는 FBI가 나에 대해 얼마나 파악알고 있는지를 알아내야 했다.

Zkdw lv wkh qdph ri wkh SL ilup wkdw zdv zluhwdsshg eb Sdflilf Ehoo?

13 도청의 명수

편집증 환자가 걱정하는 우려가 가끔 실제 현실로 나타나는 경우가 있다. 어느 날 나는 누군가 나를 감시한다는, 정확히게 말하자면 내 전화통화를 감청한다는 직감을 느꼈다.

그런 생각이 들자 정말로 조바심이 났다. 보호관찰관이 느닷없이 전화를 걸어 사무실로 출석하라고 한 뒤 나를 다시 체포해 연방구치소에 보내지는 않을지 막연한 공포를 느꼈다. 어쩌면 독방에 감금될지도 모른다는 생각에 너무나 두려웠다.

아버지와 함께 살고 있는 집의 전화서비스는 캘러배서스에 위치한 퍼시픽벨 전화국이 제공했다. 캘러배서스 전화국이 전화서비스를 제공하는 지역은 매우 협소했기에, 만약 감청이 진행 중이라면 아마도 감청대상이 나일 확률이 대단히 높았다. 나는 전화국에 전화를 걸어 기술자와 통화를 했다. "안녕하세요. 보안팀의 테리 앳칠리라고 합니다. 그쪽에 우리가 사용하는 장비가 있는지 궁금해서요. 모니터링 장비가 부족해서 장비를 수거하고 있거든요. 혹시 그쪽 설비를 좀 둘러본 뒤 모니터링 장비가 있는지 살펴봐 주셨습니까?" 설비기술사는 내게 장비가 어떻게 생겼냐고 물었다. 글쎄, 그

건 나도 몰랐다. 나는 잠시 주저하다가 말했다. "그쪽에서 사용하는 기계 종류에 따라 다릅니다. 아마도 작은 상자에 전화번호를 기록할 수 있는 소형 프린터가 달려있을 겁니다."

설비기술자는 잠시 장비가 있는지를 둘러보러 갔다. 나는 너무나 긴장해서 설비기술자가 다시 전화를 받기 전까지 안절부절 방안을 서성였다. 그저 모니터링 장비가 없기만을 바랐다.

마침내 설비기술자가 다시 전화를 받았다. "모니터링 장비가 있군요." 심장이 빠르게 뛰면서 아드레날린이 뿜어져 나왔다.

"모니터링 장비를 3대 찾았습니다. 작은 회색상자처럼 생겼는데 프린터는 달려있지 않은 것 같은데요." 설비기술자가 말했다.

3대라니! 아버지와 함께 살던 집에 설치된 전화선 3개에 각각 한 대씩 설치해 놓았을 가능성이 높았다. 젠장! 상황은 암울했다.

"그렇군요." 내가 말했다. "혹시 그쪽에 더 이상 모니터링 장비가 필요 없다면 내일 우리 직원이 들러서 장비를 가져갈 겁니다. 그건 그렇고, 모니터링 장비가 어떤 전화회선에 연결돼 있는지를 확인해주시겠어요?"

"3대 중 어떤 장비를 말씀하시는 겁니까?"

"맨 처음 장비부터 시작해보죠."

그러자 설비기술자는 내게 모니터링 장비에 두 개의 연결선이 있다며 둘 중 어느 연결선을 추적하고 싶냐고 물었다. 내가 대답할 수 없는 또 다른 곤란한 질문이었다. "일단 둘 다 확인해주세요." 내가 말했다.

초초하게 몇 분이 흐른 뒤 설비기술자가 다시 전화를 받았다. "배선설비의 반대편 끝까지 선이 연결돼 있습니다." 그가 말했다. 불만 어린 말투였다. 나 때문에 성가시게 중앙 배선설비에서 미로처럼 복잡하게 연결된 전선을 따라 상당한 거리를 뒤져야만 했다는 의미였다. 설비기술자는 이렇게 덧붙였다. "한쪽 연결선에서는 엄청나게 빠른 신호음이 들립니다." 이상한 현상이었다. "다른 쪽에는 전화신호음이 들리고요."

나는 그 모니터링 장비들이 어디에 연결돼있는지를 알기 전까지는 장비들이 어떻게 작동하는지를 알 수 없었다. 나는 설비기술자에서 배선에 연결돼있는 장비 연결선들을 빼고 전화선을 확인해서 어떤 전화번호에 연결돼있는지를 알아봐 달라고 말했다. "잠시만 기다려요." 설비기술자가 말했다.

전화선 확인은 일상에서 많이 하는 작업이다. 설비기술자는 모니터링 장비에 연결된 두 개의 케이블선에 일일이 현장수리용 전화기를 연결한 후 특정 번호로 전화를 걸면 케이블선이 어떤 전화번호에 연결돼있는지를 알 수 있었다.

엄청나게 빠른 신호음이 무엇을 의미하는지는 대단히 궁금했다. 하지만 당시에는 그 질문을 깊게 고민할 여유가 없었다. 심장은 빠르게 뛰고 있었고, 두려움 때문에 온몸이 식은땀으로 흠뻑 젖었다. 나는 설비기술자가 다시 전화를 받는다면, 분명히 내 아버지 아파트에 설치된 전화번호를 말해줄 거라고 생각했다.

마침내 설비기술자가 전화를 받아 모니터링 장비에 연결된 전화번호 두 개를 알려줬다. 둘 다 아버지 전화번호가 아니었다.

나는 조그맣게 안도의 한숨을 내쉬었다. 가빴던 숨이 차분해지고, 가슴을 짓누르던 커다란 바위가 사라진 것 같았다.

하지만 모니터링 장비는 2대가 더 있었다. 설비기술자는 내가 나든 2대도 마저 추적해달라고 요청하자 짜증이 나는 눈치였다. 하지만 대놓고 불평하지는 않았다. 이번에는 훨씬 오랜 시간 동안 나를 기다리게 한 후에야 마침내 설비기술자는 전화를 다시 받아 다른 2대의 장비에 연결된 전화번호를 알려주었다. 이번에도 아버지 전화번호는 아니었다.

아무도 나를 감청하지 않고 있었던 것이다.

나는 곧장 다음 단계로 넘어갔다. 바로 모니터링 장비마다 연결된 2개의 전화번호, 그러니까 총 6개의 전화번호로 모두 전화를 해보는 것이었다.

맨 먼저 나는 엄청나게 빠른 신호음이 들리는 전화번호로 전화를 걸었다. 전화벨이 3번 울리더니 전화가 연결됐고 삐-삐-삐 소리가 났다. 한 번 더 시도했지만 마찬가지 결과였다. 어떤 시간대에 전화를 걸든 똑같았다. 도대체 뭘까? 어쩌면 전화가 연결된 후 특정 번호를 눌러야 하는 걸지도 몰랐다. 아무튼 그 전화번호가 감청되고 있지 않다는 건 분명했다.

나는 이 전화번호의 비밀은 나중에 풀기로 했다.

첫 번째 모니터링 장비에 연결돼있던 또 다른 전화번호로 전화를 걸자 "여보세요"라는 목소리가 흘러나왔다. 감청되는 이의 목소리일 게 분명했다. 나는 호기심에 자동회선 배정센터로 전화를 걸어 감청되고 있는 불행한 사람이 누구인지 알아봤다.

감청대상은 남자도 여자도 아닌 텔텍탐정사무소라는 회사였다. 나는 두 번째와 세 번째 모니터링 장비에 연결돼있던 전화번호들도 확인했다. 하나같이 텔텍탐정사무소에 연결돼있었다.

그날 저녁 나는 아버지와 저녁식사를 하면서 내가 집전화번호가 감청되고 있는지를 확인했다고 말했다. 그 말에 아버지는 어리둥절한 표정을 지었다. 아버지가 어떤 생각을 하고 있는지 상상이 됐다. 아마도 내가 제임스 본드처럼 누군가로부터 감청을 당한다는 망상에 빠져 있다고 상상했을 것이다. 하긴 감청은 첩보영화에나 등장하는 것이니 충분히 그럴만했다.

나는 아버지에게 집전화번호가 감청당할 확률이 높다고 자세히 설명한 뒤, 하지만 걱정할 건 없다고 말했다. 그런 후 실제로 우리가 사는 지역에 대한 감청이 진행되고 있지만 그 대상이 우리가 아닌 텔텍탐정사무소라는 회사라고 말했다.

나는 웃으면서 그러니 걱정할 필요는 없다고 말했다. 아버지가 깜짝 놀란 눈으로 나를 쳐다보았다. "텔텍이라고 했냐?"

나는 고개를 끄덕였다.

우연히도 아버지는 텔텍이란 회사를 안다며, 사립탐정이나 추심업자를 고용해서 공금을 횡령한 기업가의 숨겨놓은 재산을 추적하거나, 이혼을 앞둔 남편의 비밀 은행계좌를 알아내는 탐정사무소라고 말했다. 그런 뒤 이렇게 덧붙였다. "그 회사 관리자인 마크 캐스텐을 알지. 전화를 해서 그 이야기를 해줄까? 내 생각에 그 친구라면 네가 알아낸 것들에 대해 알고 싶어 할 텐데 말이다."

내가 말했다. "좋을 대로 하세요." 나는 마크 캐스텐이 아마도 그 정보를 고맙게 여길 것이라고 생각했다.

20분 후 누군가가 우리 아파트 문을 노크했다. 캐스텐은 전화를 받자마자 달려온 듯했다. 아버지는 내게 캐스텐을 소개해줬다. 캐스텐은 작은 키에 다부진 근육질 체구의 남자였다. 머리카락은 길게 길러 뒤로 묶었는데 윗머리가 빠졌다는 걸 다른 사람들이 알아채지 못하게 하려는 것처럼 보였다. 그는 샘 스페이드나 앤서니 펠리카노처럼 내가 생각했던 전형적인 탐정의 모습과는 사뭇 달랐다. 후에 알게 된 바로는 그는 자신의 할리데이비슨 오토바이에 대해 대단히 애정을 지닌 오토바이 마니아였다. 게다가 늘 여자 뒤꽁무니를 쫓으며 한 여자를 정복한 뒤에는 또 다른 여자를 정복하는 그런 사내였다.

나는 캐스텐을 보며 왜 그의 회사가 감청을 당하고 있는지 궁금했다. 하지만 이 사내가 자신에게 불리한 내용을 털어놓을 것처럼 보이지는 않았다. 나는 일단 내가 집전화번호가 감청되는지를 확인했어야 했다고 말했다.

"그런데 아니더라고요." 내가 말했다. "하지만 텔텍의 전화번호 3개는 감청되고 있더군요."

캐스텐의 반응도 아버지의 반응과 같았다. 이런 생각을 하는 것처럼 보였다. '이 녀석이 거짓말을 하는군. 전화선이 감청되는지를 알아낼 수 있을 리가 없어.' 나는 내 해킹능력을 뽐내고 싶었다. 꽤나 신나는 일이었다. 평상시라면 구치소에 수감될 각오를 하지 않고는 남에게 해킹실력을 자랑할 기회가 없었기 때문이다.

"내가 감청장비를 못 찾아낼 거라고 생각하나요? 나는 컴퓨터와 전화기만 있으면 내가 원하는 사람은 누구건 감청할 수 있어요."

캐스텐의 여전히 못 믿는 눈치였다. 허풍쟁이와 시간낭비를 하고 있다고 생각하는 듯했다.

나는 캐스텐에게 실제로 보고 싶냐고 물었다. 그러자 캐스텐이 못 믿겠다는 듯, 건성으로 답했다. "그래. 어디 내 여자친구 전화선을 도청할 수 있는지 한번 보자고." 캐스텐은 여자친구가 아구라힐에 산다고 말했다.

나는 공책을 펼쳐 샌페르난두밸리에 위치한 여러 전화국에 있는 SAS의 원격접속 테스트지점에 접속할 수 있는 전화번호 중에서 캐스텐의 여자친구가 사는 지역에 전화서비스를 제공하는 아구라전화국의 전화번호를 알아냈다. 총 네 개의 접속전화번호가 있었다.

나는 아버지 전화번호가 감청되지 않는다는 걸 알았기에 그 중 하나를 이용해 SAS에 전화접속을 시도했다. 장거리전화가 아니었기에 전화요금 청구서에도 기록이 남지 않았다. 그 말은 이 전화선으로 SAS에 접속했다는 증거가 남지 않는다는 말이다. 그런 후 데스크톱 컴퓨터 앞에 앉았다. 그 컴퓨터는 사실 내 친구 것이었다. 나는 보호관찰관의 사전허락 없이는 컴퓨터를 사용할 수 없는 상황이었기에 만에 하나 보호관찰관이 불시에 들이닥칠 경우 아버지는 그 컴퓨터가 자신의 것이라고 말해주기로 했다. 나는 컴퓨터모뎀을 사용해 아구라전화국에 있는 SAS 장비에 접속했다.

나는 또 다른 아버지 전화선을 사용해 다른 전화번호에 전화를 건 후 전화기를 스피커 상태로 변환했다. 따르릉, 따르릉, 따르릉, 전화벨 울리는 소리가 스피커에서 흘러나왔다.

나는 컴퓨터에 명령어들을 입력했다. 마치 누군가 수화기를 든 것처럼 갑자기 커다란 딸깍 소리와 함께 전화벨 소리가 끊겼다. 아버지와 캐스텐이 흥미로운 눈초리로 바라보고 있는 동안 나는 스피커폰에 대고 음- 하면서 크게 허밍소리를 냈다. 그러자 누군가 전화기를 들어 전화번호 버튼을 누르는 소리가 들렸다.

나는 계속해서 컴퓨터에 명령어를 입력하면서 캐스텐에게 여자친구의 전화번호를 물었다. 이로서 캐스텐의 여자친구 전화선을 감청할 수 있었다.

이런. 여자친구는 통화중이 아니었다. 즉, 전화선에서는 아무런 소리도 들리지 않았다.

"여자친구가 통화중이 아니네요." 내가 캐스텐에게 말했다. "휴대전화로 전화를 걸어 보세요." 캐스텐이 휴대전화를 꺼내 단축번호로 여자친구에게 전화를 거는 동안 아버지는 어안이 벙벙한 표정으로 나를 쳐다봤다. 마치 해리 후디니 같은 위대한 마술사를 꿈꾸는 이가 자신도 모르는 마술이 눈앞에서 펼쳐지는 광경이라도 보는 듯한 표정이었다.

내 아버지 전화선에 연결된 전화기의 스피커에서 띠리리 띠리리 전화 신호음이 흘러나왔다. 벨이 4번 울리자 자동응답기가 전화를 받았고, 여자친구의 녹음된 목소리가 흘러나왔다. "자동응답기에 메시지를 남겨보세요." 내가 씩 웃으며 캐스텐에게 말했다. 캐스텐이 자신의 휴대전화에 대고 말을 하자 동시에 아버지 전화기의 스피커에서 캐스텐의 목소리가 흘러나왔다.

캐스텐의 입이 떡 벌어졌다. 나를 쳐다보는, 놀라서 휘둥그래진 그의 눈에는 놀라움과 경탄이 담겨있었다. "정말 대단하군." 그가 말했다. "도대체 어떻게 했나?"

나는 진부한 대답을 늘어놓았다. "말해줄 수 있지만 그럴 경우 그쪽 목숨이 위험해질 수 있습니다."

캐스텐은 집을 나서면서 내게 이런 말을 남겼다. "자네에게 조만간 꼭 도움을 청할 일이 있을 걸세." 탐정사무소에서 일한다는 건 너무나 멋진 일이었다. 어쩌면 대단한 수사기법을 새로 배울 수 있을지도 몰랐다. 나는 문을 나서는 캐스텐의 뒷모습을 바라보며 그 '조만간'이 어서 빨리 오기를 기대했다.

Plpki ytw eai rtc aaspx M llogw qj wef ms rh xq?

14 감청에 감청으로 맞서다

아버지의 친구이자 탐정사무소에서 근무하는 마크 캐스텐을 만난 지 이틀 정도 지난 후 나는 옷가지와 개인물품을 챙기기 위해 라스베이거스로 먼 길을 떠났다. 보호관찰사무소는 장기간 아버지와 머물러도 좋다고 허락해 준 상태였다.

나는 아침 일찍 아버지 집을 나섰다. 야행성인 나로서는 힘들었지만 출근길 교통체증이 시작되기 전에 LA를 빠져나가려면 어쩔 수 없었다. 나는 라스베이거스로 차를 몰고 가면서 사회공학 기법을 사용해 내가 발견해낸, 처음에는 아버지 전화선을 감청하기 위한 장비로 우려했던 모니터링 장비에 대해 더 자세히 알아보기로 계획했다.

나는 동쪽으로 향하는 101번 고속도로를 타고 10번 국도로 접어들었다. 10번 국도를 이용하면 사막을 가로질러 동쪽에 있는 라스베이거스로 향할 수 있었다. 내 옆에는 언제나처럼 다른 이의 전화번호로 복제된 휴대전화가 놓여있었다.

고속도로에 대한 재미난 일화가 있다. 그보다 몇 주 전, 내가 한참 고속도로를 달리는데 사내가 모는 BMW가 갑자기 끼어들었다. 그 사내는 휴대전화에 대고 떠들어대느라 한눈을 판 상태에서 갑자기 차선을 변경했고, 거의 내 차에 부딪힐 뻔했지만 다행히 큰 사고는 모면했다. 나는 너무나 깜짝 놀랐다.

나는 내 휴대전화로 타인을 사칭해 차량면허국에 전화를 걸어 BMW 차량번호를 조회했다. 그런 후 차량소유자의 이름과 주소를 알아냈다. 이번에는 팩텔셀룰러에 전화를 걸어 BMW 소유주의 이름과 주소를 말해준 뒤 그가 팩텔셀룰러의 고객이라는 사실을 알아냈다(당시 남부 캘리포니아에 휴대전화서비스를 제공하는 회사는 딱 2곳이었기에 맞출 확률은 50퍼센트였다). 팩텔 여직원은 내게 차량소유주의 휴대전화번호를 알려줬다. 그 망할 녀석이 차선에 불쑥 끼어든 지 5분이 채 지나기도 전에 그의 휴대전화번호를 알아낸 것이다. 나는 여전히 화가 난 상태로 사내의 휴대전화로 전화를 걸었다. 내가 소리쳤다. "야, 이 개자식아. 네가 5분 전에 차선에 끼어드는 바람에 뒈질 뻔했던 사람이다. 내가 차량면허국 직원인데, 너 한 번만 더 그딴 식으로 묘기운전을 했다간 면허가 취소될 줄 알라고!"

아마도 그 사내는 지금까지도 어떻게 고속도로에서 다른 운전자가 자신의 휴대전화번호를 알아낼 수 있었는지 도무지 이해하지 못할 것이다. 아무튼 내가 건 전화에 그가 된통 놀랐다면 좋겠다.

하지만 솔직히 말하자면, 운전 중 휴대전화 사용의 해악에 대해서는 나도 그다지 상관하지 않는 편이다. 언젠가 라스베이거스로 향하는 고속도로에서 극심한 교통체증으로 인해 고속도로에서 자동차 소음과 경적소리에 갇혀 있은 적이 있다. 나는 휴대전화로 전화를 걸었다. 일단 내가 머릿속에 저장돼있는, 샌페르난두밸리 전역에 전화교환서비스를 제공하는 퍼시픽벨 교환국으로 전화를 걸었다.

"카노가 파크 교환국 브루스입니다." 한 기술자가 전화를 받았다.

"안녕하세요, 브루스." 내가 말했다. "패서디나 기술팀에서 일하는 톰 보뎃입니다."

내가 사용한 톰 보뎃이란 이름은 당시에는 상당히 친숙한 이름이었다. 그는 당시 모텔6 라디오광고에 여러 번 출연한 작가이자 배우였다. 모텔6 광고의 마지막에 보뎃은 늘 이렇게 말했다. "지금까지 톰 보뎃이었습니다. 불을 밝혀놓고 여러분을 기다리죠." 그러니까 나는 가장 먼저 머리에 떠오른 이름을 댄 셈이다. 하지만 브루스는 별다른 의심을 하지 않은 것 같았고, 나는 대화를 이어갔다. "잘 지내나요?" 내가 물었다.

"예, 톰. 무슨 일이죠?"

"지금 캘러배서스에서 전화선을 수리하고 있는데요. 아주 빠르고 귀를 찌르는 신호음이 들려서요. 그 전화가 어디서 시작됐는지를 알아봤으면 합니다. 확인 좀 해주시겠어요?"

"그러죠. 제가 다시 전화를 드릴 테니까 그쪽 전화번호를 알려주시겠습니까?"

브루스는 내 목소리를 알아채지 못한 반면, 나는 브루스에 대해 이미 잘 알고 있었다. 그는 나를 비롯해 다른 프리커들이 오랫동안 사회공학 기법 속임수를 써먹어온 상대였다. 그는 여러 번 속자 점차 의심과 조심성이 많아졌다. 그래서 자신이 모르는 퍼시픽벨 직원이라고 주장하는 이의 전화를 받을 때면 회신 전화번호를 요구했다. 그리고 그 회신 전화번호는 퍼시픽벨 사내전화번호여야 했다. 회신 전화번호를 알려주면 브루스는 전화를 끊은 후 회신 전화번호로 전화를 걸곤 했다.

대부분 프리커들은 귀찮아서 사전에 회선 전화번호를 만들어놓지 않거나, 아니면 아예 그 방법을 모른다. 대신 "지금 회의에 들어가야 해서요."와 같은 얼토당토않은 변명을 늘어놓기 일쑤다. 하지만 그런 변명이 이미 여러 차례 당해 어지간해선 잘 속지 않는 브루스에게 통할 리가 없었다. 따라서 나는 브루스에게 전화를 걸기 전에 미리 퍼시픽벨에 전화를 걸어 내가 기술문제를 해결하기 위해 LA에 파견된 직원이라고 말한 뒤 임시로 쓸 수 있는 LA지역 전화번호가 필요하다고 말했다. 퍼시픽벨이 내게 배정해준 LA 전화번호를 복제 휴대전화번호로 착신해 놓았다. 내가 알려준 사내 전화번호로 브루스가 전화를 걸자 내 휴대전화로 전화가 걸려왔다.

"기술팀 톰입니다." 내가 응답했다.

"톰, 브루스입니다. 알려준 전화번호로 전화를 거는 겁니다."

"아, 고맙습니다. 캘러배서스 교환기에서 880-0653 번호를 확인해 주시겠습니까? 그런 후에 발신지 정보를 알려주세요." 쉽게 말하자면, 나는 그 전화번호를 추적해 달라고 요청한 것이다.

"그러죠. 잠시만요." 그가 말했다.

나는 대단히 초조했다. 만약 브루스가 차 경적소리를 듣거나 그 밖에 사무실에서 들려오지 않을 만한 소음을 듣는다면 내 속임수는 들통 날 게 분명했다. 수화기를 통해 브루스가 자판을 두드리는 소리가 들렸다. 전화를 추적하기 위해 교환기에 명령어를 입력하는 거였다.

"톰, 여기 보니까 그 전화는 LA70 교신시스템에서 시작되는 것 같군요." 그 말은 그 전화가 장거리전화고 LA지역에서 발신된 전화라는 뜻이다.

그런 뒤 브루스는 내게 전화선을 추적하는 데 필요한 자세한 전화중계회선정보를 알려줬다. 나는 브루스에게 LA70 교신시스템을 운영하는 교환국의 전화번호도 물었다. 다시 한 번 전화번호를 기억하는 내 비상한 기억력은 여기서도 도움이 됐다. 덕분에 나는 한 손으로 전화번호를 받아 적으면서 다른 한 손으로는 운전을 하는 위험천만한 상황을 피할 수 있었다.

(사실 이 책에 등장하는 전화번호와 사람이름은 대부분 내 기억에서 나온 것이다. 그 정보들은 길게는 20년 전부터 내 머릿속에 저장돼있던 정보들이다.)

나는 전화를 끊기 전에 마지막으로 브루스에게 말했다. “브루스. 내가 나중에 또 도움을 요청할 것 같으니 내 이름을 기억해 둬요.” 나는 혹시 다음에 전화를 걸 때 브루스가 나를 기억해서 회신 전화번호를 만드는 과정을 되풀이하지 않아도 되길 바랐다.

LA70 교환국으로 전화를 걸자 여직원이 전화를 받았다. “LA70 교환국 메리라고 합니다.”

내가 말했다. “메리, 저는 샌라몬 기술팀에서 일하는 칼 랜돌프라고 합니다. 내가 추적 중인 전화회선이 있는데, 발신지가 그쪽인 것 같아서요.” 메리는 내 말을 곧이곧대로 믿고는 아무런 거리낌 없이 내게 추적 중인 전화회선 번호가 어떻게 되냐고 물었다. 그녀는 잠시 기다리라고 말한 뒤 내가 준 회선번호를 확인했다. 프리커들이 시외전화 교환기를 해킹 목표로 삼는 경우는 드물었기에 심지어 내가 누구인지조차 묻지 않았다.

잠시 후 메리가 다시 전화를 받았다. “칼, 전화회선 정보를 확인해봤더니 발신지가 샌프란시스코 4E로 나왔습니다.” 메리는 자신이 알아낸 전화회선 정보와 네트워크 정보를 알려줬다. 나는 메리에게 4E 사무소 전화번호도 물었고, 메리는 상냥하게도 기꺼이 전화번호를 알려줬다.

내 차는 15번 국도에 접근하고 있었다. 나는 샌버나디노 산맥과 샌가브리엘 산맥을 가로지르는 캐혼패스를 지나가야 했기에 휴대전화가 순간에 끊길 확률이 높았다. 따라서 전화를 걸려면 캐혼패스를 다 빠져 나와 빅터빌에 도달할 때가지 기다려야 했다.

나는 캐혼패스를 지나가면서 자동차 라디오로 내가 좋아하는 1950년대 음악을 들었다. “K Earth 101 방송입니다.” 진행자의 멘트가 흘러니왔다. "흘러간 명곡을 방송하는 최고의 라디오방송 K-Earth-101의 주제가를 다 들은 후 일곱 번째로 전화를 걸어온 행운의 7번 청취자에게 매시간 1,000달러를 상금으로 드립니다."

우와! 1,000달러면 꽤 짭짤한 걸! 하지만 나는 살면서 경품에 당첨된 적이 한 번도 없었다. 이번이라고 뭐 다르겠어? 하지만 라디오 경품추첨은 내 머릿속에 각인됐고, 이후 그 생각은 강렬한 유혹으로 변하게 된다.

나는 빅터빌이 다가오자 메리가 준 전화번호로 전화를 걸었다. 오마라는 직원이 전화를 받았다. "오마, 남부 캘리포니아 ESAC에서 근무하는 토니 하워드라고 합니다." 내가 말했다. "좀 이상한 현상이 있어서요. 회선을 추적하고 있는데 회선에서 아주 빠르게 끊임없이 신호음이 들려서요." 나는 LA 교신시스템에서 알아낸 전화회선 정보를 오마에게 알려줬고, 오마는 잠시 수화기를 내려놓고 확인에 들어갔다.

빅터빌을 빠져 나오자 다시 끝없이 펼쳐진 사막이 나왔다. 휴대전화가 끊길 수도 있었다. 나는 빅터빌을 너무 빨리 벗어나지 않기 위해 시속 130킬로미터로 달리던 차의 속도를 일부러 줄였다.

한참이 지난 후에야 오마가 다시 전화를 받았다. "나도 그 빠른 신호음을 들었습니다." 오마가 '이이이이이이이이이'하는 신호음을 흉내 내며 말했고, 이미 그 신호음 소리를 직접 들어본 나로서는 그저 속으로 웃을 수밖에 없었다.

오마는 전화 발신지가 오클랜드라고 말했다.

"알겠습니다. 고맙습니다. 계속 추적을 해야 하니 그쪽에서 확인되는 전화회선 정보를 말해주세요." 내가 말했다. 오마는 교환기에 명령어를 입력한 후 내게 전화회선 정보를 알려줬다.

나는 이번에는 오클랜드 교환국으로 전화를 걸었다. "샌프란시스코 4E에서 발신된 전화번호를 추적하고 있는데요." 그런 뒤 전화회선 정보와 네트워크 정보를 알려줬다. 기술자는 잠시 기다리라고 말한 뒤 잠시 후 전화를 다시 받아 510-208-3XXX라는 전화번호를 알려줬다.

마침내 전화번호의 최초 발신지를 찾은 것이다. 캘러배서스 전화국에서 텔텍탐정사무소를 감청하던 모니터링 장비에 연결돼있던 전화번호가 바로 이 전화번호였다.

나는 혹시 빠른 신호음이 시간이 지나면 다른 신호음으로 변하지 않을까 궁금했다. 만약 변한다면 어떤 일이 벌어질까? 혹시 데이터전송신호가 들릴까? 아니면 통화내용이 들릴까?

나는 다시 오마에게 전화를 걸었다. "혹시 그 신호음이 변했나요?"

오마는 약 15분 동안 그 신호음을 들었지만 변화는 없었다고 답했다.

내가 요청했다. "혹시 수화기를 장비 스피커 가까이에 놔 주시겠어요. 그 신호음을 들으면서 몇 가지 테스트를 해보고 싶은데요." 오마는 수화기를 스피커 옆에 놔두겠다며, 전화를 끊고 싶을 때까지 들으라고 말했다.

내 휴대전화에서 흘러나오는 신호음을 듣는 건 마치 이전에 국가안전국 도청요원들을 도청했던 때만큼이나 신나는 일이었다. 그러니까 나는 누군가를 도청하는 이들을 도청하고 있는 것이었다. 정말 아이러니하지 않은가?

그때 나는 반쯤은 긴장했고 반쯤은 흥분한 상태였다. 하지만 오랜 시간 휴대전화를 귀에 대고 있다 보니 귀가 아파오기 시작했고, 팔도 꽤나 저려왔다.

라스베이거스로 향하는 중간지점에 해당하는 바스토우로 접근하는 사막에 들어서자 휴대전화 연결상태가 나빠지더니 갑자기 끊겼다. 빌어먹을!

나는 다시 오마에게 전화를 걸어 다시 수화기를 스피커 옆에 놓아달라고 부탁했다. 언제가 그 빠른 신호음이 끊기고, 그렇다면 뭔가 다른 소리가 들리면서 도대체 어떤 일이 벌어지고 있는지, 그 신호음의 의미는 무엇인지를 알 수 있으리라 기대했다.

저 멀리로 대형 트럭들을 모는 트럭기사들이 쉬는 휴게소가 눈에 들어왔다. 나는 기름을 넣기 위해 차를 세웠고, 애덤의 죽음에 힘겨워하던 아버지에게 전화를 걸기로 했다.

나는 신호음이 여전히 흘러나오고 있는 휴대전화를 든 채 아버지에게 전화를 걸 공중전화를 찾았다. 나는 아버지 집전화로 전화를 걸었다. 전화벨이 울리자 갑자기 휴대전화에서 흘러나오던 귀를 찌를 듯한 신호음이 멈췄다.

이게 무슨 일이란 말인가?

나는 휴대전화를 다른 쪽 귀에 댔다.

공중전화 수화기를 통해 아버지의 목소리가 흘러나왔다.

"여보세요."

아버지의 목소리가 공중전화에서, 동시에 내 휴대전화에서 흘러나왔다.

젠장!

믿을 수가 없었다.

모니터링 장비가 감청하는 대상은 더 이상 텔텍탐정사무소가 아닌 아버지의 전화선이었다. 감청대상이 바뀐 것이다.

감청대상은 아버지와 나였다!

이런, 맙소사.

나는 최대한 태연한 목소리로, 하지만 단호하게 말했다. "아버지, 길 건

너편 빌리지마켓에 있는 공중전화로 가서 내 전화를 기다리세요. 애덤에 대해 중요한 할 말이 있어요." 내가 아버지에게 말했다.

나는 도청하는 사람의 주의를 끌지 않기 위해 최대한 자연스럽게 얘기를 꾸며내야 했다.

"케빈, 무슨 일이냐?" 아버지가 화난 목소리로 말했다. "이제 그 멍청한 첩보영화 흉내는 그만 둘 때도 되지 않았니?"

나는 계속 우겼고, 마침내 아버지를 설득할 수 있었다.

식은땀이 흘렀다. 그들은 도대체 얼마나 오랫동안 나를 감청했던 것일까? 수많은 질문이 한꺼번에 떠올랐다. 애당초 텔텍탐정사무소가 감청대상이 아니었단 말인가? 혹시 이 모든 정교한 도청수법이 결국 해커인 나를 속이기 위해 퍼시픽벨 보안팀이 고안해낸 정교한 속임수가 아닐까? 내가 아버지 집전화를 어떤 통화를 했는지 기억해내기 위해 머리가 터질 지경이었다. 그들은 무슨 내용을 도청했을까? 얼마나 많은 내용을 알고 있는 걸까?

5분 뒤 나는 빌리지마켓 공중전화로 아버지에게 전화를 걸었다. "아버지, 집에서 컴퓨터 당장 치우세요. 지금 당장요! 지체해선 안 돼요! 그 감청장비가 더 이상 텔텍이 아니라 우리 집전화를 감청하고 있어요! 그러니까 당장 컴퓨터부터 치워버리세요. 당장이요!"

아버지는 성난 음성으로 그러겠다고 말했다.

나는 루이스에게도 전화를 걸어 똑같은 말을 했다. "모든 증거를 없애야 해!" 루이스와 나는 각자 아무도 찾지 못할 장소에 공책과 플로피디스크를 숨겨놓기로 했다.

만약 미국정부가 우리를 기소한다 하더라도 증거가 없으니 사건이 성립되지 않으리라.

라스베이거스 어머니 집에 도착했을 때 나는 신경쇠약에 걸릴 지경이었다. 나는 계속해서 그들이 내 통화내용 중 어떤 부분을 감청했을지 생각했다.

혹시 내가 루이스와 SAS 시스템에 대해 통화하는 걸 들었을까? 만약 내가 사회공학 기법을 이용해 퍼시픽벨을 속인 걸 엿들었다면 어쩌지? 이런 상상을 하는 것만으로도 심장이 오그라들었다. 언제든 연방사법경찰이나 내 보호관찰관이 들이닥쳐 나를 체포할 것만 같았다.

일단은 아버지 전화번호가 언제부터 감청됐는지를 파악해야만 했다. 만약 감청을 지시한 이가 누구인지를 알아낼 수만 있다면 혹시 감청된 내용 중에서 내가 우려할 만한 내용이 있는지도 알 수 있었다.

그 무렵 전화 회사들은 너무나 많은 프리커들의 해킹과 사립탐정들의 정보요청 전화에 시달렸고, 따라서 걸려오는 전화에 모두 신분확인 절차를 요청했다. 그래서 나는 일단 퍼시픽벨에서 현장기술자에게 일을 배정하는 파견사무소에 먼저 전화를 걸어 이렇게 말했다. "여기 방화사건이 벌어져서 그런데, 다른 현장기술자들을 호출해야 해서요. 오늘 저녁 담당자가 누구죠?"

파견사무소 직원은 내게 네 명의 이름과 호출번호를 줬다. 나는 모두에게 삐삐를 쳐서 내가 사전에 개설해놓은 퍼시픽벨 사내번호로 전화를 걸게 했다. 당연히 사내번호는 내가 복제한 휴대전화로 착신해놓은 후였다. 현장기술자들에게 전화가 걸려오자 나는 즐겨 써먹던 '데이터베이스 정리' 속임수를 시작했다.

왜 그런 수법을 썼을까? 왜냐하면 나는 아주 민감한 정보를 물어봐야 했고, 현장기술자들이 그저 아무에게나 그런 민감한 정보를 제공할 리가 없었기 때문이다. 그래서 나는 이렇게 말했다. "중요한 문제를 처리하는 현장기술자들의 데이터베이스를 작성하고 있습니다." 그런 뒤, 아주 평범한 질문들을 던졌다. "이름을 말씀해 주시겠습니까?" "어떤 파견사무소에 속해 있나요?" "상관이 누구죠?" 일단 현장기술자들로 하여금 내 평범한 질문에 답해서 정보를 답하는 데 익숙하게 한 뒤, 나는 내가 진짜로 원하던 정보를 물었다. "고유식별 번호와 기술자코드는 어떻게 되나요?"

이런 식으로 나는 네 명의 현장기술자로부터 내가 원하던 두 가지 정보, 즉 고유식별 번호와 기술자번호를 알아냈고, 상관의 이름과 회신번호도 알아냈다. 식은 죽 먹기였다.

일단 기밀정보를 알아낸 후 내가 필요로 하는 또 다른 정보를 가지고 있는 전화선배정 사무소로 전화를 걸었다.

나는 신원확인 절차가 끝나자 다음과 같이 요청했다. "캘러배서스 전화국에 연결된 전화번호가 있는데, 우리 전화번호 중 하나입니다. 그런데 이 전화번호 설치를 지시한 사람이 누구인지 몰라서 그러는데 혹시 '연락가능 CBR, can be reached' 전화번호를 알려줄 수 있나요?"

'연락가능'은 전화 회사에서 사용되는 용어였다. 따라서 실제로 내 요청은 해당 전화선을 설치하도록 지시한 사람의 전화번호를 알려달라는 것이었다. 다시 말해, 나는 아버지의 전화선을 감청하는 모니터링 장비에 연결된 빠른 신호음이 들리는 전화선의 설치를 지시한 사람의 전화번호를 묻는 것이었다.

여직원이 잠시 수화기를 내려놓고 확인해 본 뒤 다시 수화기를 집어 들고 말했다. "전화선 설치를 지시한 건 퍼시픽벨 보안팀입니다. 담당자는 릴리 크릭스고요." 그런 후 여직원은 내게 샌프란시스코 지역번호로 시작하는 전화번호를 알려줬다.

이제 나는 신나는 경험을 할 참이었다. 바로 사회공학 기법을 이용해 전화 회사 보안팀을 속이는 것이었다.

나는 TV를 켜서 사무실에서 들릴법한 소리가 흘러나오는 채널을 찾아 소리를 줄였다. 내가 해킹할 상대에게 내가 사무실에서 일하고 있다는 인상을 심어줄 필요가 있었다.

그런 후 전화를 걸었다.

"릴리 크릭스입니다." 여자가 대답했다.

"릴리, 저는 캘러배서스 전화국 설비를 담당하는 톰이라고 합니다. 여기 그쪽에서 설치해놓은 장비가 몇 개 있는데 다 접속을 끊어야 해서요. 큰 설비를 들여오는데 길을 가로막고 있어서 말이죠."

"장비를 떼어내선 안 돼요." 릴리가 날카롭게 말했다.

"이봐요. 그러지 않고는 설비를 들여놓을 수가 없습니다. 일단 그쪽 장비를 떼어내고 내일 오후까지 다시 연결해 놓죠."

"안 돼요. 그 장비는 계속 연결해둬야 합니다." 릴리는 우겼다.

나는 짜증난다는 듯 일부러 크게 한숨을 내쉬었다. "오늘 여러 설비들을 교체해야 해서요. 그 장비가 정말 그렇게나 중요하다면 일단 다른 방법을 생각해보죠."

나는 휴대전화에 음소거 버튼을 누른 후 기다렸다. 한 5분 정도 수화기로 들려오는 릴리의 숨소리를 듣다가 나는 다시 전화에 대고 말했다. "이렇게 하면 어떨까요? 전화를 끊지 않은 상태에서 그쪽 장비를 떼어내고, 그런 다음 설비를 들여놓고, 그런 다음 다시 그쪽 장비를 연결해 드리죠. 그게 최선인 것 같은데 괜찮겠죠?"

릴리는 마지못해 동의했다. 나는 아마 수 분 정도 걸릴 거라고 말했다.

나는 다시 휴대전화 음소거 버튼을 눌렀다. 그런 후 또 다른 휴대전화로 캘러배서스 전화국 설비팀으로 전화를 걸어 전화를 받은 기술자에게 내가 퍼시픽벨 보안팀 소속이라고 말한 뒤 3개의 번호와 연결된 사무실 장비를 알려줬다. 설비기술자는 코스모스에서 '장비' 목록의 번호를 확인한 뒤에 장비가 위치한 장소를 찾을 수 있었다. 사내는 설비에 연결된 장비의 번호를 확인한 후 선을 뽑아내서 연결을 끊었다.

자신의 책상에 앉아있는 릴리 크릭스는 어떤 연결이 끊겼는지를 볼 수 있었다.

나는 설비기술자가 다시 수화기를 들어 연결이 끊겼다고 확인해주길 기다리면서 냉장고로 가서 과일주스를 꺼내 마셨다. 그러면서 수화기를 귀에 댄 채 초조하게 앉아 있을 릴리의 모습을 즐겁게 상상했다.

마침내 지금까지의 모든 사전작업을 마치고 본격적인 작업에 들어갈 시간이 왔다. 나는 릴리가 연결된 수화기에 대고 말했다. "작업을 다 마쳤습니다. 이제 다시 그쪽 장비를 연결할까요?"

릴리는 귀찮다는 듯 답했다. "그래 주세요."

"3대의 모니터링 장비에 연결된 전선의 연결정보가 필요합니다." 릴리는 분명 단지 몇 분 전에 뽑아낸 전선들을 어디로 연결해야 할지 모르는 나를 대단히 멍청하다고 여겼을 것이다. 하지만 그녀는 내가 연결정보를 요청하는 걸 미심쩍어하지 않았다. 왜냐하면 실제로 연결이 끊기는 걸 자신의 눈으로 직접 확인했고, 따라서 자신이 진짜로 전화국 설비기술자와 통화를 한다고 믿었기 때문이다.

릴리는 내게 정보를 알려줬다. 내가 말했다. "알겠습니다. 잠시만 기다려주세요."

나는 다시 음소거 버튼을 누른 후 캘러배서스 전화국 설비기술자에게 다시 전화를 걸어 '우리 보안장비'를 다시 연결해 달라고 말했다.

설비기술자가 연결을 마치자 나는 고맙다고 말한 뒤 릴리가 기다리는 다른 휴대전화를 대고 말했다. "릴리, 다시 다 연결했습니다. 3대 모두 작동하나요?" 내가 물었다.

릴리는 안도한 눈치였다. "모두 다 연결된 것 같네요. 작동에도 이상이 없고요."

"잘 됐네요. 확인 차 묻는 건데, 혹시 이 모니터링 장비들에 연결된 전화번호가 어떻게 되나요? 제대로 연결됐는지 전화선을 확인해보려고요."

릴리는 내게 연결된 전화번호들을 알려줬다.

젠장! 확인해 보니 그들은 아버지 집에 설치된 전화선 3개를 모두 감청하고 있었다! 확실한 건 앞으로 내가 아버지 전화로 전화를 걸 일은 없을 거라는 점이었다.

나는 여전히 언제부터 도청이 시작됐는지를 알아내야만 했다. 그래야 내 전화통화내용 중에서 어떤 내용이 도청됐는지를 알 수 있었다.

후에 루이스와 나는 그저 재미 삼아 퍼시픽벨이 감청 중이던 다른 전화선을 엿듣기로 했다.

한 가지 걸림돌이 있었다. 퍼시픽벨이 보안을 강화하는 바람에 모니터링 장비에 정확한 개인식별번호를 입력하지 않으면 감청할 수가 없었다. 나는 방법을 생각해냈다. 그다지 가능성이 높지 않은, 어쩌면 아예 통하지 않을지도 몰랐지만 아무튼 일단 시도해보기로 했다.

일단 전화국에 있는 모니터링 장비에 전화접속을 해야 했다. 그래서 나는 전화국에 전화를 걸어 설비기술자에게 말했다. "테스트를 해야 하니까 모니터링 장비의 연결선을 떼어내 주세요." 설비기술자는 그 말대로 했고, 그러자 퍼시픽벨 보안팀의 감청이 끊겼다.

나는 모니터링 장비로 전화접속을 한 뒤 패스워드를 추측해서 입력하기 시작했다. 어쩌면 장비 제조업체가 설정해놓은 패스워드가 변경되지 않은 채 그대로 저장돼 있을지도 몰랐다. '1 2 3 4'를 입력했지만 맞지 않았다. '1 2 3 4 5'도 아니었다. 나는 시도할 만하다고 생각되는 숫자까지 입력해 보았다. '1 2 3 4 5 6 7 8'

대박! 놀랍게도 퍼시픽벨 보안팀은 제조업체가 설정해놓은 모니터링 장비의 초기 패스워드를 변경해 놓지 않았다.

그 패스워드를 이용한다면 나는 이제 퍼시픽벨이 캘리포니아 지역을 감청하는 내용을 모두 엿들을 수 있었다. 예를 들어, 퍼시픽벨 보안팀이 케스터전화국에 모니터링 장비를 설치해 두었다면, 나는 그저 케스터전화국의 설비기술자에게 퍼시픽벨이 해당 모니터링 장비에 접속하는 전화선을 잠시 끊어 달라고 요청한 뒤 내가 대신 그 모니터링 장비에 접속해서 제조업체가 설정해 놓은 초기 패스워드를 입력하면 그만이었다. 게다가 모든 모니터링 장비의 초기 패스워드는 동일했다. 그런 뒤 루이스와 나는 그저 감청내용을 엿듣는다면 퍼시픽벨이 감청하는 상대가 누구인지를 알아낼 수 있었다.

우리는 그저 재미 삼아, 단지 그렇게 할 수 있었기에, 매주 두세 번씩 모니터링 장비를 감청했다. 감청대상의 전화번호를 알아낸 후에는 퍼시픽벨의 고객명 및 주소 관리국으로 전화를 건 뒤 전화번호를 알려주면 감청대상의 이름을 알아낼 수 있었다. 한번은 감청을 했는데, 판사였다. 나는 좀 더 깊게 파헤쳤고, 더 자세한 내용을 알아냈다. 감청대상은 바로 연방판사였다.

루이스와 내게 감청은 일종의 게임이자 장난이었다. 반면 퍼시픽벨 보안팀에게는 감청이 업무였다. 하지만 퍼시픽벨 보안팀의 데렐 산토스에게는 놀라운 일이 기다리고 있었다. 어느 날 아침 데렐 산토스는 회사에 출근해 내 아버지 전화선에 설치해놓은 모니터링 장비를 감청하려 하다가 감청이 끊긴 것을 알아챘다. 음성이 전혀 들리지 않았고, 감청 중이던 전화선은 아예 끊겨 있었다. 데렐 산토스는 캘러배서스 전화국으로 전화를 걸어 물었다. "우리 모니터링 장비가 아직 작동 중인가요?"

"아뇨, 그렇지 않습니다. LA보안팀이 전화를 해서 장비를 끊어달라고 요청했습니다."

데렐 산토스가 설비기술자에게 말했다. "보안팀은 남부 캘리포니아 이외 지역에 위치한 사무소에서는 감청업무를 진행하지 않습니다. 그러니까, 보안팀이 진행하는 모든 감청은 북부 캘리포니아 사무실에서 진행합니다. LA보안팀 같은 건 애당초 없습니다."

그날 밤 데렐 산토스는 자신의 근무처인 샌프란시스코에서 LA까지 날아와 모든 모니터링 장비를 직접 다시 연결했다. 나아가 다시는 누군가에게 속아서 모니터링 장비의 연결을 끊는 것을 막기 위해 데렐 산토스는 교환기가 놓인 선반의 위쪽에 모니터링 장비를 잘 보이지 않게 숨겨뒀다.

데렐 산토스는 오랜 시간이 지난 후 이 책을 쓰기 위한 취재과정에서 당시 상황을 이렇게 회상했다. "우리 입장에서는 한 방 얻어맞은 것 같았고, 개인적으로도 대단히 약이 올랐다. 케빈 미트닉은 우리가 그의 전화내용을 엿들으려 하는 동안 오히려 우리 전화를 엿들었다. 나아가 우리 모니터링 장비도 무력화시켰다. 따라서 우리는 우리가 통화하는 방법을 비롯해 메시지를 남겨놓는 방법까지 전부 새로 바꿔야만 했다. 우리의 감청 흔적이 드러나지 않게 할 새로운 방법도 찾아야만 했다. 당시 우리는 법원의 지시로 인해 경찰과 협력을 해야만 했고, 따라서 경찰과의 협력이 수포로 돌아가지 않게 하기 위해서라도 우리가 하던 감청업무를 케빈으로부터 보호할 방법을 생각해내야만 했다."

당시 나는 내가 퍼시픽벨 보안팀에게 대단한 골칫거리였다는 사실을 몰랐다. 어쩌면 그게 나로선 다행이었다. 만약 알았다면, 퍼시픽벨의 모니터링 장비를 해킹하지는 않았을 것이기 때문이다.

그리고 퍼시픽벨은 해킹사고가 터지면 즉각 가장 유력한 범인으로 나를 지목했다. 만약 내가 그 사실을 알았다면, 나는 오히려 칭찬으로 여겼을 것이다. 데렐 산토스의 말에 의하면, 케빈 폴슨은 퍼시픽벨에서 요주의 인물 목록에서 맨 윗자리를 차지했다. 하지만 폴슨이 감옥에 수감되자 목록의 맨 윗자리에 새로운 이름이 등장했으니, 바로 나였다. 내가 미성년자일 때부터 퍼시픽벨이 나에 대해 수집해 놓은 파일은 전화번호부만큼이나 두꺼웠다.

데렐 산토스는 이렇게 말했다. "별 짓을 다하는 해커들도 많았지만, 내 생각에 모든 해커들이 모방하려 했던 롤모델은 케빈 미트닉이었다. 나는 케빈이 쥐라면 나는 고양이라고 여겼다. 하지만 때로는 정반대였다."

이런 말도 덧붙였다. "다른 회사에서 근무하는 보안직원들도 여러 번 우리에게 이런 말을 했다. '이봐, 해킹사건이 일어났는데, 혹시 케빈 짓이 아닐까?' 뭔가 해킹사건이 벌어지면 모두들 케빈을 의심했다."

당시 상황이 달랐다면 나는 그런 말에 우쭐했을 것이다. 하지만 당시 나는 상당한 좌절감에 빠져있었다. 내 재능에도 불구하고 여전히 에릭 하인즈의 뒤를 캐지 못하고 있었기 때문이다. 에릭 하인즈에 대한 루이스와 내 의심은 계속됐다. 에릭 하인츠가 전화 회사 시스템과 업무절차에 대해 잘 안다는 건 의심의 여지가 없었다. 심지어 에릭이 아는 내용 중에는 우리가 모르는 내용도 있었다. 하지만 첫째 에릭 하인츠는 우리에게 자신이 아는 내용을 털어놓으려 하지 않았다. 둘째 그는 우리에게 늘 이상한 질문들, 그러니까 해커라면 결코 다른 해커에게 묻지 않는 질문들을 던졌다. 예를 들어, "지금 어떤 것을 해킹하고 있지?" 라든가, 또는 "최근에 어떤 해킹을 해왔지"라는 질문들 말이다.

에릭 하인츠를 더 깊게 파헤치고, 우리의 의심을 잠재우려면 그와 직접 만나야 했다. 그리고 에릭 하인츠가 주장하는 내용이 사실이라면, 그를 만나 내 아버지의 집전화가 언제부터 감청됐는지도 알아낼 수 있었다.

Ituot oaybmzk ymwqe ftq pqhuoq ftmf Xqiue geqp fa buowgb mzk dmpua euszmxe zqmd Qduo?

15 그건 대체 어디서 구한 거지?

놀랍게도 에릭은 순순히 저녁식사에 응했다. 우리 셋은 며칠 후에 LA 서부에 위치한 햄버거햄릿에서 만나기로 했다. 에릭은 우리의 의심을 풀어줄 특별한 장비를 가져오겠다고 말했고, 그 때문에라도 루이스와 나는 에릭과의 만남을 더 조바심 내며 기다렸다.

루이스와 나는 레스토랑 주차장에서 약속시간 30분 전에 먼저 만났다. 루이스의 차에 올라타 보니 루이스는 한참 무전 수신을 듣고 있었다. 어떤 무전을 듣고 있는지는 물어볼 필요도 없었다. 수신기는 FBI, 검찰국, 사법경찰국의 무전내용을 수신할 수 있게 설정돼 있었다. 다른 연방기관들의 무전내용도 수신할 수 있었다. 연방 수사기관들은 종종 용의자가 첨단기술을 잘 아는 사람일 경우 다른 연방기관의 주파수를 사용해서 통신을 했다. 예를 들어, 교정본부나 마약단속국에 할당된 주파수를 이용하거나, 심지어 우정청 수사국의 주파수를 이용하기도 했다. 따라서 루이스는 이런 모든 주파수를 수신할 수 있게 수신기를 설정해놓았다.

수신기는 원거리신호는 잡지 못했고 오직 가까운 곳에서 송신되는 강력한 신호만 수신할 수 있었다. 당시에도 기술발전 덕분에 거의 모든 연방수사기관들은 무전내용을 암호화했다. 하지만 우리는 무전통신의 내용이 뭔지는 중요하지 않았다. 그저 신호가 가까운 곳에서 들려오는지만 알면 됐다. 만약 경찰 주파수로 신호가 가깝게 잡히면, 우리는 그저 급하게 자리를 피하면 그만이었다.

아직까지는 모든 주파수가 조용했다. 하지만 혹시나 하는 생각에 루이스는 차에서 내리면서 이 흥미로운 전자기기를 호주머니에 집어넣었다.

햄버거햄릿을 약속장소로 잡은 이유는 그곳이 에릭을 만나기에 적합한 장소였기 때문이다. 햄버거햄릿의 실내장식은 거울과 황동, 타일 등으로 꾸며진 유행이 한 물 간 모습이었다. 하지만 이런 실내장식 덕분에 언제나 손님이 바글거리는 이 레스토랑에서 대화를 나누면 소리가 웅웅거리며 울렸다. 옆 좌석에 우리 대화가 들리지 않기를 바란 우리로선 더할 나위 없이 좋은 장소였다.

에릭은 어깨까지 내려오는 금발머리에 노트북컴퓨터를 지닌 사내를 찾으라고 말했다. 식당 안에서 두툼한 햄버거를 씹고 있는 할리우드 스타일의 손님들 중에서도 에릭은 쉽게 눈에 띄었다. 그는 마른 몸매에 단추를 풀어 제친 실크셔츠를 걸치고 있었다. 록 뮤지션처럼 보였다. 사람들이 "어디서 본 것 같은데 어떤 밴드에 속해있는지를 모르겠다"라는 반응을 보일 법한 차림새였다.

우리는 인사를 나눈 뒤 자리에 앉았다. 그런 후 루이스와 나는 단도직입적으로 에릭에게 당신을 신뢰하지 않는다고 말했다. 루이스와 나는 각자 가져온 래디오샥 프로43 휴대용 무전수신기를 꺼내 탁자 위에 보이게 올려놓았다. 루이스는 또한 광통신 무선주파수 감지기를 꺼내 에릭의 몸을 훑었다. 감지기는 신체에 부착한 도청기에서 나오는 신호를 감지하는 데 사용됐다. 에릭의 몸에서는 아무런 신호도 감지되지 않았다.

대화를 나누는 내내 에릭은 유혹할 만한 여자가 있는지 계속 주변을 살폈고, 자신이 데이트로 너무 바쁘다면서 끊임없이 자신의 화려한 애정행각을 자랑했다. 루이스는 그 얘기를 다 들어주고 심지어 맞장구까지 쳤다. 하지만 나는 자신이 얼마나 여자에게 인기가 많은지를 뻐기는 사내들을 결코 신뢰하지 않는다. 나는 그저 우리가 에릭을 만난 유일한 목적, 즉 에릭이 우리에게 말해준 전화 회사에 대한 정보가 실제로 믿을 만한 것인지, 과연 그게 사실인지에만 관심이 있었다.

마침내 에릭은 대화 도중 내 주의를 끌만한 말을 꺼냈다. 자신에게 모든 전화국의 출입문을 열 수 있는 마스터열쇠가 있다며, 과거에 케빈 폴슨과 함께 LA 전역에 걸쳐 한밤중에 전화국에 침입할 때 쓰던 열쇠라고 말했다.

대화 내내 나는 대체로 듣고만 있었다. 가석방규정에 다른 해커와 어울려선 안 된다는 조항이 있었기 때문이다. 그래서 나는 사전에 루이스에게 에릭과의 대화를 주도적으로 이끌고 가라고 말해 둔 상태였다. 에릭은 자신이 밴드 순회공연에서 음향기사로 일했다고 자랑했다. 하지만 어떤 밴드와 함께 일했는지는 말하지 않았다. 아마도 듣도 보도 못한 밴드였으리라. 그런 뒤 에릭은 자신에게 있지만 우리에게는 없다고 확신하는 것들에 대해 자랑하기 시작했다. 모든 전화국에 침입할 수 있는 마스터열쇠와 출입코드 외에도 에릭은 모든 'B박스'를 열 수 있는 마스터열쇠도 있다고 말했다. B박스는 전화 회사가 모든 도시의 거리에 설치해놓은 단자함으로 가정용 전화선이나 업무용 전화선을 설치할 때 현장기술자가 사용하는 것이다. 에릭은 우리를 유혹해서 우리 입에서 "전화 회사에 침입할 때 우리 좀 데려가면 안 될까?"라는 말이 흘러나오게 하려는 것 같았다.

그런 후 에릭은 케빈 폴슨, 그리고 또 다른 해커인 론 오스틴과 함께 한밤중에 전화 회사 사무실에 침입해 정보를 수집하고 퍼시픽벨 시스템을 해킹한 얘기에 대해 늘어놓기 시작했다. 케빈 폴슨이 라디오방송국을 해킹해서 상품으로 2대의 포르쉐를 받았을 때 자신이 어떤 역할을 했는지도 말했다. 나아가 포르쉐뿐만 아니라 2장의 하와이여행권도 상품으로 받았다고 자랑했다.

에릭은 자신도 그때 포르쉐를 상품으로 받았다고 말했다.

에릭의 말 중에 적어도 한 가지는 사실처럼 들렸다. 에릭은 FBI가 어떻게 폴슨을 체포했는지에 대해 들려줬다. FBI는 폴슨이 늘 똑같은 휴스마켓에서 장을 본다는 걸 알아낸 후 그 상점에 계속 들러 상점직원들에게 폴슨의 사진을 보여줬다. 에릭의 말에 의하면, 어느 날 폴슨이 상점에 들렀을 때 폴슨을 알아본 두 상점직원은 FBI가 도착할 때까지 폴슨을 붙잡아뒀다.

언제나 잘난 척 하길 좋아하는 루이스는 가져온 노바텔 PTR-825 휴대전화를 꺼내 '휴대전화의 단말기일련번호를 바꾸는' 방법에 대해 장황하게 늘어놓았다. 그러자 에릭도 자신의 오키900 휴대전화로 똑같이 할 수 있다고 자랑했다. 에릭의 자랑은 사실 대단한 게 아니었다. 당시에는 이미 단말기일련번호를 바꿀 수 있는 소프트웨어가 온라인에 굴러다녔기 때문이다. 그런 뒤 에릭은 147.435 주파수에서 햄라디오 중계기를 운영하는, 이른바 '애니멀하우스'에 대해 얘기하기 시작했다. 이런. 나는 에릭이 그 중계기를 안다는 걸 몰랐다. 앞으로는 그 중계기를 이용할 때 에릭의 귀에 들어가선 안 될 말은 조심해야겠다고 생각했다.

마침내 대화주제는 가장 흥미로운 화젯거리로 옮겨갔다. 바로 퍼시픽벨 해킹이었다. 에릭은 자신이 모든 퍼시픽벨 시스템에 접속할 수 있다면서, 우리의 환심을 사려 노려했다.

당시 나는 루이스나 나만큼 퍼시픽벨 시스템에 대해 잘 아는 해커는 없다고 생각했다. 그런데 퍼시픽벨 시스템에 대한 에릭의 지식은 거의 우리와 맞먹었다. 대단했다.

특히나 나를 놀라게 한 건 케빈 폴슨이 퍼시픽벨 보안팀의 테리 앳칠리의 사무실에 침입했을 때 자신에 대한 기록과 나에 대한 기록을 훔쳤다는 에릭의 주장이었다. 에릭은 폴슨이 서류 전체를 복사해서 자신에게 선물로 줬다고 말했다.

"내 기록에 대한 복사본이 있다고?"

"그래."

케빈 폴슨이 그 기록을 빼낸 지 이미 꽤 세월이 흐른 뒤였지만, 나는 참지 못하고 이렇게 말했다. "이봐, 그 서류를 꼭 봤으면 좋겠는데."

"어디에 뒀는지 기억이 안 나. 찾아봐야 해."

"그러면 적어도 어떤 내용이 적혀있었는지 얘기 좀 해봐."

퍼시픽벨 보안팀은 당시 나에 대해 얼마나 파악하고 있었을까? 궁금했다.

내 말에 갑자기 에릭은 애매하게 말을 돌리며 내 질문을 피했다. 애당초 에릭은 내 서류를 가지고 있지 않거나, 아니면 내가 알 수 없는 이유 때문에 서류를 보여주길 꺼려하는 게 분명했다. 나는 에릭이 아무런 내용도 말해주지 않는 것에 짜증이 났다. 하지만 그렇다고 해서 첫 만남부터 지나치게 꼬치꼬치 캐물을 수는 없는 노릇이었다.

대화가 계속되는 동안 에릭은 연신 우리에게 어떤 일이 있냐고, 다시 말해 어떤 해킹을 하냐고 물었다. 재수 없는 질문이었다. 루이스와 나는 계속해서 "네가 먼저 아는 걸 털어놓으면, 우리도 아는 걸 털어놓지."라는 뉘앙스를 풍겼다. 마침내 루이스와 내가 이 처음 만난 해커를 깜짝 놀라게 해줄 차례였다. 루이스는 자신의 역할을 완벽하게 소화해냈다. 그는 매우 교만하게 에릭에게 말했다. "에릭, 널 위해 아주 멋진 선물을 하나 준비했어." 그런 후 플로피디스크를 꺼내 탁자 건너편으로 몸을 숙여 늘 그렇듯 거침없는 태도로 에릭의 노트북컴퓨터 드라이브에 플로피디스크를 찔러 넣었다.

잠시 웅웅 소리가 나더니 화면이 나타났다. SAS에 사용되는 모든 프로토콜 목록이었다. 그 중에는 'ijbe'라는, SAS로 하여금 '현재상황 보고'라는 기능을 수행하게 하는 명령어도 포함돼 있었다. 그 명령어들은 외부에 알려지지 않은, SAS 제어장치 내부에 깊숙이 숨어있는 명령어들이었다. 심지어 전화 회사 테스트 기술자들도 알지 못하는 명령어들이었다. 따라서 그 명령어들만 있다면 전화 회사 기술자들보다 SAS를 더 완벽하게 조작할 수 있었다.

에릭은 SAS에 익숙했기에 그 명령어들이 진짜이며 자신이 입수하지 못했던 정보라는 걸 한눈에 알아챘다.

에릭은 자신이 손에 넣지 못한 정보를 루이스와 내가 가지고 있다는 사실에 놀라고 분한 표정이었다. 에릭이 아주 낮은 목소리로 으르렁대듯 말했다. "젠장, 이건 어디서 구한 거지?" 이상했다. 도대체 왜 화를 낸단 말인가? 어쩌면 에릭이 느낀 감정은 분노가 아닌 시기심일지도 몰랐다. 다시 말해, 자신은 고작 사용자 매뉴얼만 읽어보았을 뿐인데 루이스와 나는 매뉴얼보다 훨씬 많은 비밀과 권한이 담겨있는 개발자 문서를 읽었다는 데서 나온 질투일 수도 있었다.

에릭은 화면에 표시된 정보를 훑어보았고, 그 안에 모든 세부기능 및 요구사항에 대해서도 적혀 있다는 것을 알았다. 에릭은 그 정보가 프리커라면 누구나 소망하는 엄청난 권한을 손에 넣을 수 있는 아주 대단한 자료라는 걸 알았다.

그날은 에릭이 전화로 내게 SAS의 존재에 대해 처음 언급한 지 고작 한 달이 지난 후였다. 더 놀라운 점은 우리가 보여준 정보가 복사한 서류가 아닌 컴퓨터 파일이었다는 점이다. 나는 우리 쪽으로 공이 확실히 넘어왔다는 걸 느꼈다. 에릭은 내가 이 정보를 입수했다는 데 경악했다. 즉, 퍼시픽 벨 내부에서조차 존재여부가 불분명한 개발자 설계문서를 다름 아닌 컴퓨터 파일 채로 입수했다는 것에 충격을 받은 것이다.

에릭이 재차 물었다. "젠장…… 도대체 이걸…… 어디서 구한 거지?"

나는 그에게 재차 말했다. "네가 아는 것을 우리와 공유하면 우리도 기꺼이 우리가 아는 걸 공유하지." 내가 말하는 동안 루이스는 다시 테이블 건너편으로 몸을 숙여 컴퓨터에서 플로피디스크를 꺼낸 후 자신의 주머니에 넣었다.

에릭이 경고했다. "폴슨이 SAS를 사용했기 때문에 FBI도 이미 SAS에 대해 알고 있어. 아주 자세히 감시하고 있다고. 아마도 SAS에 연결된 모든 전화번호도 감청될 거야."

에릭이 잡아먹을 듯한 목소리로 말했다. "그러니까 SAS를 더 이상 손대지 마. 만약 계속 SAS를 건드리다간 FBI에게 꼬리를 밟히고 말 거야." 친구의 조언이라고 하기엔 에릭의 목소리에는 지나치게 많은 감정이 섞여 있었다.

에릭은 갑자기 소변을 봐야겠다며 자리에서 일어나 화장실로 향했다. 어느 정도 수준에 오른 해커들의 컴퓨터에는 아주 위험한 파일과 패스워드가 저장돼있는 경우가 많다. 따라서 대부분 해커들은 자신의 노트북컴퓨터를 가지고 외출한 경우 결코 그 노트북을 몸에서 떼어놓지 않는다. 잠시 화장실을 가기 위해 자리를 비울 때도 마찬가지다. 그런데도 에릭은 태연하게 자신의 노트북컴퓨터를 남겨둔 채 자리를 비웠다. 심지어 노트북도 켜져 있는 상태였다. 마치 자신이 자리를 비운 사이 노트북컴퓨터 안에 뭐가 있는지 우리에게 살펴보라고 유혹하는 것 같았다. 루이스는 주파수 감지기를 꺼내 컴퓨터에 대고 천천히 움직이면서 무선주파수 신호를 찾았다. 아무 신호도 잡히지 않았다. 다시 말해, 에릭의 컴퓨터는 어쩌면 우리를 체포하기 위해 가까운 곳에서 대기하고 있을지도 모를 경찰이나 FBI에게 우리와의 대화내용을 송신하고 있지는 않았던 것이다.

나는 노트북컴퓨터에 몸을 가까이 한 후 큰 소리로 루이스에게 말했다. "와, 이 자식 정말 해킹에 대해서 잘 아는데!" 정말 웃겼다. 그렇게 말한 이유는 컴퓨터 안에 녹음기가 설치돼 우리 대화내용을 모두 녹음하고 있을 게 분명했기 때문이다. 그렇지 않다면 에릭이 왜 컴퓨터를 탁자에 내버려두고 자리를 비웠겠는가? 여러 주 동안 우리에게 호출기 번호조차 알려주지 않을 만큼 조심, 또 조심했던 녀석이 자신의 컴퓨터를 우리에게 맡겨두고 자리를 비울 정도로 갑자기 우리를 신뢰한다고? 천만에, 절대 그럴 리가 없었다.

나는 레스토랑 안에 어쩌면 에릭의 동료가 숨어있을지도 모른다고 생각했다. 어쩌면 우리가 컴퓨터를 들고 튈까봐 우리를 감시하고 있을지도 몰랐다. 그렇지 않다면 에릭은 감히 자신의 해킹 증거가 담긴 컴퓨터를 처음 만난 두 사내 앞에 놓아두고 자리를 비울 리가 없었다.

저녁식사를 마친 후 레스토랑을 떠날 때 에릭이 물었다. "혹시 차 가져왔으면 나 좀 중간에 내려주면 안 될까? 여기서 멀지 않거든." 나는 그러자고 말했다.

차에 탄 에릭은 갑자기 친근하게 굴면서 얼마 전 자신이 오토바이를 타고 선셋대로를 달리다가 좌회전하던 차와 부딪혔다고 말했다. 에릭은 충격에 차 위로 날아가 떨어졌고, 땅에 아주 세게 부딪히면서 무릎과 발목 중간 지점에 뼈가 부러졌고, 부러진 아래 부분이 90도로 꺾였다. 의사와 치료사들은 수개월 동안 에릭의 다리를 고치려 했지만 헛수고였고, 결국 에릭은 의사에게 다리를 절단하라고 말했다. 다행히 의족이 매우 좋은 것이라서 수개월간 재활을 한 후에 에릭은 절름대지 않고 걸음을 걷게 됐다.

나는 에릭이 아마도 내 동정심을 사기 위해 그 이야기를 들려줬다고 생각했다. 에릭은 갑자기 분위기를 바꿔 말했다. "난 네가 SAS를 해킹한 게 정말 열 받아. 고작 4주 만에 너는 나보다 훨씬 많은 정보를 빼냈으니까 말이지."

나는 이때다 싶어 다시 한 번 그를 자극했다. "에릭, 우리는 네가 생각하는 것보다 훨씬 많은 걸 알아."

하지만 나는 여전히 조심해야 했고, 그래서 에릭에게 말했다. "루이스와 나는 요즘 해킹에서 손 뗐어. 그러니까 우리가 원하는 건 서로 정보만 교환하는 거라고."

차에서 내려 선셋대로에 있는 재즈바에 들어가는 에릭을 보며 나는 에릭이 꽤 머리가 좋고 순발력이 뛰어나다고 생각했다. 여전히 의심스럽긴 했지만 언젠가 에릭과 정보를 공유할 날이 올지도 모르겠다고 생각했다.

Kwth qzrva rbq lcq rxw Svtg vxcz zm vzs lbfieerl nsem rmh dg ac oef'l cwamu?

16 에릭의 집을 급습하다

에릭과 식사를 하고 난 이후, 에릭이 가지고 있다고 주장한, 모든 퍼시픽벨 전화국을 출입할 수 있는 마스터열쇠가 머릿속에서 떠나지 않았다. 나는 에릭에게 마스터열쇠를 빌려보기로 했다. 열쇠가 필요한 이유에 대해서는 말하지 않을 것이지만, 아무튼 그 열쇠로 캘러배서스 전화국에 잠입해 코스모스 컴퓨터에 접속해서 아버지 집전화가 언제부터 감청됐는지를 알아볼 생각이었다. 그리고 혹시 보안팀이 감청을 대외기밀로 취급하는지, 나아가 감청과 관련해 외부의 정보요청이 있을 경우 사전에 보안팀에 연락을 취하도록 조치가 돼있는지를 확인할 계획이었다.

일단 전화국 내부로 들어갈 수만 있다면 감청장비가 어떤 전화번호로 아버지 집전화선에 접속하는지를 확인할 수 있었다. 그런 후 코스모스에서 그 전화번호가 언제부터 활성화됐는지를 살펴본다면, 감청이 시작된 시점도 파악할 수 있었다.

2월의 어느 날 밤 10시에 루이스와 나는 에릭의 아파트로 차를 몰았다. 그 주소는 발신자 확인서비스 속임수로 알아낸 에릭의 전화번호를 사용해서 퍼시픽벨에서 입수한 주소였다. 아파트건물은 매우 호화롭고 고급스러웠다. 에릭이 거주하는 아파트라고 하기엔 지나치게 으리으리했다. 벽토로 치장된 복층 아파트에 리모컨으로 작동하는 차고와 보안 출입구가 있었다. 루이스와 나는 누군가가 잠겨있는 출입구로 차를 몰고 나올 때까지 기다렸다가 출입문이 열리자 안으로 걸어 들어갔다. 아파트 안에 들어서기 전부터 내부가 어떨지 대충 상상이 됐다. 아마도 로비에는 양탄자가 깔려있을 것이고, 테니스장에 수영장, 스파, 대형 TV가 있는 휴식공간이 들어서있고, 야자나무가 심어져 있으리라.

도대체 나이트클럽이나 전전하는 해커가 어떻게 이런 호화스런 아파트에서 살 수 있을까? 이 아파트는 대기업임원들이 LA로 단기파견을 나올 때 회사경비로 머무는 곳이었다. 이런 아파트에 에릭이 산다고?

107B호는 기다란 복도 중간에 있었다. 루이스와 나는 번갈아 아파트 현관문에 귀를 대고 혹시 안에서 어떤 목소리가 나는지, 누가 있는지를 확인했다. 하지만 아파트 안에서는 아무런 소리도 나지 않았다.

루이스와 나는 휴식공간으로 향했고, 공중전화로 에릭의 집에 전화를 걸었다. 나는 신이 나서 얼굴에 웃음을 띤 채 루이스가 전화를 거는 모습을 지켜보았다. 에릭이 진정 자신이 주장한 대로 뛰어난 해커라면 분명 자신의 집전화에 발신자 확인서비스를 추가해놓았을 것이고, 자신이 사는 아파트 단지 내에 있는 공중전화번호도 알 게 분명했다. 그렇다면 발신번호 표시장치에 뜬 공중전화번호를 보고 우리가 자신의 아파트건물 안에서 전화를 건다는 것도 즉각 알아챌 것이었다.

불쌍한 에릭. 그는 내가 자신의 전화번호를 알아냈다는 사실에 기분 나빠했고, 심지어 자신의 집 근처에서 전화를 했다는 사실에 크게 화를 냈다. 우리는 에릭에게 할 말이 있다고 말했다. 에릭이 말했다. "나는 절대 집에 해커를 들이지 않아." 하지만 결국 잠시 후 휴식공간으로 내려와 만나주겠다고 말했다.

또 다시 본 에릭의 모습은 영락없는 록 뮤지션이었다. 마른 몸에 어깨까지 늘어뜨린 금발, 청바지에 가죽 부츠, 그리고 정장 셔츠까지. 그는 황당하다는 표정으로 듯 루이스와 나를 빤히 쳐다봤다. “너희들은 내 사생활을 존중해 줄 필요가 있어.” 그가 날카롭게 말했다. “도대체 날 어떻게 찾았지?” 그는 마치 내가 총이라도 가지고 온 것처럼 긴장한 말투였다.

나는 조롱하는 투로 답했다. “내가 해킹에 워낙 뛰어나거든.” 그런 후 한 방 먹이듯 씩 웃어줬다.

에릭은 우리와 대화를 하면서 틈만 나면 자신의 사생활이 침해됐다고 말했다.

내가 말했다. “네 사생활을 침해하려고 온 건 아냐. 도움을 받으러 온 거지. 우리 생각에 퍼시픽벨이 내 친구의 집전화를 감청하는 것 같아. 그런데 네가 전화국 마스터 열쇠가 있다고 해서 도움을 받으려고 온 거야.”

물론 내가 말한 ‘친구’는 사실 나였다.

“어디 전화국인데?” 에릭이 물었다.

나는 에릭에게 자세한 내용을 털어놓을 생각이 없었다. “ESS 교환기가 설치된 위성 전화국이야. 밤에는 아무도 없고.”

“지금은 열쇠가 없어.” 에릭이 말했다. “괜히 가지고 있다가 체포되면 골치 아프거든.”

“아무튼 빌려주기는 할 거지?”

천만에. 에릭은 불안해서 싫다고 말했다.

결국 나는 그에게 사실대로 말했다. “이봐, 이게 사실은 친구 일이 아니야. 퍼시픽벨이 내 아버지 전화선을 감청하고 있어. 그들이 도대체 내 통화 내용을 얼마나 파악했는지를 몰라서 겁이 나서 죽을 지경이라고. 심지어 누가 감청을 하는지, 감청이 언제부터 시작됐는지도 몰라."

에릭은 내게 어떻게 감청 사실을 알게 됐냐고 물었고, 나는 사회공학 기법을 활용해 캘러배서스 설비기술자에게 그 사실을 확인했다고 답했다. 그런 후 에릭에게 나를 믿어도 좋다고 덧붙였다. 마스터열쇠가 반드시 필요했기에 통사정을 하면서 아주 긴급한 일이라는 걸 에릭에게 납득시키려 애썼다. 에릭이 어서 마스터열쇠를 가져다 내게 건네주길 간절히 원했다.

"에릭, 만약 퍼시픽벨이 감청 과정에서 나를 다시 감방으로 처넣을 증거를 확보했다면, 나는 그냥 잠적해 버릴 거야." 내가 말했다. 그런 후 우리 셋은 미국과 범죄인 인도 조항을 맺지 않은 국가가 어디인지에 대해 한참 대화를 나눴다.

나는 다시 한 번 에릭에게 전화국에 침입해야 한다고 설득했지만, 에릭은 그저 생각해보겠다며 확답을 주지 않았다. 우리 셋은 다시 한참 동안 전화 회사들이 어떻게 사람들을 감청하는지 얘기했다. 에릭은 심지어 자신의 전화선에 혹시라도 전화번호 기록기가 설치돼 있는지를 확인하기 위해 매주 전화국에 직접 잠입해서 확인한다고 말했다.

에릭은 내게 마스터열쇠를 직접 넘겨줄 수는 없지만 대신 나를 데리고 전화국에 가서 함께 전화국 안에 잠입할 수는 있다고 말했다. 나는 에릭을 전적으로 신뢰하지 않았기에 에릭에게 내가 아는 감청장비 번호 3개 중에서 1개만 알려줬다. 그가 정말로 믿을만한 지 두고 볼 심산이었다.

마침내 루이스와 나는 에릭과 작별한 후 아파트를 나섰다.

나는 피시픽벨에게 감청을 지시한 이가 누구이건 간에 그쯤 되면 나를 다시 감방으로 보낼 만한 충분한 증거를 확보했다고 생각했다. 감청하는 쪽에서 나에 대해 얼마나 많은 증거를 수집했는지 몰랐기에 너무나 겁이 났고 계속해서 불안감을 느꼈다. 심지어 가끔씩은 아버지 집에서 자는 게 겁이 나 싸구려 모텔에 투숙한 후에야 비로소 안심하곤 했다.

에릭과 나는 전화국에 잠입하기로 계획했다. 하지만 막상 그 날짜가 닥치면 에릭은 오늘밤은 이래서 안 되고, 내일은 저래서 안 되고, 주말에는 일을 해서 안 된다는 식으로 계속해서 변명을 늘어놓았다. 나는 에릭을 더 의심하게 됐다. 점점 더 전화국에 잠입하는 게 두려워졌다. 나는 에릭에게 말했다. "나는 전화국 안에는 안 들어갈래. 대신 망만 봐줄게." 마침내 에릭과 나는 이튿날 밤에 전화국에 잠입하기로 동의했다.

하지만 막상 이튿날 아침이 되자 에릭이 전화를 걸어와 말했다. "어젯밤에 전화국에 잠입했어." 그런 후 내게 감청장비의 번호를 알려주었다. 맞는 번호였다. 에릭은 내게 그 번호들을 코스모스 컴퓨터에서 직접 확인했다고 말했다. 번호들은 1월 27일에 생성됐고, 따라서 감청장비들도 그 무렵에 설치됐다고 볼 수 있었다.

나는 에릭에게 바깥 출입문에 채워진 자물쇠는 어떻게 열었냐고 물었다. 에릭은 자신이 전화국에 침입했을 때에는 자물쇠가 없었다고 답했다. 하지만 나는 매일 차를 몰고 그 전화국을 지나칠 때마다 자물쇠가 잠겨있는 걸 목격했다. 따라서 에릭의 대답을 듣자 갑자기 머릿속에서 빨간 경고등이 번쩍이며 돌아갔다. 나는 더욱 더 불안해졌다. 왜 에릭은 내게 중대한 일이라는 걸 알면서도 이런 식으로 거짓말을 하는 걸까?

에릭을 더욱 조심해야만 했다. 그를 믿을 수가 없었다.

하지만 적어도 에릭이 사는 곳은 더 이상 비밀이 아니었다. 그리고 내가 자신의 주소를 알아냈다는 것에 대해 에릭은 꽤나 놀랐다. 게다가 이 모든 일이 있고난 후 에릭에 대한 의문은 더욱 증폭됐다. 그리고 그 수수께끼는 이제 막 풀릴 참이었다.

Epib qa bpm vium wn bpm ixizbumvb kwuxtmf epmzm Q bziksml lwev Mzqk Pmqvh?

17 에릭의 가면을 벗기다

루이스와 나는 SAS에 접속할 수 있다면 이 참에 모든 전화국의 전화 접속 번호를 입수하기로 결심했다. 전화 접속 번호를 모두 알아낸다면 퍼시픽벨이 서비스를 제공하는 전 지역의 전화선을 모두 감청할 수 있었고, 나아가 전화 접속 번호가 필요할 때마다 매번 사회공학 기법으로 퍼시픽벨 직원을 속일 필요도 없었다.

당시 나는 내게 SAS 저작권 정보를 알려준 패서디나전화국 직원으로부터 퍼시픽벨이 SAS를 어떤 식으로 사용하는지를 이미 알아낸 후였다. 전화선을 테스트하려면 기술자는 해당 전화선이 속한 전화국의 원격접속 테스트지점으로 연결되는 전화 접속 번호를 직접 입력해야만 했다. 그 말은 전화선을 테스트하는 기술자들이 모든 전화국의 원격접속 테스트지점에 접속하는 전화번호 목록을 가지고 있었다는 말이다.

한 가지 문제가 있었으니, 그 전화번호목록을 뭐라고 부르는지 내가 모른다는 것이다. 목록의 명칭을 모르는 상황에서 모든 전화국의 SAS 전화 접속 번호를 입수할 수는 없는 노릇이었다. 그러다가 문득 그 정보가 이미 데이터베이스에 저장돼 있을지도 모른다는 생각이 들었다. 나는 전화선을 테스트하는 패서디나전화국에 전화를 걸어 "기술팀 직원"이라고 소개한 뒤 혹시 데이터베이스에 SAS 전화 접속 번호가 저장돼 있냐고 물었다. "아니요. 데이터베이스 같은 건 없습니다. 오직 문서로만 존재합니다." 이런 답변이 돌아왔다.

정말 실망스러웠다. "그렇다면 SAS 장비에 기술적 문제가 생길 경우에는 누구와 통화를 해야 하죠?"

내 질문에 직원은 샌페르난두밸리에 위치한 퍼시픽벨 사무소의 전화번호를 알려주었다. 이는 사람들이 동료직원이라고 믿는 이에게 기꺼이 도움을 베푼다는 걸 보여주는 또 다른 예다. 대부분 사람들은 지나치게 친절한 게 문제다.

나는 직원이 알려준 전화번호로 전화를 걸어 관리자를 바꿔달라고 했다. 관리자가 전화를 받자 이렇게 말했다. "샌라몬에서 근무하는 기술팀직원입니다." 샌라몬은 캘리포니아 북부지역을 담당하는 퍼시픽벨의 대형기술설비가 위치한 곳이다. "SAS 전화 접속 번호를 데이터베이스로 작성하려고 하는데, 모든 전화 접속 번호가 적힌 목록을 좀 빌릴 수 있을까 해서요. 혹시 그 목록을 누가 보관하고 있나요?"

"접니다." 관리자가 말했다. 그는 내가 던진 미끼를 덥석 물었다. 그는 외부인과 별로 접촉할 일이 없는 퍼시픽벨 내부조직에서 근무하고 있었고, 따라서 자신에게 전화를 걸어온 사람이 외부인이 아닌 퍼시픽벨 직원이라고 확신한 것 같았다.

"팩스로 보내기엔 내용이 많나요?"

"한 100쪽 정도 됩니다."

"그렇다면 며칠 안에 그 사본을 직접 받아갔으면 하는데요. 제가 직접 가거나 아니면 다른 직원을 보내죠. 그래도 될까요?"

관리자는 자신의 사무실 위치를 알려주었다.

또 다시 친구 알렉스가 나를 대신해 기꺼이 수고를 해주기로 했다. 알렉스는 정장을 차려입은 후 샌페르난두밸리에 있는 퍼시픽벨 사무소로 향했다. 하지만 관리자는 우리가 예상했던 대로 알렉스에게 순순히 전화 접속 번호 목록을 건네주지 않았다. 대신 관리자는 알렉스에게 왜 그 정보가 필요하냐고 물었다.

갑자기 꽤나 곤란한 상황이 벌어졌다. 당시 계절은 이미 봄이었고, 게다가 남부 캘리포니아였기에 바깥 날씨는 따스했다. 그런데 알렉스는 장갑을 끼고 있었다. 관리자는 알렉스가 손에 장갑을 낀 것을 보고는 말했다.

"직원신분증을 볼 수 있을까요?"

난처한 상황이었다. 평범한 사람이라면 식은땀을 흘릴 상황에서도 순발력 있게 그럴싸한 이야기를 꾸며낼 수 있는 능력이야말로 정말 대단한 능력이다. 알렉스가 차분하게 말했다.

"저는 퍼시픽벨 직원이 아닙니다. 퍼시픽벨과 영업회의가 있어 LA 시내로 가던 참이었죠. 그런데 그쪽에서 제가 혹시 중간에 여기에 들러 이 문서를 가져다 줄 수 있냐고 부탁해서 온 겁니다."

관리자는 아무 말도 않고 그저 알렉스를 잠시 쳐다보기만 했다. 알렉스가 말했다.

"안 주셔도 괜찮습니다. 이해합니다. 뭐, 중요한 일은 아니니까요." 그런 후 태연하게 사무실을 빠져나가려 했다.

갑자기 관리자가 말했다. "아뇨, 여기 있습니다. 가져가세요." 그런 후 문서를 알렉스에게 내밀었다.

알렉스는 남부 캘리포니아 지역에 위치한 모든 전화국의 SAS 장비에 접속할 수 있는 전화 접속 번호가 담긴 문서를 내게 건네주면서 만면에 '거봐, 내가 해냈잖아.'라는 의기양양한 웃음을 지었다.

우리는 문서의 모든 내용을 복사했고, 알렉스는 다시 퍼시픽벨의 고객 전화요금청구 사무소에 들러 여직원에게 문서를 사내 우편함에 넣어서 다시 관리자에게 돌려주라고 부탁했다. 그렇게 함으로써 관리자가 문서가 분실됐다는 사실을 깨닫거나, SAS가 해킹됐다는 걸 알아챌 가능성을 미연에 차단했다. 아울러 알렉스를 추적하지 못하게 한 것이다.

어느 날 어쩌면 루이스도 감청을 당하고 있을지도 모른다는 생각이 문득 들었다. 나는 그저 확인만 해보자는 생각에 루이스가 근무하는 회사의 모든 전화선을 살펴봤다. 아니나 다를까, 모든 전화선이 감청되고 있었다. 혹시 에릭이 연루돼 있는 게 아닐까? 혹시라도 에릭이 모든 사실을 경찰이나 사법기관에 털어놓을지도 모른다는 생각에 루이스와 나는 에릭에게 전화를 걸어 그를 추궁해보기로 했다.

루이스가 통화를 하기로 했고, 나는 그저 옆에서 듣다가 생각나는 대로 지시하기로 했다.

에릭은 루이스가 말하는 모든 내용에 그저 "음, 그래"라고만 대답했다. 마침내 에릭이 말했다. "너희들 안 좋은 상황에 처한 것 같다." 고맙기도 해라. 하여간 에릭은 전혀 도움이 안 됐다.

에릭이 물었다. "감청장비 번호를 하나 알려줘 봐. 내가 직접 전화를 걸어서 살펴볼게." 루이스는 자신의 사무실 전화번호를 모니터하는 감청장비의 전화번호를 하나 알려주었다. 310-608-1064.

루이스가 에릭에게 말했다. "이상한 게 또 있어. 알고 보니 내 아파트 전화선도 감청 중이더라고."

"정말 이상한 일이군." 에릭이 말했다.

"에릭, 도대체 어떤 일이 벌어지고 있는 걸까? 케빈이 계속 나한테 성가시게 물어봐서 말이야. 내 의견을 듣고 싶어 하더라고. 아마 경찰이 연관돼 있다고 생각하는 것 같아. 네 생각은 어때?"

"그야 나도 모르지."

루이스가 몰아붙였다. "그냥 그렇다고 답해주라. 그래야 케빈이 날 더 이상 귀찮게 안 하지."

에릭이 말했다. "아냐, 내 생각에 경찰이 감청하는 것 같지는 않아. 아마 전화 회사가 감청하는 걸 거야."

"그래? 만약 전화 회사가 내 직장에 있는 모든 전화선을 감청하고 있다면, 적어도 한 달에 수천 통을 엿들어야 할 걸." 루이스가 맞장구쳤다.

이튿날 에릭이 루이스에게 전화를 걸어왔다. 내가 스피커폰으로 듣는 와중에 루이스가 에릭에게 먼저 물었다. "너 지금 감청 안 되는 전화선으로 전화건 거 맞지?"

에릭이 답했다. "그래, 공중전화야." 그런 후 여느 때처럼 '사생활을 존중해 달라'는 불평을 늘어놓기 시작했다.

그러다가 뜬금없이 루이스에게 물었다. "혹시 회사전화에 고객 CLASS를 추가해 놓았어?"

에릭이 말한 CLASS란 맞춤형 지역전화 시그널링 서비스custom local area signaling service를 뜻했다. 예를 들어, 발신자번호 확인, 마지막 전화회신과 같이 당시 일반대중에게는 제공되지 않았던 부가서비스가 여기에 포함된다. 따라서 만약 루이스가 그렇다고 대답한다면, 그건 불법행위를 시인하는 것과 다름없었다.

루이스가 아니라고 말하려 한 때, 에릭이 전화기에서 통화 중 대기신호가 들렸다.

나는 물었다. "도대체 언제부터 공중전화에 통화 중 대기가 되는 거지?"

에릭은 잠시 전화를 끊지 말고 기다리라고 말했다. 잠시 후 다시 에릭이 전화를 받자 이번에는 내가 직접 에릭에게 정말 공중전화가 맞느냐고 추궁했다. 그러자 에릭은 말을 바꿔서 여자친구 집에서 전화를 거는 거라고 말했다.

루이스가 에릭과 통화를 하는 동안 나는 에릭의 아파트로 전화를 걸었다. 한 남자가 전화를 받았다. 나는 혹시나 전화를 잘못 걸었나 해서 전화를 끊은 후 다시 전화를 걸었다. 같은 남자가 전화를 받았다. 나는 루이스에게 그 점에 대해 추궁해보라고 지시했다.

루이스가 말했다. "네 집에 전화를 거니까 어떤 남자가 전화를 받던데, 도대체 무슨 일이지?"

에릭이 말했다. "나도 몰라."

루이스는 재차 물었다. "에릭, 지금 네 아파트에 있는 사람이 누구지?"

"글쎄, 나도 무슨 일인지 잘 모르겠다니까. 내 아파트에 누가 있을 리가 없는데. 가서 확인해 봐야겠다. 왠지 느낌이 안 좋다. 당분간은 잠적 모드로 들어간다. 나중에 또 연락하자." 그런 후 전화를 끊었다.

에릭은 정말이지 사소한 일들까지 너무나 많은 거짓말을 했다.

나로선 에릭이 반드시 밝혀내야 할 미스터리였던 것처럼 SAS 감청장비 또한 꼭 풀어야 할 수수께끼였다. 그때까지 내가 감청장비에 대해 알아낸 것이라고는 감청장비에 연결된 3개 전화번호가 오클랜드에서 발신됐다는 것뿐이었다.

그렇다면 감청장비로 연결되는 전화번호는 물리적으로 어디에 위치해 있는 걸까? 그걸 알아내는 건 그다지 어렵지 않았다. 자동회선 배정센터에 전화를 걸어 전화번호 하나를 말해주자 곧장 해당 전화선이 위치한 물리적 주소를 알아낼 수 있었다. 주소는 오클랜드 웹스터스트리트 2150번지였다. 이전에 샌프란시스코에 위치해 있다가 이후 오클랜드로 사무실을 옮긴 퍼시픽벨 보안팀의 주소였다.

여기까진 성공이었지만, 그래봤자 오직 1개 전화번호의 주소를 알아낸 것에 불과했다. 나는 퍼시픽벨 보안팀이 감청장비에 접속할 때 사용하는 모든 전화 접속 번호를 입수하고 싶었다. 그래서 자동회선 배정센터 여직원에게 내가 방금 전에 주소를 알아낸 전화번호의 최초 서비스 개설신청서를 확인해달라고 부탁했다. 내 예상대로 서비스 신청서에는 다른 여러 전화번호들이 포함돼 있었다. 약 30개 전화번호가 같은 시기에 개설신청이 된 것이다. 게다가 그 전화번호들은 하나같이 내가 당시 감청내용을 녹음하는 '감청실'이라고 생각한 특정장소에서 발신됐다. (후에 알고 보니, 감청실 같은 건 없었다. 감청 중인 전화선에서 통화가 시작되면, 음성을 인식하면 녹음기가 자동으로 녹음을 시작했다. 그리고 그 녹음기는 감청을 담당하는 보안직원의 책상에 놓여있었고, 보안직원은 시간이 날 때면 아무 때나 녹음된 내용을 확인할 수 있었다.)

감청장비 전화번호를 입수했으니 다음으로 그 전화번호에서 어떤 전화번호로 전화가 걸리는지를 파악해야 했다. 일단 나는 각각의 전화번호로 전화를 걸었다. 전화를 걸었을 때 통화중 신호음이 들리지 않는다면 현재 감청에 사용되지 않는 전화번호였다. 따라서 그런 전화번호는 그냥 무시했다.

하지만 다른 전화번호에 대해서는 오클랜드 교환기운영센터로 전화를 걸어 사회공학 기법으로 교환기 기술자를 속여 해당 전화번호를 처리하는 DMS-100 교환기에 콜 메모리 질의 명령QCM, query call memory을 입력하게 했다(콜 메모리 질의 명령을 수행하면 그 전화선에서 마지막으로 전화가 걸린 전화번호를 알 수 있다). 이런 식으로 나는 퍼시픽벨이 캘리포니아 주에서 감청 중인 전화번호를 모두 알아냈다.

지역번호와 국번을 보면 감청장비가 어떤 전화국에 속해 있는지를 알 수 있었다. 혹시라도 전화번호가 루이스와 내가 감청 중인 전화국에 속하지 않은 번호일 경우에는 나는 해당 전화국에 전화를 걸어 퍼시픽벨 보안팀 직원이라고 소개한 후 이렇게 말했다. "그쪽에 우리 장비가 있어서요. 연결된 전화번호를 확인해 주시겠어요?" 이런 식으로 간단한 절차를 거친 후에 나는 감청을 당하고 있는 전화번호를 알아낼 수 있었다. 그런 후 루이스와 나는 감청을 당하고 있는 전화번호로 전화를 걸었고, 우리가 아는 사람인지를 확인했다. 이런 식으로 일일이 감청대상을 확인했다.

나는 감청대상을 파악하면서 동시에 에릭의 정체를 파악하려 애썼다. 이전에는 생각하지 못했던 아주 좋은 생각이 떠올랐다. 나는 에릭의 전화 서비스를 제공하는 교환기 운영센터로 전화를 걸어 기술자로 하여금 통화기록을 조회하게 했다. 그런 식으로 1A ESS 교환기에서 에릭의 전화선을 통해 가장 최근에 통화한 전화번호를 확인했다.

이후로 나는 하루에 수차례 통화기록 조회를 요청했고, 그런 식으로 에릭이 어디에 전화를 거는지를 알아냈다.

에릭이 건 전화번호 중 하나를 보며 나는 식은땀을 흘렸다. 그 전화번호는 310-477-6565였다. 굳이 그 전화번호를 조사해 볼 필요도 없었다. 내 머릿속에 깊숙이 박혀있는 전화번호였기 때문이다.

LA에 위치한 FBI본부 전화번호였다!

이런 빌어먹을.

나는 내 복제휴대폰으로 루이스의 직장에 전화를 걸었다. "어서 햄라디오를 켜." 내 말은 실제로는 전혀 다른 의미였다. 사실 그 말은 "네 복제휴대폰을 켜"라는 말이었다. (루이스는 한 번에 한 가지 일에만 집중하는 성격이다. 그래서 뭔가를 하고 있을 때에는 정신집중에 방해가 되지 않게 휴대전화나 호출기를 꺼놓는다.)

감청으로부터 안전한 복제휴대폰으로 루이스와 전화가 연결되자 내가 말했다. "야, 상황이 안 좋다. 에릭의 전화기록을 확인해 봤는데, 그 자식이 FBI에 전화를 했더라고."

루이스는 그다지 걱정하지 않는 눈치였다. 심지어 무심한 반응을 보였다. 얘는 또 왜 이래? 나는 생각했다.

어쩌면 사무실에 다른 직원들이 있어서 일부러 반응을 자제했을 수도 있었다. 아니면 루이스의 교만함 때문일 수도 있었다. 그는 늘 자신이 남보다 뛰어나며, 아무도 자신을 건드릴 수 없다고 생각했다.

내가 말했다. "네 아파트와 사무실에서 플로피디스크와 공책을 다 치워. SAS와 관련된 건 하나도 남김없이. 그런 다음 안전한 장소에 보관해. 나도 똑같이 할 테니까."

루이스는 에릭이 FBI에 전화 한 통 한 걸로 내가 지나치게 법석을 떤다고 생각하는 듯했다.

"그냥 내 말대로 해!" 나는 치밀어 오르는 화를 억누르며 말했다.

당연한 다음 수순은 퍼시픽벨 고객관리국으로 전화를 거는 것이었다. 통상적인 시도였건만 기대 이상의 결과물을 얻었다. 내 전화를 받은 친근한 여직원은 내 개인식별번호를 물었다. 나는 몇 달 전에 고객관리국 데이터베이스를 해킹하면서 알아낸 개인식별번호를 말해준 후 에릭 아파트에 설치된 2개의 전화번호를 알려줬다.

"첫 번째 전화번호 310-837-5412는 LA에 사는 조셉 베른레의 이름으로 등록돼있습니다." 여직원이 말했다. "비공개번호이고요." 이 말은 전화번호 안내에도 나오지 않는 번호라는 의미다. "두 번째 전화번호 310-837-6420도 조셉 베른레 이름으로 등록돼있고, 마찬가지로 비공개번호네요." 나는 여직원에게 이름의 철자를 불러달라고 말했다.

따라서 '에릭 하인츠'는 가명이었고 실명은 조셉 베른레였다. 아니면 혹시 에릭에게 룸메이트가 있거나. 하지만 매일 밤마다 여자를 집에 불러들인다고 주장하는 사람에게 룸메이트가 있을 가능성은 낮았다. 아무튼 에릭 하인츠는 가명이고 조셉 베른레가 실명일 가능성이 가장 높았다. 나는 에릭의 정체가 무엇인지 최대한 빨리 알아내야만 했다.

어디서부터 시작하지?

그래, 에릭이 사는 아파트의 임대차계약서에 에릭에 대한 정보나 비상연락처가 있을지도 몰라.

루이스와 내가 불시에 찾아갔던 에릭의 오크우드아파트는 알고 보니 대형부동산 회사가 미국 전역에 걸쳐 보유한 임대주택 중 하나였다. 그 임대주택들은 대체로 단기파견을 나온 기업직원들이 단기임대하거나, 또는 새로운 도시로 발령받아 새로운 주거지를 찾기 전까지 임시로 머무는 아파트였다. 오늘날 오크우드부동산회사는 '세계에서 가장 큰 임대주택 솔루션기업'이라고 자처한다.

나는 일단 오크우드부동산회사의 본사 팩스번호를 알아낸 후 전화 회사 교환기를 해킹해서 일시적으로 모든 수신된 팩스가 산타모니카에 있는 킨코스매장의 팩스로 자동으로 착신되게 했다.

그런 다음 오크우드 본사로 전화를 걸어 관리자의 이름을 하나 알아낸 후 이번에는 에릭이 거주하는 아파트를 관리하는 임대사무소로 전화를 걸었다. 밝은 목소리에 친절한 여직원이 전화를 받았다. 나는 방금 알아낸 관리자 이름을 대며 이렇게 말했다. "그쪽에서 관리하는 세입자 중 한 명에게 법적 문제가 있습니다. 조셉 베른레라는 세입자의 임대차계약서를 팩스로 넣어줄 수 있을까요?" 여직원은 즉각 조치하겠다고 말했다. 나는 여직원이 팩스를 보낼 전화번호가 내가 방금 전에 킨코스로 착신해놓은 전화번호인지 재차 확인했다.

나는 팩스가 도착하기에 충분한 시간을 기다린 후 킨코스로 전화를 걸어 매장책임자에게 내가 다른 킨코스매장의 책임자라고 소개한 뒤 이렇게 말했다. "여기 팩스를 기다리는 손님이 와있는데요. 실수로 그쪽 팩스로 팩스를 보내게 했나 봅니다." 나는 팩스를 찾아서 '내가 관리하는' 킨코스매장으로 다시 보내달라고 요청했다. 이렇게 두 단계를 거치면 FBI가 내 소행이라는 걸 알아채긴 더 힘들었다. 나는 이 수법을 '팩스세탁'이라고 부른다.

30분 뒤 나는 동네에 있는 킨코스에 들려 현금을 내고 팩스를 찾아왔다.

많은 노력을 기울였건만 임대차계약서는 내 의문을 풀어주지 못했다. 오히려 의심만 가중시켰다. 부동산임대회사는 임대를 해줄 때 세입자가 임대료를 지불할 능력이 되는지를 확인하기 위해 통상 자세한 정보를 요구한다. 하지만 에릭의 경우, 오크우드부동산회사는 정보를 거의 요구하지 않았다. 임대차계약서에는 지인들 연락처도 없었고, 심지어 은행계좌번호와 이전 주소지 정보도 없었다.

가장 중요한 점은 임대차계약서에서 에릭의 이름을 찾을 수가 없었다는 점이었다. 아파트는 전화서비스와 마찬가지로 조셉 베른레의 명의로 임대됐다. 그밖에 임대차계약서에서 찾을 수 있는 유일한 단서는 직장 전화번호로 기재돼있는 213-507-7782였다. 심지어 이 전화번호도 미심쩍긴 마찬가지였다. 그건 사무실 전화번호가 아닌 팩텔셀룰러에서 제공하는 휴대전화번호였기 때문이다.

아무튼 그 전화번호는 또 다른 실마리였다.

나는 팩텔셀룰러로 전화를 걸어 에릭의 임대차계약서에 기재된 휴대전화를 판매한 매장을 쉽게 찾아냈다. UCLA캠퍼스가 있는 LA웨스트우드에 위치한 원시티셀룰러라는 매장이었다. 나는 그 휴대전화번호의 소유주인 척하면서 매장으로 전화를 걸어 '내 휴대전화'에 대한 정보가 필요하다고 말했다.

"성함이 어떻게 되십니까, 고객님?" 여직원이 물었다.

"아마도 명의가 미국정부 이름으로 등록돼 있을 겁니다." 나는 여직원이 아니라고 말해주길 바랐다. 미국정부 명의로 등록돼있지 않기를 간절히 바랐다. 만약 여직원이 친절하게도 휴대전화 소유주의 명의도 알려준다면 금상첨화였다.

여직원은 내가 기대한 바대로 명의를 말해주었다. "성함이 마이크 마르티네즈 씨인가요?"

이건 또 뭔 소리?

"예, 제가 마이크 마르티네즈입니다. 아무튼 내 휴대전화 고객계좌번호가 어떻게 되죠?"

약간 위험한 시도였다. 하지만 여직원은 사회공학 기법에 대해 잘 아는 휴대전화회사의 고객서비스 상담원이 아닌 휴대전화 매장에서 근무하는 점원이었다. 따라서 전혀 의심하지 않고 내게 고객계좌번호를 알려주었고 나는 전화를 끊었다.

하인츠…… 베른레…… 마르티네즈. 도대체 무슨 일이 벌어지고 있단 말인가?

나는 잠시 후 다시 휴대전화 매장으로 전화를 걸었다. 아까 전화를 받은 여직원이 전화를 받자 나는 전화를 끊었다. 그런 뒤 잠시 후 다시 전화를 걸었고, 이번에는 남자직원이 전화를 받았다. 나는 그에게 방금 알아낸 '내 이름'과 휴대전화번호, 휴대전화 고객계좌번호를 알려준 후 "지난 3달간 휴대전화 고지서를 잃어버렸다."고 말한 뒤 고지서를 즉각 팩스로 보내달라고 요청했다. "휴대전화에 저장된 주소록을 실수로 삭제하는 바람에 고지서의 통화내역을 보고 다시 입력해야 해서요."

남자직원은 단 몇 분 만에 내게 고지서를 팩스로 넣어줬다. 나는 교통경찰에 걸리지 않을 만큼, 하지만 최대한 빠른 속도로 킨코스로 차를 몰았다. 휴대전화 요금고지서에 어떤 내용이 적혀 있을지 궁금해서 죽을 지경이었다. 팩스 비용은 내가 생각했던 것보다 훨씬 많이 나왔다. 그도 그럴 것이 마이크 마르티네즈의 휴대전화 고지서는 한 달치인데도 거의 20장이나 됐다. 고지서에는 100건이 넘는 통화내역이 기재돼 있었다. 나는 고지서를 보며 입을 다물 수가 없었다.

고지서에 기재된 전화번호 중 상당수는 지역번호가 202였는데, FBI본부가 위치한 워싱턴DC였다. 게다가 수차례 310-477-6565로 전화를 건 것으로 기재돼 있었다. 그 전화번호는 FBI LA사무소 번호였다.

제기랄! 에릭이 FBI요원일지도 모른다는 또 다른 증거였다. 새로운 실마리를 쫓을 때마다 상황은 점점 더 걱정스럽게 흘러갔다. 내가 쫓는 모든 단서가 내가 가장 꺼려하는 이들에게로 나를 인도하고 있었던 것이다.

잠깐. 에릭이 정말 FBI요원일까? 다시 생각해 보니 내가 새로 사귄 '친구'인 에릭 하인츠가 FBI요원이라고 보기는 어려웠다. 에릭은 록큰롤 클럽에 자주 들락거렸을 뿐만 아니라, 주변에 이상한 사람들도 많았다. 일단 내가 에릭에게 연락을 취하려면 먼저 통화를 해야 했던 헨리 스피겔은 결코 평범한 사람이 아니었다. 게다가 헨리 스피겔은 한때 수전 헤들리, 다시 말해 수잔 썬더로 알려진 해커를 매춘부로 고용했었다고 내게 말한 적이 있었다. 복수심에 불타 내가 코스모스센터를 해킹한 사실을 밀고했고 심지어 어머니 아파트의 전화선을 모두 끊었던 그 수잔 썬더 말이다. 게다가 에릭 자신도 매일 밤 매번 다른 스트리퍼와 잠자리를 한다고 주장했다.

아냐, 에릭이 FBI일 리는 없어. FBI가 신규요원을 고용할 때 실시하는 뒷조사를 통과했을 리가 없어. 나는 아니라고 결론 내렸다. 어쩌면 에릭은 FBI에게 뭔가 약점을 잡혀서 정보원, 이른바 밀고자로 일하는 걸지도 몰랐다. 그렇다면 FBI는 에릭을 활용해서 무엇을 노리는 걸까?

그 질문에 대한 답변은 당연했다. FBI는 해커를 체포할 계획이었다.

FBI는 이전에도 나를 수사대상으로 삼았고, 나아가 내 체포를 언론에서 대서특필하게 했다. 그리고 지금, 만약 내 추측이 맞는다면, FBI는 내 삶에 에릭을 끼워 넣어서 나를 붙잡을 미끼를 내 눈 앞에서 흔들어대고 있었다. 그건 마치 금주 중인 알코올중독자에게 위스키 병을 안겨준 후 과연 술을 입에 대는지를 지켜보고 있는 것과 마찬가지였다.

4년 전인 1988년에 「USA투데이」는 재테크 섹션 1면에 내 얼굴을 다스베이더에 합성한 사진을 대문짝만하게 게재하고는 나를 '해커세계의 다스베이더'라고 소개하면서 과거에 내 별명이었던 '어둠의 해커'를 다시 언급했다.

따라서 FBI가 나를 체포해서 언론의 조명을 받으려 한다는 건 충분히 있을 법한 일이었다.

게다가 FBI가 실제로 나를 체포한다면 언론의 관심을 이끌어내기란 쉬웠다. 내가 아직 어렸을 때, 검찰은 내가 북미 대공 방위사령부에 전화를 걸어 전화기에 대고 휘파람을 불면 핵미사일을 발사시킬 수 있다는 말도 안 되는 주장을 펼쳤고, 실제로 그 때문에 나는 불리한 판결을 받았다. 검찰이 또 다시 나를 처벌할 기회를 얻는다면 이번에도 주저하지 않고 똑같은 허튼 짓을 벌일 것임은 분명했다.

마이크 마르티네즈의 휴대전화 고지서에 기재된 주소는 비버리힐스에 있는 한 변호사 사무소였다.

나는 변호사 사무소로 전화를 걸어 전화를 받은 여직원에게 마르티네즈의 휴대전화를 개설해준 원시티셀룰러라고 말한 뒤 "요금이 미납됐다"고 말했다. "아, 그 휴대전화 요금은 저희가 납부하지 않아요. 저희는 그저 고지서가 날아오면 LA에 있는 사서함으로 보내주는 게 다에요." 그렇게 말한 뒤 내게 사서함번호와 주소를 알려줬다. 주소는 윌셔대로 11000번지에 있는 연방정부건물이었다. 역시나 좋지 않은 소식이었다.

나는 이번에는 패서디나에 위치한 미국 우정본부 우편물조사실로 전화를 걸었다. "고객불만을 제기하려고 하는데요. LA 웨스트우드지역을 담당하는 조사관 이름이 어떻게 됩니까?"

나는 이렇게 알아낸 조사관 이름으로 연방정부건물에 있는 우체국으로 전화를 걸어 우체국장을 바꿔달라고 한 뒤 이렇게 말했다. "사서함 개설신청서에 적힌 정보를 살펴보고 제게 신청자명과 주소를 알려주셔야 되겠습니다."

"그 사서함은 윌셔 11000번지에 있는 FBI 사무소로 등록돼 있습니다."

이제는 더 이상 놀랍지도 않았다. 그렇다면 마이크 마르티네즈로 가장한 사람은 누구일까? FBI와는 어떤 관계일까?

나는 FBI가 나에 대해 얼마나 많은 증거를 수집했는지를 너무나 알고 싶었다. 하지만 더 이상 캐낸다는 건 위험했다. 그랬다간 더 깊게 이 상황에 빠져들 수밖에 없었고, 결국 체포돼 감방에 보내질 가능성이 높았다. 감방행만은 어떻게든 피하고 싶었다. 하지만 다른 한편으론 이 수수께끼를 끝까지 풀고 싶은 욕구도 있었다. 과연 나는 그 유혹을 이겨낼 수 있을까?

Khkp wg wve kyfcqmm yb hvh TBS oeidr trwh Yhb MmCiwus wko ogvwgxar hr?

18 트래픽분석

혹시 가로등이 꺼진 어두운 길거리나 늦은 밤 아무도 없는 쇼핑몰 주차장을 혼자 걸어본 적이 있는가? 혹시 그때 누군가 뒤쫓아 오거나, 숨어서 지켜보고 있다는 느낌이 든 적이 있는가?

그런 적이 있다면 아마도 등골이 오싹했을 것이다.

내가 베르네와 마르티네즈라는 수수께끼의 인물에 대해 느낀 감정이 꼭 그랬다. 그들은 실제인물일까, 아니면 에릭 하인츠의 가명일 뿐일까?

나는 그 수수께끼를 더 깊게 파헤치다가 또 다시 해킹으로 체포돼선 안 된다는 걸 잘 알았다. 하지만 포기하기 전에 마지막으로 딱 한 가지 단서만 더 얻어내고 그만두기로 결심했다. 마르티네즈의 휴대전화 고지서에는 그가 전화를 건 이들의 전화번호가 적혀있었다. 그와 통화했던 이들이 누구인지를 알아낸다면 마르티네즈에 대한 단서도 포착할 수 있었다.

그러니까 내가 해야 할 일은 이른바 '트래픽분석traffic analysis'이라는 작업이었다. 트래픽분석은 일단 전화번호 주인의 상세통화기록을 샅샅이 살펴서 정보를 뽑아내는 것에서 시작됐다. 누구에게 자주 전화를 거는가? 반대로 누구로부터 자주 전화를 받는가? 종종 연달아 특정 번호로 전화를 걸거나,

아니면 특정 인물로부터 연달아 전화를 받는가? 유달리 아침에 전화를 거는 이들이 있는가? 아니면 저녁에는? 장시간 통화를 하는 전화번호가 있는가? 아니면 아주 짧게 통화를 하거나? 이런 정보들을 추출해내는 것이다.

그런 후에는 전화번호 주인이 전화를 가장 많이 거는 사람들을 대상으로 상세통화기록을 살펴서 똑같은 분석을 진행한다. 그리고 이렇게 질문한다. 그들이 가장 전화통화를 많이 하는 이들은 누구인가?

이런 식으로 하다보면 대충 전체적인 윤곽이 잡힌다. 물론 트래픽분석은 대단히 방대하고, 상당한 시간이 소요되는 작업이다. 하지만 나는 에릭의 정체를 알아내야만 했고, 그러려면 트래픽분석 말고는 방법이 없었다. 다시 말해, 트래픽분석은 힘들긴 했지만 반드시 필요한 작업이었다.

나는 트래픽분석에 모든 것을 걸었다.

내게는 이미 마르티네즈의 석 달치 휴대전화 고지서가 있었다. 일단 팩텔셀룰러를 해킹해서 실시간 통화기록이 네트워크의 어느 위치에 저장돼 있는지를 알아내야 했다. 실시간 통화기록을 확보한다면 팩텔셀룰러 휴대전화 가입자들 중에서 누가 에릭의 호출기, 음성사서함, 집전화로 전화를 걸었는지도 알아낼 수 있었다.

아니, 그보다 더 좋은 방법이 있었다. 어차피 팩텔셀룰러를 해킹할 거라면 마르티네즈가 팩텔 이동통신망을 통해 전화를 건 모든 팩텔 가입자들의 전화사용 내역을 입수할 수 있었다. 그렇다면 마르티네즈가 전화를 건 휴대전화번호의 주인이 누구인지도 알 수 있었다.

나는 팩텔셀룰러 내부 시스템의 명칭을 몰랐기에 팩텔 휴대전화서비스에 가입할 때 사용되는 외부에 공개된 고객서비스 전화번호로 전화를 걸었다. 나는 팩텔의 업무지원 센터 직원으로 가장하고 물었다. "혹시 CDIS를 사용하나요?" (CBIS는 고객 비용청구정보 시스템Customer Billing Information System을 말한다.)

"아니요. CMB를 사용하는데요." 고객서비스 여직원이 답했다.

"아, 그렇군요. 고맙습니다." 나는 전화를 끊었다. 내 신빙성을 입증할 만한 중요한 정보를 손에 넣은 후 이번에는 팩텔의 전기통신부서로 전화를 걸어 사전에 알아낸 회계부서 관리자의 이름을 댄 후 외부 하청직원이 팩텔로 파견돼 내근을 해야 하는데 음성사서함용 전화번호가 필요하다고 말했다. 그러자 내 전화를 받은 여직원은 음성사서함 전화번호를 개설해줬다. 나는 그 전화번호로 전화를 걸어 패스워드를 '3852'로 설정했다. 그런 뒤 안내 목소리를 녹음해뒀다. "랄프 밀리입니다. 지금 잠시 자리를 비웠으니 메시지를 남겨주세요."

그 다음으로 내가 전화를 건 곳은 전산부서였다. CMB 시스템관리자가 누구인지를 알아내야 했기 때문이다. 시스템관리자는 데이브 플렛챌이라는 사내였다. 나는 그에게 전화를 걸었고, 그는 내게 다짜고짜 물었다. "사내 회신전화번호가 어떻게 됩니까?" 나는 방금 개설한 음성사서함 전화번호를 알려줬다.

내가 "외부에 파견을 나와서 그런데 CMB에 원격으로 전화접속하는 방법을 가르쳐달라"고 말하자 데이브 플렛챌이 말했다. "전화 접속 번호는 알려드릴 수 있지만, 패스워드는 보안규정 때문에 전화로 말해드릴 수는 없습니다. 혹시 사무실 어디에 자리가 있죠?"

"오늘 하루 종일 밖에 나가있습니다. 그러니 패스워드를 봉투에 넣어 밀봉한 뒤 미미에게 맡겨주실래요?" 미미는 내가 사전조사를 하는 과정에서 알아낸, 데이브 플렛챌과 같은 사무실에서 일하는 비서의 이름이었다.

그는 기꺼이 그렇게 해주겠다고 말했다. 그리고 나는 덧붙였다.

"그리고 한 가지 더 부탁 좀 드릴게요. 지금 회의에 들어가야 해서 그러는데, CMB 전화 접속 번호는 알려준 내 사내 전화번호로 전화를 걸어서 음성 좀 남겨주시겠습니까?"

역시나 그렇게 하겠다고 말했다.

나는 그날 오후 늦게 미미에게 전화를 걸어, 내가 지금 댈러스에서 옴짝달싹 못하는 상태라서 그러니 데이브 플렛첼이 남겨둔 봉투를 열어 안에 적혀있는 정보를 내게 전화로 불러달라고 부탁했다. 미미는 내 말대로 했고, 그런 다음 더 이상 그 정보는 필요 없으니 쓰레기통에 버리라고 말했다.

엔돌핀이 마구 분비되면서 내 손가락이 빠르게 자판 위를 날아다니기 시작했다. 해킹은 내게 늘 전율감을 안겨준다.

나는 사회공학 기법으로 사람을 속일 때면 늘 혹시라도 내 속임수를 상대방이 알아채고 오히려 나를 함정에 빠뜨리기 위해 허위정보를 알려주는 게 아닐까 늘 의심스러웠다. 하지만 언제나처럼 이번도 내 사회공학 기법은 제대로 통했다.

나는 CMB 시스템에 접속할 수 있었다. CMB는 내 주종목이라고 할 수 있는 VMS운영체제가 설치된 백스 컴퓨터에서 돌아갔다. 다만 모든 문제가 해결된 건 아니었다. 내가 팩텔셀룰러 직원이 아니었기에 해당 컴퓨터에 접속할 수 있는 계정이 없었던 것이다.

나는 팩텔 회계부서로 전화를 걸어 전산부서직원으로 가장해서 현재 CMB 시스템에 접속해 있는 직원을 아무나 바꿔달라고 말했다.

멜라니라는 여직원이 전화를 받았다. 나는 멜라니에게 내가 데이브 플렛첼과 함께 전산부서에서 근무하는 직원이라며 CMB에 장애가 있어서 해결 중이라고 말했다.

"혹시 몇 분만 도와줄 수 있을까요?"라고 묻자, "당연하죠."라는 대답이 돌아왔다.

첫 번째 질문을 던졌다. "혹시 최근에 패스워드를 변경한 적 있나요? 지금 막 패스워드 변경프로그램을 업그레이드했는데, 제대로 작동하는지 확인하고 싶어서요."

"아뇨."

"멜라니, 이메일주소가 어떻게 되죠?" 팩텔셀룰러 직원들은 사용자 아이디로 각자의 이메일주소를 사용했기에 CMB에 로그인하려면 멜라니의 이메일주소가 필요했다.

그런 후 나는 멜라니에게 모든 프로그램을 닫고 CMB 시스템에서 로그아웃한 뒤 다시 로그인해보라고 말했다. 그리고 운영체제 명령어 입력기능이 제대로 작동하는지 확인해보라고 말했다. 명령어 입력기능이 제대로 작동한다는 것을 확인한 후에는 이렇게 요청했다. "우선 'set password(패스워드 설정)'라고 입력하세요."

그러면 멜라니의 모니터에 '이전 패스워드'라는 메시지가 반짝거릴 거라는 걸 나는 알았다.

"이전 패스워드를 입력하되 나한테는 말하지 말아요." 심지어 나는 아무에게도 패스워드를 알려줘선 안 된다고 충고까지 해줬다.

이전 패스워드를 입력하자 멜라니의 모니터에 '신규 패스워드'라는 메시지가 떴다.

나는 이미 CMS 시스템에 접속해서 대기하고 있는 상태였다.

"이제 'pactel1234'를 입력하세요. 그러면 다시 메시지창이 뜰 거고 똑같은 패스워드를 다시 입력하세요. 그런 다음 엔터키를 눌러요."

나는 멜라니가 자판을 두드리는 소리가 끝나기 무섭게 멜라니의 사용자

아이디를 입력한 후 'pactel1234'라는 패스워드를 입력해서 CMB 시스템에 로그인했다.

이제는 두 가지 일을 동시에 처리할 차례였다. 나는 맹렬한 속도로 자판을 두드려 아직 패치가 안 된 VMS보안 취약점을 악용하는 15줄짜리 프로그램을 작성한 후 실행시켰다. 그러자 모든 시스템권한이 부여된 새로운 계정이 생성됐다.

나는 프로그램을 작성하면서 다른 한편으로 멜라니에게 이런저런 지시를 내렸다. "이제 로그아웃 해봐요…… 새로 설정한 패스워드로 로그인 해보세요…… 잘 되나요? 다행이네요. 그럼 이번에는 방금 전까지 사용하던 기능들을 다 구동해보세요. 제대로 작동되는지 확인해보고요…… 잘 된다고요. 그럼 됐습니다." 그런 뒤 멜라니에게 '패스워드 설정' 절차를 다시 지시했고, 재차 아무한테도 새로 설정한 패스워드를 가르쳐주지 말라고 충고했다.

이제 나는 팩텔의 모든 VMS시스템들에 대한 접속권한을 확보했다. 다시 말해, 고객계정 정보, 고지서 내역, 휴대전화 단말기일련번호 등을 비롯한 모든 정보에 접속할 수 있게 된 것이다. 대단한 성과였다. 나는 멜라니에게 도와줘서 너무나 고맙다고 말했다.

나는 이후 이틀 동안 상세통화기록이 어디에 저장돼 있는지를 알아내고 휴대전화서비스 신청서에 접속하는 방법을 알아내는 데 소비했다. 그 결과 팩텔셀룰러 가입자라면 누구든 이름과 주소를 비롯한 모든 정보를 조회할 수 있었다.

상세통화기록은 용량이 방대한 디스크에 저장돼있었다. 하긴 디스크에는 LA지역에 거주하는 팩텔 고객들의 과거 30일간 실시간 휴대전화 발신 및 수신 기록이 저장돼있었기에 용량이 방대할 수밖에 없었다. 나는 정보를 시스템에서 직접 검색할 수도 있었다. 단, 파일이 너무나 커서 매번 검색할 때마다 15분 정도가 소요됐다.

나는 이미 에릭의 호출기 전화번호를 알고 있었기에 그 전화번호의 상세통화기록부터 살펴보기로 했다. 팩텔 고객 중에 에릭의 호출번호인 213-701-6852로 전화를 건 이가 있을까? 나는 대략 6건의 통화기록을 찾았고, 그중 특히나 2건이 눈에 띄었다. 팩텔의 통화기록에 적힌 내용은 정확히 다음과 같다.

```
2135077782 0 920305 0028 15 2137016852 LOS ANGELE CA
2135006418 0 920304 1953 19 2137016852 LOS ANGELE CA
```

맨 앞에 있는 '213'이란 숫자로 시작되는 번호는 호출한 이의 전화번호였다. '92'로 시작되는 부분은 연도, 날짜, 시간을 의미했다. 따라서 첫 번째 호출은 1992년 3월 5일 0시 28분에 걸려왔다는 의미였다.

첫 호출 전화번호는 내가 아는 번호였다. 바로 에릭의 아파트 임대차계약서에 적혀있던 전화번호였다. 나는 또한 그 번호가 마이크 마르티네즈의 명의로 개설됐다는 걸 이미 알고 있었다. 나로서는 상당히 안 좋은 소식이었다. 나는 이전까지 마르티네즈가 에릭의 가명이거나, 또는 에릭이 마르티네즈의 가명이라고 생각했다. 하지만 그 생각은 더 이상 들어맞지 않았는데, 마르티네즈와 에릭과 동일인물이라면 자신의 호출기에 삐삐를 쳤을 리가 없기 때문이었다.

그렇다면 마르티네즈는 에릭 말고 누구에게 전화를 걸었을까? 반대로 마르티네즈에게 전화를 건 이들은 누구일까?

나는 팩텔시스템을 검색해서 마르티네즈의 상세통화기록을 찾아냈다.

그가 FBI에게 종종 전화를 건다는 건 어느 정도 예상한 결과였다. 나는 에릭의 아파트 임대차계약서에서 마르티네즈의 전화번호를 발견한 후로 줄곧 그 사실을 알고 있었다. 마르티네즈가 건 전화번호 중 상당수는 팩텔이 제공하는 휴대전화번호였다. 나는 그 전화번호들을 공책에 적었다. 그런 후 그 전화번호들의 정보를 일일이 확인하기 시작했다.

알아본 결과 내가 공책에 적어놓은 전화번호들의 주인들은 서로 자주 통화를 했고, FBI LA사무소와 기타 사법기관에도 자주 연락을 하는 것으로 드러났다.

젠장. 그 전화번호들 중에서 내가 아는 전화번호만도 상당수였다. 퍼시픽벨 보안팀 테리 앳칠리의 사무실 전화번호와 휴대전화번호, 북부 캘리포니아 지역의 퍼시픽벨 보안총괄자 켄 벤의 전화번호, 에릭의 호출기 번호, 음성사서함, 집전화번호도 포함돼 있었다. 나아가 FBI요원의 전화번호도 상당수 포함돼있었다. (FBI요원의 직통전화번호는 동일한 지역번호와 국번을 사용했고, 번호 첫 자리도 같았다. 예를 들어, 310-996-3XXX 이런 식이다.) FBI요원의 직통전화번호가 많이 포함돼있다는 건 마르티네즈가 FBI요원이라는 사실을 뒷받침하는 증거였다. 덕분에 나는 마르티네즈와 같은 수사팀에 속한 다른 FBI요원들의 전화번호도 파악할 수 있었다.

에릭의 호출기에 걸려온 전화번호 중에서 내 시선을 끈 또 다른 번호는 213-500-6418이었다. 나는 이 전화번호의 상세통화기록을 조사한 뒤 대단한 수확을 거둘 수 있었다. 통화기록에는 특정 FBI 사내전화번호로 밤마다 짧게 전화를 건 기록이 있었다. 이건 무슨 의미일까? 바로 자신의 음성사서함을 확인하는 것이었다.

나는 그 전화번호로 전화를 걸었다.

"켄 맥과이어입니다. 메시지를 남겨주세요."

켄 맥과이어는 또 누구지? 이 자식은 왜 내 뒤를 캐는 거지?

나는 상담원과 통화하려는 생각에 0번을 눌렀다. 상담원 대신 어떤 여자가 전화를 받았다. "화이트칼라 범죄3팀입니다." 나는 의심을 사지 않을 천진한 질문을 몇 개 던졌다. 그러자 퍼즐의 또 다른 실마리가 밝혀졌다. 바로 켄 맥과이어 요원이 WCC3라는 코드명을 사용하는 FBI LA수사팀 소속이라는 사실이었다. 아마도 켄 맥과이어가 에릭을 담당하는 요원인 듯했다.

에릭이라는 퍼즐을 풀어가는 과정은 대단히 흥미로운 모험으로 변해가고 있었다. 나는 장기간에 걸친 트래픽분석을 마치고 나를 뒤쫓는 수사관들과 그들을 도와주는 이들, 이 모든 이들과 정기적으로 접촉하는 이들의 명단을 모두 파악할 수 있었다.

맙소사!

세상에 자신을 수사 중인 FBI를 오히려 반대로 조사할만한 배짱을 가진 사람이 나 말고 또 있을까?

퍼즐조각들은 서서히 끼워 맞춰지고 있었다. 조만간 엄청난 일이 태풍처럼 몰아칠 기세였다. 나는 돌아올 수 없는 강을 건넜다고 느꼈다. 하지만 순순히 앉아서 당할 생각은 전혀 없었다.

Rcvo dn ivhz ja ocz omvinvxodji oj adiy v kzmnji'n njxdvg nzxpmdot iphwzm pndib oczdm ivhz viy yvoz ja wdmoc?

19 드러나는 진실

일반적으로 의료기록은 오직 특별한 허락이 있을 때에만 공유되며, 그 밖의 경우에는 기밀로 취급된다는 게 일반적인 생각이다. 하지만 실제로는 그럴싸한 이유를 대서 판사를 설득할 수만 있다면, 연방수사관이나 경찰, 또는 검찰도 우리의 약 처방전 기록을 뽑아낼 수 있고 심지어 약을 조제해 간 날짜까지도 알 수 있다. 겁나지 않는가?

우리는 또한 정부가 관리하는 우리 기록이 안전하다고 믿는다. 즉, 미국 국세청, 사회보장국, 차량면허국 등에 보관돼있는 우리 기록이 철저한 보안 속에 기밀이 유지된다고 생각한다. 물론 지금은 과거에 비하면 그나마 보안이 약간이라도 강화됐을 것이다(그렇다고 보안이 완벽하다는 말은 아니다). 하지만 내가 한참 해킹을 할 때만 해도 정부에서 관리하는 기록을 빼내기란 땅 짚고 헤엄치기였다.

예를 들어, 나는 고도의 사회공학 기법을 사용해서 사회보장국을 해킹한 적이 있다. 언제나처럼 가장 먼저 한 일은 사전조사였다. 나는 사회보장국 내부의 여러 부서들을 파악하고, 각각의 사무소 위치와 관리자 이름을 알아냈으며, 내부에서 쓰이는 일반적인 용어들을 익혔다. 연금청구는 '모드Mod'라고 불리는 특수부서에서 관리했다. 내 생각에 모드는 '모듈module'을 의미하며, 각각의 모드는 일정량의 주민등록번호를 할당 받아 관리했던 것 같다. 아무튼 나는 모드로 전화를 걸어 사회공학 기법을 사용했고, 여기저기 부서로 전화 연결을 하다가 마침내 앤이라는 직원과 통화를 할 수 있었다. 나는 앤에게 나를 사회보장국의 감찰실에서 근무하는 톰 하몬이라고 소개했다.

"앞으로 지속적으로 업무협조가 필요할 것 같습니다." 그런 후 내가 근무하는 감찰실이 현재 허위 연금청구건을 여러 건 수사 중인데, MCS시스템에 접속할 수가 없어서 도움이 필요하다고 설명했다. MCS는 개량청구시스템Modernized Claims System의 약자로, 사회보장국의 중앙컴퓨터시스템을 지칭하는 아주 우스꽝스런 용어다.

첫 통화 이후 앤과 나는 자주 통화하는 사이가 됐다. 나는 언제든 앤에게 전화를 걸어 내가 원하는 정보를 찾아보게 할 수 있었다. 주민등록번호, 생년월일, 결혼하기 전 어머니의 성姓, 장애수당, 임금 등 모든 정보를 알아낼 수 있었다. 앤은 내가 전화를 걸 때마다 자신이 하던 일을 멈추고 내가 요청한 업무를 먼저 처리해줬다.

앤은 아마도 내 전화를 기다렸던 것 같다. 그녀는 자신이 허위 연금청구건 조사라는 아주 중대한 임무를 수행하는 감찰실 소속직원을 도와준다는 데 보람을 느낀 것 같다. 게다가 앤은 내가 요청한 업무를 하면서 자신의 단조롭고 지겨운 업무에서 벗어날 수 있었다. 그래서인지 내게 적극적으로 정보를 알려줬다. "혹시 부모님 이름을 알려드리면 수사에 도움이 될까요?" 이런 식이었다. 그런 후 앤은 여러 단계에 걸쳐 그 정보를 찾아내곤 했다.

나는 언젠가 실수로 앤에게 멍청한 질문을 한 적이 있다. "그쪽은 오늘 날씨가 어때요?"

하지만 감찰실은 앤과 같은 도시에 위치했다. 앤이 물었다. "오늘 날씨가 어떤지 몰라요?"

나는 잽싸게 임기응변을 발휘했다. "사건수사 때문에 오늘 LA에 출장을 나와 있거든요." 아마도 앤은 이렇게 생각했을 것이다. 감찰실 직원이니까 여기저기 출장을 자주 다니는 게 당연해.

앤과 나는 거의 3년 동안 전화로 친구처럼 지냈다. 서로에게 정감 어린 농담도 했고, 이런저런 정보를 찾아내며 함께 보람을 느끼기도 했다.

만약 앤을 실제로 만난다면 고마워서 뺨에 뽀뽀라도 해주고 싶은 심정이다. ("앤, 만약 이 글을 읽고 있다면 내 입술이 당신을 기다리고 있어요.")

아마도 실제 수사관들은 사건을 수사할 때 상당히 많은 단서를 쫓을 것이다. 그리고 그 중 몇몇 단서는 조사하는 데 상당히 오랜 시간이 소요될 것이다. 나 또한 에릭의 아파트 임대차계약서가 조셉 베른레의 명의로 돼있다는 걸 잊은 적이 없다. 다만 그 단서를 쫓기까지 상당히 오랜 시간이 걸렸을 뿐이다. 그리고 나는 수사관 흉내를 내며 이 단서를 쫓는 과정에서 앤의 도움을 받게 된다.

앤은 MCS에 접속해서 'Alphadent' 파일을 열었다. 그 파일은 이름과 생년월일로 특정인물의 주민등록번호를 알아내는 데 사용되는 파일이었다.

나는 앤에게 'Numident' 파일도 열라고 요청했다. 내 조사대상의 출생지와 생년월일, 아버지 성명, 결혼 전 어머니 성명을 찾아보기 위해서였다.

조셉 베른레는 필라델피아에서 아버지 조셉 베른레 시니어와 어머니 메리 에벌리 사이에서 태어난 것으로 밝혀졌다.

앤은 다음으로 DEQY('상세수입 조회detailed earnings query'를 의미하며, '데퀴'라고 발음한다) 기능을 수행해서 조셉 베른레의 고용이력과 임금기록을 조회했다.

어라…… 이럴 리가?

조셉 베른레는 40세였다. 그런데 주민등록기록에 의하면 그는 단 한 번도 돈을 번 적이 없었다. 직장경력이 전혀 없었던 것이다.

이 상황에서 당신이라면 어떤 생각이 들었겠는가?

주민등록기록이 있는 걸로 봐서 조셉 베른레는 실존인물이었다. 하지만 40세가 되도록 돈을 번 적도, 직장을 다닌 적도 없었다.

조셉 베른레에 대해 더 깊숙이 파헤치면 파헤칠수록 머릿속이 복잡해졌다. 이해가 안 됐던 것이다. 하지만 그 때문인지 반드시 이 수수께끼를 풀어야겠다는 내 결심도 강해져만 갔다.

그래도 어쨌든 조셉 베른레의 부모 이름은 손에 넣었다.

나는 셜록 홈즈처럼 탐정노릇을 하고 있었다.

조셉 베른레 주니어가 태어난 곳은 필라델피아였다. 어쩌면 부모님은 여전히 필라델피아나 또는 그 주변에 거주하고 있을지도 몰랐다. 나는 지역번호 215 지역의 전화번호 안내로 전화를 걸었다. 당시 지역번호 215번에는 필라델피아를 비롯해 펜실베이니아 주변지역까지 포함됐다. 문의한 결과 조셉 베른레라는 이름으로 등록돼있는 사람은 3명이었다.

나는 전화번호 안내원이 알려준 전화번호로 전화를 걸었다. 두 번째 전화번호로 전화를 걸었을 때, 한 남자가 전화를 받았다. 베른레 씨냐고 묻자 남자는 그렇다고 답했다.

"저는 사회보장국의 피터 브라울리라고 합니다. 잠시 통화 가능할까요?"

"무슨 일이죠?"

"조셉 베른레라는 분에게 연금을 계속 지급해 왔는데요. 우리 시스템에 오류가 발생해서 아마도 다른 분에게 연금이 지급된 것 같습니다.”

나는 잠시 말을 멈추어 사내가 내 말을 곱씹은 후 당황해 할 틈을 주었다. 그래야만 내가 유리하게 대화를 이끌어 나갈 수 있었다. 사내는 아무런 대꾸도 하지 않았고, 나는 말을 이었다. “혹시 아내분 성함이 메리 에벌리입니까?

“아뇨. 그건 내 여동생 이름입니다.” 사내가 말했다.

“그렇다면 혹시 아드님 이름이 조셉인가요?”

“아닙니다.” 사내는 잠시 멈추었다가 덧붙였다. “메리에게는 조셉 웨이스라는 아들이 있습니다. 하지만 연금을 수령한 게 그 아이일 리는 없습니다. 왜냐하면 캘리포니아 주에 거주하거든요.”

점점 윤곽이 드러나고 있었다. 조셉 베른레의 정체가 밝혀지고 있었던 것이다. 하지만 그게 전부는 아니었다. 사내는 계속 떠들어대다가 결정적인 단서를 흘렸다.

“그 아이는 FBI요원입니다.”

바로 그거였다!

그러니까 애당초 조셉 베른레라는 인물은 존재하지 않았다. 조셉 베른레는 조셉 웨이스라는 FBI요원이 기억하기 쉬운 가족 이름을 사용해서 만들어낸 기상인물이었던 것이다. 그리고 그 FBI요원이 바로 에릭 하인츠라는 해커로 가장한 것이었다.

적어도 그때까지 밝혀진 단서로 추론할 때, 그것이 가장 유력한 가설임이 분명했다.

나는 에릭의 집으로 전화를 걸었지만, 이미 전화번호는 해지되어 에릭과 연결할 수 없었다.

나는 이전에 해킹을 하면서 LA지역에 수도와 전력을 공급하는 수도전력회사의 시스템에 접속할 수 있는 권한이 언젠가 도움이 될 날이 올 거라고 생각했다. 누구든 수도와 전기는 필요했기에, 수도전력회사는 누군가의 주소를 알아내기에 아주 좋은 정보의 보고라고 생각했던 것이다.

수도전력회사에는 사법기관들의 전화를 응대하기 위해 '특별업무지원실'이라고 불리는 별도의 부서가 있다. 따라서 특별업무지원실 직원들은 전화로 고객정보를 요청하는 이들이 해당 정보에 접속할 수 있게 허용된 기관에 소속돼있는지를 반드시 확인하도록 훈련 받았다.

나는 수도전력회사 본사에 전화를 걸어 경찰이라고 말한 뒤 특별업무지원실 전화번호를 아는 경사가 출동 중이라서 전화번호를 다시 알려줄 수 있냐고 물었다. 직원은 순순히 전화번호를 알려줬다.

그 다음에는 LA경찰청 SIS 부서로 전화를 걸었다. 수년 전 피어스칼리지를 다니던 나와 레니를 미행했던 그 부서를 이런 재미난 일에 일부러 끼어 넣고 싶었다. 경사를 바꿔달라고 하자, 잠시 후 I. C. 데이비슨 경사가 전화를 받았다. (내가 그의 이름을 지금까지도 기억하는 이유는 이후로도 오랫동안 내가 수도전력회사에서 정보를 빼낼 때마다 그의 이름을 사용했기 때문이다.)

"경사님, 저는 수도전력회사 특별업무지원실 직원입니다. 지금 경찰에 소속된 정보요청자 명단을 데이터베이스로 구축하고 있어서요. 혹시 그쪽 부서에도 특별업무지원실에 정보를 요청하는 경찰관들이 있는지 확인하러 전화했습니다."

"당연히 있죠." 경사가 말했다.

"좋습니다. 명단에 포함돼야 할 경찰관들이 총 몇 명이죠?"

경사는 몇 명인지를 말해주었다.

"그렇군요. 이름을 하나씩 말씀해 주시죠. 그러면 앞으로 1년간 정보요청자 명단에 포함시켜 놓겠습니다." 경사가 속한 SIS 부서는 수도전력회사로부터 정보를 입수하는 게 매우 중요한 업무 중 하나였기에 경사는 명단에 포함될 경찰들의 이름을 철자 하나하나 자세히 말해줬다.

그로부터 몇 달 뒤 특별업무지원실은 갑자기 정보요청자 명단을 확인하는 것에 더해 패스워드도 요구하기 시작했다. 문제될 건 없었다. 나는 그저 LA경찰청 조직범죄 부서에 전화를 걸어 경위를 바꿔달라고 말했다.

그런 후 "특별업무지원실 제리 스펜서입니다"라고 소개한 뒤 이번에는 전과는 약간 다른 식으로 접근했다. "혹시 특별업무지원실 정보요청자 명단에 포함돼 있으신가요?"

경위는 그렇다고 답했다.

"그렇군요. 성함을 말씀해 주시겠습니까?"

"빌링슬리요. 데이빗 빌링슬리."

"목록에서 이름을 찾아볼 테니 잠시만 기다려주세요."

나는 잠시 말을 멈추고는 종이를 구겨 바스락대는 소리를 냈다. 그런 후 말했다. "아, 있네요. 패스워드는 '0128'이 맞으시죠?"

"아뇨. 그럴 리가요. 내 패스워드는 '6E2H'입니다."

"아, 그러네요. 죄송합니다. 목록에 데이빗 빌링슬리가 한 명 더 있어서 착각했습니다." 너무나 웃겨서 참느라 힘들 지경이었다. 그 다음 나는 경위로 하여금 조직범죄 부서에 소속된 형사 중에서 특별업무지원실 정보요청자 명단에 포함된 이들의 이름과 패스워드를 확인한 후 내게 불러주게 했다. 당시 정말이지 내 사회공학 기법은 끝내줬다. 그때 알아낸 패스워드 중에 아직도 사용 중인 패스워드가 있다고 해도 그리 놀랄 일은 아니다.

나는 패스워드를 입수하고 난 후 단 5분 만에 수도전력회사에서 에릭의 새 주소를 알아낼 수 있었다. 알고 보니 에릭은 같은 아파트 내에 있는 다른 호수로 이사를 했다. 루이스와 내가 이전에 자신의 집으로 찾아간 후 3주가 지날 무렵, 에릭은 다른 곳으로 이사를 했고 전화번호도 바꿨다. 그런데 고작 이사한 곳이 같은 아파트라니!

게다가 새로 바뀐 전화번호도 여전히 이전처럼 조셉 베른레의 명의로 등록돼있었다. 만약 에릭이 자신의 말마따나 실제 '잠적모드'에 돌입했다면 왜 여전히 같은 명의를 사용한단 말인가? 그러고도 자신이 뛰어난 해커라고 주장하다니? 에릭은 내가 자신에 대해 얼마나 많은 정보를 알아낼 수 있는지 도무지 감이 없는 것 같았다. 나는 모든 의문을 풀지는 못했지만 점점 더 진실에 다가가고 있었고, 여기서 조사를 그만둘 수 없었다.

Wspa wdw gae ypte rj gae dilan lbnsp loeui V tndllrhh gae awvnh "HZO, hzl jaq M uxla nvu?"

20 거꾸로 한 방 먹이다

캘리포니아 주 차량면허국은 후에 내가 가장 많은 정보를 입수하는 곳이자, 향후 내 도피생활 시절에 큰 도움이 됐다. 차량면허국을 해킹한 일화는 그 자체만으로 상당히 흥미로운 이야깃거리다. 여기서 잠시 그 일화를 소개할까 한다.

첫 번째 단계는 경찰들이 차량면허국에 전화를 걸 때 쓰는 전용 전화번호를 알아내는 것이었다. 나는 오렌지카운티 치안담당 사무소로 전화를 걸어 통신부서를 연결해달라고 한 뒤 전화를 받은 부보안관에게 말했다. "이틀 전에 요청한 사운덱스에 대한 정보를 요청하려고 하는데, 차량면허국 전용 전화번호가 필요해서요." (이유는 모르겠지만, 차량면허국에서 운전면허증 사진을 요청할 때 사운덱스라는 용어를 쓴다.)

"누구시죠?" 부보안관이 물었다.

"무어 경위입니다. 이전에는 916-657-8823번을 사용했는데, 전화를 해보니 연결이 안 되네요." 여기서 세 가지 점이 내게 유리하게 작용했다. 첫째, 나는 부보안관에게 전화를 걸면서 내선 전화번호를 사용했기에 당연히 부보안관은 내가 외부인이 아닌 치안담당 사무소에 근무하는 동료직원이라고 생각했다. 둘째, 내가 부보안관에게 말해준 전화번호는 무모한 측면도 있었지만 충분히 해볼 만한 도박이었다. 왜냐하면 내가 알려준 전화번호에서 지역번호와 국번은 맞았기 때문이다. 앞에서도 언급했지만, 당시 국번 657은 모두 차량면허국에 할당돼 있었다. 따라서 경찰이 사용하는 차량면허국 전용 전화번호도 916-657로 시작될 게 분명했다. 만약 부보안관이 내가 준 전화번호가 틀렸다는 걸 알아챘다 해도 뒷자리 4개 숫자만 틀렸다고 생각할 것이었다. 셋째, 나는 경위로 계급을 높여 자신을 소개했다. 경찰서나 치안담당사무소에서 근무하는 이들의 사고방식은 군인과 똑같다. 어느 누구도 어깨에 계급장이 달린 상관의 요청을 거부하지 않는다.

아니나 다를까, 부보안관은 내게 전용 전화번호를 알려줬다.

이제는 경찰의 정보요청 전화를 지원하는 차량면허국 부서에 전화선이 몇 개나 있는지를 알아낼 차례였다. 그리고 각각의 전화선에 등록된 전화번호도 알아내야 했다. 나는 이전부터 캘리포니아 주가 사용하는 교환기가 노던텔레콤에서 제조한 DMS-100이라는 걸 알았다. 나는 일단 캘리포니아 주 통신부서에 전화를 걸어 DMS-100 교환기 기술자를 바꿔달라고 말했다. 나는 댈러스에 위치한 노던텔레콤의 기술지원센터에서 근무하는 직원이라고 소개했고, 전화를 받은 기술자는 순순히 내 말을 믿었다. 나는 여느 때처럼 능숙하게 떠들어댔다. "현재 출시된 교환기 소프트웨어에 가끔씩 다른 전화로 연결되는 문제가 있어서요. 그래서 패치를 만들었는데, 용량도 크지 않고 패치를 한 후에도 시스템에 충돌이 있거나 하지는 않을 겁니다. 그런데 고객지원 데이터베이스에 그쪽 교환기에 접속할 수 있는 전화번호가 없더라고요. 그래서 전화했습니다."

의심을 사지 않고 상대를 속여야 하는 아주 까다로운 순간이었다. 나는 상대방이 거절하지 못하게 자연스런 말투로 말했다. "패치를 하려고 하는 데 전화 접속 번호와, 작업을 진행하기에 적당한 시간을 말씀해 주시겠습니까?"

기술자는 자신이 직접 패치 작업을 안 해도 된다는 사실이 기뻤는지 순순히 내게 전화 접속 번호를 알려줬다.

당시에도 일부 전화교환기는 기업들이 사용하는 컴퓨터 시스템처럼 패스워드 보안기능이 장착돼있었다. 설정된 계정명은 너무나 뻔했다. 노던텔레콤 기술지원Northern Telecom Assistance Support의 약자인 'NTAS'일 게 분명했다. 나는 기술자가 알려준 전화번호 교환기에 접속한 뒤 계정명을 입력했고, 이런저런 패스워드를 입력해보기 시작했다.

'ntas?' 아니었다.

'update?' 역시 아니었다.

혹시 'patch?' 아니었다.

나는 이번에는 노던텔레콤 교환기를 사용하는 지역전화회사들이 사용하는 패스워드를 입력했다. 내가 이전에 알아낸 그 패스워드는 'helper'였다.

대박!

노던텔레콤은 기술지원 기술자들의 편의를 위해 똑같은 패스워드로 모든 교환기에 접속할 수 있게 해둔 것이었다. 정말로 멍청한 생각이었다. 하지만 나로서는 대단한 행운이었다.

나는 그렇게 교환기에 대한 모든 권한을 손에 넣을 수 있었고, 덕분에 새크라멘토 차량면허국에 배정된 모든 전화번호를 조작할 수 있게 됐다.

나는 교환기에 접속해서 경찰들이 사용하는 차량면허국 전용 전화번호를 조회했다. 경찰의 정보요청 업무를 담당하는 부서는 20개 전화회선을 사용하고 있었다. 전화회선은 헌트그룹hunt group으로 설정돼 있었다. 이 말은 경찰이 전용 전화번호로 전화를 걸 경우, 만약 해당 전화번호가 이미 통화중일 경우에 자동으로 다음 회선으로 연결된다는 뜻이다. 그러니까 교환기가 자동으로 통화중인 회선을 피해 대기 중인 회선을 찾아낸다는 의미에서 '사냥hunt'이라는 단어를 쓰는 것이다.

나는 20개 전화회선 목록 중에서 18번째 회선을 골랐다. (그 이유는 낮은 번호의 회선은 계속해서 정보요청 전화가 걸려와 통화중일 확률이 높았지만, 높은 번호의 회선은 정보요청 전화가 쇄도할 때를 제외하곤 늘 비어있을 것이기 때문이다.) 그런 후 교환기에 명령어를 입력해서 내가 선택한 회선에 착신기능을 부여했다. 이제 18번째 전화회선으로 걸려오는 전화는 내 복제 휴대전화로 착신됐다.

정보요청 전용 전화회선을 내 휴대전화로 착신해 놓은 건 꽤나 겁 없는 행동이었다. 이후 내 휴대전화로 재무부 비밀검찰국뿐만 아니라 토지관리국, 마약단속국을 비롯해 재무부 휘하의 주류, 담배, 화기 단속국에서도 전화가 걸려왔다.

게다가 더 재미난 건 내가 FBI요원들의 정보요청 전화도 받았다는 점이다. 그러니까 나를 체포한 후 수갑을 채워 감방으로 보낼 수 있는 FBI의 전화를 내가 직접 응대했다는 말이다.

수사기관들이 내가 착신해놓은 차량면허국 전용 전화회선으로 전화를 걸어 나와 통화를 할 때면, 그들은 내가 차량면허국 직원이라고 생각했다. 그러면 나는 절차대로 먼저 본인확인을 위한 정보를 물었다. 성명, 소속기관, 정보요청자 번호, 운전면허번호, 생년월일 등등. 그렇다고 해서 위험하지는 않았다. 전화를 건 이들은 하나같이 전화 건너편에서 들려오는 목소리의 주인공이 차량면허국 직원이 아니라는 걸 몰랐기 때문이다.

이런 전화를 받을 때면, 특히나 수사기관에서 전화가 걸려올 때면, 터져 나오는 웃음을 꾹 참고 전화를 받아야만 했다.

한번은 친구 3명과 우드랜드힐에 있는 고급 스테이크 레스토랑에서 점심식사를 하는 와중에 전화가 걸려왔다. 나는 휴대전화 벨소리가 울리자 친구들을 조용히 시켰다. 친구들은 '뭔데 그래?'하는 눈빛으로 나를 쳐다봤다. 내가 전화를 받아 "차량면허국입니다, 무엇을 도와 드릴까요?"라고 말하자 친구들의 눈빛은 '이 자식 이번에는 또 뭔 짓을 벌인 거야?'라는 눈빛으로 바뀌었다. 한편 나는 전화를 받으면서 왼손가락으로 탁자 위를 두드리며 자판을 치는 소리를 냈다.

서서히 상황을 이해하기 시작한 친구들은 놀라서 입을 다물지 못했다.

나는 전화를 걸어온 이로부터 충분한 정보를 알아내고 나면, 다시 교환기에 접속해서 임시로 착신서비스를 중단했다.

차량면허국 해킹에 성공했다는 건 나로서는 대단히 기쁜 일이었다. 그리고 차량면허국 해킹은 이후 내게 대단히 큰 도움이 된다.

그 와중에도 나는 여전히 FBI가 내 해킹활동에 대해 얼마나 알고 있는지, 증거는 얼마나 수집했는지, 그리고 내가 빠져나갈 구멍이 있는지 너무나 궁금했다. 과연 이 상황을 모면할 수 있을까?

나는 에릭의 뒷조사를 계속하는 게 어리석은 생각이라는 걸 알았다. 하지만 과거에도 여러 번 그랬던 것처럼 나는 위험한 모험과 지적 도전이라는 커다란 유혹에 흔들리고 있었다.

에릭은 반드시 풀어야만 할 퍼즐이었고, 이제 와서 포기하고픈 생각은 없었다.

어느 날 텔텍탐정사무소의 마크 캐스텐이 전화를 걸어와 자신, 그리고 마이클 그랜트와 함께 점심식사를 하자고 말했다. 텔텍탐정사무소의 대주주는 아버지와 아들이었는데, 마이클 그랜트는 그중 아들이었다.

나는 텔텍탐정사무소 주변에 위치한 코코스레스토랑에서 마크와 마이클을 만났다. 마이클은 땅딸막한 체구에 아주 자신만만한, 약간은 잘난 체가 심한 사내였다. 둘은 내 경험담을 대단히 흥미롭게 경청했다. 그들도 탐정활동을 하면서 사회공학 기법을 사용했다. 다만 그들은 사회공학 기법을 '공갈'이라고 불렀다. 나는 내가 아주 성공적으로 사회공학 기법을 사용해왔다는 점을 누누이 강조했다. 마크와 마이클은 내가 컴퓨터만큼이나 사회공학 기법과 전화 회사에 대해 많이 안다는 사실에 놀랐다. 무엇보다 사람들의 주소, 전화번호와 같은 정보를 추적해내는 내 능력에 탄복했다. 그들이 하는 탐정업무에서 사람들에 대한 정보를 파악한다는 건 대단히 중요한 업무였다. 그들은 그 업무를 '위치추적'이라고 불렀다.

점심식사 후에 둘은 나를 번화가 상점건물 2층에 있는 자신들의 사무실로 데리고 갔다. 사무실에 들어서자 안내원이 앉아있는 응접실이 있었고, 3명의 사립탐정과 3명의 관리자마다 개인사무실이 따로 있었다.

이틀 후, 마크가 아버지 아파트로 찾아와 내게 말했다. "자네가 우리 회사에서 일을 했으면 하네." 연봉은 자랑할 만큼 높은 금액이 아니었지만, 적어도 생활비로는 충분했다.

나는 '연구원'이라는 직함을 받았다. 보호관찰관의 의심을 사지 않기 위해서였다.

작지만 개인사무실도 주어졌다. 집기라고는 의자, 책상, 컴퓨터와 전화기가 전부였다. 책도 없었고, 장식품도 없었고, 벽에도 뭐 하나 걸려있지 않았다.

알고 보니 마이클은 대단히 지적이고, 나와 말이 잘 통하는 사내였다. 그와 대화를 나누다 보면 나는 종종 자신감에 충만했다. 마이클은 내가 다른 직원들이 못하는 것을 해낼 때마다 깜짝 놀라 하며 입에 침이 마르게 칭찬을 하면서 나를 추켜세웠기 때문이다.

마크와 마이클이 내게 맡긴 첫 번째 임무는 자신들도 이해하지 못하겠다고 말한 상황과 관련된 것이었다. 다름 아닌, 내가 발견해낸 텔텍전화선 감청건이었다. 도대체 왜 수사기관들이 텔텍을 미심쩍은 눈초리로 감시하는 걸까?

둘은 텔텍을 감시하는 것으로 짐작되는 이들의 이름을 내게 알려줬다. LA카운티 치안부서에서 근무하는 수사관 데이빗 사이먼과 퍼시픽벨 보안팀 데렐 산토스였다. "혹시 자네 수사관 전화를 도청할 수 있나?" 나를 담당하던 관리자가 물었다.

"가능합니다만, 너무 위험합니다." 내가 말했다.

"그래? 아무튼 그들이 우리 회사에 대해 어떤 수사를 진행 중인지 최대한 파악해 보게." 나는 지시를 받았다.

후에 나는 텔텍 상관들이 내게 말해주지 않은 사실 하나를 알게 된다. 수개월 전에 불법 패스워드를 사용해서 TRW의 신용평가시스템에 접속한 탐정회사를 급습한 수사팀의 수장이 다름 아닌 데이빗 사이먼 수사관이라는 사실이었다.

내가 그 수사관을 뒷조사하길 거절했기에 망정이지, 만약 뒷조사를 진행했다면 큰 곤욕을 치를 뻔했다. 하지만 퍼시픽벨 보안팀의 데렐 산토스를 조사하는 건 전혀 다른 얘기였다. 오히려 나로서는 내 천재적인 해킹능력을 시험해 볼 재미난 기회이자 매우 즐거운 도전이었다.

4A 75 6E 67 20 6A 6E 66 20 62 68 65 20 61 76 70 78 61 6E 7A 72 20 74 76 69 72 61 20 67 62 20 47 72 65 65 6C 20 55 6E 65 71 6C 3F

21 쥐와 고양이

루이스가 보니의 마음에 들기 위해 해킹을 자제하는 바람에 나는 루이스보다는 루이스의 친구와 더 많이 해킹을 하게 됐다. 테리 하디는 결코 평범한 사내가 아니었다. 큰 키에 이마가 높게 솟은 그는 말을 할 때면 마치 로봇처럼 단조로운 억양을 사용했다. 우리는 그의 별명을 「스타트렉」에 나오는 외계종족 '클링온'이라고 지었다. 우리는 테리가 클링온과 겉모습이 비슷했다고 생각했기 때문이었다. 테리는 아주 괴짜여서 상대방을 눈을 바라보고 대화를 하면서도 동시에 컴퓨터로 1분에 85단어를 타이핑할 수 있었다. 그 모습은 대단하면서도 한편으론 오싹했다.

하루는 나와 테리, 루이스가 함께 데이브 해리슨의 사무실을 방문했다. 내가 말했다. "우리 데렐 산토스의 음성사서함 비밀번호를 해킹해 볼까." 만약 성공한다면 텔텍 직원들에게 내 실력을 제대로 보여줄 수 있는 기회였다.

나는 퍼시픽벨 보안팀 사무소에 전화서비스를 제공하는 설비기지로 전화를 걸어 기술자로 하여금 내가 준 전화번호의 케이블 연결선을 확인하게 했다. 그 전화번호는 바로 퍼시픽벨 보안팀 조사원 데렐 산토스의 전화번호였다.

내 목표는 산토스의 전화선에 SAS 감청장비를 연결하는 것이었다. 다만 일반적인 방식이 아닌 다른 방식으로 SAS 감청장비를 연결할 생각이었다. 나는 SAS에 대해 연구하면서 'SAS 편자shoe'라는 게 있다는 걸 알게 됐다. SAS 편자는 전화선에 물리적으로 SAS 감청장비를 연결하는 것으로, 일단 연결되면 고객의 전화선에 접속한 후 고객이 걸고 받는 전화통화내용을 모두 엿들을 수 있었다. 게다가 이 방식을 사용하면 SAS가 고객 전화선에 연결할 때 일반적으로 들리는 딸깍하는 소리가 들리지 않았다. 따라서 고객이 모르게 전화선에 연결할 수 있었다.

만약 그 기술자가 자신이 감청장비를 설치하는 전화선이 다름 아닌 퍼시픽벨 보안팀 직원의 전화선이라는 걸 알았다면 어떤 반응을 보였을까?

운 좋게도 데렐 산토스의 전화선에 SAS 편자를 연결하자마자 딱 맞추어 한 여자의 녹음된 목소리가 흘러나왔다. "비밀번호를 눌러주시기 바랍니다." 마침 그때 내 옆에는 테리 하디가 있었다. 테리 하디의 또 다른 괴이한 능력 중 하나는 그가 절대음감이거나, 혹은 그와 비슷한 능력을 지녔다는 것이다. 따라서 테리는 전화기 숫자버튼을 누를 때 나는 소리를 듣고 몇 번을 누른 건지 즉각 알 수 있었다.

나는 건넌방에 있는 루이스와 데이브에게 조용히 하라고 소리친 후 테리에게 말했다. "소리를 들어봐! 어서!" 테리는 스피커폰에 귀를 바싹 대고는 데렐 산토스가 음성사서함 비밀번호를 누르는 버튼소리를 들었다.

테리는 선 채로 잠시 혼자만의 생각에 잠겼다. 나는 거의 20초 동안 그를 방해하지 않고 내버려뒀다.

그러다가 테리가 말했다. "비밀번호는 '1313'인 것 같아."

이후 약 3분 정도 우리 넷은 선 채로 꼼짝 않고 데렐 산토스가 자신의 음성사서함 메시지를 확인하는 걸 들었다. 데렐 산토스가 전화를 끊고 나자, 나는 데렐 산토스의 음성사서함으로 전화를 걸어 비밀번호 '1313'을 입력했다.

비밀번호는 맞았다.

우리 모두는 크게 흥분했다. 데이브, 루이스, 테리와 나는 모두 껑충껑충 뛰며 서로 하이파이브를 했다.

테리와 나는 똑 같은 방식으로 릴리 크릭의 음성사서함 비밀번호도 알아냈다.

이후 나는 매일 데렐 산토스와 릴리 크릭의 음성사서함을 확인했다. 물론 음성사서함 확인은 늘 퇴근 시간이 끝난 뒤, 그러니까 둘 다 음성사서함에 접속하지 않을 게 분명한 시간에 했다. 만약 같은 시간에 전화를 했다가는 음성사서함이 사용 중이라는 메시지가 흘러나올 것이고, 그렇다면 둘의 의심을 살 수 있었기 때문이다.

이후 여러 주 동안 나는 수사관 데이빗 사이몬이 데렐 산토스에게 남겨놓은, 텔텍 사건에 대한 음성메시지를 여러 개 엿들었다. 내 상관들은 사이몬 수사관이 사건에 별 다른 진척을 보지 못하고 있다는 사실에 안도했다.
(세상이 정말 좁다는 걸 새삼 알 수 있는 것이, 아직도 LA사법경찰 서장으로 일하는 사이몬 수사관은 공교롭게도 이 책의 공저자인 윌리엄 사이몬과 쌍둥이 형제지간이다.)

이런 일들을 벌이는 중간에 나는 에릭이 내게 살짝만 언급했던 해킹에 대해 생각했다. 케빈 폴슨이 기소된 죄목 중 하나인 라디오해킹이었다. 에릭은 자신도 그 해킹사건에 참여했다고 말했다. 그 해킹사건은 상품을 내건 라디오방송국을 해킹해서 에릭이 포르쉐 자동차 한 대를 받았고, 폴슨이 두 대를 받은 사건이었다. 그와 함께 나는 내 배다른 동생의 사망소식을 듣고 라스베이거스로 차를 몰고 가던 도중에 들었던 라디오 경품추첨도 떠올렸다. 그리고 마침내 이 두 생각은 내 머릿속에서 하나로 합쳐지게 된다.

에릭은 루이스와 내게 폴슨의 라디오 경품추첨해킹이 라디오방송국에 전화서비스를 제공하는 교환기를 해킹하는 방식이었다고 말한 적이 있었다. 나는 교환기를 건드리지 않고도 똑같은 해킹을 할 수 있다고 생각했다. KRTH 방송국은 데이브의 집에서 멀지 않은 곳에 위치해 있었고, 데이브의 전화선과 방송국의 전화선 모두 같은 전화국에서 서비스를 제공했다.

해킹을 하려면 일단 라디오진행자가 방송으로 알려주는 800번 전화번호 이외에 다른 전화번호가 필요했다. 나는 퍼시픽벨에 전화를 걸어 방송국이 사용하는 800번 전화번호의 'POTS' 전화번호를 물었다. (황당하게 들리겠지만 POTS는 '기존전화서비스plain old telephone service'를 뜻하는, 전화 회사에서 일상적으로 사용하는 표준용어다.) POTS 넘버가 필요했던 이유는 라디오 경품추첨에 사용되는 800번 전화번호에는 통화량을 제한하는 기능이 장착돼 있었기에 만에 하나 내가 건 전화가 제한될 수도 있었기 때문이다. 내 전화를 받은 여직원은 내 이름과 소속도 묻지 않고 POTS 전화번호를 알려줬다.

나는 데이브 해리슨의 집에서 그의 집에 설치돼있는 전화선 4개에 단축번호 기능을 부여해서 단지 '9#'만 누르면 라디오방송국의 POTS 전화번호로 직접 전화가 걸리게 했다. 내가 노린 건 800번 전화번호로 걸려오는 전화가 POTS 전화번호로 걸려오는 전화보다 연결되는 데 약간 시간이 더 소요된다는 점이었다. 아울러 데이브의 집전화와 방송국의 POTS 전화번호는 동일한 전화국에서 서비스를 제공했기에 우리가 거는 전화는 거의 즉각 연결될 수 있었다. 하지만 과연 이런 약간의 유리한 조건과 여러 대의 전화로 경품에 당첨될 수 있을까?

모든 준비가 끝나자 루이스, 테리 하디, 데이브, 나는 각각 전화기 앞에 앉아 전화를 걸 준비를 했다. 우리는 경품추천이 시작된다는 진행자의 말을 초조하게 기다렸다. 경품추첨의 당첨자는 언제나처럼 일곱 번째로 전화가 연결되는 사람이었다. 따라서 우리는 우리 중 한 명이 일곱 번째로 전화가 연결되길 기대하며 계속 전화를 걸어야만 했다.

우리는 라디오에서 전화를 걸라는 신호인 '흘러간 명곡을 방송하는 최고의 라디오방송'이라는 주제가가 흘러나오기 무섭게 '9#'을 눌렀다. 우리는 전화가 연결될 때마다 "00번째로 전화를 걸어온 청취자 분입니다"라는 진행자의 말을 들었고, 만약 순서가 아직 일곱 번째에 도착하지 못했으면 전화를 끊고 다시 잽싸게 '9#'을 눌렀다. 다시 또 다시.

내가 세 번째로 단축번호를 눌렀을 때 전화가 연결된 후 진행자의 목소리가 흘러나왔다. "당신이 일곱 번째로 연결된 청취자입니다!"

나는 전화기에 대고 소리쳤다. "당첨됐다! 이야, 정말 당첨된 건가요? 농담 아니죠? 와, 믿기지가 않네요. 한 번도 뭔가에 당첨돼 본 적이 없거든요!" 우리는 모두 자리를 박차고 일어나 하이파이브를 했다. 경품은 상금 1,000달러였고, 우리는 똑같이 상금을 나누기로 했다. 그리고 이후로도 누구든 경품에 당첨되면 나누기로 했다.

우리는 이후 네 번이나 더 당첨되고 난 후 우리 방식이 제대로 통한다는 걸 알았다. 하지만 문제가 있었다. 방송국 규정 상 동일인의 경품당첨은 연간 1회로 제한됐던 것이다. 그래서 우리는 신뢰할 수 있는 사람이면 가족, 친구, 지인을 총동원한 뒤 제안을 했다. "만약 상금이 도착하면 400달러는 당신 몫이고, 나머지 600달러는 우리에게 주면 됩니다."

이후 우리는 4개월 동안 거의 50번이나 경품에 당첨됐다. 결국 우리가 경품당첨 속임수를 그만둔 이유도 그 방법이 쓸모없어져서가 아니라 더 이상 동원할 지인이 없었기 때문이다! 당시 페이스북이 없었다는 게 그저 원통할 뿐이다. 만약 당시 소셜네트워크서비스가 있었다면 우리는 엄청나게 많은 사람들을 그 속임수에 동원할 수 있었으리라.

우리가 써먹은 속임수가 특히나 대단했던 점은 그 방식이 불법이 아니었다는 점이다. 나는 변호사로부터 우리가 불법으로 전화 회사 장비를 해킹하거나 허락 없이 지인의 신원을 도용하지 않는 한 우리 방식이 사기는 아니라는 확답을 들었다. 또한 내가 처음에 POTS 전화번호를 알아낼 때도 나는 당시 전화 회사 직원을 사칭하지 않았다. 그저 전화번호를 물어봤을 뿐인데 여직원이 순순히 전화번호를 알려줬기에 이 또한 불법행위로 볼 수는 없었다.

기술적인 측면에서 보더라도 우리 방식은 경품추첨 규정을 어기지 않았다. 우리는 라디오방송국이 정한 동일인이 연간 1회 당첨이라는 규정을 준수했다. 따라서 우리는 단지 맹점을 이용했을 뿐 규정을 어긴 것은 아니었다.

한번은 아무 생각 없이 전화를 걸었다가 크게 놀란 적도 있다. 당시 그 라디오방송국은 특정 전화번호로 전화를 걸면 청취자가 전화로 방송을 청취할 수 있었다. 나는 라스베이거스에 위치한 어머니 집 거실에서 전화로 방송을 청취하다가 경품추첨이 시작되자 경품추첨 전화번호로 전화를 걸었다. 물론 내가 일곱 번째로 연결된 청취자가 될 거라고는 전혀 기대하지 않았다. 하지만 전화기로 축하한다는 달콤한 목소리가 흘러나왔고, 잠시 후 진행자가 물었다. "성함이 어떻게 되죠?" 나는 아직까지 경품추첨에 써먹지 않은 지인의 이름을 떠올리려 한참 헛기침을 해대다가 마침내 한 친구의 이름을 대고는 어색한 변명을 늘어놓았다. "너무나 놀라서 그만 내 이름도 까먹었네요!"

루이스, 데이브, 테리 하디와 나는 경품추첨으로 각자 약 7,000달러를 벌었다. 한번은 루이스를 레스토랑에서 만나 그의 몫에 해당되는 상금을 건네준 적이 있었다. 그런데 건네줘야 할 현찰의 분량이 어찌나 많은지 마치 마약거래라도 하는 것 같았다.

나는 내 몫 중 상당부분을 486 프로세서가 장착된, 당시로선 대단한 속도였던 24Mhz에서 작동하는 최신형 노트북컴퓨터 도시바 T4400SX를 구매하는 데 썼다. 이 컴퓨터에 6,000달러를 지불했는데, 그나마 그것도 할인된 가격이었다!

더 이상 경품추첨에 동원할 지인들이 바닥나자 정말 마음이 씁쓸했다.

라디오 경품추천해킹을 시작한 지 한 달 정도 지난 어느 날 밤, 아버지의 아파트로 차를 몰고 가는데 갑자기 아이디어가 떠올랐다. 바로 에릭 하인츠, 마이크 마르티네즈, 조셉 베른레, 조셉 웨이스 미스터리를 푸는 데 도움이 될 기발한 방법이 떠오른 것이다.

내 아이디어는 이랬다. 루이스가 자연스럽게 에릭에게 지나가는 말로 나에 대한 정보를 흘린다. 예를 들어, 이런 식으로 말이다. "케빈이 유럽에 있는 해커들이랑 뭔가를 꾸미고 있어. 잘만 되면 떼돈을 벌거라고 하더라고."

내가 노린 건 FBI가 이미 나에 대해 확보한 증거보다는 내가 금융기관이나 회사를 해킹해서 막대한 돈을 스위스나 독일로 빼돌리는 데 더 관심이 있을 거라는 점이었다. 그렇다면 FBI는 나를 철저히 감시하기는 하겠지만 적어도 내가 이 대규모 해킹을 시작하기 전까지는 나를 급습하지는 않으리라. 대신 언제 나를 체포해 해킹된 자금을 회수할지, 나아가 의기양양하게 내게 수갑을 채운 후 대형 뉴스에 굶주린 언론과 스캔들에 목말라하는 대중들에게 던져줄지를 상상하며 때를 기다릴 것이다. 그러면 FBI는 또 다시 희대의 악당으로부터 미국을 구한 영웅이 될 수 있었다.

내가 대형해킹을 저지르길 FBI가 기다리는 동안에 운이 좋다면 내 보호관찰기간이 끝날 수도 있다고 생각했다. 따라서 이 거짓 해킹계획은 시간을 벌기 위한 것이었다.

루이스의 변호사 데이빗 로버츠는 이 계획에 법적 문제가 없다고 판단했다. 루이스와 나는 수 차례 그를 만나 자세한 내용을 논의했다. 루이스가 FBI요원에게 직접적으로 거짓정보를 제공하지 않는 한, 단지 에릭에게만 거짓정보를 제공하는 건 위법이 아니었다.

내 보호관찰기간은 몇 달만 지나면 종료될 참이었다. FBI가 내 유럽 금융기관 해킹을 기다리다가 진이 빠질 무렵이면 그 몇 달은 이미 흘러간 뒤일 것이고, 그렇다면 FBI는 내가 가석방조건을 위반했다는 이유로 나를 체포해서 감방으로 되돌려 보낼 수는 없었다.

하지만 과연 FBI가 그렇게 진득하게 기다릴까? 나로선 그래 주길 바라는 수밖에 없었다. 며칠 후 루이스는 에릭에게 내 유럽 금융기관 해킹에 대한 정보를 귀띔해줬는데 에릭이 꼬치꼬치 캐물었다고 내게 말했다. 루이스는 에릭에게 너무나 어마어마한 해킹이라서 더 이상을 말해줄 수 없다고 선을 그었다.

봄이 가고 여름이 오면서 나는 다시금 LA생활에 정착했지만 문제는 내 주거환경이었다. 처음에 나는 아버지의 집으로 들어가면서 아버지와 함께하지 못했던 시간을 보상받기에 좋은 기회라고 생각했다. 나는 배다른 동생 애덤이 쓰던 방을 차지했다. 애덤이 죽은 후 힘들어 하던 아버지를 돕고 곁에 있어주기 위해서였다. 그리고 함께 살면 아버지와 더욱 가까워질 수 있을 거라 생각했다.

하지만 막상 상황은 내 뜻대로 돌아가지 않았다. 오히려 정반대였다. 아버지와 나는 함께 즐거운 시간도 보내긴 했지만, 내 어린 시절 그랬던 것처럼 종종 거리감을 느꼈고, 우리 관계는 마치 지뢰밭을 걷는 것과 같았다.

타인과 함께 한 공간에서 살려면 어느 정도 양보를 해야만 한다. 그리고 케케묵은 말이긴 해도 가족을 고를 수는 없다는 말도 틀린 말이 아니다. 하지만 누군가와 함께 살면서 그냥 무시하고 지낼 수 있는 부분이 있는가 하면, 반대로 도저히 견딜 수 없는 부분도 있기 마련이다. 그리고 함께 살다보면 그저 끊임없이 부아를 돋우는 사람도 있다. 나라도 나와 함께 살기란 쉽지 않았을 것이다. 따라서 아버지와 나의 동거가 잘 유지되지 않은 데에는 분명 내 책임도 있다.

마침내 더 이상 참지 못하는 시점이 오고 말았다. 내가 하루 종일 전화통만 붙잡고 산다는 아버지의 핀잔에 나는 짜증이 났다. 나를 더 힘들게 한 건 아버지의 꼼꼼함이었다. 나도 깨끗하고 정돈된 환경에서 생활하는 걸 좋아하지만, 아버지는 도가 지나쳐 결벽증에 가까웠다. 「이상한 커플The Odd Couple」에 등장하는 인물 펠릭스를 혹시 기억하는가? 영화에서는 잭 레몬이, TV드라마에서는 토니 랜달이 연기했던 펠릭스는 약간만 어질러져 있어도 견디질 못하는 광적인 결벽증환자였다.

하지만 그 펠릭스도 우리 아버지에 비하면 약과였다.

아마 이 말을 하면 내 주장이 이해가 될 것이다. 아버지는 일일이 줄자로 재가며 옷장에 걸려있는 옷들을 정확히 1인치 간격으로 옷걸이에 걸어두곤 했다.

자, 이제 그 까다로운 성격이 방 3개짜리 아파트의 모든 곳에 적용된다고 상상해보라. 아마도 아버지와의 동거가 내게는 끔찍한 악몽이었다는 말이 이해가 될 것이다.

1992년 봄, 나는 결국 두 손 두 발 다 들고 아버지 집에서 나오기로 결심했다. 아버지의 감시 아래 함께 사는 건 싫었지만, 그래도 멀리 가지 않고 아버지와 같은 아파트 단지에 살면서 자주 아버지를 보기로 했다. 내가 등을 돌렸다고 아버지가 생각하지 않길 바랐다.

나는 입주를 희망자들이 대기하고 있고, 공실이 생기려면 두어 달 정도 걸릴 거라는 아파트 임대사무소 여직원의 말에 크게 실망했다. 다행히도 아버지 집에서 나올 수는 있었다. 입주대기자 명단 위쪽에 있는 사람들이 다 입주를 하고 내 순서가 돌아올 때까지 텔텍탐정사무소의 마크 캐스텐이 자신의 빈 방에서 사는 걸 허락해 준 것이다.

나는 마크 캐스텐이 제공한 새로운 셋방으로 옮긴 후 감청자를 감청하는 일에 다시 착수했다. 일단 데이브 해리슨의 사무실에서 내 노트북컴퓨터로 SAS 감청장비에 접속해 퍼시픽벨 보안팀 관리자인 존 벤이 통화내용을 엿듣기로 했다. 나는 가끔씩 존 벤의 전화선을 감청했다. 종종 통화내용을 엿들을 수 있었지만 대체로 내용은 별 게 없었다. 나는 다른 일을 하면서 한 귀로 듣고 한 귀로 흘렸다.

하지만 어느 여름날 존 벤의 전화선을 감청하다가 그가 다른 퍼시픽벨 직원들과 컨퍼런스 콜을 하는 걸 엿듣게 됐다. 만약 영화에 이런 장면이 나온다면 억지로 짜낸 설정처럼 느껴져 짜증이 나겠지만, 장담컨대 그 일은 정말로 우연히 일어났다. 통화내용 중에 내 귀를 쫑긋 세우게 한 단어가 흘러나왔다. '미트닉'이었다. 대화내용은 너무나 흥미로웠고, 너무나 많은 정보를 제공했다. 나아가 기쁜 소식도 있었다. 알고 보니 대화를 나누던 이들은 하나같이 내가 어떻게 퍼시픽벨의 모든 보안장치와 함정을 피해 자신들을 계속 성가시게 구는지 영문을 몰랐다.

그들은 나를 붙잡으려면 함정이 필요하다며, 나를 FBI에 넘길 수 있는 결정적인 증거를 포착할 수 있는 방법에 대해 논의했다. 내가 다음에 어떤 해킹을 시도할지에 대해 예상하면서 어떤 준비를 해놓아야 나를 붙잡을 수 있을지에 대해서도 의논했다.

누군가 말도 안 되는 제안을 내놓았다. 나는 대화에 끼어들어 이렇게 말하고 싶었다. "그 계획은 절대 성공하지 못할 겁니다. 왜냐고요? 미트닉이란 친구는 너무 영리하니까요. 혹시 압니까? 지금 우리가 나누는 이 대화내용도 엿듣고 있을지 모릅니다."

나는 종종 대담하고 무모한 짓을 여러 번 저질렀지만, 적어도 이번에는 간신히 그 유혹을 참을 수 있었다.

하지만 나는 누군가 도움을 요청하면 무모한 일이라도 주저하지 않는 성격이었다. 7월 초 어느 목요일, 그날 나는 개인적인 일이 있어서 회사에 출근하지 않았다. 갑자기 마크 캐스텐이 긴박한 목소리로 전화를 걸어와 텔텍탐정사무소 대표이사 알만드 그랜트가 체포됐다고 말했다. 알만드 그랜트의 아들 마이클과 마크 캐스텐은 보석금을 내고 알만드를 즉각 빼내려 했지만 풀려나려면 보석금을 공탁한 후 적어도 하루 반나절이 더 걸린다는 말을 들었다.

내가 말했다. "걱정 마세요. 그냥 보석금을 낸 후 저한테 전화 주면 15분 내에 풀려나게 해드리죠."

"그것이 가능하겠나?" 캐스텐이 말했다.

하지만 높은 계급장을 단 상관의 명령에는 무조건 복종하는 게 경찰의 생리라는 걸 잘 아는 나는 LA 북부지역 웨이사이드에 있는 또 다른 구치소에 전화를 걸어 물었다. "오늘 오후 당직을 서는 경위가 누구요?" 나는 해당 구치소의 당직 경위 이름을 알아낸 후 다음으로 알만드 그랜트가 수감돼 있는 멘스 센트럴 구치소로 전화를 걸었다. 나는 당시 영장부서의 내부 직통전화번호를 이미 알고 있었기에 그 전화번호로 전화를 걸었다. 여직원이 전화를 받자, 나는 석방 수속을 담당하는 부서의 내선번호를 물었다. 이런 상황에서 내가 과거에 감옥에 수감된 적이 있던 경험은 꽤 도움이 됐다. 나는 여직원에게 (방금 전화로 알아낸 이름을 대며) 웨이사이드 구치소 아무개 경위라고 소개한 뒤 말했다. "그쪽 수감자 중에 보석금이 공탁된 수감자가 있을 걸세. 그는 우리에게 수사협조를 제공하는 비밀정보원이니 즉각 풀어주게." 그런 후 여직원에게 그 정보원의 이름이 알만드 그랜트라고 말했다.

수화기 너머로 컴퓨터 자판을 두드리는 소리가 들리더니 여직원이 말했다. "보석금은 공탁됐는데 아직 가석방처리가 안 됐습니다. 경위님."

나는 여직원에게 담당 경사를 바꿔달라고 말했다. 경사가 전화를 받자 나는 똑같은 이야기를 늘어놓은 후 이렇게 말했다. "경사, 내 개인적 부탁 좀 들어줄 수 있겠나?"

"말씀만 하십쇼, 경위님. 어떤 일이십니까?"

"내가 방금 말한 친구의 보석금이 공탁되면 직접 그 친구의 가석방절차를 진행해서 최대한 빨리 그곳에서 풀어줄 수 있겠나?"

"걱정 마십쇼, 경위님." 그가 답했다.

20분 후 마이클 그랜트가 전화를 걸어와 아버지가 풀려났다고 말했다.

Gsig cof dsm fkqeoe vnss jo farj tbb epr Csyvd Nnxub mzlr ut grp lne?

22 탐정노릇을 하다

나는 알만드 그랜트의 일은 너무나 손쉽게 해결했건만, 조셉 베른레의 정체는 여전히 풀지 못한 채 헤매고 있었다. 나로선 인정하기 힘든 상황이었지만, 다행히도 이제 막 에릭의 비밀을 밝혀낼 참이었다.

에릭은 나랑 얘기를 할 때면 늘 일하러 가야 한다고 하면서 막상 내가 무슨 일을 하냐고 물으면 말을 돌리기 일쑤였다.

그렇다면 누가 그의 월급을 주는 걸까? 에릭의 은행계좌를 해킹한다면 그 정보를 얻을 수 있지 않을까? 임대차계약서에나 기타 전화나 전기고지서에도 에릭이 아닌 베른레의 명의가 등록돼 있었기에 일단 나는 베른레의 은행계좌를 살펴보기로 했다.

우선 베른레의 거래은행을 알아야 했다. 당연히 은행들은 고객정보를 조심이 다룬다. 하지만 동시에 타 지점 은행직원들에게는 고객정보에 접근할 수 있게 해야 한다.

당시 대부분 은행에서는 다른 지점 직원들 간에 같은 회사 직원임을 확인해주려면 비밀번호를 제시해야만 했다. 이 비밀번호는 매일 변경됐다. 예를 들어, 뱅크오브아메리카는 날마다 A, B, C, D, E로 명명된 5개의 비밀번호를 사용했다. 각각의 비밀번호는 4자리 숫자로 구성돼있었다. 다른 지점에 전화를 걸어 고객정보를 요청하는 직원은 A나 B, 또는 그밖에 상대방이 묻는 비밀번호를 정확히 제시해야만 했다. 당시로선 이게 은행이 생각해낸 완전무결한 보안이었다.

하지만 나는 오히려 역으로 이 보안절차에 접근함으로써 우회할 수 있었다.

내 계획은 여러 단계로 구성돼 있었다. 설명하자면 이렇다. 일단 나는 아침에 내가 목표로 한 은행지점에 전화를 걸어 신규계좌개설을 담당하는 직원을 바꿔달라고 한 후 마치 내가 엄청난 자금을 지녔고 최대한 이자를 많이 받고 싶은 고객인 척한다. 그 직원에게 충분히 신뢰감을 심어준 뒤, 회의에 들어가야 하니 나중에 다시 전화를 걸겠다고 말한다. 그런 후 직원의 이름과 함께 이렇게 묻는다. "몇 시부터 점심식사 시간이죠?"

"저는 지네트라고 하고, 점심시간은 12시 30분부터입니다." 직원이 대답한다.

그러면 나는 12시 30분이 지나길 기다렸다가 다시 전화를 걸어 지네트를 바꿔달라고 말한다. 전화를 받은 다른 직원은 지네트가 점심식사를 하러 자리를 비웠다고 말할 것이고, 그렇다면 나는 내가 다른 지점에서 근무하는 직원이라고 소개한다.

"지네트가 아까 나한테 전화를 했습니다. 고객정보를 팩스로 넣어달라고 하더군요. 하지만 오늘 제가 병원에 진료예약을 해놔서요. 그래서 말인데, 그쪽이 지네트 대신 팩스를 받아주시면 안 될까요?"

그러면 전화를 받은 지네트의 동료직원은 그러라며 자신의 팩스번호를 알려줄 것이다.

"잘 됐네요. 지금 당장 보내죠." 그리고 덧붙인다. "아, 깜빡 할 뻔했는데 오늘의 비밀번호를 말씀해 주셔야죠."

"그쪽이 저한테 전화를 걸어놓고는 왜 비밀번호를 물어요!" 그 직원은 이렇게 주장할 것이다.

"음, 그 말도 맞지만, 굳이 따지자면 지네트가 저한테 먼저 전화를 한 거죠. 그리고 고객정보를 보낼 때 비밀번호를 확인해야 하는 회사정책은 그쪽도 잘 아실 테고요." 나는 이런 식으로 상대방을 몰아세운다. 만약 여기서 상대방이 끝내 비밀번호를 대길 거부하면 고객정보를 보낼 수 없다며 이렇게 말한다. "그쪽이 비밀번호를 대길 거부하는 바람에 고객정보를 팩스로 넣어주지 못한다고 지네트에게 전해주세요. 그리고 다음 주까지 내가 사무실을 비우고 출장을 가니 돌아와서 다시 통화하자고도 전해줘요." 이렇게 말하면 거의 대부분은 끝내 항복한다. 어떤 직원이건 동료직원의 업무요청을 망쳐놓고 싶어 하는 이는 없다.

일단 은행직원이 비밀번호를 말하겠다고 하면 나는 이렇게 묻는다. "좋습니다. E에 해당하는 비밀번호가 뭐죠?"

그러면 은행직원은 E에 해당하는 비밀번호를 털어놓고, 나는 그것을 머릿속에 고이 저장해둔다.

"아뇨, 틀렸네요." 내가 말한다.

"뭐라고요?"

"방금 '6214'라고 하셨죠. 틀린 번호입니다." 내가 우긴다.

"그럴 리가! 그 번호가 비밀번호 E가 맞아요." 은행직원은 이렇게 반박할 것이다.

"아뇨, 내가 물은 건 비밀번호 E가 아니라 B에요! B!"

그러면 은행직원은 비밀번호 B를 말해주기 마련이다.

이렇게 E와 B, 두 개의 비밀번호를 알아낸다면 결국 나는 그날 어느 지점이건 전화를 걸어 내가 원하는 고객정보를 빼내는 데 성공할 확률이 40퍼센트였다. 왜냐하면 나는 5개의 비밀번호 중에 2개를 이미 손에 넣었기 때문이다. 만약 나와 통화하는 은행직원이 지나치게 빳빳하게 나올 경우에는 나는 내가 요구하는 바대로 순순히 비밀번호를 말해줄 다른 은행직원을 찾으면 그만이다. 심지어 나는 전화 한 통으로 비밀번호를 3개나 알아낸 적도 몇 번 있었다. (물론 B, D, E가 모두 발음이 비슷하다는 게 큰 도움이 됐다.)

암호를 알아낸 후 고객정보를 알아내기 위해 은행에 전화를 걸었는데, 은행직원이 내가 알아낸 비밀번호 B나 E가 아닌 A를 물어본다면? 그러면 나는 이렇게 말했다. "이봐요, 내가 지금 내 책상에 있는 게 아니라서요. A 대신 그냥 B나 E를 물어보면 안 될까요?"

나는 언제나 너무 태연한 말투로 통화를 했기에 은행직원들은 결코 나를 의심하지 않았다. 게다가 그들은 지나치게 까다로운 사람으로 비칠까봐 내 요구에 대체로 응했다. 만약 응하지 않으면, 나는 그저 알겠다며, 자리로 돌아가서 비밀번호를 알아낸 후 다시 전화를 걸겠다고 말했다. 그런 후 나중에 다시 전화를 걸어 다른 직원에게 이 방법을 시도하면 그만이었다.

베른레의 은행계좌를 알아보기 위해 나는 일단 뱅크오브아메리카를 시도해보기로 했다. 내 속임수는 통하긴 했지만, 조셉 베른레의 주민등록번호로 조회해본 결과 그런 고객은 없었다. 그렇다면 웰스파고은행은 어떨까? 웰스파고는 훨씬 쉬웠다. 왜냐하면 텔텍탐정사무소의 탐정 중 한 명인 대니 옐린의 친구 중에 웰스파고에서 일하는 그렉이라는 친구가 있었고, 따라서 굳이 고객정보를 알아내기 위한 비밀번호가 필요 없었기 때문이다. 웰스파고의 모든 전화통화내용은 감청됐기에 대니와 그렉은 서로만 통하는 암호를 받은 후 내게 그 암호를 알려줬다.

이런 식이었다. 나는 그렉에게 전화를 걸어 주말에 야구경기에 가자고 하면서, 이렇게 말한다. "같이 갈 거면 캣에게 전화를 걸어. 그럼 캣이 입장권을 마련해줄 거야."

'캣'이 암호였다. 그 말은 그날 웰스파고에서 사용하는 비밀번호를 내게 알려달라는 신호였다. 그러면 그렉은 이렇게 대답한다. "잘 됐네. 캣 전화번호가 여전히 310-725-1866 맞지?"

"아냐." 내가 말한다. 그런 후 감청하는 이들에게 혼란을 주기 위해 다른 전화번호를 알려준다.

사실 그렉이 알려준 전화번호의 마지막 네 자리 숫자가 그날의 비밀번호였다.

일단 비밀번호를 알아내고 나면, 나는 웰스파고 지점에 전화를 걸어 다른 지점 직원이라고 소개한 뒤 이렇게 말한다. "컴퓨터에 문제가 있어서요. 컴퓨터가 너무나 느려서 도대체 업무를 처리할 수가 없네요. 저 대신에 정보 좀 알아봐 주실래요?"

"오늘의 비밀번호가 뭐죠?"

나는 베른레의 은행계좌 정보를 알아내기 위해 그날의 비밀번호를 알려주면서 이렇게 말한다. "일단 고객정보 파일을 열어봐 줘요."

"계좌번호가 어떻게 되죠?"

"고객의 주민등록번호로 검색해 주세요." 그런 후 나는 베른레의 주민등록번호를 댔다.

잠시 후 전화를 받은 여직원이 말했다. "2개 계좌가 검색됐네요."

나는 여직원에게 2개 계좌의 계좌번호와 잔액을 알려달라고 했다. 계좌번호의 앞부분은 해당 계좌가 개설된 지점을 의미했다. 알아본 결과, 베른레의 2개 계좌 모두 샌페르난두밸리에 위치한 타르자나 지점에서 개설된 것으로 드러났다.

나는 해당 지점으로 전화를 걸어 베른레의 '서명카드signature card'를 조회해달라고 말했다. 그리고 마침내 내가 너무나 알고 싶어 하던 질문을 던졌다. "베른레의 고용주가 누구죠?"

"앨타서비스입니다. 주소는 벤츄라대로 18663번지고요."

나는 앨타서비스로 전화를 걸어 조셉 베른레를 바꿔달라고 말했다. 쌀쌀맞은 대답이 돌아왔다. "오늘 출근 안 했습니다." 왠지 미심쩍게 들렸다. 마치 "그리고 앞으로도 출근하지 않을 겁니다."란 말이 생략된 것처럼 느껴졌다.

당시에도 '고객의 모든 금융정보를 한꺼번에 손쉽게 관리할 수 있는' 시대였기에 베른레의 나머지 금융정보를 알아내는 건 어렵지 않았다. 나는 웰스파고 은행의 자동응답시스템에 전화를 건 뒤 베른레의 계좌번호와 주민등록번호 끝자리 4개를 입력해서 베른레의 상세한 금융거래 내역을 알아냈다.

금융거래 내역을 보자 의문은 더욱 증폭됐다. 매주 여러 차례 조셉 베른레의 계좌로 수천 달러에 달하는 자금이 들어오고 나가고 했던 것이다.

와! 이건 도대체 뭘 의미하는 걸까? 나는 진히 김이 없었다.

베른레의 은행계좌에서 이리도 많은 자금거래가 빈번하게 일어난다면, 혹시 그의 세금환급내역을 보면 뭔가 유용한 정보를 찾을 수 있지 않을까?

전산시스템에 접속할 수 있는 국세청 직원을 사회공학 기법으로 속이면 쉽게 납세자 정보를 얻어낼 수 있었다. 캘리포니아 프레스노에 위치한 국세청 건물은 거의 전화선이 수백 개나 됐다. 나는 그 중에서 무작위로 골라 전화를 걸었다. 여느 때처럼 이미 충분한 사전조사를 해놓은 후였기에 이렇게 말할 수 있었다. "지금 내 컴퓨터로 IDRS 접속이 안 돼서 그런데, 혹시 그쪽에서는 접속이 되나요?" ('IDRS'는 통합데이터 검색시스템Intergrated Data Retrieval System의 약자다.)

당연히 상대방의 컴퓨터는 잘 작동됐고, 언제나처럼 사람들은 곤란에 처한 동료직원들을 기꺼이 도와주려 한다.

내가 베른레의 주민등록번호를 알려주자 국세청 직원은 최근 2년간 베른레의 세금환급 기록을 조회해보니 신고된 소득이 없다고 말했다.

뭐, 예상했던 바였다. 나는 베른레의 연금납부 기록에 소득이 전혀 없는 것으로 기재돼 있다는 걸 이미 알고 있었고, 따라서 국세청의 전산시스템을 조회해 본 결과 그게 사실이라는 걸 재차 확인한 셈이었다.

베른레는 FBI요원이건만 국민연금도 납부하지 않았고, 세금을 낼 소득도 없었다. 하지만 자주 은행계좌에서 수천 달러가 오갔다. 이건 도대체 뭘 의미하는 건가?

이런 속담이 있지 않은가? '세상에서 유일하게 확실한 건 죽음과 세금뿐이다.' 하지만 FBI요원에게 이 속담이 해당되지 않는 것 같았다.

에릭에게 전화를 걸었지만 전화는 이미 해지된 상태였다. 또 다른 번호로 전화를 걸었지만 마찬가지였다.

나는 이전에 에릭이 살던 아파트의 임대사무소에 전화를 걸어 사회공학 기법을 시도했다. 에릭은 이미 이사를 했다는 답을 들었다. 게다가 이번에는 저번처럼 같은 아파트 단지 내에 있는 다른 호수로 이사한 게 아니었다. 임대사무소 여직원은 에릭의 정보를 일부러 살펴봐줬지만, 예상했던 대로 에릭은 새로 이사 가는 곳의 주소를 남겨두지 않았다.

결국 나는 다시 수도전력회사 특별업무지원실에 의존할 수밖에 없었다. 그곳에서 에릭의 주소를 찾을 거라는 보장은 없었지만, 일단 시도해보기로 했다. 나는 직원에게 베른레라는 이에게 새로운 수도나 전력 서비스 신청이 있었는지 살펴봐달라고 말했다. 잠시 후 여직원이 대답했다. "있습니다. 조셉 베른레가 새로 서비스 신청을 했네요." 그녀가 내게 알려준 주소는 할리우드에 위치한 맥캐든 플레이스였다.

그러니까 FBI는 정보원의 정체를 감추려 하면서도 수도와 전력서비스를 여전히 똑같은 명의를 신청한 것이다. 나는 그 멍청함에 혀를 내둘렀다.

내게는 에릭의 호출기 번호가 있었다. 그리고 그 번호는 여전히 해지되지 않은 상태였기에, 나는 호출서비스를 제공하는 회사가 어디인지를 알아낼 수 있었다. 나는 그 회사로 전화를 걸어 상담원으로부터 에릭의 호출기를 다른 호출기와 구별해주는 특정 번호, 이른바 '채널접속 프로토콜Channel Access Protocol' 번호를 알아냈다. 그런 후 나는 밖으로 나가 같은 회사에서 제조한 호출기를 구입했다. 나는 매장직원에게 전에 구매한 호출기를 소변을 보다가 변기에 빠트렸다고 말했다. 매장직원은 전에도 같은 얘기를 들은 적이 있는지, 안 됐다는 투로 웃더니 새로운 호출기에 내가 준 채널접속 프로토콜 번호를 설정해줬다.

그 이후로 FBI요원이나 누군가가 에릭에게 삐삐를 치거나 호출문자를 남기면, 에릭의 호출기에 찍힌 메시지는 내 복제된 호출기에도 찍혔다.

두 통의 전화통화내용을 엿들었는데 두 번 모두 통화내용에 내 이름이 거론될 확률은 얼마나 될까? 나는 퍼시픽벨 보안팀 직원들이 나에 대해 염려하는 통화내용을 감청한 후 얼마 지나지 않아 다시 감청을 하다가 내 이름을 들었다.

나는 이전까지 단 한 번도 에릭의 전화를 감청하려는 시도를 하지 않왔다. 에릭은 우리가 SAS 감청장비에 접속할 수 있다는 걸 알았고, 따라서 만약 누군가가 SAS에 접속하려 할 경우 설비기술자가 퍼시픽벨 보안팀이 FBI에게 즉각 신고를 하도록 사전에 지시를 받았을 수도 있었기 때문이다. 에릭은 자신이 내 감청으로부터 안전하다고 생각했다. 그는 이미 SAS 감청장비를 다뤄본 적이 있기에 누군가가 SAS를 이용해 자신의 전화내용을 감청하려 할 경우, 매우 뚜렷한 신호음이 들린다는 것을 이미 알고 있었다. 하지만 SAS 편자를 이용해 감청할 수 있다는 사실은 에릭도 몰랐다. 앞에서 설명했듯이, SAS 편자를 사용하면 설비기술자가 직접 고객의 전화선에 케이블을 연결했고, 따라서 딸깍하는 신호음은 들리지 않았다.

나는 어느 날 무심코 SAS 편자를 이용해 에릭의 전화선에 접속했고, 에릭이 '켄'이라는 사내와 전화하는 내용을 엿들었다.

나는 켄이 누구인지 즉각 알았다. FBI 특별요원 켄 맥과이어였다.

켄은 미트닉에 대해 구속영장을 신청하려면 어떤 증거가 필요한지에 대해 에릭과 대화를 나눴다.

나는 그 말을 듣고는 겁에 질렸다. 혹시 내가 FBI의 미행을 당하고 있는 건 아닌지, 또는 체포가 임박한 게 아닌지 걱정이 밀려왔다. 에릭의 말투는 기밀정보원처럼 들리지 않았다. 오히려 맥과이어에게 '켄'이라고 친근하게 부르는 것이 마치 동료요원에게 말하는 것 같았다. 맥과이어 또한 선배요원이 신참요원에게 하듯 에릭에게 왜 수색영장이 필요한지를 차근차근 설명했다.

수색영장! 미트닉에 대한 증거!

젠장. 내게 불리한 증거를 하나도 남김없이 즉각 폐기해야 했다.

에릭과 켄의 통화가 끝나자마자 나는 곧장 내 휴대전화의 설정을 바꿔 내가 전에 사용한 적이 없는 휴대전화번호로 복제했다.

그런 후 직장에 있는 루이스에게 전화를 걸었다. "야, 비상사태다! 지금 당장 사무실 밖에 있는 공중전화로 가!" 만에 하나 FBI가 루이스의 사무실 주변에서 휴대전화 내용을 감청하고 있을지도 모를까봐 취한 조치였다.

나는 차를 몰고 다른 휴대전화 중계기가 서비스를 제공하는 지역으로 향했다. 이 또한 텔텍탐정사무소가 위치한 지역의 휴대전화 중계기를 FBI가 감청할지도 모른다는 생각에 취한 조치였다.

루이스가 사무실 옆에 있는 공중전화를 받자마자 내가 말했다. "연방정부가 우리에 대한 증거를 수집하고 있어. 그리고 에릭도 한패고! 수사대상이 우리라는 건 100퍼센트 확실해. 그러니까 휴대전화번호를 당장 바꾸라고."

"지랄." 그게 루이스의 유일한 반응이었다.

"증거를 소멸해야 돼." 내가 말했다.

루이스가 풀이 죽어 겁먹은 목소리로 답했다. "그래, 알았어. 내가 알아서 할게."

나는 에릭에 대해 조사하면서 늘 그가 FBI요원이거나 아니면 적어도 FBI와 일하는 정보원이라고 추측했다. 이제 그 추측은 사실이 됐고, 상황은 매우 심각했다. 나는 감방의 차가운 철창살이 상상됐고, 맛이 없어서 입에도 대지 못할 감옥음식이 혀끝에 느껴졌다. 그리고 내 상상은 현실이 될 수 있었다.

캐스텐이 퇴근했을 때, 나는 내 플로피디스크가 담겨있는 상자를 들고 캐스텐의 집 앞에서 기다리고 있었다. 같은 날 저녁 나는 아버지의 또 다른 친구네 집으로 차를 몰았다. 아버지의 친구는 내 컴퓨터와 공책을 잠시 보관해주기로 했다.

반면 루이스 드페인의 증거소멸작업은 생각보다 쉽지 않았다. 그는 걸코 물건을 내다버리는 성격이 못됐고, 따라서 그의 아파트에는 온갖 잡동사니가 가득했다. 그 잡동사니 속에서 연방정부에 발각된 경우 불리하게 작용할 증거를 찾아내기란 쉽지 않았다. 게다가 증거소멸은 누군가가 도와줄 수 있는 일도 아니다. 왜냐하면 어떤 하드디스크와 어떤 플로피디스크가 안전한지, 그리고 어떤 것들이 자신을 감방에 보낼 수 있는지를 아는 건 루이스 자신뿐이었기 때문이다. 증거소멸작업은 거의 이틀이 소요됐고, 그 기간 내내 루이스는 언제든 FBI가 들이닥칠지도 모른다는 생각에 상당한 스트레스를 받았다.

나는 사전에 어떤 방법을 동원해서든 에릭의 정체를 파악했어야 했다. 진작 그러지 않은 게 후회스러웠다. 하지만 아예 시도조차 안 하는 것보다는, 늦었지만 시도라도 해보는 게 좋지 않은가. 그래서 나는 내 정보의 보고이자 친구처럼 지내던 사회보장국의 앤에게 전화를 걸었다. 앤은 에릭 하인츠에 대한 정보를 살펴본 후 내게 그의 주민등록번호, 생년월일, 출생지를 알려줬다. 나아가 에릭 하인츠가 다리 한 쪽이 없어서 장애인수당을 받고 있다는 사실도 말해줬다.

만약 에릭이 말한 오토바이 사고가 사실이라면, 그리고 그가 정말로 의족을 했다면, 의사는 정말 기적과 같은 의술을 펼친 게 분명했다. 나는 단 한 번도 에릭이 절름대는 걸 보지 못했기 때문이다. 어쩌면 에릭은 양쪽 다리가 모두 말짱할지도 몰랐다. 단지 적당한 의사를 만나 허위진단서를 끊어서 장애인수당을 수령하는 걸지도 몰랐다. 어쩌면 에릭이 뚜렷한 직업 없이도 생활할 수 있는 이유도 그 때문일지도 몰랐다.

내가 앤에게 말했다. "이건 사기사건이에요. 혹시 에릭의 부모님 이름을 파악할 수 있나요?" 에릭의 운전면허증에는 이름이 에릭 하인츠 주니어로 적혀있었다. 따라서 그의 아버지는 에릭 하인츠 시니어일 테니 부모의 이름을 알아내기란 쉬웠다. 앤은 에릭 하인츠 시니어란 이름으로 등록된 이들의 정보를 살펴보았다. 그 중에서도 출생연도가 대략 에릭의 아버지뻘에 해당되는 사람들을 골라냈다. 마침내 앤은 출생일이 1935년 7월 20일인 에릭 하인츠 시니어를 찾아냈다.

그날 저녁, 나는 텔텍탐정사무소에서 함께 일하던 동료 대니 옐린과 셔먼 오크스에 위치한 솔리스델리에서 저녁식사를 했다. 음식을 주문한 뒤 나는 공중전화로 가서 에릭 하인츠 시니어의 전화번호로 전화를 걸었다.

나는 이후 벌어질 상황을 어느 정도 예측했다. 하지만 내 예상과는 전혀 다른 일이 빌어졌다.

"에릭과 통화를 하고 싶은데요. 고등학교 친구입니다."

"자네 누군가?" 전화를 받은 에릭 하인츠 시니어가 의심스런 목소리로 물었다. "이름이 뭐라고 했나?"

"어쩌면 제가 다른 에릭 하인츠를 찾는 걸지도 모르겠군요. 혹시 가족 중에 에릭 하인츠 주니어가 없나요?"

"내 아들은 이미 죽었네." 남자가 말했다.

남자는 매우 기분 나쁘다는 말투였고, 심지어 간신히 화를 억누르는 눈치였다. 남자는 내 전화번호를 알려달라며, 나중에 전화를 주겠다고 말했다. 당연히 FBI에 나를 신고해서 조사하게 할 생각이리라. 하지만 굳이 전화번호를 숨길 필요는 없었다. 나는 그에게 레스토랑 안에 있는 전화번호를 알려준 뒤 전화를 끊었다.

즉각 남자로부터 다시 전화가 걸려왔고, 우리는 재차 서로를 탐색했다. 나는 그에게서 정보를 캐내려 했고, 그럴 때마다 남자는 교묘하게 말을 돌렸다.

"에릭이 언제 죽었나요?" 내가 물었다.

놀랄만한 답변이 돌아왔다. "내 아들은 갓난애 때 죽었네."

갑자기 몸에서 아드레날린이 솟구쳤다. 결론은 하나였다. '에릭 하인츠'는 도용된 신원이었던 것이다.

나는 간신히 흥분을 진정시키며 남자에게 아들을 잃어서 안 됐다는 위로를 건넸다. 그렇다면, FBI와 일하면서 가명을 쓰는 이 외다리 사기꾼은 도대체 누구란 말인가?

다른 한편으로 나는 아들이 갓난아이일 때 죽었다는 남자의 말이 사실인지 확인하고 싶었다. 나는 다시 사회보장국의 앤으로부터 도움을 받았다. 에릭 하인츠 시니어의 형 전화번호를 알아냈고, 전화를 걸어본 결과 모든 게 사실이었다. 실제로 에릭 하인츠 주니어는 두 살이던 1962년에 어머니와 함께 시애틀에서 열린 세계박람회에 가다가 교통사고를 당했고, 둘 다 사망했다.

그러니 에릭 하인츠 시니어가 내가 자신의 아들과 함께 고등학교를 다녔다는 말에 대단히 화를 낸 것도 충분히 그럴 만했다.

하나의 단서를 포착해 끝까지 파고드는 건 나름대로 특별한 만족감을 준다. 이번 경우, 끝까지 파고들려면 시애틀에 위치한 킹카운티 인구동태 통계국으로부터 에릭 하인츠의 사망기록 사본을 입수해야 했다. 나는 수수료와 함께 사본을 요청했고, 텔텍탐정사무소로 우편으로 보내 달라고 요청했다.

에릭 하인츠 주니어의 아버지와 삼촌의 말은 사실이었다. 결국 내가 아는 '에릭 하인츠'는 그 흔하다는 유아 신원도용을 한 것이다.

와! 마침내 에릭 하인츠에 대한 수수께끼를 풀었다.

'에릭 하인츠'란 이름은 새빨간 거짓말이었다.

그렇다면 이 자식은 누구란 말인가? 이미 죽었는데도 여전히 나를 곤경에 빠트리려는 에릭 하인츠의 정체는 과연 뭐란 말인가?

나는 FBI요원들의 통화내역에 대해 트래픽분석을 하다가 맥과이어가 213-894-0336으로 자주 전화를 건다는 사실을 눈치 챘다. 213-894가 LA에 위치한 미국 연방 지방검찰청의 지역번호와 국번이라는 건 이미 아는 사실이었고, 나는 전화를 걸어 그 전화번호가 차장검사 데이빗 쉰들러의 전화번호라는 걸 알아냈다. 데이빗 쉰들러는 케빈 폴슨의 사건을 기소한 검사였고, 또 다른 대형 해커사건을 배정받은 게 분명했다.

다시 말해, 미국 연방정부는 이미 내 사건에 검사를 배정한 것이었다. 결코 좋은 소식이 아니었다!

나는 팩텔셀룰러의 상세통화기록에 접속할 수 있게 된 이후로 모든 가입고객의 자세한 수신 및 발신 정보를 보여주는 기록을 자주 확인했다. 특히나 에릭과 자주 연락을 취하던 화이트칼라 범죄팀에 속한 수사관들, 무엇보다 특수요원 맥과이어의 통화기록을 눈여겨봤다.

아주 수상한 통화기록을 발견한 것도 그 과정에서였다. 맥과이어는 단지 몇 분 동안 에릭에게 여러 차례 삐삐를 쳤다. 게다가 맥과이어가 마지막으로 삐삐를 친 직후에 건 전화번호는 내가 이전에는 보지 못했던 유선 전화번호였다.

나는 그 전화번호로 전화를 걸었다. "여보세요"라는 목소리가 친숙하게 들렸다. 전화를 받은 이는 바로 에릭이었다. LA의 다른 지역에 위치한 새로운 유선 전화번호라니. 에릭은 또 다시 이사를 한 게 분명했다.

나는 전화를 끊으며 씩 웃었다. 에릭도 전화를 끊은 게 나라는 걸 알 것이다. 에릭이 새 집으로 이사를 와서 짐을 다 풀기도 전에 나는 그가 이사한 곳을 알아낸 셈이다.

퍼시픽벨의 회선 배정센터로 전화를 걸면 에릭의 새로운 주소를 알아낼 수 있었다.

새 주소는 로렐캐년대로 2270번지였다. 알고 보니 할리우드힐스에 있는 할리우드대로에서 1.6킬로미터 정도 북쪽에 위치한, 멀홀랜드 거리로 가는 도중에 있는 부촌이었다.

그 주소는 내가 에릭을 알고 지냈던 몇 달 동안 네 번째로 변경된 주소였다. 자주 이사를 다닌 이유는 뻔했다. FBI가 그를 보호하려 했던 것이다. 매번 내가 그의 새 주소를 알아낼 때마다 FBI는 그를 다른 곳으로 옮겼다. 나는 이미 세 번이나 에릭의 주소를 알아냈고, 그때마다 FBI는 매번 그를 다른 곳으로 보냈다.

어쩌면 FBI는 이쯤 되면 에릭의 새 주소를 내가 알아내는 걸 더 이상 막을 수 없다는 걸 눈치 챘으리라.

밤에는 컴퓨터로 안전한 곳에서 해킹을 하고, 낮에는 컴퓨터로 텔텍탐정사무소에서 '수사'를 하는 생활이 계속됐다. 텔텍탐정사무소의 업무는 이혼소송을 진행 중인 남편이 숨겨놓은 자산이 있는지를 파악하거나, 피고가 충분한 돈을 가지고 있는지 알아내서 변호사가 기소를 할 만한 가치가 있는지를 판단하거나, 돈을 갚지 않는 사람을 추적하는 게 대부분이었다. 몇몇 사건은 매우 보람이 있었다. 자식을 납치해서 캐나다로 도망친 부모를 찾아내는 것과 같은 일이 그랬다. 이런 사건들을 성공적으로 해결하면서 나는 상당한 보람을 느꼈고, 내가 세상에 약간이나마 좋은 일을 한다는 생각에 만족했다.

하지만 내가 세상에 이로운 일을 한다고 해서 FBI들이 나를 예쁘게 봐줄 리는 없었다. 나는 만약 FBI가 내 퇴근길을 미행하기 위해 잠복하고 있을 경우를 대비해 사전경고 시스템을 만들었다. 나는 래디오샥에서 무전통신 수신기를 구매한 후 무선전화 주파수 탐지제한 기능을 해제했다(당시 연방통신위원회는 무전통신 수신기를 만들 때 무선전화 통화내용을 감청하지 못하는 기능을 넣으라고 제조업체들을 압박하던 참이었다). 나는 또한 '디지털데이터 해석기digital-data interpreter'라는 장비를 구매했다. 그 장비는 휴대전화네트워크에서 흘러나오는 신호를 판독할 수 있었다. 따라서 무전통신 수신기로 잡힌 신호는 다시 내 컴퓨터에 연결된 디지털데이터 해석기로 유입됐다.

휴대전화를 걸면 신호는 가장 가까운 휴대전화 중계기에 등록된 후 휴대전화와 통신이 연결된다. 따라서 휴대전화로 전화가 걸려오려면 휴대전화는 중계기에 접속해서 통화를 연결해야 한다. 이동통신회사는 이런 절차를 거치지 않고는 휴대전화로 전화를 연결해주지 못한다. 나는 무전통신탐지기를 설정해서 텔텍탐정사무소에서 가장 가까운 휴대전화 중계기에서 나오는 신호를 탐지하게 했다. 그렇게 함으로써 해당 지역으로 유입되는 전화번호뿐만 아니라 해당 지역을 경유하는 전화번호도 식별할 수 있었다.

내 탐지기는 이런 데이터를 지속적으로 디지털데이터 해석기로 보냈고, 디지털데이터 해석기는 다시 그 데이터를 아래와 같이 정보를 구분해서 보여줬다.

618-1000 (213) Registration(등록중)
610-2902 (714) Paging(호출중)
400-8172 (818) Paging
701-1223 (310) Registration

각각의 줄은 휴대전화 중계기가 서비스를 제공하는 지역에 위치한 휴대전화의 상태를 보여줬다. 매 줄 앞에 있는 숫자는 휴대전화번호였다. '호출중'이란 표시는 해당 전화번호로 전화가 걸려온 상태이며, 따라서 휴대전화로 통화를 연결해주기 위해 신호를 보내고 있다는 걸 뜻했다. '등록중'은 현재 휴대전화가 해당 휴대전화 중계기가 서비스를 제공하는 지역에 위치해 있고, 따라서 전화를 걸거나 받을 수 있는 상태라는 의미였다.

나는 내 컴퓨터와 연결된 디지털데이터 해석기의 소프트웨어를 변경해놓았다. 내가 소프트웨어에 저장해놓은 전화번호가 감지될 경우 알람소리가 울리게 해놓았다. 내가 저장해놓은 전화번호는 에릭과 연락을 취하는 FBI요원들의 전화번호였다. 이런 식으로 소프트웨어는 휴대전화 중계기로, 다시 무전통신탐지기로, 디지털데이터 해석기로, 그리고 내 컴퓨터로 유입되는 전화번호를 끊임없이 탐색했다. 만약 FBI요원이 휴대전화를 지니고 텔텍탐정사무소 주변에 나타난다면 내 컴퓨터는 알람소리를 낼 것이다.

이렇게 나는 FBI의 접근을 탐지할 경보장치를 만들어놓았고, 그렇게 FBI보다 한 발 먼저 움직일 수 있었다. 만약 FBI가 나를 찾아온다면 미리 알 수 있었던 것이다.

Fqjc nunlcaxwrl mnerln mrm cqn OKR rwcnwcrxwjuuh kanjt fqnw cqnh bnjalqnm vh jyjacvnwc rw Ljujkjbjb?

23 급습

1992년 9월 어느 월요일, 나는 남들보다 일찍 출근했다. 사무실 복도를 지나가는데 희미하게 삐, 삐, 삐 소리가 들렸다. 나는 사무실에 들어오면서 보안장치가 달린 출입문 비밀번호를 잘못 입력했나보다 생각했다. 하지만 복도를 따라 들어갈수록 알람소리는 더욱 커졌다.

삐, 삐, 삐, 삐……

소리는 내 사무실에서 들여왔다.

누가 내 책상에 전자알람시계를 올려놓았나?

아냐, 이긴 뭔가 달라.

그 소리는 무전통신탐지기를 모니터하기 위해 내가 설정해 놓은 소프트웨어가 작동하면서 나는 소리였다. 주변 지역에서 FBI의 휴대전화를 감지한 것이었다.

젠장, 젠장, 젠장, 젠장……

나는 내 컴퓨터모니터에 표시된 휴대전화를 번호를 보고 소스라치게 놀랐다. 213-500-6418.

껜 섁파이어의 휴대전화번호였다.

내 컴퓨터에 연결된 디지털데이터 해석기에 의하면, 경보가 울린 건 아침 6시 36분, 그러니까 약 두 시간 전이었다.

맥과이너는 텔텍탐정사무소와 가까운 어딘가에 있었다.

컴퓨터모니터에는 맥과이어가 휴대전화로 건 전화번호도 올라와 있었다. 818-880-9XXX. 당시 LA지역에서 전화번호 뒤 네 자리 숫자 중 맨 앞자리가 9로 시작되는 번호는 대체로 공중전화를 의미했다. 다시 말해, 맥과이어는 내가 사는 근방에 있는 공중전화로 전화를 건 것이었다.

잠시 후 갑자기 나는 그 전화번호를 알아챘고, 그와 함께 내가 가장 두려워하던 상상이 현실이 됐다. 맥과이어는 내 아파트 맞은편에 있는 편의점인 빌리지마켓 옆에 있는 공중전화로 전화를 건 것이었다.

내 아파트는 텔텍탐정사무소에서 약 3킬로미터 떨어져 있었고, 차로 가면 5분이면 충분한 거리였다.

오만 가지 생각이 머릿속을 스쳐 지나갔다. 왜 FBI가 내 아파트 근처에 출동한 거지? 당연히 나를 미행하기 위해서라는 생각이 들었다. 아니 어쩌면 회사까지 나를 미행한 후 체포할지도 모른다. 도망쳐야 하나? 숨어야 하나? 아니면 FBI가 문을 박차고 들어올 때까지 꼼짝 않고 기다려야 하나?

나는 놀랐고, 공포에 질렸다.

잠깐. 만약 FBI가 나를 체포하러 왔다면 내가 아파트에 있는 동안에 급습하는 게 맞았다.

그렇다면 왜 맥과이어는 빌리지마켓 옆에 있는 공중전화에서 전화를 걸었단 말인가? 갑자기 모든 게 분명해졌다. FBI는 수색영장을 발부 받으려면 내 아파트 단지의 모습과 정확한 내 아파트 호수를 알아야 했다. 어쩌면 맥과이어는 아직 나를 체포할 생각이 없을지도 몰랐다. 그저 내 위치를 자세히 파악해서 수색영장에 기재한 후 판사에게 제출할 의도일지도 몰랐다.

마이클과 마크가 출근을 하자 나는 그들에게 상황을 말해줬다. "켄 맥과이어가 오늘 아침 내가 자는 동안 내 아파트 주변에 들이닥쳤어요." 둘의 놀란 표정은 정말이지 혼자 보기 아까울 정도였다. "미트닉 이 녀석은 어떻게 그 사실을 알아낸 거지?" 나를 수사하는 FBI의 움직임을 훤하게 꿰뚫고 있다는 사실을 매우 신기하게 생각했다. 내 무용담을 흥미롭게 듣다가, 마침내 정말로 뭔가 큰 일이 발생한 것이다.

나는 사무실에서 모든 소지품을 챙긴 후 계단으로 내려와 내 차로 향했다. 나는 겁에 질려 불안했고, 어디선가 갑자기 "미트닉, 꼼짝 마!"라는 소리가 들려올까봐 두려움에 떨었다. 주차장에서 나는 혹시나 양복을 입은 사내가 나를 쳐다보고 있는 게 아닌지 주차된 차를 샅샅이 살폈다.

주차장을 빠져나가는 동안에도 내 눈은 오로지 후방거울에만 고정돼 있었다. 앞에 있는 사물보다 혹시나 뒤에 있을지도 모를 사물에 더 신경이 쓰였다.

나는 빠르게 101번 고속도로를 탔고 휴대전화를 자유롭게 사용할 수 있을 만큼 거리가 떨어진 아구라힐로 급하게 차를 몰았다.

나는 고속도로를 빠져 나온 후 근처 맥도날드 주차장에 차를 댔다.

당연히 나는 제일 먼저 루이스에게 전화를 걸었다. "FBI가 움직이고 있어."

루이스는 매사에 별로 놀라는 법이 없었다. 그만큼 자신을 과신했고 잘난 척했다. 하지만 그런 그도 이번만은 달랐다. 나는 루이스의 목소리를 들으며 그가 내 말에 당황했다는 걸 알아챘다. 만약 FBI가 나를 목표로 한다면 또한 루이스가 내 해킹행각에 연루돼 있다는 것도 알고 있을 게 분명했다. 따라서 오직 나만 체포하는 것으로 끝나지 않을 거라는 건 당연했다.

나는 아파트로 되돌아가서 방안을 샅샅이 살폈다. 지난 번 증거인멸작업 이후 혹시 내게 불리한 증거가 될 만한 물건이 생겨나지 않았는지 남김없이 확인했다. 종이들, 디스크, 뭔가가 쓰여 있는 쪽지 등. 그런 뒤 자동차도 샅샅이 살펴보았다.

그날 저녁 나는 마크 캐스덴의 집을 찾아가 내가 이전에 그의 옷장에 숨겨놓은 내 물건 옆에 추가로 물건을 더 보관해달라고 부탁했다.

그런 후 다시 아파트로 돌아와 짐을 챙겨서 이번에는 이전에 내가 컴퓨터를 숨겨두었던 아버지의 친구 집으로 가서 물건을 숨겼다.

모두 마치고 난 후, 나는 이제 증거가 완전히 사라졌다는 생각에 안심했다.

나는 내 아파트에 머무는 게 두려워 가까운 작은 모텔에 투숙했다. 나는 숙면을 취할 수 없었고, 밤새 몸을 뒤척이다가 새벽에 눈을 떴다.

화요일 아침, 나는 차를 몰고 출근하면서 마치 엉성한 첩보영화에 나오는 주인공 같이 행동했다. 혹시 헬리콥터가 쫓아오나? 크라운빅토리아 자동차는? 짧은 머리에 양복을 입은 의심스런 사내가 보이나?

다행히도 나를 미행하는 이는 아무도 없었다. 그렇지만 나는 좋지 않은 일이 언제든 벌어질 수 있다는 생각에 마음을 졸였다.

내 예상과는 달리 그 날은 평화롭게 넘어갔다. 심지어 나는 잠시나마 업무에 집중할 수도 있었다.

차를 몰고 퇴근하면서 나는 도넛 가게에 들러 도넛을 12개 종류별로 샀다. 집으로 돌아온 나는 냉장고 앞에 스카치테이프로 메모를 붙여놓았다. "FBI를 위한 도넛."

그런 후 도넛이 담긴 포장상자 위에 굵은 글씨로 이렇게 썼다.

FBI를 위한 도넛

FBI가 나를 급습할 것이고, 더 나아가 언제 급습할지도 미리 알고 있었다는 사실을 알려 FBI가 열 받길 바랐다.

다음 날 아침, 1992년 9월 30일, 나는 내 아파트에서 불안감과 걱정에 자다 깨기를 반복하고 있었다.

아침 6시 무렵, 나는 깜짝 놀라 자리에서 일어났다. 누군가가 아파트 현관문을 여는 듯, 짤랑대는 열쇠소리가 들렸다. FBI일 거라고 예상했지만, FBI는 결코 열쇠로 문을 열지 않는다. 그들은 늘 문을 세차게 두드린다. 혹시 강도가 아닐까? 내가 소리쳤다. "누구야?" 고함을 쳐서 강도를 쫓아낼 생각이었다.

"FBI다. 문 열어!"

나는 생각했다. 끝장이야. 이제 다시 감방에 가는 거라고.

FBI가 들이닥칠 거라는 예상은 했지만, 심적으로 준비가 돼있지 않았다. 하긴 어떻게 미리 마음을 추스를 수 있겠는가? 체포되는 게 죽을 만큼 겁이 났는데 말이다.

내가 알몸이라는 사실도 잊은 채 나는 현관문을 열었다. 문 밖에 FBI요원들이 서있었고, 특히 맨 앞에서는 여성 요원이 서있었다. 여성 요원은 자기도 모르게 내 아랫도리를 쳐다봤다.

그런 뒤 모든 요원들의 모습이 한눈에 들어왔고, 모두가 집 안으로 들어왔다. 그들은 내가 옷을 입는 동안 내 집을 뒤졌고, 심지어 냉장고 안도 샅샅이 조사했다. 요원 중 아무도 내가 적어놓은 'FBI를 위한 도넛'이란 글씨에 반응하지 않았고, 심지어 도넛에 손도 대지도 않았다.

하지만 나는 이미 증거를 말끔하게 치워놓은 후였다. 그들은 냉장고에서 아무런 증거도 찾지 못했을 뿐만 아니라 내게 불리하게 작용할 증거는 전혀 발견하지 못했다.

당연히 FBI들은 그런 상황을 탐탁해하지 않았고, 게다가 아무것도 모르는 듯 천진난만하게 구는 내 행동도 마음에 들어 하지 않았다.

한 요원이 식탁의자에 앉더니 말했다. "이리 오게. 대화 좀 하지." FBI들은 대체로 매우 예의 바르다. 특히나 그 말을 한 요원은 나와 잘 아는 사이였다. 바로 내 DEC사건을 조사했던 리차드 비슬리 요원이었다. 그가 내게 텍사스 억양이 섞인 친근한 말투로 말했다. "케빈, 이번이 두 번째일세. 우리는 지금 루이스 드페인의 집도 조사 중이야. 그는 대단히 수사에 협조적이더군. 만약 자네도 협조하지 않는다면, 아주 험한 꼴을 당할 걸세."

실제로 그런 말을 들어본 건 그때가 처음이었지만, 적어도 나는 그 의미를 분명하게 깨달았다. 먼저 공범자의 죄를 자백하는 이가 훨씬 가벼운 형량을 받게 될 거라는 의미였다. 루이스와 나는 미리 이런 제안에 대해 수차례 논의한 뒤였다. "만약 경찰조사를 받게 되면 어떻게 행동할 거야?" 우리는 서로에게 이런 질문을 했었다.

그리고 이 질문에 대한 대답은 한결 같았다. "내 변호사랑 얘기하쇼."

따라서 나는 루이스를 배신할 생각도 없었고, 또한 루이스도 나를 배신하지 않을 거라는 걸 잘 알았다.

비슬리가 카세트테이프를 꺼내더니 내게 물었다. "혹시 카세트플레이어 있나?"

"없어요!"

믿어지지가 않았다. FBI는 자신들을 미국에서, 심지어 세계에서 가장 뛰어난 수사기관이라고 자부한다. 그런데 내게 들려주고 싶은 내용이 녹음된 카세트테이프를 가져오면서 카세트플레이어를 가져오지 않다니!

다른 요원 한 명이 내 대형 카세트플레이어를 발견하고는 비슬리에게 가져다줬다. 비슬리는 테이프를 삽입하고는 재생버튼을 눌렀다.

전화버튼을 누르는 소리가 들리면서 마크 캐스텐이 뭔가 얘기하는 소리가 들렸고, 그 후로 내 목소리가 들렸다. 마치 마크와 내가 같은 방에서 얘기를 나누고 있는 것 같았다. 전화버튼을 누르는 소리가 끝나자 신호음이 들렸다.

이윽고 카세트플레이어에서 다른 목소리가 흘러나왔다. "퍼시픽벨 음성사서함입니다. 음성사서함번호를 입력해 주시기 바랍니다."

또 다시 버튼 누르는 소리가 들렸다.

"비밀번호를 입력해 주시기 바랍니다."

"새로운 메시지가 3개 있습니다."

그런 뒤 메시지가 흘러나왔다. "데렐, 나 데이빗 사이먼이요. 818-783-42XX으로 전화 주세요."

다시 카세트플레이어에서 어딘가로 전화를 거는 소리가 흘러나왔다. 그리고 내 목소리가 들렸다. "사이먼 형사가 방금 막 산토스에게 전화를 했어요."

비슬리가 카세트플레이어를 정지시켰다.

"자, 여기에 대해서 뭐라고 할 텐가?" 그가 내게 날카롭게 물었다.

나는 그 말에 비아냥댔던 걸로 기억한다. "FBI의 대단한 기술력에 새삼 놀랐네요."

나는 비슬리의 눈을 똑바로 응시한 채 매우 교만한 말투로 말했다.

이 모든 일이 벌어지는 동안 우리 옆에 서있던 또 다른 FBI요원이 갑자기 손을 쭉 뻗어 내 카세트플레이어를 붙잡더니 거칠게 카세트를 잡아 뺐다. 마치 심술이 난 네 살짜리 아이가 신경질을 부리는 것 같았다.

FBI요원들은 여기저기 흩어져 아파트 수색을 계속했고, 나는 식탁의자에 앉은 채 그 광경을 쳐다봤다.

또 다른 요원이 아파트에 도착했다. 그는 내게 명함을 내밀었고, 명함에는 '선임 특수요원'이라고 적혀있었다. 그는 자신이 가져온 두꺼운 수첩을 펴더니 뭔가를 끼적이고는 잠시 후 고개를 들어 다른 요원에게 물었다. "이 친구 컴퓨터는 어디에 있나?"

"찾지 못했습니다." 요원이 답변했다.

선임 특수요원은 짜증이 나는 표정이었다.

요원들은 계속해서 아파트를 수색했다.

마침내 선임 특수요원에게 물었다. "내가 체포된 겁니까?"

"아니네."

뭐라고! 체포된 게 아니라고! 황당하기 그지없었다. 이해가 안 됐다. 하지만 선임 특수요원이 농담을 하는 것 같지는 않았다. 다른 요원들도 웃거나 하는 별다른 반응이 없었다. 그렇다면 사실일 게 분명했다. 나는 정말인지 확인해 보기로 했다.

"만약 체포된 게 아니라면 난 여기를 나가겠습니다." 내가 말했다.

"어디로 가려고?" 선임 특수요원이 물었다.

"아버지 댁으로 갈 겁니다. 아버지에게 내가 수사에 협조해야 할지를 물어보려고요." 수사협조라고. 흥, 천만에 말씀이었다. 하지만 나는 내 아파트에서 벗어나 이 불안감을 떨쳐버릴 곳으로 가고 싶었고, 그래서 대충 둘러댔다.

선임 특수요원은 잠시 고민했다. 만약 내가 체포된 상황이 아니라면, 내 아파트를 뒤지는 동안 내가 있다고 해서 무슨 도움이 되겠는가?

"좋네." 그가 말했다.

요원들은 내 몸을 수색했고, 내 지갑을 찾아내 안을 살펴봤다. 하지만 별다른 것을 찾지 못했고, 내가 아파트를 나가게 내버려뒀다.

차를 향해 가는 내 뒤를 세 명의 요원이 따라왔다. 차 문을 열자 요원들은 내 차 안을 뒤지기 시작했다. 아차! 요원들은 자동차 사물함에서 내가 미처 숨겨놓지 못한 플로피디스크 여러 장을 찾아냈다. 나는 경악했고, 요원들은 환호성을 질렀다.

요원들은 차 수색을 마친 후 차문을 열고 차에 올라탔다. 마치 친한 친구라도 되는 듯 함께 외출을 하는 것처럼 굴었다. 나는 놀랐다.

"내 차에서 뭐하는 겁니까?" 내가 물었다.

"자네 차를 타고 자네 아버지 댁으로 가는 걸세."

"아뇨, 그럴 일은 없을 겁니다. 당장 내려요!"

놀랍게도 요원들은 내 말에 차에서 내렸다.

요원들은 두 대의 FBI 차에 나눠 타고는 당시 내가 그다지 좋아하지 않던 여자와 살던 아버지 댁으로 나를 따라왔다.

아버지의 집에 도착하자 요원들은 나를 따라 안으로 들어가고 싶다고 말했다. 나는 안 된다며, 아버지와 단 둘이서 얘기하고 싶다고 말했다.

내가 아버지 집에 있는 동안 요원들은 차에서 기다렸다.

나는 텔텍탐정사무소에 있는 물건들 중에서 증거가 될 만한 것들을 아직 치워놓지 않은 상황이었기에 어떻게든 요원들의 눈을 피해 사무실로 가야 했다. 밖을 쳐다보자 요원들이 여전히 기다리고 있었다. 나는 밖으로 나가 요원들에게 아버지와 상의해 본 결과 그들과 더 이상 얘기를 나누기 전에 먼저 변호사와 상담을 하기로 결정했다고 말했다. 나는 그럴 생각은 눈곱만큼도 없었지만 수사에 협조할 수도 있다는 눈치를 넌지시 비쳤다.

마침내 요원들이 떠났다.

그들이 사라지자마자 나는 빠르게 차를 몰고 텔텍탐정사무소로 향했다.

그렇다면 왜 그리도 중요한 날에 켄 맥과이어 요원과 퍼시픽벨 보안직원 테리 애칠리는 내 앞에 나타나지 않았을까? 알고 보니 그들은 루이스 드페인의 집을 방문해 그를 협박해서 나를 배신하게 하려 했다.

그리고 루이스는 정확히 그들이 원하는 대로 했다. 후에 나는 루이스의 FBI 진술기록을 읽었다. 기록에 의하면, 루이스는 계속해서 모든 걸 털어놓겠다며, 하지만 그 전에 자신을 선처해달라고 요구했다. 게다가 루이스는 계속해서 내가 위험한 인물이며, 내가 두렵다고 진술하기까지 했다.

아무튼 나는 당시 체포된 상황이 아니었고, 요원들이 내 아파트에서 불리한 증거를 찾지 못할 것도 알았다. 내 예상에 요원들이 나를 기소하려면 내가 루이스와 어울렸다는 증거 이외에 훨씬 결정적인 증거가 필요했다.

당시 나는 텔텍이 이미 수개월 전에 FBI의 수색을 당했다는 사실을 몰랐다. 따라서 나는 FBI가 내 아파트를 수색하던 것과 동시에 캐스덴의 아파트도 수색할 거라고는 상상도 못했다. 하지만 FBI는 내 해킹행각이 분명 텔텍탐정사무소의 불법적인 활동, 그러니까 훔쳐낸 계정정보로 TRW의 신용보고서 시스템에 접속하는 것과 같은 일에 연관돼 있을 거라고 생각했기에 캐스덴의 아파트도 동시에 급습했다. 결국 마크 캐스덴의 집이라면 안전하게 내 물품을 숨겨놓을 수 있으리라는 내 생각은 큰 오산이었던 셈이다.

하지만 적어도 시간은 내 편일지도 몰랐다. 레니 디치코와 함께 벌였던 DEC해킹으로 인한 보호관찰기간은 3개월이면 만료될 예정이었다. 만약 그전에 FBI가 체포영장을 들고 나타나지 않는다면 나는 처벌을 모면할 수 있었다.

내가 텔텍탐정사무소에서 사용하던 컴퓨터에는 암호화 기능이 없었고, 따라서 나는 FBI가 내 사무실 컴퓨터를 입수해 더 이상 나에게 불리한 증거를 확보하는 걸 어떻게든 막아야 했다.

사무실에 도착한 나는 빠르게 계단을 뛰어올라갔다. 정말이지 다행이었다. FBI요원들의 모습이 보이지 않았던 것이다. 믿을 수가 없었다!

나는 사무실 컴퓨터 앞에 앉아 모든 데이터를 삭제하는 명령어를 입력했다. 독자 여러분들이 알지는 모르겠지만 '삭제Delete' 명령을 입력한다고 해서 컴퓨터 하드디스크에 저장된 데이터가 완전히 사라지는 건 아니다(이 내용은 가끔씩 뉴스에도 보도된다. 특히 백악관 소속 올리버 노스 중령이 이란-콘트라 사건을 덮으려고 파일을 삭제했으나 실패했을 때, 언론은 이 내용을 집중조명했다). 다시 말해, 삭제 명령은 단지 파일의 명칭을 변경해서 삭제됐다는 표시를 해놓는 것에 불과하다. 그러면 해당 파일들은 더 이상 컴퓨터에서 탐색이 안 되지만, 여전히 데이터는 하드디스크에 남아있고, 따라서 복구될 수 있다.

따라서 나는 단순한 삭제 명령을 입력한 것이 아니라, 노턴유틸리티 소프트웨어에 포함된 기능인 '와이프인포WipeInfo'라는 프로그램을 사용했다. 와이프인포는 파일에 삭제됐다는 표시만 하는 게 아니라 여러 차례 파일을 중복 기재해서 파일의 복구를 불가능하게 만든다. 프로그램을 실행시키고 나자, 더 이상 내 하드디스크에서 복구할 수 있는 파일은 하나도 남지 않았다.

나는 내 상관인 마이클 그랜트에게 전화를 걸어 FBI의 급습에 대해 설명했다. 마이클 그랜트가 물었다. "자네 지금 어딘가?"

"사무실이에요."?

"거기서 뭘 하는 건가?"

"내 컴퓨터의 데이터를 깨끗이 삭제하고 있어요."

내 말에 마이클 그랜트는 크게 화를 내며 당장 멈추라고 말했다. 황당했다. 나는 그와 내가 한 배를 탄 동료라고 생각했다. 그와 그의 아버지가 내 편이라고 생각했다. 하지만 그는 어떻게든 나를 설득해서 내가 컴퓨터에 불리한 증거를 남겨두게 하려 했다. 나에 대한 FBI 수사에 협조해서 대신 자신들이 처한 FBI와의 문제를 빠져나갈 속셈이었다.

실제로 당시 나와 함께 텔텍에서 수사관으로 근무했고 후에 나와 친구가 된 동료의 말에 의하면, 마이클 그랜트가 정확히 내 예상대로 행동하려 했다. 마이클 그랜트는 FBI에게 내게 불리한 증언을 하는 대신 자신에 대한 혐의를 눈 감아달라고 제안했던 것이다.

내 의심이 현실로 드러나자 실망감과 함께 슬픔이 몰려왔다. 나는 마이클 그랜트를 친구로 생각했었다. 나는 살면서 단 한 번도 다른 이에게 불리한 증언을 하거나 증거를 제공한 적이 없다. 심지어 내 자신에게 아무리 도움이 된다 해도 결코 수사기관과 타협한 적이 없다.

친구가 법을 어기는 범죄자라면, 그런 친구에게서 의리를 기대하는 건 멍청한 짓이다.

이틀 후, 마이클 그랜트는 내가 더 이상 텔텍탐정사무소 직원이 아니라고 통보해왔다. 나로선 그다지 놀랄 일도 아니었다.

Xvof jg qis bmns lg hvq thlss ktffb J cifsok EAJ uojbthwsbhlsg?

24 도주

11월이 되도록 나는 여전히 실직상태였다. 하지만 텔텍의 직원이었던 대니 엘런은 회사일과 별개인 업무를 내게 던져주었고, 나는 그 업무를 처리해 주면서 약간이나마 돈을 벌 수 있었다. 엘런이 내게 준 일들은 차량압류를 위해 소유주를 찾아내는 것과 같은 일들이었다. 나는 수도전력회사, 사회보장국 시스템에 저장된 기록을 이용해 소유주를 추적하곤 했다.

당시 나는 시한폭탄을 깔고 앉아 있는 것과 마찬가지였다. FBI는 조만간 마크 캐스덴의 아파트에서 찾아낸 내 물품들과 함께 루이스의 아파트에서 찾아낸 물건들을 샅샅이 살펴볼 것이고, 그렇다면 나를 다시 감방에 보낼 충분한 증거를 찾을 게 분명했다.

이 상황을 어떻게 모면해야 하나?

나는 어머니, 할머니와 함께 라스베이거스에서 추수감사절을 보낸다면 마음이 안정될 거라고 생각했다. 나는 내 보호관찰관 프랭크 굴라에게 전화를 걸어 그래도 되겠냐고 물었다. 과연 허락해줄지 반신반의했지만, 프랭크 굴라는 놀랍게도 허락해줬다. 다만 12월 4일까지 다시 LA로 복귀해야 한다는 조건이 따라붙었다.

후에 알게 된 바로는, 11월 6일에 보호관찰부서는 내가 퍼시픽벨 보안 직원의 음성사서함을 해킹하고 루이스 드페인과 어울렸다는 혐의로 법원에 체포영장을 신청했다. 영장은 다음날 발부됐고, 보석금은 2만 5,000달러로 책정됐다.

그렇다면 프랭크 굴라는 왜 내가 LA를 떠나는 걸 허락했을까? 오히려 자신을 보러 오라고 해야 하는 게 맞지 않았을까? 나는 지금까지도 그 이유를 모르겠다.

연방정부 기소 건으로 가석방이 되거나, 보호관찰을 받거나 하면 매번 다른 연방정부 관할지역으로 이동할 때마다 해당 지역의 보호관찰부서에 출두해서 보고해야 한다. 나는 라스베이거스에 도착한 다음 날 아침 라스베이거스 시내 본빌 거리에 있는 보호관찰사무소로 향했다.

왠지 보호관찰사무소에 출두하면 뭔가 내가 모르는 상황이 나를 기다리고 있을 것만 같은 예감이 들었다. 나쁜 일이 벌어질 것 같은 직감이 들었다.

차에 햄라디오가 있었다. 내가 직접 개조한 그 햄라디오는 일반적인 아마추어 무전기에 사용되지 않는 주파수로 무전을 송신하거나 수신할 수 있었다. 나는 햄라디오를 라스베이거스 경찰이 사용하는 주파수에 맞췄다.

한 30분 정도 들었을까, 경찰이 검문에 걸린 차량운전자 앞으로 영장이 발부됐는지를 확인하는 통신내용이 햄라디오에서 흘러나왔다. 이런 식이었다. “차량번호 XXXX, 10-28 확인 요망.”

나는 경찰들이 무전부서에 조회요청을 할 때 사용하는 식별코드를 알고 있었다. 예를 들어, 경찰이 “1 조지 21”이라는 식별코드를 말하면, 무전 배치부서 교환원은 “말하라. 1 조지 21”이라고 답변했다.

그렇다면 경찰들은 점심식사를 하기 위해 순찰을 멈출 때 어떤 식으로 보고할까? 이런 식으로 무전을 한다. "코드 7, 데니스 레스토랑, 랜초 거리."

나는 10분 정도 기다렸다가 내 햄라디오에 달린 무전송신 버튼을 눌렀다. 나는 그때 한창 데니스 레스토랑에서 식사를 하고 있던 경찰관이 사용하는 식별코드를 말한 뒤, 조회를 요청했다. "캘리포니아 주 차량번호 XXXX, 10-28 확인 요망." 물론 내 차 차량번호였다.

잠시 후 교환원이 말했다. "440과 떨어져 있나요?"

갑자기 심장이 뛰기 시작했다. 도대체 '440'은 또 뭔가? 전혀 모르는 코드였다.

나는 무전기에 대고 말했다. "잠시 대기 바람."

나는 내 복제 휴대전화로 가까운 곳에 위치한 헨더슨 경찰서에 전화를 걸어 말했다. "마약단속 특수요원 짐 케이시오. 지금 합동 마약단속 작전을 위해 라스베이거스에 와있는데, 라스베이거스에서 440 코드가 뭘 의미하는지 알아야겠습니다."

"수배자라는 의미입니다."

이런! 따라서 "440과 떨어져 있나요?"란 말은 "당신이 원하는 정보를 말해주려 하는데 수배자가 듣지 못할 만큼 멀찌감치 떨어져 있나요?"란 의미였다. 다시 말해, 라스베이거스 경찰은 내 차량번호가 적힌 영장을 발부받은 상태였던 것이다.

이 상황에서 만약 내가 보호관찰사무소로 들어간다면 곧장 수갑이 채워져 구치소에 감금될 게 분명했다! 나는 이 위험을 미리 알아냈다는 데 대단히 안도하면서도 동시에 극심한 두려움에 휩싸였다.

나는 마침 사하라호텔 입구를 지나고 있었다. 나는 곧장 주차장으로 들어가 차를 주차한 뒤 차에서 멀리 벗어났다.

사하라호텔. 나로서는 너무나 다행이었던 게 공교롭게도 사하라호텔 커피숍에서 어머니가 종업원으로 일하고 있었다. 나는 떠들썩하다가도 숨죽인 채 기대감에 부풀어 도박테이블에 주사위를 던지는 이들, 그리고 슬롯머신을 노려보며 동전을 투입하는 머리가 하얗게 센 노파들을 지나쳐 휘황찬란한 카지노를 느긋하게 걸어갔다.

나는 한 테이블을 차지하고 앉아 어머니의 교대시간이 될 때까지 기다렸다. 어머니의 차를 타고 집에 갈 생각이었다. 어머니와 할머니에게 내가 다시 감옥에 갈지도 모른다고 말하자, 모두들 큰 충격에 빠졌다. 추수감사절은 원래 모두가 행복해야 하는 축제이건만, 그 해 추수감사절은 모두에게 행복하지 않았고, 감사드릴 일도 없었다.

이후 며칠 동안 나는 보호관찰사무소에 출두하는 대신 퇴근시간이 지난 후에 두 번 전화를 걸어, 어머니가 편찮아 직접 출두하지는 못하고 이렇게 전화로 보고한다는 음성메시지를 남겼다.

혹시 LA에 있던 내 보호관찰관이 라스베이거스 보호관찰사무소에까지 전화를 걸어 나를 체포해 두라고 지시를 해놓은 건 아닐까? 나는 라스베이거스 보호관찰사무소에 설치된 자동응답기의 기계목소리를 듣고는 그 자동응답기가 어떤 기종인지를 알 수 있었다. 해당 기종은 메시지 확인에 필요한 비밀번호의 초기 설정값이 '000'이었다. 나는 그 비밀번호를 시도해봤고, 아니나 다를까 어느 누구도 초기설정 값을 바꿔놓지 않았다. 나는 두 시간마다 전화를 걸어 음성메시지를 확인했다. 다행히도 내 보호관찰관이 남겨놓은 메시지는 없었다.

할머니, 어머니, 그리고 어머니의 남자친구 스티브 니틀은 LA까지 나를 차에 태워줬다. 이런 상황에서 내가 직접 내 차를 몰고 다닐 수는 없었다. 우리는 12월 4일, 그러니까 내 여행 허가기간이 끝나는 날 LA에 도착했다. 나는 그날 아침 연방사법경찰 브라이언 솔트가 나를 체포하기 위해 내 아파트에 들렀었다는 사실은 상상도 못한 채 아파트로 걸어 들어갔다. 나는 이후 3일 동안 언제든 FBI가 들이닥칠지 모른다는 불안감에 떨면서 내 아파트에 머물렀다. 아침이면 일찍 집을 나섰고, 잠시나마 불안감을 떨치기 위해 밤이 되면 매일 영화를 보러 갔다. 아마 다른 사람이었다면 그 상황에서 술에 흠뻑 취하거나 밤새 파티를 했을지도 모른다. 하지만 당시 나는 거의 신경쇠약 직전이었다. 그나마 자유를 즐길 수 있는 시간도 이제 얼마 남지 않았다고 생각했다.

그렇다고 해서 내 보호관찰기간이 만료될 때까지 LA를 피해있을 생각은 없었다. 만약 나를 체포하러 온다면 순순히 체포에 응할 요량이었다. 하지만 혹시라도 보호관찰기간까지 나를 체포하러 오지 않는다면, 나는 미래를 새롭게 살기로 결심했다. 신원을 바꾸고 잠적할 생각이었다. 캘리포니아와는 멀리 떨어진 새로운 도시로 이주할 계획이었다. 더 이상 케빈 미트닉이란 사람은 이 세상에 존재하지 않았다.

나는 도피생활에 대해 찬찬히 생각했다. 가짜 신원을 만드는 동안에는 어디서 머물 것인가? 내 새로운 고향이 될 도시는 어디가 좋을까? 무엇을 해서 먹고 살 것인가?

너무나 사랑하는 어머니, 할머니와 멀리 떨어져 산다는 건 나로서는 대단히 슬픈 일이었다. 어머니와 할머니가 나 때문에 또 다시 힘들어 할 걸 생각하니 너무나 마음이 아팠다.

1992년 12월 7일, 시계바늘이 자정을 지나면서 공식적으로 보호관찰기간은 만료됐다. 보호관찰사무소에서 전화도 없었고, 이른 아침 급습도 없었다. 얼마나 안심이 되던지. 나는 자유의 몸이었다.

적어도 나는 그렇게 생각했다

당시 어머니, 할머니, 스티브는 내 사촌 트루디의 집에서 머물고 있었다. 이제는 서로 장소를 바꿔 어머니와 스티브는 내 아파트로 들어와 내 이삿짐을 포장하기 시작했고, 그러는 동안 나는 할머니와 함께 트루디의 집에 머물렀다. 보호관찰기간이 끝난 마당에 더 이상 아파트에 머물 이유가 없었다.

수사기관이나 사법기관에서 일하는 사람들은 때로는 전혀 예상치 못한 방향으로 움직인다. 12월 10일 이른 아침, 내 보호관찰기간이 만료된 지 사흘 후, 어머니와 스티브는 내 아파트에서 짐을 거의 다 포장한 후 막 가구를 옮기려던 참이었다. 갑자기 노크 소리가 들렸다. 수사기관의 수하들이 마침내 들이닥친 것이다. 이번에는 세 명이었다. 연방사법경찰 브라이언 솔트, 이름을 제대로 듣지 못한 한 FBI요원, 그리고 내 천적이자 당시까지 한 번도 만난 적이 없던 켄 맥과이어 요원이었다. 어머니는 그들에게 내가 자신과 며칠 전에 크게 말다툼을 한 후 집을 나갔고, 이후로 아무런 소식도 듣지 못했으며, 현재 어디에 있는지도 모른다고 태연하게 둘러댔다. 그런 후 덧붙였다. "게다가 케빈의 보호관찰기간은 이미 끝났잖아요."

브라이언 솔트가 내 앞으로 영장이 발부됐고 자신에게 연락을 취하라는 쪽지를 문 앞에 붙여놓았었다고 말하자, 어머니는 이번에는 사실을 얘기했다. "케빈은 어떤 쪽지도 보지 못했어요. 만약 쪽지를 발견했다면 나한테 얘기를 했을 거예요."

그런 후 어머니는 보호관찰기간이 만료되었다고 주장하며 세 요원들과 고래고래 소리를 질러가며 언쟁을 벌였다.

후에 어머니는 내게 그들이 조금도 겁나지 않았다고 말했다. 어머니의 말에 의하면, 세 요원들은 대단히 멍청하게 굴었고, 특히 그 중 한 명은 냉장고 문을 열고는 내가 그 속에 숨어 있지 않나 확인하기도 했다. 그 모습에 어머니는 그저 크게 웃기만 했다. (어쩌면 내가 또 도넛을 남겨두지 않았을까 확인한 걸지도 모른다.)

요원들은 결국 아무런 단서도 얻지 못한 채 돌아갔다.

내가 아는 한, 나는 자유의 몸이었다. 적어도 나에 대해 새로운 기소가 진행되기 전까지는 LA를 벗어나도 무방했다.

어머니와 함께 라스베이거스로 돌아가는 건 너무나 위험했다. 요원들이 어머니를 감시하고 있을지도 모를 일이었다. 그래서 LA에서 볼일을 다 마치면 어머니 대신 할머니 차를 타고 라스베이거스로 돌아가기로 했다.

여전히 한 가지 끝나지 않은 일이 머릿속을 떠나지 않았다. 나는 차량면허국을 속여 에릭 하인츠의 운전면허증 사본을 내게 보내게 했다. 다만 안전을 위해 일단 첫 번째 킨코스로 팩스를 보낸 후 다시 그곳에서 또 다른 킨코스로 팩스를 전송하게 했다. 혹시나 수사기관에서 알아채고 내가 사본을 찾으러 오길 기다릴지도 모른다는 생각에 미리 조심한 것이다. 내가 찾은 사본은 두 번이나 팩스로 전송되었기에 사진이 너무나 희미했고, 그다지 도움이 되지 않았다. 나는 여전히 베르레, 웨이스, 그리고 하인츠의 운전면허증 사본을 입수해 혹시 동일인물인지를 확인하고 싶었다.

12월 24일 크리스마스 이브에 나는 할머니 차에 남은 짐을 실기 전에 차량면허국으로 전화를 걸었다. 이번에는 LA카운티 연금사기 수사팀의 실제 수사관인 대리 규리로 가장했다. 대리 규리의 정보요청코드, 개인식별번호, 생년월일과 운전면허번호를 말해 준 뒤, 에릭 하인츠, 조셉 베르레, 조셉 웨이스의 사운덱스를 요청했다.

내 요청을 받은 직원은 뭔가 의심쩍은 걸 눈치 챘고, 차량면허국 선임특별수사원 에드 러브리스에게 해당 사실을 보고했다. 후에 공식 기록에 따르면, 에드 러브리스는 확인 과정에서 내가 준 팩스번호가 스튜디오시티에 위치한 킨코스 팩스번호라는 걸 알아챘다(스튜디오시티는 주변에 디즈니, 워너스, 유니버설영화사 건물이 있기 때문에 붙은 이름이다).

러브리스는 직원에게 가짜 사운덱스를 만들라고 지시했고, 직원은 차량면허국에서 교육용으로 사용하는 허구인물인 '애니 드라이버'의 사진을 이용해 가짜 사운덱스를 만들었다. 그런 후 러브리스는 밴 누이스에 위치한 차량면허국에서 근무하는 수사관에게 연락을 취해 킨코스 주변에서 잠복하고 있다가 팩스를 찾으러 오는 사람이 있으면 체포하라고 지시했다. 수사관은 몇몇 동료들에게 함께 출동하자고 요청했고, 신고를 받은 FBI도 요원을 파견하기로 했다. 모든 사람이 집에서 즐거운 시간을 보내고 싶어 하는 크리스마스 이브에 이 모든 일이 한꺼번에 터졌다.

DMV에 사운덱스를 요청한 후 몇 시간이 지났다. 나는 할머니 차에 짐을 다 실은 후 할머니, 사촌 트루디와 함께 점심을 먹었다. 나는 트루디에게 작별인사를 한 뒤 힘들 때 내 곁에 있어줘서 너무나 고맙다고 말했다. 트루디와 나는 가깝게 연락하고 지내는 사이가 아니었기에 그녀가 베풀어준 호의는 나로서는 더욱 고마울 따름이었다.

할머니와 함께 라스베이거스로 출발하면서 나는 잠시 처리해야 할 일이 있다며, 기껏해야 1분이면 될 거라고 말했다. 우리는 그렇게 킨코스로 향했다.

킨코스 주변에는 사복을 입은 차량면허국 수사원 4명이 초조하게 나를 기다리고 있었다. 이미 기다린 지 2시간이 지난 후였다. 합류하겠다고 했던 FBI요원들은 현장에 나타나 잠시 머물다가 다시 떠난 후였다.

나는 할머니에게 방향을 알려주며 킨코스로 향했다. 킨코스는 스튜디오 시티에 있는 로렐캐년대로와 벤츄라대로가 만나는 상점가에 있었다 나는 할머니에게 킨코스와 약 60미터 정도 떨어져 있는 슈퍼마켓 앞 장애인 주차공간에 차를 대라고 했다. 내가 차에서 내리자 할머니는 후방거울에 장애인카드를 걸어놓았다.

크리스마스 이브라면 킨코스가 텅 비어 있을 거라고 생각할 것이다. 하지만 킨코스는 마치 평일 오후처럼 사람들로 가득했다. 나는 팩스 수령창구에서 20분 정도 초조하게 기다렸다. 할머니가 차에서 기다리고 있었고, 나로서는 한시라도 빨리 팩스를 찾은 후 LA를 벗어날 생각뿐이었다.

결국 나는 창구 뒤로 직접 걸어가 수신된 팩스를 뒤져 내가 사용한 가명인 'LA카운티 연금사기 수사팀 래리 큐리'라고 적힌 봉투를 끄집어냈다. 누런색 봉투에서 꺼낸 팩스를 본 후 나는 크게 실망했다. 내가 요청한 사진이 아닌 평범한 여자의 사진이 들어있었던 것이다. 이게 무슨 영문이지? 차량면허국 공무원들이 게으르고 무능하다는 건 익히 아는 사실이었지만 이건 좀 심했다. 멍청한 놈들!

나는 다시 차량면허국으로 전화를 걸어 멍청한 직원에게 한 마디 해주려 했지만 휴대전화를 할머니 차에 놓고 내렸다는 걸 알았다. 나는 킨코스 매장 안을 서성이며 생각했다. 혹시 점원에게 매장 내에 있는 전화를 사용할 수 있냐고 묻는다면 의심을 사지 않을까, 아니면 밖에 있는 공중전화를 사용해야 하나?

아마도 당시 킨코스매장 내에서 벌어지던 상황을 누군가 봤다면 무척 신기했을 것이다. 내가 팩스를 노려보며 매장 안을 서성이면서 어떻게 할지 고민하는 동안, 차량면허국 수사관들은 나와 거리를 한껏 좁혀 내 뒤에 따라붙었다. 그러다 내가 반대쪽으로 걸음을 옮기면 수사관들은 다시 내 뒤로 위치를 이동했다. 마치 서커스에서나 볼 수 있는 광대놀이 같았으리라.

마침내 나는 킨코스 후문으로 나와 공중전화로 향했다. 수화기를 들어 전화를 하려는 순간, 사복을 입은 네 명이 나를 향해 다가오는 게 눈에 들어왔다.

이런. 내가 생각했다. 그러고 보니 팩스 비용을 지불하지 않았다. 그리고 고작 몇 달러 때문에 이런 심각한 상황에 빠지다니. 네 명은 하나같이 나를 뚫어지게 쳐다봤다.

"왜 그러시죠?" 가장 가까이 서있는 여자에게 물었다.

"차량면허국 수사관입니다. 얘기 좀 나눌까요."

나는 수화기를 빠르게 내려놓은 후 소리쳤다. "어쩌죠. 나는 그럴 생각이 없는데." 그런 후 팩스를 공중에 던졌다. 그들 중 누군가가 팩스를 잡으려 움직일 거라는 계산된 행동이었다.

내 몸은 이미 주차장을 쏜살같이 달려가고 있었다. 심장이 세차게 뛰었고, 아드레날린이 용솟음쳤다. 나는 그저 상대방보다 더 빨리 뛰는 데 온 신경을 집중했다.

내가 매일, 오랫동안 운동에 투자했던 시간은 결코 헛되지 않았다. 운동을 하면서 뺀 45킬로그램의 체중도 큰 차이를 가져왔다. 나는 주차장을 가로질러 북쪽으로 뛰었고, 야자수가 심어진 주택가로 연결되는 나무판자로 된 좁은 인도교를 건넜다. 뒤도 돌아보지 않고 최대한 빨리 뛰었다. 어디선가 헬리콥터 소리가 들릴 것만 같았다. 즉각 옷차림새를 바꿔야만 했다. 그래야만 혹시라도 나를 수색하기 위해 헬리콥터가 급파될 경우, 걸음을 늦춰서 거리의 인파 속으로 자연스럽게 스며들 수 있었다.

추적자들이 보이지 않을 만큼 멀리 떨어지자 나는 뛰는 속도를 줄이지 않은 채 옷을 벗어 던지기 시작했다. 나는 당시에도 운동에 매우 열심이었기에 옷 안에 늘 반바지와 헬스클럽 티셔츠를 입고 있었다. 나는 달리는 중간에 윗도리를 벗어서 울타리 너머로 던져버렸다. 그런 후 골목으로 몸을 숨겨 바지를 벗은 후 모르는 사람 집 정원에 버리고는 다시 달리기 시작했다.

나는 쉬지 않고 45분 정도를 달리다가 더 이상 차량면허국 수사관들이 나를 쫓아오지 않는다는 걸 확인하고 난 후에야 뛰기를 멈췄다. 배가 아려왔고, 지쳐서 토할 것 같았다. 주변에 있는 술집에 들어가서야 간신히 한 숨 돌릴 수 있었다.

위험한 상황을 벗어난 건 천만다행이었지만, 여전히 불안했다. 나는 술집 안쪽에 있는 공중전화에서 여전히 할머니 차 안에 있을 내 휴대전화로 전화를 걸었다. 여러 차례 전화를 걸었건만 아무도 전화를 받지 않았다.

다시 한 번 전화를 걸었다. 여전히 응답이 없었다. 이런! 왜 할머니가 전화를 안 받는 거지? 나를 찾으려고 킨코스매장 안에 들어간 건가? 나는 혹시라도 할머니가 매장직원이나 다른 고객들에게 나를 봤냐고 물은 건 아닌지 겁이 났다. 빌어먹을! 어떻게든 할머니를 찾아야 했다.

또 다른 계획을 실행해야 했다. 나는 슈퍼마켓에 전화를 걸어 전화를 받은 이에게 내 할머니가 슈퍼마켓 바로 밖에 있는 장애인주차공간에 차를 대고 있다고 말했다. "만나기로 했는데 지금 제가 차가 막혀서 꼼짝노 못하는 상황이라서요. 누군가 나가서 할머니를 모시고 와서 전화를 바꿔 줄 수 있을까요? 할머니가 건강이 그다지 좋지 못하시거든요."

나는 수화기를 붙잡고 안절부절 기다렸다. 마침내 전화를 받은 이가 다시 수화기에 대고 할머니를 찾지 못했다고 말했다. 제기랄! 정말 킨코스매장에 들어가신 것 아냐? 어떤 상황인지 몰라 답답해서 미칠 것만 같았다.

나는 간신히 트루디에게 연락을 했고, 어떤 일이 벌어졌는지를 말해줬다. 트루디는 내게 진딱 욕을 퍼붓고는 할머니가 차를 대놓은 수자상으로 가서 이곳 저곳을 찾아 헤맸고, 마침내 슈퍼마켓이 아닌 킨코스매장 앞에서 할머니 차를 발견했다. 당시 연세가 66세나 되셨던 새하얀 머리카락의 할머니는 여전히 차 안에서 나를 기다리고 계셨다.

우리는 가까운 곳에 있던 두파스레스토랑에서 만나기로 했다. 나는 두파스레스토랑으로 걸어가면서, 할머니가 거의 세 시간이나 차 안에 꼼짝 않고 나를 기다렸다는 생각이 들자, 너무나 죄스런 마음이 들었다. 마침내 트루디와 할머니가 레스토랑으로 들어섰고, 나는 다행히도 괜찮아 보이는 할머니의 모습을 보며 크게 안도했다.

"할머니, 계속 전화했는데 왜 전화를 안 받았어요?" 내가 물었다.

"전화벨이 울리긴 하던데, 내가 휴대전화를 어떻게 받는지를 몰라서." 할머니가 답했다.

까무러칠 노릇이었다! 휴대전화가 할머니에게는 매우 생소한 물건이라는 건 생각도 못했다.

할머니는 내가 나오길 한 시간 정도 기다리다가 킨코스매장으로 들어갔다고 말했다. 뭔가 상황이 이상하게 돌아가고 있고, 경찰의 체포작전이 벌어지고 있다는 건 한눈에도 알 수 있었다. 매장 안에 있는 한 여자의 비닐봉투에는 비디오테이프가 담겨있었다. 나는 그녀의 인상착의에 대해 물었고, 할머니의 묘사에 의하면, 그 여자는 나를 쫓았던 차량면허국 여성수사관이었다.

나는 해킹을 하면서 죄책감을 느낀 적이 없다. 내가 접근해선 안 될 정보를 손에 넣거나, 직원을 속여서 대단히 민감한 기밀정보를 빼내면서도 그다지 죄스런 마음은 없었다. 하지만 할머니를 생각할 때면, 나를 위해 너무나 많을 것을 베풀어주셨고, 나를 너무나도 사랑해주셨던 할머니가 장시간 안절부절 나를 기다렸던 그날을 떠올리면 너무나 큰 후회가 밀려온다.

그건 그렇고, 할머니가 말한 비디오테이프는 뭐였을까? 눈치 채지 못했을 수도 있지만, 모든 킨코스매장에서 보안카메라가 설치돼 있고, 보안카메라는 24시간에 해당되는 동영상 데이터를 저장할 수 있는 저장매체로 실시간 화면을 전송한다. 따라서 그 비디오테이프에는 내 모습이 선명하게 녹화돼있을 게 뻔했다.

차량면허국 수사관들은 화면에 찍힌 사내가 누구인지를 알아내지는 못할 것이다. 하지만 FBI의 도움을 받는다면 얘기가 달라졌다. 게다가 내가 공중에 내던진 팩스종이도 범죄감식반에 보내져 지문이 채취될 것이다. 그렇다면 얼마 안 가 그들은 화면에 찍힌 사내의 이름을 알게 될 것이다. 케빈 미트닉.

FBI가 이른바 '식스팩'을 구성해서, 다시 말해 내 사진 하나와 다른 사내 사진 다섯 장을 묶어서 나를 추적했던 차량면허국 수사관 셜리 레시액에게 보여준다면, 그녀는 틀림없이 자신이 추적했던 사내의 모습을 단박에 알아채리라.

나는 이렇게 레시액과 다른 차량면허국 수사관의 추적을 간신히 벗어났다. 하지만 어떤 면에서 내 도피는 이제 막 시작됐다고 볼 수 있었고, 도망자로서의 내 삶도 시작될 찬이었다.

GHOST IN THE WIRES

3부

도망자

Cngz zuct ngy znk grsg sgzkx lux znk xkgr Kxoi Ckoyy?

25 해리 후디니

그렇게 나는 도망쳤고, 도피자가 됐다. 연방 사법경찰 솔트 요원이 어머니에게 했던 말, 그러니까 내 앞으로 영장이 발부돼있다는 사실을 고려할 때 도피는 내가 선택할 수 있는 유일한 대안이었다.

하지만 나로서는 도주 말고는 대안이 없었다. 당시 에릭 하인츠는 이미 FBI에게 내가 루이스와 어울리고 있고, 따라서 내 가석방조건을 어겼다고 보고했다. 게다가 내가 SAS 장비를 해킹했고, 그 장비를 이용해 다른 사람들을 감청했다고 보고했을 게 틀림없었다. 그리고 내가 퍼시픽벨 보안팀 직원의 음성사서함을 적어도 1개 이상 해킹했다는 건 이미 알려진 사실이었고, 그 죄목도 기소항목에 추가될 수 있었다. 마지막으로 루이스는 에릭에게 자신과 내가 이런저런 해킹을 한다고 떠들어대곤 하지 않았던가.

나는 FBI가 내 앞으로 영장을 발부했다는 사실을 안 이후로 절대 운전을 하지 않았다. 따라서 라스베이거스까지 거의 다섯 시간이 걸리는 거리를 운전해온 건 할머니였다. 결코 즐거운 여정은 아니었다. 어떻게 즐거울 수 있겠는가?

우리는 어둠이 깔리고 나서야 라스베이거스에 도착했고, 할머니는 나를 버짓하버스위트에 내려주었다. 지인이 자신의 명의로 이곳에 내가 묵을 객실을 예약해놓았다.

가장 먼저 할 일은 새로운 신원을 만드는 것이었다. 그런 뒤 잠적할 계획이었다. 비록 잠적은 내가 살면서 소중히 여기던 친구와 가족을 떠난다는 걸 의미했지만, 내 목표는 내 과거를 깨끗하게 지우고 지금까지와는 전혀 다른 미래를 향해 새롭게 출발하는 것이었다.

어떻게 새로운 신원을 만들 수 있을까? 이 질문에 대한 답은 어린 시절 내가 줄곧 시간을 보내던 서바이벌서점에서 내가 가장 좋아했던 책들에서 찾을 수 있었다. 어린 시절 내가 탐독했던 책 『페이퍼 트립』에는 새로운 신원을 만들기 위한 정확한 절차가 적혀있었다. 나는 책에 소개된 원칙을 따르되 세부적인 방법은 약간 다르게 하기로 했다. 일단 임시로 사용할 수 있고, 하자가 없는 새로운 신원을 만들어야 했다. 그런 뒤 다른 곳으로 이주를 하고 나면 영구히 쓸 수 있는 두 번째 신원을 만들고, 그 신원으로 내 남은 인생을 살면 됐다.

나는 우편조사관으로 가장해서 오리건 주 차량면허국으로 전화를 걸어 1958년부터 1968년 사이, 그러니까 내가 태어난 1963년을 기준으로 앞뒤로 5년 동안 태어난 사람들 중에서 이름이 에릭 바이스인 사람들을 검색해 달라고 요청했다. 내가 원하던 사람은 나와 나이가 엇비슷하거나 어리면 어릴수록 좋았다. 그 사람의 명의로 새로운 운전면허증과 주민등록증을 발급받을 것이었기에, 만약 내가 제출할 출생증명서에 적힌 나이가 많을수록 의심을 살 여지가 많았기 때문이다. 예를 들어, 30살이나 먹은 사람이 주민등록증이 없다면 이상하지 않겠는가?

차량면허국 직원은 내가 제시한 요건에 맞는 이들을 몇 명 찾아냈다. 하지만 그 중에서도 딱 한 명이 내가 원하던 인물과 딱 맞아떨어졌다. 내가 선택한 에릭 바이스는 1968년생이었고, 따라서 나보다 5살이나 어렸다.

나는 왜 굳이 '에릭 바이스'란 이름을 선택했을까? 에릭 바이스는 전설적인 마술사 해리 후디니의 본명이었다. 따라서 에릭 바이스란 이름을 선택한 건 어린 시절에 내가 흠뻑 빠져 지냈던 마술에 대한 추억에서 비롯됐고, 내가 우러러보던 우상에 대한 존경의 표시였던 셈이다. 어차피 이름을 바꿀 거라면 이왕이면 어린 시절 내 우상의 이름을 쓰려는 생각이었던 것이다.

나는 전화번호 안내센터로 전화를 걸어 내가 고른 '에릭 바이스'의 전화번호를 알아냈다. 나는 그 전화번호로 전화를 걸었고, 에릭 바이스가 전화를 받자 물었다. "혹시 펜실베이니아주립대를 다녔던 그 에릭 바이스가 맞나요?"

"아닌데요. 저는 엘렌스버그에 있는 대학을 나왔는데요." 에릭 바이스가 답했다.

알고 보니 내가 신원을 도용할 에릭 바이스는 엘렌스버그에 있는 센트럴워싱턴대학에서 경영학을 전공했다. 그리고 그 점은 내가 이력서에 기재해야 할 내용 중 하나였다.

내가 오리건 주 인구동태 통계국에 보낸 편지는 색다를 게 전혀 없었다. 편지는 실제 에릭 바이스가 보낸 것처럼 꾸며졌고, 출생지와 생년월일, 아버지이름과 어머니의 결혼 전 이름이 적혀있었다(언제나처럼 이 모든 정보를 내게 제공해 준 건 사회보장국 앤이었다). 그리고 편지에는 '출생증명서 사본'을 보내달라고 적혀있었다. 심지어 나는 급행료를 보내 최대한 신속한 처리를 요청했다. 출생증명서를 받을 주소는 임대사서함 주소를 사용했다.

운전면허증을 신청하려면 출생증명서 이외에도 신분을 증명하는 서류가 하나 더 필요했기에 나는 급여명세서를 위조하기로 했다. 그러려면 일단 세금납부명세서를 발급해주는 회사의 고용주 식별번호가 필요했는데, 고용주 식별번호는 아무 회사나 전화를 걸면 알아낼 수 있었다. 나는 마이크로소프트 자금수납부서로 전화를 걸어 돈을 보내려고 하니 고용주 식별번호를 알려달라고 말했다. 전화를 받은 여직원은 내가 어떤 회사에서 일하는지를 묻지도 않고 너무나 쉽게 고용주 식별번호를 알려줬다.

문방구에 가면 아무것도 적혀있지 않은 세금보고양식을 구할 수 있다. 따라서 해당 양식을 이용해 대충 허위 세금납부명세서를 꾸미면 그걸로 모든 게 끝났다.

가장 중요한 운전면허증을 최대한 빨리 발급받고 싶었지만 우선은 새로운 '출생증명서'가 도착할 때까지 기다려야 했다. 당시 나는 운전면허증도, 나아가 다른 신분증도 없었기에 만약 무단횡단이라도 하다가 경찰에 걸릴 경우 큰 낭패를 볼 수 있었다. 따라서 내게 그 기간은 긴장된 생활의 연속이었다.

한 가지 문제가 있었다. 운전면허시험을 보려면 차가 필요했다. 할머니나 어머니 차를 빌린다면? 그럴 수는 없었다. 새로운 신원을 만드는 마당에 괜한 꼬투리를 남겨서 향후 FBI나 경찰이 쉽게 나를 추적할 수 있게 할 이유는 없었다. 따라서 친구나 가족의 차를 빌려서 운전면허시험을 본다는 건 결코 현명한 생각이 못됐다. 수사관들이 운전면허시험에 쓰인 차량을 찾아내기란 식은 죽 먹기였고, 그럴 경우 호의로 차를 빌려준 이는 오히려 수사관들의 심문을 받는 난처한 상황에 처할 수 있었다.

따라서 내가 생각해낸 방법은 이랬다. 일단 차량면허국 사무소로 가서 운전을 한창 배우는 사람에게 발부되는 운전 교습생용 임시면허증을 신청한다. 사실 임시면허증은 쓸 데가 없지만, 어떤 이유인지 차량면허국 직원들은 성인이 처음으로 정식 운전면허증을 따기 전에 임시면허증을 먼저 신청하는 걸 아주 당연한 일로 여긴다. 다시 말해, 덜 의심한다는 것이다. 이유는 나도 모르겠다. 아무튼 위조한 신원으로 운전면허증을 발급받으려는 이들은 임시면허증을 생략하고 곧장 정식 운전면허증을 신청하는 경우가 대부분이었고, 따라서 나는 이 점을 역이용해 임시면허증을 먼저 신청함으로써 의심을 피할 수 있었다.

임시면허증을 발급받은 후에는 운전면허학원으로 전화를 걸어, 호주나 남아프리카 공화국, 또는 영국에서 막 돌아왔다고 말한다. 예전에 미국 운전면허증이 있었지만, 차선의 왼쪽과 오른쪽이 뒤바뀐 나라에서 운전을 하다 보니 다시 미국 운전면허시험을 보기 전에 오른쪽 차선으로 달리는 연습을 해보고 싶다고 설명한다. 두 번 정도 연수를 받고 나면 운전면허강사는 이제 시험을 봐도 되겠다고 말할 것이다. 그리고 가장 중요한 건 운전면허학원이 운전면허시험을 볼 차량을 빌려준다는 점이다.

나는 이 방법을 적어도 두 번 이상 써먹었고, 그때마다 매번 성공했다. 나는 운전면허증을 발급받은 후 라스베이거스 시내에 있는 사회보장국 사무소로 향했다. 그곳에서 2개의 신분증명서류로 에릭 바이스의 출생증명서와 내가 발급받은 운전면허증을 보여주고 주민등록증 '재발급'을 신청할 셈이었다. 사무소 안에 들어서니 허위신원을 이용해서 주민등록증을 발급받는 게 범죄행위라는 글들이 여기저기 붙어있었다. 심지어 한 포스터에는 수갑을 찬 사내의 모습이 박혀있었다. 너무 웃겼다.

나는 신원을 증명하는 서류를 제시한 후 신청서를 작성했다. 직원은 주민등록증이 배송되기까지 3주가 소요될 거라고 말했다. 3주나 라스베이거스에 머물러야 한다는 게 불안했지만, 일자리를 얻으려면 주민등록증이 반드시 필요했기에 별 도리가 없었다.

한편 나는 사회보장국에서 가장 가까운 도서관에도 들렀다. 사서는 내가 써낸 신청서를 컴퓨터에 입력하고 난 후 곧장 내게 도서관 회원카드를 건네줬다.

나는 새로운 신원을 만들고 향후 어디에 살면서 어떤 일을 할지를 고민하면서 다른 한편으론 이전에 텔텍 직원이었다가 현재는 프리랜서로 일하던 대니 옐린에게 여전히 일감을 받았다. 옐린이 맡긴 일 중에 라스베이거스에 거주하지만 잠적한 사내에게 법원소환장을 전달해주는 일이 있었다. 대니는 내게 그 사내가 쓰던 마지막 전화번호를 알려줬다.

나는 전화를 걸었다. 한 노파가 전화를 받았고, 사내가 그곳에 있냐고 묻자 노파는 아니라고 대답했다. 나는 이렇게 말했다.

"빌린 돈을 갚으려고요. 지금 당장 절반을 갚고 나머지는 다음 주에 갚을 겁니다. 그런데 내가 지금 다른 도시로 떠나야 해서 말인데, 혹시 그에게 전화를 걸어서 어디서 만날지를 알아봐 주실 수 있을까요? 그럼 빌린 돈 절반을 당장 갚을 수 있겠는데요."

그리고 30분 뒤 다시 전화를 하겠다고 말한 뒤 전화를 끊었다. 한 10분 정도 지난 후 나는 라스베이거스 지역에 전화서비스를 제공하는 센텔의 교환기 운영센터에 전화를 걸었다. 나는 내부직원인 척 하면서 DMS-100 교환기 기술자로 하여금 노파의 전화번호에 대해 콜메모리 명령을 실행하게 했다.

노파는 바로 5분 전에 공항 근처에 있는 모텔6로 전화를 걸었다. 나는 모텔6로 전화를 걸었고, 사내가 머무는 객실이 연결되자, 프론트데스크라면서 아까 가져다 준 접이식 침대가 아직 필요하냐고 물었다. 당연히 사내는 접이식 침대를 달라고 한 적이 없다고 말했다. 나는 이렇게 말했다.

"106호 아닌가요?"

사내가 짜증나는 말투로 답했다. "아뇨, 여긴 212호예요." 사과한 뒤 전화를 끊었다.

고맙게도 할머니가 나를 모텔6까지 태워줬다.

객실 문을 두드리자, "뭐요?"하는 답이 들려왔다.

"객실청소입니다. 잠시 괜찮을까요?"

사내는 문을 열었고, 나는 말했다. "아무개 씨 맞습니까?"

"그렇소."

나는 그에게 소환장이 담긴 봉투를 건넨 후 말했다. "법원의 소환입니다. 좋은 하루 되세요."

너무나 쉽게 300달러를 벌었다. 나는 소환장을 전달했다는 서류에 서명하면서 씩 웃었다. 만약 방금 자신에게 소환장을 전달한 사람이 연방정부에 쫓기는 도망자라는 걸 알면 어떤 생각을 할까?

가끔씩 나는 사하라호텔까지 걸어가 어머니가 일하는 레스토랑에서 식사를 하곤 했다. 그런 식으로 어머니를 만날 수 있었다. 때로는 할머니, 어머니, 그리고 어머니의 남자친구 스티브와 다른 호텔카지노에서 만나기도 했다. 사람들로 붐비는 카지노라면 인파 속에 묻혀 남의 눈에 띄지 않을 수 있었기 때문이다. 아주 가끔씩은 유레카라는 작은 카지노에도 갔다. 어머니는 퇴근 후 그곳에서 비디오포커를 하는 걸 좋아했다.

돈이 문제였다. 당시 나는 돈이 약간 있긴 했지만 충분하지 않았다. 나는 28살이 된 그때까지도 13살 때 유대교 성년식에서 선물로 받은 미국국채를 여전히 돈으로 바꾸지 않은 채 보유하고 있었다. 나는 미국국채를 돈으로 바꿨다. 어머니와 할머니는 내가 정착해서 일자리를 찾을 때까지 내게 돈을 보태줬다. 모두 합치면 내가 가진 돈은 1만 1,000달러에 달했고, 그 정도면 새로운 삶을 시작할 때까지 버티기에 충분했다.

나는 은행에 돈을 넣어두지 않았다. 돈은 모두 현금으로 보유했고, 내가 늘 지니고 다니던 남성용 여행가방 안쪽에 있는 주머니에 넣어두었다.

나는 그때까지도 에릭 바이스의 주민등록증을 받지 못했기에, 신용조합이나 은행에 계좌를 개설할 수가 없었다. 내가 머물던 모텔객실 안에는 다른 고급호텔에서 볼 수 있는 개인용 금고가 없었다. 은행에 개인용 금고를 개설할까? 그러려면 은행계좌를 개설할 때처럼 연방정부에서 발급된 신분증을 제시해야 했기에 불가능했다.

당연히 모텔객실 안에 내 돈을 그대로 쌓아둔 채 지낼 수도 없는 노릇이었다. 할머니한테 맡길까? 그 또한 그다지 좋은 방법이 못됐다. 그럴 경우 현찰이 필요할 때마다 할머니를 찾아가야 하는데, 혹시라도 FBI가 할머니를 감시하고 있을지도 몰랐기 때문이다.

하지만 나는 시간을 돌려 당시로 돌아갈 수만 있다면 할머니에게 돈을 맡겼을 것이다. 할머니에게 돈을 맡기고, 대신 내가 생활하는 데 딱 필요한 만큼, 하지만 지나치게 할머니에게 자주 찾아가 돈을 달라고 하지 않아도 될 만큼 돈을 지닌 채 생활했을 것이다.

스타더스트 카지노호텔 바로 뒤, 내가 머물던 모텔에서 가까운 거리에 스포팅하우스라는 고급 헬스클럽이 있었다. (환락의 도시 라스베이거스에서 스포팅하우스Sporting House란 명칭은 매춘굴을 연상시키기도 하지만, 실제로 그 곳은 헬스클럽이었다. 하지만 공교롭게도 그 명칭은 향후 현실이 되고 마는데, 현재 그곳은 상호는 바뀌었지만 스트립 클럽이 됐다.) 그 헬스클럽에 다니던 이들 중에는 라스베이거스의 호텔재벌 스티브 윈의 딸도 있었다. 꽤나 물이 좋은 헬스클럽이었다.

나는 매일 두세 시간 운동을 하던 생활을 유지하기 위해 일주일 치 이용권을 끊었다. 몸매를 유지하려는 의도도 있었지만, 동시에 그 헬스클럽은 워크맨 라디오를 들으며 미녀들을 감상하기에 최적의 장소였다.

어느 날 운동을 마친 나는 탈의실로 향했다. 그런데 어떤 사물함에 옷을 넣어두었는지 기억이 나지 않았다. 나는 여기저기 탈의실을 기웃거리며 사물함을 일일이 확인했다.

내가 사물함을 잠글 때 사용한 개인용 자물쇠가 보이지 않았다. 다시 둘러봤지만 여전히 내 사물함을 찾을 수가 없었다. 나는 자물쇠가 채워져 있지 않은 사물함을 일일이 열어보기 시작했고, 마침내 내 옷이 들어있는 사물함을 찾았다.

옷은 있었다. 하지만 가방이 없었다. 심장이 덜컥 내려앉았다. 내 돈, 새로 만든 신분증, 모든 것이 사라졌다. 누군가 훔쳐간 것이었다. 나는 헬스클럽에 오면서 일부러 튼튼한 자물쇠를 가져왔었다. 아마 능숙한 강도였다면 더 교묘한 수법을 썼겠지만, 이 자식은 강력한 절단기를 몰래 헬스클럽에 가지고 들어와 자물쇠를 절단한 것 같았다. 어쩌면 내가 가져온 튼튼한 이중자물쇠가 오히려 눈에 띄는 바람에 옷장 안에 귀중품이 있다는 걸 대놓고 선전한 게 아닐까 하는 생각이 들었다. 밥소사.

나는 너무나 당황했다. 내 전 재산 1만 1,000달러가 몽땅 사라졌다. 나는 무일푼이었고, 돈이 들어올 곳이라고는 전혀 없었다. 아파트를 임대해야 했고, 일자리를 얻어 급여를 받기 전까지 어떻게든 생활을 해야 했다. 가방에 돈을 몽땅 넣고 돌아다닌 건 정말로 멍청한 짓이었고, 강도를 당하려고 자초한 것과 마찬가지였다.

도난사건을 헬스클럽 관리자에게 보고했지만 관리자의 반응은 시큰둥했다. 오히려 최근에 유사한 도난사건이 수 차례 벌어졌다는 말로 나를 위로하려 했다. 그걸 이제야 말해주다니! 그런 뒤 관리자는 불 난 데 부채질이라도 하듯 내게 위로의 의미로 1일 헬스클럽 이용권 4장을 주겠다고 말했다. 넉 달도 아니고, 한 달도 아닌, 고작 4일치를 말이다!

당연히 나는 도난사건을 경찰에 신고할 수도 없는 노릇이었다.

가장 힘든 건 어머니와 할머니에게 이 기막힌 상황을 얘기해야 한다는 점이었다. 나는 어머니와 할머니가 나 때문에 더 이상 상처받는 건 죽기보다 싫었다. 두 분은 언제나 내 곁을 지켜줬고, 나를 너무나 사랑했기에 내가 어떤 상황에 처하건 나를 도와줬다. (물론 그렇다고 해서 두 분이 내가 하는 짓을 무조건 오냐 오냐 해 준 건 아니다. 종종 내게 화를 냈지만, 화를 낼 때에도 나에 대한 사랑이 느껴졌다.) 그리고 이번에도 다시 할머니와 어머니는 내게 도움의 손길을 뻗었다. 둘이 합쳐서 5,000달러를 모았고 내가 필요할 경우 언제든지 주기로 한 것이다. 그야말로 내게는 너무나 과분한 선물이었다.

나는 무료함을 달래기 위해 영화를 보거나 카지노에서 블랙잭을 했다. 케니 유스튼이 쓴 도박기술에 대한 책을 읽었고, 실제로 나는 책에 나온 도박기술을 자유자재로 사용할 수 있었다. 하지만 카지노를 나설 때면 늘 돈은 따지 못한 채 본전이었다.

나는 주민등록증이 도착하길 기다리는 동안 다시 차량면허국으로 가서 분실한 운전면허증을 재발급했다.

그리고 주민등록증이 도착하길 기다리는 3주 동안 최대한 많은 신분증을 만들었다. 내가 라스베이거스를 떠날 무렵, 내 수중에는 도서관 회원증 이외에도 라스베이거스 운동클럽 회원증, 블록버스터 비디오 회원증, 은행 현금카드, 그리고 음식점 종업원과 카지노 직원들이라면 반드시 따야 하는 네바다 주 위생증명서가 있었다.

라스베이거스 클라크카운티 도서관은 내가 가장 많은 시간을 보내는 장소가 됐다. 나는 새로운 신원이 만들어지면 정착할 곳을 찾기 위해 여행잡지를 뒤졌다. 내가 추려낸 지역 중에는 오스틴, 탬파를 비롯해 여러 도시들이 포함됐지만, 최종 목적지를 이미 결정된 거나 다름없었다.

얼마 전 잡지 「머니」에서 미국에서 가장 살기 좋은 곳 중 하나로 덴버가 선정됐다는 기사를 읽은 적이 있었다. 덴버는 왠지 끌렸다. 라스베이거스에서 그다지 먼 것도 아니었고, 컴퓨터 관련 일자리도 많았다. 삶의 질도 좋은 편이었고, 나아가 덴버에 정착한다면 남부 캘리포니아에선 한 번도 경험하지 못한 사계절을 처음으로 만끽할 수도 있었다. 어쩌면 태어나 처음으로 스키를 탈 수 있을지도 몰랐다.

나는 어머니와 내가 쓸 호출기를 샀다. 명의는 가명으로 했고 돈도 현금으로 지불했다. 루이스가 쓸 호출기도 구입했다. 맞다, 바로 내 친구 루이스 드페인 말이다. 그는 후에 내게 아주 긴요한 정보제공자가 된다. 나는 비상연락망을 만들 계획이었고, 만에 하나 루이스가 FBI로부터 이상한 낌새가 보이면 내게 사전에 알려줄 거라고 믿었다. 그가 지금까지 내게 보여준 행동들 때문에라도, 어쩌면 그 행동들에도 불구하고, 나는 루이스를 신뢰했다.

루이스와 나, 어머니는 비상연락망에 사용할 암호와 절차를 결정했다. 만약 어머니가 내게 연락을 취해야 할 경우, 어머니는 내게 대형 라스베이거스 호텔의 전화번호를 내 삐삐로 전송하기로 했다. 예를 들어, 미라지호텔 전화번호에서 지역번호를 제외한 번호인 '7917111'로 나를 호출하면 어머니가 연락한다는 의미였다. 당연히 라스베이거스에 있는 모든 대형호텔은 지역번호가 같았고, 따라서 지역번호를 제외한 전화번호를 보냄으로

써 혹시라도 누군가가 통신내용을 가로챌 경우에도 그 전화번호의 위치를 알아내기는 어려웠다. 암호의 다른 부분은 긴급한 정도를 의미했다. 숫자 '1'은 '편할 때 전화주렴'이었고, '2'는 '최대한 빨리 전화해'였으며, '3'은 '비상이니까 즉각 전화해라'였다. 내가 어머니에게 연락을 취해야 하는 경우에는 어머니 호출기에 무작위 번호와 함께 긴급한 정도를 의미하는 숫자를 전송하면, 어머니는 자신이 있는 카지노호텔 전화번호를 내게 전송해주기로 했다.

누가 연락을 먼저 취하건 절차는 항상 똑같았다. 일단 어머니가 있는 라스베이거스 호텔의 전화번호가 내 호출기로 전송되면, 나는 호출 교환원에게 전화를 걸어 어머니가 이전에 알고 지내던 친구의 이름을 말해주고는 호출해달라고 요청했다. 친구 이름은 매번 바뀌었다. 만일을 위해 매번 다른 이름을 사용했던 것이다. (기억나는 이름 중 하나가 '메리 슐츠'다.)

어머니는 자신의 호출기에 자신이 아는 친구의 이름이 전송되면, 호텔 구내전화 수화기를 들었고 그러면 호텔교환원은 내 전화를 연결해주는 식이었다.

FBI가 특정 용의자를 추적할 때 용의자의 친척이나 지인이 자주 사용하는 공중전화를 감청한다는 걸 나는 알았다. 그러니 나로서는 공중전화를 이용해 어머니와 연락을 취하는 위험을 굳이 감수할 이유가 없었다. 라스베이거스 카지노호텔들은 늘 동시에 수십 통의 전화, 많게는 수백 통의 전화를 처리했다. 맥과이어를 비롯한 FBI요원들은 혹시나 내가 어머니에게 전화를 걸어 내가 있는 곳을 위치를 밝힐지도 모른다는 희망에 어머니 전화를 감청할 수도 있었지만, 시저스팰리스처럼 많은 양의 전화를 처리하는 교환기를 경유하는 경우, 어머니 전화를 감청하기란 사실 쉽지 않았다.

나는 미성년자 시절에 오로빌에서 몇 달을 숨어 지낸 것 말고는 도피생활을 해본 적이 없었기에 사실 향후 어떤 일이 벌어질지 전혀 감이 없었다. 내 모든 과거와 동떨어진 채 새로운 삶을 살아간다는 건 겁나는 일이었다. 하지만 다른 한편으로는 내가 새로운 삶을 즐길 거라고 확신했다. 마치 새로운 모험이 시작된다고 느꼈다.

Aslx jst nyk rlxi bx ns wgzzcmgw UP jnsh hlrjf nyk TT seq s cojorpdw pssx gxmyeie ao bzy glc?

26 사립탐정

혼자서 모든 걸 스스로 알아서 처리해야 하는 삶을 산 건 그때가 처음이었다. 어머니와 할머니 없이 덴버에서 홀로 생활한다는 게 낯설기도 했지만 한편으론 매우 신나게 느껴지기도 했다. 비행기가 라스베이거스를 출발하자, 나는 문자 그대로 공중으로 증발해버린 것과 다름없었다. 새로운 내 고향 덴버에 도착하면 이전까지의 나란 존재는 사라질 것이기 때문이었다.

새 이름을 지닌 전혀 다른 사람으로 삶을 다시 시작한다는 건 대단한 해방감을 가져다 준다. 물론 가족과 친구들, 그리고 과거에 살던 친근한 환경이 그립긴 하지만, 그런 것들을 잠시 잊어버릴 수 있다면 새로운 인생을 살아간다는 건 흥미진진한 모험과도 같다.

덴버로 날아가는 동안 내 마음은 부풀어만 갔다. 하지만 유나이티드 비행기가 덴버에 착륙했을 때, 내 기대와는 달리 날씨는 지나치게 흐렸고, 구름이 가득했다. 나는 택시를 잡아타고 기사에게 괜찮은 동네에 위치하고 있으면서 일주일 단위로 객실을 임대해주는 호텔로 데려다 달라고 말했다. 기사가 데려다 준 호텔은 기사 말에 의하면 '호텔거리'에 위치해 있었다.

호텔은 별 2개 반 정도의 모텔6과 비슷한 수준이었다. 알고 보니 호텔은 일주일 단위로 객실을 임대해주지 않았지만, 설득 후에 나는 꽤 괜찮은 가격에 객실을 임대할 수 있었다.

영화에 나오는 도피자들의 모습 때문에 사람들은 도피자들이 지속적으로 주변을 살피고 불안에 떨며 산다고 생각한다. 하지만 나는 이후 도피자로서 삶을 살면서 아주 드문 경우를 제외하고는 불안감을 경험하지 않았다. 나는 일단 새로운 신원을 만들고 신원을 증명할 수 있는 정부에서 발급한 신분증을 확보하고 난 후로 마음이 편했다. 게다가 만전을 기하기 위해 나는 늘 사전경보 시스템을 만들어 놓았고, 혹시라도 누군가 나를 추적할 경우 미리 알 수 있게 조치해뒀다. 그리고 만약 누군가가 내게 가깝게 접근하고 있다는 걸 눈치 채면, 즉각 행동을 취했다. 그래서인지 도피생활이 시작되자마자 나는 곧장 삶을 즐길 수 있었다.

새로운 도시에 정착하고 난 후 내가 제일 먼저 해야 할 일은 지역 전화회사를 해킹해서 누군가가 나를 쉽게 추적하지 못하게 하는 것이었다. 그러려면 일단 전화 회사 현장기술자들이 교환기에 접속하는 전화 접속 번호를 알아내야 했다. 나는 내가 해킹하려는 교환기를 운영하는 전화국의 전화번호를 알아냈다. 그런 후 전화를 걸어 이렇게 말했다. "개발부서 지미라고 합니다. 안녕하세요. VDU 전화 접속 번호가 어떻게 되죠?"

VDU는 시각표시장치Visual Display Unit를 줄인 말로서 현장기술자가 원격으로 교환기를 조작하는 데 사용하는 장치다. 특히나 교환기가 1AESS일 경우에는 접속하는 데 패스워드가 필요하지 않았다. 교환기 설계자가 전화 접속 번호를 아는 것만으로 충분히 사용자 인증이 가능하다고 생각한 게 분명했다.

내 전화를 받은 전화국 직원들은 대체로 교환기에 접속할 수 있는 전화번호를 순순히 알려줬다. 하지만 직원이 꼬치꼬치 캐묻는 경우, 나는 전화 회사 시스템에 대한 지식을 동원해 임기응변으로 적당한 구실을 둘러댔다. 예를 들자면 이런 식이었다. "새로 전화발신 시스템을 구축하고 있는데 자동 다이얼 프로그램에 모든 전화 접속 번호를 저장해 두려고 합니다. 그러면 교환기 기술자들이 교환기에 접속해야 할 때 특정 전화국에 쉽게 전화 접속 명령을 내릴 수 있으니까요."

일단 교환기 전화 접속 번호를 손에 넣고 나면, 이후부터는 내가 원하는 건 거의 모두 할 수 있었다. 예를 들어, 일본에 사는 사람과 통화를 하려 한다고 가정해 보자. 이럴 경우 나는 아직 고객에게 배정되지 않은 시내전화번호를 찾아낸 후 착신 기능을 추가해서 그 전화번호로 걸려오는 모든 전화가 내가 원하는 번호, 이 경우에는 일본 전화번호로 착신되게 한다. 그 다음 내 휴대전화로 그 시내전화번호로 전화를 건다. 그러면 전화는 교환기에서 직접 일본에 있는 사람의 전화번호로 자동 착신된다. 이렇게 하면 불안정한 국제전화를 사용할 필요도 없이 아주 깨끗한 통화음질로 일본에 전화를 걸 수 있다.

나는 또한 자주 '마스킹masking'이란 기법을 사용했다. 마스킹은 착신기능을 이용해 여러 도시의 교환기를 연결해 놓는 것이다. 이렇게 해두면 처음 연결된 교환기로 전화를 걸면 다른 도시에 있는 교환기들로 연달아 자동으로 착신이 된 후 마침내 내가 원하는 번호로 착신됐다. 마스킹을 해두면 내 전화를 추적하기란 거의 불가능했다.

요약하면, 내가 거는 전화는 공짜였을 뿐만 아니라 사실상 추적도 불가능했다.

덴버에서 맞이한 첫날 아침, 나는 지역신문을 읽으며 컴퓨터와 관련된 구인광고에 동그라미를 쳤다. 내가 원한 일자리는 내가 가장 좋아하는 운영체제인 VMS와 관련된 일이었다.

나는 괜찮아 보이는 모집광고마다 별도로 이력서를 작성했다. 즉, 자격조건에 맞게 내 이력서를 맞춘 것이다. 대체로 나는 회사가 요구하는 기술 중 약 90퍼센트 정도를 보유한 것처럼 이력서를 꾸몄다. 100퍼센트로 하지 않은 이유는 만약 그럴 경우 인사직원이나 전산팀장이 이런 낮은 수준의 일자리에 지원하기에는 지원자의 자격이 너무 뛰어나다고 미심쩍어 할 수도 있었기 때문이다.

이전 직장경력은 딱 하나만 기재했다. 평판조회를 할 경우를 대비해야 했는데, 2개 이상 기재할 경우 골치가 아플 수 있었기 때문이다. 일자리를 찾으면서 특히나 신경 썼던 점은 어떤 회사에 어떤 이력서를 보내는지를 내가 특별히 관리했다는 점이다. 그래야만 면접을 볼 때 이력서에 어떤 말을 적어놓았는지를 기억할 수 있었다. 나는 이력서와 함께 아주 잘 다듬은 자기소개서도 보냈다.

내 뛰어난 허위 이력서와 자기소개서는 2주 만에 효과가 나타났다. 다른 곳도 아닌 유명한 다국적 법률사무소이자 덴버, 솔트레이크시티, 볼더, 런던, 모스크바에 사무실을 둔 '홈루버츠앤오웬'에서 면접제의가 들어온 것이다.

나는 양복에 넥타이를 매고 고급 법률사무소 직원답게 보이는 모습으로 면접을 보러 갔다. 안내된 회의실에는 전산팀장이자 아주 상냥한 여성인 로리 쉐리가 나를 기다리고 있었다.

면접에 능숙한 나였지만, 일부러 면접에 집중하려 애써야 할 정도로 로리의 외모는 눈부셨다. 나로선 그 점 때문에 더욱 더 면접이 즐거웠다. 하지만 안타깝게도 로리는 손가락에 결혼반지를 끼고 있었다.

로리는 가장 일반적인 질문으로 면접을 시작했다. “자신에 대해 소개해 주시겠습니까?”

나는 이후 제작된 영화 「오션스일레븐」에 나오는 주인공의 모습처럼 매력적이면서 카리스마 넘치는 모습을 보여주려고 노력했다. “여자친구와 헤어져서 좀 멀리 떨어진 곳으로 오고 싶었습니다. 내가 전에 일하던 회사는 더 많은 연봉을 제시하면서 내가 머물길 바랐지만, 아무래도 새로운 도시에서 새 출발을 하는 게 더 나을 것 같아서요.”

“왜 덴버를 선택했죠?”

“아, 그건 제가 늘 록키 산맥을 좋아했거든요.”

이렇게 나는 내가 전 직장을 떠난 이유를 그럴싸하게 들려줬다. 더 이상 그 점에 대해선 추가 질문이 없으리라.

약 30분 동안 로리와 나는 면접에서 다루는 일반적인 사항들에 대해 대화를 나눴다. 내 단기목표와 장기목표, 그리고 그 밖에 전형적인 면접용 질문들이었다. 로리는 나를 전산실로 데려간 후 내 시스템관리자 능력을 평가하기 위해 내게 5쪽에 걸친 시험문제를 던져줬다. 대부분 유닉스와 VMS 운영체제에 대한 항목들이었다. 나는 일부러 두어 문제의 답을 틀리게 작성해서 내가 일자리에 비해 지나치게 실력이 좋아 보이지 않게 했다.

내 생각에 면접은 성공적이었다. 나는 평판조회를 위해 라스베이거스에 그린밸리시스템이란 가짜 회사를 만들어뒀고, 사서함을 임대했으며, 실제 안내원이 전화를 받는 자동응답서비스를 신청해뒀다. 만약 누군가가 그린밸리시스템에 전화를 걸 경우, 안내원은 “지금은 전화를 받을 수 없습니다”라고 말한 뒤 메시지를 남기라고 말했다. 면접 후에 나는 매 시간 자동응답시스템에 전화를 걸어 메시지를 확인했다. 면접 다음날 메시지가 남겨져 있었다. 그린밸리시스템의 전산실 임원과 통화를 하고 싶다는 로리의 메시지였다. 그래, 됐어!

나는 사전에 사무실에 있는 것 같은 소음이 들리는 널찍한 로비가 있는 호텔을 알아뒀고, 사람들이 한산한 로비 구석에 공중전화가 있다는 걸 확인해뒀다. (로리에게 복제 휴대전화로 전화를 걸 수는 없었다. 그럴 경우 실제 그 휴대전화번호를 사용하는 이의 휴대전화비 청구서에 로리의 전화번호가 기록되기 때문이다.) 나는 목소리를 낮게 깔고 약간 거만한 말투로 로리에게 면접을 본 에릭 바이스에 대해 대단히 칭찬했다.

며칠 후 나는 연봉 2만 8,000달러에 일자리를 제안 받았다. 자랑할 만한 금액은 아니었지만 적어도 내 생활비로는 적당한 수준이었다.

일은 2주 후부터 시작하기로 했다. 나로서는 더할 나위 없이 좋았는데, 내가 살 아파트를 찾고, 가구를 임대하고, 내가 한창 고민 중이던 중요한 과제에 착수하는 데 시간이 필요했기 때문이다. 에릭 바이스 신원은 안전했고, 신원확인도 가능했다. 하지만 포틀랜드에 주민번호와 생년월일, 모교도 똑같은 에릭 바이스가 버젓이 살고 있었다. 그는 먼 곳에서 살았고, 나와 마주칠 일은 없었기에 당분간은 안전했다. 하지만 나는 남은 평생 동안 안전하게 사용할 수 있는 신원이 필요했다.

당시 캘리포니아와 사우스다코타를 비롯한 미국 내 19개 주는 사망기록을 공개했다. 사망기록서를 누구든 열람할 수 있었다. 이 19개 주는 당시까지만 해도 나 같은 해커에게 공개된 사망기록이 대단히 유용하게 악용될 수 있다는 걸 몰랐다. 19개 주 중에 방문하기에 더 편리한 주도 있었지만, 굳이 내가 사우스다코타를 고른 이유는 사우스다코타가 너무나 촌동네라서 나처럼 새로운 신원이 필요한 이가 사망기록을 뒤질 확률도 더 적었고, 따라서 내가 선택한 신원이 다른 신원도용자가 선택한 신원과 동일할 가능성도 훨씬 적었기 때문이다.

나는 사우스다코타로 향하기 전에 약간의 사전준비가 필요했다. 내가 가장 먼저 들린 곳은 킹수퍼스 슈퍼마켓이었다. 슈퍼마켓에는 글자를 입력하면 그 자리에서 즉각 명함 20장을 5달러에 인쇄해주는 기계가 있었다. 내 새 명함은 다음과 같았다.

에릭 바이스
사립탐정

이 두 줄 밑에 네바다 주 사립탐정 면허번호와 주소가 가짜로 적혀있었다. 아울러 혹시라도 누군가 내가 진짜 사립탐정인지를 확인할 경우를 대비해 전화번호는 또 다른 자동응답서비스로 연결해뒀다. 자동응답서비스는 비용이 월 30달러였다. 하지만 내게 필요한 신빙성을 제공한다는 점에서 결코 비싼 가격은 아니었다.

나는 지갑에 명함을 넣었고, 가방에 두 벌의 양복과 다른 옷가지, 그리고 세면도구를 넣은 후 수폴스로 향하는 비행기에 올랐다. 수폴스에 도착하자 렌터카를 빌려 주도인 피어로 향했다. 피어까지는 4시간 정도 서쪽으로 쭉 직진만 하면 됐다. 나는 오후 햇살을 받으며 길게 쭉 뻗은 90번 고속도로를 따라 듣도 보도 못한 조그만 마을들을 지나쳐갔다. 사우스다코타는 나같이 대도시에서 자란 사람에겐 너무나 촌동네였다. 이곳에서 거주하지 않고 그냥 일 때문에 들렀다는 게 너무나 다행스럽게 느껴졌다.

지금까지는 식은죽 먹기였다면 이제부터는 배짱이 필요했다. 다음 날 아침, 나는 법률사무소 면접 때 입었던 양복을 차려 입고, 주 인구동태 통계국 호적과로 향했다. 호적과에서 나는 책임자를 만나고 싶다고 말했다. 잠시 후 호적과 책임자란 여성이 카운터로 걸어 나왔다. 뉴욕이나 텍사스, 플로리다처럼 복잡한 대도시에서는 상상도 못할 일이었다. 그런 곳이라면 연줄이 없는 한 관공서 책임자가 바쁘신 몸을 이끌고 직접 고객을 응대할 리는 절대 없다.

명함을 건네며 인사를 한 뒤, 라스베이거스에서 사건 때문에 이곳을 방문한 사립탐정이라고 나를 말했다. 갑자기 내 머릿속에 이전에 즐겨보던 TV드라마 「락포드 파일스」가 떠올랐다. 나는 호적과 책임자가 내 명함을 바라보는 모습에 실소를 금치 못했다. 그도 그럴 것이, 내가 건네준 명함의 품질은 드라마에서 락포드가 차에 넣고 다니던 명함인쇄기로 찍어낸 명함과 거의 비슷한 수준이었기 때문이다.

사실 호적과 책임자는 나를 만나주었을 뿐만 아니라 사립탐정으로서 조사업무까지 도와주려 했다. 나는 탐정업무가 기밀이라서 얘기해줄 수는 없고, 다만 사망자기록을 살펴봐야 한다고 말했다.

"어떤 사망자죠?" 그녀가 도움을 주겠다는 듯 물었다. "말씀해주시면 찾아 드리죠."

음, 결코 내가 원했던 반응은 아니었다. 나는 이렇게 둘러댔다.

"특정 사인으로 죽은 사람들을 찾고 있습니다. 그래서 말인데, 내가 관심이 있는 연도에 죽은 사람들의 기록을 모두 훑어봤으면 하는데요."

내 요청이 이상하게 들릴 수도 있건만, 사우스다코타는 이웃에게 친절하게 대하는 것이 몸에 밴 이들이 사는 곳이었다. 그래서인지 호적과 책임자는 전혀 나를 의심하지 않았고, 나로서는 그녀가 베푸는 호의는 어떤 것이든 거절할 이유가 없었다.

호적과 책임자는 내게 카운터 뒤로 들어오라고 한 뒤, 나를 창문이 없는 방으로 안내했다. 그 방은 사망기록서를 축소해서 촬영해 놓은 마이크로필름을 열람할 수 있는 장소였다. 나는 방대한 분량의 기록을 조사해야 한다며, 어쩌면 며칠이 걸릴 수도 있다고 강조했다. 책임자는 그저 씩 웃고는 가끔씩 직원들이 마이크로필름을 이용할 때에는 방해가 될 수도 있겠지만 그 외에는 마음껏 그 방을 사용해도 좋다고 말했다. 책임자는 직원을 불러 내게 어떻게 마이크로필름을 사용하고 특정 연도의 필름이 어디에 있는지를 설명해주게 했다. 결국 나는 마이크로필름실에서 아무런 감시도 받지 않고 사우스다코타 주가 기록을 처음 시작한 해부터 그때까지의 모든 사망 및 출생기록을 열람할 수 있었다. 내가 찾는 건 1965년부터 1975년 사이에 사망한 1세부터 3세까지의 유아들 기록이었다. 그렇다면 나는 왜 살아있다면 내 실제 나이보다 훨씬 어린 유아들의 기록을 찾았을까? 일단 나는 나이보다 훨씬 어려 보였다. 게다가 FBI가 내가 거주하고 있다고 추정되는 주에서 최근에 발급된 운전면허 기록을 살펴볼 경우에도 실제 나이보다 훨씬 적은 나이로 운전면허증을 발급받으면 발각될 가능성이 훨씬 낮았다.

내가 찾는 유아는 쉽게 발음할 수 있는 성을 지닌 백인 아이라야 했다. 내가 어디를 가든 아주 뛰어난 분장사가 따라다니지 않는 한 내가 인디언이나 히스패닉, 또는 흑인으로 보일 리는 절대 없으니 말이다.

당시 일부 주는 출생 및 사망기록을 공유했다. 불법체류자나 다른 범죄자들이 사망한 사람의 출생증명서를 이용해 신원을 위조하는 걸 방지하기 위해서였다. 따라서 이런 주들은 누군가로부터 출생증명서 발급요청을 받으면 해당 인물의 사망기록이 존재하는지를 먼저 확인했다. 만약 사망기록이 존재한다면, 발급하는 출생증명서에 굵은 글자로 '사망'이라는 소인을 찍었다.

따라서 나는 내 모든 조건에 부합하면서 동시에 출생 및 사망기록을 공유하지 않는 주에서 출생한 유아를 찾아내야만 했다. 게다가 나는 미래에 사망자가 가까운 주에서 태어났을 경우, 인접한 주끼리 서로 사망 사실을 통보할지도 모른다고 생각했다. 지나친 우려일 수도 있지만, 나로서는 주의해야만 했다. 이런 일이 벌어지면, 예를 들어, 새로 획득한 신원으로 여권을 신청하거나 할 경우 대단히 큰 문제가 될 수도 있었다. 여권신청서를 확인할 때 미국 내무부는 신청자의 출생증명서가 유효한지를 확인하며, 따라서 상호 기록공유 프로그램이 있다면 신원이 위조됐다는 사실이 발각될 수 있었기 때문이다. 이런 여러 위험도 피해야 했기에, 나는 오직 내가 거주하는 콜로라도 주와 상당히 떨어진 곳에서 태어난 유아의 신원만을 사용할 수 있었다.

나는 마이크로필름과 일주일을 씨름했다. 적합한 후보자가 있으면 복사 버튼을 눌렀고, 그러면 프린터가 작동하면서 사망기록증이 인쇄됐다. 그렇다면 내가 최대한 많은 후보자를 찾아낸 이유는 뭘까? 만일의 경우를 대비해서였다. 혹시라도 다시 신원을 바꿔야 할 경우가 생길 수도 있으니 말이다.

호적과 사무실의 다른 직원들도 책임자만큼이나 친절하고 상냥했다. 어느 날, 한 직원이 내게 다가와 말했다. "라스베이거스에 친척이 사는데 연락처를 잃어버렸어요. 사립탐정이라고 하시던데, 혹시 그 친척을 찾아주실 수 있을까요?"

그 직원은 내게 친척에 대해 자신이 아는 모든 내용을 말해줬다. 그날 밤, 나는 호텔 객실에서 정보검색 대행업 데이터베이스에서 사람찾기 기능으로 그 친척의 주소를 찾아냈다. 그런 후 해당 지역에 전화서비스를 제공하는 전화 회사의 전화번호 배정센터로 전화를 걸어 전화번호부에 등록돼 있지 않은 그 친척의 전화번호를 알아냈다. 식은죽 먹기였다. 호적과의 직원들은 내게 매우 친절하고 많은 도움을 줬기에 나로서는 그 직원에게 도움을 줄 수 있다는 사실이 기뻤다. 그들이 베풀어준 호의에 대한 작은 보답이라고나 할까.

다음 날 내가 알아낸 정보를 알려주자 그 직원은 진심으로 기뻐하며 나를 껴안았다. 별 어려움 없이 그 정보를 알아낸 것에 비하면 과분할 정도로 고마워했다. 이후로 호적과 직원들은 내게 더 살갑게 굴었고, 간식을 먹을 때면 나를 일부러 불러서 함께 도넛을 먹으며 잡담을 나누기도 했다.

내가 마이크로필름실에서 일하는 동안 근처에 있던 프린터는 쉴 새 없이 사람들이 신청한 출생증명서를 찍어냈다. 소음이 신경에 거슬릴 정도였다. 3일째에 나는 몇 시간 앉아 있다가 잠시 기지개를 펴기 위해 일어났고, 프린터 근처로 다가가 자세히 살펴봤다. 프린터 옆에 상자가 여러 개 쌓여 있었다. 나는 상자 안을 들여다보다가 깜짝 놀랐다. 아무것도 인쇄되지 않은 깨끗한 출생증명서가 가득했다. 나는 프린터에서 뿜어져 나오는 출생증명서를 보며 마치 우연히 보물상자라도 발견한 것처럼 뛸 듯이 기뻤다.

보물상자는 그게 전부가 아니었다. 증명서에 사우스다코타 주 공식인장을 새겨 넣는 장치가 마이크로필름실 바로 밖에 있는 나무책상 위에 얌전히 놓여있었던 것이다. 직원들은 증명서를 발급하기 전에 나무책상으로 걸어가 공식인장을 새겨 넣곤 했다.

다음날 아침 날씨가 추워지면서 눈발이 날리고 기온은 영하로 떨어졌다. 다행히도 나는 사무실로 오면서 두꺼운 외투를 챙겨 입고 왔다. 나는 오전 내내 마이크로필름실에서 일하면서 점심시간이 다가오길 기다렸다. 이윽고 점심시간이 되어 대부분의 직원들이 식사를 하러 외출하거나 음식을 먹으며 잡담하는 데 정신을 팔고 있을 동안, 나는 외투를 내 팔에 걸치고는 화장실로 향하면서 태연하게 사무실 내부에 남아있는 직원들이 어디에 있고, 혹시 내게 신경을 쓰는지를 살폈다. 나는 화장실에서 다시 마이크로필름실로 돌아오면서 인장을 새겨 넣는 장치가 놓여있는 나무책상 옆을 지나치다가 걷는 속도를 멈추지 않은 상태에서 단 한 번의 자연스런 동작으로 장치를 집어서 내 팔에 걸치고 있던 외투 안에 숨기고는 마이크로필름실로 들어갔다. 필름실에 들어서자마자 나는 문을 쳐다봤다. 다행히 내 행동을 눈치 챈 사람은 없었다.

인장을 새기는 장치는 책상에 놓여있었고, 그 옆에는 내용이 없는 깨끗한 출생증명서가 놓여있었다. 나는 출생증명서에 인장을 찍기 시작했다. 최대한 빨리 처리하되 가급적 소리를 내지 않으려 주의했다. 겁에 질려 죽을 지경이었다. 만약 누군가가 필름실 문을 열고 들어와 내 모습을 본다면, 나는 곧장 체포돼 경찰서로 직행하리라.

5분 만에 나는 인장이 새겨진 출생증명서 50개를 손에 넣었다. 나는 다시 화장실에 가는 척하면서 인장을 새기는 장비를 '빌리기' 전에 놓여있던 곳에 정확히 다시 올려놓았다. 임무는 성공이었다. 아무에게도 들키지 않고 위험천만한 일을 처리한 것이다.

그날 퇴근시간에 나는 인장이 새겨진 출생증명서를 공책에 끼워 넣고 사무실 문을 나섰다.

일주일이 다 지나갈 무렵, 나는 여러 개의 신원을 만드는 데 필요한 정보를 모두 수집했다. 이후로는 내가 찾아낸 유아가 출생한 주의 인구동태 통계국에 편지를 보내 사망한 유아의 출생증명서를 요청해서 출생증명서를 받고 나면 새로운 신원을 확보할 수 있었다. 게다가 내 수중에는 아무것도 적히지 않은, 사우스다코타 주 공식인장이 새겨진 출생증명서가 50장이나 있었다. (수년 뒤, FBI는 내게서 압류했던 물품들을 돌려주면서 실수로 이 출생증명서도 함께 돌려줬다. 그리고 나를 대신해서 물품을 찾으러 갔던 알렉스 카스페라비치우스는 FBI에게 이 출생증명서를 내게 돌려주는 게 그다지 좋은 생각이 아닌 것 같다고 말했다.)

호적과 직원들은 내가 떠나는 걸 섭섭해 했다. 내가 그들에게 아주 좋은 인상을 남겼는지, 몇몇 여직원은 작별인사를 하면서 나를 안아주기까지 했다.

그날 주말 나는 다시 수폴스로 돌아와 내 생애 처음으로 스키강습을 받았다. 일을 잘 처리한 것에 대해 스스로 주는 선물이었다. 스키는 정말 재미있었다. 지금도 스키강사가 내게 "제설차 조심!"이라고 외치는 목소리가 귓가에 들리는 듯하다. 나는 스키가 너무나 좋아서 이후 종종 주말마다 스키를 타곤 했다. 미국에 덴버처럼 대도시면서 차로 가까운 거리에 스키장이 있는 곳은 많지 않다.

부모들이 유아의 주민등록을 발급받는 경우는 많지 않다. 반면 20대 사내가 사회보장국 사무소로 걸어 들어와 주민등록증을 처음 신청한다고 말하는 건 의심을 살 수 있다. 그래서 나는 사우스다코타 출생 및 사망 기록에서 찾아낸 유아들 중에 부모가 주민등록증을 발부 받았던 유아가 포함돼 있길 간절히 바랐다. 나는 사회보장국에 근무하는 친구 앤에게 전화를 걸어 이름과 생년월일을 알려주면서 혹시 그 이름 앞으로 주민등록증이 발급된 적이 있는지 확인해달라고 부탁했다. 그 결과 네 번째 만에 브라이언 메릴이 당첨됐다. 그는 주민등록증을 발급받은 적이 있었다. 더할 나위 없이 기뻤다. 마침내 내가 평생 사용할 수 있는 신원을 찾아낸 것이다!

한 가지 더 처리해야 할 일이 있었다. 나는 당시 FBI가 나에 대한 수사를 얼마나 진척 중인지를 이미 어느 정도 알고 있었지만, 가장 중요한 수수께끼는 여전히 풀지 못하고 있었다. 바로 '에릭 하인츠'의 진정한 정체였다. 도대체 그는 누구일까? 그의 실명은 뭘까?

나는 셜록 홈즈만큼 대단한 탐정이 아니지만 적어도 그와 공통점이 있었다. 셜록 홈즈가 범죄자와 악당을 잡는 것만큼 퍼즐을 푸는 데 치중했듯이, 내가 하는 해킹도 상당 부분 수수께끼를 풀고 내 자신의 능력을 시험하는 데 그 목적이 있었다.

마침내 나는 전혀 새로운 방법을 생각해냈다. 에릭은 케빈 폴슨 사건에 대해 대단히 해박했다. 케빈 폴슨과 여러 차례 퍼시픽벨을 해킹했다고 주장했고, 함께 SAS 장비를 찾아냈다고 자랑하기도 했다.

나는 오랜 시간을 들여 웨스트로, 또는 렉시스넥시스와 같은 데이터베이스를 뒤져 에릭 하인츠란 이름이 언급된 신문기사나 잡지기사가 있는지를 찾았다. 하지만 그런 기사는 없었다. 만약 에릭이 정말로 자신의 주장대로 폴슨과 함께 해킹을 했다면, 어쩌면 폴슨의 해킹 동료들의 이름을 알아낸다면 역으로 에릭의 정체를 밝혀낼 수 있을지도 몰랐다.

내 예상대로였다! 나는 렉시스넥시스에서 폴슨과 함께 기소된 이들의 이름을 찾아낼 수 있었다. 로버트 길리건과 마크 로터였다. 어쩌면 둘 중 하나가 에릭 하인츠라는 가명을 쓰는 걸지도 몰랐다. 나는 즉각 전화기를 집어 들고는 애써 들뜬 목소리를 가라앉히며 경찰 직통전화번호로 캘리포니아 주 차량면허국에 전화를 걸어 두 명의 운전면허증을 조회했다.

하지만 막다른 골목에 부딪혔다. 한 명은 에릭이라고 하기에는 키가 너무 작았고, 다른 한 명은 너무 뚱뚱했다.

나는 포기하지 않고 검색을 계속했다. 그러던 어느 날, 웨스트로 데이터베이스에서 최근에 보도된 따끈따끈한 기사를 찾아냈다. 「데일리뉴스오브LA」라는 조그만 신문에 재판날짜가 다가오는 폴슨 사건에 대한 기사가 실렸고, 폴슨과 함께 범죄를 공모한 혐의로 기소된 또 다른 두 명의 이름도 실려 있었다. 로날드 마크 오스틴, 그리고 저스틴 태너 페터슨이었다.

오스틴은 이미 아는 사이였기에 그가 에릭일 리는 없었다. 그렇다면 혹시 페터슨이? 나는 또 다시 실망할지도 모른다는 생각에 부풀어 오른 기대감을 억지로 억누르며 차량면허국에 전화를 걸어 직원에게 페터슨의 인상착의를 찾아 말해달라고 요청했다.

직원은 페터슨이 갈색 머리에 갈색 눈동자, 신장은 약 180cm에 체중은 65킬로그램 정도라고 말했다. 나는 에릭의 머리색이 늘 금발이라고 생각했지만, 그것을 제외하고는 모든 인상착의가 에릭과 똑같았다.

마침내 에릭의 정체를 밝혀냈다. 이제 나는 자신을 에릭 하인츠라고 부르는 사내의 본명도 알아냈고, 그가 FBI요원이 아니라는 것도 알아냈다. 에릭은 단지 FBI를 위해 일하는 끄나풀에 불과했다. 자신의 처벌을 면하기 위해 나를 비롯해 가능한 많은 해커를 검거하기 위해 함정을 파는 밀고자였던 것이다.

모든 일을 마치고 나자, 그러니까 에릭이 누구이고 어떤 짓을 벌이는지에 대한 노력과 고민이 끝나고 나자 입이 찢어져라 웃음이 나왔다. 웃음을 참을 수가 없었다. 세계적인 명성을 자랑하는 FBI가 자신들이 심어놓은 끄나풀의 정체가 고작 한 명의 해커에 의해 밝혀지는 걸 막지 못한다는 게 너무나 우스웠다.

사우스다코타에서 일을 마친 후 주말에 스키를 타고나자, 법률사무소에 첫 출근하는 날이 돌아왔다. 나는 전산실 안에 있는 사무실에 놓인 책상으로 안내됐다. 그 자리는 다른 두 전산부서직원인 리즈와 대런의 옆자리였다. 둘 다 내 입사를 환영해줬다. 후에 알고 보니 그런 환대는 덴버에서는 매우 일상적인 일이었다. 덴버 사람들은 늘 상냥하고, 개방적이며, 여유가 있다. 또 다른 동료인 진저는 전산실 밖에 책상이 있었다. 그녀 또한 매우 친근하게 나를 대해줬다.

나는 점차 내 새로운 삶에 익숙해졌다. 하지만 그러면서도 한편으론 다시 독방감옥에 수감되지 않기 위해 어쩔 수 없이 또 다시 도피를 해야만 하는 상황이 언제든 닥칠 수 있다는 걸 늘 잊지 않았다. 다행히도 법률사무소에서 일하는 건 예상치 못했던 장점도 있었다. 법률사무소는 꼭대기가 금전등록기처럼 구부러진 모습이라서 금전등록기 빌딩이라고 불리는 40층짜리 빌딩의 꼭대기 5개 층을 썼는데, 업무시간이 끝나면 나는 웨스트로 데이터베이스에 접속해서 법률도서관에 있는 법률서적들을 읽으면서 내가 처한 곤경에서 어떻게 벗어날 수 있을지 연구했다.

85 102 121 114 32 103 113 32 114 102 99 32 108 121 107 99 32 109 100 32 114 102 99 32 122 109 109 105 113 114 109 112 99 32 71 32 100 112 99 111 115 99 108 114 99 98 32 103 108 32 66 99 108 116 99 112 63

27 쨍하고 해뜰 날

법률사무소에서 내가 맡은 업무는 '컴퓨터 운영'이었다. 프린터, 컴퓨터 파일과 관련된 문제를 해결하고, 워드퍼펙트로 작성한 문서를 마이크로소프트 워드나 다른 문서양식으로 변환하고, 자동 작업 프로그램을 작성하거나 시스템이나 네트워크를 관리하는 것 등이 포함됐다. 또한 대형 프로젝트도 몇 개 맡았다. 프로젝트는 법률 사무소의 시스템을 (당시 한창 대중화돼 가던) 인터넷에 연결하고, '2중 요소' 인증을 제공하는 시큐어IDSecurID라는 제품을 관리하는 것이었다. 시큐어ID를 사용하면 접속이 허용된 사용자는 자신의 시큐어ID 장치에 표시되는 6자리 숫자와 함께 법률사무소의 컴퓨터 시스템에 원격접속하는 데 필요한 비밀번호를 입력해야 했다.

내 업무 중에는 법률사무소의 전화관리시스템을 지원하는 것도 포함됐는데, 내가 너무나 좋아하던 업무였다. 나는 그 업무를 진행하면서 회사 돈을 받아가며 전화시스템을 관리하는 회계 소프트웨어를 공부할 수 있었다. 나는 프로그래밍 명령을 약간 추가해서 그 소프트웨어를 나를 위한 조기경보시스템으로 바꿔놓았다.

나는 법률사무소에서 외부로 발신되는 모든 전화번호를 확인해서 내가 지정해놓은 지역번호와 국번에 해당되는 전화번호가 있는지를 알아내는 프로그램을 작성했다. 내가 지정해놓은 번호 중에는 당연히 LA와 덴버에 있는 FBI 및 연방검찰 사무소의 전화번호가 포함돼있었다. 만약 이런 기관으로 전화가 걸릴 경우, 프로그램은 내 호출기로 '6565'라는 메시지를 보냈다. 6565는 LA FBI 사무소의 대표 전화번호였기에 나로서는 기억하기가 편했다.

법률사무소에서 근무하는 동안 나는 실제로 두 번 6565 메시지를 받았고, 두 번 모두 엄청나게 겁에 질렸다. 나는 메시지를 받을 때면 뱃속이 뒤틀리는 불안감을 참으며 몇 분 정도 기다리다가 발신된 전화번호를 확인한 후 직접 전화를 걸곤 했다.

두 번 다 전화는 LA에 있는 연방검찰 사무소로 연결됐지만, 다행인 건 형사부가 아닌 민사부로 연결됐다는 점이다. 휴!

여가 시간에는 YMCA에서 운동을 하고, 당연히 해킹도 했다. 하지만 동시에 덴버이기에 가능한 다른 여가활동들도 즐겼다. 천문관planetarium은 천문에 대한 내 어린 시절의 호기심을 다시 일깨웠을 뿐만 아니라, 내가 가장 좋아하던 록밴드였던 핑크 플로이드, 저니, 도어스의 음악에 맞추어 레이저 소명쇼를 공연하기도 했다. 너무나 즐거운 경험이었다.

나는 내 새로운 신원에 점차 익숙해지고 있었고, 그러면서 사람들과도 더 자주 어울렸다. 종종 나는 덴버에 있는 나이트클럽에 들려 대화를 나눌 상대를 찾곤 했다. 한 여자를 만나 여러 번 데이트하기도 했다. 하지만 너무 깊은 관계를 맺는 건 그녀에게 못할 짓이라고 생각했다. 만약 내가 FBI에 체포되기라도 한다면, 나와 가까웠던 이들은 매우 난처한 상황에 처할 수 있었고, 나에 대해 불리한 증언을 해야만 하거나, 또는 공범으로 간주될 수 있었기 때문이다. 나아가 그녀와 가까워질 경우, 무심코 내 정체를 털어놓을 수도 있었고, 또는 다른 이름이 박혀있는 내 신분증을 그녀가 발견하거나 내 전화통화를 엿들을 수도 있었다. 베개를 같이 베고 산다는 건 그 나름대로의 위험이 따르기 마련이다. 나는 수감 시절에 동료수감자들의 얘기를 들으면서, 그 중 대부분이 자신의 배우자나 여자친구의 밀고로 감옥에 수감됐다는 걸 깨달았다. 나로선 같은 실수를 하고 싶은 생각이 추호도 없었다.

덴버의 체리크릭이란 지역에 태터드커버라는 서점이 있었다. 나는 그곳에서 커피를 마시면서 닥치는 대로 컴퓨터서적을 읽었다. 록음악을 연주하는 클럽에도 가곤 했지만, 대부분의 손님들은 헤비메탈에 심취해 온 몸에 문신을 새긴 건장한 사내들이었기에 나와는 어울리지 않았다.

종종 나는 자전거를 타고 야외로 나가 경치를 즐기기도 했다. 겨울이면 눈 덮인 산으로 둘러싸인 덴버의 경치는 너무나 멋졌다. 때로는 가까운 곳에 위치한 인디언보호구역에 있는 카지노에 들러서 블랙잭을 하기도 했다.

나는 어머니와의 통화를 늘 고대했다. 어머니는 사전에 미리 정해놓은 방법대로 라스베이거스 대형 카지노호텔 중 한 곳에서 내게 전화를 걸었고, 가끔은 할머니도 함께 했다. 어머니의 전화는 내게 만족감을 주고 용기를 북돋아 줬기에 나로선 너무나 소중했다. 하지만 어머니와 할머니에게는 대단히 번거로운 일이었고, 만에 하나 FBI가 감시를 강화할 경우 FBI에게 내 위치가 밝혀질 위험도 컸다. 나는 특히나 나를 너무나 사랑해주고 아껴주고 도와주던 어머니와 할머니로부터 멀리 떨어져 산다는 게 항상 힘들었다.

한편 나는 외모에 변화를 주기 위해 머리를 길렀고 결국 어깨에 닿는 장발이 됐다. 어쩌면 30대가 다가오면서 자연스럽게 외모가 변한 건지도 모르겠다.

이렇게 나는 내 새로운 삶을 여러모로 즐기고 있었다.

나는 덴버에서 수개월을 보낸 뒤 이쯤이면 가족을 한 번 만나러 가도 되지 않을까 생각했다. 이번에는 비행기가 아닌 열차를 탔다. 어머니와 할머니는 기차역으로 나를 마중 나왔다. 당시 내 머리카락은 이미 꽤 길었고 콧수염도 꽤 거뭇거뭇했기에 어머니는 거의 나를 못 알아볼 뻔했다. 다시 만나니 너무나 좋았고, 나는 어머니와 할머니에게 내 새로운 일자리와 동료 직원들에 대해 신나게 떠들어댔다.

이번에는 라스베이거스에서 머무는 게 이전에 비하면 훨씬 덜 불안했다. 모두 에릭 바이스란 내 새로운 신원 덕분이었다. 하지만 나는 여전히 조심했다. 어머니와 나는 일부러 이상한 장소를 골라서 만났다. 나는 주차장에서 어머니를 만나 차에 올라탄 후 뒷자리에 누워 몸을 숨겼고, 어머니가 차를 몰아 이미니 댁 주차장으로 긴 뒤 차고 문을 닫고서야 치에서 내렸다. 어머니는 내게 끊임없는 관심을 쏟아주면서 내가 좋아하는 음식을 해줬고, 내가 몸매를 잘 관리해서 너무나 좋다면서도 계속해서 한 그릇 더 먹으라고 권했다.

내 도피생활이 할머니에게도 꽤 힘든 상황이었지만, 특히나 어머니로서는 더욱 견디기 힘들다는 건 한눈에도 알 수 있었다. 어머니는 나를 다시 만나 행복해했지만, 동시에 나를 보자 내가 떠나 있는 게 정말 힘들다는 걸 새삼 절감했고, 과연 내가 덴버에서 안전한 건지 걱정스러워했다. 게다가 어머니는 내 방문을 매우 기뻐하면서도 다른 한편으로 혹시나 내가 자신과 함께 있다가 큰 위험에 처하는 게 아닌지를 계속 걱정했다.

나는 라스베이거스에서 머물던 일주일 동안 어머니와 열 번도 넘게 만났다.

다시 덴버로 돌아왔을 때, 내 상사이자 친절했던 도리가 남편과 '록키 산맥 스노우보드'라는 사업을 시작하기 위해 회사를 떠났다. 로리를 대신해 엘레인 힐이라는 마른 갈색머리 여성이 상사로 왔다. 그녀는 그다지 친절하지도 않았고, 머리가 뛰어나긴 했지만 매우 계산적이고 학교 선생처럼 꽉 막힌 성격이었다. 결코 로리처럼 '대인관계가 원만한' 사람은 아니었다.

전산부서에서 나와 함께 일하는 동료 두 명은 서로 성격이 너무나 달라서 마치 연극에나 등장하는 인물들 같았다. 웃을 때 치아가 많이 보이고 약간 뚱뚱했던 진저는 31세 유부녀였다. 진저는 나를 마음에 들어 했고 나와 농담도 즐겼다. 그런데 왜 진저는 내가 자신에게 성적 관심이 있다고 생각했는지 모르겠다. 나는 그런 낌새를 전혀 보이지 않았는데도 말이다. 게다가 그녀는 사무실에서 두어 차례 내게 넌지시 추파를 던지기도 했다. 왜 그랬는지도 나도 모르겠다. 그녀는 어느 날 밤늦게까지 나와 함께 전산실에서 근무하다가 이렇게 말했다. "혹시 우리가 이 책상 위에서 부둥켜안고 있을 때 누가 전산실 문을 열고 들어온다면 어떻게 될까?" 뭐라고?

어쩌면 그녀의 추파는 나로 하여금 자신을 믿게 하기 위한 의도된 행동일지도 모르겠다.

내가 도피생활을 하기 전 LA에 머무는 동안, 루이스와 내가 친하게 지내던 친구 중에 조 맥거킨이라는 동그란 얼굴에 안경을 쓴, 배가 꽤 나온 뚱뚱한 친구가 있었다. 그는 늘 깔끔하게 면도를 해도 수염이 곧 새까맣게 자랐고, 갈색 머리를 여자아이처럼 짧은 단발로 잘라 이마에 늘어뜨리고 다녔다. 우리는 자주 함께 시간을 보냈고, 어울릴 때면 종종 시즐러 레스토랑에서 식사를 한 뒤 영화를 보러 갔기에 루이스와 나는 그에게 '시즐러와 영화'라는 별명을 붙여줬다.

나는 덴버에 머물던 어느 날 루이스와 통화를 했다. 루이스는 조가 자신의 집에 있는 썬 워크스테이션의 접속정보를 알려줬다고 말했다. 루이스는 내게 접속정보를 알려주면서 한 가지 부탁을 했다. 내가 조의 썬 워크스테이션에 접속해서 루트디렉토리에 접근한 뒤 어떻게 접근했는지를 자신에게 알려달라고 했다. 그러면 조를 골려 먹을 거라고 말했다. 재미난 제안이었다. 조는 썬 마이크로시스템스의 계약직원이었고, 따라서 썬 마이크로시스템스의 네트워크에 원격으로 접속할 수 있는 권한을 가지고 있을 가능성이 높았다. 그렇다면 그 권한을 이용해서 내가 썬을 해킹할 수 있을지도 몰랐다.

LA에 있던 시절 해킹에 대해 대화를 나눌 때면 조는 늘 자신의 워크스테이션이 포트녹스[1] 만큼이나 안전하다고 말하곤 했다. 당시 나는 이렇게 생각했다. 이, 이 녀석 한 번 제대로 골려 줘야지. 루이스와 나는 어린 시절에 맥도날드 드라이브스루 스피커로 장난을 친 이후부터 계속해서 장난을 즐겼다. 나는 일단 조의 집전화로 전화를 걸어 그가 집에 없다는 걸 확인했다. 그런 후 루이스가 준 정보로 조의 워크스테이션에 접속했고, 단지 몇 분 만에 조가 최신 보안패치를 설치하지 않았다는 걸 알아냈다. 포트녹스 좋아하시네! 나는 'rdist'라는 프로그램의 보안 취약점을 통해 루트디렉토리에 접근했다. 그런 후 조가 작동한 프로세스들의 목록을 뽑아냈다. 깜짝 놀랐다. 프로세스 중에 암호화된 패스워드를 해독하는 데 자주 사용되는 프로그램이자, 알렉 머펫이란 사내가 작성한 프로그램인 '크랙crack'이 있었던 것이다. 조가 왜 이 프로그램을 돌린 거지?

크랙 프로그램이 한창 암호를 풀고 있는 패스워드 파일은 어렵지 않게 찾을 수 있었다. 나는 모니터를 들여다보다가 또 한 번 깜짝 놀랐다.

1 포트녹스(Fort Knox): 켄터키 주에 위치한 미국 연방정부의 금괴보관소 _옮긴이

조는 썬 마이크로시스템스의 계약직원이면서 다름 아닌 썬 마이크로시스템스의 개발그룹 패스워드를 해킹하고 있었던 것이다.

믿을 수가 없었다. 마치 공원을 산책하다가 우연히 돈다발을 주운 것과 같았다.

나는 해독된 패스워드를 복사해서 저장한 뒤 모뎀, 전화접속이란 키워드를 이용해서 조의 이메일을 뒤지기 시작했다. 찾았다! 내가 원하던 정보가 담긴 썬의 내부 이메일을 찾아냈다. 이메일 내용을 일부만 소개하자면 다음과 같다.

> 발신: kessler@sparky (톰 케슬러)
> 수신: ppp-announce@comm
> 제목: 신규 PPP 서버
>
> 신규 PPP 서버(서버명 머큐리)의 운영이 시작됐습니다. 접속해서 연결상태를 확인해보기 바랍니다. 머큐리의 전화 접속 번호는 415-691-9311입니다.

나는 또한 조가 한창 해독 중이던 썬 개발그룹의 패스워드 원본파일도 복사해서 저장했다(원본파일에는 암호를 풀 수 있는 해독표도 포함돼 있었다). 혹시나 조의 워크스테이션에 더 이상 접속하지 못할 상황을 대비해서였다. 해독된 패스워드 중에서는 조가 사용하는 썬 마이크로시스템스의 패스워드도 있었다. 기억하기에 패스워드는 'party5'였던 것 같다. (크랙 프로그램이 조의 패스워드마저 해독했던 것이다.) 모든 게 일사천리로 진행됐다.

그날 밤, 나는 조의 워크스테이션에 매시간 접속해서 조가 접속 중인지, 그리고 워크스테이션을 사용 중인지를 확인했다. 만약 조가 자신의 모뎀에 누군가가 접속하려고 한다는 걸 알아챈다 하더라도 별로 의심할 까닭은 없었다. 조는 자신이 루이스에게 접속정보를 줬다는 걸 기억할 것이기 때문이었다. 자정이 지나고 나자, 조의 워크스테이션이 휴면상태로 들어갔다. 내가 보기에 조는 잠자리에 든 것 같았다. 나는 '점대점 프로토콜'[2]을 통해 명칭이 '오일리언'인 조의 워크스테이션으로 가장해서 썬의 '머큐리' 서버에 접속을 시도했다. 성공이었다! 내 컴퓨터는 이제 썬의 전 세계 네트워크에 접속했던 것이다.

조의 경우와 마찬가지로 썬도 최신 보안패치를 설치하지 않은 상태였다. 나는 다시 rdist 취약점을 이용해 단 몇 분 만에 '셸shell' 계정을 개설했고, 향후 루트디렉토리에 접속하는 데 사용할 백도어프로그램을 설치했다.

이 모든 일을 마치고 나서 이번에는 개발그룹으로 해킹 목표를 바꿨다. 이미 수도 없이 해와서 익숙한 일이었건만 그지없이 신이 났다. 나는 개발그룹에 소속된 썬 컴퓨터에 그 동안 접속할 수 있었기 때문이다. 모든 게 다 개발그룹의 암호를 해독해놓은 조의 노고 덕분이었다.

그렇게 조는 자신도 모르는 사이에 내가 또 다른 보물을 손에 넣는 데 도움을 준다. 그 보물은 바로 가장 대단하다는 썬 운영체제 최신버전이었다. 썬 운영체제는 썬 마이크로시스템스가 서버와 워크스테이션에 사용하기 위해 유닉스 운영체제를 변형해서 개발한 것이었다. 썬 운영체제의 소스코드를 저장해놓은 마스터 컴퓨터는 쉽게 찾을 수 있었다. 다만 압축된 형태였는데도 용량이 매우 컸다. 비록 DEC의 VMS운영체제만큼은 아니었지만 엄청나게 컸다.

문득 소스코드를 쉽게 전송할 수 있는 방법이 떠올랐다. 나는 LA 국제공항에서 바로 남쪽에 있는 엘세군도에 위치한 썬 마이크로시스템스 사무실의 워크스테이션에 접속해서 어떤 장치들이 연결돼있는지를 확인했다. 내가

---

2 점대점 프로토콜(Point-to-Point protocol): 네트워크에서 두 지점을 직접 연결할 때 사용하는 프로토콜 _ 옮긴이

찾으려 한 건 테이프 드라이브가 연결된 워크스테이션이었다. 마침내 내가 찾던 워크스테이션을 발견하고 난 후, 그 워크스테이션의 사용자에게 전화를 걸어 나를 마운틴뷰에 있는 썬 개발그룹 직원이라고 소개했다. "사용하는 워크스테이션에 테이프 드라이브가 연결돼있더군요. 내가 지금 LA에서 고객사를 방문 중인 동료개발자에게 파일을 전송해야 하는데 모뎀으로 전송하기에는 용량이 너무 커서요. 그래서 말인데, 혹시 테이프 드라이브에 공테이프를 넣어준다면 내가 그 테이프에 파일을 저장하면 안 될까요?"

사용자는 잠시 기다리라고 말한 후 공테이프를 찾으러 갔다. 몇 분 뒤, 그는 다시 전화를 받아 공테이프를 테이프 드라이브에 넣겠다고 말했다. 나는 혹시라도 그가 호기심에 파일 내용을 살펴볼까봐 압축된 소스코드를 다시 암호화해서 알아보지 못하게 한 뒤, 그의 워크스테이션으로 데이터를 전송한 후 다시 테이프에 저장하라고 명령을 내렸다.

소스코드 전송이 모두 끝나자 나는 사용자에게 다시 전화를 걸었다. 나는 사용한 공테이프를 대체할 테이프를 보내주겠다고 말했다. 하지만 그는 내 예상대로, 그럴 필요까지는 없다고 답했다. 나는 말했다. "그 테이프를 봉투에 담아서 봉투 겉면에 '톰 워렌'이라고 써주세요. 내일이랑 내일 모레 혹시 사무실에 계실 건가요?"

그는 내게 자신이 있을 시간과 자리를 비울 시간을 알려줬고, 나는 잠시 들어주는 척하다가 중간에 끼어들었다. "아, 더 좋은 방법이 있어요. 안내데스크에 테이프를 맡겨 두세요. 그러면 톰에게 안내데스크에서 그 봉투를 찾으라고 말해둘게요." 그는 그러겠다고 답했다.

나는 친구 알렉스에게 전화를 걸어 썬 사무실에 가서 안내데스크에 맡겨둔 '톰 워렌'이라고 적힌 봉투를 찾아와달라고 부탁했다. 알렉스는 이런 일에 언제나 위험이 뒤따른다는 것을 알기에 잠시 주저하다가 그러겠다고 말했다. 그의 목소리는 신이 나 있었다. 아마도 알렉스는 이전에 내 해킹 모험에 끼어들면서 느꼈던 스릴감을 떠올렸던 것 같다.

나는 승리감에 도취됐다. 하지만 이상한 점은 막상 테이프를 손에 넣고 난 후 내가 소스코드를 살펴보는 데 그다지 관심이 없었다는 점이다. 어려운 해킹에 성공했다는 점이 중요했을 뿐, 막상 소스코드 자체는 내가 해킹에서 느낀 성취감에 비하면 그다지 중요하지 않았던 셈이다.

나는 이후로도 계속해서 썬에서 패스워드와 소프트웨어를 빼냈다. 하지만 그럴 때마다 마운틴뷰 사무소로 전화접속을 하는 건 위험했기에 썬의 네트워크에 접근할 수 있는 또 다른 전화 접속 번호를 알아내기로 했다.

그러려면 사회공학 기법을 써야 했다. 나는 내 휴대전화번호를 마운틴뷰 지역번호인 408로 시작되는 번호로 복제했다. 그 이유는 내가 마운틴뷰 직원으로 가장해 썬의 덴버 영업사무소 직원에게 전화를 걸 것이었고, 그렇다면 그 직원은 내가 썬 직원인지를 확인하기 위해 다시 내게 전화를 걸어 확인할 것이기 때문이었다. 나는 모든 썬 직원들이 열람할 수 있는 프로그램에서 직원명단을 호출해 무작위로 닐 핸슨이란 사람을 고른 후 이름, 전화번호, 사무실번호, 사원번호를 적었다. 그런 후 썬의 덴버 영업사무소 대표번호로 전화를 걸어 컴퓨터 지원을 담당하는 직원을 바꿔달라고 말했다.

"안녕하세요. 저는 썬의 마운틴뷰 사무소에서 근무하는 닐 핸슨이라고 합니다. 혹시 전화 받으신 분은 누구죠?" 내가 물었다.

"스콧 리온스입니다. 덴버 영업사무소의 지원팀 소속입니다."

"잘 됐네요. 내가 오늘 늦게 회의 때문에 덴버에 갈 건데, 혹시 덴버 영업사무소에서 썬 네트워크에 접속할 수 있는 전화 접속 번호가 있나요? 이메일을 확인해야 하는데 가급적이면 마운틴뷰로 장거리전화를 걸지 않았으면 해서요."

"전화 접속 번호는 있습니다. 하지만 직접 접속을 하는 게 아니라 시스템에서 당신의 전화번호로 전화를 거는 방식으로 접속할 수 있습니다. 보안절차 때문에요." 스콧이 말했다.

"문제없습니다. 내가 머물 브라운팰리스 호텔에는 객실에 직통전화가 있습니다. 오늘 오후 늦게 덴버에 도착해서 호텔에 투숙하면 곧장 번호를 알려드리죠."

"성함이 뭐라고 하셨죠?" 스콧이 약간 미심쩍다는 목소리로 물었다.

"닐 핸슨입니다."

"사원번호는요?" 스콧이 다시 물었다.

"10322번입니다."

스콧은 잠시 기다리라고 말했다. 아마도 내가 준 정보가 맞는지 확인하는 것 같았다. 나는 스콧이 내가 닐 핸슨의 정보를 뽑아낸 것과 똑같은 직원명단에서 내 정보를 확인한다는 걸 알았다.

"번거롭게 해서 미안합니다. 직원 데이터베이스에서 확인해봐야 해서요. 호텔에 투숙하면 전화 주세요. 그러면 전화접속을 허용해 드리죠."

나는 퇴근시간 바로 전까지 기다리다가 스콧에게 다시 전화를 걸어 내 휴대전화로 복제해놓은 303 지역번호(덴버)로 시작되는 전화번호를 알려줬다. 내가 썬의 네트워크로 접속을 시도하자 자동으로 내 휴대전화로 전화가 걸려왔고, 내가 전화를 받고 나면 내 모뎀은 썬의 네트워크로 연결됐다. 나는 며칠 동안 이 방법을 이용해 썬의 사내 네트워크에 접속했다.

그러던 중 갑자기 자동접속 기능이 정지됐다. 젠장! 무슨 일이지?

나는 썬의 마운틴뷰 사무실로 접속한 후 다시 덴버의 컴퓨터로 접속했다. 아뿔싸! 알고 보니 스콧은 썬의 보안팀 소속인 브래드 파웰에게 긴급 이메일을 보냈다. 그는 내가 덴버 영업사무소를 통해 썬 네트워크에 전화 접속한 내용에 대해 로그 저장기능을 켜놓았고, 따라서 썬 네트워크에 접속한 후 내 모든 활동을 기록했던 것이다. 그는 내가 이메일을 체크하지 않고 오히려 허용되지 않은 데이터를 살펴본다는 걸 알아챘다. 나는 일단 모든 로그파일을 삭제해서 내가 썬의 네트워크에 접속했다는 증거를 없앴고, 이후로 스콧에게 알려준 복제 휴대전화번호를 다시는 사용하지 않았다.

그렇다면 나는 이후로는 썬을 해킹하는 걸 포기했을까? 천만에 말씀이다. 오히려 나는 다시 썬의 마운틴뷰 사무소 전화 접속 번호를 이용해 SWAN(썬 광역네트워크Sun's Wide-Area Network)에 접속할 수 있는 전화 접속 번호를 더 많이 알아냈다. 혹시라도 다시 썬 네트워크에 접근이 금지될 경우를 대비해서였다. 다시 말해, 접속할 수 있는 지점을 여러 개 확보해서 언제든 원할 때면 그 중 하나를 골라 접속할 수 있게 한 것이다. 나는 미국과 캐나다에 위치한 모든 썬 마이크로시스템스 영업사무소를 해킹목표로 삼았다. 모든 영업사무소들은 별도의 전화 접속 번호가 있었다. 그래야만 영업사무소 직원들이 마운틴뷰에 있는 본사에 장거리전화를 걸지 않고도 직접 SWAN에 접속할 수 있었기 때문이다. 영업사무소를 해킹하기란 누워서 떡 먹기였다.

나는 썬 네트워크를 살펴보다가 우연히 '엘머'라는 명칭의 서버를 발견했다. 엘머에는 썬 운영체제의 버그에 대한 데이터베이스가 하나도 빠짐없이 저장돼있었다. 각각의 버그는 처음 발견됐을 때 작성된 버그리포트부터 해당 버그의 수정을 맡은 개발자의 이름, 심지어 버그를 수정하기 위해 사용된 프로그램코드의 내용까지 모든 것들이 담겨있었다.

일반적인 버그리포트는 다음과 같았다.

개요: syslog를 이용해 시스템 파일을 덮어쓸 수 있음.
키워드: 보안, 패스워드, syslog, 덮어쓰기, 시스템
심각성: 1
중요도: 1
책임 관리자: kwd
내용:
LOG_USER의 syslog와 syslogd 기능은 '모든' 시스템 파일을 덮어쓰는 데 이용될 수 있다. 특히나 syslog를 사용해 /etc/password를 덮어쓰는 것이 해커들이 악용할 가능성이 가장 높은 보안 취약점이다. 이런 상황은 만약 LOGHOST가 사용자 자신의 컴퓨터로 설치돼있지 않은 경우에 원격시스템에서 발생할 수 있다.
bpowell: 보안 상 침입코드는 삭제됐음.
만약 침입코드 사본을 원할 경우에는 스테이시 웨이(외부 계약업체 직원)에게 연락 바람. (staciw@castello.corp)
해결방법: 없음. (syslog를 비활성화하는 방법이 있지만 권장하지 않음.)
관심자 명단: brad.powell@corp, dan.farmer@corp, mark.graff@Corp
비고: 이 버그는 매우 심각함. sun-barr에서 루트디렉토리를 해킹하는 데 쓰인 적이 있고, 4.1.X와 2.X를 비롯해 썬이 출시한 모든 운영체제에 공통적으로 발견되는 버그임.

내가 가장 좋아하는 표현을 빌리자면, 나로서는 성배를 발견한 것과 같았다. 이제 나는 외부에서 찾아낸 버그를 비롯해 심지어 썬이 자체적으로 발견해낸 모든 버그정보를 열람할 수 있었다. 마치 슬롯머신에 동전을 넣고 손잡이를 당기자마자 잭팟이 터진 것과 같았다. 내게 버그 데이터베이스는 마법주머니나 마찬가지였다. 갑자기 만화영화 「마법고양이 펠릭스Felix the Cat」의 주제가가 떠올랐다. "펠릭스는 곤경에 처할 때면 마법주머니를 뒤지네."

썬의 덴버 영업사무소 시스템관리자가 해킹사건에 대해 회사에 보고하고 난 뒤, 썬은 내부시스템을 해킹하는 시도가 있다는 걸 알아챘다. 썬의 고위 보안책임자인 댄 파머와 브래드 파웰은 전 사원에게 이메일을 보내 사

회공학 기법을 사용하고, 해킹 공격을 가하는 자를 조심하라고 경고했다. 그런 후 내가 버그 정보를 열람하는 것을 막기 위해 데이터베이스에서 버그리포트를 삭제하기 시작했다. 하지만 나는 여전히 썬의 내부 이메일을 읽을 수 있었고, 그 중 상당수는 버그리포트에 공통적으로 적혀있는 문구를 포함하고 있었다. 혹시 독자 여러분들도 이미 눈치 챘는가?

> 만약 침입코드 사본을 원할 경우에는 스테이시 웨이(외부 계약업체 직원)에게 연락 바람. (staciw@castello.corp)

내가 이런 문구가 담긴 문서를 발견하자마자 어떻게 했을지는 말 안 해도 알 것이다.

그랬다. 나는 썬의 내부계정으로 스테이시에게 이메일을 보내 사회공학 기법을 사용해서 내게 버그리포트를 전송하게 했다. 이 방법은 매번 통했다.

나는 계속해서 성공적으로 썬 마이크로시스템스를 해킹했다. 그런데도 이듬해 브래드 파웰은 '썬의 보안을 강화하고 SWAN에 대한 케빈 미트닉의 해킹 공격을 막은' 공로로 썬의 최고 정보통신책임자로부터 '표창장'을 받게 된다. 브래드 파웰은 자신의 이 업적을 대단히 자랑스럽게 생각했던 것 같다. 왜냐하면 후에 내가 인터넷에서 뒤져본 그의 이력서에는 이 내용이 자랑스레 적혀있었기 때문이다.

약 6개월간 버스를 타고 회사로 출퇴근을 하다 보니 회사 근처로 집을 옮기는 게 낫겠다 싶었다. 새 집의 이상적인 위치는 회사에 걸어갈 수 있는 거리에 있으면서, 내가 주말에 가장 시간을 많이 보내는 덴버 시내 16번가 상점거리와도 걸어갈 수 있어야 했다. 마침 16번가에 위치한 고전적인 분위기의 아파트 그로스브너 암스 5층에 공실이 있었다. 나는 그 집이 마음에 들었다. 일단 멋진 데다가 넓었고, 창문이 사방으로 나있었으며, 심지어 오래된 집에나 있던, 아침마다 우유배달원이 우유병을 넣어놓고 가는 상자도 있었다. 입주하려면 신용조회를 거쳐야 했지만 그 또한 문제가 되지는 않았다. 나는 신용보고 회사인 TRW를 해킹해서 신용도가 좋은 에릭 바이스를 여러 명 찾아냈다. 그런 후 임대차계약서에 그 중 한 명의 주민등록번호를 적어냈다 (내가 취업 시에 적어낸 것과는 다른 주민등록번호를 사용한 셈이다). 임대차계약서는 별다른 문제없이 통과됐다.

새 아파트에서 다섯 블록 떨어진 곳에 있는 덴버의 관광명소에는 아주 좋은 술집과 레스토랑들이 즐비했다. 나는 특히나 16번가와 라리머 거리가 만나는 곳에 위치한 멕시칸 레스토랑을 좋아했다. 그곳은 미녀들이 바글거렸기 때문이다. 당시 나는 여전히 진지한 연애는 피하고 있었다. 그렇다고 해서 술집에서 만난 매력적인 아가씨들과 대화를 나누는 것까지 피할 이유는 없었고, 그럴 때면 나는 살아있는 듯한 느낌을 받았다. 가끔씩 여자 옆에 앉아 술을 한두 잔 사줄 때도 있었고, 때로는 오히려 내게 여자가 술을 사주는 적도 있었다. 그럴 때면 내 자부심은 하늘 높은 줄 모르고 치솟았다.

집과 가까운 곳에 레스토랑이 즐비하다는 건 또 다른 장점이 있었다. 나는 거의 모든 식사를 밖에서 사먹었다. 오트밀, 베이컨, 심지어 계란프라이도 직접 해먹는 적이 없었다.

새로운 아파트에 정착하자 덴버에서의 삶에 더 익숙해졌다. 하지만 여전히 주의를 게을리 해선 안 된다는 걸 잊지 않았다. 나는 팩텔셀룰라에 언제든 접속할 수 있었기에 여전히 FBI요원들이 이른바 에릭 하인츠로 알려진 저스틴 페터슨에게 거는 전화를 추적했고, 나아가 혹시 덴버로 전화를 거는지도 늘 확인했다. 저스틴이 숨어 지내는 안전가옥의 집전화를 살펴보니 그의 장거리전화서비스를 제공하는 MCI와의 서비스 계약이 여전히 조셉 베르레의 명의로 돼있었다. 그 말은 저스틴의 장거리전화서비스 비용을 여전히 FBI가 지불하고 있다는 의미였다. 저스틴은 FBI가 나를 체포하는 데 도움을 주지 못했지만, 여전히 FBI는 저스틴과 긴밀한 협조관계를 유지하고 있었다. 나는 내가 이미 빠져나간 상황에서 저스틴이 이번에는 어떤 해커들을 감방으로 보내려 하는지 궁금했다.

대런과 리즈와 함께 전산실에서 일하던 어느 날, 나는 대런이 자신의 컴퓨터모니터를 일부러 옆으로 돌려 남들이 화면을 못 보게 해놓은 상태에서 뭔가를 하고 있다는 걸 발견했다. 나는 그의 행동이 미심쩍어서 '워치Watch'라는 아주 기발한 제목의 프로그램을 실행했다. 그 프로그램을 이용하면 대런의 모니터에 뜬 모든 내용을 볼 수 있었다.

나는 내 눈으로 보고도 믿을 수가 없었다. 대런은 법률사무소의 인사부서 디렉토리로 들어가 급여 파일을 열람하고 있었다. 급여 파일에는 가장 많은 돈을 받는 설립변호사부터 가장 적은 돈을 받는 말단직원까지, 모든 변호사들, 비서들, 지원직원들, 안내원, 전산직원들을 비롯해 법률사무소에서 근무하는 모든 이들의 연봉과 보너스 정보가 담겨있었다.

대런은 파일에 적힌 목록을 쭉 내리더니 멈췄다. 다음과 같은 내용이 적혀있었다.

에릭 바이스, 컴퓨터 운영, 경영정보시스템, $28,000, 1993년 4월 29일

이런 간 큰 자식이 다 있나! 감히 내 연봉을 엿보다니. 하지만 불평할 수는 없었다. 그가 내 뒤를 캐는 것처럼 나도 그의 뒤를 캐고 있었으니까.

Phtm zvvvkci sw mhx Fmtvr VOX Ycmrt Emki vqimgv vowx hzh L cgf Ecbst ysi?

28 해킹 게임

나는 덴버의 삶에 익숙해졌다. 정상적인 업무시간인 9시부터 6시까지는 법률사무소에서 일했고, 퇴근하면 헬스클럽에 가서 몇 시간 운동을 한 뒤 동네 레스토랑에서 저녁을 먹고 집으로 돌아가거나 다시 법률사무소로 돌아갔다. 그리고 잠자리에 들기 전까지 뭘 했는지는 굳이 말 안 해도 알 것이다.

내게 해킹은 오락이었다. 어쩌면 비디오게임을 하는 것처럼 내가 해킹을 통해 가상현실로 도피했다고 말할 수도 있다. 하지만 내가 선택한 해킹이란 게임을 하려면 늘 긴장을 하면서 주변을 살펴야 했다. 잠시 한눈을 팔거나 어리석은 실수를 했다가는 FBI가 현관문을 두드릴 수도 있다. 그리고 그 FBI는 가상현실에 등장하는 비밀요원이 아니다. 판타지게임 「던전앤드래곤」에 나오는 흑마술사도 아니다. 그들은 현실에 실제 존재하는, 당신을 체포해서 감방에 가둘 수 있는 FBI요원들이다.

당시 나는 해킹할 시스템을 찾아 가상공간에서 만난 보안전문가들, 네트워크 및 시스템관리자들, 영리한 프로그래머들과 실력을 겨루는 데 정신이 팔려 있었다. 내게 해킹은 스릴을 만끽하기 위한 수단이었다.

나는 내 해킹사실을 아무에게도 털어놓을 수 없었기에 내가 흥미를 느끼는 것들, 예를 들어 운영체제나 휴대전화 소프트웨어의 소스코드를 입수하는 데 주력했다. 소스코드를 손에 넣으면 나는 그것을 상품처럼 고이 간직했다. 소스코드 입수에 너무나 능숙해진 나머지 종종 그 일이 너무나 쉽게 느껴질 정도였다.

이미 과거의 삶을 모두 버리고 도피자라는 위태로운 삶을 살아가는 상황에서, 나는 해킹을 한다고 해서 더 이상 잃을 게 없었다. 그래서인지 나는 언제든 해킹을 할 준비가 돼있었다. 그렇다면 어떻게 해야 해킹을 더 흥미진진하고 손에 땀을 쥐게 하는 게임으로 만들 수 있을까? 어떻게 해야 더 위험하고 스릴이 넘치는 해킹을 할 수 있을까?

선도적인 다국적 첨단기술 회사들은 상식적으로 세상에서 정보보안에 가장 뛰어나야 했다. 만약 내가 정말로 해킹에서 자부심을 느끼려면, 내가 그 회사들을 해킹해서 소스코드를 빼낼 수 있는 실력이 있는지를 시험해봐야 했다.

썬 마이크로시스템스에서 소스코드를 해킹하는 건 이미 성공했다. 나는 다음 목표로 노벨Novell을 선택했다. 알고 보니 노벨은 게이트웨이 방화벽에 SunOS 운영체제가 작동하는 서버를 사용하고 있었다. 나는 외부로부터 이메일을 수신하는 데 주로 이용되는 '센드메일sendmail'이라는 프로그램의 버그를 공략했다. 내 목표는 당시 세상에서 가장 선도적인 네트워크 운영시스템인 노벨의 넷웨어NetWare 소스코드를 입수하는 것이었다.

아직 보안패치가 되지 않은 센드메일 프로그램의 취약성을 이용하면, 내가 원하는 내용을 담은 파일을 어떤 것이든 만들 수 있었다. 나는 일단 네트워크를 통해 센드메일 프로그램에 접속한 뒤 다음과 같이 명령문을 입력했다.

```
mail from: bin
rcpt to: /bin/.rhosts
[text omitted]
.
mail from: bin
rcpt to: /bin/.rhosts
data
++
.
quit
```

이런 명령문을 입력하면 센드메일 프로그램은 '.rhosts' 파일('쩜-알-호스츠'라고 발음한다)을 생성했고, 그러면 패스워드 없이 노벨 게이트웨이 시스템에 로그인할 수 있었다.

(컴퓨터에 대해 잘 아는 독자를 위해 부연설명하자면 다음과 같다. 나는 bin 계정에서 패스워드 없이 로그인 할 수 있게 설정된 .rhosts 파일을 만들었다. .rhosts 파일은 'R-서비스'로 알려진 특정 구형 컴퓨터 시스템에서 동작하는 프로그램에 사용되는 설정 파일이며, R-서비스는 원격 컴퓨터에 로그인하거나 명령을 실행하는 데 이용된다. 예를 들자면, .rhosts 파일은 '케빈'이란 사용자가 'condor'라는 자신의 시스템으로 패스워드 없이 원격컴퓨터에 로그인할 수 있게 설정이 가능하다. 위에 내가 입력한 명령문에서 중간에 띄어쓰기를 한 '+ +' 명령은 사용자와 사용자 시스템의 임의문자기호wildcard로서, 아무 사용자나 노벨 게이트웨이 시스템 계정에 로그인해서 명령을 실행할 수 있다는 의미다. bin 계정은 '/etc' 디렉토리에 쓰기권한이 있기에 패스워드 파일을 내가 수정한 패스워드 파일로 교체해서 루트 계정에 접근할 수 있었다.)

다음으로 나는 'telnetd'의 해킹된 버전을 설치해서 누구든 노벨 게이트웨이 시스템에 로그인하면 사용자의 패스워드를 뽑아내 저장했다. 나는 노벨의 네트워크에 내 교두보를 마련하는 과정에서 두 명의 사용자가 현재 로그인해 있다는 걸 발견했다. 만약 두 사용자가 누군가 원격지점에서 로그인해 있다는 걸 발견할 경우, 그들은 즉각 해킹당하고 있다는 걸 알 수 있었기에 나는 내가 로그인해 있다는 사실을 감추는 수법을 써서 사실상 투명인간이 됐다. 이제는 시스템관리자가 시스템에 접속해 있는 사용자들의 목록을 불러내더라도 나는 목록에 나타나지 않았다.

나는 계속해서 시스템을 주시했고 마침내 한 시스템관리자가 게이트웨이 시스템에 접속했다. 나는 그가 루트 계정에 접근하면서 입력한 패스워드를 입수했다. 패스워드는 '4kids=$$'였다. 재미난 패스워드였다.

나는 잠시 후 이번에는 또 다른 시스템인 'ithaca'에 접속했다. 그 시스템은 노벨 개발그룹이 사용하는 것으로 유타 주 샌디에 위치한 시스템이었다. 나는 일단 그 시스템을 해킹한 후 모든 개발그룹 직원의 암호화된 패스워드를 확보했고 상당수 사용자들의 패스워드도 복구해낼 수 있었다.

그런 후 시스템관리자의 이메일에서 '모뎀', '접속번호', 그리고 '전화접속'이란 키워드를 단수형, 복수형, 하이픈을 넣거나 빼가며 여러 형태로 조합해서 검색했다. 그 결과 다른 직원들의 질문, 예를 들어 '전화접속을 하려는데 번호가 어떻게 되나요?'와 같은 질문들에 답하는 이메일을 뽑아낼 수 있었다. 너무나 쉬웠다.

전화 접속 번호를 알아낸 후 이후부터는 노벨의 인터넷 게이드웨이로 접속하는 대신 전화 접속 번호로 노벨에 접속했다.

일단 넷웨어 운영체제의 소스코드가 저장된 시스템을 찾아야 했다. 나는 개발자들의 이메일을 뒤져서 소스코드 보관소에 업데이트를 하는 절차와 관련된 특정 키워드를 검색했다. 마침내 소스코드 보관소의 시스템 명칭을 알아냈다. 'ATM'. 시스템명이 ATM이라고 해서 현금인출기는 아니었지만, 적어도 내게는 그만큼 소중한 값어치가 있었다. 그런 후 나는 이메일

을 다시 뒤져서 'ATM'이란 키워드를 검색했고 해당 시스템을 관리하는 직원 몇 명의 이름을 알아냈다.

해킹을 통해 입수한 유닉스 기반의 계정정보로 여러 시간에 걸쳐 ATM에 로그인하려 했지만 소용이 없었다. 간신히 로그인이 가능한 계정정보를 찾아냈지만, 그 계정정보는 막상 소스코드 보관소에 대한 접근권한이 없었다. 어쩔 수 없이 내가 늘 사용하는 사회공학 기법을 써먹을 차례였다. 나는 ATM을 관리하는 여직원에게 전화를 걸었다. 내가 이미 패스워드를 알고 있는 노벨 기술자의 이름을 댄 후 내가 현재 개발프로젝트를 진행 중인데 넷웨어 3.12 클라이언트 소스코드에 접속해야 한다고 말했다. 말을 하면서 뭔가 말이 안 맞는다고 느꼈지만, 여직원은 별 다른 눈치를 채지 못한 기색이었다.

그녀는 기다리라고 말했고, 잠시 후 다시 전화를 받아 내가 요청한 권한을 부여했다고 말했다. 그 말을 듣자 이전처럼 아드레날린이 용솟음쳤다. 하지만 15분 뒤 갑자기 내 연결이 끊겼고 재연결을 시도했지만 연결이 되지 않았다. 내 접속이 차단된 것이었다. 잠시 후 내가 사용했던 기술자의 패스워드도 변경됐다. 이런. 나는 즉각 어떤 일이 벌어진 걸지를 알았다. 알고 보니 여직원은 기술자와 이전에 대화를 나눈 적이 있었기에 목소리가 다르다는 걸 알아챘고, 내가 그 기술자로 가장했다는 걸 알았다. 제길! 뭐, 성공할 때가 있으면 실패할 때도 있는 법이다.

나는 ATM을 관리하는 또 다른 시스템관리자에게 전화를 걸어 내가 해킹한 또 다른 계정에 ATM 접속권한을 부여하게 했다. 하지만 이번에도 다시 연결이 차단됐다. 한편으로 나는 여러 노벨 시스템에 백도어프로그램을 설치해 사용자들이 로그인할 때마다 계정정보를 가로챘다.

이쯤 되자 나는 거의 며칠 동안 이 해킹에 시간을 보내고 있었다. 이메일 검색은 쓸모 있는 데이터, 그러니까 노벨네트워크로 접속하는 또 다른 방법, 소프트웨어 버그, 또는 소스코드의 위치 등을 알아내기에 가장 빠른 방법이었다.

나는 노벨 직원들이 나를 주시하고 있고, 같은 방법을 사용한다면 속지 않을 거라는 걸 알았기에 접근방법을 바꿔보기로 했다. 소스코드에 접근할 수 있는 개발자를 골라 그를 속여서 소스코드를 복사하게 한다면? 그렇다면 ATM에 접속할 수 있는 방법을 찾지 않아도 됐다.

나는 노벨의 사내 네트워크를 며칠 동안 살피다가 노벨 직원이면 누구든 사용할 수 있는 괜찮은 프로그램을 발견했다. '411'[1]이라고 불리는 그 프로그램은 모든 노벨 직원의 이름, 전화번호, 로그인 아이디, 소속부서를 보여줬다. 그 프로그램을 발견한 후로 내 해킹 시도에도 희망의 빛이 비추기 시작했다. 나는 분석을 위해 모든 직원명단을 파일에 담았다. 목록을 훑어보다 보니 모든 개발자들은 'ENG SFT'라고 불리는 개발그룹에 속해 있는 게 분명했다. 또한 넷웨어 개발은 노벨의 본사인 유타 주 프로보에서 진행되고 있었다.

나는 이 두 가지 조건에 부합하는 직원들의 명단을 추려냈고 그 중에서 무작위로 한 명을 골랐다.

아트 네바레즈: 801 429-3172: anevarez: ENG SFT

속일 목표물을 잦았으니 그 다음은 노벨 직원으로 가장할 차례였다. 나는 내가 속이기로 한 상대방이 잘 알지 못하는 외부 계약직원이나 기타 직원으로 가장하기로 했다. 411이란 프로그램에는 노벨과 유닉스 시스템 랩

1 411: 한국의 114와 같다. – 옮긴이

이 1991년에 합자회사를 설립하면서 구성된 유니벨Univel이란 부서의 직원 목록도 포함돼있었다. 나는 유니벨 직원 중에서도 현재 사무실에 없는 직원을 골라내야 했다.

게이브 놀트: 801 568-8726: gabe: UNIVEL

전화를 걸어보자 음성사서함으로 연결됐다. 녹음된 메시지는 친절하게도 앞으로 며칠 동안 출장을 간다며 그 기간 동안 이메일과 음성메시지를 확인하지 못할 거라고 안내해줬다. 나는 직원목록에서 통신부서에서 근무하는 여직원을 골라 전화를 걸었다.

"카렌인가요? 저는 미드베일에서 근무하는 게이브 놀트입니다. 어젯밤에 내 음성사서함 패스워드를 변경했는데 작동이 안 되네요. 혹시 그쪽에서 패스워드를 다시 설정해 줄 수 있을까요?"

"그러죠. 전화번호가 어떻게 되시죠?"

나는 여직원에게 게이브의 전화번호를 줬다.

"됐습니다. 새로운 패스워드는 당신 전화번호 마지막 다섯 자리에요."

나는 예의 바르게 감사를 표한 뒤 즉각 게이브의 전화번호로 전화를 걸어 새로운 패스워드인 뒷자리 5개 숫자를 입력했고, 그런 뒤 음성사서함 녹음 메시지를 내 육성으로 다음과 같이 변경했다. "오늘 회의가 많습니다. 그러니 음성을 남겨주시면 고맙겠습니다." 이렇게 나는 사내 전화번호가 있는 노벨 직원으로 감쪽같이 변신할 수 있었다.

나는 아트 네바레즈에게 전화를 걸어 개발그룹에서 근무하는 게이브 놀트라고 소개한 뒤 물었다. "혹시 넷웨어를 담당하시나요? 저는 유니벨 그룹에서 일하는데요."

"맞습니다." 아트가 답했다.

"잘 됐네요. 부탁 좀 들어주실래요. 제가 유닉스 개발프로젝트 때문에 넷웨어를 사용하는데 넷웨어 3.12 클라이언트 소스코드 사본을 이곳 유타주 샌디에 있는 시스템으로 전송해야 해서요. 'enchilada' 서버에 계정을 만들어 놓을 테니까 그쪽으로 소스코드를 전송해 주시겠어요?"

"그러죠. 전화번호가 어떻게 되죠? 전송이 끝나면 전화 드리죠." 아트가 말했다.

나는 전화를 끊고 난 후 기쁨에 겨워 껑충껑충 뛰었다. ATM에 접속할 필요는 애당초 없었다. 단지 이미 접속할 수 있는 사람을 내 마음대로 움직이면 만사형통이었다.

나는 운동을 하러 헬스클럽으로 갔고, 쉬는 시간마다 게이브의 음성사서함을 확인했다. 아트가 다 마쳤다는 메시지를 남겨놓았다. 대단했다! 아트는 나를 노벨 직원이라고 믿는 게 분명했다. 그렇다면 조그만 부탁을 하나 더 해볼까? 나는 헬스클럽에서 아트에게 다시 전화를 걸었다. "아트, 파일 보내준 것 고마워요. 그런데 생각해보니까 4.0 클라이언트 유틸리티 소프트웨어도 필요하네요."

아트가 약간 성가시다는 말투로 답했다. "서버에 너무 파일이 많아서 저장공간이 모자라더군요."

"그래요, 그럼 이렇게 하죠. 서버에서 파일을 다른 데로 옮겨서 공간을 비워둘게요. 다 마치면 다시 연락하죠."

나는 운동을 마친 후 집으로 가서 컴퓨터에 로그인을 한 후 서버에 있는 파일들을 덴버에서 가장 큰 인터넷서비스 제공업체인 콜로라도 슈퍼넷에 개설해 둔 내 계정으로 옮겼다. 다음날 네바레즈는 나머지 파일들을 전송해줬다. 파일 용량이 너무나 커서 전송하는 데만도 상당히 오랜 시간이 걸렸다.

후에 내가 이번에는 서버 소스코드를 전송해달라고 부탁하자 아트는 비심쩍었는지 거절했다. 그가 의심을 품자마자 나는 곧장 게이브의 음성사서함으로 전화를 걸어 설정을 초기화해서 내가 남긴 음성을 삭제하고 대신 초기 설정된 안내메시지가 흘러나오게 했다. 혹시라도 내가 남긴 육성이 재판에서 증거물로 채택되는 건 미연에 막아야 했다.

나는 해킹을 하면서 결코 중도에 단념하는 법이 없었다. 해킹을 하다 보면 언제든 힘든 과정을 겪어야만 했고, 하지만 그만큼 더 재미난 일도 벌어지기 마련이다.

그 무렵 휴대전화는 초기 서류가방만한 크기에서 크기가 대폭 작아졌다. 하지만 여전히 크기는 남자구두만 했고, 무게도 몇 배나 더 무거웠다. 가볍고 디자인이 멋진 소형 휴대전화를 최초로 출시한 건 모토롤라였다. 바로 마이크로택 울트라라이트MicroTAC Ultra Lite를 내놓은 것이다. 그 휴대전화는 「스타트렉」에 나오는 통신기기 같았다. 커크 선장이 "스카티, 나를 우주선으로 전송해주게"라고 말할 때 쓰는 그 무전기 말이다. 만약 외양이 이렇게 많이 바뀌었다면, 휴대전화 안에서 작동하는 소프트웨어에도 많은 혁신적인 기능이 장착됐을 게 분명했다.

당시 나는 여전히 노바텔 PTR-825 휴대전화를 사용 중이었다. 노바텔 직원을 속여서 휴대전화 버튼을 누르는 것만으로 단말기일련번호를 바꿀 수 있는 특수 칩을 보내게 했던 그 휴대전화였다. 내 휴대전화는 마이크로택 울트라라이트에 비하면 너무나 구식이었고 촌스러웠다. 이제 휴대폰을 바꿀 때가 된 건가? 하지만 그러려면 내가 노바텔 휴대전화에서 일련번호를 마음껏 변경했던 것처럼 새 휴대전화에서도 마찬가지로 복제를 자유자재로 할 수 있어야 했다. 그러려면 어떻게든 모토롤라에서 소스코드를 입수해야만 했다. 과연 그 일이 어려울까? 흥미로운 도전이었다.

나는 한시라도 빨리 모토롤라 소스코드를 입수하려는 마음에 법률사무소에서 내 상관으로 일하던 엘레인에게 개인적인 일 때문에 먼저 퇴근해도 되겠냐고 물었고, 엘레인은 그러라고 했다. 나는 3시경 법률사무소를 나섰다. 44층에서 엘리베이터를 타고 한참 내려가는 데 두 명의 변호사들이 자신들이 맡은 대형 사건에 대해 신나게 떠들어댔다. 알고 보니 내가 다니던 법률사무소가 마이클 잭슨의 변호를 맡은 것이었다. 나는 이전에 프롬린스 델리에서 일하던 때가 떠올라 속으로 웃었다. 당시 잭슨 일가는 프롬린스 델리가 있던 곳에서 약간 떨어진 헤이브허스트 대로에 집이 있었고, 가끔씩 델리에 들려 점심이나 저녁식사를 하곤 했다. 하지만 지금 나는 FBI와 연방사법경찰에 쫓기는 신세가 돼서 이렇게 수천 킬로미터가 떨어진 곳에서 세계에서 가장 유명한 가수를 변호하는 법률사무소에 고용돼 변호사들과 함께 엘리베이터를 타고 있었다.

나는 그 해 첫눈을 맞으며 내 아파트로 걸어가면서 무료 전화번호 안내로 전화를 걸어 모토롤라 전화번호를 알아냈다. 그런 후 모토롤라로 전화를 걸어 상냥하게 응대하는 안내원에게 마이크로택 울트라라이트 개발프로젝트의 프로젝트 관리자를 바꿔달라고 말했다.

"그러세요? 무선전화 가입자 그룹은 일리노이 주 샤움버그에 있는데요. 전화번호를 알려 드릴까요?" 안내원이 물었다. 나는 당연히 예라고 답했다.

나는 샤움버그로 전화를 걸었다. "안녕하세요. 저는 알링턴 하이츠에서 근무하는 모토롤라 직원 릭이라고 합니다. 마이크로택 울트라라이트 프로젝트 관리자와 통화하고 싶은데요." 여러 차례 전화가 이리저리 연결된 후에야 비로소 연구개발 부서의 부사장과 통화를 할 수 있었다. 나는 부사장에게도 마찬가지로 내가 알링턴 하이츠에서 근무하는 직원이라고 말한 뒤 마이크로택 울트라라이트 프로젝트 관리자와 통화하고 싶다고 말했다.

나는 혹시라도 부사장이 내 전화기에서 흘러나오는 자동차 소음과 눈이 쌓이기 전에 집에 어서 돌아가려는 운전자들의 경적소리를 듣고 의심을 하지는 않을까 걱정했다. 하지만 기우였다. 부사장은 단지 이렇게 말했을 뿐이다. "아, 내 부하직원 팸 말이군요." 그런 뒤 내게 그녀의 전화번호를 알려줬다. 전화를 걸자 녹음된 음성이 흘러나오면서 2주간 휴가 중이며 "만약 도움이 필요하면 알리사에게 전화를 하세요."라며 알리사의 전화번호를 안내해줬다.

알리사에게 전화를 걸어서 말했다. "안녕하세요, 알리사. 알링턴 하이츠 연구개발 부서에서 근무하는 릭이라고 합니다. 지난주에 팸이랑 통화를 했는데 그때 휴가를 갈 거라고 하더군요. 혹시 벌써 휴가를 떠난 건가요?"

당연히 알리사는 "그래요."라고 대답했다.

"그렇군요. 그런데 팸이 내게 마이크로텍 울트라라이트 소스코드를 보내주기로 했거든요. 그런데 혹시라도 휴가를 떠나기 전에 시간이 없어서 보내주지 못하면 당시에게 전화를 걸어 도움을 받으라고 해서요." 내가 말했다.

"어떤 버전을 보내드릴까요?" 알리사가 말했다.

나는 씩 웃었다.

다행이었다. 알리사는 내 정체를 의심하지도 않았고, 오히려 기꺼이 도움을 주려 했다. 하지만 나는 현재 사용되는 버전이 어떤 것인지 몰랐고, 심지어 모토롤라가 버전 번호를 어떤 식으로 매기는지도 몰랐다. 그래서 오히려 건방을 떨면서 말했다. "가장 최근에 나온 가장 좋은 놈으로 보내주세요."

"그러죠. 잠시만요." 그녀가 말했다.

나는 느릿느릿 집을 향해 걷고 있었다. 어느새 바닥에 눈이 쌓여 신발밑창에 눈이 달라붙었다. 나는 한 쪽 귀에는 스키모자를 깊게 눌러썼고 다른 쪽 귀에는 휴대전화를 대고 있었다. 전화기를 귀에 최대한 밀착시켜 귀를 따뜻하게 하려 했지만 그다지 소용이 없었다. 나는 알리사가 키보드를 두드리는 소리를 들으며 혹시라도 전화기를 통해 차량 소음이 들리면 의심을 살까봐 주변에 잠시 몸을 숨길만한 건물이 있는지를 살폈지만 찾지 못했다. 시간이 초초하게 흘러갔다.

마침내 알리사의 목소리가 다시 들렸다. "팸의 디렉토리에서 마이크로택 울트라라이트 소스코드의 모든 버전을 추출할 수 있는 프로그램을 찾았어요. 'doc'으로 보내드릴까요, 아니면 'doc2'로 보내드릴까요?"

"doc2가 좋겠네요." 나는 doc2가 아마도 최신버전이라는 생각에 그렇게 답했다.

"잠시만 기다리세요. 지금 doc2를 임시저장 디렉토리로 추출하고 있어요." 알리사가 말했다. 그러더니 잠시 후 갑자기 말했다. "릭, 문제가 생겼어요." 이런! "여러 디렉토리에 수많은 파일들이 존재하네요. 이걸 어떻게 전송하죠?"

들어보니 파일을 모아서 압축할 차례였다. "혹시 'tar'나 'gzip' 같은 파일압축 프로그램을 사용할 줄 아나요?" 알리사는 모른다고 답했고, 나는 다시 물었다. "그럼 혹시 배워보실래요?"

알리사는 자신이 새로운 걸 배우길 좋아한다고 답했고, 나는 어쩔 수 없이 잠시나마 그녀의 선생이 돼서 소스코드 파일들을 하나의 압축파일로 만드는 방법을 차근차근 설명해줘야 했다.

차량들은 어느새 눈으로 미끄러워진 도로를 기어가고 있었고, 더불어 경적소리도 커져만 갔다. 알리사가 언제든 경적소리를 눈치 채고는 의심을 품고 꼬치꼬치 질문을 해댈지도 몰랐다. 하지만 어쩌면 경적소리를 듣고도 그저 내 사무실 창 밖에서 들리는 소음이라고 무시할 수도 있었다. 아무튼 알리사는 끝내 경적소리에 대해선 아무 말도 하지 않았다. 파일압축 교육이 끝나자 3메가바이트에 달하는 압축파일이 만들어졌다. 압축파일에는 최신 소스코드뿐만 아니라 모토롤라 서버의 '/etc' 디렉토리의 내용도 함께 저장됐고, 특히나 모든 사용자의 패스워드와 패스워드 해독표가 저장된 파일도 포함됐다. 나는 알리사에게 혹시 'FTP'를 사용할 줄 아냐고 물었다.

"파일 전송 프로그램file transfer program 말이죠? 당연히 그건 쓸 줄 알죠."

다행히 알리사는 FTP를 이용해서 컴퓨터 간에 파일을 전송하는 방법은 알았다.

이 시점에서 나는 사전에 미리 계획을 철저히 하지 못한 내 자신을 책망했다. 이렇게 쉽게 많은 정보를 빼낼 수 있으리라고는 미처 생각하지 못했던 것이다. 아무튼 알리사가 최신 소스코드를 찾아 압축해서 하나의 파일로 만들었으니 이제는 차근차근 설명해서 내게 그 파일을 전송하게 할 차례였다. 하지만 당시 내가 사용하던 시스템 중에서 명칭이 'mot.com'으로 끝나는 시스템이 없었기에 막상 알리사에게 어떤 시스템으로 파일을 전송하라고 해야 할지 고민이 됐다. 그래서 나는 다른 방법을 생각해냈다. 나는 숫자를 매우 잘 기억하는 비상한 능력이 있었고, 덕분에 서버명이 'teal'인 콜로라도 슈퍼넷의 서버 IP주소를 기억하고 있었다. (참고로 TCP/IP 네트워크에서 접속할 수 있는 모든 시스템과 장비는 고유한 IP주소가 있다. 예를 들자면, '128.138.213.21'과 같은 식이다.)

나는 알리사에게 먼저 FTP라고 입력한 뒤 IP주소를 입력하라고 했다. 그렇게 하면 콜로라도 슈퍼넷에 접속이 돼야 했건만 웬일인지 여러 차례 시도해도 계속해서 자동으로 접속이 중단됐다.

알리사가 말했다. "아마도 보안문제 때문인 것 같네요. 제가 보안관리자에게 물어보고 올게요."

"아뇨. 그건 안 돼요. 잠시만, 잠시만 기다려요." 내가 급하게 말렸다. 하지만 이미 때는 늦었다. 알리사는 이미 전화기를 내려놓고 자리를 뜬 후였다.

잠시 후 나는 겁이 나기 시작했다. 혹시 보안관리자가 녹음기를 설치해서 내 통화내용을 녹음하는 게 아닐까? 몇 분 뒤 알리사가 다시 자리로 돌아와 전화를 받았을 때 장시간 휴대전화를 들고 있던 내 팔이 뻐근하게 저려왔다.

"릭, 방금 보안관리자랑 얘기를 했어요. 당신이 알려준 IP주소가 모토롤라 사내 시스템이 아니라고 하더군요." 알리사가 말했다.

나는 혹시나 하는 마음에 쓸 데 없는 말은 하지 않고 최대한 짧게만 대답하기로 했다.

"그렇군요." 내가 말했다.

"보안관리자가 말하길 보안을 위해서는 당신에게 파일을 전송하려면 특정한 프록시서버를 써야 한대요."

실망감이 몰려왔다. 오늘 해킹은 여기서 끝인가 보다고 생각했다.

하지만 알리사는 계속해서 말을 이었다. "그런데 다행인 건 보안관리자가 파일을 전송할 수 있게 그 프록시서버에 로그인할 수 있게 자신의 아이디와 패스워드를 내게 알려줬어요." 말도 안 돼! 도무지 이 행운이 믿기지가 않았다. 나는 알리사에게 너무나 고맙다며, 혹시라도 또 도움이 필요하면 다시 연락하겠다고 말한 뒤 전화를 끊었다.

내 아파트에 도착하자 모토롤라의 따끈따끈한 최신형 휴대전화의 소스코드가 나를 기다리고 있었다. 그뿐만이 아니었다. 나는 눈길을 제치며 아파트로 걸어오면서 알리사로부터 모토롤라가 가장 쉬쉬하는 영업기밀도 알아낼 수 있었다.

이후 며칠 동안 나는 알리사에게 수 차례 전화를 걸어 마이크로택 울트라라이트 소스코드의 다양한 버전을 입수했다. 그건 마치 CIA가 이란 대사관에 스파이를 심어둔 것과 같았고, 심지어 그 스파이는 자신이 적국에 정보를 넘기는 이적행위를 하고 있다는 사실조차 모르는 것과 마찬가지였다.

한 휴대전화 제품의 소스코드를 손에 넣는 게 이리도 쉽다면, 어쩌면 알리사나 다른 모토롤라 직원의 도움 없이도 모토롤라의 개발서버에 접속해 모든 휴대전화 제품의 소스코드를 입수할 수 있을지도 모른다는 생각이 들었다. 알리사는 내게 모토롤라의 모든 소스코드가 저장돼있는 서버의 명칭을 알려줬다. 'lc16'이었다.

나는 혹시나 하는 마음에 일단 모토톨라 휴대전화 가입자 그룹이 위치한 일리노이 주 샤움버그의 날씨를 확인했다. 일기예보는 내 생각대로였다. "어제 시작된 눈보라가 오늘밤과 내일까지 계속되겠고, 바람도 초속 48킬로미터로 불겠습니다."

완벽했다.

나는 모토롤라의 네트워크 운영센터 전화번호를 알아냈다. 나는 사전조사를 하는 과정에서 모토롤라가 보안정책 상 회사 네트워크에 원격으로 접속하는 직원들에게 사용자이름과 패스워드 이외의 정보도 요구한다는 걸 알았다.

다시 말해, 2중 요소 인증을 요구했다. 모토롤라의 경우에는 앞에서 언급한 시큐어ID라는, 시큐러티 다이나믹스가 개발한 인증장치를 요구했다. 따라서 원격으로 접속하는 모든 직원들에게는 개인용 비밀번호와 함께 휴대할 수 있게 크기가 신용카드만한 장치가 주어졌다. 그 장치는 6자리 비밀번호를 화면에 비췄고, 비밀번호는 60초마다 갱신됐기에 외부침입자가 비밀번호를 추측해내기란 사실상 불가능했다. 따라서 누구든 모토롤라 사내 네트워크로 원격접속하려면 먼저 자신의 비밀번호를 입력한 뒤 다시 시큐어ID 장치에 표시된 비밀번호를 입력해야 했다.

네트워크 운영센터로 전화를 걸자 한 직원이 전화를 받았다. 이 책에서는 그 직원의 이름을 에드 월쉬로 해두자. "안녕하세요, 저는 휴대전화 가입자 그룹의 얼 로버츠라고 합니다." 내가 실제 그 부서에 속한 직원의 이름을 대며 말했다.

에드가 안부를 묻자 내가 말했다. "사실 별로 상황이 안 좋네요. 눈보라 때문에 사무실에 출근을 못해서요. 게다가 문제는 집에서 내 사무실 컴퓨터에 접속을 해야 하는데 시큐어ID 장치를 회사에 놔두고 왔습니다. 미안하지만 내 자리로 가서 시큐어ID를 직접 가져다 줄 수 있을까요? 아니면 다른 사람을 시키든가요. 그런 다음 내게 장치에 표시된 비밀번호를 말해주면 내 컴퓨터에 접속할 수 있을 텐데요. 지금 우리 팀 개발마감이 코앞에 닥쳤는데 내가 전혀 일을 못하고 있어서요. 그렇다고 눈 때문에 길이 너무 위험해서 회사에 갈 수도 없고……"

"제가 자리를 비울 수가 없어요." 에드가 말했다.

내가 기다렸다는 듯 물었다. "그러면 혹시 네트워크 운영센터에도 시큐어ID 장치가 있나요?"

"한 개 있습니다. 비상시를 대비해서요." 에드가 답했다.

"그렇다면 말이죠. 부탁 하나 해도 될까요? 내가 네트워크에 접속할 때 그쪽에서 시큐어ID 장치에 표시된 비밀번호를 알려줄 수 있을까요? 눈이 그쳐서 길이 안전해지면 다시 회사로 출근할 때까지만 말이에요."

"누구라고 하셨죠?"

"얼 로버츠요."

"누구 밑에서 일하시죠?"

"팸 딜러드요."

"아, 그렇군요. 팸은 잘 압니다."

훌륭한 사회공학 해커라면 난처한 상황을 미리 예상해서 사전에 충분한 조사를 해놓는 법이다. "제 자리는 2층입니다. 스티브 리티그 옆자리요." 내가 덧붙였다.

스티브 리티그란 이름도 에드가 아는 이름이었다. 나는 다시 에드에게 작업을 했다. "그냥 지금 내 자리로 가서 시큐어ID 장치를 가져다 주는 게 훨씬 간단하지 않을까요?"

에드는 도움이 필요한 사내의 부탁을 거절하고픈 생각이 없었지만 자신이 직접 결정을 내리는 것도 부담스러워했다. 그래서인지 결정을 남에게 미뤘다. "상사에게 물어보고요. 잠시만 기다리세요." 그가 수화기를 내려놓고 다른 전화기로 전화를 걸어 상사에게 물어보는 소리가 들렸다. 갑자기 에드는 나도 전혀 예상치 못한 말을 했다. 그가 상사에게 말했다. "제가 아는 직원입니다. 팸 딜러드 밑에서 일하는 직원이거든요. 일시적으로 우리 시큐어ID 장치를 사용할 수 있게 해주면 안 될까요? 그냥 전화로 비밀번호만 알려주면 되는데요."

에드는 스스로 나서서 내 신원을 보장해주고 있었다. 놀랄 노자였다.

잠시 후 에드가 다시 수화기를 들고는 내게 말했다. "제 상사가 직접 당신과 통화를 하고 싶어 하네요." 그런 후 상사의 이름과 휴대전화번호를 내게 알려줬다.

나는 에드의 상사에게 전화를 걸어 똑같은 얘기를 되풀이 했다. 단지 이번에는 내가 진행 중인 개발프로젝트에 대해 구체적인 내용을 덧붙이고는 내가 속한 개발팀이 현재 회사에 아주 중요한 그 개발프로젝트를 완수하기 위해 분초를 다투고 있다고 강조했다. "아무나 직원을 보내서 내 책상에 있는 시큐어ID 장비를 가져오면 아주 간단할 텐데 말입니다. 책상서랍을 잠가두지 않았거든요. 왼쪽 위 서랍 안에 있을 겁니다."

에드의 상사가 말했다. "알겠소. 이렇게 합시다. 주말 동안만 네트워크 운영센터에 있는 시큐어ID 장치를 사용하게 해주겠소. 당신이 전화를 걸어오면 시큐어ID 비밀번호를 알려줘도 좋다고 당직 직원들에게 말해 두겠소." 그런 뒤 상사는 네트워크 운영센터의 시큐어ID 비밀번호와 연동된 개인용 비밀번호를 알려줬다.

주말 내내 나는 모토롤라의 사내 네트워크에 접속하고 싶을 때면 언제든 네트워크 운영센터에 전화를 걸어 전화를 받은 직원에게 시큐어ID 장비에 표시된 비밀번호를 알려달라고 말하기만 하면 됐다.

그렇다고 해서 모든 게 끝난 건 아니었다. 모토롤라의 전화접속 단말기 서버에 접속하긴 했지만 막상 휴대전화 가입자 그룹에 속해있는, 내가 해킹하려던 시스템에는 접속할 수가 없었다. 뭔가 다른 수를 찾아야 했다.

나는 대담한 행동을 취했다. 나는 네트워크 운영센터의 에드 월쉬에게 다시 전화를 걸어 불평했다. "전화접속 단말기 서버에서는 우리 개발팀 시스템에 전혀 접속할 수가 없더군요. 그래서 말인데, 혹시 내가 네트워크 운영센터에 접속할 수 있는 계정을 하나 만들어 주면 안 될까요? 그러면 내 컴퓨터로 접속할 수 있을 텐데요."

이미 에드의 상사가 시큐어ID 비밀번호를 내게 알려줘도 좋다고 허락한 뒤였기에, 에드는 내 요청을 지나치다고 생각하지 않았다. 에드는 네트워크 운영센터 컴퓨터에 접속할 수 있는 자신의 계정 패스워드를 일시로 변경한 뒤 내게 알려줬다. 그런 뒤 말했다. "그 계정을 더 이상 사용할 필요가 없어지면 전화주세요. 다시 패스워드를 변경해야 하니까요."

나는 네트워크 운영센터 컴퓨터를 통해 휴대전화 가입자 그룹의 시스템에 접속을 시도했다. 하지만 여전히 연결은 차단됐다. 방화벽이 설치돼있는 게 분명했다. 나는 모토롤라 사내 네트워크를 여기저기 살펴보다가 마침내 외부 '방문자' 접속용 계정이 활성화돼 있는 시스템을 찾았다. 다시 말해, 그 시스템은 방화벽이 열려있었고, 나는 그 시스템에 접속할 수 있었다. (나는 그 시스템이 넥스트NeXT가 제조한 워크스테이션이라는 사실을 알고는 깜짝 놀랐다. 넥스트는 스티브 잡스가 후에 애플로 복귀하기 전에 설립했던 단명한 회사다.) 나는 패스워드가 저장된 파일을 다운로드 한 뒤 패스워드를 해독했다. 그리고 넥스트 워크스테이션에 접속권한이 있는 스티브 얼밴스키라는 사내의 패스워드를 알아냈다. 패스워드를 해독하는 건 쉬웠다. 내가 가지고 있는 패스워드 해독 프로그램을 사용하자 금방 해독이 됐다. 스티브 얼밴스키가 넥스트 워크스테이션에 접속할 때 사용하는 사용자이름은 'steveu'였고, 그가 설정해놓은 패스워드는 'mary'였다.

나는 즉각 그 사용자이름과 패스워드로 넥스트 워크스테이션에 접속한 뒤 휴대전화 가입자 그룹에 있는 'lc16'에 로그인을 시도했다. 하지만 패스워드가 맞지 않았다. 실망스런 결과였다.

그나마 다행인 건 얼밴스키의 계정정보가 이후 도움이 됐다는 점이다. 아무튼 내게 필요한 건 얼밴스키의 넥스트 워크스테이션 접속계정이 아닌, 내가 원하는 소스코드가 저장돼있는 휴대전화 가입자 그룹의 서버에 접속할 수 있는 얼밴스키의 계정이었다.

나는 얼밴스키의 집전화번호를 알아내 그에게 전화를 걸었다. 나는 '네트워크 운영센터' 직원이라고 소개한 뒤 대뜸 이렇게 말했다. "하드디스크가 망가져서요. 혹시 그 하드디스크에 복구해야 할 파일이 저장돼 있나요?"

너무나 당연한 질문이었다. 그는 있다고 답했다.

"아마 목요일쯤 복구될 겁니다." 내가 말했다. 목요일에 복구된다는 건 다시 말해 얼밴스키가 3일 동안 업무용 파일을 사용하지 못한다는 의미였다. 예상했던 대로 그는 노발대발하면서 고함을 쳤고, 나는 수화기를 귀에서 뗀 채 잠시 기다렸다.

"예, 충분히 이해합니다." 내가 안됐다는 말투로 말했다. "원래 이러면 안 되는데, 그쪽 파일부터 즉각 복구해 드리죠. 다만 다른 분들에게는 비밀로 해주셔야 합니다. 지금 이전 서버에 있던 데이터를 새 서버로 옮기고 있습니다. 그래서 새 서버에 당신 사용자계정을 새로 만들어야 합니다. 일단 사용자이름은 'steveu'가 맞죠?"

"맞습니다." 그가 답했다.

"알겠습니다. 사용할 패스워드를 새로 정해주시겠어요?" 나는 말을 마치자마자 문득 더 좋은 생각이 떠오른 것처럼 급히게 덧붙였다. "아니, 그보다는 지금 사용하는 패스워드를 알려주세요. 그러면 그 패스워드로 계정을 다시 만들어 드리죠."

당연히 얼밴스키는 미심쩍어했다. "누구시라고 했죠? 어느 부서 소속이라고 했죠?" 그가 물었다.

나는 늘 받는 질문인 양 내 이름과 부서를 아주 태연하게 다시 말해줬다.

나는 얼밴스키에게 혹시 시큐어ID 장치가 있냐고 물었다. 예상대로 그렇다는 답변이 돌아왔다. 내가 말했다. "잠시만요. 그쪽 시큐어ID 신청서를 잠시 찾아볼게요." 나로선 도박이었다. 나는 얼밴스키가 시큐어ID 신청서를 작성한 게 꽤 오래 전 일이라고 생각했다. 따라서 아마도 신청서에 패스워드를 묻는 항목이 있었는지를 기억하지 못할 거라고 생각했다. 나는 그가 사용하는 패스워드 중 하나가 'mary'라는 걸 이미 알고 있었기에, 그 패스워드를 말해주면 아마도 익숙하게 들릴 거고, 어쩌면 그 패스워드가 자신이 시큐어ID 신청서에 기재한 패스워드라고 믿을 거라고 예상했다.

나는 잠시 전화기에서 떨어져 서랍을 열고는 소리가 나게 세게 닫았다. 그런 뒤 다시 전화기 근처로 와서 서류를 뒤적거리는 소리를 냈다.

"아, 여기 있네요. 보니까…… 패스워드는 'mary'로 써놓으셨군요."

"아, 맞아요." 그가 기억이 난다는 듯 말했다. 마침내 얼밴스키가 잠시 주저하다가 말했다. "좋소. 내가 현재 사용하는 패스워드는 'bebop1'이오."

미끼를 걸어 낚싯줄을 던지자 덥석 물었고, 확 잡아채진 꼴이었다.

나는 즉각 알리사가 알려준 lc16 서버에 접속해서 'steveu'와 'bebop1'을 입력해서 로그인을 시도했다. 마침내 접속에 성공했다!

나는 금세 마이크로 울트라라이트의 여러 소스코드를 찾아냈고, 압축한 뒤 콜로라도 슈퍼넷으로 전송했다. 그런 뒤 세심한 주의를 기울여 알리사의 시스템 사용이력 파일을 지워서 내가 요청한 사항들을 처리한 흔적을 지웠다. 언제든 중요한 건 흔적을 남기지 않는 것이다.

나는 남은 주말 내내 모토롤라의 시스템을 여기저기 뒤졌고, 월요일 아침이 되자 네트워크 운영센터에 전화를 걸어 시큐어ID 비밀번호를 묻는 걸 중단했다. 이미 스릴을 즐길 만큼 즐긴 상황에서 괜히 무리할 필요는 없었다.

내 생각에 나는 그 모든 과정을 매우 즐겼던 것 같다. 너무나 쉽게 아무런 어려움 없이 모토롤라를 해킹할 수 있었다는 사실에 새삼 놀랐다. 엄청난 성취감을 느꼈고, 어린 시절 어린이야구단에서 홈런을 쳤을 때 느꼈던 만족감도 느꼈다.

하지만 그날 저녁 문득 깨달았다. 젠장! 소스코드를 기계가 읽을 수 있는 0과 1로 구성된 프로그램으로 변화시켜주는 컴파일러를 다운로드받는 걸 깜빡 했던 것이다. 컴파일러가 있어야만 휴대전화 프로세서는 소스코드를 인식할 수 있었다.

따라서 내 다음 목표는 컴파일러 입수가 됐다. 그렇다면 마이크로택 휴대전화의 68HC11 프로세서에 사용하는 컴파일러는 모토롤라가 자체 개발한 것일까, 아니면 다른 소프트웨어 업체가 개발한 것일까? 그리고 어떻게 하면 그 컴파일러를 손에 넣을 수 있을까?

늦은 8월에 나는 언제나처럼 웨스트로와 렉시스넥시스를 검색하다가 저스틴 페터슨의 최근 행적에 대한 기사를 발견했다. FBI는 자신들이 심어 둔 비밀정보원이 불법을 저지를 경우 가끔씩 눈감아 주는 적이 있긴 하지만 그것도 어디까지나 소소한 범죄일 경우에 한했다. 알고 보니 케빈 폴슨의 공범이자 저스틴 페터슨에 속아 체포된 론 오스틴은 자신을 밀고한 저스틴 페터슨에게 개인적인 앙심을 품고 그를 다시 감방에 보낼 기회를 호시탐탐 노렸다. 오스틴은 저스틴이 사는 곳을 알아냈다. 내가 맥과이어 요원의 휴대전화 기록을 추적해 알아낸 로렐캐년대로에 있는 주소와 같은 주소였다. 그리고 저스틴은 부주의했다. 그는 자신의 공책을 파쇄하지 않고 그대로 쓰레기통에 버렸다. 오스틴은 저스틴의 집 근처 쓰레기통을 뒤져서 저스틴이 여전히 신용카드 사기를 저지르고 있다는 증거를 찾아냈고, FBI에게 그 사실을 신고했다.

일단 충분한 증거가 확보되자 연방 차장검사 데이빗 쉰들러는 LA 연방법원으로 저스틴과 그의 변호사를 소환했다. 저스틴은 FBI요원들과 검사를 보고는 자신이 빠져나갈 구멍이 없다는 걸 깨달았다.

심문 중에 저스틴은 변호사와 따로 얘기를 나누고 싶다고 말했다. 둘은 방에서 나갔고, 몇 분 뒤 변호사 홀로 방으로 돌아와 자신의 고객이 사라졌다고 멋쩍게 말했다. 저스틴이 도주한 것이었다. 판사는 보석 조건 없는 체포를 명령했다.

그렇게 나를 감방으로 보내려 하던 밀고자는 나와 같은 신세가 됐다. 서스틴은 나처럼 도주자의 길을 걷게 됐다. 아니, 이 경우에는 도주자의 길로 쏜살같이 내뺐다는 표현이 더 알맞겠다.

저절로 입가에 웃음이 떠올랐다. 해킹범죄에 대해 FBI가 가장 의존하던 정보원이 사라진 것이다. 만에 하나 다시 저스틴을 찾는다 해도 그는 더 이상 신뢰할 만한 증인이 못됐다. 다시 말해, 연방정부는 저스틴을 내세워 내게 불리한 증언을 할 수 없었다.

후에 나는 저스틴이 도피기간 동안 은행을 털려 했다는 기사를 읽었다. 저스틴은 헬러파이낸셜의 컴퓨터를 해킹해서 자금이체를 실행하는 데 필요한 프로그램코드를 알아냈다. 그런 뒤 헬러파이낸셜에 전화를 걸어 폭탄이 설치돼있다고 협박을 했고, 모든 이들이 은행에서 빠져 나온 틈을 타 15만 달러를 헬러파이낸셜에서 멜론뱅크로 보낸 뒤 다시 유니온뱅크로 전송했다. 헬러파이낸셜은 운 좋게도 저스틴이 유니온뱅크에서 돈을 인출하기 전에 자금이 이체됐다는 사실을 알아챘다.

나는 저스틴의 범죄가 발각됐다는 사실이 흥미롭기도 했지만, 다른 한편으론 그가 자금이체사기를 저질렀다는 사실에 놀랐다. 그는 진정한 범죄자였고, 내 상상을 초월하는 사기꾼이었던 것이다.

126 147 172 163 040 166 172 162 040 154 170 040 157 172 162 162 166 156 161 143 040 145 156 161 040 163 147 144 040 115 156 165 144 153 153 040 163 144 161 154 150 155 172 153 040 162 144 161 165 144 161 040 150 155 040 122 172 155 040 111 156 162 144 077

29 일탈

12월 중순에 법률사무소에서 크리스마스 파티가 열렸다. 내가 파티에 참석한 이유는 혹시라도 나타나지 않으면 남들이 이상하게 생각할지도 몰라서였다. 나는 잘 차려진 음식은 먹었지만 다른 사람들처럼 흥청망청 술을 마시지는 않았다. 혹시라도 말실수를 해서 내 정체를 털어 놓을까봐 두려웠기 때문이다. 하긴 나는 어차피 술을 그다지 좋아하지 않았다. 당시 나는 술보다는 0과 1로 이뤄진 디지털 기술에 흠뻑 취해있었다.

훌륭한 해커라면 종종 자신의 등 뒤를 돌아보며 혹시라도 추격자들이 가깝게 다가오지는 않았는지 늘 주의하는 법이다. 나는 덴버로 이주한 이후로 약 8개월 동안 콜로라도 슈퍼넷의 서버를 대용량 저장공간이자 내 해킹의 출발점으로 사용하면서 줄곧 시스템관리자들이 눈치 챘는지를 주시했다. 그러려면 시스템관리자들의 업무를 유심히 살펴야 했다. 종종 나는 콜로라도 슈퍼넷의 전화접속서버에 접속해 약 두 시간 정도씩 시스템관리자들이 어떤 활동을 하는지를 지켜보곤 했다. 나아가 혹시라도 시스템관리자들이 내가 사용하는 다른 계정을 감시하는지도 확인했다.

어느 날 밤, 나는 선임 시스템관리자의 개인용 워크스테이션에 접속해 혹시라도 내 종적이 발각됐는지를 살피기로 했다. 일단 보안과 관련된 키워드로 그의 이메일을 검색했다.

그러던 중 한 이메일이 눈에 띄었다. 선임 시스템관리자가 내가 노벨을 해킹한 기록을 누군가에게 전송하고 있었던 것이다. 그보다 몇 주 전에 나는 'rod'라는 계정을 이용해서 콜로라도 슈퍼넷 서버에 노벨 넷웨어 소스코드를 저장해둔 적이 있었고, 분명한 건 그게 발각됐다는 점이었다. 이메일에는 이렇게 적혀있었다.

> 노벨 직원들이 해킹을 발견했을 당시 노벨네트워크에 로그인해 있던 기록 중에 약 2개의 접속건이 실제로 콜로라도 스프링스 전화번호 719-575-0200을 통해 접속됐다는 점을 유의 바람.

나는 깜짝 놀라 급하게 선임 시스템관리자의 이메일을 하나하나 살펴보기 시작했다.

그리고 마침내 시스템관리자가 보안을 위해 콜로라도 슈퍼넷 계정이 아닌 자신의 개인용 이메일계정인 xor.com을 사용해서 보낸 이메일을 발견했다. 이메일이 전송된 주소는 정부 도메인이 아니었지만, 내 온라인 활동 기록이 누군가에게 제공되고 있다는 건 확실했다. 기록 중에는 내가 콜로라도 슈퍼넷을 통해 노벨네트워크에 침투하고 파일을 전송받은 기록도 포함돼있었다.

나는 FBI 덴버사무소에 전화를 걸어 이메일 수신자의 이름을 알려줬다. 덴버사무소에 그런 이름을 지닌 요원은 없다는 답을 들었다. 덴버사무소 대신 콜로라도 스프링스사무소 요원이 아닐까 하는 생각이 들었다. 나는 전화를 걸었다. 젠장, 그는 FBI요원이 맞았다.

아, 이런!

최대한 빨리 뒷수습을 해야 했다. 어디서부터 시작하지?

당시 내가 생각해낸 뒷수습 방법은 엄연히 말하자면 내 정체를 숨기고 은밀하게 진행할 수 있는 방법이 아니었다. 따라서 그 방법을 사용하려면 최대한 조심해야만 했다.

나는 시스템관리자의 이메일계정으로 FBI요원에게 해커에 대한 더 자세한 활동기록이 있다고 말하면서 엉터리 로그기록을 보냈다. 그러면서 해커가 계속 해킹을 진행하고 있으니 더 이상 이전 로그기록을 추적하지 말고 대신 새로 보내준 로그기록을 수사하길 바란다고 적었다.

이른바 '허위정보유포'라는 수법이었다.

물론 FBI가 노벨에 침입한 해커를 찾는다는 걸 알았어도 내가 해킹을 중단하지 않았다는 건 두 말할 필요도 없다.

아트 네바레즈의 의심을 산 이후로 나는 노벨의 보안팀이 특별팀을 구성해서 어떻게 해킹이 일어났고, 얼마나 많은 소스코드가 유출됐는지를 조사할 거라고 예상했다. 그래서 나는 목표대상을 바꿔 이번에는 캘리포니아주에서 이용하는 전화 접속 번호를 알아내기 위해 산호세에 있는 노벨사무소를 겨냥했다. 사회공학 기법을 이용해서 숀 넌리라는 직원과 통화할 수 있었다.

"안녕하세요, 숀. 유타 수 샌디에 있는 개발그룹 소속 게이브 놀트라고 합니다. 내일 산호세로 출장을 가는 데 회사 네트워크에 접속할 수 있는 전화 접속 번호가 필요해서 전화했습니다."

잠시 이런저런 얘기를 나누다가 숀이 물었다. "알겠습니다. 사용자이름이 어떻게 되죠?"

"g-n-a-u-l-t입니다." 나는 철자를 하나하나 불러줬다.

그러자 숀이 3Com 전화접속서버의 전화번호를 가르쳐줬다. 전화번호는 800-37-TCP-IP(800-378-2747)였다. 그런 후 내게 말했다. "게이브, 번거롭겠지만 내 음성사서함으로 전화를 걸어서 원하는 패스워드를 남겨주세요." 게이브는 음성사서함 전화번호를 알려줬고, 나는 그가 말한 대로 패스워드를 남겼다. "숀, 게이브 놀트에요. 패스워드는 'snowbird'로 설정해 주세요. 고마워요."

숀이 알려준 800번 국번으로 시작하는 무료전화에 전화를 걸 수는 없었다. 무료전화에 전화를 걸면 발신자의 전화번호가 자동으로 저장되기 때문이다. 그래서 나는 이튿날 오후에 이번에는 퍼시픽벨로 전화를 걸어 사회공학 기법을 사용해서 숀이 내게 준 전화번호의 기존전화서비스 번호를 알아냈다. 전화번호는 408-955-9515였다. 나는 그 전화번호로 3Com 전화접속서버에 접속해서 'gnault' 계정에 로그인했다. 성공이었다.

나는 이후 노벨네트워크에 접속할 때면 3Com 전화접속서버를 통했다. 나는 노벨이 AT&T로부터 유닉스 시스템스 랩을 인수했다는 사실을 기억했기에 내가 수년 전에 뉴저지에 위치한 서버에서 찾았던 유닉스웨어 소스코드를 빼내기로 했다. 나는 이전에 AT&T를 해킹해서 교환기 제어 중앙시스템의 소스코드를 입수한 적이 있었고, 뉴저지 주 체리힐에 있는 AT&T의 유닉스 개발그룹에도 잠시 침입한 적도 있었다. 유닉스웨어 소스코드를 빼내는데 반가운 마음이 들었다. 그도 그럴 것이 서버명이 여전히 과거와 똑같았기 때문이다. 나는 최신 소스코드를 압축한 뒤 유타 주 프로보에 있는 서버로 전송했고, 다시 주말에 걸쳐 이 거대한 파일을 콜로라도 슈퍼넷 서버로 옮겼다. 당시 나는 이미 콜로라도 슈퍼넷 서버의 저장공간을 지나칠 정도로 많이 사용하고 있었고, 내가 해킹한 모든 파일을 저장하려면 또 다른 휴면계정을 계속 찾아야만 했다.

한번은 3Com 전화접속서버에 접속했는데 이상한 예감이 들었다. 마치 누군가가 내 뒤에 서서 내가 키보드로 입력하는 모든 내용을 주시하고 있는 것만 같았다. 육감이랄까, 직감이랄까. 아무튼 시스템관리자가 내 일거수일투족을 지켜보고 있는 느낌이 들었다.

나는 메시지를 입력했다.

이봐, 날 주시하고 있다는 것 알아. 하지만 절대로 날 잡지는 못할 걸.

(그 일이 있고 난 후 나는 노벨의 숀 넌리와 통화를 했다. 그가 내가 말하길 당시 노벨의 시스템관리자들이 해커를 주시하고 있다가 그런 메시지가 뜨자 웃으면서 이렇게 말했다고 한다. "이 자식 그냥 찔러보는 거야. 지가 어떻게 알 수 있겠어?")

나는 그 일이 있은 후에도 아랑곳하지 않고 노벨의 시스템을 마구 해킹해서 로그인정보를 빼내기 위한 해킹툴을 심어두었고, 네트워크 트래픽을 가로채서 더 많은 노벨 시스템들을 해킹했다.

며칠이 지났지만 여전히 마음이 불안했다. 그래서 퍼시픽벨의 신규번호 변경기록 승인센터에 전화를 걸어 산호세 지역의 전화교환서비스를 처리하는 여직원과 통화했다. 나는 여직원에게 교환기에 연결된 3Com 전화 접속 번호를 조회해서 정확히 화면에 어떤 메시지가 뜨는지를 알려달라고 말했다. 여직원은 내 말대로 했고, 나는 그제야 3Com 전화 접속 번호에 발신번호 추적기능이 설치돼있다는 걸 알 수 있었다. 망할 녀석들! 도대체 언제부터 발신번호 추적기능을 설치해놓은 거지? 나는 산호세 교환기 운영센터로 전화를 걸어 퍼시픽벨 보안팀 직원인 척하면서 발신번호 추적기능에 대한 정보를 조회할 수 있는 직원과 통화했다.

"기능이 추가된 날짜는 1월 22일이네요." 직원이 말했다. 딱 3일 전부터였다. 휴, 10년 감수했네. 다행히도 나는 그 기간 동안 3Com 전화 접속 번호를 많이 사용하지는 않았다. 게다가 퍼시픽벨이 내 전화번호를 추적한다 해도 아마 내가 사용하는 장거리전화서비스 회사까지만 추적이 가능할 뿐, 내 전화까지 추적할 수는 없었다.

나는 안도감에 한숨을 내쉰 후 노벨을 더 이상 해킹하지 않기로 결심했다. 상황이 너무나 위험했던 것이다.

몇 년 뒤 나는 숀 넌리의 음성사서함에 남겨놓은 메시지 때문에 곤욕을 치르게 된다. 숀은 내 음성메시지를 삭제하지 않은 채 남겨두었고, 노벨의 보안팀 직원이 연락을 해왔을 때 음성메시지를 들려줬다. 보안팀 직원은 다시 그 음성메시지를 담은 테이프를 산호세 첨단기술 수사팀에 넘겼다. 형사들은 그 목소리가 누구인지를 밝혀내지 못했다. 하지만 수개월 뒤 FBI는 뭔가를 알지 모른다는 생각에 FBI LA사무소로 테이프를 보냈고, 마침 내 특수요원 캐슬린 카슨에게 전달됐다. 캐슬린 요원은 자신의 책상 위에 있던 재생기에 테이프를 넣었고 재생버튼을 눌러 잠시 듣다가 즉각 알아챘다. "케빈 미트닉이에요. 우리가 쫓고 있는 바로 그 녀석이에요!"

캐슬린 요원은 노벨 보안팀에 전화를 걸어 말했다. "좋은 소식과 나쁜 소식이 있습니다. 좋은 소식은 당신네 회사를 해킹한 자의 정체를 알아냈다는 겁니다. 케빈 미트닉입니다. 나쁜 소식은 그가 어디에 있는지 우리도 모른다는 겁니다."

아주 오랜 시간이 흐른 뒤에 나는 숀 넌리를 직접 만날 기회가 있었고, 이후 우리는 좋은 친구가 됐다. 지금은 그 모든 일에 대해 웃으며 떠들 수 있다는 사실이 행복하다.

노벨 해킹을 그만두고 난 후, 나는 세계에서 가장 큰 휴대전화 제조업체인 노키아를 해킹하기로 했다.

나는 샌디에이고에 있는 노키아 미국지사에서 근무하는 개발자로 가장해서 핀란드 살로에 위치한 노키아 본사로 전화를 걸었다. 여기저기로 연결되다가 마침내 타피오라는 점잖은 직원이 전화를 받았다. 너무나 상냥해서 사회공학 기법으로 그를 속인다는 게 미안하기까지 했다. 하지만 나는 그런 감정을 잠시 접어두고, 노키아121 휴대전화의 최신 소스코드가 필요하다고 말했다. 타피오는 최신 소스코드를 자신의 사용자계정에 있는 임시 디렉토리에 저장해줬고, 나는 다시 그에게 소스코드를 FTP로 콜로라도 슈퍼넷으로 전송하게 했다. 전화를 끊을 때까지도 타피오는 전혀 의심하는 기색이 없었고, 심지어 혹시 또 도움이 필요하면 언제든 전화하라고 말하기까지 했다.

소스코드를 너무나 쉽게 손에 넣자 어쩌면 살로에 있는 노키아네트워크에 직접 접속할 수 있겠다는 생각이 들었다. 나는 전산실 직원에게 전화를 걸었다. 전산실 직원은 영어를 그다지 잘하지 못했고 따라서 통화는 매우 어색했다. 나는 오히려 영어를 모국어로 사용하는 국가에 위치한 노키아지사에 전화를 거는 게 더 낫겠다는 생각이 들어서, 이번에는 영국 캠벌리에 있는 노키아사무소의 전화번호를 알아냈다. 전화를 받은 사라라는 여직원은 아주 매력적인 영국식 억양을 구사했지만, 내가 모르는 속어를 너무나 많이 사용해서 나는 정신을 바짝 차리고 통화를 해야 했다.

"노키아 핀란드 본사와 미국 노키아 간에 네트워크 장애가 일어났는데 아주 중요한 파일을 전송해야 한다"는 내가 자주 써먹는 수법을 또 썼다. 사라는 캠벌리지사에 직접 전화접속을 할 수 있는 전화번호는 없다며, 대신 '디이얼플러스Dial Plus'에 접속할 수 있는 전화번호와 패스워드를 알려줬다. 그러면서 일단 다이얼플러스에 접속하면 X24 패킷 스위치 네트워크를 통해 캠벌리사무소에 위치한 VMS시스템에 접속할 수 있다고 덧붙였다. 사라는 X25 가입자 주소인 234222300195을 알려주면서 접속하려면 백스에 계정이 필요할 거라며 계정을 하나 개설해주겠다고 말했다.

나는 기대감에 휩싸였다. 그도 그럴 것이 노키아 휴대전화 개발그룹이 사용하는 VMS시스템 중 하나이자 내 해킹목표였던 '모비라'에 침입할 수 있다고 거의 확신했기 때문이다. 나는 사라가 만들어준 계정으로 접속하자마자 보안 취약점을 찾아냈고 이를 이용해서 시스템에 대한 모든 권한을 획득했다. 그런 뒤 'show users' 명령어를 실행해서 현재 로그인 중인 모든 사용자들의 목록을 불러냈다. 목록의 일부분만 소개하면 다음과 같다.

사용자이름	프로세스 명칭	개인식별번호	단말기
CONBOY	CONBOY	0000C261	NTY3: (conboy.uk.tele.nokia.fi)
EBSWORTH	EBSWORTH	0000A419	NTY6: (ebsworth.uk.tele.nokia.fi)
FIELDING	JOHN FIELDING	0000C128	NTY8: (dylan.uk.tele.nokia.fi)
LOVE	PETER LOVE	0000C7D4	NTY2: ([131.228.133.203])
OGILVIE	DAVID OGILVIE	0000C232	NVA10: (PSS.23420300326500)
PELKONEN	HEIKKI PELKONEN	0000C160	NTY1: (scooby.uk.tele.nokia.fi)
TUXWORTH	TUXWORTH	0000B52E	NTY12: ([131.228.133.85])

사라는 로그인한 상태가 아니었다. 잘 된 일이었다. 내가 시스템에서 어떤 조작을 하는지 사라는 전혀 신경 쓰지 않고 있다는 의미였다.

다음 단계로 나는 VMS 로그인아웃 프로그램에 내가 변형한 카오스컴퓨터클럽 패치를 설치했다. 이제는 특별한 패스워드를 사용해서 어느 누구의 계정이든 마음대로 접속할 수 있었다. 먼저 사라의 계정으로 살로에 위치한 모비라 서버에 접속할 수 있는지를 확인해야 했다. 간단한 테스트를 진행해본 결과, DECNET이라는 네트워크 프로토콜을 통해 사라의 계정으로 모비라에 접속할 수 있었다. 심지어 패스워드도 필요하지 않았는데, 모비라는 캠벌리사무소에 있는 모든 VMS시스템으로부터의 접속을 신뢰하도록 설정돼있었기 때문이다. 따라서 사라의 계정으로 모비라에 프로그램을 업로드한 뒤 명령어를 실행하게 할 수 있었다.

이제 모비라에 접속하는 거야! 너무나 흥분되는 순간이었다.

나는 보안문제를 이용해 시스템에 대한 모든 권한을 획득한 후 내가 사용할 계정을 만들었다. 고작해야 5분 만에 끝났다. 그리고 단 1시간 만에 현재 개발 중인 노키아 휴대전화에 사용되는 모든 소스코드를 뽑아낼 수 있는 프로그램을 찾아냈다. 나는 콜로라도 슈퍼넷으로 노키아101, 노키아121 휴대전화용 펌웨어의 여러 버전을 전송했다. 그런 뒤 노키아 시스템관리자가 얼마나 보안에 철저한 지 살펴보기로 했다. 알고 보니 노키아는 계정을 개설하거나 기존 계정에 권한을 부여하는 경우 로그를 남기도록 보안감사 기능을 활성화해 두었다. 그래 봤자 내가 소스코드를 입수하는 데 약간의 장애물 정도에 지나지 않았다.

나는 일단 운영체세에 몰래 모든 보안경고기능을 비활성화할 수 있는 작은 프로그램을 업로드했다. 그렇게 해서 몇몇 휴면계정의 패스워드를 변경하고 권한을 부여하는 데 충분한 시간을 벌었다. 휴면계정들은 퇴직한 직원들의 계정이었고, 혹시라도 내가 후에 다시 접속할 때 사용될 수 있었다.

후에 보아하니 내가 계정을 만들 때 보안경고가 작동했고, 미처 내가 그 보안경고를 비활성화하기 전에 한 시스템관리자가 이를 눈치 챘다. 그래서인지 내가 다시 캠벌리사무소에 있는 VMS시스템에 접속을 시도하자 이번에는 접속이 차단됐나. 나는 사라에게 전화를 걸어 태연하게 무슨 일이냐고 물었다. 사라가 답했다. "누가 원격접속을 차단했어요. 해커링hackering이 벌어졌다나봐요."

'해커링'이라고? 영국인들은 해킹을 그렇게 부르나?

나는 방법을 바꿔 이번에는 노키아 내부에서 'HD760'이라고 부르는 제품의 소스코드 사본을 입수하기로 했다. HD760은 당시 노키아가 한창 개발 중이던 첫 디지털 휴대전화였다. 나는 핀란드 오울루사무소에서 근무하는 책임개발자 마르쿠에게 전화를 걸어 최신 소스코드를 추출해서 압축하게 했다.

나는 그가 그 파일을 FTP를 통해 미국에 있는 서버로 전송해주길 원했지만, 당시 노키아는 모비라 해킹 때문에 외부로의 파일전송을 차단해 놓은 후였다.

그렇다면 테이프에 저장해 볼까? 마르쿠는 테이프 드라이브가 없었다. 나는 오울루사무소에 있는 다른 직원들에게 전화를 걸어 테이프 드라이브가 있는지를 물었고, 마침내 아주 친절하고 유머가 넘치는, 그리고 무엇보다 중요한 건 테이프 드라이브가 있는 전산실 직원을 찾아냈다. 나는 마르쿠로 하여금 전산실 직원에게 내가 원하던 소스코드를 전송하게 했고, 다시 전산실 직원에게 소스코드가 테이프에 모두 저장되면 플로리다 주 라르고에 있는 노키아지사로 보내달라고 했다. 절차가 상당히 번거롭긴 했지만, 그렇게 소스코드를 손에 넣을 준비를 마쳤다.

나는 소포가 도착할 무렵이 되자 시간이 날 때마다 라르고지사로 전화를 걸어 소포가 도착했는지를 물었다. 그런데 전화를 걸수록 전화를 끊지 말고 기다리라고 하는 시간이 늘어갔다. 그리고 다시 전화를 받은 여직원은 미안하다며 사무실이 이전을 해서 내 소포를 찾는 데 '시간이 더 걸리겠다'고 말했다. 말도 안 되는 소리! 나는 뭔가 잘못됐다는 걸 직감했다.

며칠 후 나는 루이스 드페인에게 도움을 요청했다. 그 또한 나처럼 최신형 휴대전화의 소스코드를 입수한다는 데 신이 났다. 루이스는 노키아에 대해 약간 조사를 한 뒤 미국 노키아 사장의 이름이 카리-페카 윌스카라는 걸 알아냈다. 엉뚱하게도 루이스는 직접 자신이 윌스카로 가장해, 다시 말해 핀란드 사람으로 가장해, 라르고지사로 전화를 걸었고, 소포가 도착하면 다른 곳으로 보내달라고 말했다.

후에 알고 보니 당시 FBI는 신고를 받고 라르고지사로 출동해서 우리가 전화를 걸어올 걸 알고는 통화내용을 녹음 중이었다.

루이스는 재차 윌스카로 가장해서 전화를 걸었고, 소포가 도착했다는 걸 확인한 후 자신의 사무실 근처에 있는 라마다호텔로 보내달라고 요청했다. 나는 라마다호텔로 전화를 걸어 윌스카 이름으로 객실을 예약했다. 그러면 프론트데스크에서 예약한 투숙객 앞으로 온 소포를 맡아준다는 걸 알았기 때문이다.

다음 날 오후, 나는 소포를 찾으러 가도 될지를 확인하려 호텔에 전화를 걸었다. 내 전화를 받은 여직원의 목소리가 어딘지 불안하게 느껴졌다. 여직원은 잠시 기다리라고 한 뒤 자리를 비웠다가 다시 돌아와 소포가 도착했다고 말했다. 나는 여직원에게 소포가 얼마나 크냐고 물었다. 여직원이 답했다.
"소포가 벨보이 사무실에 있어서 다시 확인해보고 오겠습니다, 손님."

여직원은 다시 기다리라고 말한 뒤 장시간 자리를 비웠다. 나는 초조했고 심지어 약간 겁이 났다. 머릿속에서 경고등이 빨간 불을 비추며 돌아가기 시작했다.

마침내 여직원은 다시 전화를 받더니 소포의 크기에 대해 말해줬다. 컴퓨터 테이프가 담겨있을 만한 크기였다.

하지만 나는 이미 불안감을 느끼고 있었다. 정말로 벨보이 사무실에 소포가 있는 걸까? 아니면 혹시 함정인가? 내가 물었다. "페덱스로 왔나요, 아니면 UPS로 왔나요?" 여직원은 알아보겠다며 다시 기다리라고 말했다. 3분이 지나고, 5분이 지나고, 8분 정도가 돼서야 여직원의 목소리가 다시 들렸다. "페덱스로 왔습니다."

"알겠습니다. 혹시 소포가 앞에 있나요?" 내가 물었다.

"예, 손님."

"그러면 내게 배송추적번호를 읽어줄래요?"

여직원은 재차 기다리라고 말했다. 뭔가 대단히 잘못됐다는 건 바보라도 알 수 있었다.

나는 30분 동안 어떻게 해야 할지를 몰라 애를 태웠다. 당연히 소포를 포기하고 깨끗이 단념하는 게 마땅했지만, 그 소스코드를 손에 넣기까지 너무나 공을 들였기에 도저히 포기할 수가 없었다. 소스코드를 어떻게든 손에 넣고 싶었기에 '당연한 생각'은 아예 안중에도 없었다.

30분 뒤 나는 호텔에 다시 전화를 걸어 매니저를 바꿔달라고 말했다. 매니저가 전화를 받자 내가 말했다. "FBI 특수요원 윌슨이라고 하오. 현재 호텔에서 벌어지고 있는 상황을 잘 알고 있습니까?" 나는 매니저가 아니라고 말하길 기대했다.

하지만 매니저는 이렇게 답했다. "알고말고요! 지금 경찰들이 호텔 안팎을 철저히 감시하고 있습니다."

그 말이 마치 커다란 바위처럼 내 머리를 내려쳤다.

매니저는 방금 한 형사가 사무실로 들어왔다며 그와 통화를 해보라고 말했다. 형사가 전화를 받았다. 나는 권위적인 말투로 이름을 묻자 그가 답했다. 그리고 나는 화이트칼라 범죄팀의 특수요원 짐 윌슨이라고 나를 소개하고는 물었다. "지금 상황이 어떻소?"

"용의자가 아직 나타나지 않았습니다."

"알겠소. 보고 고맙소." 전화를 끊었다.

놀란 마음에 심장이 두근거렸다.

나는 루이스에게 전화를 걸었다. 마침 루이스는 소포를 찾으러 집을 나서려던 참이었다. 나는 말 그대로 수화기에 대고 고래고래 소리를 질렀다. "안 돼! 기다려! 함정이야."

하지만 소포를 포기하기 전에 한 가지 일이 남았다. 나는 다른 호텔로 전화를 걸어 윈스카 이름으로 객실을 예약했다. 그런 뒤 라마다호텔 여직원에게 전화를 걸어 말했다. "소포를 다른 호텔로 보내줘야겠습니다. 계획이 변경돼서 오늘밤 다른 호텔에서 묵고 내일 아침 일찍 회의에 참석할 겁니다." 그런 후 여직원에게 다른 호텔의 이름과 주소를 알려줬다.

나는 그렇게 하면 잠시나마 FBI의 주의를 다른 곳으로 돌릴 수 있다고 생각했다.

NEC가 출시한 최신형 휴대전화 광고를 봤을 때 내 관심은 휴대전화에 있지 않았다. 그보다는 최신형 휴대전화의 소스코드를 입수하고픈 마음뿐이었다. 이미 여러 최신형 휴대전화의 소스코드를 손에 넣었다는 건 중요하지 않았다. 나로선 그저 다음 번에 손에 넣을 전리품만이 중요했다.

나는 NEC일렉트로닉스의 계열사인 NEC가 넷컴Netcom이란 인터넷서비스회사에 계정을 보유하고 있다는 걸 알았다. 사실 넷컴은 내가 인터넷을 접속할 때 가장 즐겨 사용하는 인터넷서비스회사였다. 그 이유 중 하나는 넷컴이 거의 모든 대도시에서 전화 접속 번호를 제공했기 때문이었다.

나는 텍사스 주 어빙에 있는 NEC의 미국본사로 전화를 걸어 모든 휴대전화 소프트웨어가 일본 후쿠오카에서 개발된다는 걸 알아냈다. NEC 후쿠오카사무소로 전화를 걸자 이동통신부서로 연결됐다. 전화를 받은 안내직원은 나를 위해 영어로 통역을 해줄 직원을 연결해줬다. 통역직원이 중간에 낀다는 건 해커에겐 늘 유리하다. 통역직원은 신뢰감을 더해주기 때문이다. 통역직원은 해킹하려는 회사에서 근무하는 직원이면서 다른 직원들과 같은 언어를 구사한다. 따라서 통역직원을 통해 의사를 전달받는 직원은 자신과 통화를 하는 상대방이 이미 검증을 거친 믿을만한 사람이라고 생각한다. 나아가 이번 경우에는 상대방을 잘 신뢰하는 일본이었기에 속이기가 훨씬 수월했다.

통역직원은 내게 도움을 줄 직원을 연결해주면서 그를 개발그룹에서 가장 뛰어난 소프트웨어 개발자 중 한 명이라고 소개했다. 나는 통역직원을 통해 개발자에게 말했다. "텍사스 주 어빙에 있는 이동통신부서에서 전화를 하는 겁니다. 지금 대단히 심각한 문제가 발생했습니다. 하드디스크가 심각하게 망가지는 바람에 여러 휴대전화의 최신 소스코드가 사라졌습니다."

직원의 대답이 전달됐다. "mrdbolt에서 받으면 될 텐데요."

음, mrdbolt는 또 뭐야?

임기응변밖에 도리가 없었다. "하드디스크가 망가져서 그 서버에 접속할 수가 없습니다." 다행히 내 임기응변은 통했다. 'mrdbolt'는 소프트웨어그룹에서 사용하는 서버의 명칭이었던 것이다.

나는 개발자에게 소스코드를 FTP로 넷컴에 있는 NEC일렉트로닉스 계정으로 전송해달라고 요청했다. 하지만 곧장 거절당했다. 회사의 민감한 데이터를 외부업체의 계정에 전송할 수는 없다는 이유였다.

어떻게 하지? 나는 시간을 벌기 위해 통역직원에게 전화가 걸려왔다며 잠시 후 다시 전화를 걸겠다고 말했다.

머리를 굴리자 어쩌면 통할 수도 있겠다 싶은 방법을 떠올렸다. NEC의 자동차그룹에 속한 변속기 부서를 통해 파일을 전송받기로 한 것이다. 변속기 부서는 회사기밀에 속하는 민감한 정보를 다루는 경우가 많지 않았고, 따라서 상대적으로 보안에도 덜 신경 썼다. 게다가 변속기 부서로부터 내가 정보를 요청할 일도 없었기에 의심을 살 이유도 없었다.

나는 자동차그룹에 전화를 걸어 직원에게 말했다. "NEC 일본본사와 텍사스지사 간에 네트워크 장애가 발생해서요." 그런 뒤 임시로 계정을 열어줘서 내가 FTP로 파일을 전송할 수 있게 해달라고 부탁했다. 직원이 내 부탁을 굳이 거절할 이유는 없었다. 내가 전화를 끊지 않고 기다리는 동안 직원은 계정을 개설한 뒤 내게 서버명과 로그인정보를 알려줬다.

나는 다시 NEC본사로 전화를 걸어 통역직원에게 그 정보를 알려준 뒤 개발자에게 전해달라고 말했다. 이제는 소스코드를 NEC에 속한 부서로 전송하는 것이기에 개발자는 더 이상 보안에 대해 걱정할 필요가 없었다. 전송은 단 5분 만에 끝났다. 내가 다시 변속기 부서로 전화를 걸자, 직원은 파일이 도착했다고 말했다. 애당초 이 모든 절차를 부탁한 이가 나였기에 직원은 그 파일을 보낸 사람도 나라고 생각했다. 나는 직원에게 FTP로 파일을 전송하는 방법을 알려준 뒤 그 파일을 NEC일렉트로닉스가 넷컴에 보유한 계정으로 전송하게 했다.

그런 뒤 나는 넷컴에 접속해서 다시 그 소스코드를 내가 저장공간으로 사용하던 서던캘리포니아대학 서버로 전송했다.

NEC의 최신 휴대전화 소스코드를 해킹했다는 건 대단한 일이긴 했지만, 너무나 쉬웠다. 도무지 성취감이 느껴지지 않았다.

그래서 나는 이번에는 더 어려운 목표를 설정했다. 바로 NEC네트워크에 침입해 미국 전역에서 사용하는 모든 NEC 휴대전화의 소스코드를 다운로드하기로 한 것이다. 나아가 가능하다면 영국과 호주에서 쓰이는 NEC 휴대전화의 소스코드도 다운로드하기로 했다. 어느 날 갑자기 내가 영국이나 호주에서 살기로 마음먹을 수도 있는 노릇이니까.

NEC 댈러스사무소에서 근무하는 매트 랜니는 순순히 NEC 네트워크에 접속할 수 있는 전화접속 계정을 개설해줬다. 내가 캘리포니아 주 산호세에 위치한 NEC사무소에서 잠시 출장을 왔고, 지역 전화접속 계정이 필요하다는 말을 그대로 믿은 것이다. 물론 그전에 나는 그의 상사와 통화를 해서 내 말을 믿게 해야 했다. 아무튼 일단 로그인을 하고 나자 이전에 썬마이크로시스템스를 해킹했던 것과 똑같은 방법으로 쉽게 루트디렉토리를 호출할 수 있었다. 나는 로그인프로그램에 백도어프로그램을 설치한 뒤 특별 패스워드를 설정했다. '.hackman'이었다. 이제 아무 계정뿐만 아니라 루트디렉토리에도 언제든 접속할 수 있었다. 나는 내 해킹툴 중에 또 하나를 골라 이번에는 '검사합계checksum를 조작'했다. 그렇게 해서 백도어프로그램을 사용한 로그인이 발각될 확률을 낮추었다.

당시만 해도 시스템관리자는 로그인프로그램과 같은 시스템에 깔린 프로그램에 대해 검사합계를 확인해서 혹시나 조작됐는지를 확인하곤 했다. 그러니까 나는 새로운 버전의 로그인프로그램을 설치한 뒤 검사합계를 원래 수치로 맞춰놓았고, 따라서 백도어프로그램이 설치돼있었지만 검사합계를 확인하면 여전히 변형되지 않은 것으로 보였다.

'finger'라는 유닉스 명령어를 입력하자 현재 mrdbolt 서버에 접속해있는 모든 사용자들의 목록이 화면에 나타났다. 그 중 제프 랭크포드라는 사용자가 있었고, 목록에는 그의 사무실 전화번호와 함께 그가 2분 전까지 키보드로 뭔가를 입력했다는 내용이 함께 표시됐다.

나는 '전산부서 로브'로 가장해 제프에게 전화를 걸었다. "빌 푸크냇이 출근했나요?" 나는 이동통신부서에서 근무하는 개발자의 이름을 대며 물었다. 아직 출근하지 않았다는 대답이 돌아왔다.

"아, 이런. 우리한테 장애신고를 했거든요. 마침표(.)로 시작하는 파일을 생성할 수가 없다고 하던데, 혹시 그런 문제가 발생했나요?"

제프는 아니라고 답했다.

"혹시 .rhosts 파일이 있나요?"

"그게 뭐죠?"

하하! 내가 기대하던 답변이었다. .rhosts 파일을 모른다는 말은 해킹을 하기 딱 좋은 대상이라는 의미였다. 그건 마치 야바위꾼들이 누군가의 등 뒤에 커다란 표시를 해서 다른 야바위꾼들에게 그 자가 '호구'라는 걸 알려주는 것과 같았다.

"아, 모르시나 보군요. 혹시 몇 분만 제가 말하는 대로 테스트를 해줄 수 있을까요? 이 장애신고를 처리할 수 있게 말이죠."

"그러죠."

나는 제프에게 다음과 같이 입력하라고 말했다.

```
echo "+ +" >~ .rhosts
```

맞다. 이것은 .rhosts 해킹에 사용되는 명령이다. 나는 제프에게 입력을 지시할 때마다 매번 아주 태연하게 그럴싸한 설명을 해줬고, 따라서 제프는 자신이 지금 시스템에 어떤 명령을 내리는지 안다고 착각했다.

다음으로 나는 'ls -al'을 입력하라고 말했고, 제프의 파일이 저장된 디렉토리 목록을 호출했다.

나는 제프의 모니터에 디렉토리 목록이 표시돼있는 동안 다음과 같이 입력했다.

```
rlogin lankforj@mrdbolt
```

그러자 나는 제프의 계정 'lankforj'를 통해 mrdbolt 서버로 접속할 수 있었다. 그렇게 그의 패스워드를 모르는 상태에서 그의 계정에 접속했던 것이다.

제프에게 방금 생성된 .rhosts 파일이 화면에 보이냐고 묻자 보인다는 답이 돌아왔다. "잘 됐네요. 이제 장애처리는 완료됐습니다. 일부러 시간 내서 도와줘서 고맙습니다."

그런 뒤 나는 제프에게 .rhosts 파일을 삭제하라고 말했고, 그러자 모든 게 이전 상태로 돌아갔다.

너무나 신이 났다. 나는 전화를 끊자마자 즉각 mrdbolt 서버의 루트디렉토리로 들어가서 로그인프로그램에 백도어프로그램을 설치했다. 나는 번개 같은 속도로 키보드를 두들겨댔다. 너무나 흥분한 상태라서 내 손놀림은 갈수록 빨라졌다.

내 예상대로였다. mrdbolt야말로 핵심적인 시스템이자 NEC본사와 미국지사의 이동통신부서가 개발 중인 모든 내용이 저장된 시스템이었다. 나는 그 서버에서 여러 다른 NEC 휴대전화의 다양한 소스코드를 찾아낼 수 있었다. 하지만 내가 가장 원하던 NEC P7의 소스코드는 찾을 수가 없었다. 젠장! 애써 힘들게 여기까지 왔건만 막상 내가 찾는 노다지는 보이지도 않다니!

나는 이미 NEC 사내 네트워크에 접속해 있었기에 잘하면 NEC본사에서 내가 찾던 소스코드를 입수할 수도 있다고 생각했다. 나는 이후 여러 주 동안 큰 어려움 없이 요코하마에 위치한 이동통신부서에서 사용하는 서버들에 접속할 수 있었다.

나는 계속해서 내가 원하던 소스코드를 찾았다. 하지만 NEC는 당시 영국을 비롯한 유럽국가들과 호주 등을 포함한 여러 시장을 대상으로 휴대전화를 개발하고 있었고, 따라서 지나치게 방대한 데이터 속에서 소스코드를 찾기란 쉽지 않았다. 나는 이 방법은 더 이상 시간낭비라고 생각했다. 다른, 더 쉬운 방법을 시도할 때였다.

나는 mrdbolt 서버에 누가 로그인해 있는지 확인했다. 제프 랭크포드는 일중독자가 분명했다. 업무시간이 다 끝난 후였는데도 여전히 로그인한 상태였다.

내가 생각해낸 방법을 쓰려면 일단 주변에 다른 사람이 없어야 했다. 내 동료직원 대런과 리즈는 이미 퇴근한 뒤였다. 진저는 야간근무였기에 여전히 회사에 있었지만 그녀 사무실은 전산실의 반대편에 떨어져 있었다. 나는 사무실 문을 반쯤 닫았다. 혹시라도 누가 다가오면 보일 정도만 열어놓았다.

내가 막 시도하려는 방법은 상당히 위험했다. 나는 성대모사에 그다지 능하지 않았다. 하지만 이제 곧 NEC본사의 이동통신부서에 근무하는 타카다 상으로 가장할 참이었다.

나는 제프 랭크포드의 사무실로 전화를 걸었고, 제프가 전화를 받자 연기를 시작했다.

"미스디 랑그포드, 저는 일본에서 근무하는 타카다라고 하무니다." 랭포드는 이미 타카다란 이름을 알고 있었기에 친절하게 무슨 일이냐고 물었다.

"미스타 랑크포드, 우리는 핫도그 프로젝트에 사용하는 3.05 버전을 찾지 못하겠스무니다." NEC P7 소스코드에 부여된 개발프로젝트 명칭을 사용해서 내가 말했다. "mrdbolt에, 아노, 올려줄 수가 있스무니까?"

제프는 3.05 버전이 담긴 플로피디스크가 있으니 업로드해주겠다며 걱정 말라고 말했다.

"아, 감사하무니다. 감사하무니다. 이따가 mrdbolt를 확인해 보겠스무니다. 그럼 안녕히 계십시오."

내가 그다지 어설프지 않은 연기를 마치고 전화를 끊은 바로 그때, 갑자기 사무실 문이 활짝 열렸다. 진저가 서있었다.

"에릭, 지금 뭐하는 거죠?" 그녀가 물었다.

딱 걸렸다.

"아, 그냥 친구랑 농담 좀 했어요." 내가 말했다.

진저는 이상하다는 눈초리로 나를 쳐다보더니 뒤돌아 사라졌다.

휴! 천만다행이었다.

나는 mrdbolt 서버에 로그인해 제프가 소스코드를 업로드하길 기다렸다. 업로드가 끝나자 나는 곧장 소스코드를 안전하게 서던캘리포니아대학 서버로 옮겨놓았다.

그 당시 나는 틈틈이 NEC의 시스템관리자 이메일을 검색했다. 내가 검색한 키워드는 FBI, 추적, 해커, (당시 내가 사용하던 이름인) 그렉, 함정, 보안과 같은 단어들이었다.

그러던 어느 날 내 숨을 멈추게 할 이메일을 발견했다.

FBI로부터 전화가 왔습니다. FBI가 모니터하는 LA지역의 한 사이트에서 우리 소스코드가 발견됐다고 합니다. 정확히 5월 10일에 소스코드 파일이 FTP로 넷컴7에서 LA 사이트로 전송됐습니다. 모두 합쳐서 1메가바이트 정도인 5개 파일은 1210-29.lzh, p74428.lzh, v3625dr.lzh, v3625uss.lzh, v4428us.scr입니다. 그리고 캐슬린이 빌 푸크넷에게 전화를 했더군요.

내가 처음 제프 랭크포드와 통화를 하면서 써먹었던 빌 푸크넷은 NEC 미국지사의 이동통신부서에서 근무하는 책임개발자였다. '캐슬린'은 FBI LA사무소에서 근무하는 캐슬린 칼슨 요원을 말하는 게 분명했다. 그리고 'FBI가 모니터하는 LA지역의 한 사이트'는 내가 NEC에서 빼낸 소스코드 파일들을 저장해두던 서던캘리포니아대학 서버를 FBI가 감시하고 있다는 의미였다. 그러니까 FBI는 내가 서던캘리포니아대학 서버로 파일을 전송하는 걸 계속 지켜보고 있었던 것이다.

젠장!

나는 FBI가 어떻게 나를 감시할 수 있었는지, 그리고 얼마나 오랫동안 나를 감시해왔는지를 알아내야 했다.

나는 저장공간으로 사용하던 서던캘리포니아대학 시스템을 살펴보다가 내 활동을 감시하기 위해 시스템에 모니터링 프로그램이 설치돼있다는 사실을 알아냈다. 또한 그 프로그램을 설치한 서던캘리포니아대학 시스템 관리자가 누구인지도 알아냈다. 애스베드 베드로시안이라는 사내였다. 나는 스파이짓에는 스파이짓으로 맞서야 한다는 생각에 그를 비롯해 다른 서던캘리포니아대학 시스템관리자들의 이메일을 처리하는 서버인 sol.usc.edu를 찾아내 루트디렉토리에 접근했고, 그런 뒤 애스베드의 이메일을 뒤졌다. 특히 FBI라는 키워드에 유의해서 살펴보니 다음과 같은 이메일을 찾을 수 있었다.

모두 주의하기 바랍니다! 보안사고가 발생했습니다. 현재 FBI와 시스템관리자 애스베드(ASBED)가 2개 계정을 모니터하고 있으며, 2개 계정 모두 해킹된 것으로 판명됐습니다. 만약 ASBED가 전화를 걸어 스크린캡처나 파일 복사와 같은 도움을 요청할 경우 협조 바랍니다. 고맙습니다.

내가 해킹한 계정을 하나도 아닌 두 개나 발견했다니. 결코 좋은 소식이 아니었다. 나는 걱정이 되면서도 동시에 내가 감시되고 있다는 사실을 이제야 겨우 알게 됐다는 점에 분통이 터졌다.

애스베드가 서던캘리포니아대학의 서버 저장용량이 특별한 이유 없이 대량으로 줄어든다는 걸 알아챈 게 틀림없었다. 그리고 서버를 자세히 살펴본 뒤 어떤 해커가 도둑질한 소프트웨어를 저장하고 있다는 사실을 즉각 알아챘을 것이다. 나는 1988년에 DEC를 해킹해서 빼낸 소스코드를 서던캘리포니아대학 서버 여러 대에 나누어 저장해놓은 적이 있었기에 아마도 나를 가장 유력한 용의자로 생각할 게 분명했다.

후에 알고 보니 FBI는 내가 저장해놓은 파일들을 뒤져본 뒤 해킹당한 회사들에 전화를 걸어 기밀 소스코드가 유출됐고 현재 서던캘리포니아대학 서버에 저장돼있다는 사실을 통보했다.

조나단 리트먼의 책 『추적자 게임The Fugitive Game』에는 1994년 초에 데이빗 쉰들러 검사의 요청에 의해 FBI LA사무소에서 열린 회의에 대한 내용이 등장한다. 참석자들 중에는 내가 해킹한 휴대전화 제조업체의 대표들이 있었고, 그들은 '수치심과 함께 충격을 받았다'고 말했다. 그 중 어느 누구도 자신의 회사가 해킹을 당했다는 사실이 외부에 알려지길 원하지 않았고, 심지어 회의에서조차 해킹됐다는 사실을 인정하려 들지 않았다. 리트먼에 의하면, 쉰들러 검사는 그 상황에 대해 이렇게 말했다. "어쩔 수 없이 회사명을 가명으로 불러야만 했소. 그러니까 이 사람은 A회사, 저 사람은 B회사 이런 식으로 말이오. 회의를 진행하려면 그것 외에 다른 방법은 없었소."

"하나같이 케빈 미트닉을 의심했다." 리트먼은 책에 썼다. 그리고 쉰들러 검사가 회의에 참석한 이들에게 다음과 같이 물었다고 적었다. "도대체 이 모든 소스코드를 수집하는 목적이 뭘까요? 혹시 누군가의 돈을 받고 그런 걸까요? 다른 회사에 팔아 넘기기라도 하는 걸까요? 보안위협 측면에서 볼 때, 미트닉이 이 소스코드를 활용해서 어떤 위협을 가할 수 있을까요?"

어느 누구도 내가 단지 재미와 스릴감을 느끼기 위해 소스코드를 해킹한다는 생각은 전혀 안 했다. 그러니까 쉰들러 검사와 다른 회의참석자들은 이른바 '이반 보이스키 사고방식'에 사로잡혀 있었다고 할 수 있다. 그들이 볼 때, 돈이 되지 않는데 해킹을 한다는 건 상상조차 못할 일이었던 것이다.

Ouop lqeg gs zkds ulv V deds zq lus DS urqstsn't wwiaps?

30 허를 찔리다

1994년 봄까지도 나는 여전히 에릭 바이스란 신원을 사용하면서 덴버에 있는 법률사무소에서 근무했다. 나는 종종 점심시간 내내 휴대전화를 붙잡고 있는 경우가 많았다. 하지만 당시만 해도 휴대전화를 통해 수다를 떠는 건 그다지 익숙한 광경이 아니었다. 휴대전화 요금이 분당 1달러로 여전히 비쌌기 때문이다. 지금 생각해보면 내가 장시간에 걸쳐 휴대전화로 통화를 하는 게 다른 사람들이 볼 때는 미심쩍어 보였던 것 같다. 가뜩이나 나는 그때 연봉이 겨우 2만 8,000달러에 불과했으니까.

하루는 전산실 직원 모두 엘레인, 그리고 엘레인의 상사 하워드 젠킨스와 점심식사를 하게 됐다. 이런저런 얘기를 하던 중에 젠킨스가 내게 물었다. "에릭, 자네 센트럴워싱턴대학을 나왔다고 했지? 학교가 시애틀과는 멀리 떨어져 있었나?"

나는 내 정체를 숨기기 위해 충분한 사전조사를 해뒀다고 생각했다. 예를 들어, 내가 이력서에 기재해놓은 재학기간 동안 센트럴워싱턴대학에서 학생들을 가르쳤던 교수들의 이름과 그밖에 내용들을 기억해 둔 것이다. 하지만 젠킨스의 질문에는 대답하기가 어려웠다. 나는 갑자기 헛기침을 했고, 손을 흔들며 미안하다는 제스처를 취하면서 계속해서 헛기침을 하며 급하게 화장실로 갔다.

나는 화장실 문을 닫고는 휴대전화로 센트럴워싱턴대학에 전화를 걸어 교무과 여직원에게 그 학교에 지원하려고 하는데 시애틀에서 얼마나 멀리 떨어져있는지 궁금하다고 말했다. “차가 막히지만 않으면 두 시간 정도 걸려요.” 여직원이 답했다.

나는 다시 자리로 돌아와 젠킨스에게 갑자기 자리를 비워 미안하다며 음식이 목에 걸려서 그랬다고 말했다. 젠킨스와 눈이 마주치자 내가 말했다. “그런데 방금 어떤 질문을 하셨죠?”

젠킨스는 다시 질문을 던졌다.

“아, 차만 안 막히면 두 시간 정도 걸려요.” 내가 말했다. 그런 뒤 웃으며 젠킨스에게 시애틀에 가본 적이 있냐고 물었다. 다행히도 점심을 먹는 동안 더 이상 내게 질문은 없었다.

나는 내 정체가 발각될까봐 걱정하는 것 말고는 법률사무소에서 1년을 근무하면서 큰 문제를 겪지 않았다. 그러다가 갑자기 허를 찔리고 만다. 어느 날 저녁 나는 엘레인의 책상에서 서류를 찾다가 IT 전문가를 뽑는 구인광고 시안이 담긴 서류철을 발견했다. 자격조건은 정확히 대런의 업무와 일치했다. 그리고…… 내 업무와도 일치했다.

온몸에 찬물을 뒤집어쓴 듯한 느낌이었다. 엘레인은 새로운 인력을 채용할 예정이라는 말을 한 적이 없었고, 그렇다면 결론은 하나였다. 엘레인과 그녀의 상사는 대런과 나 둘 중 한 명을 해고할 계획이었다. 그렇다면 목이 달아날 사람은 누구란 말인가?

나는 즉시 답을 알아내기로 했다. 파고들수록 더 혼란스러웠다. 나는 대런이 업무시간에 다른 회사에 컨설팅을 해주다가 엘레인에게 들켜서 곤욕을 치렀다는 걸 알고 있었다. 그러다가 진저가 엘레인에게 보낸 결정적인 이메일을 찾아냈다. "에릭은 늘 늦은 시간까지 사무실에 머물면서 뭔가를 집중해서 하는데 그게 뭔지는 저도 모르겠습니다."

더 많은 정보가 필요했다. 나는 퇴근시간이 지난 뒤에 41층에 있는 인사관리자의 사무실로 향했다. 건물 경비들은 순찰을 돌기 전에 모든 사무실의 문을 열어두는 습관이 있었다. 나로선 다행이었다. 나는 인사관리자의 사무실로 살며시 들어갔다. 이제는 내가 어릴 적 몸에 익힌 자물쇠 여는 기술에 의존할 차례였다.

두 번째 시도 만에 인사관리자의 서류캐비닛 자물쇠를 열 수 있었다. 나는 내 인사기록 서류를 들춰봤다. 이미 모든 게 결정된 후였다. 서류를 보니 전몰장병 추모일이 낀 주말이 끝나고 모두가 출근한 날에 내게 해고를 통보할 예정이었다.

그렇다면 해고사유는? 엘레인은 내가 업무시간에 다른 회사의 컨설팅을 해주고 있다고 믿었다. 웃긴 건 나는 업무시간에 해킹은 했지만 절대 다른 회사에게 컨설팅을 한 적은 없다는 점이다. 엘레인은 내가 점심시간과 휴식시간에 휴대전화를 붙잡고 사는 걸 보고는 그렇게 결론지은 게 분명했다. 엘레인이 완전히 잘못 짚은 것이다.

나는 이왕 캐비닛을 연 김에 이번에는 대런의 인사기록을 들춰봤다. 그 또한 해고될 예정이었다. 대런의 경우는 실제로 다른 회사에 컨설팅을 해줬다는 결정적인 증거가 있었다. 나아가 설상가상으로 대런은 심지어 업무시간 중에도 다른 회사에 컨설팅을 제공했다. 따라서 회사는 대런이 회사 규정을 어기고 있다는 걸 알았다. 그리고 결정적인 증거가 없었건만 나도 똑같은 짓을 하고 있다고 간주했던 것이다.

이튿날 나는 더 많은 정보를 캐내기 위해 진저에게 대뜸 물었다. "새로운 전산직원을 고용한다고 하던데, 혹시 누가 잘리는 거죠?" 진저는 곧장 엘레인에게 내가 그런 질문을 했다는 사실을 알렸다. 채 한 시간도 지나지 않아 하워드 젠킨스는 인사팀 여직원 매기 레인의 방으로 나를 불렀다. 내가 멍청하게 입을 너무 함부로 놀렸어. 나는 생각했다.

만약 해고될 거라는 걸 좀 더 일찍 알았다면, 나는 주말에 법률사무소에 출근해서 내 흔적을 깨끗이 지웠을 것이다. 내 사무실 컴퓨터에서 내게 불리한 증거가 될 수 있는 파일들을 모두 삭제했으리라. (실제로 내 사무실 컴퓨터에는 나에게 불리한 파일들이 많이 저장돼 있었다.) 어쩔 수 없이 서둘러 정리를 해야만 했다. 나는 테이프, 플로피디스크를 비롯해 기억나는 모든 것들을 까만 대형 쓰레기봉지에 쓸어 담았다. 그런 뒤 비닐봉지를 등에 지고 건물 아래로 내려가 길 건너편 주차장에 있는 쓰레기통에 버렸다.

사무실로 다시 돌아오자 엘레인이 크게 화를 냈다. "자넬 기다리고 있다고!" 엘레인이 말했다. 나는 잠시 속이 울렁거려서 그런 거라며 곧장 가겠다고 말했다.

나는 업무시간에 다른 회사에 컨설팅을 제공했다는 주장에 대해 무슨 말인지 이해하지 못하는 척했지만 소용이 없었다. "컨설팅은 하지 않았습니다. 증거가 있습니까?" 이 시도 또한 먹히지 않았다. 결국 나는 해고됐다.

해고와 함께 나는 다시 무일푼 실직자가 됐다. 혹시나 법률사무소에서 내 뒷조사를 할까봐 너무나 걱정스러웠다. 심지어 어쩌면 국세청에서 내가 사용하는 주민등록번호가 실제로 다른 에릭 바이스의 주민등록번호라는 사실을 알아챌까봐 겁이 났다.

나는 아파트에서 밤을 보내는 게 두려워서 내가 덴버에서 가장 좋아하는 동네인 체리크릭에 있는 모텔에 투숙했다. 이튿날 아침 나는 이삿짐 트럭을 빌려서 내 아파트로 가서 모든 물건을 실었다. 그런 뒤 모텔로 돌아가면서 잠시 가구를 임대했던 매장에 들려 집에 급한 일이 생겼다고 대충 둘러대고는 내 아파트 열쇠를 건네주고 비용을 정산한 뒤 침대, 식탁, 옷장, TV와 같은 임대한 가구들을 가져가라고 말했다.

나는 모텔차고에 이삿짐트럭을 넣기에는 입구천장이 너무 낮다는 사실을 깜빡 한 채 주차를 하다가 그만 차고와 충돌하고 말았다. 사고조사를 위해 모텔주인이 경찰을 부를지도 몰랐다. 나는 불안한 나머지 즉각 그 자리에서 현찰로 수리비를 주겠다고 제안했다. 모텔주인 사내는 500달러를 요구했다. 합당한 금액인지는 알 수 없었지만, 나는 돈을 줬다. 실직한 마당에 이런 식으로 생돈을 날리는 게 너무나 안타까웠지만, 모두 내 부주의 때문에 생긴 일이었고, 경찰과 부딪히지 않으려면 어쩔 수 없이 지불해야 할 돈이었다.

그 다음으로 내가 해야 할 일은 당연히 내 사무실 컴퓨터에서 내 흔적을 깨끗이 지우는 것이었다. 하지만 회사에서 잘린 상황에서 어떻게 사무실 컴퓨터에 접근한단 말인가?

2주 정도 지난 뒤 엘레인은 회사에 들러 내가 쓰던 사무실 컴퓨터에서 '개인용' 파일을 플로피디스크로 옮기는 것을 허락해줬다. 물론 여기서 '개인용' 파일은 내가 최근에 해킹을 통해 입수한 소스코드를 의미했다. 엘레인은 내가 파일을 옮기는 동안 내 옆자리에서 나를 지켜봤고, 내가 파일을 플로피디스크로 저장한 뒤 사무실 컴퓨터에서 삭제하자 의심스런 표정을 지었다. 나는 엘레인의 의심을 피하기 위해 사무실 컴퓨터에 '에릭'이란 폴더를 만든 후 모든 파일을 삭제하는 대신 그 폴더에 옮겨 넣었다. 후에 어떻게든 원격으로 사무실 컴퓨터에 접속하거나 사무실에 몰래 잠입해서 그 폴더를 지우기로 했다.

얼마 후 나는 마음을 가다듬고 진저에게 전화를 걸기로 했다. 겉으로는 '그저 안부를 물으려' 전화를 한 것처럼 가장했지만 실제로는 정보를 빼내기 위해서였다. 진저는 나와 통화를 하면서 법률사무소에서 인터넷에 접속하는 데 사용하던 'BSDI' 시스템에 문제가 생겼다고 말했다. 그 시스템은 내가 설치했고 운영하던 시스템이었다.

나는 진저에게 전화로 도움을 줄 수 있다고 말했다. 나는 문제를 해결하는 절차를 가르쳐주면서 진저에게 시스템에 다음과 같은 명령문을 입력하게 했다.

```
nc -l -p 53 -e /bin/sh &
```

진저는 그 명령문을 입력하면 내가 법률사무소의 게이트웨이 서버에 접속할 수 있는 권한을 가지게 된다는 걸 몰랐다. 진저가 명령문을 입력하고 나자, 나는 'netcat'이라는 프로그램을 작동했고 그러자 53번 포트에 루트셸root shell이 설치됐다. 따라서 나는 53번 포트에 접속해서 즉각 패스워드 없이 루트셸에 접근할 수 있었다. 진저는 내게 루트디렉토리에 접근할 수 있는 백도어를 열어줬다는 걸 전혀 몰랐다.

일단 시스템에 접속되자 나는 법률사무소의 전화관리시스템이 동작하는 AViiON 데이터 제너럴 시스템에 접속했다. 이전에 내가 조기경보시스템을 설치해놓은 그 시스템이었다. AViiON에 가장 먼저 접속한 이유는 보안기능을 우회하기 위해서였다. 만약 법률사무소에서 나를 해고한 뒤 사무소에서 주로 사용하던 VMS시스템들의 패스워드를 교체했다면, 내가 틀린 패스워드로 VMS시스템에 접속하려 할 경우 법률사무소의 인터넷 게이트웨이에 설치된 시스템에서 접속실패라는 보안경고를 울릴 게 분명했다. 따라서 직접 접속하는 대신 AViiON 시스템을 통해 우회접속을 함으로써, 틀린 패스워드를 이용한 로그인이 회사직원이 실수로 그런 것처럼 보이게 하려는 생각이었다. 외부에서 법률사무소 시스템접속을 시도할만한 이는 나밖에 없었기에, 이렇게 하면 인터넷 게이트웨이에 설치된 시스템에서 보안 경고가 울리지 않았고, 따라서 내가 범인으로 지목될 리도 없었다.

나는 VMS시스템에 성공적으로 로그인한 뒤 원격으로 내가 쓰던 사무실 컴퓨터의 하드디스크를 호출했다. 그렇게 나는 내 파일에 접근해 모든 증거를 깨끗하게 삭제할 수 있었다.

나는 엘레인의 이메일도 뒤졌고, 그 과정에서 법률사무소가 내가 부당해고로 소송을 제기할 경우를 대비하고 있다는 걸 알았다. 물론 나는 부당해고로 소송을 제기할 충분한 근거가 있었지만 당연히 그럴 수는 없는 처지였다. 나와 함께 일했던 리즈는 내가 업무시간에 외부에 컨설팅을 제공했다는 주장을 뒷받침할 내용을 수집하라는 지시를 받은 상태였다. 리즈의 보고내용은 다음과 같았다.

> 에릭의 외부업체 컨설팅 제공과 관련하여, 내가 아는 건 없습니다. 에릭은 늘 매우 바빴지만 정확히 뭘 했는지도 나도 모릅니다. 다만 휴대전화를 정말 자주 사용했고, 컴퓨터로 뭔가를 하느라 늘 분주했던 건 사실입니다.

법률사무소에서 내 해고에 대해 제시할 수 있는 근거라고는 이게 전부였다. 나로서는 대단히 기쁜 사실이었다. 내 이전 상사들이 내 정체에 대해 전혀 모른다는 의미였기 때문이다.

나는 이후 수개월 동안 법률사무소의 이메일을 확인해서 혹시나 나에 대해 뭔가 다른 내용이 밝혀진 게 아닌지 확인했다. 다행히도 그런 일은 없었다.

하지만 나는 여전히 전직 동료라는 지위를 이용해 진저와 연락을 취했다. 가끔씩 전화를 걸어 회사에서 떠도는 소문을 듣곤 했다. 내가 실업수당을 신청할 거라고 말하자, 진저는 법률사무소가 혹시라도 내가 부당해고로 소송을 제기할까봐 우려하고 있다고 털어놓았다.

아무튼 분명한 점은 법률사무소가 나를 해고한 뒤 정당한 해고사유를 찾기 위해 내 뒷조사를 했다는 점이다. 나는 법률사무소에 취업하고 난 후 라스베이거스에 그린밸리시스템스라는 가짜 회사의 자동응답서비스가 더 이상 필요 없었기에 서비스를 취소했었고, 법률사무소는 내 취업이력을 재차 확인하기 위해 그린밸리시스템스로 전화를 했다가 애당초 그런 회사는 존재하지 않았다는 걸 알아냈다. 그런 후 여기저기를 들쑤셔가며 내 뒷조사를 하기 시작했다.

다음 번에 진저에게 전화를 걸자, 진저는 핵폭탄 같은 뉴스를 던졌다. "회사가 당신에 대해 뒷조사를 했어요. 에릭, 당신이 애당초 존재하지 않는 사람이래요!"

이런. 내 제 2의 삶이었던 에릭 바이스는 그렇게 끝났다.

나는 갈 때까지 갔다는 생각에 진저에게 내가 사립탐정이며 법률사무소에 대해 증거를 수집하기 위해 고용됐다며, 이렇게 말했다. "그 내용에 대해선 말해줄 수가 없어요."

그런 뒤 덧붙였다. "한 가지만 말해주죠. 모든 게 다 감청되고 있어요. 엘레인의 사무실에도, 전산실의 상층부 바닥에도 감청장비가 있어요." 아마도 진저는 내 말을 듣자마자 엘레인의 사무실로 뛰어갔을 것이다. 내가 허위정보를 퍼트린 이유는 과거에 내가 진저에게 들려준 여러 이야기들에 대한 신빙성을 떨어뜨리기 위해서였다. 다시 말해, 법률사무소에서 내 말 중 어떤 게 사실인지 혼란스러워하길 바란 것이다.

날마다 나는 루이스 드페인의 넷컴 계정을 확인해서 혹시 내게 남겨놓은 메시지가 있는지를 확인했다. 우리는 우리의 대화내용을 보호하기 위해 'PGP'라는 암호화 프로그램을 사용했다(PGP는 '프리티 굿 프라이버시Pretty Good Privacy'의 약자다).

어느 날 나는 루이스가 남겨놓은 메시지를 발견했고, 해독하자 내용은 다음과 같았다. "FBI요원 2명이 리트먼을 방문했음!!!" 리트먼과 이전에 「플레이보이」 잡지에 나에 대한 기사를 실은 적이 있었다. 그 때문에 나는 그와 통화를 한 적이 있었기에 잔뜩 겁이 났다. (사실 잡지에 기사를 싣는다는 건 그저 구실에 불과했다. 사실 당시 리트먼은 나에 대한 책 계약을 맺은 상태였으면서 그 사실을 내게 숨겼다. 따라서 나는 그가 「플레이보이」 잡지에 내 기사를 싣겠다고 했을 때 반대하지 않았다. 하지만 리트먼은 내가 롤리Raleigh에서 체포된 뒤에야 비로소 나에 대한 책을 쓰고 있다고 털어놓았다. 나는 전에도 존 마코프와 그의 아내 케이티 해프너가 나에 대한 책을 쓰고 싶다는 제안을 거절한 적이 있었기에 만약 리트먼이 내 전기를 쓴다는 걸 알았다면 거절했을 것이다.)

나는 덴버가 너무나 좋았다. 그래서 브라이언 메릴이라는 새로운 신원을 만들었고, 새 출발을 할 준비를 마쳤다. 그리고 실제로 얼마 동안은 직업, 아파트, 가구 임대, 차량 리스를 비롯해 모든 것을 새롭게 시작할까 고민했다. 덴버에서 계속 살고 싶었다. 덴버의 다른 동네로 이사를 가서 새로운 인물로 새 출발을 하고 싶었다.

하지만 혹시라도 새 직장동료, 새 여자친구, 아니면 새 아내와 함께 레스토랑에 갔는데 누군가 만면에 웃음을 띤 채 다가와 악수를 청하면서 이렇게 말한다면? "에릭, 오랜만이군!" 한 번이면 착각이라고 우길 수도 있지만, 혹시라도 이런 일이 여러 번 반복된다면……

그렇게 살 수는 없는 노릇이었다. 너무나 위험했다.

며칠 후 나는 내 옷가지와 소지품을 가득 실은 이삿짐 트럭을 몰고 덴버를 떠나 남서쪽으로, 라스베이거스로 향했다. 어머니와 할머니를 방문해서 새롭게 계획을 세울 생각이었다.

버짓하버스위트에 투숙하자 갑자기 옛날에 투숙했던 기억이 되살아나면서 기분이 묘했다. 객실에서 내가 다음에 살 지역을 조사하는 것도 이전 모습과 똑같았다.

라스베이거스에 머무는 동안 나는 한 순간도 긴장을 풀지 않았다. 이전에 감옥에 수감돼 있는 동안, 내 동료수감자 대부분은 여자친구나 배우자에 배신당해 체포됐거나, 아니면 배우자나 어머니, 가족, 또는 친한 친구를 방문하다가 체포됐거나 둘 중 하나였다. 따라서 라스베이거스는 나에겐 너무나 위험한 곳이었다. 하지만 그렇다고 해서 라스베이거스까지 와서 어머니나 할머니를 만나지 않을 수는 없었다. 위험하긴 했어도 어머니와 할머니야말로 내가 애당초 라스베이거스에 다시 돌아온 이유였으니 말이다.

당시 나는 언제나처럼 조기경보시스템을 설치해뒀다. 햄라디오를 조작해서 여러 연방기관들이 사용하는 모든 주파수를 수신할 수 있게 했다.

짜증나게도 연방기관의 무선통신 내용은 모두 암호화돼 전송됐다. 연방기관요원들이 내 주변에 접근하면 그 사실을 미리 알아챌 수는 있었지만 무전통신 내용이 나에 관한 건지 아니면 다른 사람에 관한 건지는 알 수 없었다. 나는 FBI요원으로 가장해 모토롤라 지역사무소에 전화를 걸어 무전통신 해독에 필요한 암호화 키를 빼내려 했다. 하지만 소용이 없었다. 모토롤라 직원은 전화로는 도와줄 수 없다면서 "하지만 암호화 키를 저장할 수 있는 장치를 직접 가져오면 도와드릴 수 있습니다"라고 말했다.

말도 안 되는 소리! 모토롤라 사무실에 제 발로 걸어 들어가 FBI요원이라고 말한 뒤, "깜빡 하고 신분증을 놓고 왔네요"라고 말한단 말인가. 그럴 수는 없는 노릇이었다.

하지만 어떻게 하면 FBI의 무전통신 암호를 해독할 수 있을까? 나는 한참 고민한 뒤 다른 방법을 생각해냈다.

미국정부는 연방기관들이 장거리통신을 할 수 있게 고도가 높은 지역에 무전신호를 중계해줄 수 있는 '중계기'를 설치해놓았다. 대체로 연방기관의 무전신호는 특정한 주파수로 전송됐고, 또 다른 주파수로 수신됐다. 따라서 중계기에는 연방기관의 무전신호를 수신하기 위한 수신주파수와 연방요원들이 무전내용을 듣는 송신주파수가 모두 장착돼있었다. 나는 내 주변에 연방요원이 접근했는지를 사전에 알려면, 그저 중계기의 수신주파수의 강도만 지속적으로 확인하면 됐다.

이런 중계기 방식은 내게 파고들어갈 틈을 허락했다. 나는 지직거리는 무전신호가 들리기 시작하면 내 햄무전기의 발신버튼을 꾹 누른 채로 기다렸고, 그러면 동일한 주파수로 신호가 송신되면서 수신되는 신호를 먹통으로 만들었다.

그렇게 하면 요원은 다른 요원이 보낸 무선내용을 듣지 못했다. 그러면 요원은 몇 차례 재시도를 한 뒤 무전기가 고장났다는 생각에 이렇게 말할 것이다. "무전기에 이상 발생. 무전기에 이상 발생. 암호화를 해제함. 암호화를 해제함."

그런 뒤 요원은 무전기에 달린 스위치를 켜서 암호화 모드를 해제한다. 그러면 나는 양측의 대화내용을 모두 들을 수 있었다! 요즘도 이 방법을 사용하면 암호를 해독하지 않고도 너무나 손쉽게 무전내용을 들을 수 있다. 정말이지 놀랄 일이다.

혹시라도 무전 중에 누군가 '미트닉'이라고 말하거나 나를 암시하는 내용을 말하면 나는 서둘러 자리를 떠야 했다. 다행히 이런 일은 한 번도 일어나지 않았다.

나는 라스베이거스에 방문할 때마다 이 방법을 썼다. 덕분에 나는 라스베이거스에 머무는 동안 안심할 수 있었다. 게다가 FBI요원은 내가 이런 수법을 쓴다는 걸 전혀 눈치 채지 못했다. 아마도 이놈의 무전기는 암호화 기능만 작동하면 먹통이 된다고 서로 투덜댔을지도 모른다. 덕분에 미안하게도 모토롤라는 요원들에게 늘 욕을 먹었으리라.

나는 라스베이거스에 머무는 내내 다음에 살 곳을 고민했다. 우선 컴퓨터 관련 일자리가 많은 곳이어야 했다. 하지만 실리콘밸리는 제외해야 했다. 캘리포니아 주로 되돌아가는 건 불 속으로 뛰어드는 것과 마찬가지였기 때문이다.

조사를 해본 결과 시애틀은 비록 비가 많이 오긴 했어도 해가 창창한 날은 정말 아름답고, 특히나 레이크워싱턴 지역이 아름다웠다. 무엇보다도 시애틀에는 태국음식점과 커피숍이 많았다. 살 곳을 찾으면서 이런 요소들을 고려한다는 게 이상해 보일지도 모르지만, 당시부터 나는 태국음식과 커피에 빠져있었다.

게다가 시애틀에서 가까운 레드몬드에는 마이크로소프트 본사가 있었고, 시애틀은 이전부터 첨단기술의 도시였다. 모든 것을 고려할 때 내 요구를 충족시키기에 가장 적합한 도시는 시애틀이었고, 나는 시애틀로 가기로 결심했다.

나는 편도 기차표를 끊었고, 어머니와 할머니를 껴안고는 작별인사를 한 뒤 기차에 올랐다. 이틀 후 기차는 시애틀 킹스트리트 기차역에 도착했다. 내가 새롭게 만든 신분증에는 운전면허증, 주민등록증을 비롯해 내 신원을 증명할 여러 증명서가 포함돼있었다. 하나같이 브라이언 메릴이란 이름으로 발급된 것들이었다. 나는 모텔을 찾아 내 새로운 이름을 사용해 투숙했다.

이전에 사용하던 에릭 바이스 신원서류들은 원래는 태워 없애려 했지만, 만약을 위해 남겨뒀다. 혹시나 브라이언 메릴이란 신원을 쓰지 못하게 될 비상시를 대비해서였다. 나는 에릭 바이스 신분증들을 양말 속에 감춘 뒤 내 여행가방 깊숙한 곳에 처박아 두었다.

덴버는 내게 좋은 도시였다. 다만 끝이 안 좋았을 뿐이다. 그리고 시애틀에서 내가 맞이할 끝은 덴버보다 더 비참했다.

Alex B25 rixasvo hmh M ywi xs gsrrigx xs xli HQZ qemrjveqi?

31 헬리콥터 추격

시애틀에서 살게 된 첫날, 새벽 6시에 삐삐가 울렸고 나는 깜짝 놀라 눈을 떴다. 내 호출기 전화번호를 아는 사람은 루이스 드페인과 어머니뿐이었고, 루이스는 이렇게 이른 시간에 나를 호출할 리가 없었다. 좋지 않은 일이 생긴 게 분명했다.

나는 잠이 덜 깬 눈을 비비며 침대 옆 탁자 위에 있던 호출기를 집어 들어 호출번호를 봤다. '3859123-3' 앞자리 숫자들은 내가 기억하는 번호였다. 쇼보트 카지노호텔 번호였다.

맨 뒷자리 3은 암호였고, '비상시태'를 의미했다.

나는 언제나처럼 추적을 피하기 위해 복제해둔 내 휴대전화로 카지노호텔에 전화를 걸어 교환원에게 '매리 슐츠'를 호출해달라고 부탁했다. 1분도 채 안 돼 어머니가 전화를 받았다. 분명 내 전화를 기다리며 초조하게 호텔 내선전화기 앞에서 기다리고 있었던 게 분명했다.

"어머니, 무슨 일이에요?" 내가 물었다.

"애야, 지금 당장 「뉴욕타임스」를 사봐라. 지금 당장."

"뭔 일인데요"

"네가 1면에 실렸어!"

"뭐라고요? 내 사진도 실렸어요?"

"그래. 다행히 오래된 사진이라서 전혀 너처럼 생기지는 않았지만."

그나마 다행이었다.

나는 다시 잠을 청하면서 생각했다. 말도 안 돼. 나는 스탠리 리프킨처럼 은행에서 수백만 달러를 훔친 것도 아니고, 기업이나 정부기관의 컴퓨터를 망가뜨리지도 않았어. 신용카드를 도용해서 사용한 것도 아니고, FBI의 10대 지명범죄자 목록에 들어간 것도 아냐. 그런 데 왜 미국에서 가장 저명한 신문에 내 기사가 실린 거지?

나는 9시쯤 일어나 「뉴욕타임스」를 판매하는 가게를 찾으러 나갔다. 내가 일주일 단위로 임대했던 모텔 주변에서 뉴욕타임스를 판매하는 곳을 찾기란 쉽지 않았다.

마침내 나는 「뉴욕타임스」를 파는 곳을 찾았고, 신문을 보며 깜짝 놀랐다. 기사의 헤드라인이 눈에 가장 먼저 들어왔다.

가상공간 지명수배자 해커, FBI의 추적을 피하다

나는 기사를 읽으며 벌어진 입을 다물 수가 없었다. 기사 중에서 내 마음에 드는 부분은 첫 문단뿐이었다. 기사의 첫 문단은 나를 "첨단기술의 천재"라고 칭찬했다. 하지만 그 기사를 쓴 기자 존 마코프는 두 번째 문단부터는 "수사관들은 미트닉이 어디에 숨어있는지 전혀 감도 못 잡고 있다"고 썼다. 당연히 그 기사 때문에 켄 맥과이어를 비롯한 수사요원들은 윗선에서 면박을 당할 게 뻔했다. 그렇다면 더욱 더 나를 잡는 데 혈안이 될 게 분명했다.

나아가 이 허튼 소리로 가득 꾸며낸 기사는 내가 FBI를 도청했다고 주장했다. 물론 나는 그런 적이 없었다. 게다가 내가 1983년에 개봉된 영화

「위험한 게임」의 소재였다면서, 내가 북미 대공방위 사령부의 컴퓨터를 해킹했다고 주장했다. 이 또한 사실이 아니며, 북미 대공방위 사령부의 컴퓨터를 해킹하는 건 사실 불가능하다. 그 컴퓨터들은 국가안보에 너무나 중요했기에 외부와 네트워크로 연결돼있지 않았고, 따라서 외부에서 해킹할 수 없었기 때문이다.

마코프 기자는 나를 "가상공간에서 가장 악명 높은 지명수배 해커"이자 "미국 최고의 컴퓨터범죄자"로 지칭했다.

설상가상으로 기사가 실린 날은 모든 미국인들이 일 년 중 애국심이 가장 충만해진다는 독립기념일이었다. 아마도 일반 국민들은 아침식사로 계란프리이와 오트밀을 먹으면서 미국 국민들의 일상과 안전을 위협하는 이 해커의 기사를 읽고는 컴퓨터와 첨단기술의 지나친 발전에 대해 두려움을 느꼈으리라.

나는 후에 이 기사의 근거가 된 여러 참조자료 중 하나가 한때 내 친구이자 믿을만한 구석이라고는 전혀 없는 프리커 스티브 로즈라는 걸 알게 됐다.

기억하기에 나는 그 기사를 읽으면서 너무나 화가 나 이성을 잃을 정도였다. 꾸며낸 거짓주장으로 가득한 문장을 한 줄 한 줄 읽어나가면서 도무지 믿을 수가 없었다. 마코프는 그 기사 하나로 '케빈 미트닉의 전설'을 창조해냈다. 그리고 그 전설 때문에 FBI는 체면을 구겼고, 결국 나를 체포하는 걸 최우선 과제로 삼았다. 나아가 그 전설에서 만들어진 나에 대한 꾸며진 이미지는 후에 판사와 검찰이 나를 국가안보의 위협요소로 규정하는 데에도 큰 영향을 끼쳤다. 기사를 읽으면서 자꾸만 5년 전에 마코프와 그의 아내 케이티 해프너가 나를 비롯한 해커들에 대해 책을 쓰려했지만 내가 거절했던 일이 기억났다. 내가 거절했던 이유는 그 책이 출간되면 두 저자는 돈을 벌겠지만 나에게는 전혀 이득이 안됐기 때문이다. 나아가 마코프가 전화로 내가 취재를 거부한다면 반론을 하지 않았기에 책에 쓰인 내용이 모두 사실로 간주될 거라고 말했던 게 기억났다.

나는 내가 FBI의 최우선 검거대상이 됐다는 사실에 겁이 났다.

그나마 다행인 건 「뉴욕타임스」에 실린 내 사진이었다. 신문에 실린 사진은 내가 1988년에 터미널 아일랜드 연방교도소에 3일간 수감돼 샤워도 못하고, 면도도 못한 채, 옷도 못 갈아입고 찍었던 용의자식별용 사진이었다. 머리는 엉망이었고, 지저분하고 단정하지 못한 모습이 마치 노숙자처럼 보였다. 신문 1면에 박힌 채 나를 바라보고 있는 사진 안의 사내는 얼굴이 퉁퉁했고, 현재의 내 모습에 비하면 거의 45킬로그램 이상 더 나가 보였다.

비록 사진은 내 모습과 전혀 달랐지만, 기사를 읽고 난 후 불안감은 커져만 갔다. 이후로 나는 늘 선글라스를 착용했다. 심지어 실내에서도 벗지 않았다. 혹시 누가 "왜 선글라스를 끼고 있지요?"라고 물으면 나는 그저 빛에 유달리 민감하다고 답했다.

나는 지역신문에 실린 아파트 임대광고를 빠르게 훑어본 뒤 워싱턴주립대 근처 대학가 주변에 있는 아파트를 둘러보기로 결정했다. 대학가라면 UCLA 주변에 있는 활기찬 웨스트우드지역과 분위기가 비슷할 거라고 생각했기 때문이다. 내가 고른 아파트는 반지하였다. 그 아파트는 비록 내가 머물던 모텔보다 훨씬 지저분했지만, 나는 당분간 돈을 아껴야 했기에 어쩔 수 없다고 스스로 달랬다. 아파트건물은 에곤 드류스라는 개인의 소유였고, 그의 아들 데이빗 드류스가 관리를 맡고 있었다. 다행히도 에곤은 남을 잘 믿는 성격이었고, 그래서인지 회사가 관리하는 아파트와 달리 임차인의 신용이나 배경에 대해 확인하는 절차를 생략했다.

대학가는 살기에 좋은 동네가 아니었다. 해가 창창하고 활기가 넘치는 웨스트우드와는 전혀 다른, 후미지고 복잡한, 거지가 우글대는 동네였다. 일자리가 생기면 더 나은 곳으로 옮길 수 있겠지. 나는 생각했다. 그나마 주변에 YMCA가 있어서 매일 운동은 할 수 있었다.

대학가에 살면서 맘에 들었던 것 중에 하나가 아주 맛있는 음식에 귀여운 태국 여종업원이 근무하던 태국음식점이었다. 여종업원은 아주 친절했고 미소가 상냥했다. 우리는 데이트를 몇 번 했다. 하지만 나는 여전히 두려움이 있었다. 너무 가까운 사이가 되거나, 잠시 순간의 정열을 불사르다가 혹시라도 허튼소리를 해서 내 정체가 탄로날까봐 두려웠던 것이다. 나는 그 태국음식점에 계속 드나들었지만, 여종업원에게는 너무 바빠서 데이트할 시간이 없다고 말해야만 했다.

나는 어떤 상황에 처하건 언제나 해킹에 열심이었다. 그리고 해킹을 하던 중에 DEC가 개발한 VMS운영체제의 버그를 발견해서 DEC에 알려주던 닐 클리프트라는 영국사내가 영국 러프버러대학에 있는 하이컴이라는 서버에 개설된 이메일계정을 사용한다는 사실을 알게 됐다.

정말 흥미로웠다! 나는 DEC가 닐 클리프트에게 백스4000 시스템을 무상으로 주고 그 시스템의 보안 취약점을 발견해주는 대가로 매년 1,200파운드를 지급한다는 걸 알고 난 후로 클리프트에 대한 관심을 잃었다(그 정도 일에 1,200파운드라면 보수치곤 적었다). 그 후로 나는 클리프트가 사무실이나 집에서 이메일을 사용할 때를 제외하고는 그 시스템이 아닌 다른 시스템을 이용할 거라고 생각하지 않았기에, 그의 이메일계정이 있는 시스템을 찾아냈다는 건 나로서는 대단히 운이 좋았던 셈이다.

나는 이리저리 살펴보다가 하이컴이 일반대중에 공개된 시스템이며 따라서 누구든 계정을 신청할 수 있다는 걸 알아냈다. 나는 내 계정을 만든 후에 닐이 모르는 보안 취약점을 통해 시스템관리자와 동일한 권한을 손에 넣었다. 권한을 입수하고 나자 신이 나긴 했지만 그렇다고 해서 닐이 대중에 공개된 시스템을 사용해서 DEC에 보안 취약점을 보고할 리는 없다고 생각했기에 큰 기대는 하지 않았다.

나는 제일 먼저 닐의 이메일 디렉토리를 복사해서 모든 파일을 일일이 살펴봤다. 이런! 재미난 건 하나도 없네. 버그리포트는 없었다. 나는 실망했다. 조금만 더 파면 뭐가 나올 텐데. 그러다가 갑자기 아이디어가 떠올랐다. 어쩌면 닐은 보안 취약점에 대한 내용이 담긴 이메일을 전송한 후 즉각 이메일을 삭제할지도 몰랐다. 그래서 이번에는 시스템의 이메일 로그기록을 확인했다.

갑자기 눈이 번쩍 뜨였다. 이메일 로그파일을 확인해보니 닐은 DEC의 데이브 헛친슨이란 직원에게 이메일을 보내고 있었다. 많게는 일주일에 두세 통을 보냈다. 오호라! 나는 그 이메일에 어떤 내용이 적혀있는지 너무나 궁금했다. 일단 시스템의 하드디스크를 뒤져 삭제된 이메일 중에 허친슨에게 보낸 이메일이 있는지를 살피다가 더 좋은 방법을 생각해냈다.

하이컴 메일서버의 설정을 바꿔놓으면 닐이 DEC의 이메일주소로 이메일을 보낼 때마다 내가 해킹해놓은 서던캘리포니아대학 이메일계정으로 전송되게 할 수 있었다. 그건 마치 전화를 착신하는 것과 같았다. 클리프트가 'dec.com'으로 된 이메일주소로 메일을 보내면 자동으로 서던캘리포니아대학의 내 이메일계정으로 보내졌다. 그렇게 나는 하이컴 메일서버를 통해 'dec.com' 주소로 보내는 모든 이메일을 받을 수 있었다.

다음으로 내가 할 일은 DEC에서 보낸 것처럼 꾸민 가짜 이메일을 클리프트에게 보내는 방법을 찾아내는 것이었다. 나는 인터넷에서 이메일을 가로채 위조하는 대신 시스템 내에서 직접 이메일을 위조하는 프로그램을 작성했다. 인터넷에서 위조할 경우 클리프트가 이메일 헤더를 자세히 살펴보면 발각될 수 있었기에 대신 시스템 내에서 헤더까지 위조한 것이다.

이후 닐 클리프트가 DEC의 데이브 허친슨에게 보안 취약점을 보고하는 이메일을 보낼 때마다 이메일은 오직 나에게만 전송됐다. 나는 보고서의 모든 내용을 다 숙지한 뒤, 마치 데이브 허친슨이 보낸 것처럼 보이는 '고맙다'는 이메일을 닐 클리프트에게 전송했다. 이른바 '중간자 공격man-in-the-middle attack'으로 알려진 이 해킹수법의 묘미는 DEC의 데이빗 허친슨을 비롯해 다른 DEC직원들이 닐이 보낸 이메일을 전혀 받지 못한다는 데 있었다. 정말 재미있었다. 그 말은 뒤집어 얘기하면, 개발자들은 보악취약점이 존재한다는 사실을 보고받지 못했기에 DEC가 해당 보안 취약점을 당분간 수정하지 않을 거라는 의미였다.

나는 닐 클리프트가 열심히 버그를 찾아내길 기다렸다. 하지만 몇 주가 지나자 점차 인내심이 한계에 도달했다. 그렇다면 이전에 닐 클리프트가 발견해낸, 내가 모르는 보안 취약점들은 도대체 뭐였을까? 나는 그 취약점들도 모두 알아내고 싶었다. 닐 클리프트의 시스템에 접속해서 해킹하는 건 불가능했다. 로그인 화면이 나오면 패스워드를 입력해야 했고, 그러려면 패스워드를 추측해서 입력하거나, 또는 로그인프로그램의 오류를 찾아내야만 했기 때문이다. 하지만 닐 클리프트는 로그인에 실패할 경우 보안경고가 뜨도록 설정해 놓았을 게 분명했다.

전화를 걸어 사회공학 기법을 쓸 수도 없었다. 닐 클리프트는 몇 년 전에 내 목소리를 들은 적이 있었고, 따라서 내 목소리를 알아챌 게 분명했기 때문이다. 하지만 믿을 만한 위조된 이메일을 보낸다면 혹시 그 내용을 신뢰하고 내게 자신이 찾아낸 보안 취약점을 알려주지 않을까? 물론 이 방법에도 맹점이 있긴 했다. 만약 닐 클리프트가 그 메일이 위조됐다는 길 알아챌 경우, 그는 내가 자신의 하이컴 이메일계정을 해킹했다는 걸 알게 될 것이고, 그렇다면 향후 그가 발견한 보안 취약점을 입수할 수 있는 경로마저도 차단될 수 있었다.

뭐, 알게 뭐야! 나는 위험을 기꺼이 감수하는 성격이었고, 과연 그 방법이 성공적으로 통할지 확인하고 싶었다.

나는 데이브 허친슨이 보낸 것처럼 위조한 이메일을 닐 클리프트에게 보냈다. 이메일에는 내가 닐 클리프트와 마지막으로 통화했을 때 가장했던 VMS개발팀 직원인 데렐 파이퍼가 이메일로 닐 클리프트와 대화를 나누고 싶어 한다고 적었다. 그리고 VMS개발팀이 보안절차를 강화하는 프로젝트를 중이며, 데렐이 책임자라로 덧붙였다.

그런 뒤 나는 데렐로 가장해 데렐의 실제 이메일주소로 닐에게 다시 위조 이메일을 보냈다. 이메일을 몇 차례 주고받은 후, 나는 닐 클리프트에게 '내가' 모든 보안문제를 분류해놓은 데이터베이스를 구축해서 버그수정 절차를 개선하는 프로젝트를 진행 중이라고 말했다.

나아가 더 큰 신뢰감을 심어주기 위해 닐 클리프트에게 이메일을 PGP 암호화해야 한다며, 그래야만 미트닉과 같은 해커가 이메일 내용을 볼 수 없다고 덧붙였다! 얼마 후 닐 클리프트와 나는 이메일 내용을 암호화할 PGP 암호화 키를 교환했다.

일단 나는 닐 클리프트에게 지난 2년간 DEC에 보고한 모든 보안 취약점의 목록을 보내달라고 했다. 혹시나 놓친 게 있지는 않은지 목록을 살펴보겠다고 말했다. 그런 뒤 VMS개발팀의 보안 취약점 목록이 정리가 덜 됐다며, 보안문제가 여러 개발자에게 나눠져 보고됐고, 과거 이메일 중 상당수가 이미 삭제됐기 때문이라고 설명했다. 하지만 새로 구축하는 보안 데이터베이스는 이런 보안문제를 수정하는 절차를 완전히 재정비할 거라고 덧붙였다.

닐 클리프트는 내가 요청한 보안 취약점 목록을 보내왔다. 나는 혹시나 의심을 살까봐 일단은 목록에 포함된 보안 취약점에 대한 상세보고서를 몇 개만 요청했다.

그리고 닐 클리프트가 더욱 나를 신뢰하게 만들기 위해 닐 클리프트에게 도움을 줘서 고맙다며, 내가 발견한 보안 취약점 중 일부를 공유하고 싶다고 말했다. 당시 나는 이미 또 다른 영국인이 발견해서 DEC에 보고한 보안 취약점에 대한 자세한 내용을 가지고 있었다. 그 보안 취약점은 언론에 공개된 후 대단한 반향을 불러일으켰고, DEC는 신속하게 고객들의 VMS시스템을 패치해야만 했다. 나는 그 보안 취약점을 발견해낸 사내를 찾아낸 후 속여서 내게 자세한 내용을 보내게 했다.

나는 그 내용을 닐 클리프트에게 전송했다. 그러면서 그 정보가 DEC의 기밀정보이니 절대로 외부에 유출되지 않게 주의하라고 덧붙였다. 나아가 추가로 닐 클리프트가 모르는 보안 취약점에 대한 내용을 2개 더 보내 그의 환심을 샀다.

며칠 뒤 나는 닐 클리프트에게 내 호의에 대한 보답을 요구했다. (물론 보답하라고 직접적으로 말한 건 아니다. 단지 나는 선의를 베풀면 상대방은 대체로 보답을 하기 마련이라는 걸 잘 알고 있었다.) 나는 닐 클리프트에게 이미 보내준 목록 이외에 지난 2년간 그가 DEC에 제출한 모든 보안 취약점 상세보고서를 내게 보내준다면 데이터베이스 구축작업이 훨씬 용이할 거라고 설명했다. 그런 뒤 보안 취약점이 발견된 시간 순서대로 그 내용을 데이터베이스에 추가할 수 있다고 설명했다. 사실 이 요청은 위험한 도박과 같았다. 나는 닐 클리프트에게 그가 아는 모든 보안 취약점에 대한 보고서를 요청한 것이었고, 이런 요청은 그의 의심을 사기에 충분했다. 나는 초조하게 이틀을 기다렸다. 마침

내 닐 클리프트가 내게 보낸 이메일, 다시 말해 내 서던캘리포니아대학 이메일계정으로 이메일이 도착했다. 혹시 모든 게 발각됐고, "멋진 시도였어, 케빈"이라는 메시지가 적혀 있는 게 아닐까? 나는 긴장된 마음으로 이메일을 열어봤다. 내 예상과는 달리 이메일에는 모든 보안 취약점 상세보고서가 첨부돼있었다! 나는 로또에 당첨된 것만큼이나 기뻤다!

나는 닐 클리프트의 보안 취약점 자료를 입수한 뒤, 그에게 특별히 VMS의 로그인프로그램인 로그인아웃을 자세히 살펴봐달라고 부탁했다. 닐 클리프트는 로그인아웃 프로그램을 개발한 이가 데렐이라는 걸 이미 알고 있었고, 나는 그가 그 프로그램에서 보안 취약점을 발견할 수 있을지 궁금했다.

그러자 닐 클리프트는 내게 회신을 보내 퍼디 다항식Purdy Polynomial에 대한 기술적 질문을 물어왔다. 퍼디 다항식은 VMS패스워드를 암호화하는 데 상용되는 알고리즘이었다. 닐 클리프트는 거의 수년에 걸쳐 이 암호화 알고리즘을 깨뜨리려 했고, VMS패스워드를 해독할 수 있는 프로그램을 작성하려 했다. 닐 클리프트가 물어온 질문 중에는 퍼디 알고리즘에 사용되는 산수문제에 대한 맞다/아니다를 선택하는 질문이 포함돼 있었다. 나는 그 내용을 자세히 조사하는 대신 그냥 둘 중 하나를 찍기로 했다. 그도 그럴 게, 어차피 정답을 맞힐 확률은 50퍼센트였으니까. 불행히도 나는 잘못된 답을 찍었다. 그리고 내 게으름 때문에 결국 이 모든 사기행각은 들통나고 만다.

닐 클리프트는 즉각 내 정체를 폭로하는 대신 내게 이메일을 보내 내가 분석해달라고 부탁한 VMS로그인프로그램에서 현재까지 발견된 보안 취약점 중 가장 심각한 취약점을 발견했다고 주장했다. 그는 그 내용이 너무나 민감해서 이메일 대신 우편으로 보내주겠다고 말했다.

이 녀석이 나를 정말 멍청한 놈으로 생각하는 거 아냐? 나는 모든 게 들통났다는 걸 알았고, 그래서 데렐의 실제 우편주소를 알려줬다.

이후 내가 하이컴에 진행상황을 확인하러 들어갔더니 갑자기 화면에 메시지가 떴다.

친구, 전화 줘.
나 닐이야.

나도 모르게 입가에 웃음이 번졌다. 전화를 못 할 건 없지. 닐 클리프트는 어차피 자신이 내게 속았다는 걸 알았고, 따라서 나로선 전화를 한다고 해서 손해 볼 게 없었다.

"안녕, 닐."

"하이, 친구." 화났거나, 위협적이거나, 적개심이 어린 목소리는 아니었다. 마치 오랜 친구와 통화를 하는 것 같았다.

우리는 장시간 통화를 했고, 나는 닐 클리프트에게 내가 어떻게 지난 수년 간 그를 속였는지에 대해 자세한 내용을 털어놓았다. 내가 이미 써먹은 방법에 그가 또 속을 리는 없다는 생각에 그냥 말해준 것이었다.

닐 클리프트와 나는 자주 전화를 하는 친구사이가 됐다. 우리는 가끔씩 며칠에 걸쳐 장시간 통화를 했다. 그럴 수 있었던 이유는 우리의 관심사가 같았기 때문이다. 닐 클리프트는 보안 취약점을 밝혀내는 걸 좋아했고, 나는 보안 취약점을 이용하는 걸 좋아했다. 닐 클리프트는 핀란드경찰이 내가 노키아를 해킹한 사건 때문에 자신에게 연락을 취해왔다고 말했다. 그는 심지어 내게 자신이 보안 취약점을 발견하는 데 사용하는 기발한 수법에 대해서도 말해줬다. 다만 그러려면 나는 우선 VMS의 '내부구조', 다시 말해 운영체제의 '뚜껑을 열면 안에서 어떤 일이 벌어지고 있는지'를 먼저 이해해야만 했다. 닐 클리프트는 내가 VMS의 내부구조를 익히는 건 너무나 소홀히 하면서 해킹에는 지나치게 많은 시간을 쓴다고 지적했다. 놀라운 건, 내가 내부구조를 배우게 하기 위해 닐 클리프트가 직접 내게 연습문제를 내기도 했고, 그런 뒤 내가 연습문제를 푼 과정에 대해 조언까지 해줬다는 점이다. 즉, VMS보안 취약점을 알아내는 이가 해커에게 한 수 가르쳐준 셈이다. 정말이지 이해하기 힘든 상황이었다.

후에 나는 닐 클리프트가 FBI에게 보낸 것으로 생각되는 이메일을 가로챈 적이 있다. 이메일 내용은 다음과 같았다.

캐슬린에게,
nyx의 이메일 로그기록을 뒤져본 결과 일치되는 내용은 딱 하나입니다.

Sep 18 23:25:49 nyxsendmail[15975]: AA15975: messageid=<00984B0F.85F46A00.9@hicom.lut.ac.uk>
Sep 18 23:25:50 nyxsendmail[15975]: AA15975: from=<kevin@hicom.lut.ac.uk>, size=67370, class=0
Sep 18 23:26:12 nyxsendmail[16068]: AA15975: to=<srush@nyx.cs.du.edu>, delay=00:01:15, stat=Sent

도움이 되길 바랍니다.

이 로그기록은 내가 하이컴 이메일계정을 사용해서 덴버에 있는 'nyx'라는 공개 이메일계정으로 이메일을 전송한 날짜와 시간을 보여줬다. 그렇다면 이메일을 받은 사람인 '캐슬린'은 누구일까? 이번에도 마찬가지로 특수요원 캐슬린 칼슨을 의미하는 게 거의 확실했다.

이메일 내용은 닐 클리프트가 FBI에게 협조하고 있다는 걸 보여주는 명백한 증거였다. 물론 놀라운 사실은 아니었다. 먼저 싸움을 건 것도 나였고, 해킹도 내가 먼저 시작했으니 닐 클리프트가 FBI에 협조하는 것도 어쩌면 당연했다. 나는 닐 클리프트와 통화를 하고, 그로부터 이런저런 이야기를 듣는 걸 좋아했다. 하지만 닐 클리프트가 내게 친절하게 대해준 이유가 어쩌면 FBI가 나를 체포하도록 도움을 주기 위해서라는 점이 나로선 실망스러웠다. 비록 나는 닐 클리프트에게 전화를 걸 때면 미리 조심을 했지만, 그래도 더 이상 FBI에 단서를 던져주지 않으려면 그와 연락을 완전히 끊는 게 좋겠다고 생각했다.

형사재판에서 연방검찰은 발견한 모든 증거를 피고측과도 공유하게 법적으로 규정돼있다. 후에 내게 제공된 증거서류 중에는 닐이 FBI와 상당히 긴밀하게 협력했고 나아가 매우 중요한 정보제공자였다는 걸 보여주는 편지가 있었다. 나는 그 편지를 처음 읽었을 때 깜짝 놀랐다.

닐 클리프트
러프버러대학

닐에게,

FBI나 영국 수사기관이 우리의 '친구' KDM을 체포하기를 학수고대하며 기다리고 있다는 건 잘 압니다. 장담할 수 있는 건 케빈 미트닉과 관련해 입수된 아무리 사소한 단서라도 모두 추적 중이라는 겁니다.

마침, 당신이 제공한 정보를 모두 확인했습니다. 케빈이 그 컴퓨터를 해킹했다는 건 분명해 보입니다. 하지만 문제는 'NYX' 시스템관리자가 당신과는 달리 수사협조에 그다지 열성적이지 않다는 점입니다. 그리고 미국 법률 때문에 해당 계정을 자세히 조사하는 데에도 한계가 있습니다.

이 편지를 통해 당신의 협조에 대해 매우 감사한다는 점을 알려드리고 싶습니다. 케빈이 직접 당신에게 전화를 걸어 통화를 한다는 건 수사에 매우 중요합니다. 적어도 내 생각에는 그렇습니다.

…… 케빈이 해킹활동을 제외하고 연락하는 사람은 당신이 유일합니다. **케빈의 전화를 추적해서 그를 찾아내는 건 사실 불가능합니다. 텔넷이나 FTP도 마찬가지고, 기타 기술적 방법으로 그를 추적하는 것도 어렵습니다. 따라서 케빈이 어떤 활동을 하고 어떤**

계획을 세웠는지를 알 수 있는 유일한 방법은 케빈의 개인적 연락, 또는 당신의 경우에는 전화통화와 같은 수단뿐입니다. 따라서 당신의 협조는 우리의 수사에 매우 중요합니다.
…… 다시 한 번 케빈을 '추적'하는 데 있어 당신의 협조에 대해 매우 감사하다는 말씀을 드리고 싶습니다…… 향후에도 계속해서 FBI에 당신이 케빈과 통화한 내용을 알려준다면, 언젠가 전 세계에서 입수된 이 작은 단서들이 하나로 맞춰지고, 결국 케빈이 사용하는 컴퓨터를 찾아내서 그에게 수갑을 채울 수 있으리라 약속합니다……
감사합니다.

1994년 9월 22일
캐슬린 칼슨 드림
특수요원

미국 법무부 연방수사국
11000 윌셔대로 #1700
LA, 캘리포니아 90014
[강조는 내가 추가했음]

다시 이 편지를 읽는 지금도 그 당시 캐슬린 요원이 나를 체포하지 못해 대단히 답답해했고, 나아가 그 사실을 편지에 적어 보냈다는 게 여전히 놀랍다.

나는 시애틀에서 일자리를 찾는 과정에서 버지니아 메이슨 의료센터에서 컴퓨터 장애처리 기술자를 찾는다는 신문 구인광고를 발견했다. 나는 두 시간 정도 면접을 봤고, 며칠 후 취업을 제안 받았다. 그 일자리는 덴버에서 법률사무소에 근무했을 때 맡았던 업무보다는 훨씬 재미없게 들렸지만 당시 내가 살던 아파트는 너무나 꾀죄죄했고 게다가 안정적인 수입이 생기고 회사 위치가 정해지기 전까지는 더 나은 아파트로 옮기지 않기로 결심했기에, 이런저런 단점에도 불구하고 나는 취업제안을 받아들였다.

인사팀에서 신규사원용 서류를 받고 보니 취업신청서에 내 집게손가락 지문을 찍는 칸이 있었다.

좋은 상황이 아니었다. 혹시 지문이 FBI 보내져 전과기록을 확인하기라도 한다면? 나는 오리건 주 경찰청 식별부서직원으로 가장해 워싱턴 주 경찰청으로 전화를 걸었다.

"우리 부서가 현재 취업자 중 전과자를 색출하기 위한 프로그램을 만들고 있어서요. 그래서 약간 도움이 필요합니다. 혹시 그쪽도 지문을 요구하시나요?"

"예, 그렇습니다."

"그러면 채취한 지문에 대해 주 전과기록만 확인하나요, 아니면 FBI에도 보내나요?"

전화를 받은 워싱턴 주 경찰이 말했다. "외부 기관으로 지문을 보내지는 않습니다. 주 전과기록만 확인합니다."

잘 됐군! 나는 워싱턴 주에 전과기록이 없었다. 따라서 취업신청서에 지문을 찍어서 제출해도 문제가 없을 거라는 걸 알았다.

업무는 며칠 후부터 시작됐다. 나는 키가 크고 매우 꼼꼼한 찰리 허드슨이라는 사내, 그리고 또 다른 직장동료와 같은 사무실을 썼다. 내가 맡은 업무는 조금도 흥미롭지 않았다. 내 업무 대부분은 의사나 다른 병원직원들의 컴퓨터 관련 문의사항을 처리해주는 것이었다. 의사나 병원직원들은 컴퓨터에 대해서 전혀 지식이 없었고, 플로피디스크를 카피하기 위해 복사기에 넣었다는 농담이 진담처럼 들릴만한 수준이었다.

예를 들어, 의료센터에서 근무하는 모든 직원들은 컴퓨터 패스워드를 재설정할 때 주민등록번호를 입력했다. 나는 상사에게 그 방식이 대단히 보안에 취약하다고 말했지만 상사는 무시했다. 나는 잠시 그에게 타인의 주민등록번호를 입수하는 게 얼마나 쉬운지를 직접 시범 보일까 생각하다가 결코 현명한 짓이 못 된다고 판단했다. 심지어 상사는 언젠가 내가 VMS 시스템의 문제를 해결하기 위해 프로그램을 작성하자, 내 업무가 아니라며 관두라고 말했다.

당시 나는 정신적으로 매우 건강한 편이었다. 도피생활을 하면서 깜짝 놀랄만한 위기에 처한 적이 없었기 때문이다. 하지만 동시에 늘 주의를 게을리 하지 않았다. 하루는 아파트에서 나오다가 지프 체로키가 길 건너편에 주차돼있는 걸 목격했다. 그 차가 유달리 내 주목을 끌었던 이유는 그 시간에는 그 곳에 차들이 주차돼있는 경우가 드물었고, 나아가 차가 주차된 곳이 근처에 아파트나 건물과는 상당히 떨어진 장소였기 때문이었다. 게다가 차 안에는 한 사내가 앉아있었다. 나는 위협적으로 사내를 노려봤다. 사내도 잠시 나를 노려보다가 관심 없는 표정으로 눈을 돌렸다. 나로선 경계해야 하는 게 당연했지만, 한편으론 내 자신이 너무 과민반응을 보내는 게 아닌가 하는 생각을 하며 가던 길을 갔다.

시애틀로 이주한 지 두 달이 지날 무렵, 루이스가 내게 케빈 폴슨의 해킹 파트너였던 론 오스틴을 소개해줬다. 나는 그의 이름은 알았지만 그와 대화를 나눠본 적은 없었다. 론 오스틴과 나는 FBI의 첩자 역할을 하면서 론 오스틴, 루이스, 그리고 내 삶에 끼어들었던 저스틴 페터슨에 대해 주로 대화를 나눴다. 오스틴과 나는 자주 통화를 하는 사이가 됐다. 오스틴은 내게 서부 LA지역에 있는 모든 공중전화번호의 목록을 줬고, 나는 사전에 정한 시간에 특정 장소에 있는 공중전화를 지정해 오스틴에게 전화를 걸었다.

오스틴에게 전화를 걸 때면 내 전화를 시애틀에 위치한 교환기에서 덴버로, 포틀랜드로, 수폴스로, 그런 뒤 솔트레이크시티로 착신했다. 심지어 내 전화를 추적하는 걸 더 어렵게 하기 위해 교환기 소프트웨어를 조작했다. 나는 오스틴을 전적으로 신뢰하진 않았지만, 통화를 할 때마다 늘 다른 공중전화를 이용했기에 그와 통화하는 게 위험하다고는 생각하지 않았다.

내가 론을 약간이나마 신뢰했던 이유는 또 있었다. 그가 저스틴에게서 배운 매우 강력한 해킹수법을 내게 털어놓았기 때문이었다. 공교롭게도 저스틴은 나를 만나기 전에 내가 잘 아는 건물에 몰래 잠입한 적이 있었다. 바로 윌셔대로 5150번지에 있는, 내 친구 데이브 해리슨이 다니던 회사가 위치한 건물이었다. 저스틴은 확인을 위해 신용카드 회사로 전송되는 신용카드정보를 손에 넣고 싶어 했고, 그래서 비록 의도는 달랐지만 나도 이전에 몰래 들어간 적이 있던 GTE 텔넷네트워크를 목표로 삼았다.

저스틴은 녹음된 모뎀신호음을 문자정보로 변환시켜 모니터에 표시해주는 장치를 사용하는 과정에서 정보 중에 캘리포니아 주 차량면허국 기록에 접속할 수 있는 로그인정보가 있다는 걸 알아냈다. 그 로그인정보만 있다면 저스틴을 비롯해 어떤 해커든 차량면허국의 정보를 빼낼 수 있었다. 대단한 횡재였다! 아마도 그 순간 저스틴은 자신의 행운에 놀라 입을 다물지 못했으리라. 그리고 저스틴은 그 로그인정보를 사용해서 차량면허국 기록에 접속해 차량번호나 운전면허번호를 조회하기 시작했다.

오스틴은 저스틴이 겪은 그 일에 대해 얘기해주었을 뿐만 아니라 자세한 내용도 내게 털어놓았다. “GTE 텔넷의 주소는 916268.05라고. 모니터에 화면이 사라지면 ‘DGS’를 입력해. 패스워드는 ‘LU6’을 입력하고. 그러면 접속이 된 거야!”

나는 서둘러 전화를 끊고 시험해봤다. 실제로 접속이 됐다!

그 후론 더 이상 차량면허국에서 정보를 빼내기 위해 사회공학 기법을 사용하지 않아도 됐다. 나는 원할 때면 언제든 차량면허국의 기록을 안전하게 흔적도 남기지 않고 손에 넣을 수 있었다.

나는 오스틴이 내게 이런 대단한 비밀을 털어놓았으니 그가 FBI를 돕는 정보원은 아닐 거라고 안심했다. 만약 오스틴이 FBI 정보원이라면, FBI가 절대로 오스틴이 내게 차량면허국 기록에 접근하는 방법을 누설하게 내버려뒀을 리가 없었다. 따라서 나는 오스틴이 믿을만하다고 확신했다.

나는 에릭 하인츠의 정체를 캐는 과정에서 감청장치에 대해 조사하고 여러 시스템을 해킹하면서 유명한 네덜란드 해커이자 'RGB'란 해커명을 쓰는 이와 온라인으로, 그리고 전화로 장시간 통화를 한 적이 있었다. RGB는 1992년에 네덜란드 위트레흐트에 있는 자택에서 컴퓨터회사의 영업사원으로 가장한 정부요원에게 체포됐다. RGB를 체포한 수사팀은 지역경찰과 해킹범죄를 다루기 위해 신설된 수사팀의 요원들로 구성된 팀이었다. RGB는 경찰이 자신과 내가 대화한 내용을 담은 수백 장에 달하는 대화록을 가지고 있다고 내게 말했다.

RGB가 유치장에서 풀려나자마자 우리는 다시 해킹을 하기 시작했다. RGB는 카네기멜론대학의 시스템들을 해킹하기 시작했고, 'tcpdump'라는 프로그램을 사용해서 교내 네트워크 트래픽을 모니터했다. 모니터링을 시작한 지 몇 주가 지날 무렵, 마침내 RGB는 CERT[1] 직원의 패스워드를 손에 넣을 수 있었다. RGB는 그 패스워드가 유효하다는 걸 확인한 후 곧장 내게

1 Computer Emergency Response Team(컴퓨터 침해사고 대응팀) – 옮긴이

연락을 해왔다. 그는 너무나 신이 난 목소리로 내게 카네기멜론대학 시스템에서 흥미로운 데이터나 해킹에 이용할 수 있는 보안 취약점을 찾아달라고 부탁했다.

피츠버그에 위치한 카네기멜론대학에 사무실을 둔 CERT는 모리스 웜이 인터넷에 연결된 전 세계 컴퓨터의 10퍼센트를 망가뜨린 후에 해킹에 대응하기 위해 1988년 11월 설립한, 미국 연방정부의 자금지원을 받는 연구소다. CERT의 목적은 네트워크 운영센터NOC, Network Operations Center를 설립해서 보안전문가들과 활발한 의사소통을 통해 대형 보안사고를 방지하는 데 있었다. 나아가 네트워크 운영센터는 보안 취약점 공개 프로그램을 통해 소프트웨어 제조업체가 보안오류에 대한 패치나 차단방법을 마련한 뒤 해당 보안 취약점을 외부에 공표하는 임무를 맡았다. 보안전문가들은 사용자들의 시스템과 네트워크를 외부 침입으로 보호하는 데 있어 CERT에 상당히 의존했다. (2004년에 미국 CERT의 임무는 미국 국토안보부로 이관된다.)

잠시 이 점을 고려해보자. 만약 누군가가 보안 취약점을 발견해 보고하면, CERT는 외부에 그 사실을 공표한다. 대부분의 CERT 보안권고 사항은 특히나 '외부에 노출된 네트워크 서비스', 그러니까 원격으로 시스템을 해킹하는 데 사용될 수 있는 운영체제 요소를 집중적으로 다뤘다. 이런 보안 취약점들은 대체로 유닉스 기반의 운영체제, 예를 들어 SunOS, 솔라리스, 아이릭스, 울트릭스와 같이 당시 인터넷에 연결된 시스템의 대부분을 차지하는 운영체제와 관련돼있었다.

종종 새로 발견된 보안 취약점은 CERT로 신고됐고, 그 중 일부는 암호화되지 않은 이메일로 신고가 이뤄졌다. 바로 이런 보안 취약점들이 나와 RGB가 노렸던 것들이었다. 시스템을 해킹하는 데 이용할 수 있는 새로운 보안 취약점을 확보하면, 그건 마치 모든 시스템에 언제든 접근할 수 있는 통로를 확보하는 것과 마찬가지였다. 우리의 목표는 '허점이 노출된 기간', 즉 보안 취약점이 발견된 후부터 해당 소프트웨어 업체가 패치를 개발해 설치하기 전까지의 시간적 틈을 노리는 것이었다. 다시 말해, 보안 취약점에는 유통기한이 존재했다. 따라서 우리는 보안 취약점이 수정되거나 차단되기 전에, 그러니까 유통기한이 끝나기 전에 그 보안 취약점을 활용해야만 했다.

나는 이전부터 RGB의 계획에 대해 알았다. 하지만 그가 CERT 직원의 계정을 손에 넣을 수 있을 거라고는 상상도 못했다. 하지만 RGB는 상당히 짧은 시간 내에 계정을 입수했고, 놀랍게도 그 전리품을 공유하는 걸 사양하지 않았다. 우리는 한 팀을 이뤄 다른 CERT 직원들의 컴퓨터도 해킹했고, 그들의 이메일 내용을 모두 입수했다. 그런 뒤 마침내 우리가 원하던 것을 손에 넣을 수 있었다. 우리가 입수한 이메일 중 상당수에는 이른바 제로데이zero-day 보안 취약점에 대한 내용이 암호화돼 있지 않은 채로 담겨있었다. 제로데이는 보안 취약점이 최근에 발견돼서 아직도 소프트웨어 제조업체가 해당 취약점을 수정하는 패치를 개발하거나 배포하지 못한다는 의미였다.

RGB와 나는 대부분의 보안 취약점이 '깨끗한 상태'로, 다시 말해 암호화되지 않은 채 이메일로 보내졌다는 사실에 기쁨을 감출 수 없었다.

앞에서 말했던 것처럼, 이 모든 일은 2년 전에 일어났다. 하지만 1994년 9월 무렵인 지금, RGB로부터 갑자기 이메일이 날아왔고, 그 이메일 때문에 나는 다시 CERT에 관심을 기울이게 된다.

잘 지내? 재미난 정보가 있어.

주소 145.89.38.7에 백스/VMS시스템이 있는데 로그인명이 opc/nocomm야.

x.25 프로토콜이 사용되는 것 같은데 확실치는 않아. 네트워크에 hutsur라는 시스템이 있고, 확실한 건 이 시스템은 x.25로 접속할 수 있다는 거지.

왜 이렇게 이 사실을 쉬쉬하는지 이상하게 생각할 수도 있겠지만, 나는 다시 해킹을 시작할 생각이고, 혹시라도 경찰이 이 사실을 알면 곤란하거든. 아무튼 내가 해킹을 다시 하려는데 네 도움이 필요해. 미국 전역에 걸쳐있는 서버의 주소를 몇 개 알려줘. 그러면 내가 아웃다이얼(outdial)을 사용해서 그 서버들에 접속하고, 그 서버들을 통해 다시 인터넷으로 접속할게.
이번에는 정말 제대로 해낼 거야. 아무도 눈치 못 채게 말이야. 모든 준비를 마치려면 한 달 정도가 걸리겠지만, 그 후에는 인터넷에서 나를 쉽게 만날 수 있을 거야. 내가 현재 어떤 해킹 프로젝트를 진행 중인지는 나중에 알려줄게. 나는 다시 CERT를 해킹할 준비를 하고 있고, 카네기멜론대학 시스템에 접속할 수 있는 다른 패스워드도 확보해뒀어. 그 패스워드들은 나중에 사용될 거야.
고마워.

추신)
내 PGP 암호 키 첨부했다.

RGB는 또 다시 CERT를 해킹할 참이었다!

1994년 10월 초, RGB가 이메일을 보내온 지 얼마 지나지 않아 나는 불량 OKI 900 휴대전화가 들어있는 작은 상자를 들고 점심식사를 하러 나갔다. 그날 나는 그 휴대전화를 다시 매장으로 보낼 생각이었다. 나는 언제나처럼 걸으면서 휴대전화로 통화를 하고 있었다. 브루클린 거리를 지나 대학가 중심부로 걸어갔고, 52번가를 건너 두 블록 정도 떨어진 내 아파트로 갈 때 갑자기 멀리서 헬리콥터 소리가 들려왔다.

헬리콥터 소리는 점점 가까워졌고, 갑자기 소리가 매우 커지더니 헬리콥터는 아주 낮게 내 머리 위를 지나갔다. 가까운 대학 운동장에 착륙하려는 것 같았다.

하지만 헬리콥터는 착륙하지 않았다.

내가 걸음을 옮기는 동안 헬리콥터는 내 머리 위를 둥둥 떠다니면서 점차 고도를 낮추었다. 이게 뭔 일이지? 머릿속이 복잡하게 돌아가기 시작했다. 만약 저 헬리콥터가 혹시 나를 쫓는 거라면? 손바닥에 땀이 났고, 심장이 쿵쾅댔다. 나는 불안감에 휩싸였다.

나는 내 아파트 단지 내에 있는 뜰로 뛰어갔다. 그곳에 있는 나무 밑에 숨는다면 헬리콥터의 추적으로부터 벗어날 수 있다고 생각했다. 나는 들고 있던 상자를 길가 화단에 던진 후 전속력으로 달렸고 휴대전화도 끊었다. 이번에도 매일 열심히 운동한 효과가 있었다.

나는 달리면서 도망칠 경로를 계산했다. 골목으로 들어가서, 왼쪽으로 꺾고, 두 블록 미친 듯이 달리면 50번가가 나올 거고, 그러면 상업지구가 나올 거야.

나는 헬리콥터 이외에도 지상에서 나를 추적하는 지원팀이 있을 거라고 생각했다. 어디선가 경찰차의 사이렌 소리가 들릴 것만 같았다.

나는 골목으로 들어섰다. 아파트단지가 있는 골목 왼쪽에 딱 붙어 달렸다. 내 모습을 숨기기에 좋았다.

바로 앞에 50번가가 눈에 들어왔다. 차가 꽉 막혀있었다.

온몸에 아드레날린이 돌았다.

나는 50번가 도로로 달려갔고, 이리저리 차를 피해 길을 건넜다.

이런! 차에 치일 뻔했다. 간신히 피했다.

나는 월그린 약국으로 뛰어 들어갔다. 속이 울렁거렸다. 심장이 세차게 뛰었고, 얼굴에서 땀이 뚝뚝 떨어졌다.

나는 다시 약국을 빠져 나와 또 다른 골목으로 들어갔다. 헬리콥터는 더 이상 보이지 않았다. 다행이다! 하지만 나는 뛰는 걸 멈추지 않았고 유니버시티대로까지 달려갔다.

나는 마침내 안도하면서 한 가게로 들어가 휴대전화로 전화를 걸었다. 하지만 채 5분도 지나지 않아 헬리콥터 소리가 점점 크게 들려왔다.

헬리콥터는 내가 있던 가게 바로 위까지 날아와 선회했다. 내가 마치 「도망자」에 나오는 리처드 킴블 박사라도 된 것 같았다. 긴장감으로 뱃속이 다시 뒤틀렸고, 불안감이 엄습했다. 도망쳐야만 했다.

가게 후문으로 빠져나가 두 블록 정도를 내달린 후 또 다른 가게로 들어갔다. 내가 휴대전화를 켜고 전화를 걸 때마다 빌어먹을 헬리콥터가 귀신같이 알고 다시 나타났다. 젠장!

나는 휴대전화를 끈 후 다시 도망쳤다.

휴대전화를 끄자 헬리콥터는 더 이상 나를 쫓지 않았다. 그제야 모든 걸 분명하게 알 수 있었다. 헬리콥터는 내 휴대전화에서 송출되는 신호로 나를 추적했던 것이다.

나는 나무 밑에 멈춰서 커다란 몸통에 등을 기댄 채 숨을 돌렸다. 걸어가던 사람들이 의심에 찬 눈초리로 나를 쳐다봤다.

몇 분이 지났지만 헬리콥터는 더 이상 보이지 않았다. 그와 함께 나도 점차 평정심을 회복했다.

나는 공중전화를 찾아 아버지에게 전화를 걸었다. "랄프스 마켓에 있는 공중전화로 지금 당장 가세요." 나는 아버지에게 집 근처에 있는 슈퍼마켓으로 가라고 말했다. 다행히도 전화번호를 기억하는 내 천재적이고 기막힌 능력이 여기서도 도움이 됐다.

아버지가 전화를 받자 나는 헬리콥터 추격전에 대해 말했다. 아버지가 위로를 해주고 이해해 줄 거라 기대했다. 하지만 아버지는 내 예상과는 전혀 다른 반응을 보였다.

"케빈, 누군가 헬리콥터로 널 추격한다고 생각한다면 너 정말 정신병원에라도 가야 하는 것 아니냐?"

Caem alwYmek Xptq'd tnwlchvwxz lrv lkkzxv?

32 시애틀의 잠 못 이루는 밤

FBI는 내가 해킹하는 걸 범죄로 간주했다. 그렇다면 만약 내가 해킹을 하되 그 상대가 다른 해커라면 그건 범죄일까, 아닐까?

케빈 폴슨의 공범으로 기소돼 재판을 기다리고 있는 마크 로터라는 사내는 네트워크위저드라는 회사를 소유하고 있었다. 그 회사는 이른바 '휴대전화 실험자용 키트'를 판매했다. 그 키트는 해커나 프리커들, 사기꾼들이 PC를 통해 OKI 900과 OKI 1150 휴대전화를 조작할 수 있게 했다. 일부 사람들은 로터가 OKI 900 휴대전화 소스코드를 가지고 있다고 생각했다. 또 다른 사람들은 로터가 그 키트를 개발하기 위해 휴대전화 운영체제를 역설계했다고 생각했다. 소스코드든 역설계한 코드든 나는 로터가 보유한 데이터를 손에 넣고 싶었다.

나는 사전조사를 통해 마크 로터의 여자친구 이름이 릴 엘럼이라는 걸 알아냈다. 공교롭게도 그녀는 썬 마이크로시스템스에서 근무했다. 나로선 이보다 더 좋을 수 없었다. 나는 이전에 내가 해킹했던, 캐나다에 위치한 시스템을 통해 여전히 썬의 사내 네트워크에 접속할 수 있었고, 실제로 그 경로를 통해 쉽게 릴리의 사무실 컴퓨터를 해킹할 수 있었다. 나는 '스니피'

프로그램을 설치해 그녀의 네트워크 트래픽을 모두 감시하기로 했고, 그녀가 로터의 컴퓨터나 자신의 집 컴퓨터에 접속하기를 기다렸다. 그리고 기다린 보람이 있었다.

```
PATH: Sun.COM(2600) => art.net(telnet)
STAT: Thu Oct 6 12:08:45, 120 pkts, 89 bytes [IDLE TIMEOUT]
DATA:
lile
m00n$@earth
```

마지막 두 줄은 그녀의 로그인정보였다. 윗줄이 사용자이름이고 그 다음 줄이 패스워드였다. 나는 이 정보를 사용해서 그녀의 집에 있는 서버에 접속했고, 아직 보안패치가 되지 않은 취약점을 통해 루트권한을 확보했다.

나는 그녀 집에 있는 서버인 'art.net'에 스니퍼를 설치했고, 며칠을 기다리자 그녀는 로터의 시스템에 접속했다. 물론 그 과정에서 로터의 시스템에 접속할 수 있는 로그인정보를 내게 알려줬다. 나는 새벽까지 기다리다가 로터의 시스템에 로그인한 뒤 여자친구의 시스템에서 발견했던 것과 똑같은 보안 취약점을 통해 루트권한을 확보했다.

나는 로터의 파일시스템에서 '*oki*'를 검색했다(별표는 임의문자기호로, 이 경우에는 '파일명에 'oki'라는 문자열이 들어있는 파일을 모두 검색하라'는 의미다). 검색을 통해 찾아낸 파일들을 살펴보자, 로터는 OKI 900의 소스코드는 없었지만 운영체제를 역설계했다는 걸 알 수 있었다. 나아가 그는 그 과정에서 또 다른 해커의 도움을 받고 있었다.

그렇다면 마크 로터를 도와 OKI 900의 운영체제를 역설계하는 걸 도와준 사람은 누구였을까? 놀라지 마시라. 그는 바로 샌디에이고 슈퍼컴퓨터 센터에서 근무하면서 보안전문가로 명성을 떨치던, 그리고 자부심이 매우 강한 츠토무 시모무라였다. 이해하기 힘든 일이었다. 당시 마크 로터는 케빈 폴슨 사건으로 인해 연방정부로부터 기소된 상태였다. 그런데 연방정부의 돈을 받고 일하는 보안전문가의 도움을 받다니. 이 상황을 어떻게 해석해야 하나?

나는 이전에 딱 한 번 시모무라와 접촉한 적이 있었다. 물론 시모무라는 그게 나라는 걸 몰랐다. 1년 전인 1993년 9월에 나는 썬 마이크로시스템스의 사내 네트워크에 접속했고, 시모무라가 썬의 대표적인 운영체제였던 SunOS의 보안 취약점을 발견해서 회사에 보고하고 있다는 걸 알아냈다. 나는 그 정보를 원했고, 따라서 시모무라의 서버를 해킹했다. 나는 UC샌디에이고에 위치한 'euler'라는 서버를 해킹해서 루트권한을 확보한 후 네트워크 스니퍼프로그램을 설치할 수 있었다.

그날 아마도 행운의 여신은 내 편이었던 것 같다. 해킹 후 단 몇 시간 만에 나는 'david'라는 사용자가 시모무라의 서버 중에 하나인 'ariel'에 접속하는 과정을 포착했다. 나는 네트워크 감청프로그램을 사용해서 david의 패스워드를 손에 넣었고, 그 정보로 시모무라의 시스템에 접속했다. 그리고 발각돼 연결이 차단되기 전까지 며칠 동안 그 시스템을 뒤질 수 있었다. 시모무라는 david가 해킹당한 사실을 알아채고는 나를 추적하려 했지만 헛수고였다. 지금 생각해 볼 때 아마도 시모무라는 자신의 네트워크 트래픽을 모니터링하다가 내 해킹 사실을 발견한 것 같다.

나는 연결이 차단되기 전에 시모무라의 시스템에서 많은 파일들을 빼낼 수 있었다. 대부분은 그다지 재미없는 것들이었다. 하지만 나는 언젠가 다시 시모무라의 시스템을 다시 해킹할 날이 올 거라고 생각했고, 이제 마크 로터 덕분에 내 관심사는 다시 시모무라의 시스템으로 향했다.

마크 로터의 시스템을 뒤지다 보니 OKI 휴대전화의 키패드를 사용해서 단말기일련번호를 변경하는 내용이 적힌 파일이 있었다.

> 단말기일련번호를 설정하려면, 먼저 디버그 모드를 열 것.
> 명령어는 #49 NN SSSSSSSS <SND>
> NN은 01, 또는 02를 입력.
> SSSSSSSS에는 새 단말기 입력번호를 헥스값으로 입력.
> 암호는 쉽게 변경할 수 있게 000000으로 설정!

알고 보니 마크 로터와 시모무라는 역설계를 통해 특수한 운영체제를 만들어냈고, 그 운영체제를 이용하면 쉽게 휴대전화 키패드로 단말기일련번호를 변경할 수 있었다. 단말기일련번호를 변경하는 목적은 딱 하나였다. 바로 다른 단말기로 복제하기 위해서였다. 나는 기가 막혀서 고개를 저으며 실소했다. 더 이해하기 힘든 건 도대체 왜 기소 중인 해커와 보안전문가가 휴대전화를 복제하려 하는가였다. 나는 그 답을 끝내 찾아내지 못했다.

아무튼 내가 애당초 목표로 했던 OKI 휴대전화의 소스코드는 끝내 입수하지 못했다. 로터의 파일을 뒤지는 과정에서 나는 시모무라가 OKI 운영체제를 역설계하기 위해 8051 '역어셈블러disassembler' 프로그램을 작성했다는 걸 알아냈다. 또한 OKI 역설계와 관련해 로터와 시모무라가 주고받은 많은 이메일 내용도 읽었다. 그 중에 한 통은 매우 흥미로운 내용을 담고 있었다. 로터는 시모무라에게 'modesn.exe'라는 실행파일을 보냈고, 이런 내용이 적혀있었다.

> OKI 단말기일련번호 변경프로그램. Copyright (C) 1994 네트워크위저드.

그것만으로 그게 어떤 파일인지는 충분히 알 수 있었다. 바로 OKI 휴대전화의 단말기일련번호를 변경하기 위한 프로그램이었던 것이다. 이 점도 흥미로웠다. 나는 이 모든 것의 목적은 딱 하나뿐이라고 생각했다. 사기를 치기 위해서였다.

나는 휴대전화와 관련된 로터의 파일과 시모무라와 주고받은 이메일을 모두 압축했다. 하지만 압축하는 데 시간이 너무 오래 걸렸다. 이번에는 압축파일을 전송하는 데 갑자기 연결이 끊겼다. 로터가 집에 돌아와 컴퓨터를 보고는 뭔가 잘못됐다는 걸 알아챈 게 분명했다. 네트워크 케이블선을 뽑아서 전송을 중단시킨 게 틀림없었다. 젠장! 그와 함께 인터넷에서 그의 컴퓨터도 종적을 감췄다.

이튿날 로터의 서버는 다시 인터넷에 접속했다. 하지만 로터는 이미 모든 패스워드를 변경해놓은 뒤였다. 나는 굴하지 않고 그의 서버에 접속할 다른 방법을 찾았고, 로터가 초고속 뉴스서비스인 'pagesat.com'에 있는 서버들을 일부 관리하고 있다는 걸 알았다. 나는 채 하루도 안 돼 그 서버들에 접속해서 루트권한을 확보한 뒤 스니퍼프로그램을 설치했다.

나는 스니퍼프로그램을 계속 지켜봤다. 몇 시간이 흐르자 마크 로터가 pagesat에 로그인을 했고, 그곳에서 자신의 서버로 연결한 뒤 다시 로그인했다. 물론 내가 설치해놓은 스니퍼프로그램의 그의 로그인정보를 가로챘다.

나는 흥분한 채로 마크 로터가 잠자리에 들었을 무렵인 새벽 6시까지 초조하게 기다렸다. 그런 후 그의 서버에 접속해 로그인했다. 놀랍게도 내가 전날 전송하려 했던 파일은 삭제되지 않은 채로 있었다. 30분 뒤, 나는 넷컴에 내가 해킹해 둔 계정으로 그 파일의 전송을 마쳤다.

로터와 시모무라가 주고받은 이메일을 살펴보니 OKI 역설계는 로터가 주도했고, 시모무라는 시간이 날 때마다 도움을 준 것 같았다. 시모무라의 컴퓨터에도 OKI의 변형된 운영체제가 있는 게 분명했고, 어쩌면 내가 로터에게서 빼내지 못한 정보들도 있을지 몰랐다. 나는 더 파보기로 결심했다. 언제가 됐건 시모무라의 컴퓨터에 다시 침투해야만 했다.

나는 종종 감정을 숨기지 못한다. 버지니아 메이슨의료센터에서 기술지원직으로 근무한 지 3개월이 지날 무렵, 내 상사가 말했다. "자네 업무를 지루하게 여긴다는 건 아네."

"예, 맞습니다. 그래서 다른 일자리를 찾아보려고요."

비록 다시 실직자가 돼서 수입이 끊긴다고 해도 나는 지루한 일을 더 이상 안 해도 된다는 생각에 기뻤다. 말마따나 인생은 짧으니까.

그렇게 나는 다시 킨코스로 돌아가 위조 이력서를 새로 만들어야 했다. 나는 당시 휴대용 래디오샥 프로-43 무전수신기를 늘 지니고 다녔고, 수신기는 FBI, 마약단속국, 교정본부, 연방사법경찰을 비롯해 재무부 휘하 비밀검찰국이 사용하는 무선주파수를 감지하도록 설정돼있었다. 앞에서도 말했듯이, FBI는 종종 혹시나 용의자가 감청할 경우를 대비해 다른 기관의 주파수를 '임대'해서 사용했기에 이 많은 기관들의 주파수를 모두 수신해야만 했다. 무전통신 수신기의 잡음억제 회로는 가까운 곳에서 들려오는 신호만 감지하도록 설정돼있었다.

막 새 이력서 작성을 마칠 때 수신기가 지직대더니 목소리가 흘러나왔다. 나는 잡음억제 회로를 약간 연 후 기다렸다. 잠시 후 비밀검찰국이 사용하는 주파수로 무전이 흘러나왔다.

"현재 상태는? 오버."

"이상 없음. 오버."

흥미로웠다. 연방정부 요원들이 잠복수사를 펼치고 있는 게 분명했다. 나는 소리를 키웠고, 무전을 더 잘 잡기 위해 수신기를 컴퓨터 위에 올려놓았다.

잠시 후 수신기에서 왁자지껄하게 목소리가 흘러나왔다. 마치 TV 형사 드라마에서 사건이 절정에 달했을 때 들리는 그런 소란스러움이었다. 급습이 진행되고 있는 게 분명했다.

"우리 쪽은 이상 없음. 오버." 누군가가 말했다.

"현재 골목에서 뒷문을 감시하고 있다. 오버." 또 다른 누군가가 응답했다.

옆자리 컴퓨터에 앉아있던 아가씨가 내게 무얼 듣는 거냐고 물었다. 나는 웃으며 비밀검찰국 무전이라고 말했고, 크게 웃은 뒤 덧붙였다. "오늘 밤 누군가가 아주 난처한 상황에 처할 것 같은데요." 그 말에 아가씨도 웃었다. 우리는 다음에 벌어질 일을 기대하며 수신기에 귀를 기울였다.

"혹시 이 녀석 컴퓨터매장에 있는 거 아냐?" 갑자기 목소리가 흘러나왔다.

뭔가 이상했다. 목표물이 컴퓨터매장인지, 아니면 매장 안에 있는 손님인지 알 수 없었다.

수신기에서는 아무런 응답이 흘러나오지 않았다.

갑자기 불안해지면서 걱정이 밀려왔다. 혹시 요원들이 기다리는 게 내가 아닐까? 나는 하던 컴퓨터작업을 중단하고 수신기에 온 신경을 집중했다.

갑자기 다시 목소리가 흘러나왔다. "이 자식 어떤 차를 몰지?"

다행히 목표는 내가 아니었다. 왜냐하면 당시 나는 대중교통을 이용했기 때문이다. 하지만 여전히 컴퓨터매장이란 말이 신경 쓰였다.

20분 정도가 지났고, 마침내 작전이 시작됐다. "지금 진입한다."

그런 뒤 수신기는 잠잠해졌다.

나는 잠시 중단했던 컴퓨터작업을 다시 시작했고, 시애틀지역에 있는 15개 직장에 제출할 각기 다른 이력서를 15개 작성했다. 언제나처럼 이력서는 채용공고에 나온 자격조건의 90퍼센트 정도만 부합하게 작성했다. 그래야만 면접이 성사될 확률이 가장 높았다.

수신기에서는 여전히 아무 소리도 들리지 않았다. 내 옆자리에 앉아있던 아가씨가 자리에서 일어나 웃으며 내게 작별인사를 했다. 우리는 수신기를 보며 웃었다. 요원들이 기다리고 있는 사내에게 과연 어떤 일이 벌어질지 궁금했다.

자정이 약간 지난 무렵이 되자 이력서와 자기소개서 작성이 끝났다. 나는 대부분 학생들로 이뤄진 긴 줄에 선 채 아이보리색 고급종이에 이력서를 프린트할 차례를 기다렸다. 마침내 내 순서가 됐지만, 점원은 프린트가 다음 날 아침에야 가능하다고 말했다. 젠장! 나는 한시라도 빨리 이력서를 보내고 싶었다. 점원은 몇 블록 떨어진 곳에 있는 다른 킨코스매장으로 가보라고 말했다. 걸어서 도착한 킨코스매장에서도 똑같은 말을 들었다. "내일 아침까지 기다리셔야 합니다." 나는 내가 밤새 해킹을 할 거고, 아침에야 잠이 들어 오후에나 킨코스매장에 올 거라는 걸 알았지만, 그래도 아침에 찾으러 오겠다고 말한 뒤 매장을 나섰다.

하지만 상황은 내 생각과는 정반대로 돌아갔다.

집에 돌아오는 길에 나는 아파트 근처에 있는 24시간 영업하는 세이프웨이 슈퍼마켓에 들러 생필품과 늦은 저녁식사를 대신할 터키 샌드위치와 감자칩을 샀다.

아파트에 도착하니 시간은 이미 새벽 1시를 넘기고 있었다. 나는 수신기로 비밀검찰국의 무전통신을 엿들은 후 약간 불안한 상태였다. 그래서 첩보소설에 나오는 주인공처럼 아파트 건너편 쪽에 있는 길을 따라 내려가면서 내 방에 불이 켜져 있는지를 확인했다.

불이 꺼져 있었다. 캄캄했다. 나는 늘 불을 켜놓고 다니기에 뭔가 잘못됐다는 걸 직감했다. 혹시 오늘은 불을 다 끄고 나왔었나? 아냐, 뭔가 다른 일이 생긴 것 같은데? 거리에 빨간색 트럭이 주차돼있었고, 앞자리에 두 명이 앉아있는 게 눈에 들어왔다. 남자와 여자가 입을 맞추고 있었다. 갑자기 우스운 생각이 들었다. 혹시 잠복근무를 하던 FBI요원들이 서로 눈이 맞은 게 아닐까? 당연히 그럴 가능성은 없었고, 하지만 웃긴 생각을 한 덕분인지 긴장이 약간 풀렸다.

나는 트럭으로 다가가 조수석에 앉은 여자에게 물었다. "저, 미안한데요, 여기서 친구를 만나기로 했거든요. 혹시 여기서 누군가가 기다리는 걸 봤나요?"

"그건 못 봤고, 저 아파트에서 사람들이 상자를 가지고 나오는 건 봤어요." 여자는 내 방을 가리키며 말했다. 뭐라고? 나는 고맙다고 말한 뒤 그 집은 내 친구 집이 아니라고 말했다.

나는 계단을 쏜살같이 뛰어올라가 아파트 관리자인 데이빗의 집으로 가서 초인종을 눌렀다. 잠자리에 들었을 시간이란 건 알았지만 이것저것 가릴 처지가 아니었다. 데이빗이 졸린 목소리로 소리쳤다. "누구세요?" 내가 대답하지 않자 데이빗은 문을 살짝 열었고, 나를 본 뒤 졸리고 짜증스런 목소리로 말했다. "브라이언? 웬 일이에요?"

나는 최대한 불안감을 드러내지 않은 채 침착하게 말했다. "혹시 내 방에 누군가 들어보냈어요?"

데이빗은 내가 전혀 예상치 못한 놀랄만한 대답을 했다.

"아뇨. 형사들이랑 비밀검찰국 요원들이 당신 아파트 문을 부수고 들어갔어요. 시애틀경찰에서 수색영장과 명함을 남겨뒀고, 당신에게 즉각 전화하라고 전해달라고 했어요."

데이빗은 이제 잠에서 깨어 완전히 짜증이 난 상태였다. 그가 덧붙였다. "그리고 문 수리비는 당신이 지불해야 합니다."

"예, 그러죠."

나는 즉각 경찰에 전화를 걸겠다고 말했다.

온몸이 땀에 젖었고, 긴장으로 입안이 바짝 말라왔다. 뱃속도 뒤틀렸다. 나는 다시 층계를 빠르게 내려가 골목으로 들어섰다. 수상한 차가 없는지, 혹시 지붕에서 누군가가 지켜보고 있는지를 살폈다.

수상한 움직임은 없었다.

그나마 다행이었던 건 나를 찾아온 게 FBI가 아닌 시애틀경찰이라면 그들이 찾는 건 도주한 해커 케빈 미트닉이 아닌 불법으로 휴대전화를 사용한 브라이언 메릴이라는 점이었다.

아파트 관리자 데이빗은 시애틀경찰과 비밀검찰국이 내 아파트를 수색한 뒤 떠났다고 말했다. 하지만 그들이 내 집을 뒤지고 난 후 잠복했다가 나를 체포하지 않고 그냥 떠났다는 게 믿어지지 않았다.

나는 최대한 빨리 걸었다. 뛸 수는 없었다. 아파트 관리자가 이미 경찰에 전화를 걸어 내가 나타났다가 사라졌다고 신고했을 게 분명했고, 뛰다가는 눈에 잘 띄기 십상이었다.

다행히도 나는 집을 나설 때 서류가방을 가지고 나갔다. 서류가방에는 새로운 신원을 만드는 데 필요한 모든 서류가 들어있었다. 갑자기 어디선가 경찰이나 수상한 차가 들이닥칠 것만 같았다. 나는 생필품이 담긴 봉투를 쓰레기통에 버렸다.

심장이 갈수록 세차게 뛰었다. 나는 최대한 빨리 걸으면서 대로를 피해서 아파트에서 두 블록 정도 떨어진 곳으로 벗어났다. 걸으면서도 계속해서 서류가방에 담겨있는 서류들, 특히 사우스다코타 주에서 손에 넣은 아무것도 적혀있지 않은 출생증명서가 신경 쓰였다.

그렇다고 해서 그 서류들을 버릴 수는 없는 노릇이었다. 아니, 오히려 지금은 그 서류들이 더욱 필요했다. 내가 새로 만든, '평생 쓸 수 있다'고 생각했던 신원은 이미 무용지물이 됐다. 새로운 신원이 필요했고, 따라서 더욱 더 서류가방에 집착할 수밖에 없었다. 마치 모퉁이만 돌면 FBI가 나를 기다리고 있을 것만 같았다. 혹시 저 주차된 차에? 나무 뒤에? 저 아래 있는 아파트건물 현관에?

마치 며칠간 물 한 방울 못 마신 것처럼 입안이 바짝 타 들어갔다. 너무나 긴장해서 어지럽기까지 했다. 얼굴 위로 땀방울이 비 오듯 흘러내렸다.

나는 한 술집으로 들어갔고, 웃고 떠들면서 술을 마시며 파티를 하는 이들을 제치고 화장실로 들어간 뒤 변기가 있는 곳으로 들어가 문을 잠갔다. 어머니에게 전화를 걸고 싶었지만 휴대전화를 쓸 엄두가 안 났다. 그래서 단지 변기 위에 걸터앉아 다음에 어떻게 해야 할지를 고민했다. 택시를 불러서 여기서 최대한 빨리 벗어나는 거야. 비밀경찰국 차량이 나를 찾아 거리를 순찰하고 있을지도 몰랐다. 나는 일단은 거리 인파 속으로 사라지고 싶었다.

숨을 돌리고 난 후 나는 다시 거리로 나섰다. 이곳에서 나를 빼내줄 택시를 찾는데 갑자기 버스가 휙 지나갔다.

버스다! 이곳을 빠져나갈 기회야!

나는 미친 듯이 버스 뒤를 쫓아 다음 블록에서 멈춰선 버스에 올라탔다. 버스의 목적지가 어딘지는 중요하지 않았다. 그저 이곳에서 멀리 벗어나기만 하면 됐다.

나는 한 시간 정도 버스를 탔고 종점에서 내려 찬 공기를 마시며 머리를 식혔다.

세븐일레븐에 들어가 공중전화로 어머니에게 삐삐를 쳤다. 호출 메시지에 '비상사태'를 뜻하는 암호인 3이란 숫자를 전송했다. 나는 어머니가 잠자리에서 일어나 옷을 입고 카지노호텔로 차를 몰고 가서 내게 자신이 있는 카지노호텔의 전화번호를 다시 호출할 때까지 기다렸다. 약 40분 정도 지난 후 내 호출기가 울렸고, 호출기 화면에는 시저스팰리스 호텔의 전화번호가 찍혔다. 나는 호텔로 전화를 걸어 안내원에게 어머니를 호출해 달라고 했고, 마침내 어머니와 통화를 했다.

어머니에게 내가 간신히 경찰의 추적을 피했고 이제 아파트로 다시 돌아가기에는 너무 위험하다고 말했다. 지금 상당히 불안한 상태이며, 체포돼 감옥으로 보내어져 수감되지 않은 게 그나마 다행이라고 말했다.

전화를 끊은 후 나는 전화번호부를 뒤져 스타벅스가 최초로 매장을 연 시애틀 시내의 파이크플레이스마켓에서 가까이 있는 모텔을 골랐다. 택시를 불렀고, 가는 도중 기사에게 잠시 현금인출기 앞에 세워 달라고 한 후 최대출금한도액인 500달러를 인출했다.

나는 모텔에 투숙하면서 내가 전에 사용했던 에릭 바이스란 신원을 사용했다. 당시 내 서류가방에는 에릭 바이스의 신분증이 여전히 들어있었다.

내 계획은 이튿날 아침 모텔에서 나와 종적도 남기지 않고 시애틀을 뜨는 것이었다.

잠자리에 들려 하자 큰 실망감이 밀려왔다. 내가 지니고 있는 것이라곤 입고 있는 옷과 드라이클리닝을 맡긴 옷들, 그리고 신분증 관련 서류가 잔뜩 들어있는 서류가방이 전부였다. 나머지 모든 것은 여전히 아파트에 있었다.

이튿날 아침 나는 일찍 눈을 떴다.

경찰의 내 아파트 급습은 지난 밤 매우 늦은 시간에 일어났기에, 나는 경찰이 사건에 대해 보고서를 작성하고 압수한 모든 증거물을 등록한 뒤 그날 업무를 종결했으리라고 예상했다. 다시 말해, 너무 늦은 시간이라서 아마도 컴퓨터나 서류를 뒤져서 내가 옷을 맡긴 세탁소의 영수증을 찾아내거나 내가 현금을 넣어둔 은행계좌까지는 아직 살펴보지 못했으리라고 기대했다.

따라서 내 첫 번째 목적지는 세탁소였다. 세탁소는 아침 일찍부터 문을 열었고, 그곳에는 내가 입고 있던 청바지, 까만 가죽자켓, 그리고 하드락 티셔츠 외에 여러 옷들이 있었다.

은행은 9시에 문을 열었다. 은행 문이 열리자마자 제일 먼저 은행 안으로 들어온 고객이 누구인지는 말 안 해도 알 것이다. 나는 은행계좌를 해지했다. 은행계좌에는 고작 4,000달러의 돈만 있었지만 다시 잠적하려면 반드시 필요한 피 같이 소중한 돈이었다.

이미 내 노트북컴퓨터, 플로피디스크, 또 다른 무전통신 수신기, 컴퓨터 장치들, 그리고 암호화된 백업용 테이프는 시애틀경찰이 가져간 후였다. 따라서 휴대전화를 복제하는 범죄자 브라이언 메릴이 실제로는 FBI가 혈안이 돼 찾고 있는 해커 케빈 미트닉이라는 사실이 밝혀지는 건 시간문제였다.

아니 어쩌면 시애틀경찰은 이미 그 사실을 알고 있는 게 아닐까?

사회공학 기법에 뛰어난 영리한 해커라면 이런 질문에 대한 답을 찾아내는 건 그다지 어렵지 않은 일이다.

나는 시애틀 지방검찰청으로 전화를 걸어 첨단기술 사기 사건을 담당하는 지방검사를 바꿔달라고 요청했다.

"아, 이반 오튼 검사님이요?" 상대방이 말했다.

나는 오튼 검사의 비서에게 전화를 걸어 말했다. "재무부 비밀검찰국 특수요원 로버트 테렌스라고 합니다. 혹시 어젯밤 진행됐던 휴대전화 사건과 관련해서 수색영장과 사건보고서 사본을 가지고 있나요?"

"아뇨, 그건 기록실로 문의하셔야 합니다." 비서는 기록실 전화번호를 알려줬다.

기록실 여직원은 수색이 진행된 곳의 주소를 알려달라고 말했다. 내가 주소를 말해주자 여직원이 말했다. "아, 예. 여기 있네요."

"잘 됐네요. 내가 지금 현장이라서 그런데, 혹시 사본을 팩스로 보내줄 수 있을까요?"

"미안하지만 힘들겠는데요. 기록실에 팩스가 없어서요."

여기서 물러설 내가 아니다. "그래요. 잘 알겠습니다. 다시 전화하죠."

기록실에 팩스가 없다고? 기가 막혔다. 당시는 1994년이었다. 그런데도 사무실에 팩스가 없다니. 하지만 막상 지방검찰청 건물에 있는 다른 사무실로 전화를 걸어 알아본 결과 팩스가 있는 사무실을 찾기란 쉽지 않았다. 시애틀 시정부는 팩스를 구매할 예산이 없는 게 분명했다.

마침내 법률서적을 관리하는 장서실에 팩스가 있다는 걸 알아냈다. 나는 능수능란하게 설득해서 장서실 여직원으로 하여금 기록실로 가서 사건보고서 사본을 받아 팩스로 전송하게 했다. 이 모든 게 다 '비밀검찰국 요원'을 위한 일이었다. 나는 팩스를 벨뷰에 있는 킨코스로 보내게 했다. 나는 팩스가 도착할 충분한 시간을 준 뒤 언제나처럼 팩스를 세탁했고, 그런 뒤 또 다른 킨코스매장에서 팩스를 찾았다. 이 모든 과정은 빠르게 진행됐고, 따라서 경찰이나 비밀검찰국이 알았다 해도 어찌할 시간적 여유가 없었다.

나는 커피숍에 앉아 사건보고서를 한 줄 한 줄 찬찬히 읽어 내려갔다. 알고 보니 몇 주 동안 휴대전화사기 수사관들이 내 뒤를 미행했었다. 갑자기 내 집 건너편에 주차돼있던, 한 사내가 타고 있던 지프차가 떠올랐다. 그렇다면 그 자식도? 내 직감이 맞았던 것이다. 그는 수사관 중 한 명이었다. 수색영장에 적힌 내용에 의하면, 수사관들은 여러 주 동안 내 통화내용을 감청했다. 나는 주마다 수 차례 어머니에게 전화를 걸었던 걸 생각했다. 어머니는 카지노호텔에서 내 전화를 받아 나와 통화를 할 때면 때때로 내 실명을 말하곤 했다. 하지만 수사관들은 그 사실을 알아채지 못한 게 분명했다. 수사관들은 내기 복제된 휴대전화를 사용하는 것 말고도 뭔가 더 미심쩍은 게 많다고는 생각했지만, 다행히 내 정체는 여전히 몰랐다. 만약 내가 지명수배된 케빈 미트닉이라는 걸 알았다면 급습이 이뤄진 날도 밤늦게까지 내 아파트 주변에 잠복해 있다가 나를 체포했을 것이다.

혹시 수사관들이 내 전화통화내용을 녹음했거나 내 사진을 찍어둔 게 아닌지 걱정스러웠다. 내가 전화를 걸면 수사관들이 내 목소리를 알아챌 게 분명했기에 나는 일단 루이스에게 전화를 걸어 도움을 요청했다. 우리는 함께 현재 상황에 대해 고민했다. 나는 방법을 생각해냈다. 루이스가 수사관에게 전화를 걸어 최대한 정보를 알아내보기로 한 것이다. 어떻게든 수사관들이 내 음성 녹음기록이나 사진을 확보했는지 알아내야 했다.

루이스가 통화를 하는 동안 나는 내 휴대전화에 음소거 기능을 켜둔 채 대화내용을 들었다. 루이스는 이반 오튼 검사로 가장해서 케빈 파자스키라는 수사관에게 전화를 걸었다.

파자스키가 말했다. "어차피 내일 검사님 사무소에서 만나기로 한 걸로 아는데요."

루이스가 기회를 놓치지 않고 말했다. "맞소. 회의는 예정대로 열릴 겁니다. 다만 몇 가지 급하게 물어야 할 게 있소." 그런 뒤 루이스는 혹시 음성을 녹음해 둔 테이프가 있냐고 물었다. 파자스키는 없다고 답했다. 통화내용을 엿들으면서 필기는 했지만 녹음은 하지 않았다고 말했다.

휴! 천만다행이군! 루이스는 이번에는 용의자 사진이 있냐고 물었다. 또다시 같은 답이 돌아왔다. 사진은 없었다. 다행이야! 루이스는 전화를 끊기 전에 멋지게 덧붙였다. "잘 알겠소. 나머지 질문은 내일 회의에서 하겠소. 그럼 내일 봅시다."

나는 비록 매우 스트레스를 받은 상태였지만 루이스가 전화를 끊고 나자 저절로 웃음이 터져 나왔다. 루이스도 웃었다. 다음 날 회의에서 자신들이 속았다는 걸 깨달은 후의 모습이 상상되자 웃음을 참을 수가 없었다. 하지만 그때는 이미 딱히 조치를 취하기엔 늦었고, 나는 내가 원하던 정보를 이미 알아낸 후였다.

전화를 한 건 잘한 일이었다. 나는 수사보고서에서 급습이 불법으로 휴대전화를 이용해 전화를 걸 던 이를 체포하기 위해서일 뿐, 결코 케빈 미트닉과는 아무런 연관이 없다는 걸 확인할 수 있었다.

수사관들이 달랑 명함만 남겨둔 채 돌아오면 경찰서로 전화를 하라고 일러둔 후 떠난 것도 그 때문이었다. 수사관들은 아마도 범인이 공짜로 휴대전화를 거는 방법을 알아낸 대학생에 불과하다고 생각했고, 따라서 잠복해서 체포할만한 범죄는 아니라고 생각했던 것이다.

만약 내가 도피 중만 아니었다면, 그저 웃어넘길 수 있는 사소한 사건이었다.

나는 시애틀을 떠나 타코마로 향하는 그레이하운드 버스에 몸을 실었다. 타코마에서 다시 포틀랜드로 향하는 기차를 갈아탄 후 마지막으로 비행기로 갈아타고 LA로 갈 예정이었다.

도중에 나는 론 오스틴에게 전화를 걸어 급습을 당했다고 말했다. 후에 알고 보니 론에게 그 이야기를 해준 건 멍청한 실수였다. 페터슨처럼 론도 형을 감량받기 위해 FBI의 정보원역할을 하고 있었던 것이다. 그는 나와의 대화내용을 녹음해서 지속적으로 FBI에게 건넸다. 그러면서 양쪽을 모두 만족시켰다. 내게는 캘리포니아 주 차량면허국 시스템에 접근하는 방법을 가르쳐주는 친절을 베풀면서, 다른 한쪽으로는 FBI에게 수사협조를 제공했다. 그는 보석으로 풀려난 상태에서 루이스와 나에 대한 정보를 수집해 특수요원 맥과이어를 비롯한 FBI에 그 정보를 넘기고 있었다. 내게 차량면허국 데이터베이스에 접속하는 방법을 가르쳐주고 내 신뢰를 얻은 그의 방법이 대단히 영리했다는 건 나도 인정한다.

론 오스틴은 나와 통화를 한 뒤 자신의 FBI 담당자에게 전화를 걸어 비밀검찰국이 휴대전화 복제로 막 급습했던 용의자가 사실은 케빈 미트닉이라고 보고했을 게 틀림없다. 나는 론에게 내가 시애틀에 머물고 있다는 얘기는 안 했지만, 비밀검찰국 정도 되면 그런 정보는 쉽게 알아낼 수 있었다.

(론은 내가 이 책을 쓰는 동안 내 취재에 응하면서 꽤 흥미로운 얘기를 들려줬다. 당시 FBI는 론의 호출기를 복제해서 내가 론에게 미리 말해둔 시간에 론에게 전화를 걸 공중전화번호를 호출하기를 기다렸다. 내 전화를 추적하기 위해서였다. 하지만 FBI는 내가 추적을 피하기 위해 전화국 교환기를 내 마음대로 조작할 수 있다는 사실을 몰랐고, 게다가 내가 늘 주의하면서 전화가 추적될 경우 교환기에서 흘러나오는 경고메시지를 조심했다는 걸 몰랐다. 대화하는 상대방이 론처럼 뛰어난 해커일 경우, 내가 특히나 조심했다는 걸 몰랐던 것이다. 아무튼 내 방비책은 대단히 효과적이어서 FBI는 결코 내 전화를 추적하지 못했다.)

LA에 도착한 뒤 나는 유니온 역에서 가까운 곳에 모텔을 잡았다. 한밤중에 일어나 불을 켜보니 바닥에 바퀴벌레가 수십 마리 돌아다니고 있었다. 구역질이 났다. 몇 발자국 떨어진 화장실을 갈 때도 신발을 신어야 했고, 신발을 신을 때면 우선 신발을 뒤집어 흔들어 바퀴벌레가 신발 안에 둥지를 튼 게 아닌지 확인해야 했다. 몸서리가 쳐질 정도로 너무나 징그러워서 결국 그 모텔을 빠져나왔다. 15분 뒤 나는 메트로플라자 호텔로 방을 옮겼다. 그 호텔을 택한 이유는 내게 그 호텔이 특별한 의미가 있기 때문이었다. 내가 LA 연방범죄자 도심 구류센터에서 독방에 수감돼있던 동안 창 너머로 늘 그 호텔이 보였다. 그때 돌처럼 딱딱한 침상이 있는 7.4제곱미터의 비좁은 독방에서 그 호텔을 바라보며 얼마나 머물고 싶어 했던가!

당시 아버지와는 연락을 못한 지가 꽤 됐었다. 아버지는 내가 체포를 간신히 피했고, 시애틀경찰이 눈앞에서 FBI가 2년째 쫓던 용의자를 놓친 것도 몰랐다는 내 이야기를 들으며 아무런 반응도 하지 않았다. 마치 내게 어떤 말을 해줘야 할지 모르겠다는 표정이었다. 아버지에게 내 이야기는 영화의 한 장면처럼 느껴졌고, 어쩌면 내가 상상 속에서 지어낸 이야기처럼 들렸으리라.

나는 대신 보니에게 전화를 걸어 내가 LA에 있으며 만나고 싶다고 말했다. 왜 보니에게 전화를 걸었을까? 사실 내 마음을 털어놓을 사람이 내 주변에는 몇 없었다. 이전에 나와 함께 해킹을 하던 친구들은 서서히 나와의 우정을 배신했다. LA에서 보니 말고는 믿을 수 있는 사람이 없었다.

보니 또한 나름대로 나를 만날 이유가 있었다. 루이스 드페인은 내 컴퓨터와 테이프, 디스크가 시애틀에서 압류됐다는 걸 알았고, 따라서 자신과 나의 관계에 대해 경찰이 얼마나 파악하고 있는지, 나아가 그 내용이 자신에게 얼마나 불리하게 작용할지 알고 싶어 했다. 따라서 보니가 나를 만난 건 자신의 사랑하는 애인 때문이었고, 나로부터 시애틀경찰과 비밀검찰국이 내 전자파일에서 루이스를 곤경에 몰아넣을 정보를 찾지 못할 거라는 말을 자신의 두 귀로 똑똑히 듣고 싶었기 때문이었다.

보니와 만난 나는 그녀에게 모든 것을 잃어버렸고, 이제는 완전히 새롭게 모든 걸 다시 시작해야 한다고 말했다. 내 컴퓨터에 저장된 파일들은 모두 암호화돼 있었지만, 그 중 대부분은 암호화되지 않은 채 내가 가지고 있던 테이프 저장매체에 백업용으로 저장돼있었다. 나는 사실 그 테이프들을 은행금고에 보관하려던 참이었다. 하지만 결국 은행금고에 넣어놓기 전에 경찰의 급습을 당했고, 그 말은 FBI나 시애틀형사들이 암호화되지 않은 내 파일을 대부분 확보했다는 의미였다.

보니는 내가 극도로 불안한 상태라는 걸 감지했다. 그녀는 나를 진정시키며 이런저런 조언을 해줬지만, 내 유일한 선택이 자수해서 몇 개월, 혹은 몇 년 동안 독방에 수감되거나, 아니면 영원히 '나 잡아봐라' 게임을 하거나 둘 중 하나라는 건 나도 알았고, 그녀도 알았다. 그때까지 나는 계속해서 후자를 선택했었고, 덕분에 내 죄는 보호관찰 위반을 넘어서서 이미 여러 죄목이 추가된 상태였기에 상황은 더욱 심각했다. 게다가 시애틀에서 압류된 내 컴퓨터 때문에 FBI는 이제 나의 해킹행각에 대한 강력한 증거를 확보해 둔 상황이었다.

나는 보니의 육감을 신뢰했다. 보니는 내가 결국 체포될 거라며 걱정했다. 하지만 나는 일단 최대한 피할 수 있을 만큼 피하고, 모든 결과는 나중에 생각하기로 했다. 도피생활을 시작한 후로 쭉 못 만나다가 다시 보니를 만나니 너무나 반가웠다. 하지만 내 전처였던 보니는 이미 내 가장 친한 해킹친구의 연인이었고, 따라서 어느 정도 거리감이 느껴지는 건 어쩔 수 없었다.

일주일 후 내가 라스베이거스에 도착했을 무렵, 이미 어머니와 할머니는 내가 체포될 뻔했다는 소식을 듣고는 받았던 충격에서 어느 정도 안정을 되찾은 후였다. 어머니와 할머니를 만나자 나에 대한 한없는 사랑과 근심이 새삼 느껴졌다.

나는 새로운 신원이 절실히 필요했다. 하지만 사우스다코타에서 입수한 이들의 이름을 사용해서 신원을 만든다는 건 위험했다. 그 모든 내용이 시애틀경찰에 압류된, 내가 암호화하지 않고 저장해 둔 백업용 테이프에 담겨있었기 때문이다. 대신 나는 오리건 주에서 가장 근 도시에 위치한 가장 큰 대학인 포틀랜드주립대학을 목표로 삼았다.

나는 대학 입학사무처의 컴퓨터를 해킹한 뒤 데이터베이스관리자에게 전화를 걸어, "입학사무처에서 새로 일하게 된 신입직원입니다. 찾아봐야 할 자료가 있는데요……"라고 말한 뒤 내가 찾아야 할 정보의 조건에 대해 말해줬다. 그 조건은 1985년부터 1992년 사이에 학사 학위를 받은 이들의 명단이었다. 데이터베이스관리자는 나와 거의 45분 동안이나 통화를 하면서 기록이 어떻게 분류돼있고, 해당 기간에 졸업한 학생들의 데이터를 추출하기 위한 명령어에 대해 알려줬다. 데이터베이스관리자는 친절하게도 내가 요청한 것보다 더 많은 내용을 말해줬다.

데이터베이스 검색을 마치고 총 13,595명에 달하는 기록을 뽑아낼 수 있었다. 각각의 학생은 이름, 생년월일, 학위, 학위취득일자, 주민등록번호와 집주소까지 모든 정보가 포함돼 있었다.

당장 내게 필요한 건 그 중 딱 한 명뿐이었다. 나는 마이클 데이빗 스탠필이 되기로 했다.

상황은 급박했다. FBI는 이쯤이면 내가 또 다시 교묘하게 수사망을 빠져나갔다는 걸 알고 있을 게 뻔했다. 따라서 나는 이번에는 라스베이거스에서 최대한 짧게, 내가 새로운 신원을 만드는 데 충분한 정도인 2주나 3주 정도만 머물러야만 했다. 신원이 만들어지면 FBI가 어머니와 어머니의 남자친구, 또는 할머니를 미행하기 전에 잽싸게 라스베이거스를 떠야만 했다.

마이클 스탠필로 새로운 신원을 확보하기란 쉽지 않았다. 일단 운전면허증을 발급받아야 했다. 그러기 위해 나는 먼저 출생증명서를 발급받고, 세금환급증명서를 위조한 뒤 차량면허국에 들러 교습생용 임시면허증을 발급받았고, 운전학원에 가서 내가 런던에서 거주했기에 반대편 도로로 운전하는 게 헷갈린다고 말한 뒤 수 차례 교습을 받아야 했다. 이전에도 거쳤던 과정을 또 다시 반복해야만 했던 것이다.

나는 2년 전에도 에릭 바이스의 운전면허증을 발급받기 위해 라스베이거스 차량면허국에 들른 적이 있었기에 약간 불안했다. 특히나 FBI가 분명 내가 또 다른 신원을 만들 걸 예상해 대비를 하고 있을지도 몰랐다. 라스베이거스 외곽지역에 위치한 차량면허국 중 가장 가까운 곳은 사막 한 가운데에 있는 동네인 파럼프라는 곳으로, 그 동네는 두 가지가 유명했다. 하나는 유명한 라디오 진행자 아트 벨이 그 동네에 살고 있다는 거였고, 다른 하나는 합법 매춘굴인 치킨랜치가 위치했다는 거였다. 네바다 주법에 의하면 그 지역은 매춘 허가지역이었다.

나는 파럼프에 있는 운전학원을 찾기 위해 전화번호부를 샅샅이 뒤졌다. 하지만 파럼프에는 운전학원이 없었다. 어쩔 수 없이 (당연히 2년 전에 에릭 바이스 신원을 만들 때 이용했던 운전학원은 제외하고) 라스베이거스에 있는 운전학원 여러 곳에 전화를 걸어, 혹시 운전학원 차를 빌려서 파럼프에서 운전면허 시험을 치를 수 있냐고 물었다. "죄송한데 파럼프까지는 면허시험용 차를 파견하지 않습니다."라는 말을 여러 차례 들은 후, 마침내 시험용 차를 빌려줄 수 있다는 운전학원을 찾아냈다. 그 운전학원은 '지금 막 런던에서 돌아와서 도로의 오른쪽으로 차를 모는 방법에 다시 익숙해져야 하는 사람'에게 한 시간 교습을 해준 뒤 면허시험을 마칠 때까지 기다리는 데 200달러를 요구했다. 비용도 그 정도면 나쁘지 않았다. 새로운 신원을 확보하는 데 고작 200달러가 대수랴.

파럼프까지는 할머니가 운전을 해서 데려다 줬다. 나는 할머니에게 대로를 따라 내려가다 보면 레스토랑이 있으니 그곳에서 기다리라고 말했다. 크리스마스 때 킨코스에서 겪은 사건이 생각나 혹시나 할머니와 함께 있다가 뭔가 일이 잘못 돌아가면 둘 다 곤경에 처할 수 있다고 생각했기 때문이다.

나는 약속시간보다 20분 먼저 차량면허국에 도착해 조그만 차량면허국 안에 있는 딱딱한 플라스틱 의자에 앉아 운전학원 차가 들어오길 기다렸다. 두 시간 후면 나는 마이클 데이빗 스탠필이라는 새 신분증을 손에 들고 이곳을 유유히 빠져나가리라.

눈을 들어 쳐다보니 마침 운전학원 강사가 차량면허국 문을 열고 들어섰다. 이런 젠장할! 강사는 2년 전 내가 에릭 바이스의 운전면허증을 딸 때 내게 교습을 해줬던 바로 그 자였다. 그 사이에 다른 운전학원으로 옮긴 게 분명했다. 이런 재수없는 일이 생기다니!

사람은 위기에 처하면 무의식적으로 순발력을 발휘해 위기를 모면할 방법을 생각해낸다. 대단한 능력이 아닐 수 없다. 내 입이 열리고 저절로 이런 말이 흘러나왔다. "이봐요, 우리 만난 적 있지 않나요? 혹시 장을 어디서 보세요?"

"스미스 슈퍼에서요. 메릴랜드 파크웨이에 있는……" 강사가 나를 어디서 봤는지 떠올리려 애쓰며 말했다.

"맞아요." 내가 말했다. "거기서 본 거군요. 나도 거기서 장을 보거든요."

"아, 어쩐지 어디서 뵌 분 같더라고요." 강사가 수긍하며 말했다.

'런던'은 지난번에 써먹었으니 이야기도 다시 지어내야 했다. 나는 강사에게 우간다에서 평화봉사군 활동을 다녀왔다며, 5년 동안 운전대를 손에서 놓고 지냈다고 말했다.

그 이야기는 기가 막히게 통했다. 심지어 강사는 내가 운전감각을 금세 다시 회복하는 걸 보며 만족스러워했다.

나는 아무 문제없이 면허시험을 통과했고, 마이클 스탠필의 운전면허증을 발급받고는 유유히 그곳을 떠났다.

4부

끝, 그리고 새로운 시작

Ozg ojglwlzwhshwj gf AH Khggxafy lzsl BKR skcwv ewstgml?

33 시모무라

새로운 신원을 만들었으니 이제는 안 좋은 일이 생기기 전에 라스베이거스를 빠져나갈 때였다. 1994년 연말 연휴가 다가오고 있었고, 나는 매우 좋아했던 덴버에 들르고 싶은 유혹을 참을 수가 없었다. 짐을 정리하면서 이전에 쓰던 스키자켓도 함께 챙겼다. 연휴 동안 스키를 탈 수 있을 거라는 생각이었다.

하지만 막상 덴버에 도착해 꽤 괜찮은, 가격이 중간 수준인 호텔에 투숙하고 나자 내가 전에 만나지 못했던 두 명의 인물, 그러니까 내가 1년 전 해킹한 서버의 주인이었던 교만한 일본계 미국인 보안전문가와 이스라엘에 사는 또 다른 뛰어난 해커가 등장하면서 내 인생을 바꿔놓을 드라마가 시작된다.

'JSZ'라는 아이디를 사용하는 이스라엘인은 인터넷 릴레이 챗IRC, Internet Relay Chat을 통해 만났다. IRC는 비슷한 관심사를 지닌 이를 찾아서 채팅을 하는 온라인 서비스였다. 우리의 경우, 공통관심사는 당연히 해킹이었다.

JSZ는 운영체제를 개발하는 대형 소프트웨어 제조업체를 자신이 하나도 빠짐없이, 거의 모두 해킹했다고 말했다. 그는 소프트웨어 제조업체의 사내 개발시스템에서 소스코드를 빼냈고, 개발시스템에 백도어프로그램을 설치해 언제든 접속할 수 있었다. 탄복을 자아낼만한 실력이었다.

우리는 과거에 저지른 해킹에 대해 서로 자랑하면서 새로운 보안취약점과 백도어프로그램, 휴대전화 복제, 소스코드 해킹, 보안취약점 분석가의 시스템 해킹 등에 대한 정보를 교환했다.

한번은 JSZ는 전화통화를 하면서 내게 'IP스푸핑에 대한 모리스의 보고서'를 읽어봤냐고 물었다. 모리스보고서는 인터넷의 핵심 프로토콜에 내재된 대형 보안취약점을 밝혀낸 보고서였다.

뛰어난 컴퓨터 천재였던 로버트 모리스는 매우 유용한 보안취약점을 발견해냈다. 이른바 IP스푸핑이라는 기법을 사용해 그 보안취약점을 공격하면 원격사용자의 IP주소를 기반으로 한 보안인증을 쉽게 통과할 수 있었다. 모리스가 보고서를 발표한 지 10년이 지났을 때, 이스라엘의 JSZ를 비롯한 해커집단은 그 보안취약점을 활용하는 해킹툴을 만들었다. 그전까지만 해도 IP스푸핑은 이론에 불과한 것으로 여겨졌기에 당연히 그에 대한 보안도 소홀했다.

기술에 관심 있는 독자들을 위해 덧붙이자면, IP스푸핑 공격은 R-서비스로 알려진 오래된 기술에 기반을 두었다. R-서비스는 신뢰할 수 있는 연결은 승인하도록 컴퓨터 시스템을 설정했고, 따라서 설정만 돼있다면 사용자는 패스워드 없이 시스템의 계정에 접속할 수 있었다. 예를 들어, 시스템관리자가 여러 대의 시스템을 관리하는 경우를 생각해보자. 시스템관리자가 루트권한으로 한 서버에 접속하면 해당 서버로부터 연결을 신뢰하게 설정된 다른 시스템에도 패스워드 없이 로그인할 수 있다.

IP스푸핑 공격에서 해커가 제일 먼저 하는 일은 목표한 서버의 루트계정에서 시도하는 접속을 승인하도록 설정돼있을 법한 다른 시스템들을 찾아내는 것이다. 뒤집어 얘기하면, 이 말은 신뢰하도록 허용된 시스템의 루트권한에 접속하면 패스워드 없이 목표한 서버의 루트권한에 접속할 수 있다는 말이다.

신뢰하도록 허용된 시스템을 찾기란 어렵지 않았다. 해커는 'finger' 명령을 사용하면 근거리통신망으로 목표한 시스템에 접속해있는 다른 컴퓨터를 쉽게 찾을 수 있었다. 이 경우 두 시스템이 상호간 루트권한 접속을 승인하도록 설정돼있을 가능성은 꽤 높았다. 따라서 해커가 그 다음으로 해야 할 일은 접속이 허용된 컴퓨터의 IP주소를 위조해서 목표한 시스템에 접속하는 것이었다.

이 부분은 약간 까다롭다. 두 대의 시스템이 TCP를 통해 연결된 상태라면 일련의 패킷들이 오가면서 '세션'을 생성한다. 이른바 '3방향 핸드셰이크(three-way handshake)'라고 불리는 절차다. 핸드셰이크가 구성되면 목표한 서버는 연결을 시도하는 시스템에 패킷을 전송한다. 목표한 서버는 당연히 신뢰하도록 허용된 시스템의 연결시도에 응답한다고 믿지만, 실제로는 해커가 접속을 시도하는 시스템은 서버가 보낸 패킷을 받을 수가 없기에 3방향 핸드셰이크는 실패할 수밖에 없다.

이때 사용되는 게 순차번호(sequence number)다. 왜냐하면 이 프로토콜은 순차번호를 통해 데이터를 받았다는 걸 확인하기 때문이다. 만약 해커가 처음으로 핸드셰이크를 구성하려는 단계에서 목표한 서버에서 신뢰하도록 허용된 시스템으로 전송되는 패킷의 순차번호를 제대로 예측할 수만 있다면, 해커는 데이터를 받았다는 것을 확인하는 (그러니까 맞는 순차번호를 지닌) 패킷을 보내서 핸드셰이크를 구성할 수 있고, 따라서 해커의 접속시도는 목표한 시스템이 신뢰하는 시스템의 연결로 인식될 수 있는 것이다.

따라서 해커는 TCP 순차번호를 추측해내서 목표한 시스템과 자신이 접속을 시도하는 두 시스템 간의 세션을 구성한다. 이 경우 목표한 시스템은 그 연결이 신뢰하도록 설정된 시스템과의 연결이라고 여기기에 해커가 신뢰받는 시스템에 부여된 권한을 마음껏 활용하고, 일반적인 패스워드 입력절차도 생략한다. 다시 말해, 해커는 이런 식으로 목표한 시스템에 대한 전적인 권한을 확보하는 것이다. 이 단계까지 오게 되면, 해커는 목표한 시스템의 .rhosts 파일을 새롭게 작성해서 루트계정으로 패스워드 없이 접속할 수 있다.
요약하면, IP스푸핑은 최초 접속시도 시 목표한 시스템에서 전송한 패킷에 대한 TCP순차번호를 해커가 제대로 추측해낼 수 있는지에 따라 성패가 갈렸다. 만약 목표한 시스템이 핸드셰이크 프로세스에서 사용하는 TCP순차번호를 제대로 추측할 수만 있다면, 해커는 목표한 시스템으로 하여금 자신의 접속시도가 신뢰하도록 허용된 시스템의 접속시도로 인식하게 할 수 있었고, 사용자의 IP주소를 기반으로 한 모든 보안절차를 무사통과할 수 있었다.

나는 JSZ에게 모리스보고서를 읽어봤다고 말했다. "하지만 그건 어디까지니 이론일 뿐이야. 여태까지 아무도 그 방법을 써먹은 적이 없어."

"글쎄, 내 생각은 달라. 왜냐하면 그 취약점을 활용하는 해킹툴을 우리가 만들어냈고, 실제로 제대로 작동하거든. 그것도 아주 잘 작동했다고!" JSZ가 말했다. 그가 말한 해킹툴은 그와 유럽 전역에 퍼져있는 다른 해커들이 개발해낸 프로그램을 말했다.

"뻥치지 마! 말도 안 돼!"

"뻥 아냐."

나는 그렇다면 내게 그 해킹툴을 보내달라고 말했다.

"지금은 안 되고 나중에 보내줄게." JSZ가 말했다. "하지만 네가 원할 때면 언제든 내가 그 해킹툴을 사용해서 해킹을 해줄게. 해킹하고픈 대상만 나한테 말해줘."

나는 JSZ에게 내가 마크 로터의 서버를 해킹했던 것과 마크 로터와 츠토무 시모무라 간의 흥미로운 관계를 들려줬다. 내가 UCSD를 해킹해서 네트워크를 감청해서 시모무라의 서버 중 하나인 'ariel'에 접속 중인 이를 찾아냈고, 그런 후 시모무라의 서버에 접속할 수 있었다고 말했다. "시모무라는 자신의 컴퓨터에 접속할 수 있는 사용자 중에 한 명이 해킹을 당했다는 걸 알아챘지. 그래서 나도 며칠 만에 시스템에서 차단됐고 말이야." 내가 말했다.

나는 시모무라가 쓴 마이크로시스템스와 DEC에 신고한 보안취약점들에 대한 내용을 읽고는 시모무라의 실력에 탄복했다. 후에 알게 된 바로는 시모무라는 어깨까지 검은 머리를 길게 길렀고, 샌들과 '너덜너덜한 청바지'를 입고 출근하는 걸 좋아했으며, 크로스컨트리 스키를 즐겼다. 한 마디로 캘리포니아에서 자주 쓰는 '친구dude'라는 표현에 딱 들어맞는 사내였다. 그러니까 "어이, 친구, 잘 지내?"라는 인사말에 등장하는 그 표현 말이다.

나는 JSZ에게 시모무라가 OKI 소스코드를 가지고 있거나, 적어도 로터와 함께 OKI를 역설계한 자세한 내용을 가지고 있고, 나아가 발견해낸 새로운 보안취약점에 대한 내용도 가지고 있을 거라고 말했다.

1994년 크리스마스에 나는 덴버 시내에 있는 티볼리센터에서 영화를 보고 나오면서 내 복제된 휴대전화를 켜서 JSZ에게 전화를 걸어 장난으로 유대교 성탄축하 인사를 건넸다. JSZ가 아주 침착한 목소리로 내게 말했다.

"마침 전화 잘 했어. 너한테 줄 크리스마스 선물을 준비해 뒀지. 친구, 내가 오늘 ariel을 해킹했다고." 그런 후 백도어프로그램을 심어둔 포트 번호를 알려줬다. "접속하고 나면 프롬프트는 뜨지 않을 거야. 그러니까 그냥 '.shimmy'라고 입력해. 그러면 루트계정에 들어갈 수 있을 거야."

"말도 안 돼!"

정말 멋진 크리스마스 선물이었다. 나는 연결이 차단된 이후로 계속해서 시모무라와 마크 로터의 OKI 휴대전화해킹이 얼마나 더 진척됐는지, 그리고 혹시 둘 중 하나가 이미 OKI 소스코드를 확보했는지 늘 궁금했다. 아무튼 이제 시모무라의 시스템에 다시 접속해 OKI 900과 OKI 1150 휴대전화에 대한 모든 정보를 빼낼 생각이었다.

시모무라가 자신이 다른 사람들보다 훨씬 똑똑하다고 생각하는 교만한 사내라는 건 이미 해커들 사이에선 널리 알려진 사실이었다. JSZ와 나는 시모무라의 시스템을 해킹해서 그의 콧대를 납작하게 해주기로 결심했다. 우리에겐 그럴만한 능력이 있었으니까.

호텔로 차를 몰고 돌아오는 데 고작 30킬로미터가 약간 넘는 거리가 한없이 멀게 느껴졌다. 하지만 나는 감히 다른 차량을 제치면서 빠르게 차를 몰 수는 없었다. 혹시라도 경찰에 적발된다면, 그리고 경찰이 내 운전면허증에서 이상한 점을 발견한다면, 이후로 아주 오랜 기간 동안 온라인에 결코 접속할 수 없으리라. 20분만 참으면 집에 도착한다. 나는 생각했다. 조금만 참자, 조금만 참자.

호텔방에 들어서자마자 나는 노트북컴퓨터를 켜고는 언제나처럼 무작위로 선택한 덴버 주민의 전화번호로 복제된 내 휴대전화를 사용해서 콜로라도 슈퍼넷에 접속했다.

나는 네트워크 채팅 프로그램을 띄워 이스라엘에 위치한 JSZ의 컴퓨터에 접속했다. 창 하나를 띄워 서로 채팅을 하면서 다른 창을 띄워 함께 시모무라의 시스템을 해킹했다. 나는 JSZ가 심어놓은 백도어프로그램을 이용해 시모무라의 컴퓨터에 접속했다. 대박! 정말로 루트권한에 접속할 수 있었다.

믿을 수가 없었다! 흥분이 몰려왔다! 아마도 수개월간 고생해서 마침내 비디오게임의 맨 마지막 단계에 도달한 아이의 기분이랄까. 아니면 에베레스트 정상에 도착하면 이런 기분일까? 나는 신이 나서 JSZ에게 아주 잘했다고 칭찬을 퍼부었다.

JSZ와 나는 일단 시모무라의 시스템에서 가장 중요한 정보를 찾아내기로 했다. 'oki'라는 단어가 포함된 보안취약점, 이메일, 기타 파일을 뒤졌다. 시스템에는 수많은 파일이 저장돼있었다. 내가 검색조건에 부합하는 모든 파일들을 추려내서 압축하는 동안 JSZ는 혹시 그밖에 쓸모 있는 정보가 있는지를 계속 살폈다. 언제든 시모무라가 크리스마스 안부 이메일을 읽기 위해 시스템에 접속할 수도 있고, 그럴 경우 해킹당하고 있다는 사실을 알아챌 수도 있었다. 우리는 노심초사하면서, 혹시라도 시모무라도 수개월 전에 로터가 그랬던 것처럼 네트워크 케이블선을 뽑을까봐 불안해했다.

우리는 최대한 빠르게 시모무라의 시스템에서 정보를 빼냈다. 엔돌핀이 마구 뿜어져 나왔다.

찾고, 분류하고, 압축한 파일들을 안전하게 저장해둘 곳이 필요했다. 간단한 해결책이 있었다. 나는 당시 이른바 '더웰the Well'로 잘 알려진 홀얼스일렉트로닉링크의 모든 서버에 대한 루트권한을 확보하고 있었다. 더웰은 스튜어트 브랜드가 동업자와 함께 설립한 회사로 서비스를 이용하는 고객 중에는 인디넷 인명사전에 등록된 이들도 포함돼있는 유명한 서비스였다. 하지만 서비스가 유명한 건 나와는 하등 상관이 없었다. 내 관심사는 오직 저장공간이 넉넉한 지, 시스템관리자가 눈치 채지 못하게 내 파일들을 잘 숨겨놓을 수 있는지 뿐이었다. 사실 나는 당시 더웰에서 상당한 시간을 보내고 있었다. 「뉴욕타임스」 1면에 존 마코프가 쓴 나에 대한 기사가 실린 후, 나는 존 마코프가 더웰에 이메일계정이 있다는 걸 알아냈고, 너무나 쉽게 이메일계정을 해킹했다. 그 후로 매일 나는 존 마코프의 이메일을 읽으며 혹시 나와 관련된 내용이 있는지를 확인했다.

일단 추려낸 파일들을 전송하고 난 후, JSZ와 나는 시모무라의 홈디렉토리에 있는 모든 파일들을 빼내기로 했다. JSZ는 홈디렉토리를 하나의 파일로 압축해서 140메가바이트가 넘는 파일을 생성했다.

우리는 숨을 죽인 채 파일이 전송되는 걸 지켜봤다. 전송이 완료되자 우리는 채팅으로 서로에게 축하를 건넸다.

JSZ는 그 파일을 다시 유럽에 있는 시스템으로 옮겼다. 혹시나 더웰의 시스템관리자가 거대한 파일을 발견한 후 삭제할지도 모른다는 우려 때문이었다. 나 또한 파일을 다른 곳에 추가로 저장해뒀다.

JSZ는 계속해서 자신이 시모무라의 시스템에 설치해둔 백도어프로그램이 발각되기 쉽다고 우려했다. 내 생각에도 그랬다. 나는 운영체제에 좀 더 정교한 백도어프로그램을 설치해 두자고 말했다. 그러면 발각될 확률도 훨씬 낮아질 수 있었다.

"아냐, 그래도 시모무라는 찾아낼 거야." JSZ가 반박했다.

"그래, 이렇게 하자. 다음 번에도 오늘과 똑같은 방법을 사용하자." 내가 말했다.

나는 시모무라의 시스템에서 로그아웃을 했고 JSZ는 백도어프로그램과 우리의 시스템 사용기록을 모두 삭제해 접속 흔적을 말끔히 지웠다.

대단히 흥분되는 순간이었다. 유명한 보안전문가의 서버를 우리가 해킹했던 것이다. 내 경우에는 1년 사이에 두 번이나 해킹을 했다. JSZ와 나는 각자 따로 시모무라의 파일들을 살펴보기로 했고, 발견한 내용들은 후에 논의하기로 했다.

우리가 해킹 흔적을 지우기 위해 아무리 애를 썼어도 시모무라가 언젠가는 자신의 시스템이 해킹됐다는 사실을 알아낼 거라는 건 분명했다.

나는 시모무라의 오래된 이메일을 뒤지다가 그가 내 철천지원수이자 「뉴욕타임스」의 기술전문기자 존 마코프와 주고받은 이메일을 발견했다. 둘은 나에 대해 1991년 초부터 이메일을 주고받으면서 내 근황에 대한 정보를 공유했다. 예를 들어, 1992년 초에 받은 이메일에는 시모무라가 힘들게 온라인에서 내 아마추어 무선통신 자격증을 찾아내 무선호출명이 N6NHG라는 걸 알아냈다고 적혀있었다. 나아가 마코프에게 연방통신위원회가 범죄자에게 아마추어 무선통신 자격증을 발급하지 못하게 하는 규정이 없냐고 묻는 이메일도 있었다.

나는 왜 시모무라와 마코프가 내게 그다지도 관심을 기울이는지 이해할 수가 없었다. 반면 나는 시모무라를 단 한 번도 만난 적이 없었고, 그의 시스템을 해킹한 것 말고는 그와 접촉조차 한 적이 없었다.

그런데도 왜 시모무라와 마코프는 내가 어떤 해킹을 벌이는지를 그리도 궁금해 하는 걸까?

내 예상 중 하나는 맞았다. 우리가 자신의 시스템을 해킹했다는 걸 시모무라가 즉각 알아챈 것이다. JSZ와 나 모두 시모무라의 파일을 빼내는 데에만 신경을 쓴 나머지 그만 시모무라가 모든 네트워크 트래픽을 감시하는 네트워크 모니터링 도구인 'tcpdump'를 설치해놓았다는 걸 까맣게 몰랐다. 또한 'cron'이라는 프로그램이 정기적으로 시스템 사용기록을 시모무라의 비서인 앤드류 그로스에게 이메일로 전송하고 있다는 것도 눈치 채지 못했다. 앤드류 그로스는 사용기록 파일의 크기가 갈수록 적어지자 시모무라에게 뭔가 의심스런 상황이 벌어졌다고 보고했다. 그리고 시모무라는 시스템 로그를 보자마자 자신이 해킹을 당했다는 걸 알아챘다.

그래 봤자 소용없었다. 우리는 이미 그의 파일들을 해킹한 후였고, 이후 여러 주에 걸쳐 그 파일들을 자세히 들여다볼 참이었다.

시모무라는 왜 자신의 서버에 네트워크 모니터링 도구를 설치해놓았을까? 혹시 신경과민이었을까? 아니면 그 서버는 해커들을 유인하기 위한 미끼였을까? 어쩌면 그는 너무나 유명한 컴퓨터 보안전문가였기에 조만간 어떤 해커든 기발한 방법으로 자신의 컴퓨터를 해킹할 걸 미리 예상했을 수도 있다. 나는 그 서버가 미끼라고 생각했다. 해킹을 할 수 있게 내버려둬서 외부로부터 유입되는 모든 해킹공격을 감시하고 해킹에 사용된 기법을 알아내기 위한 함정일지도 몰랐다. 하지만 그렇다면 시모무라가 자신의 모든 파일을 그 서버에 저장해둘 이유가 없었다. 심지어 파일 중에는 시모무라가 직접 미국 공군을 위해 개발한 네트워크 감청 도구이자 컴퓨터를 부팅하지 않고도 운영체제에 직접 설치될 수 있는 'bpf'도 있었다(bpf는 버클리패킷필터Berkeley Packet Filter의 약자다).

어쩌면 시모무라는 자신의 상대를 얕잡아보고, 아무도 자신의 서버에 침투하지 못할 거라고 생각했는지도 모른다. 아무튼 이 점은 여전히 아리송한 상태로 남아있다.

많은 사람들은 시모무라의 서버를 해킹하는 데 사용된 IP스푸핑 공격을 위한 프로그램을 내가 개발했다고 생각한다. 만약 그 대단한 프로그램을 개발한 이가 정말 나라면, 나 또한 자랑스럽게 생각하고, 실제로 내 공로라고 자부할 것이다. 하지만 그 공로는 내 것이 아니다. 오히려 그 대단한 일을 해낸 이는 사악할 정도로 영리한 JSZ였다. 실제로 IP스푸핑 프로그램을 개발하는 데 참여한 것도 그였고, 개발한 프로그램으로 시모무라의 서버를 해킹한 것도 그의 공로다.

나는 덴버에서 연휴를 마음껏 즐겼다. 특히나 시모무라의 시스템을 해킹할 수 있었다는 게 너무나 즐거웠다. 하지만 마침내 이 멋진 도시를 뒤로하고 다음 정착지로 옮길 때가 왔다.

나는 여전히 시모무라의 시스템을 해킹한 흥분감에 도취해있었다. 하지만 이후에는 그 일을 너무나 후회하게 된다. 단지 몇 시간 동안 시모무라의 시스템을 해킹한 이유로 화를 자초하게 된 것이다. 바로 내게 복수를 하기 위해 물불 안 가리는 민간인 해커 추적자의 화를 돋우게 된 것이다.

Nvbx nte hyv bqgs pj gaabv jmjmwdi whd hyv UVT'g Giuxdoc Gctcwd Hvyqbuvz hycoij?

34 롤리로 잠적하다

친구도 없고 믿을만한 지인도 없는 낯선 도시에 산다고 생각해 보라. 아파트 밖으로 나오지도 못한 채 다른 사람들과의 접촉을 피해야만 한다. 슈퍼마켓에서 파는 3류 잡지와 주간지에 당신의 얼굴이 대문짝만하게 표지에 실려 있기 때문이다. 나아가 FBI와 연방사법경찰, 비밀검찰국에 쫓기고 있기에 마음 편하게 친구도 사귈 수 없다. 게다가 애당초 당신을 쫓기게 만든 그 범죄를 그만두지 못한다. 그것이 유일한 낙이기 때문이다.

비록 시애틀을 쫓기듯 떠날 거라고는 미처 생각하진 못했지만, 나는 그 전부터 혹시나 내가 다시 위험에 처하게 되면 다음 목적지는 어디가 될지를 늘 고민하곤 했다. 그 중 한 곳이 텍사스 주 오스틴이었다. 이유는 오스틴이 IT로 유명했기 때문이다. 맨해튼도 고려했는데, 그 이유는 굳이 말하자면, 그곳이 뉴욕의 중심가 맨해튼이었기 때문이다. 하지만 내가 덴버를 선택했을 때 그랬던 것처럼 나는 이번에도 「머니」 잡지에 실린 미국 내 살기 좋은 10대 도시 기사에 의존했다. 그 해 1위는 노스캐롤라이나 주 롤리였다. 기사에 실린 롤리에 대한 묘사를 보니 꽤나 구미가 당겼다. 주민들은 상냥하고 여유가 있었으며, 도시 주변에는 산이 많은 교외지역이 있었다.

나는 비행기를 탈 때면 늘 스트레스를 받았기에 이번에도 기차를 탔다. 게다가 기차를 타고 가면 주변지역의 풍경도 감상할 수 있는 장점이 있었다. 크리스마스에 잠시 덴버에 들려 시모무라의 서버를 해킹한 후, 나는 새해 첫 날에 마이클 스탠필이라는 신원을 이용해 3일에 걸쳐 롤리로 향하는 앰트랙 기차에 몸을 실었다. 침대차는 항공편보다 훨씬 비쌌지만, 미국의 경치를 감상할 수 있는 대단히 멋진 경험이었다.

기차를 타고 가면서 만난 이들은 내가 스탠필로 살아가는 데 필요한 과거를 지어내고, 꾸며낸 이야기를 연습하는 데 훌륭한 기회가 됐다. 노스캐롤라이나에 도착할 무렵이 되자 나는 내 새로운 신원에 완전히 익숙해졌다.

기차가 롤리에 들어선 건 어둠이 깔린 후였다. 나는 이전부터 미국 남부에 대해 많은 이야기를 들어왔다. 문화와 사람들이 다르고, 하루 일과가 훨씬 느리게 돌아간다는 그런 이야기들 말이다. 하지만 그런 생각은 이미 과거의 이야기일지도 몰랐다. 아무튼 나는 직접 살면서 남부의 삶을 체험하고픈 생각에 부풀었다.

그날 저녁, 나는 롤리의 북부 지역을 산책하면서 도시의 분위기를 느꼈다. 남쪽지역이기에 날씨가 따뜻할 거라는 내 예상과는 달리 덴버만큼이나 추웠다. 알고 보니 롤리의 겨울 기온은 덴버와 거의 비슷했다.

나는 이리저리 거닐며 도시를 둘러보다가 이전에도 여러 번 본 적이 있는 보스턴마켓이란 레스토랑 체인점을 발견했다. 굳이 말하자면 보스턴마켓은 남부 음식을 파는 곳이 아니었지만 아무튼 저녁을 먹으러 들어갔다.

여종업원은 매우 귀여운 20대 여자였다. 길고 까만 머릿결에 상냥한 미소를 지니고 있었다. 게다가 내가 전에는 들어보지 못했던 달콤한 남부 억양도 있었다. 그녀가 상냥하게 인사를 했다. "안녕하세요. 오늘 기분은 어떠세요?"

나는 그녀의 명찰을 읽고는 말했다. "쉐릴, 안녕하세요. 오늘 정말 좋네요. 롤리에 오늘 도착했는데, 노스캐롤라이나 주는 첫 방문이에요." 쉐릴에게 주문을 한 뒤 덧붙였다. "거주할 아파트를 찾고 있는데 혹시 도시의 어느 지역이 살기 좋은지 알려줄 수 있을까요?" 쉐릴은 씩 웃은 후 잠시 후 다시 오겠다고 말했다.

쉐릴은 내가 주문한 저녁식사를 먹는 동안 다른 여종업원과 함께 내 탁자에 앉아 한동안 이런저런 얘기를 해줬다. LA라면 상상도 못할 광경이었다. 시애틀도 마찬가지다. 심지어 사람들이 친절하다는 덴버라 해도 이런 일은 잘 없다. 둘이 내게 말했다. "그냥 말동무나 해주려고요." 나는 처음 접하는 남부 지방의 친절함과 상냥함에 매우 놀랐다. 여종업원들은 롤리의 삶에 대해 들려줬다. 롤리의 여러 다른 지역에 대해 말해줬고, 어디서 살아야 하고 어떤 일자리들이 있는지도 말해줬다. 롤리는 여전히 담배를 재배하는 시골이었지만, 한편으론 주변에 있는 리서치 트라이앵글 파크에 위치한 IT회사들 덕분에 첨단산업도 발전하고 있었다. 여종업원들은 롤리에 대해 자랑스럽게 말했고, 왠지 그 말을 들으며 나는 롤리가 내가 머물기에 딱 좋은 곳이라고 느꼈다.

나는 롤리에 온 지 일주일 만에 롤리 서북부 지역에 위치한 아주 멋진 아파트를 찾아냈다. 아파트는 '더레이크스The Lakes'라는 호화로운 단지 내에 있었다. 사실 그 이름은 상당히 적절했는데 32만 제곱미터가 넘는 땅에 두 개의 호수가 있었기 때문이다. 아파트 단지에는 올림픽 규격인 수영장, 테니스장, 라켓볼 코트를 비롯해 두 개의 배구장이 있었다. 아파트 관리회사는 트럭으로 엄청난 양의 모래를 실어와 배구장을 해변처럼 꾸며놓았다. 나아가 매주 주말에 모든 주민들이 참석할 수 있는 파티도 열렸다. 내가 보기에 파티는 깔깔대며 웃는 남부 미녀들로 가득한 활발하고 시끌벅적한 행사였다. 비록 아파트는 작았지만, 나는 그 아파트에서 꿈같은 생활을 누렸다.

나는 유세이브 렌터카에 들렀다. 손님이 들어오면 사장이 의심스런 눈초리로 혹시 렌터카를 반환하지 않는 게 아닐까 노려보는, 사장 혼자서 운영하는 작은 매장이었다. 그는 내게도 의심스런 눈빛을 보냈다. 하지만 내가 친근하고 여유롭게 말을 걸자 사장도 의심을 풀고 나를 대했다.

"얼마 전에 말도 안 되는 걸로 이혼을 해서요." 내가 말했다. "롤리에 온 것도 라스베이거스랑 멀리 떨어져 있기 때문이죠. 무슨 말인지 이해하죠?" 나는 이렇게 내가 왜 현찰로 비용을 지불해야만 하는지를 설명했다. 한 술 더 떠서 나는 그에게 내가 라스베이거스에서 일했던 회사라면서 명함을 줬다. 덴버에서 법률사무소에 취직할 때 만들어둔 가짜 회사 명함이었다.

내가 똥차를 몰고 갈 때가 되자 사장은 심지어 내 신원을 조회하지도 않고 차를 몰고 가는 걸 허락했다.

나는 계속해서 모토롤라 해킹을 완수하는 데 필요한 마지막 절차에 대해 고민했다. 바로 소스코드를 휴대전화 칩이 인식할 수 있는 형태로 바꾸는 컴파일러를 입수하는 것이었다. 컴파일러를 손에 넣는다면 소스코드를 조작할 수 있었고, 그렇다면 새로운 버전의 운영체제를 만들어 나를 추적하는 걸 더 어렵게 만들 수 있었다. 예를 들어, 새로운 운영체제를 탑재해서 휴대전화와 휴대전화서비스 제공업체가 통신하는 방식을 바꿔서 전화번호 추적기능을 끄거나, 휴대전화 키패드로 단말기일련번호를 바꿔서 다른 휴대전화 가입자의 전화번호로 내 휴대전화를 쉽게 복제할 수도 있었다.

나는 컴파일러 입수에 착수했고, 약간 조사를 해본 결과 모토롤라가 사용하는 컴파일러가 인터메트릭스라는 회사의 제품이라는 걸 알아냈다. 인터메트릭스는 내 첫 번째 해킹 목표가 됐다. 나는 인터메트릭스의 사내 네트워크에서 인터넷에서 직접 접속이 가능한 'blackhole.inmet.com'이라는 시스템을 찾아냈다.

하지만 인터메트릭스의 모든 시스템들은 최신 보안패치가 업데이트 돼 있었기에, 나는 공격방법을 바꿔야만 했다. 마침 'blackhole' 시스템은 JSZ와 내가 시모무라를 해킹하는 데 사용했던 IP스푸핑 공격에 취약했다.

시스템에 침투해보니 두 명의 시스템관리자가 접속한 상태였고, 바쁘게 업무를 보고 있었다. 둘 중 누구라도 현재 네트워크에 누가 접속하고 있는지를 확인하면 내 침입이 발각될 수 있었기에, 나는 원격으로 회사 시스템에 접속하되 쉽게 발각되지 않는 방법을 찾아내야 했다. 만약 전화접속번호를 알아낸다면 전화모뎀으로 접속할 수 있으리라.

시스템관리자 중 한 명인 애니 오리엘의 파일 중에서 파일명이 '모뎀'인 파일이 눈에 띄었다. 이거다! 파일에는 애니 오리엘이 다른 직원들에게 보낸 이메일의 내용이 담겨있었고, 이메일은 전화접속번호를 알려주는 내용이었다. 그 내용을 일부만 소개하면 다음과 같다.

> 현재 회사는 전화접속번호를 두 개의 헌트그룹으로 설정해 사용하고 있습니다. 661-1940 헌트그룹은 총 8대의 9600bps 텔레빗 모뎀으로 구성돼 있고, 애넥스 단말기 서버에 직접 연결돼 있습니다. 661-4611 헌트그룹은 8대의 2400bps 줌 모뎀으로 구성돼 있고, 현재 단말기 서버에 연결돼 있습니다.

바로 이거였다. '661-1940'과 '661-4611'이 내가 찾던 전화접속번호였다. 나는 애넥스 단말기 서버 계정 중에서 일부 휴면계정의 패스워드를 바꿨고, 전화접속을 했다. 이 방법으로 인터넷에 접속하면 발각될 위험이 없었다.

시스템관리자 오리엘은 blackhole 시스템을 자신의 업무용 워크스테이션으로 사용하는 것 같았다. 나는 기다리고 있으면 언젠가 오리엘이 관리작업을 위해 사용자 권한을 루트로 변경해야 하고, 그러려면 유닉스에서 쓰이는 사용자 전환 명령어인 'su'를 입력해야 할 것임을 알았다. 그래서 나는 오리엘의 루트 패스워드를 가로챌 수 있는 준비를 해뒀다. (기술적으로 자세히 설명하자면, 나는 썬 마이크로시스템스에서 빼낸 소스코드를 사용해 'su' 프로그램에 프로그램코드를 추가했다. 따라서 오리엘이 루트권한을 획득하려 'su' 명령어를 입력할 경우, 오리엘이 입력한 패스워드는 오리엘이 모르게 워크스테이션에 파일로 저장됐다.)

실제로 내 예상대로 루트 패스워드를 가로챌 수 있었다. 루트 패스워드는 'OMGna!'였다. 추측하기 매우 힘든 패스워드였다. 일단 사전에 나오는 단어가 아니고, 느낌표가 붙어 있기에 추측해내기가 훨씬 힘들 수밖에 없었다.

그 패스워드는 내가 로그인을 시도한 다른 모든 서버에서도 통했다. 그 패스워드를 손에 넣은 건 마치 왕국의 보물창고를 열 수 있는 열쇠를 손에 넣은 것과 마찬가지였다. 적어도 인터메트릭스의 사내 네트워크는 그 패스워드로 모두 열어젖힐 수 있었다.

나는 'inmet.com'으로 로그인했다. inmet.com은 인터메트릭스가 외부로부터 이메일을 수신하는 데 사용한 도메인이었다. 나는 사내 네트워크에 접속하지 않은 상태에서 모든 패스워드를 해독하기 위해 일단 마스터 패스워드 파일을 다운로드했다(마스터 패스워드 파일에는 패스워드 해독표도 함께 저장돼있었다).

이제는 이메일을 검색해서 모토롤라와 이메일을 주고받은 직원을 찾을 차례였다. 첫 번째 실마리는 인터메트릭스의 개발자인 마티 스톨츠가 받은 이메일이었다. 내용을 보니, 모토롤라 직원이 마티 스톨츠에게 컴파일러에 문제가 있다는 이메일을 보낸 것이었다. 나는 스톨츠의 워크스테이션을 해킹해서 스톨츠가 이전에 입력한 명령어를 목록으로 보여주는 '셸 이력'을 검토했다. 목록을 보니 스톨츠는 'makeprod'라는 '셸 스크립트' 프로그램을 실행했고, 그 프로그램은 인터메트릭스가 개발한 컴파일러를 만드는 데 사용되는 프로그램이었다. 내 경우는 마이크로텍 울트라라이트에 사용될 모토롤라 소스코드를 컴파일하려면 68HC11 컴파일러가 필요했다.

셸 스크립트 프로그램을 작성한 개발자는 소스코드에 자세한 설명을 추가해뒀고, 덕분에 나는 개발자들이 모토롤라 칩에 사용되는 컴파일러의 운영체제별 출시제품이 어디에 저장돼 있는지를 쉽게 파악할 수 있었다.

나는 이 과정에서 인터메트릭스가 내가 찾던 컴파일러를 아폴로, SunOS, VMS, 유닉스와 같이 여러 다른 운영체제에 맞춰 출시한다는 걸 알았다. 하지만 이 여러 컴파일러들이 저장돼있어야 할 서버를 살펴보니 막상 컴파일러가 하나도 저장돼있지 않았다. 나는 몇 시간에 걸쳐 다른 파일 서버들과 개발자 컴퓨터를 뒤졌다. 하지만 컴파일러는 찾을 수 없었다. 소스코드도, 바이너리도 없었다. 뭔가 이상했다.

나는 'aliases' 파일을 확인했다. 파일에는 특정인이나 특정 그룹에 수신된 이메일이 어디로 전달되는지를 보여주는 목록이 들어있었고, 목록에는 특정 직원이 어떤 부서에 소속돼 있는지가 적혀있었다. 나는 목록에서 워싱턴 주에서 근무하는 데이빗 버튼이란 직원을 찾아냈다.

사회공학 기법을 써먹을 차례였다. 나는 마티 스톨츠에게 전화를 걸어 데이빗 버튼이란 이름을 대고는 말했다. "내일 아침에 대규모로 고객을 모아놓고 시연회를 해야 하는데 출시제품을 저장해놓는 서버에서 68HC11에 쓰이는 컴파일러를 찾을 수가 없네요. 구버전은 있는데, 최신 버전이 필요해서요."

마티 스톨츠는 몇 가지 질문을 했다. 소속 부서와 사무실 위치, 상사의 이름 등. 그런 뒤 말했다. "이봐요. 지금부터 내가 해줄 이야기는 비밀입니다. 그러니 아무한테도 말해선 안 돼요."

도대체 무슨 말을 하려는 거지?

"아무한테도 말 안 할게요."

마티 스톨츠가 목소리를 낮춰서 말했다. "FBI가 전화를 걸어와 우리를 해킹하려는 해커가 있다고 하더군요. 슈퍼해커라는데 모토롤라를 해킹해서 소스코드를 빼갔답니다. FBI는 그 자가 모토롤라 소스코드에 이용되는 컴파일러를 필요로 할 거고, 따라서 다음 목표가 바로 우리래요!"

그러니까 FBI가 내가 컴파일러를 원한다는 걸 깨닫고는 먼저 인터메트릭스에 전화를 걸어 나를 방해한다는 거지? 뭐, FBI가 대단히 머리를 잘 썼다는 것만은 인정해야 했다. 마티 스톨츠는 계속 떠들어댔다.

"게다가 그 해커는 CIA를 해킹해서 레벨 3 접근권한을 획득했다고 하더군요. 아무도 이 자를 막지 못해요! FBI보다 늘 한 발 앞서 나간다고요."

"믿을 수가 없군요. 혹시 농담이죠? 마치 영화 「위험한 게임」에나 나올 법한 얘기잖아요."

"정말이에요. FBI가 우리한테 컴파일러를 온라인으로 접속하지 못하게 별도로 관리하라고 지시했어요. 그렇지 않으면 그 해커가 컴파일러를 어떤 수로든 손에 넣을 거라고 말했어요."

나는 눈만 깜박이며 아무 말도 할 수 없었다. 나는 모토롤라 소스코드를 손에 넣은 후 단 며칠 만에 컴파일러를 입수할 생각을 했다. 그런데 FBI가 나보다 먼저 이런 생각을 했다니? 믿기지가 않았다.

"어쩌죠. 오늘밤에 데모를 미리 시험해봐야 내일 아침 고객 앞에서 실수하지 않을 텐데요. 혹시 당신이 제게 사본을 보내줄 수는 없을까요?"

마티는 잠시 생각하다가 말했다. "뭐, 이렇게 하죠. 당신이 다운로드 받을 수 있을 동안에만 컴파일러를 내 워크스테이션에 올려놓을게요."

"잘 됐네요. 컴파일러를 올려주면 즉각 내 휴대용 저장매체로 전송할게요. 그래야 내 워크스테이션에 저장될 일이 없을 테니까요. 전송이 끝나면 전화 드릴게요." 내가 말했다. "아, 그리고 마티?"

"예, 뭐죠?"

"비밀 지킬게요. 약속하죠."

마티 스톨츠는 내가 FTP로 파일을 전송받을 수 있게 자신의 워크스테이션 명칭을 알려줬다. 놀랍게도 그가 FTP 접속을 무작위로 허용해준 덕분에 나는 계정을 입력하지도 않고 파일에 접속할 수 있었다.

아이에게 사탕을 빼앗는 것만큼이나 쉬웠다.

마티 스톨츠는 자신이 속았다는 걸 끝내 눈치채지 못했다. 아마도 이 책을 읽고 나서야 비로소 그 사실을 깨달았을 것이다.

컴파일러를 입수한 성취감에 여전히 취해 있던 어느 날, 아침에 일어나 보니 집전화선이 먹통이었다. 그 원인은 내가 새로 만든 신원을 망쳐버릴 수 있는 아주 멍청한 실수를 저질렀기 때문이었다.

나는 복제 휴대전화로 전화 회사에 전화를 걸었다가는 내 신원이 가짜라는 게 노출될 수도 있다는 생각에 옷을 입고 근처 공중전화로 가서 서던 벨 전화 회사로 전화를 걸어 왜 내 전화선이 끊겼냐고 물었다. 한참을 기다린 후에야 전화 회사 관리자가 전화를 받더니 이런저런 질문을 던졌다. 그런 뒤 내게 말했다. "포틀랜드에서 마이클 스탠필이 전화를 걸어와 당신이 그의 신원을 도용하고 있다고 하더군요."

"그 사람이 착각하는 겁니다." 내가 말했다. "내일 내 운전면허증 사본을 보내 내 신원을 확인해 드리죠."

갑자기 나는 어찌된 영문인지를 깨달았다. 롤리지역에 전력을 공급하는 캐롤라이나파워앤라이트는 전기를 개통하는 데 보증금으로 꽤 큰돈을 요구했다. 하지만 만약 이전에 사용하던 전기회사로부터 사용실적을 발급받아 제출하면 보증금이 감면됐고, 따라서 나는 실제 마이클 스탠필이 이용하는 오리건 주 포틀랜드 GTE에 전화를 걸어 사용실적을 팩스로 넣어달라고 요청했다. 나는 GTE 직원에게 오리건 주에서 전기를 사용할 거지만 롤리에 부동산을 사서 전기를 개통하는 데 사용실적이 필요하다고 말했다. 문제는 포틀랜드 GTE가 내게 사용실적을 팩스로 보내면서 동시에 실제 마이클 스탠필에게도 사본을 보내는 지나친 친절을 베풀었다는 점이다. 내 자신이 너무나 한심스러웠다. 고작 보증금 400달러를 아끼려다가 내 허위 신원을 날려버린 꼴이었다.

당장 이사해야 해.

새로운 신원도 만들어야 하고.

일단 아파트에서 당장 빠져 나와야 해!

아파트에서 열어주는 파티에 한 번도 참석하지 못했고, 예쁜 아가씨도 만나보지 못했는데, 이렇게 이사를 가야 하다니!

물론 파티보다 중요한 건 일단 일자리를 찾는 것이었다. 나는 그때 이미 마이클 스탠필의 이력서와 자기소개서를 롤리 지역에 위치한 20군데나 넘는 회사에 제출한 후였다. 하지만 집전화가 끊겼으니 나를 고용하려는 회사가 있다고 해도 내게 연락할 방법이 없었다! 설상가상으로 새로운 신원을 만들었다 해도 똑같은 회사에 두 번 지원할 수는 없는 노릇이었다. 난감한 상황이었다.

나는 아파트에 입주하면서 6개월 임대계약을 체결했다. 그래서 나는 임대사무소로 가서 동그란 얼굴의 여직원에게 이렇게 말해야 했다. "이곳이 정말 마음에 드는데 갑자기 가족 중에 위독한 사람이 있어서 어쩔 수 없이 방을 빼야겠습니다."

여직원이 말했다. "예기치 못한 비상사태일 경우에는 임대계약을 취소할 수 있습니다. 하지만 회사 규정상 이번 달 임대료는 반환되지 않습니다."

상관없었다. 오히려 이렇게 말하고 싶었다. "돈 안 돌려줘도 되요. 그냥 나 때문에 임대회사도 손해를 봤으니 퉁 치자고요. 그리고 만에 하나 FBI가 나타나서 꼬치꼬치 캐묻거든 난 여기 살았던 적이 없는 겁니다."

이튿날, 나는 시내 건너편에 있는 프렌드쉽인으로 거처를 옮겼다. 새 아파트를 찾을 때까지 임시로 머물 생각이었다. 나는 짐이 없는 편이었다. 그런데도 새 거처로 짐을 옮기기 위해 내 조그만 렌터카에 짐을 싣고 불안감에 떨면서 몇 번을 왕복해야 했다. 새로운 일자리를 찾고, 새로운 신원을 만들어야 한다는 부담감이 나를 짓눌러왔다.

당시 나는 그보다 더 큰 문제가 일어나고 있다는 걸 꿈에도 몰랐다. 포위망이 점차 나를 좁혀오고 있다는 걸 상상조차 못했다.

나는 프렌드쉽인에 거처를 마련한 후 포틀랜드주립대학에서 빼낸 명단에서 또 다시 임시로 사용할 이름을 골라냈다. 글렌 토마스 케이스였다. 마이클 스탠필처럼 그도 생존해있는 인물이었기에 그대로 신원을 도용하는 건 위험했다. 그래서 나는 약간 이름을 바꿔서 'G. 토마스 케이스'로 하기로 결정했다.

3일 뒤 내가 요청한 출생증명서가 새로 개설해둔 사서함에 도착했다. 나는 차량면허국으로 향했고, 잠시 후 노스캐롤라이나 주에서 발급한 교습생용 임시 운전면허증을 발급받아 나왔다. 하지만 그 밖에도 내 새로운 신원을 뒷받침할 여러 신분증을 확보하려면 아직도 갈 길이 멀었다.

나는 임시면허증을 발급받은 다음날 플레이어스클럽이란 아파트 단지에 원룸을 찾아냈다. 아늑하고 작은, 그럭저럭 쓸 만한 아파트였다. 하지만 이전 아파트와 비교하면 형편없었다. 하지만 찬밥 더운밥 가릴 때가 아니었다. 임대료는 월 510달러였고, 그 말은 내 수중에 가진 돈이 모두 없어질 때까지 6개월 정도 버틸 수 있다는 말이었다. 일자리를 찾는 데 너무 큰 어려움을 겪지만 않는다면 감당할 수 있는 수준이었다.

같은 시기에 신문에 케빌 폴슨에 대한 새로운 기사가 한창 보도됐다. 당시 케빈 폴슨은 캘리포니아 북부에 있는 감옥에서 이감돼 나도 너무나 잘 아는 곳에 수감돼 있었다. 바로 LA 시내에 있는 도심 구류센터였다. 케빈의 기소사유는 해킹범죄, 국가안보기밀 수집, 간첩행위와 같은 것들이었다.

나는 반드시 케빈 폴슨과 연락을 취하겠다고 마음을 먹었다. 그건 늘 불가능한 것에 도전하고픈, 내 인생에 걸쳐 지속됐던 욕망의 일종이었다. 나는 내 자신에게 힘든 도전을 던지고 내가 그 일을 해낼 수 있는지를 시험해 보는 걸 무엇보다 좋아한다.

당연히 케빈 폴슨을 면회하러 갈 수는 없는 노릇이었다. 내게 도심 구류센터는 이글스의 노래에 나오는 '호텔 캘리포니아'와도 같았다. '언제든 나갈 수는 있지만, 결코 이곳을 벗어날 수는 없네I could check out anytime I wanted, but I could never leave'

따라서 케빈 폴슨과 연락을 취하려면 유일한 방법은 전화뿐이었다. 하지만 수감자들은 규정상 전화를 받을 수 없다. 게다가 수감자들의 통화내용은 모두 감청되고 녹음된다. 폴슨이 기소된 혐의가 위중하다는 점 때문에라도 교도관들은 그를 중범죄자로 간주할 것이고, 그렇다면 통화내용에 대한 감시는 한층 더 강할 게 분명했다.

"아냐, 그래도 방법이 있을 거야." 나는 혼잣말을 했다.

도심 구류센터에는 수감동마다 '법정변호사 직통전화'가 설치돼있다. 이른바 전화 회사 용어로는 '직통연결' 서비스라고 불리는 전화다. 수감자가 그 전화기를 들면 전화는 곧장 연방 법정변호사 사무소로 연결된다. 오직 그 전화만이 교도관이 감청하지 않는 상태에서 수감자가 통화를 할 수 있는 전화였다. 변호사와 고객 간에는 비밀유지 의무가 있기 때문이다. 하지만 그 전화로는 수신전화를 받지 못하게 전화 회사 교환기가 설정돼있었다 (전화 회사 용어로는 '수신거부 자동종료deny terminate'라고 한다). 게다가 연방 법정변호사 사무소 대표전화번호 말고는 다른 전화번호로 연결되는 것도 차단돼있다. 하지만 나는 끝내 이 장애물을 뛰어넘게 된다.

일단 법정변호사 직통전화번호부터 알아내야 했다. 나는 사회공학 기법을 사용해서 단 20분 만에 퍼시픽벨로부터 도심 구류센터 내에 설치된 법정변호사 직통전화번호 10개를 알아낼 수 있었다.

그런 후 나는 신규번호 변경기록 승인센터, 그러니까 RCMAC으로 전화를 걸어 퍼시픽벨 본사 직원으로 가장해 10개 전화번호를 알려주고는 즉각 '수신거부 자동종료' 설정을 제거해달라고 요청했다. RCMAC 직원은 기꺼이 그 요청을 처리해줬다.

그런 뒤 나는 심호흡을 하고는 도심 구류센터의 수속부서로 전화를 걸었다.

"터미널 아일랜드 연방교도소 간수장 테일러요." 내가 따분해하고 의욕 없는 교도관의 목소리를 최대한 흉내 내서 말했다. 나는 교정국에서 사용하는 핵심 컴퓨터 시스템의 명칭과 폴슨의 수감자등록번호를 사용해 이렇게 말했다 "우리 쪽 센트리시스템이 작동이 안 돼서 그러데 등록번호

95596-012를 조회해 주겠소?"

전화를 받은 교도소 직원이 그 번호가 케빈 폴슨의 수감번호라고 말하자, 나는 그가 어느 수감동에 수감돼 있냐고 물었다. "남쪽 6동입니다." 직원이 답했다.

위치는 파악했지만 10개 전화번호 중 어떤 전화번호가 남쪽 6동 전화번호인지 알 수가 없었다.

나는 휴대용 카세트플레이어를 사용해서 테이프에 전화신호음을 약 1분 정도 녹음했다. 이 방법은 오직 수감자가 전화기를 집어 들고 자신의 법정변호사에게 전화를 거는 2, 3분 동안에 내가 그 전화로 전화를 걸 때에만 가능했다. 따라서 이 방법을 써먹으려면 누군가가 직통전화기를 집어들 때까지 계속해서 여러 차례 시도를 해야만 했다. 즉, 뚝심 있게 절대 포기 안 하고 쭉 밀고 나가야만 했다.

만약 수감자가 수화기를 들어 법정변호사 사무실로 전화를 거는 순간에 내가 딱 맞춰서 전화를 건다면, 나는 일단 그 수감자에게 녹음된 신호음을 들려주다가 멈추고는 이렇게 말하면 됐다. "법정변호사 사무실입니다. 무엇을 도와드릴까요?"

수감자가 자신의 법정변호사를 바꿔 달라고 말하면 나는 이렇게 말한다. "자리에 계신지 알아보겠습니다. 잠시만요." 그런 뒤 잠시 자리를 비운 것처럼 1분 정도 기다리다가 다시 전화에 대고 변호사가 자리를 비웠다며 수감자의 이름을 남겨달라고 말한다. 그런 뒤 태연하게 마치 필요한 정보를 받아 적는 것처럼 "어느 수감동에 수감돼 있나요?"라고 묻는다.

그런 뒤 마지막으로 "한두 시간 뒤에 다시 전화주세요"라고 말한다. 이상하다고 느낄 리는 없었다. 법정변호사에게 수감자가 전화를 했었다는 메모가 전달되지 않는 경우는 한두 번이 아니었으니까. 아무튼 이런 식으로 수감동마다 전화를 걸어 수감자가 전화를 받을 때마다 나는 그가 어떤 수감동에 속해있는지를 파악했다. 나는 공책에 이 내용을 적었고, 그러자 점차 어떤 전화번호가 어느 수감동에 연결돼있는지를 알 수 있었다. 수일에 걸쳐 전화를 건 결과 마침내 나는 남쪽 6동에 있는 수감자와 통화를 할 수 있었다.

나는 도심 구류센터에 수감된 시절부터 남쪽 6동의 내선전화번호를 기억했다. 수감 당시 내가 미쳐버리지 않기 위해 일부러 신경을 집중했던 일 중에 하나가 구치소 내부의 안내방송을 들으며 모든 내선번호를 기억하는 것이었다. 예를 들어, "더글라스 부지휘관, 간수장 채프먼에게 427번으로 전화 바랍니다."라는 안내방송이 흘러나오면 나는 이름과 전화번호를 암기했다. 앞에서도 말했듯이, 나는 전화번호를 외우는 데에는 비상한 능력이 있다. 심지어 오랜 시간이 지난 지금도 나는 친구, 전화 회사 사무소들을 비롯해 수백 개의 전화번호를 기억한다. 다시 사용하지 않을 전화번호인데도 그 전화번호들은 내 머리 속에 각인돼있다.

내가 다음에 할 일은 불가능에 가까웠다. 구류센터로 전화를 걸어 케빈 폴슨과 감청되지 않는 통화를 할 수 있게 일을 꾸며야 했다.

나는 이런 식으로 일을 꾸몄다. 일단 구류 센터 대표번호로 전화를 걸어 나를 '터미널 아일랜드 연방교도소 간수장'이라고 소개한 뒤 내선번호 366을 연결해달라고 말했다. 그 번호는 남쪽 6동 교도관에게 연결되는 번호였다. 교환원은 내 전화를 연결해줬다.

"남쪽 6동 에이지 교도관입니다." 교도관이 전화를 받았다.

에이지는 내가 수감됐던 시절에도 근무했던 교도관이었다. 때로는 도가 지나칠 정도로 나를 괴롭혔던 녀석이었다. 하지만 나는 치밀어 오르는 화를 억누르며 이렇게 말했다. "수석부사의 마기스입니다. 그쪽 수감자 중에 케빈 폴슨이라고 있나요?"

"그런데요."

"우리가 케빈 폴슨의 소지품을 보관하고 있는데 처리를 해야 합니다. 그 소지품들을 어디로 보낼지 그에게 물어봐야 해서요."

"폴슨!" 교도관이 악을 쓰며 소리쳤다.

케빈이 전화를 받자 내가 말했다. "케빈, 수속부서직원과 얘기하는 것처럼 행동하세요."

"그러죠." 케빈이 조금도 당황하지 않은 침착한 목소리로 답했다.

"나도 케빈이에요." 내가 말했다. 우리는 전에 만난 적이 없지만 나는 그의 명성을 익히 들어 알았고, 그도 마찬가지로 내 이름을 알고 있을 거라고 생각했다. 게다가 감히 교도소까지 전화를 걸 케빈은 나 말고는 없다는 걸 폴슨도 잘 알았다.

"정확히 1시에 법정변호사 직통전화로 가요. 수화기를 들고 15초마다 전화기 스위치를 껐다가 켰다가 해요. 내가 그 전화로 연결될 때까지. 알겠죠?" (직통전화는 벨소리가 울리지 않게 설정돼 있었기에 폴슨은 내가 전화를 거는 순간을 정확히 알 수 없었다.) "자, 이제는 에이지 교도관에게 들리게 당신 주소를 불러줘요. 그 자식한테 당신 소지품을 보낸다고 했거든요." 에이지가 나를 괴롭혔던 걸 생각하면 이런 식으로 그를 속여 폴슨과 통화를 할 수 있게 되자 고소하다는 마음이 들었다.

나는 정각 1시에 남쪽 6동 직통전화로 전화를 걸었다. 이전 통화에서 폴슨이 몇 마디 안 했기에 왠지 그의 목소리가 생소하게 들렸다. 나는 내가 통화를 하는 게 폴슨인지 확인하고 싶어서 그에게 문제를 냈다. "C 프로그램에서 변수를 증가시키는 구문이 어떻게 되죠?"

폴슨은 쉽게 답을 말했고, 우리는 여유롭게 FBI요원들의 감청을 걱정하지 않으면서 대화를 나눴다. FBI 추적을 피하면서 동시에 교도소를 해킹해서 간첩행위로 기소된 수감자와 이렇게 통화를 한다는 게 너무나 웃겼다.

1월 27일, 시모무라와 그의 팀은 나를 궁지에 몰아넣을 그물의 첫 실타래를 운 좋게 손에 넣게 된다. 더웰에는 '디스크호그disk hog'라는 프로그램이 설치돼있었다. 이 프로그램은 자동으로 디스크 용량을 많이 사용하는 사용자에게 정기적으로 이메일을 보냈다. 그 이메일을 받은 사람 중 한 명이 브루스 코볼이었다. 그는 매년 열리는 공공정책컨퍼런스 '컴퓨터, 자유, 사생활보호 컨퍼런스CFP, Computers, Freedom and Privacy Conference'를 주최하는 사람 중 한 명이었다.

이메일에는 CFP 컨퍼런스의 계정이 150메가바이트가 넘는 용량을 차지하고 있다고 적혀있었다. 코볼은 계정을 확인했고, 그 계정에 저장된 파일들이 하나같이 CFP 컨퍼런스와 관련이 없다는 걸 알았다. 그는 파일 중에서 이메일이 담겨있는 파일을 열어본 뒤 그 이메일들이 모두 tsutomu@sdsc.com이란 주소로 보내졌다는 걸 알아냈다.

그날 저녁 코볼은 이튿날 발행될 「뉴욕타임스」를 읽다가 비즈니스 섹션 1면에 실린 존 마코프의 기사를 읽게 된다. 기사세목은 '해킹에 원한을 품다'였고 내용의 일부는 다음과 같다.

> 그건 마치 도둑이 자신의 능력을 과시하기 위해 자물쇠 제조공의 집을 터는 것과 마찬가지였다. 이 사건에서 자물쇠 제조공이라고 할 수 있는 츠토무 시모무라는 그 해킹을 개인적인 모욕이라고 생각했고, 개인의 명예를 걸고 해커를 체포하려는 이유도 그 때문이다.
>
> 시모무라는 미국 내에서 가장 뛰어난 컴퓨터 보안전문가 중 한 명이자 미국정부의 컴퓨터 담당부서로 하여금 무시무시한 경고문을 발표하게 한 인물이다. 컴퓨

터 담당부서의 경고에 의하면, 정체불명의 해커는 매우 정교한 해킹수법을 사용해서 샌디에이고 근교에 위치한 시모무라의 자택에 있는 보안이 매우 철저한 컴퓨터에서 파일을 빼냈다.

이튿날 코볼은 마코프에게 전화를 걸었고, 마코프는 코볼을 시모무라와 연결해줬다. 그리고 얼마 안 가 CFP 컨퍼런스 계정에 저장돼있던 수상한 파일들이 크리스마스에 시모무라의 컴퓨터에서 빼낸 파일들이라는 게 확인됐다. 시모무라의 입장에서는 아주 운이 좋았던 셈이다. 그렇게 시모무라는 나를 추적할 실마리를 잡았다.

거의 같은 시기에 나와 친했던 사촌 마크 미트닉은 사우스캐롤라이나 힐튼헤드에서 작은아버지와 함께 휴가를 보내기로 했고, 나를 초대했다.

마크는 새크라멘토에서 애드웍스라는 회사를 운영했고, 내게 동일한 사업모델로 동부 해안지역에서 회사를 차리는 걸 도와주겠다고 제안했다. 그가 운영하는 회사는 대형 슈퍼마켓과 같은 곳에 공짜로 현금등록기에 쓰이는 영수증 종이를 공급했다. 영수증 뒷면에는 광고가 박혀 있었고, 회사는 영수증 뒤에 광고비를 내고 광고를 실을 회사들을 모집해 돈을 벌었다. 비록 그 일은 컴퓨터와 연관이 없었지만, 나로선 일단 안정적인 수입이 필요했고, 나아가 마크의 도움을 받아 내 회사를 직접 운영한다는 점도 매력적이었다.

마크와 나는 롤리에서 만나 힐튼헤드로 차를 몰았다. 마크는 중간에 여러 도시에 들러 영업을 했고, 내게 사업을 가르쳐준다며 나를 데리고 다녔다. 나는 늘 이동하면서 영업을 해야 하는 점이 마음에 들었다. 왜냐하면 그럴 경우 FBI가 나를 추적하는 게 더 어려울 수 있었기 때문이다.

나는 늘 온라인에 접속해 FBI가 혹시 포위망을 좁혀오고 있는지를 확인했다. 나는 당시 한 기사를 발견했고, 그 때문에 마크와의 휴가를 마음껏 즐길 수가 없었다. 당시 언론에는 미국 법무부가 발표한 보도자료가 대대적으로 기사화됐다. 그 중 한 기사의 제목은 '정부, 대형 해커를 추적하다'였고, 일부만 소개하자면 다음과 같다.

> 1995년 1월 26일, 워싱턴DC – 연방사법경찰국이 한 컴퓨터해커를 추적 중인 것으로 알려졌다. 해커는 컴퓨터범죄로 기소된 후 현재 잠적했고, 이후 또 다른 기소가 추가된 상태다. 관련자의 말에 의하면, 미국정부가 쫓고 있는 해커는 캘리포니아 세풀베다 출신인 케빈 데이빗 미트닉(31세)이다. 연방사법경찰 캐슬린 커닝햄은 본지 뉴스바이츠와의 인터뷰에서 사법경찰국이 1992년 11월 이후부터 미트닉에 대한 영장을 발부해놓은 상태이며, 작년 10월에 미트닉을 거의 검거할 뻔했다고 전했다. 커닝햄에 의하면, 미트닉은 열성적인 햄라디오 사용자이며, 자신이 잠적해있는 지역에서 경찰들의 움직임을 포착하기 위해 무전수신기를 사용하는 것으로 알려졌다. "[지역 경찰의 경우] 무전내용이 암호화돼있지 않기에 미트닉은 무전에서 자신의 주소가 흘러나오면 모든 걸 중단하고 즉각 도피한다." 미트닉은 컴퓨터를 해킹하고, 통신시스템을 사용하는 데 매우 능숙하며, 컴퓨터를 이용해 신원을 위조하는 방법도 잘 안다.

마치 큰 벽돌로 머리를 맞은 느낌이었다. 나는 깜짝 놀랐고, 어안이 벙벙했으며, 겁에 질려 죽을 지경이었다. 결국 FBI와 언론이 손발을 맞춰 고작 가석방조건을 위반한 경범죄자를 도주 중인 희대의 악당으로 포장한 것이다. 이렇게 된 이상 나는 미국을 벗어나려야 벗어날 수가 없었다. 왜냐하면 FBI가 이미 인터폴에 나를 '적색 수배자'로 요청해놓아 전 세계 수배자 명단에 내 이름이 올라가 있을 게 거의 확실했기 때문이다. 게다가 한 번도 사용하지 않은 여권에 박혀있는 이름은 케빈 미트닉이었다.

마크와 작은아버지가 골프를 친 후 호텔로 들어오자 나는 둘에게 나에 대한 기사를 보여줬다. 둘 다 크게 놀랐다. 나는 그 기사를 보여준 게 실수가 아닌지 걱정스러웠고, 혹시나 나와 함께 있으면 자신들도 곤란해질 수 있으니 즉각 떠나라고 말할까 걱정스러웠다. 다행히도 둘은 더 이상 그 화제를 떠올리지 않았다. 하지만 내 불안감은 이미 가중된 후였다. 나를 찾기 위한 FBI의 추적이 더욱 강화됐다면, 혹시 FBI는 시모무라의 컴퓨터를 해킹한 게 나라는 걸 아는 게 아닐까?

1월 29일, 슈퍼볼이 열리는 일요일에 샌프란시스코 포티나이너스는 샌디에이고 차저스와 맞붙었다. 마크와 작은아버지는 신이 나서 시합을 시청했지만, 나는 전혀 시합에 관심이 없었다. 너무나 많은 생각이 머릿속을 어지럽혔고, 그저 휴식을 취하고 싶었다. 나는 방에 들어가 또 다시 컴퓨터로 온라인에 접속하기보다는 맑은 공기를 마시기 위해 해변으로 산책을 나갔다.

조나단 리트먼에게 전화를 걸어보기로 했다. "지금 해변을 걸으면서 머리를 식히고 있어요." 내가 말했다.

"해변이라고? 정말 해변에 있는 건가?"

"예. 이만 끊죠. 당신도 슈퍼볼 시합 봐야죠."

리트먼은 시합이 아직 시작하지 않았다고 말했다. 그런 뒤 내게 물었다. "그곳 파도 치는 모습이 어떤가?"

왜 이런 멍청한 질문을 하는 거지? 혹시 파도 모습을 말해주면 내가 있는 곳을 짐작하는 것 아냐?

"그건 말해주기 뭣하고, 대신 파도소리나 들어보세요." 나는 휴대전화를 들어 파도소리를 들려줬다.

나는 리트먼에게 연방사법경찰국이 UPI통신을 통해 보도자료를 배포해 내가 수배중임을 만천하에 알린 사실을 아냐고 물었다. 나는 그 기사가 턱도 없는 헛소리이고, 그 중에는 마코프가 이미 우려먹은 거짓말인 북미 대공방위 사령부 해킹에 대한 내용도 포함됐다고 불만을 쏟아냈다.

리트먼이 내게 전날 보도된 기사를 봤냐고 물었다. 내가 못 봤다고 말하자, 리트먼은 전화로 그 기사를 읽어줬다. 아마도 그 기사에 대한 내 반응을 살폈던 것 같다. 나는 연방사법경찰국의 보도자료가 정확히 마코프가 시모무라의 크리스마스 해킹에 대해 보도한 바로 다음날에 발표됐다고 지적했다. 내가 보기엔 절대 우연이 아니었다. "이건 대중에게 사이버 범죄에 대한 공포를 심어줘서 나를 악당으로 보이게 하려는 계획된 수작이에요." 내가 말했다.

"사실 마코프가 당신에 대한 질문을 해왔네. 그리고 자네가 숨어있는 곳을 자신이 안다고 말하더군." 나는 좀 더 자세히 말해달라고 사정했지만 리트먼은 입도 뻥긋 안 했다. 나는 방법을 바꿔 그렇다면 내가 어디에 있는지 맞춰보라고 말했다.

"중서부 지역이겠지."

다행히도 리트먼의 추측은 대단히 빗나갔다. 하지만 마코프는 나에 대한 중대한 정보를 확보한 것처럼 들렸고, 나는 그가 얼마나 많은 사실을 아는지 확인해야만 했다.

며칠 후, 갑자기 이런 생각이 떠올랐다. 만약 FBI가 나를 추적하는 데 그리도 혈안이 돼있다면 혹시 라스베이거스에 계신 할머니의 집전화를 감청하는 게 아닐까? 나라면 당연히 그럴 것 같았다.

센텔전화회사의 회선배정부서는 라스베이거스지역에 있는 모든 전화선에 대한 정보를 보유하고 있다. 나는 회선배정부서의 전화번호를 머릿속에서 끄집어내 전화를 걸었다. 현장기술자로 가장해서 직원에게 컴퓨터에서 내 할머니 전화번호를 조회해달라고 요청했다. 그런 후 전화케이블 성보'를 읽어달라고 했고, 아니나 다를까, 최근에 할머니의 전화선에 '특수장비'가 추가됐다는 걸 알 수 있었다.

직원에 의하면, 장비추가 명령은 내린 건 살 루카라는 센텔의 보안직원이었다. 나는 역으로 루카를 감청해서 엿을 먹여볼까 생각했지만, 그런다고 해서 그다지 도움이 될 만한 정보가 나올 리는 없었기에 단념했다. 대신 추적자들에게 허위정보를 뿌려주는 게 어떨까 생각했다. 할머니에게 전화를 걸어 내가 캐나다에 있다고 말도 안 되는 정보를 흘리는 것이다. 하지만 이 방법 또한 포기했다. 할머니가 더 이상 나 때문에 스트레스를 받는 건 내 자신이 용납할 수가 없었다.

나는 방법을 떠올리려 이런저런 궁리를 하면서도, 한편으론 계속해서 내가 쓸 새로운 신원을 만들었다. 2월 2일은 내가 G. 토마스 케이스라는 새로운 이름으로 면허시험을 쳐서 내 임시면허증을 운전면허증으로 바꾸기로 예정된 날이었다. 면허시험을 보려면 일단 내가 과거에 사용했던 신원과는 전혀 관계가 없는 차를 찾아야만 했다.

나는 지나가던 택시를 세웠다. "기사양반, 혹시 쉽게 100달러 벌 생각 없어요?" 내가 기사에게 물었다. 기사는 빠진 앞니를 드러내며 씩 웃고는 "틱, 티쿠"라고 말한 뒤, 곧장 "당연히 좋죠."라고 덧붙였다. 기사가 말한 외국어는 알고 보니 힌두어였다(이런, 힌두인인 줄 알았다면 50달러면 충분했을 텐데!) 나는 기사와 이튿날 만나기로 했고, 기사의 호출기번호를 받았다.

이튿날 차량면허국에서 심사관은 내가 택시로 면허시험을 치르려는 걸 보고 미심쩍은 표정을 지었다. 우리는 택시에 올라탔고, 나는 미터기를 꺾은 후 말했다. "지금부터 택시요금이 부과됩니다." 그때 심사관의 당황하는 표정이란! 심사관은 내가 웃는 걸 보고는 농담이라는 걸 알고는 따라 웃었다. 우리는 아주 좋은 분위기에서 면허시험을 치를 수 있었다.

2B 2T W 2X 2Z 36 36 2P 36 2V 3C W 3A 32 39 38 2Z W 3D 33 31 38 2V 36 3D W 2R 2Z 3C 2Z W 3E 3C 2V 2X 2Z 2Y W 3E 39 W 2R 32 2V 3E W 2V 3A 2V 3C 3E 37 2Z 38 3E W 2X 39 37 3A 36 2Z 2S 1R

35 게임오버

2월 7일 화요일이 되자 나를 체포하기 위한 팀이 조직됐다. 연방 차장검사 켄트 워커는 내 사건을 새로 받으면서 시모무라와 그의 여자친구 줄리아 메나페이스, 비서 앤드류 그로스, 두 명의 FBI요원, 더웰의 부사장이자 시스템관리자며 변호사인 존 멘데즈와 만나 회의를 했다. 특히 존 멘데즈의 입김이 유달리 셌다. 그는 과거에 연방검찰에서 켄트 워커 검사의 상관으로 근무했던 인물이었다.

켄트 워커는 북부 캘리포니아에서 근무를 했고, 이전에는 내 사건과 전혀 무관했다. 그리고 공식기록에 의하면, 그는 규정을 어겨가면서까지 시모무라에게 사건 해결에 대한 막대한 권한을 부여했다. 그건 마치 과거 무법천지였던 서부시대에 미국 보안관들이 민간인을 부보안관으로 임명해서 현상수배범을 추적한 것과 마찬가지였다.

아무튼 워커는 아무도 모르게 시모무라에게 기밀정보였던 전화번호 추적 정보를 알려줬고, FBI가 가지고 있던 나에 대한 기밀기록도 공개했다. 심지어 시모무라는 정부가 아닌 인터넷서비스 제공업체를 돕는다는 허울뿐인 구실로 영장 없이 내 전화통화내용을 감청할 수 있는 권한도 부여 받았다. (FBI는 후에 내 기소사유에 시모무라를 해킹한 혐의를 포함하지 못했다. 해킹 혐의를 넣었다가는 자신들이 감청과 관련된 연방규정을 위배했다는 사실이 만천하에 공개될까 두려웠기 때문이었다.)

시모무라는 마치 정부요원과 같은 권한을 가지고 수사를 지휘했다. 어쩌면 FBI도 시모무라처럼 온 힘을 기울여 나를 체포하려는 열정이 없다면 결코 나를 체포할 수 없다고 생각했기 때문에 시모무라의 월권을 묵과했을지도 모를 일이다.

머릿속에서 리트먼과의 대화가 지워지질 않았다. 리트먼은 마코프와 통화를 했고, 마코프는 리트먼에게 내가 어느 지역에 있는지를 안다고 말했다. 그렇다면 이제는 마코프의 이메일을 해킹해서 과연 그가 얼마나 알고 있는지를 확인할 차례였다.

마코프의 이메일 경로를 추적하는 건 간단했다. 그가 사용하는 「뉴욕타임스」 이메일 도메인 주소인 'nyt.com'으로 보내진 이메일들은 캘리포니아 북부에 있는 인터넥스라는 작은 인터넷서비스 제공업체를 경유했다. 나는 인터넥스의 솔라리스서버를 몇 분 살펴본 뒤 안도의 한숨을 내쉬었다. 그 서버를 관리하는 시스템관리자는 멍청하게도 모든 이들의 홈디렉토리를 (썬 마이크로시스템스의 네트워크 파일시스템을 사용해서) 인터넷 상에 있는 모든 이들이 읽을 수 있게 열어뒀다. 다시 말해, 나는 원격으로 모든 사용자들의 홈디렉토리를 조작해서 내 로컬시스템으로 만들 수 있었다. 나는 한 사용자의 디렉토리에 .rhosts 파일을 업로드했다. .rhosts 파일은 사용자가 누구건, 어떤 시스템으로 접근하건, 해당 연결을 신뢰하도록 설정해뒀고, 따라서 나는 패스워드 없이 해당 사용자의 시스템에 접속할 수 있었다. 일단 접속에 성공하자 또 다른 보안취약점을 사용해서 루트권한에 접근할 수 있었다. 이 모든 일을 마치는 데 걸린 시간은 고작 10분이었다. 나로서는 이리도 시스템을 확 열어놓은 시스템관리자에게 고맙다는 이메일이라도 보내고 싶은 심정이었다.

너무나 쉽게 마코프의 이메일에 접근할 수 있었다. 한 가지 아쉬운 점은 마코프가 이메일을 자신의 컴퓨터로 다 다운로드하면 서버에서 이메일을 삭제하도록 이메일 소프트웨어를 설정해뒀다는 점이었다. 서버에 일부 이메일이 남아있긴 했지만 그 중에 나와 관련된 내용은 없었다.

나는 설정을 약간 변경해서 마코프에게 새로운 메일이 도착하면 내 이메일계정으로도 함께 전송되게 했다. 나는 그의 정보제공자, 그러니까 내가 어디에 있는지를 안다고 마코프에게 제보하는 사람들이 누구인지를 밝혀낼 계획이었다. 또한 마코프가 어느 정도까지 내 사건에 협조하고 있는지도 알아낼 생각이었다.

내가 마코프의 이메일을 해킹하는 동안, 시모무라와 그의 수사팀은 이 모든 과정을 지켜보고 있었다. 나는 그 사실을 그때는 전혀 몰랐다. 그들은 나 모르게 더웰과 넷컴으로 유입되는 네트워크 트래픽을 모니터하고 있었던 것이다. 인터넷서비스 제공업체들은 수사팀에게 자신들의 네트워크에 대한 전적인 접근권한을 허용했기에, 그 일은 그다지 어려운 일이 아니었다.

시모무라는 2월 7일경에 넷컴에 모니터링 장비를 설치한 후 네트워크관리자에게 넷컴의 시스템 관리기록을 검색해서 더웰의 계정이 넷컴 사용자에 의해 해킹됐을 당시에 넷컴에 접속해있던 사용자명단을 뽑아내라고 말했다. 네트워크관리자는 해킹이 일어난 동안에 로그인과 로그아웃한 기록을 찾아냈고, 마침내 그 중에서 넷컴의 계정으로 더웰의 계정에 접속한 사용자계정을 하나 찾아냈다. 'gkremen'이란 계정이었다. 그 계정은 대체로 덴버와 롤리에 위치한 회사들의 모뎀을 통해 넷컴에 전화접속을 하는 데 사용됐다.

이튿날 나는 한참 마코프의 이메일에서 'itni'라는 검색어를 사용해 나에 대한 내용을 찾고 있었다('Mitnick'으로 검색할 경우 후에 내가 이메일을 해킹했다는 결정적인 증거를 남길 수 있었기 때문이다). 하지만 당시 실시간으로 나를 지켜보고 있던 시모무라의 수사팀은 이 검색어를 보자마자 그 침입자가 바로 자신들이 찾던 미트닉이라고 확신했다.

시모무라는 켄트 워커에게 연락을 취해 내가 덴버와 롤리에 있는 전화접속모뎀으로 해킹을 하고 있다고 보고했다. 그런 후 워커에게 덴버에 위치한 넷콤의 전화접속번호에 대한 전화번호 추적을 허락해달라고 요청했다. (이 또한 민간인이 연방 차장검사에게 할 수 있는 요청이 아니다. 일반적으로 이런 요청은 사법기관만이 할 수 있다.)

워커는 덴버 FBI에 연락했고, 덴버 FBI는 다시 LA FBI에게 연락을 취해 전화번호 추적을 승인해달라고 요청했다. 하지만 LA FBI 사무소는 덴버 FBI에게 사건에서 손을 떼라며 조직 내 권력다툼을 벌였고, 덴버 FBI에게 절대 전화번호 추적을 지원하지 말라고 못박았다. 그러니까 모두들 나를 체포하는 게 자신이길 원했던 것이다. 만약 당시 내가 FBI 내부에서 이런 알력이 존재한다는 걸 알았다면, 아마도 어떻게든 내게 유리한 방향으로 활용했을 것이다.

'gkremen'이 롤리에서 로그인하자마자 시모무라의 팀은 FBI요원에게 리서치 트라이앵글 파크에 위치한 넷컴의 전화접속번호를 제공하는 전화회사인 GTE에 전화를 걸어 실시간 전화번호 추적을 요청해달라고 말했다. 몇 번의 시도 후에 GTE 기술자들은 성공적으로 전화번호를 추적했고, 전화번호를 FBI에게 넘겨주면서 그 전화번호가 스프린트 휴대전화네트워크에서 발신된 전화번호라고 귀띔했다.

하지만 그 정보로는 결코 나를 추적할 수 없었다. 나는 추적을 더 어렵게 하려는 의도로 이미 이른바 '차단번호'를 설치해뒀다. 이 수법은 일단 전화 회사 교환기를 해킹해서 사용 중이지 않은 전화번호를 찾아낸 후, 그 전화번호에 착신서비스를 추가하고, 그런 다음 그 전화번호에 전혀 다른 고객에게 비용이 청구되는 전화번호를 부여하는 것이다. 그러면 그 전화번호로 거는 모든 전화는 실제 전화번호가 아닌 다른 전화번호에서 발신된 것처럼 보인다. 따라서 만약 전화 회사 기술자가 내 전화번호를 추적한다고 하더라도 내가 전화를 걸 때 경유하는 차단번호는 발견할 수 있지만, 실제로 그 전화번호는 내가 무작위로 고른 고객에게 배정된 다른 전화번호였다. 전화추적 기능이 비용을 청구하는 데 사용되는 전화번호를 기준으로 전화번호를 추적한다는 사실은 전화 회사 기술자들도 잘 몰랐다. 따라서 이 또한 내가 전화번호 추적을 피하는 데 유리하게 작용했다. 아무튼 내 경험에 의하면, 전화 회사는 내가 전화번호 추적을 어렵게 하기 위해 차단번호를 사용한다는 걸 결코 알아채지 못했다. 전화 회사는 내가 자신들의 교환기까지 해킹해가면서 전화추적을 방해할 거라고는 상상조차 못했기 때문이다.

이 일이 있기 몇 주 전에 JSZ는 'escape.com'에 내 계정을 개설해줬다(escape.com은 JSZ의 친구 라몬 카잔이 소유한 서버였다). 내 계정을 개설해 준 이유는 둘이 escape.com을 통해 직접 의사소통을 하기 위해서였다. 이 계정은 이후 내가 인터넷에 접속하는 데 사용했던 여러 경로 중 하나가 됐다. 나는 그 서버의 루트권한에 접속할 수 있었기에 그 서버에 많은 해킹툴과 취약점 공격프로그램들, 그리고 최근에 내가 해킹한 다양한 소스코드를 저장해

됐다. (escape.com에서 내가 사용하던 계정명은 'marty'였다. 나는 그 이름을 영화 「스니커즈 Sneakers」에서 따왔다.)

내가 escape.com 계정에 로그인할 때마다 이전에 로그인한 날짜와 시각을 보여주는 메시지창이 뜨곤 했다. 따라서 로그인할 때마다 내가 제일 먼저 한 일은 로그인기록을 삭제해서 내가 로그인한 흔적을 없애는 것이었다. 하지만 이번에는 뭔가가 이상했다. 나는 로그인을 한 뒤 곧장 나 말고 누군가가 내 계정에 로그인을 했었다는 걸 눈치 챘다. 그리고 로그인 시도는 더웰을 통해 진행됐다. 누군가가 내 계정을 해킹한 것이다. 젠장, 이게 뭔 일이지?

나는 즉각 더웰에 접속해 여기저기를 뒤져봤지만 정체 모를 접속자에 대한 단서를 전혀 찾지 못했다. 나는 즉각 온라인에서 빠져 나왔다. 누군가 나를 지켜보고 있다는 느낌이 들었던 것이다.

그 무렵 다른 한편에선 스프린트의 개발자가 스프린트이동통신 네트워크에서 발신됐다며 GTE가 알려준 전화번호를 가지고 궁리에 궁리를 거듭하고 있었다. 개발자는 고객의 기록을 검색했지만, 그 전화번호와 일치하는 검색결과는 없었다. 아리송한 일이었다. 하지만 개발자는 문득 그 전화번호가 어쩌면 스프린트이동통신을 사용하는 고객의 전화번호가 아닐 수도 있다고 생각했다. 그리고 실제로 그 전화번호에는 휴대전화에 응당 따라붙는 국번이 없었다. 시모무라는 컨퍼런스콜을 걸어 FBI, 그리고 스프린트 기술자와 함께 이 수상한 점에 대해 논의했다. 그런 후 이번에는 직접 자신이 그 전화번호로 전화를 걸어 누군가 전화를 받는지를 확인해보기로 했다. 전화가 연결되자 큰 소리로 잡음이 들리더니 점차 잡음이 잦아들다가 전화가 끊겼다. 시모무라와 기술자들은 이 점을 흥미롭게 여겼다. 그들은 내가 전화추적을 피하기 위해 안전장치를 설치해뒀고, 어쩌면 내가 교환기까지 조작했을 수도 있다고 생각했다.

사실 나는 스프린트 이동통신 네트워크를 사용해서 차단번호를 경유해 넷컴에 전화접속을 했고, 그 때문에 실제와는 달리 겉보기에는 차단번호가 마치 스프린트 네트워크에서 시작된 것처럼 보였다. 그 원인은 차단번호와 넷컴 전화접속번호에 서비스를 제공하는 교환기가 같았기 때문이다. 스프린트 기술자는 이번에는 접근방법을 바꿔 '종착지 전화번호 검색'으로 알려진 방법을 사용했다. 즉, 추적된 전화번호에서 발신된 전화번호를 검색하는 대신 추적된 전화번호로 전화를 걸어온 가입자를 검색한 것이다.

그 방법은 얼마 지나지 않아 소득이 있었다. 상세 통화기록을 검색한 결과, 스프린트 이동통신에 가입된 휴대전화에서 추적된 전화번호로 여러 차례 전화가 걸려왔다는 사실이 밝혀진 것이다. 다시 말해, 내가 넷컴에 전화접속을 하는 데 사용한 복제된 전화번호이자 지역번호가 롤리인 전화번호가 드러난 것이다.

스프린트 기술자는 그 전화번호가 대체로 동일한 이동통신 기지국을 통해 연결됐다는 걸 눈치 챘다. 그 말은 고정된 위치에서 전화를 했다는 의미였다. 따라서 이제 수사팀은 내가 어디에 있는지를 알아냈다. 롤리였다.

나는 혹시 JSZ가 최근에 더웰 계정을 통해 내 escape.com 계정에 접속했는지를 확인하기 위해 수 차례 이스라엘에 있는 JSZ에게 전화를 걸고 이메일을 보냈다. 일요일 오후, 시모무라가 한창 롤리로 날아오고 있을 때, JSZ가 답장을 보내왔다. 당황스런 내용이었다.

안녕,

오늘 오전 아버지가 갑자기 심장마비가 오는 바람에 병원에 입원하셨어. 하루 종일 병원에 있었고, 아마 내일도 계속 병원에 있을 거야. 앞으로 3, 4일 동안은 컴퓨터를 쓰지 못할 테니 이해해주라.

조나단 씀

나는 불안감에 휩싸여 즉각 리서치 트라이앵글 파크에 위치한 넷컴의 전화접속번호를 제공하는 전화 회사의 교환기에 접속했다. 리서치 트라이앵글 파크는 롤리에 머무는 동안 내가 인터넷에 접속하는 데 사용했던 접속경로 중 하나였다. 실제로 나는 그 접속경로를 유달리 자주 사용했다. 덴버나 다른 지역에서 휴대전화를 사용해 넷컴에 직접 전화접속을 할 경우, 거리가 너무 멀어 접속 상태가 불량했기 때문이다.

교환기에서 넷컴 전화접속번호를 살펴보니, 해당 번호에 발신번호 추적기능이 설정돼 있는 게 아닌가! 갑자기 불안감이 몰려오면서 뱃속이 뒤틀렸다. 정말로 심각한 상황이 닥친 것이다.

포위망이 지나치게 가깝게 좁혀오고 있었다. 수사팀이 도대체 얼마나 알아낸 거지?

나는 어떻게든 발신번호 추적기능이 언제 설치됐고, 내가 건 전화번호를 하나라도 추적했는지 확인해야만 했다.

GTE에서 업무시간 외에 교환기 모니터링을 처리하는 네트워크 운영센터는 텍사스 주에 위치해 있다. 나는 GTE 보안팀 직원으로 가장해 운영센터에 전화를 걸어 롤리에 있는 던햄 파크우드 지역의 교환기를 담당하는 직원을 바꿔달라고 말했다. 잠시 후 여직원이 전화를 받았다.

"지금 자살 사건을 조사 중입니다. 전화번호는 558-8900입니다. 발신번호 추적기능이 언제부터 작동했죠?"

여직원은 알아보겠다며 잠시 기다리라고 말했다. 나는 기다렸고, 좀 더 기다렸다. 하지만 기다리는 시간이 길어지면서 내 불안감도 커져만 갔다. 마침내 5분 정도 지난 후 누군가가 다시 전화를 받았다. 통화했던 여직원이 아닌 남자였다.

내가 물었다. "혹시 요청한 정보 알아봤나요?"

남자는 이런저런 질문을 했다. 내 사내 전화번호가 몇 번인지, 어느 부서 누구 밑에서 일하는지 등. 나는 이미 사전조사를 해뒀기에 적절하게 둘러댈 수 있었다.

"그쪽 상사한테 내게 전화를 하라고 하시오."

"내일 아침이나 돼야 회사에 복귀할 겁니다. 전화 드리라고 메모해 놓겠습니다." 남자가 말했다.

이 시점이 되자 정말로 큰 의심이 들었다. 어쩌면 누군가가 전화를 걸어올 거라고 사전에 경고를 받은 건지도 몰랐다. 모든 절차가 국가안보와 관련된 사건을 수사하는 것처럼 지나치게 까다로웠다. 혹시 누군가 내가 있는 곳을 알아낸 게 아닐까?

나는 혹시나 하는 마음에 내 휴대전화를 다른 이동통신서비스인 셀룰러원으로 바꿔놓았다. 혹시나 내 휴대전화를 추적할 경우를 대비해서였다.

시모무라는 롤리에 도착하자마자 기다리고 있던 스프린트 기술자의 차에 올라타고 이동통신 기지국으로 향했다. 기지국에서 기술자들은 시애틀에서 요원들이 내 위치를 추적하기 위해 사용했던 것과 같은 장비인 셀스코프 2000을 사용해서 무전주파수의 방향을 알아냈다. 이미 셀룰러원도 사전에 혹시 이동통신 네트워크에 수상한 움직임이 있는지 잘 살펴보라는 경고를 받은 후였다. 내가 휴대전화로 넷컴에 접속하자 셀룰러원은 데이터 전송이 진행된다는 걸 발견하고는 수사팀에 알렸다. 수사팀은 차에 올라타고 셀스코프 2000에서 감지되는 내 휴대전화 발신신호를 쫓아 빠르게 차를 몰았다. 단 몇 분 만에 시모무라와 수사팀은 내가 머물던 플레이어스클럽 아파트 단지까지 다가왔고, 이른 새벽에 불이 켜져 있는 집을 찾았다.

얼마 후 수사팀에게 행운이 찾아왔다. 스프린트 기술자가 감청하던 전화번호에서 통화내용이 들리기 시작한 것이다. 마침 이 추적에 합류하기 위해 롤리에 막 도착했던 존 마코프는 그 목소리 중 하나를 알아챘다. 「2600: 해커」라는 계간지의 설립자로 잘 알려진 에릭 콜리의 목소리였다(그는 본명보다는 소설 『1984』에서 따온 이름인 에마뉴엘 골드스타인이란 이름으로 불리는 걸 더 좋아한다). 잠시 후 잡음과 지직거림 속에서 에릭 콜리와 통화중이던 상대방의 목소리가 들려왔다. 마코프는 그 목소리의 주인공도 즉각 알아챘다.

"이 자다. 이 자야." 마코프가 소리쳤다. "미트닉이라고!"

Lsar JSA cryoi ergiu lq wipz tnrs dq dccfunaqi zf oj uqpctkiel dpzpgp I jstcgo cu dy hgq?

36 FBI와 보낸 발렌타인데이

2월 14일 발렌타인데이. 나는 이력서와 자기소개서를 작성한 후 저녁 늦게 다시 더웰의 시스템관리자계성을 살펴봤다. 혹시나 내가 삼시낭하고 있는지, 내가 몰래 저장해놓은 파일들이 발각된 건 아닌지를 살폈다. 내 주위를 끌만한 이상한 낌새는 없었다.

나는 휴식을 취하고 싶은 마음에 저녁 9시경 헬스클럽으로 가서 한 시간 정도 러닝머신을 달린 후 30분 정도 역기를 들었다. 길고 느긋하게 샤워를 한 뒤, 저녁을 먹으러 24시간 레스토랑에 갔다. 당시 나는 채식주의자였기에 레스토랑에는 그다지 내 식욕을 논울만한 메뉴가 없었지만, 그 시간에 문을 연 레스토랑은 그곳이 유일했다.

내가 살던 플레이어스클럽 아파트 단지 주차장에 들어선 건 자정이 약간 지나서였다. 대부분 아파트는 불이 꺼져있었다. 나는 내가 외출한 사이에 FBI가 잠복준비를 마쳤다는 걸 전혀 몰랐다.

나는 다시 더웰에 로그인했다. 만일을 위해 새로 발견한 휴면계정의 패스워드를 변경하는데 또 다시 누군가가 나를 지켜보고 있는 것 같은 으스

스한 느낌이 들었다. 나는 조금이라도 내 해킹증거를 인멸하기로 했다. 하지만 그 전에 먼저 더웰에 전송해놓은 파일들의 사본을 복사해둬야 했다. 그 이유는 내가 지난 몇 주 동안 사용하던 시스템 말고는 딱히 다른 저장공간이 없었기에, 일단 복사된 파일들을 더웰의 다른 휴면계정에 먼저 저장해뒀기 때문이다. 일단 복사본을 다 저장하고 난 뒤 다른 저장공간을 찾은 후에 다시 파일을 옮길 생각이었다.

그러던 중 나는 내가 여러 시스템을 접속하는 데 이용했던 백도어프로그램이 영문도 모르게 사라졌다는 걸 발견했다.

FBI는 대체로 일처리가 느려 터졌고, 따라서 내 전화번호가 추적됐다고 해도 수사를 진행하는 데에는 상당 기간이 걸릴 게 분명했다. 따라서 백도어프로그램이 사라졌어도, 다시 말해 누군가가 나를 추적하고 있다고 해도, 여전히 시간은 충분했다. 적어도 나는 그렇게 믿었다.

파일들을 이리저리 옮기는 데 아주 꺼림칙한 느낌이 들었다. 뭔가 안 좋은 일이 터질 것만 같은, 불안한 감정이 몰려왔다. 혹시 내가 신경과민인가? 도대체 내 escape.com 계정에 로그인한 녀석이 누구지? 넷컴 전화접속번호에 왜 전화번호 추적장치가 설치됐을까? 혹시 넷컴이 FBI에 해킹범죄를 신고한 건가? 이런저런 생각이 머릿속을 마구 스쳐갔다.

한 시간이 지난 후에도 여전히 불안했다. 어쩌면 신경과민이라고 생각했지만, 여전히 뭔가 잘못 돌아가고 있다는 불길한 예감이 들었다. 내가 있는 곳을 아는 사람은 단 한 명도 없었다. 그런데도 왠지 문밖에 위험이 도사리고 있을 것 같은 느낌을 떨칠 수가 없었다.

나는 스스로에게 아무 일도 아니라고, 그냥 약간 겁을 먹은 것뿐이라고 위로했다. 내 아파트는 복도로 향한 현관문을 열면 주차장이 훤히 내다보였다. 나는 현관으로 다가가 문을 열고는 주차장을 살폈다. 아무런 움직임도 눈에 띄지 않았다. 모두 내 상상일 뿐이야. 나는 문을 닫은 후 다시 컴퓨터 앞에 앉았다.

내가 현관문을 열고 밖을 내다본 게 실수였다. FBI는 그날 저녁에 내 휴대전화 신호를 추적해 이미 아파트 단지에 잠복해 있었고, 다만 휴대전화 신호가 다른 쪽 아파트건물에서 발신되고 있다고 착각했다. 심지어 내가 저녁을 먹은 후 아파트단지로 돌아왔을 때에도 나는 잠복한 FBI가 지켜보는 앞에서 주차장으로 차를 몰고 지나쳤고, 차에서 내려 다시 그 앞을 지나쳐갔다. 그런데도 FBI는 나를 그다지 주의 깊게 보지 않았다. 하지만 내가 현관문을 열고 밖을 쳐다봤을 때, 연방사법경찰 한 명이 그 모습을 보고는 이렇게 늦은 시간에 현관문을 열고 아파트를 이리저리 살피다가 다시 안으로 사라지는 게 수상하다고 생각했다.

30분 후, 1시 30분경에 누군가가 현관문을 두드렸다. 나는 매우 늦은 시간이라는 걸 생각지도 않고 무심결에 소리쳤다. "누구세요?"

"FBI입니다."

나는 얼어붙었다. 또 다시 문을 두드리는 소리가 들렸다. 내가 큰 소리로 물었다. "누굴 찾는 겁니까?"

"케빈 미트닉. 당신이 케빈 미트닉이오?"

"아니에요." 내가 일부러 짜증나는 목소리로 소리쳤다. "내 우편함을 확인해보면 알 겁니다."

갑자기 조용해졌다. 나는 혹시나 정말로 FBI가 누군가를 보내 내 우편함을 확인하는 건 아닌가 생각했다. 설마 정말로 내가 내 우편함에 '미트닉'이라고 이름을 써놓았을 거라고 생각할 만큼 멍청한 건가?

아무튼 상황은 심각했다! 분명한 건 FBI가 이리도 빨리 내 위치를 추적할 거라고는 생각하지 못했다는 것이었다. FBI를 너무 얕본 것이다. 나는 아파트를 몰래 빠져나갈 수 있는 방법을 고민했다. 베란다로 나가 아파트 건물 뒤쪽에 감시하는 이가 아무도 없다는 걸 확인했다. 밧줄로 쓸 만한 게 있는지 아파트 안을 둘러봤다. 침대보로? 아냐, 침대보를 밧줄처럼 엮으려면 시간이 너무 오래 걸려. 게다가 내가 베란다로 빠져나가 아래로 도망치는 걸 보고 FBI가 총이라도 쏜다면?

다시 문을 두드리는 소리가 들렸다.

나는 어머니에게 전화를 걸었다. '카지노호텔을 이용한 연락' 따위를 지킬 처지가 아니었다. "어머니, 저 지금 노스캐롤라이나 롤리에요." 내가 말했다. "FBI가 지금 내 집 문밖에 와있어요. 저를 어디로 끌고 가려는 건지 모르겠어요." 우리는 몇 분 동안 통화를 하면서 서로를 안정시키려 애썼다. 어머니는 내가 다시 감옥에 간다는 생각에 어찌할 바를 모르고 화를 내면서 거의 이성을 잃을 지경이었다. 나는 내가 어머니와 할머니를 너무 사랑한다고 말했고, 강하게 버티라고 말했다. 언제가 이 모든 게 끝나는 날이 올 거라고 안심시켰다.

나는 어머니와 통화를 하면서 내 작은 아파트를 돌아다니며 문제가 될 수 있는 것들을 눈에 띄는 대로 치웠다. 일단 컴퓨터를 끈 후 전원을 뽑아버렸다. 하드디스크를 삭제하기엔 시간이 너무 촉박했다. 내가 사용하던 노트북컴퓨터는 여전히 뜨끈뜨끈했다. 나는 휴대전화 하나는 침대 밑에 다른 하나는 운동가방에 넣었다. 어머니는 치키 숙모에게 전화를 걸어 조언을 받으라고 말했다.

전화를 걸자 치키 숙모는 캘러배서스 사건 이후 쭉 내 일을 봐줬던 변호사 존 이절디아가의 집전화번호를 알려줬다.

FBI가 다시 내 문을 두드리며 당장 열라고 말했다.

내가 소리쳤다. "지금 자는 중이거든요. 도대체 원하는 게 뭡니까?"

"몇 가지 질문만 하면 됩니다." FBI가 맞받아쳤다.

나는 짐짓 화난 목소리로 소리쳤다. "내일 와요. 내가 안 자고 있을 때!"

그렇다고 FBI가 돌아갈 리는 없었다. 어떻게 해야 내가 자신들이 찾는 사내가 아니라고 믿게 할 수 있을까?

몇 분이 지났고, 나는 다시 어머니에게 전화를 걸어 말했다. "문을 열어 줄 거예요. 전화 끊지 말아요."

나는 문을 살짝 열었다. 문을 두드린 사람은 30대 후반에 회색 턱수염을 기른 흑인사내였다.

꼭두새벽인 시간에도 양복을 차려 입은 걸 보니 FBI가 분명했다. 후에 나는 그가 이 작전의 총지휘를 맡았던 레보드 번즈 요원이란 걸 알게 된다. 아주 조금만 열린 문틈으로 번즈 요원이 발을 끼워 넣어 문을 닫지 못하게 막았다. 이윽고 여러 사내들이 문을 밀고 아파트 안으로 우르르 들어왔다.

"자네가 케빈 미트닉인가?"

"이미 아니라고 말했잖아요."

또 다른 요원 대니얼 글래스고우가 나를 몰아세웠다. 그는 회색 머리에 번즈 요원보다 더 나이가 들었고, 몸집도 컸다. "전화 당장 끊어." 그가 말했다.

내가 전화기로 어머니에게 말했다. "끊어야겠어요."

몇몇 사내들은 벌써 내 아파트를 뒤지고 있었다.

내가 물었다. "혹시 수색영장 있습니까?"

"자네가 케빈 미트닉이면 우리에겐 수색영장이 아니라 체포영장이 있네." 번즈 요원이 말했다.

내가 말했다. "변호사와 통화를 하고 싶습니다."

번즈 요원은 제지하지 않았다.

나는 존 이절디아가에게 전화를 걸었다. "존. 나 토마스 케이스에요. 지금 노스캐롤라이나 롤리에 있는데 FBI가 막 내 아파트에 들이닥쳐서는 나를 미트닉이란 용의자로 착각하고는 내 아파트를 뒤지고 있습니다. 수색영장도 보여주지 않았고요. 이 작자들한테 뭐라고 말 좀 해주겠어요?"

나는 정면으로 나를 노려보고 있는 글래스고우 요원에게 전화기를 건넸다. 글래스고우 요원은 전화를 받더니 대뜸 누구냐고 물었다. 내 생각에 이절디아가는 자신의 이름을 밝히고 싶지 않았을 것이다. 그는 내가 위조한 신원을 사용하고 있다는 걸 알았고, 따라서 나를 변호한다는 게 변호사의 윤리성 문제를 야기할 수 있었기 때문이다.

글래스고우 요원은 전화기를 번즈 요원에게 건넸다. 그제야 나는 번즈 요원이 총책임자라는 걸 알았다.

이절디아가가 번즈 요원에게 말하는 내용은 내게도 들렸다. "만약 합법적인 영장을 제시한다면 수색을 해도 좋소."

번즈 요원은 전화를 끊었고, 여전히 다른 사내들은 내 아파트를 뒤지고 있었다.

번즈 요원이 내게 신분증을 보여 달라고 말했다. 나는 지갑을 꺼내 내 G. 토마스 케이스 운전면허증을 보여줬다.

수색 중이던 사내 한 명이 다가오더니 번즈 요원에게 침대 밑에서 발견했다며 휴대전화를 건넸다.

한편 내 운동가방을 뒤지던 번즈 요원은 내 또 다른 휴대전화를 발견했다. 당시 휴대전화 통화료는 분당 1달러로 매우 비쌌기에 내가 휴대전화를 두 대씩이나 소지하고 있다는 건 의심을 사기에 충분했다.

번즈 요원은 내 휴대전화번호를 물었다. 나는 대답하지 않았다. 나는 오히려 그가 휴대전화의 전원을 켜길 바랐다. 나는 이런 일이 닥칠 경우를 대비해 휴대전화에 안전장치를 설정해뒀다. 만약 전원을 켠 후 60초 이내에 비밀번호를 입력하지 않으면 휴대전화에 저장된 모든 데이터, 예를 들어 복제된 휴대전화번호와 단말기일련번호와 같은 내용들이 저절로 삭제되게 돼있었다. 모든 증거가 펑! 하고 사라지는 셈이었다.

젠장! 번즈 요원은 전화기를 켜지 않고 다른 사내에게 건네줬다.

나는 다시 물었다. "수색영장 있습니까?"

번즈 요원은 서류가방을 뒤지더니 서류 한 장을 꺼내 내게 건넸다.

나는 서류를 훑어본 후 말했다. "이건 제대로 된 수색영장이 아니에요. 주소가 없잖습니까?" 나는 이전에 법률서적을 탐독한 덕분에 미국헌법이 광범위한 수색을 금한다는 걸 잘 알고 있었다. 다시 말해, 수색을 하려면 영장에 반드시 정확한 주소가 적혀있어야 했다.

사내들은 여전히 수색을 멈추지 않았고, 나는 마치 권리를 침해당한 사람처럼 연기하며 큰 소리로 외쳤다. "당신네들 여기 있을 권리가 없어. 당장 내 아파트에서 나가라고. 수색영장이 없으니 지금 당장 나가라고! 당장!"

몇몇 사내들이 내 주변으로 다가왔고, 그 중 한 명이 내 얼굴 앞으로 서류를 디밀며 말했다. "여기 박혀있는 이 사진이 꼭 당신처럼 보이는데, 아닌가?"

나는 실소할 수밖에 없었다. 연방사법경찰이 내 지명수배 포스터를 제작했으리라고는 상상도 못 했다. 말도 안 돼!

포스터에는 이렇게 적혀 있었다.

가석방조건 위반으로 위 사람을 지명수배함.

하지만 포스터에 실린 사진은 「뉴욕타임스」에 실렸던, 6년 전에 FBI LA 사무소에서 찍었던 사진이었다. 당시 나는 지금보다 훨씬 뚱뚱했고, 덩치도 컸다. 게다가 사진을 찍을 당시 나는 3일간 씻지도 못했고, 면도도 못했었다.

내가 사내에게 말했다. "이게 어딜 봐서 나입니까?"

나는 속으로 이들이 내가 미트닉이라는 걸 확신하지 못하고 있으며, 잘하면 이 곤경을 빠져나갈 수 있을지도 모른다고 생각했다.

번즈 요원은 밖으로 나갔다.

사내 둘은 수색을 계속했고, 또 다른 두 명은 그 모습을 지켜봤다. 내가 어디서 나왔냐고 묻자, 그들은 롤리 던햄경찰청의 도피범 전담반 소속이냐고 말했다. 이건 또 뭐란 말인가? FBI가 강력범도 아닌 고작 해커 하나 체포하면서 요원 3명을 파견하는 걸로 부족해서 지역경찰의 도움까지 받았다는 게 말이 되는가?

글라스고우 요원이 내 서류가방을 발견하고는 눈을 반짝였다. 서류가방에는 지금까지 내가 사용했던 신분증들과 아무 것도 적혀있지 않는 새 출생증명서 양식이 들어있었다. 내가 감방으로 직행하기에 충분한 증거들이었다. 글라스고우 요원은 서류가방을 조그만 식탁 위에 올려놓더니 가방을 열었다.

내가 소리쳤다. "이봐요, 뭐하는 겁니까!" 그리고 글라스고우 요원이 나를 올려다 볼 때 잽싸게 가방을 다시 닫고는 잠금장치를 내려 누른 후 비밀번호 숫자판을 돌려 가방을 잠갔다.

글라스고우 요원이 소리쳤다. "당장 여는 게 좋을 걸!"

나는 못들은 척했다. 그러자 글라스고우 요원은 부엌으로 가더니 싱크대 서랍에서 고기를 써는 커다란 식칼을 들고 돌아왔다.

내 얼굴이 분노로 시뻘겋게 달아올랐다.

글라스고우 요원이 서류가방을 잘라서 열려는 듯 서류가방에 칼을 꽂아 넣었다. 그러자 또 다른 요원 래텔 토마스가 글라스고우 요원의 팔을 붙잡았다. 수색영장이 없는 상황에서 내 서류가방을 강제로 열었다가는 그 안에 들어있는 모든 것들이 절대 증거로 인정되지 못한다는 건 나를 비롯해 그 방에 있는 사람들이 모두 다 아는 사실이었다.

30분 정도 밖에 나갔던 번즈 요원이 돌아오더니 내게 또 다른 영장을 건넸다. 내 아파트 주소는 손으로 적어 넣었지만, 그 밖의 내용은 깨끗하게 인쇄되어 연방판사의 서명까지 박힌 수색영장이었다. 하지만 이미 두 명의 요원들은 거의 두 시간이나, 그것도 불법으로 내 집을 수색한 뒤였다.

토마스 요원이 내 옷장을 뒤지기 시작했다. 나는 소리치며 그만두라고 말했지만, 토마스 요원은 내 말을 무시한 채 아예 방문을 닫아버렸다. 잠시 후 그가 지갑을 들고 나타났다.

"자, 이 안에 뭐가 들었는지 한번 볼까?" 그가 걸쭉한 남부억양으로 말했다.

그는 지갑에서 내가 이전에 쓰던 신원으로 발급된 운전면허증을 하나씩 꺼내기 시작했다. 다른 이들도 수색을 멈추고 그 광경을 지켜봤다. 토마스 요원이 물었다.

"에릭 바이스는 누구지? 마이클 스탠필을 또 누굴까?"

나는 당장이라도 토마스 요원의 손에서 내 지갑을 낚아채고 싶었지만, 그랬다가는 그를 공격하는 것처럼 비춰질까봐 겁이 났다. 권총을 소지한 사내들이 득실대는 상황에서는 더더구나 좋은 생각이 아니었다.

이제 요원들은 내가 성실하고 선량한 시민은 절대 못 된다는 걸 알았다. 하지만 그들이 체포하려던 이는 케빈 미트닉이었고, 지갑에도 내가 케빈 미트닉이라는 확정적인 증거는 없었다.

나는 부당하게 권리를 침해받은 데 격분한 시민의 연기를 훌륭하게 해냈고, 그래서인지 요원들은 나를 경찰서로 데려가 지문을 채취해서 내가 실제 케빈 미트닉이고 이 모든 내 반응이 그저 속임수라는 밝혀내야 할지를 의논했다.

내가 말했다. "거 좋은 생각이오. 몇 시에 경찰서에 출두할까요?"

요원들은 내 말을 무시했다. 세 명의 요원은 다시 내 아파트를 뒤지기 시작했다.

그때까지도 내 운은 다하지 않은 채 버티고 있었다.

그러던 중 마침내 결정적인 일이 벌어졌다. 토마스 요원이 내 옷장에 있던 옷을 뒤지다가 내 오래된 스키자켓을 뒤진 것이다.

지퍼가 달린 속주머니에서 토마스 요원이 종이 하나를 끄집어냈다.

"급여명세서군." 그가 말했다. "그리고 발급된 이름은 다름 아닌 케빈 미트닉이고."

토마스 요원이 소리쳤다. "자네를 체포하겠네!"

TV에서 보던 것과는 딴판이었다. 아무도 내게 미란다 헌장 따위는 말해주지 않았다.

그리도 주의, 또 주의를 기울였건만, 내가 LA의 베이트티슈바를 떠나기 전에 잠시 일했던 회사에서 발급받은 급여명세서가 내 오래된 스키자켓 속주머니에서 잠자고 있었다니! 모두 다 내가 자초한 화근이었다.

목구멍으로 신물이 넘어왔지만 싱크대로 걸어가 뱉지도 못할 만큼 다리가 후들거렸다. 나는 요원들에게 위장약을 먹어야 한다고 말했다. 그들은 위장약 약병에 붙은 라벨을 읽더니 의사가 처방한 약이라는 걸 확인했다. 하지만 약을 먹지는 못하게 했다.

그나마 내가 3시간 30분씩이나 그들을 속였다는 건 대단한 일이었다. 나아가 거의 3년씩이나 FBI, 연방사법경찰국, 비밀검찰국의 추적을 피해 숨어있었다는 것도 정말 대단한 일이었다.

하지만 모든 게 이제 끝나고 말았다.

토마스 요원이 나를 노려보며 말했다. "미트닉, 이제 모든 장난은 끝났어!"

연방사법경찰국 요원은 등 뒤로 내 손에 수갑을 채우지 않고 앞으로 수갑을 채운 후 발목에도 쇠고랑을 채웠다. 그런 뒤 나를 데리고 문밖으로 나섰다. 문을 나서면서 나는 이번에는 결코 수감생활이 짧지 않을 것임을 직감했다.

V2hhdCBGQkkmYWdlbnQgYXNrZWQgU3VuIE1pY3Jvc3lzdGVtcyBo byBjbGFpb SBoaGV5IGxvc3QgODAgbWlsbGlvbiBkb2xsYXJzPw==

37 희생양이 되다

나의 새 거처는 롤리 시내에 위치한 웨이크카운티 구치소였다. 구치소는 남부지방의 친절함과는 거리가 멀었다. 내가 수감 수속을 밟는 동안, FBI요원들은 나를 절대 전화 근처에도 얼씬거리게 해선 안 된다고 누누이 당부했다.

나는 제복을 입은 사람이 지나갈 때마다 가족에게 전화를 걸게 해달라고 사정했지만, 그들은 마치 귀머거리인 척 나를 외면했다.

그나마 동정심이 많은 듯 보이는 여자교도관에게 나는 가족에게 전화를 걸어 보석신청을 해야 한다고 통사정했다. 그녀는 내가 안 돼 보였는지 잠시 후 나를 전화기가 설치된 유치장으로 옮겨줬다.

먼저 어머니에게 전화를 걸었다. 어머니 곁에 있어주기 위해 할머니도 이미 어머니 집에 와계셨다. 두 분 모두 대단히 감정이 격앙된 상태였고, 화가 나서 어찌할 바를 몰랐다. 도대체 나 때문에 몇 번이나 이런 상황을 겪어야 한단 말인가? 아들이자 손자라는 녀석이 또 다시 감옥에 갔고, 이번에는 오랫동안 수감될지도 모른다는 생각에 얼마나 또 고통을 받아야 한단 말인가?

어머니와 통화를 마친 뒤 나는 루이스 드페인에게 전화를 걸었다. 구치소 내 모든 전화는 감청되기에 많은 말을 할 수는 없었다.

"여보세요." 루이스가 졸린 목소리로 전화를 받았다. 캘리포니아 시각으로는 새벽 1시가 넘은 시각이었고, 날짜는 이미 하루가 지난 1995년 2월 15일이었다. 교환원이 말했다.

"수신자부담 전화입니다. 전화거신 분 성함을 말씀해주시겠습니까?"

"케빈입니다."

"수신자부담 전화를 받으시겠습니까?"

"예." 루이스가 답했다.

"루이스, 내가 오늘밤에 FBI에게 체포됐어. 지금 노스캐롤라이나 롤리에 있는 구치소라고. 알려줘야 할 것 같아서 전화했다." 해킹동료에게 말했다.

내가 즉각 모든 증거를 없애라고 굳이 말 안 해도, 루이스는 내 말을 알아들었다.

이튿날 아침 나는 처음으로 법정에 출두했다. 나는 12시간 전에 마지막으로 자유를 만끽하며 운동하러 갈 때 입었던 까만색 스웨터를 여전히 입고 있었다.

놀랍게도 재판정 안은 사람들로 가득했고 왁자지껄했다. 모든 자리에 사람들이 빼곡하게 앉아있었다. 보기에 절반 정도는 카메라나 기자수첩을 들고 있었다. 언론들이 내 사건에 엄청난 관심을 지니고 있는 게 분명했다. 기자들은 마치 FBI가 대단한 악당이라도 검거한 것처럼 설쳐댔다.

내 시선이 재판정 앞쪽에 서있는 사내에게 고정됐다. 그를 만난 적은 없었지만 그가 누구인지는 즉각 알 수 있었다. 츠토무 시모무라였다. FBI가 나를 체포할 수 있었던 이유도 시모무라가 자신의 서버가 해킹당한 것에 격분해 만사를 제쳐놓고 나를 체포하는 데 앞장섰기 때문이었다.

시모무라는 나를 노려봤다.

시모무라의 눈빛, 특히 여자친구의 눈빛이 마치 매처럼 사나웠다. 존 마코프는 기자수첩에 뭔가를 끄적였다.

공판은 단 몇 분 만에 판사가 내 모든 보석신청을 기각하고 수감한다는 판결을 내리는 것과 함께 끝났다. 그렇게 나는 또 다시 전화가 없는 유치장으로 돌아갔다.

독방에 다시 수감된다는 생각에 겁이 나서 견딜 수가 없었다.

수갑이 다시 채워지고 재판정을 나서면서 나는 시모무라 앞을 지나갔다. 그가 이긴 것이었다. 정정당당하고 공정하게 나를 이긴 것이었다. 나는 그를 향해 가볍게 인사를 하며, 경의를 표한다는 듯 쓰고 있지도 않은 모자를 살짝 올렸다 내리는 시늉을 했다. "능력이 대단하더군요." 내가 말했다.

시모무라도 화답하듯 가볍게 끄덕였다.

수갑을 찬 채 재판정을 벗어나는 데 누군가가 소리쳤다. "이봐, 케빈!" 고개를 들어 2층 좌석을 보자 거의 100명이 넘는 파파라치들이 카메라를 들고 셔터를 눌러댔다. 플래시 세례가 쏟아졌다. 맙소사! 언론의 관심은 내가 생각했던 것 이상이었다. 도무지 이해할 수가 없었다. 어쩌다가 내가 이리도 대단한 관심을 받게 됐단 말인가?

당연히 나는 그 날 기사를 읽지 못했다. 하지만 후에 알고 보니 마코프가 이튿날 「뉴욕타임스」에 기사를 실었다. 그 기사는 마코프가 1년 전 독립기념일에 보도한 기사보다 훨씬 길었고, 이번에도 그때처럼 1면에 실렸다. 기사는 대중들에게 내 이미지를 오사마 빈 미트닉으로 각인시켰다. 기사에는 샌프란시스코 연방 차장검사 켄트 워커의 말도 인용됐다. "[미트닉은] 이론의 여지없이 전 세계에서 가장 악명 높은 컴퓨터해커다. 알려진 바로는 수십억 달러에 달하는 영업기밀을 해킹했고, 사회에 크나큰 위협이었다."

마코프가 독립기념일에 처음으로 나에 대해 쓴 기사에는 내가 단지 가석방조건을 위반한 이유로 지명수배 중이라고 적혀있었다. 하지만 여전히 그 기사 때문에 대중들은 내가 대단한 악당이자 공공의 적이라고 생각했다. 게다가 마코프가 두 번째 기사를 보도하자 이번에는 다른 모든 언론들도 하이에나처럼 몰려들었다. 내 이야기는 「데이트라인」, 「굿모닝 아메리카」를 비롯해 수도 없이 많은 주요 TV 프로그램에 소개됐다. 내 체포에 관한 이야기는 거의 3일간 연달아 모든 뉴스에서 다뤄졌다.

나에 대한 보도 내용은 대부분 1995년 2월 27일자 「타임」 매거진에 실린 내용과 유사했다. 「타임」 기사의 부제는 다음과 같았다.

미국 최고의 해커가 마침내 체포되다

롤리 재판정이 내게 임명해준 법정변호사가 내게 들려주는 소식들은 하나같이 암울했다. 나는 23건의 불법 접속장치를 소지한 혐의로 기소됐다. 그 중 21건은 타인의 전화번호를 복제해서 휴대전화를 건 혐의였다. 나머지 2건은 불법으로 정보를 보유한 혐의였는데, 특히 휴대전화 복제에 사용할 수 있는 타인의 전화번호와 단말기일련번호를 보유한 혐의였다. 최대형량은 복제된 전화번호를 사용해서 공짜로 전화를 걸은 건수마다 20년이었다. 한 통화에 20년이라니! 최악의 경우 내가 받을 형량은 총 460년이나 됐다.

상황은 암울했다. 460년이라니! 평생을 감옥에서 썩고 싶지는 않았다. 다시는 행복하고 생산적인 삶을 살지 못하고, 특히나 어머니, 할머니와 함께 즐거운 시간을 보낼 수 없다는 생각이 들자 절망스러웠다. 미국정부는 휴대전화를 복제했다는 혐의로 나를 완전히 궁지에 몰아넣었다(단말기일련번호를 보유한 건 연방법에 의하면 불법 접속장치 소지에 해당됐다). 또한 내가 텔텍 수사에 대한 정보를 입수하기 위해 퍼시픽벨의 보안직원 데렐 산토스의 음성사서함을 해킹하고, '컴퓨터해커'들과 어울린 것도 1989년 가석방조건을 위배한 게 맞았다. 하지만 이 '대단한' 범죄로 460년이라고? 전범들도 그 정도로 많은 형량을 선고받지는 않았다.

FBI는 또한 내 컴퓨터에 저장된 넷컴의 고객 데이터베이스를 찾아냈다. 그 데이터베이스에는 약 2만 건의 신용카드번호가 포함돼 있었다. 하지만 나는 그 신용카드번호를 사용한 적이 단 한 번도 없었다. 따라서 검찰은 내가 신용카드를 도용했다는 혐의를 입증할 수가 없었다. 물론 내가 평생 타인의 신용카드를 번갈아 사용하며 살려는 유혹을 전혀 못 느꼈다면 거짓말이다. 하지만 타인의 신용카드로 물품을 구매할 의사는 절대 없었고, 실제로 그런 적도 없었다. 그건 옳지 않은 일이었기 때문이다. 내가 손에 넣고 싶었던 건 넷컴의 고객 데이터베이스였을 뿐, 신용카드는 애당초 내 관심사가 아니었다. 하지만 사람들은 이런 사실을 믿으려 들지 않는다. 반면 해커들, 게임이나 시합 같은 걸 좋아하는 사람들은 이 점을 즉각 이해한다. 예를 들어, 체스를 좋아하는 이들은 가장 중요한 목적이 상대방을 이기는 것임을 잘 이해한다. 그걸로 충분할 뿐, 결코 그 과정에서 뭔가 이득을 얻는 게 목적이 아니다.

매번 나를 체포한 이들은 내가 해킹을 실력을 겨루는 게임으로 여겼고, 그로부터 엄청난 만족감을 느꼈다는 걸 이해하지 못했다. 나로서는 늘 그 점이 이상했다. 어쩌면 내가 해킹을 하는 동기를 그들이 이해하지 못하는 이유는 그들이야말로 나와 같은 상황에 처했다면 분명 신용카드를 사용하고픈 유혹을 참지 못했을 거라고 생각했기 때문이 아닐까?

심지어 마코프도 「뉴욕타임스」 기사에서 내가 돈을 목적으로 해킹을 하지는 않은 건 분명하다고 인정했다. 사실 내가 포기한 돈의 규모는 기사에 실린 켄트 워커의 주장, 그러니까 내가 "알려진 바로는 그는 수십억 달러에 달하는 영업기밀을 해킹"했다는 주장에 잘 드러나 있다. 하지만 나는 그 수십억 달러에 달하는 영업기밀로 이득을 얻거나, 판매할 의도가 전혀 없었다. 따라서 그 수십억 달러는 내게 아무런 의미가 없었던 셈이다. 그렇다면 과연 '내가 해킹했다'는 그 수십억 달러에 달하는 범죄는 과연 근거가 있는 주장인가?

내가 체포되자 다른 연방 관할구역의 검사들도 경쟁하듯 나에 대한 혐의를 쏟아냈다. 하지만 내게도 여전히 희망은 있었다. 이 모든 증거에도 불구하고 연방검찰의 기소에는 맹점이 있었다. 우선적으로 해결돼야 할 법적 문제가 존재했다. 예를 들어, 시모무라가 비밀리에 정부요원처럼 활동하면서 영장 없이 내 통화내용을 감청한 건 심각한 위법행위였다. 게다가 내 변호사는 연방정부가 발부한 수색영장에 하자가 있었다고 이미 탄원서를 제출해놓았다. 만약 판사가 내 손을 들어준다면, 노스캐롤라이나에서 수집된 모든 증거는 롤리 지역의 재판성을 비롯해 미국 전역의 모든 재판성에서 증거로 채택될 수 없었다.

내 사건의 기소를 맡은 건 한창 승승장구하던 젊은 차장검사 존 보울러였다. 그에게 내 사건은 유명세를 떨칠 수 있는 절호의 기회였다. 만약 그가 내 모든 혐의에 대해 유죄판결을 이끌어내고 판사로 하여금 막대한 금액의 손해배상 선고를 받아낼 수만 있다면, 언론의 관심이 그에게 집중될 것이었고, 그렇다면 출세는 따 놓은 당상이었다. 하지만 현실은 그의 기대와는 달랐다. 연방법의 형량선고 기준에 의하면, 연방판사는 내가 공짜로 전화를 걸어서 휴대전화회사에게 입힌 최소한의 손해액을 기준으로 형량을 선고해야 했다.

나는 첫 공판이 끝난 후 노스캐롤라이나 스미스필드에 있는 존슨턴카운티 구치소로 이감됐고, 연방사법경찰국은 교도관에게 내가 가장 두려워하던 곳에 나를 처넣으라고 명령했다. 바로 '시궁창'이었다.

독방에 또 다시 수감되다니, 도저히 믿기지가 않았다. 나는 쇠고랑을 찬 채 독방으로 끌려가며 온 힘을 다해 반항했다. 그 순간은 시간이 정지한 것처럼 서서히 흘러갔다. 그리고 나는 깨달았다. 내가 지난 3년간 도피생활을 했던 이유가 바로 이 독방에 대한 두려움 때문이었다는 걸. 독방에 다시 수감됐다간 견딜 수 없다는 걸 알았던 것이다. 하지만 이제 교도관들은 내 가장 두려운 악몽 속으로 나를 질질 끌고 가고 있었고, 내가 할 수 있는 건 아무 것도 없었다.

1988년 나를 처음으로 8개월이 넘게 독방에 가뒀을 때, 검찰은 자신들이 원하던 걸 손에 넣었고, 실제로 내가 형량에 합의하자마자 다시 일반감옥으로 옮겨주었다. 그리고 이번에도 마찬가지로 검찰이 나를 이 지옥 같은 시궁창으로 처넣은 이유는 나를 대중과 격리하기 위해서도 아니었고, 다른 수감자들로부터 나를 보호하기 위해서도 아니었다. 그건 나를 억압하기 위함이었다. 그 이상도 그 이하도 아니었다. 검찰이 내게 분명한 메지시를 던졌다. '우리의 요구를 받아들여라. 네 권리를 일부 포기해라. 그리고 전화는 직계가족과 변호사에게만 할 수 있다. 만약 이 모든 걸 받아들인다면, 기꺼이 독방에서 빼주겠다.'

독방에 다시 들어갈 때 내가 느꼈던 절망감은 말로 표현할 수 없다. '시궁창'에서 오랜 시간을 보내면서 느꼈던 두려움이 새삼 떠올랐고, 나는 교도관들이 나를 독방에 처넣고 문을 닫는 것과 동시에 거의 이성을 잃었다.

온몸에 문신을 새긴 싸이코 마약판매상과 같은 침대를 쓴다 하더라고, 차라리 독방에 갇히는 것보다는 나았다.

컴퓨터에만 열중하는 괴짜들을 떠올릴 때, 사람들은 으레 그들이 조그맣고 어두침침한 방에서 하얗게 모니터에서 빛이 뿜어져 나오는 노트북컴퓨터에 고개를 파묻은 채 낮인지 밤인지도 구분 못하는 생활을 한다고 생각한다. 그건 편견에 불과하다. 아마 매일같이 9시에 출근해서 5시에 퇴근하는 직장인들에겐 우리 같은 해커들이 외톨이로 보이겠지만, 사실은 전혀 다르다.

혼자서 시간을 보내는 것과 구역질이 날 정도로 더러운, 관처럼 비좁은 공간에 갇혀 오늘을, 내일을, 그리고 다음 달을 보내는 건 천지차이다. 독방은 빛이 보이지 않는 끝없는 터널을 헤매는 것과 같다. 아무리 머릿속에서 떨쳐내려 해도 독방에 감금된다는 건 24시간 내내 두렵고 절망적이다. 독방이 일종의 고문으로 간주되는 이유도 이 때문이다. 실제로 지금 이 순간에도 UN은 독방감금을 비인도적 행위로 규정하기 위해 노력하고 있다.

많은 전문가들은 장기간 독방감금이 물고문이나 다른 형태의 육체적 고문보다 더 가혹하다고 주장한다. 독방에 갇힌 죄수들은 무기력증, 절망감, 분노, 심한 우울증과 같은 여러 정신질환을 겪는 경우가 흔하다. 독방에 감금되면 고립과 무료감을 느끼고, 생활을 지탱해주는 정해진 틀이 없기에 서서히 마음부터 무너져 내리기 시작한다. 나아가 아무와도 얘기나 접촉이 금지돼있다는 건 생각이 제멋대로 흘러가고, 이성을 유지하지 못하게 된다는 의미다. 독방감금은 생각할 수 있는 어떤 악몽보다 더 끔찍하다.

60일 이상 독방에 감금된 죄수에 대한 연구 결과를 보면 하나같이 정신이상의 징후가 발견되는 이유도 이 때문이다. 종종 그때 생겨난 정신이상은 평생 지속되기도 한다. 나도 그 점이 두려웠다. 내가 독방에 마지막으로 구금된 게 6년 전이었는데도 불구하고, 그 기억은 지금까지도 나를 괴롭힌다. 나는 어떻게든 최대한 빨리 독방에서 빠져 나오고 싶었다.

독방에 갇힌 지 일주일이 지났을 무렵, 연방검찰이 내게 일부 권리를 포기하고 몇 가지 내용에 동의하면 일반감옥으로 옮겨주겠다고 제안을 해왔다. 조건은 다음과 같았다.

- 보석신청 포기
- 예심 포기
- 변호사, 가족 몇 명을 제외하곤 통화 금지

검찰은 합의서에 서명하면 독방에서 빼주겠다고 말했다. 나는 서명했다.

이 합의서를 이끌어낸 건 LA에 있는 내 변호사인 존 이절디아가와 그의 동료 리차드 스타인가드였다. 내가 롤리에서 체포된 후로 둘은 고맙게도 일부러 시간을 내서 내 사건을 도와줬다. 특히나 존은 내가 1992년에 캘러배서스 아파트에서 FBI에게 체포된 이후로 쭉 무료로 나를 변호해줬다.

일반감옥으로 옮긴 후 나는 전화로 존 이절디아가, 그리고 리처드 스타인가드와 통화를 했다. 존의 목소리에 전에는 없던 긴장감이 서려있었다. 놀랍게도 둘은 내게 국가 기밀정보에 대해 꼬치꼬치 캐물었다. "정확히 자네가 해킹한 기밀정보가 어떤 것들인가? 혹시 미국 첩보기관을 해킹한 적이 있나?"

나는 그들이 어떤 내용을 묻는지를 알고는 너무나 터무니없어 크게 웃었다. "마치 내가 비밀첩보원이라고 되는 것처럼 말하는군요!" 내가 말했다.

하지만 내 농담에도 둘은 심각했다. 존이 진지하게 말했다.

"케빈, 거짓말은 관두게. 이제 모든 걸 털어놓게나."

너무나 황당해서 눈을 깜빡이다가 내가 말했다. "왜 이래요? 지금 장난하는 거죠?"

그러자 리차드가 놀라운 얘기를 했다. "연방 차장검사 쉰들러 말이 CIA가 당신을 심문하고 싶어 한다고 하더군요."

도대체 무슨 영문이란 말인가? 내가 전 세계에서 가장 유명한 휴대전화 제조업체들과 전화 회사들, 그리고 미국 내 운영체제 개발업체를 해킹한 건 맞지만, 나는 정부기관은 해킹한 적이 없었다. 도대체 FBI는 이런 말도 안 되는 주장을 어떻게 생각해낸 거지? 한 마디로 내가 미국 첩보기관을 해킹했다는 주장은 전혀 근거가 없었다.

"나는 숨길 게 전혀 없어요." 내가 한숨을 내쉬며 말했다. "만약 CIA가 나를 심문한다면 그렇게 할게요. 다만 조건은 내가 CIA에게 다른 해커들에 대한 정보를 제공하지 않는다는 겁니다." 물론 나는 미국정부나 군대의 시스템을 해킹한 해커를 한 명도 알지 못했다. 다만 정부의 편에 서서 밀고자가 된다는 건 내 윤리나 가치관에 위배됐다.

결국 CIA와의 대화는 그다지 특별한 혐의를 추가로 밝혀내지 못했다. 아마도 쉰들러 검사나 법무부가 그저 한 번 찔러본 건지도 몰랐다. 언젠가 인터메트릭스의 마티 스톨츠가 FBI가 쫓고 있는 슈퍼 해커가 CIA도 해킹했다고 내게 쉬쉬하며 말해주던 기억이 떠올랐다. 나는 그저 이번 일도 또다시 나에 대한 근거 없는 소문 때문이라고 결론지었다.

중세시대 때 마법사들은 자신들을 둘러싼 갖가지 소문 때문에 곤경에 처한 적이 많았다. 종종 이런 헛소문들과 미신 때문에 목숨을 잃기도 했다. 당시 여기저기를 방랑하며 재주를 보여주던 마법사들은 속임수와 날랜 손재주로 주민들에게 기쁨을 줬다. 주민들은 마법사가 어떻게 그런 속임수를 쓰는지를 전혀 몰랐기에, 마법사의 능력이 종잡을 수 없을 만큼 대단하다고 생각했다. 마법사들은 자유자재로 없던 것을 생겨나게 하거나, 있던 것을 사라지게 하는 재주가 있었다. 주민들이 마법사를 우러러봤던 것도 바로 그런 능력 때문이었다. 하지만 만약 뭔가가 잘못되면, 예를 들어 소들이 죽어나가거나, 흉년이 들거나, 어린애가 아프기라도 하면 가장 먼저 의심을 받는 것도 마법사였다.

만약 내가 감방에 갇혀있는 상황이 아니었다면, 나는 어쩌면 '전 세계에서 가장 악명 높은 해커'라는 수식어를 좋아했을지도 모른다. 사람들이 내가 어떤 것이든 해킹할 수 있는 슈퍼 천재라고 믿는 것을 보고 씩 웃었을지도 모른다. 하지만 나는 이런 모든 소문이 내게 불리하게 작용할 것이라고 생각했고, 실제로 내 생각은 맞았다. 바로 그 '케빈 미트닉의 전설' 때문에 내 인생은 훨씬 힘들어지기 시작했다.

나는 구치소 내에서도 꽤 유명했고, 덕분에 존 이절디아가의 도움을 받아야 할 사건이 또 생겼다. 책임교도관은 내게 온 편지를 모두 검열했다. 그중에는 내 변호사에게서 온 편지도 있었기에 그가 편지를 검열하는 건 변호사와 고객 간의 비밀보장 특권을 위배하는 행위였다. 나는 책임교도관에게 당장 그만두라고 말했지만, 그는 내 말을 무시했다. 나는 다시 그에게 그만두지 않으면 내 변호사가 법원의 명령을 받아올 거라고 경고했다. 역시나 이번에도 무시했다.

결국 존은 법원의 명령을 받았고, 그러자 책임교도관은 그 명령에 따라야만 했다. 하지만 그는 격노했고, 연방사법경찰국에 전화를 걸어 나를 다른 감옥으로 이감해달라고 요청했다. 그리고 그 요청은 받아들여졌다. 내가 새로 이감된 밴스카운티 구치소는 전에 있던 존스턴카운티 구치소가 호텔로 여겨질 만큼 흉악한 곳이었다.

내가 이감될 때 연방사법경찰국 요원은 내게 전화를 걸어 TV드라마에 등장하는 서부시대 보안관처럼 억센 남부억양으로 낄낄대며 말했다. "구치소에서 쫓겨난 건 아마도 자네가 처음일걸."

수감된 지 5개월 정도 지날 무렵, 롤리법원이 선임한 법정변호사 존 두센베리는 내게 '20번 항목'에 합의하는 게 좋겠다고 말했다. 그 말은 내가 휴대전화 복제에 사용한 휴대전화번호와 단말기일련번호를 보유한 혐의에 대해 유죄를 시인하고, 검찰측이 제안한 8개월의 징역형에 합의하라는 말이었다. 물론 만에 하나 판사가 검찰이 제안한 형량을 거부하고 마음대로 판결을 내린다면, 최대 20년형을 선고받을 위험도 있었다. 다행히 테렌스 보일 판사는 검찰의 형량을 받아들였다. 또 다른 희소식은 내가 전에 가석방조건을 어긴 혐의에 대한 선고 때문에 내 재판이 LA법원으로 이관됐다는 점이었다. 그 말은 나도 LA로 이감된다는 의미였다.

롤리에서 LA로 이송되는 과정은 예상 밖으로 대단히 험난했다. 연방교도소를 이감하는 과정에서 차를 천천히 몰아 여정을 며칠씩, 때로는 일주일씩 지연시키면서 죄수들에게 가혹행위를 하는 이른바 '디젤치료Diesel Therapy'라고 하는 악명 높은 과정을 거쳐야 했다. 그 과정에서 죄수들은 가학적인 교도관들이 가하는 모든 처벌을 꼼짝없이 당해야 한다.

이감될 수감자들은 새벽 3시 30분에 깨어나 큰 방으로 끌려간 후 알몸수색을 받는다. 수감자들의 허리에 묶인 쇠사슬은 다시 손목에 찬 수갑에 연결돼 손을 배 위에 고정시켜 놓았기에 수감자들은 손을 전혀 움직일 수가 없다. 다리에도 쇠고랑이 채워져 있기에 걷는 것도 힘들다. 그런 후 수감자들은 버스를 타고 하루에 8시간을 이동하다가 중간에 이무 도시에나 멈춰서면 모두들 버스에서 내려 그 지역 감방에서 저녁을 보낸다. 그런 후 이튿날 새벽에 다시 일어나 이 모든 과정을 또 되풀이한다. 그리고 마침내 이감될 교도소에 도착하면 지쳐서 쓰러질 지경이 되는 것이다.

나는 LA로 이감되면서 디젤치료를 경험했다. 이감되는 도중에 애틀랜타에서 몇 주를 보냈는데, 애틀랜타 연방교도소는 내가 수감됐던 교도소 중에서 가장 무시무시했다. 감옥은 높은 벽과 함께 철조망으로 둘러싸여 있었고, 마치 으스스한 지옥 같았다. 가는 곳마다 전기로 작동하는 커다란 문이 있었고, 교도소 안으로 더 깊게 들어갈수록 이곳을 절대 벗어날 수 없다는 좌절감이 더 크게 몰려왔다.

애틀랜타 교도소에서 나오자 이번에는 여러 주의 다른 교도소들로 몇 차례 옮겨졌다. 그리고 마침내 LA에 도착했을 때 나는 신경이 매우 날카로운 상태였다. 비행기에서 내리자 연방사법경찰국 요원이 씩 웃으며 뻐기듯 말했다. "이봐, 미트닉! 결국 사법경찰국에 체포됐군! 이게 다 훌륭한 수사 덕분이지."

"사법경찰국은 쥐뿔도 한 게 없소!" 내가 말했다. "오히려 날 체포한 건 FBI에 협력한 민간인이오."

그 말에 사법경찰국 요원의 얼굴이 벌겋게 달아올랐고, 내 주변에 있던 수감자들은 킬킬대며 웃었다.

LA로 이감된 나는 가석방조건을 어기고, 퍼시픽벨 보안직원의 음성사서함을 해킹하고, 그보다 덜 심각하긴 했지만 루이스 드페인과 같은 해커들과 어울린 혐의로 기소됐다.

수감된 지 열 달이 지날 무렵 무료로 나를 변호하던 내 두 변호사가 연방검사 쉰들러의 제안이라며 내게 형량합의안을 내밀었다. 믿을 수가 없었다. 8년 징역형이라니…… 게다가 그게 전부가 아니었다. 형량합의안은 '구속력이 없었다.' 그 말은 판사가 반드시 검찰의 형량을 받아들일 필요가 없었고, 따라서 재수가 없으면 더 많은 형량을 부과할 수도 있다는 말이었다. 게다가 나는 수백만 달러에 달하는 손해배상액을 지불해야만 했다. 그 돈은 내가 평생을 벌어도 못 벌 돈이었다. 게다가 만약 내가 내 이야기를 기사화하거나 책을 내서 돈을 벌게 되면 그 수익도 모두 내 해킹 '피해자'인 썬 마이크로시스템스, 노벨, 모토롤라 등에 넘겨줘야 했다.

존 이절디아가와 리차드 스타인가드는 둘 다 헌신적인 변호사였고, 정말 많은 시간을 들여 무료로 내 사건을 변호했다. 하지만 그렇다고 해서 그 형량합의안이 너무나 내게 불리하게 작성됐다는 건 누가 봐도 알 수 있는 사실이었다. 따라서 내가 재판에 임하든, 아니면 검찰과 형량을 협상하든 더 치열하게 나를 변호해 줄 변호사를 고용해야만 한다는 건 명백한 사실이었다.

문제는 내게 변호사를 고용할 돈이 없었다는 점이다. 역설적이지만 만약 내가 체포되기 전에 2만 건에 달하는 신용카드를 사용했다면 제대로 재판에서 나를 변호해주거나, 아니면 검찰의 주장에 맹점을 찾아내 이보다 훨씬 나은 형량을 끌어낼 변호사를 고용할만한 돈이 충분했으리라.

어떻게 해야 할지를 고민할 무렵, 보니가 면회를 와서 루이스 드페인의 변호사인 리차드 셔먼이 공짜로 내 변호를 맡아줄 용의가 있다고 말했다. 보니 말에 의하면, 리차드 셔먼은 연방검찰이 내 사건을 불공정하게 기소했고, 따라서 사건을 더 적극적으로 파고들 변호사가 필요하다고 생각했기에 나를 도우려 했다.

솔깃한 제안이었다. 하지만 동시에 걱정스런 점도 있었다. 셔먼은 루이스의 변호사였지만 동시에 매우 친한 친구였기 때문이다. 아무튼 셔먼은 직접 면회를 와서 재판에서 승소할 수 있다고 나를 설득했다. 나는 최소 8년

형에 합의할지, 아니면 셔먼과 함께 재판을 진행할지를 가족들과 함께 고민하다가 셔먼의 제안을 받아들였다.

이후 몇 주 동안 셔먼은 내 사건에 대해 아무런 노력도 안 했다. 그저 법원에 내가 교도소 내 법률서적을 읽을 시간을 더 늘려달라고 청원한 게 전부였고, 그마저 즉각 기각됐다. 셔먼이 내게 약속한 적극적인 변호는 결코 없었다. 문자 그대로 그는 내 사건을 깔고 뭉개기만 했다.

셔먼이 내 공식 변호사가 된 얼마 후, 나는 그가 날 기만하고 있다는 걸 깨달았다. 하루는 셔먼과 사건에 대해 의논하기 위해 그의 사무실로 전화를 걸었다. 그런데 론 오스틴이 전화를 받았다. 나는 전화를 받은 그의 목소리를 즉각 알아챘다. 오스틴은 FBI요원인 켄 맥과이어에게 나와의 통화 녹음기록을 넘긴 FBI 정보제공자였다.

셔먼은 즉각 론이 내 사건에는 관여하지 않는다고 변명했지만, 문제는 그게 아니었다. 이 자들은 결코 내 편이 아니었던 것이다. 그 사실을 깨닫고 나자 셔먼이 적극적인 변호라는 거짓약속을 했다는 것도 몹시 화가 났지만 동시에 그 약속을 믿은 나 자신에게도 화가 치밀었다.

셔먼은 이성적인 변호사라면 절대 하지 않을 짓을 했다. 내 석방을 위해 변론을 하는 게 아니라 실제로 검찰에게 나를 어서 기소하라고 종용했던 것이다. "만약 내 고객의 혐의를 입증할 증거가 있다면 기소하기 바랍니다. 재판을 진행합시다." 변호사가 이런 주장을 한다는 건 너무나 상식을 벗어나는 행위였다. 하지만 검찰은 전혀 개의치 않고 셔먼의 요청대로 나를 기소했다.

1996년 9월 26일, 수감된 지 1년 6개월이 지날 무렵, 나는 LA 배심원 앞에 25가지 혐의로 기소됐다. 내 혐의 중에는 컴퓨터 및 통신사기(상업용 소스코드의 무단복제), 불법 접속장치 보유(컴퓨터 패스워드), 컴퓨터 시설물 파괴(백도어프로그램 설치), 패스워드 해킹 등이 포함됐다. 물론 롤리에서 내가 체포된 죄목인 휴대전화 복제도 포함돼있었다.

나처럼 변호사를 고용할 돈이 없는 피고인에게 판사는 연방 법정변호사를 배정해주던지, 아니면 이른바 수많은 변호사 패널 중에서 한 명을 임명해줘야 했다. 패널 변호사들은 민간변호사로서 잘 나가는 변호사들이 받는 수임료에 비하면 훨씬 적은 수임료를 받으면서 나처럼 돈 없는 피고인의 변호를 맡아줬다(당시 패널 변호사의 수임료는 시간당 60달러에 불과했다). 그렇게 새로 임명된 패널 변호사 도날드 랜돌프가 내 사건을 맡게 됐고, 새로 추가된 기소에 대한 공판은 판사 윌리암 켈러에게 배정됐다. 윌리엄 켈러 판사는 법정에서 '냉혈한 켈러'라는 별명으로 불렸다. 법정을 자주 드나드는 이들의 말에 의하면, 켈러 판사가 맡은 재판에서 피고인이 유죄판결을 받게 되면, 또는 유죄를 시인하게 되면, 대체로 켈러 판사는 최대형량을 선고했기 때문이었다. 즉, 냉혈한 켈러는 캘리포니아 주 센트럴 지역법정에서 가장 '가혹한 판사'였고, 모든 피고인에게 악몽과도 같은 인물이었다.

하지만 그 와중에도 행운이 찾아왔다. 당시 내 다른 혐의에 대한 공판은 다행히도 마리아나 팰처 판사에게 배정돼있었다. 비록 팰처 판사는 나를 8개월 동안이나 독방에 구금하는 걸 허락한 판사였지만, 적어도 냉혈한 켈러만큼 악명 높은 판사는 아니었다. 그나마 다행이었다.

랜돌프 변호사는 팰처 판사에게 '낮은 숫자 규정'에 따라 켈러 판사에게 배정된 나에 대한 새로운 기소건을 팰처 판사에게 이관해달라고 요청했다('낮은 숫자 규정'은 기소 번호가 낮은 사건, 다시 말해 더 빨리 기소된 사건에 이후 기소된 사건을 추가해서 함께 공판을 진행할 수 있는 제도다). 팰처 판사는 켈러 판사에게 배정된 공판이 어차피 자신이 진행하던 공판과 연관이 있었기에, 우리 요청을 수락했다. 내가 25개 혐의로 기소된 지 9개월이 지날 무렵, 그 중 자잘한 혐의였던 률리 기소건과 가석방조건 위반에 대해 22개월 징역형이 내려졌다.

당시 나는 이미 22개월에서 4개월이나 더 복역을 한 후였다. 랜돌프 변호사는 내가 보석으로 가석방될 수 있는 자격이 있다고 주장하기 위해 즉각 구금에 대한 심리를 요청했다. 실제로 미국 대법원 판결에 의하면, 모든 피고인은 보석에 대한 공판을 받을 권리가 있다.

변호사가 팰처 판사에게 다음 주에 보석에 대한 공판을 신청했다고 말하자, 검찰은 이의를 제기하면서 내가 "도주할 위험이 있고 사회에 위협이 된다."고 주장했다. 그러자 존경하는 팰처 판사가 말했다. "보석을 허락하는 일은 없을 겁니다. 따라서 심리를 열 이유도 없으니 심리 일정을 취소하세요."

보석심리 기각은 헌법에 보장된 내 기본권을 노골적으로 박탈한 것이었다. 내 변호사에 의하면, 미국 역사상 보석심리가 기각된 건 내가 첫 사례였다. 악명 높은 신분위조자이자 탈출의 명수인 프랭크 애버그네일도, 인육을 먹은 연쇄살인마인 제프리 다머도, 심지어 광기어린 스토커이자 대통령을 암살하려 했던 존 힝클리도 적어도 보석심리 요청이 기각되진 않았다.

내 상황은 급속도로 나빠져만 갔다. 피고인은 검찰이 재판에서 사용할 증거를 사전에 열람할 수 있는 권리가 있다. 하지만 검찰은 지속적으로 판사 앞에서 이런저런 핑계를 늘어놓으며 내 변호사에게 증거를 넘겨주길 거부했다. 증거물 대부분은 내 컴퓨터와 플로피디스크, 암호화되지 않는 백업용 테이프에 저장돼있던 컴퓨터 파일이었다.

내 변호사는 판사에게 교도소 면회실로 노트북컴퓨터를 가져가서 나와 함께 증거물인 컴퓨터 파일에 대해 상의하고 싶다고 요청했다. 그러자 팰처 판사는 또 다시 우리 요청을 기각하면서 이렇게 말했다. "그런 일은 절대 없을 거요." 팰처 판사는 단지 내가 노트북컴퓨터에 접근하는 것만으로도, 심지어 변호사가 쳐다보는 상황에서도, 노트북컴퓨터를 사용해 대단한 파괴행위를 저지를 수 있다고 생각한 게 분명했다. (1998년에는 무선인터넷이 없었다. 따라서 내가 유선인터넷에 연결하지 않고 인터넷에 접속하기란 불가능했다. 하지만 펠처 판사는 컴퓨터에 대한 지식이 부족했고, 따라서 내가 노트북컴퓨터만으로도 외부와 접속할 수 있다고 생각했다.) 게다가 검찰도 계속해서 펠처 판사에게 내가 노트북컴퓨터를 사용하게 된다면 피해자들의 상업용 소스코드에 접속하거나, 또는 컴퓨터 바이러스를 제작해서 배포할 것이라고 겁을 줬다. 덕분에 나와 내 변호사는 검찰의 결정적인 증거인 컴퓨터 파일을 하나도 검토할 수 없었다. 내 변호사가 이번에는 검찰로 하여금 파일 내용을 인쇄해서 넘겨주도록 판사에게 요청했다. 그러자 검찰은 인쇄하기엔 내용이 너무 많다며, 인쇄하면 재판정을 가득 채우고도 남을 분량이라고 핑계를 댔다. 그러자 펠처 판사는 내 변호사의 요청을 기각했다.

내가 불공정한 공판을 받고 있다는 소문이 퍼지자, 에릭 콜리는 나를 지지하는 이들을 모아 모임을 조직했다. 내 지지자들은 웹에 내가 처한 상황에 대한 글을 올렸고, 온라인 게시판에서 내 이야기를 퍼트렸으며, 전단지를 나눠주고, 차 범퍼에 밝은 노란색에 까만 글자가 쓰인 스티커를 붙인 채 온갖 군데를 다 돌아다녔다. '케빈을 석방하라Free Kevin' 에릭은 심지어 그 범퍼스티커를 감옥에 있는 내게도 몇 장 보내줬다.

내가 LA 도심 구류센터에서 맞은 35세 생일날에 지지자들이 나를 면회 왔다. 하지만 나는 재판을 앞둔 상태였기에 오직 아주 가까운 가족과 변호사와의 면회만 가능했다.

나는 그 전에 에릭과 통화를 해서 그에게 내가 정확히 1시 30분에 구류센터 3층에 있는 법률도서관에 있을 거라고 말했다. 에릭과 '케빈 석방' 운동을 벌이던 지지자들은 3층 창문의 위치를 찾아 정확히 길 건너편에 자리를 잡았다. 나는 잠시 교도관이 한눈을 팔 때 '케빈 석방!' 스티커를 창문에 댔다. 에릭은 그 모습을 사진에 담았고, 그 사진은 후에 그가 제작한 나에 대한 다큐멘터리「프리덤 다운타임」의 표지사진으로 사용된다.

얼마 후 지지자들이 구류센터 건너편에서 시위를 시작했다. 나는 다른 수감자의 감방에 난 창문을 통해 그 광경을 지켜볼 수 있었다. 사람들이 무리를 지어 노란 바탕에 까만 글자로 '케빈 석방'이 적힌 현수막과 피켓을 들고 있었다. 당연히 교도관들은 당황했다. 잠시 후 구치소 전체에 '보안을 위한' 폐쇄 조치가 내려졌다.

대중들이 점차 내 상황을 인식하게 되자, 내 변호사가 거의 2년에 걸쳐 검찰에 요구한 증거물 제출에 대해 마침내 팰처 판사도 손을 들 수밖에 없었다. 팰처 판사는 내가 변호사와 함께 노트북컴퓨터로 증거물인 컴퓨터 파일들을 검토하는 걸 허락했다. 팰처 판사가 갑자기 마음을 바꾼 이유는 확실하지 않다. 어쩌면 동료 판사로부터 그렇게 하다간 상소심에서 패할 것이라는 지적을 들었을 수도 있고, 아니면 누군가가 노트북컴퓨터를 사용하더라도 모뎀과 전화선이 연결돼있지 않으면 내가 해킹으로 파괴적인 짓을 할 수는 없다고 설명해줬는지도 모르겠다.

어쩐 일인지 내가 공판 때문에 법정에 출두할 때마다 사법경찰관들은 내가 가까이 다가오면 자신들의 명찰을 안 보이게 뒤집어 놓곤 했다. 변호사와 나는 도대체 왜 그러는지 영문을 알 수 없었다. 후에 변호사는 내가 임시로 대기 중이던 법정 유치장으로 나를 방문했을 때, 자신이 서명을 해야 할 면회신청서에서 글을 썼다가 지운 듯한 흔적을 발견했다. 신청서를 들어 전등에 비춰보자 정확하게 그 글을 읽을 수 있었다. 변호사는 고개를 절레절레 흔들며 내게 말했다. "도무지 믿을 수가 없군." 그런 뒤 내게 지워진 글을 읽어줬다.

미트닉이 재판 전 법정 유치장에 감금될 때 각별히 주의할 것. 미트닉은 컴퓨터 지식을 사용해 개인의 사생활을 망가뜨리는 대단한 능력을 지니고 있음. 예를 들어, 개인의 신용등급을 망쳐놓거나 전화선을 끊을 수 있음. 따라서 미트닉이 당신의 개인정보를 절대 알지 못하게 주의할 것.

황당하기 그지없었다. 아마도 교도관들은 내가 진짜 마술이라도 부린다고 생각한 것 같다.

케빈 미트닉에 대한 허황된 전설은 또 다시 나를 곤경에 빠트리게 된다. 내 재판이 시작되기 전, 마코프와 시모무라는 이미 내 이야기를 팔아 넘겨 돈을 벌고 있었다. 이미 1996년에 함께 책을 냈고, 이제는 영화판권까지 팔아 넘겼다. 영화 제목은 「테이크다운Takedown」이었다.

불행 중 다행인 건 영화의 의상제작자 중 한 명이 시나리오를 유출해 잡지 「2600」에 넘겼다는 점이었다. 나는 시나리오를 읽은 후 말 그대로 토할 뻔했다. 시나리오 작가들은 나를 사악한 악당으로 그렸고, 내가 실제로 하지 않은 일들을 한 것처럼 묘사했다. 예를 들어, 병원을 해킹해 환자들의 진료기록을 바꿔 생명에 위협을 초래하는 그런 것들 말이다. 너무나 놀라워서 말도 안 나왔다.

특히나 한 장면이 너무나 터무니없었다. 바로 내가 철제 쓰레기통 뚜껑으로 난폭하게 시모무라의 머리를 가격하는 장면이었다. 솔직히 나도 시모무라도 성격상 그런 싸움을 벌인다는 건 상상조차 할 수 없었다.

에릭 콜리는 시나리오를 본 뒤 시나리오가 "상상할 수 없을 만큼 구리다"고 온라인에 의견을 올렸다. 만약 그 시나리오로 영화가 제작된다면, "케빈 미트닉은 대중들에게 영원히 악마로 각인될 것"이라고 덧붙였다.

케빈 폴슨도 ZDTV에 기사를 기재했다.

동명의 책은 무미건조하지만 적어도 거슬리지는 않았다. 하지만 그 책을 기반으로 쓴 영화 시나리오가 지어낸 거짓말로 꽉 차 있을 것이라고는 누구도 예상하지 못했을 것이다. 나아가 케빈 미트닉이 한니발 렉터 이후 가장 무시무시하고 가장 혐오스런 악당으로 그려질 거라고는 더더구나 상상하지 못했을 것이다.

내 지지자들은 시나리오에서 내가 너무나 끔찍하게 묘사된 데 충격을 받고는 1998년 7월 16일에 영화제작사인 미라맥스 스튜디오의 뉴욕사무소 앞에서 시위를 했다. 에릭 콜리는 시나리오가 말도 안 되는 거짓말로 가득하다는 사실을 전 세계 언론에 알렸고, 나아가 영화가 개봉될 경우 재판 과정에서 내 권리가 크게 침해될 수 있다는 사실을 홍보했다. 모두들 영화가 재판에 악영향을 끼칠 거라고 우려했다.

그 무렵 여전히 재판을 앞두고 구류돼있는 동안 나는 알렉스 카스페라비치우스와 통화를 했고, 「테이크다운」의 제작자 중 한 명인 브래드 웨스턴이 나와 꼭 대화를 하고 싶어 한다는 말을 들었다. 나는 알렉스, 그리고 브래드 웨스턴과 3자 통화를 하는 데 동의했다. 브래드는 내가 영화 제작에 협조해주길 바랐다. 나아가 영화에서 내 역할을 맡은 배우 스킷 울리치가 나와 통화를 하고 싶어 한다고 말했다.

나는 브래드 웨스턴에게 시나리오를 읽어봤는데 거짓과 명예를 훼손하는 내용으로 가득하다며 변호사를 고용해서 싸울 거라고 말했다. 그러자 브래드 웨스턴은 영화제작사가 변호사 비용을 지불하는 건 물론이고 재판 때문에 영화개봉이 늦춰지기보다는 나와 최대한 빨리 합의하길 원한다고 말했다.

명예훼손을 잘 다루는 걸로 유명한 LA의 두 변호사 배리 랭버그와 데비 드루크는 전부는 아니지만 적어도 일부 터무니없이 말도 안 되는 내용을 시나리오에서 삭제하게 했고, 나아가 꽤 큰 액수의 합의금을 받아내는 데 성공했다. 합의 조건 때문에 액수를 여기서 밝히지 못하는 걸 양해해주기 바란다.

영화제작사와의 합의가 내 형사재판이 시작되기 전에 타결됐기에 혹시나 판사가 내가 받은 합의금을 형사재판과 관련한 손해배상 금액으로 압류할지도 모른다는 우려가 있었다. 변호사는 합의금이 비공개라는 조건이 달려있기에 오직 판사만 알고 있어야 한다는 점을 분명히 했고, 판사는 합의 사실을 공개하지 않는 걸 수락했다. 따라서 검찰은 내가 영화제작사로부터 합의금을 타냈다는 걸 알 수 없었다.

결론적으로 영화 「테이크다운」은 너무나 평이 안 좋았고, 덕분에 미국에서 극장에서 개봉조차 못했다. 프랑스에서는 개봉했지만 마찬가지로 흥행에는 실패했다. 그리고 결국 영화는 DVD 시장으로 직행하게 된다.

한편 내 변호사는 펠처 판사의 '보석심리 기각' 결정에 대해 항소했다. 그 결정은 내가 도피할 수도 있고 사회에 해악을 끼칠 수 있다는 검찰의 주장에 근거해 내려진 결정이었고, 하지만 검찰은 그 주장을 공판과정에서 입증해야만 했다. 문제는 그 절차가 완전히 무시됐다는 것이었다. 우리는 항소를 미국 대법원까지 제출했고, 내 변호사는 항소시유를 존 폴 스티븐스 대법원 판사에게 보냈다. 존 폴 스티븐스 판사는 서류를 유심히 본 후 내 항소를 대법원에서 논의해보기로 결정했다. 하지만 존 폴 스티븐스 판사가 보석심리를 허용하자며 내 손을 들어준 것과 달리, 다른 대법원 판사들은 내 항소를 기각했다.

그 일이 있고 얼마 뒤, 나는 연방검찰이 내가 입힌 피해금액이 자그마치 3억 달러라는 말도 안 되는 주장을 펼친다는 걸 알게 됐다. 당연히 그 피해금액에 대한 정확한 산출근거는 없었다. 내 변호사는 즉각 반론을 펼쳤다. 증권거래위원회는 피해금액이 발생할 경우, 해당 기업이 그 사실을 주주들에게 보고할 것을 규정으로 강제했다. 하지만 내가 해킹한 기업들 중 어느 하나도 분기보고서나 연간 보고서에 내 해킹에 의한 피해금액을 단 한 푼도 보고하지 않았다.

알고 보니, 내가 체포된 지 채 몇 주가 지나지 않았을 때부터 FBI 특수요원 캐슬린 칼슨은 이 엄청나게 부풀려진 피해금액을 산출해왔다. 썬 마이크로시스템스의 내부 보고서에 의하면, 캐슬린 칼슨 요원은 썬의 법무부서 부사장인 리 팻치에게 내가 해킹한 솔라리스 소스코드의 가치가 약 8,000만 달러에 달하고, 따라서 사기죄에 대한 연방 형량 선고 기준에 의하면 가장 혹독한 형량을 선고받을 수 있다고 말했다. 캐슬린 칼슨 요원이 그런 말도 안 되는 피해액을 산출하게 된 이유는 너무나 뻔했다. 그녀는 썬 마이크로시스템스에 내 해킹에 의한 피해를 돈으로 환산해달라고 요청하면서 피해액이 소스코드의 가치에 근거해야 한다고 조언했던 것이다.

그건 마치 코카콜라 캔을 훔친 사람에게 코카콜라의 비밀 제조기법을 개발해낸 비용을 배상하라고 우기는 것과 다름없었다!

FBI는 피해기업들이 피해액을 산출하려면 내가 해킹한 소스코드를 개발한 데 소요된 비용을 근거로 해야 한다고 생각한 게 분명했다. 하지만 피해기업들은 여전히 그 소스코드를 보유하고 있었다. 내가 해킹했다고 해서 소스코드가 그들의 수중에서 박탈된 것도 아니었다. 따라서 피해액이 소스코드 개발 비용과 맞먹는다는 주장은 말도 안 됐다. 오히려 합리적인 피해금액은 소스코드의 라이센스 판매가격이었다. 그 방식으로 산정하면 피해금액은 1만 달러도 안 됐다.

검찰이 나를 가혹하게 처벌하고 싶다는 건 알았지만, 실제 피해금액은 검찰이 주장하는 액수보다 훨씬 적다는 건 모두가 아는 사실이었다. 오히려 피해금액은 내 해킹을 조사하는 데 투여된 인력 비용, 내가 해킹한 컴퓨터의 운영체제와 프로그램 재설치 비용, 그리고 소스코드 라이센스를 판매할 때 고객에게 부과하는 가격을 더한 금액이 전부였다.

지지자들은 검찰이 자그마치 내게 피해금액으로 3억 달러를 주장했다는 점에 대해 격노해서 한층 더 가열차게 '케빈 석방' 운동을 벌였다. 검찰이 불공정한 짓을 할 때마다 내 지지자의 숫자는 늘어만 갔다. '케빈 석방' 운동은 들불처럼 미국 전역으로 퍼져나갔고, 심지어 멀리는 러시아까지 전파됐다.

에릭이 시위를 조직할 때마다 TV는 '케빈 석방' 피켓을 든 시위자들이 포틀랜드, 메인, LA, 스포케인, 애틀랜타의 연방법원 앞, 그리고 모스크바 크렘린 궁전 앞에서 행진하는 모습을 보도했다. 나아가 에릭은 「2600」 잡지에 재판의 불공정함을 요약해서 보도했다.

> 1995년 2월 15일 이후로 미트닉은 현재 보석심리조차 기각된 채 재판을 기다리며 수감 중이다. 그의 혐의는 수백만 달러에 달하는 소프트웨어를 불법으로 보유했다는 것이다. 하지만 막상 피해를 입었다는 회사들은 이런 피해금액에 대한 명확한 근거를 제시하지 못하고 있다. 게다가 법적으로 '피해사실'을 주주에게 보고해야 함에도 불구하고, 그렇게 하지 않았다. 컴퓨터전문가와 법조인들은 미트닉의 해킹에 의한 피해가 그다지 크지 않고 수백만 달러의 피해금액은 모든 파일과 관련된 데이터가 완전히 삭제돼 사라졌을 때에만 정당화될 수 있다는 데 이견을 모았다. 하지만 실제로 미트닉은 파일이나 데이터를 삭제하지 않은 것으로 보도됐다. 그런데도 불구하고, 미트닉은 이 발생하지도 않은 피해 때문에 여전히 감옥에 갇혀있다.

내 지지자들은 연방정부가 헌법에 명시된 대로 무죄 추정의 원칙을 준수해주고, 가능한 한 빨리 공정한 재판을 해주길 원했다.

내가 아는 한 전 세계 여러 도시에서 일어난 '케빈 석방' 시위는 나에 대한 모든 기소가 취하되고 내가 아무런 처벌도 받지 않고 석방되길 기대한 게 아니었다. 다만 재판과정에서 드러난 모든 불공정함에 대해 항의했다. 예를 들어, 보석심리를 기각하고, 불법수색과 압류를 진행하고, 검찰이 피고측에 증거를 공유하지 않은 것에 항의했다. 그리고 법정에서 선임해준 변호사에 대해 법정이 수임료 지불을 거부해서 거의 4개월 간 변호사 없이 재판에 임해야 했던 일, 게다가 소스코드 해킹에 대해 수억 달러에 달하는 피해금액을 주장한 것들이 하나같이 불공정하다고 여겼던 것이다.

대중들이 이런 불공정함에 대해 인식하게 되면서 '케빈 석방' 운동도 더욱 번져 갔다. 언론들은 시위에 대해 보도했고, 사람들은 '케빈 석방' 범퍼 스티커를 차나 상점 쇼윈도에 붙였다. 심지어 일부 사람들은 '케빈 석방'이란 문구가 새겨진 티셔츠를 입거나 배지를 달고 다녔다.

시위가 한창 진행 중이던 어느 날, 나는 내 감방에 난 작은 창문으로 하늘을 올려다봤다. 비행기가 날고 있었는데 꼬리에 '케빈 석방'이란 현수막이 매달려있었다. 나는 꿈을 꾸나 싶어 내 뺨을 꼬집었다.

거의 4년 동안 내가 만난 이들은 허튼 이야기를 꾸며내길 좋아하는 기자들, 기소내용을 이해하지 못하는 판사들, 나에 대해 허황된 사실을 믿는 사법경찰들, 나를 배신한 친구들, 내 이야기로 돈을 벌려는 영화제작자에 이르기까지, 하나같이 자신들의 입맛에 맞게 케빈 미트닉의 거짓신화를 꾸며내는 이들이 대부분이었다. 따라서 내 처지를 진심으로 이해해주는 이들이 있다는 건 나로선 대단한 위안이 됐다.

실제로 나는 지지자들의 모습을 보며 기운을 얻어 끝까지 법정에서 최선을 다해 싸우기로 결심했다. 나는 교도소 내 법률도서관에서 유사한 최신 판례를 찾아냈다. 그 판례는 가장 중대한 기소사유에 대해 내 무죄를 입증할 수도 있는 판례였다.

변호사 도널드 랜돌프에게 재판을 완전히 뒤집을 수 있는 결정적인 판례를 찾았다고 말하자 그는 이렇게 대꾸했다. "케빈, 변호는 내게 맡기게. 변호사는 자네가 아니라 나라고." 하지만 막상 내가 그 판례를 보여주자, 그는 눈을 크게 뜨며 반색했다.

그 사건은 이랬다. 1992년에 미국 국세청 직원 리차드 추빈스키는 국세청 컴퓨터에 접속해서 여러 정치인들, 유명 인사들과 정부각료들의 세금 환급 내용을 빼냈다. 그저 호기심에 한 일이었다. 그는 나처럼 컴퓨터와 통신사기로 기소됐고, 1995년에 유죄선고를 받았다. 그는 6개월 징역형을 선고받았으나 항소할 수 있었다. 연방 항소법원은 추빈스키가 해킹한 정보를 이용하거나 외부에 공개할 의도가 없었으며, 단지 호기심에 그 정보에 접속했다고 판단했다. 덕분에 추빈스키는 항소에서 이겼고, 유죄선고는 기각됐으며, 감옥에 가지 않을 수 있었다.

나는 이처럼 명백한 선례가 있으니 재판에서 충분히 이길 수 있다고 확신했다. 랜돌프에게 지금 당장이라도 재판을 하자고 주장했다. 내가 제시한 전략은 이랬다. 내 해킹 혐의는 인정하되, 추빈스키처럼 나도 단지 호기심에 해킹을 한 것일 뿐이니 컴퓨터 및 통신사기에 해당되지 않는다고 주장하는 것이다.

랜돌프도 추빈스키 판례가 내 변호에 결정적으로 유리하게 작용할 거라는 데에는 동의했다. 하지만 한 가지 큰 문제가 있었다. 랜돌프는 그 이야기를 하기 전에 잠시 머뭇거렸다. 그가 최대한 조심스레 말을 꺼내려 한다는 걸 나도 알 수 있었다. 그때까지 내게 하지 못했던 그 말을 할 때가 온 게 분명했다.

알고 보니 검찰은 여러 주 동안 내 변호사에게 형량을 협의하라고 설득하던 중이었다. 그리고 며칠 전에 랜돌프는 최후통첩을 받았다. 만약 내가 유죄를 시인하고 형량에 합의하지 않으면, 검찰은 계속해서 내게 형사기소를 할 거라고 협박했다. 심지어 특정 관할지역에서 패소한다면 다른 관할지역으로 옮겨서 다시 기소를 할 것이며, 그리고 끝내 재판에서 이길 경우에는 최고형량을 구형할 것이라고 협박했다. 심지어 재판에서 나에 대한 유죄판결을 못 받아내도 상관없었다. 어차피 나는 보석이 기각된 상태라서 유죄판결과 상관없이 재판이 진행되는 기간에는 계속해서 수감돼 있어야 했다.

나는 재판에서 맞서 싸울 준비가 돼있었다. 하지만 랜돌프는 내게 아주 조심스럽게 말했다. "내 생각에는 검찰이 제시한 형량에 합의하는 게 좋겠네."

그런 뒤 설명을 덧붙였다. "만약 재판을 하게 되면 자네를 증인석에 세울 수밖에 없어. 그럴 경우, 검찰은 배심원들 앞에서 자네의 다른 혐의에 대해서도 마구 들춰낼 거고……"

이른바 '다른 혐의'란 오랫동안 나를 둘러싼 헛소문들, 그러니까 내가 CIA와 FBI, 심지어 북미 대공방위 사령부까지 해킹했다는 거짓 주장이었다. 물론 그밖에 기소사유에 포함되지 않는 내 해킹들, 예를 들어, 미국 전역에 있는 전화 회사 교환기의 조작, 캘리포니아 차량면허국 해킹, FBI 정보제공자의 전화해킹, 퍼시픽벨 보안직원의 음성사서함 해킹 등도 배심원 앞에서 공개될 수 있었다.

나는 랜돌프의 말뜻을 이해했다. 검찰은 일단 내가 증언대에 오르면 내 해킹과 관련된 것들은 무엇이든 질문할 수 있고, 그렇다면 그 과정에서 내가 말실수를 할 가능성은 충분했다. 결코 그런 일이 일어나게 할 수는 없는 노릇이었다.

결국 나는 검찰이 제안한 형량에 합의했다. 다행히도 3년 전에 검찰이 내게 최초로 제안했던 조건에 비하면 훨씬 좋은 조건이었다.

내 보호관찰 가석방조건 중 하나는 사전에 서면으로 보호관찰관의 동의 없이 3년간 컴퓨터나, 휴대전화, 팩스, 호출기, 워드프로세서와 같은 장비에 일체 손대선 안 된다는 것이었다. 게다가 제 3자를 통해 컴퓨터에 사용하는 것도 금지됐다. 검찰이 내세운 조건에 의하면 나는 비행기표를 예약할 때도 사전에 보호관찰관의 허락을 받아야 했다. 이런 식이라면 어떻게 일자리를 찾아야 하지? 걱정이 됐다. 컴퓨터와 관련된 컨설팅을 제공하는 일도 할 수 없었다. 내 가석방조건에 포함된 수많은 조항들은 지나치게 가혹했고, 심지어 일부 조항은 적용범위가 너무나 광범위해 나는 혹시나 내가 무심결에 그 조항들을 어길까봐 걱정해야만 했다.

검찰이 이런 귀에 걸면 귀걸이, 코에 걸면 코걸이 같은 조항들을 삽입해 놓은 이유는 나를 처벌하기 위해서이기도 했지만, 동시에 내가 혹시나 이런 조항에서 맹점을 찾아내 교묘하게 해킹을 할까봐 우려했기 때문이기도 했다.

결국 1999년 3월 16일에 나는 형량합의문에 서명했다. 첫 번째 제안 때와는 달리 검찰이 이번에 제안한 형량합의문은 '구속력이 있었다.' 그 말은 팰처 판사가 형량합의문에 적힌 대로 선고를 하든지, 아니면 형량합의를 기각하고 재판을 하든지, 둘 중 하나를 선택해야 한다는 것이었다. 나는 북부 및 남부 캘리포니아 연방검사들이 세심하게 고른 7가지 혐의에 대해 유죄를 시인했다. 그 혐의 중에는 통신사기(전화를 걸어 사회공학 기법으로 직원을 속여서 소스코드를 전송하게 한 죄), 컴퓨터사기(소스코드를 무단복제한 죄), 접속장치를 소지한 죄(패스워드), 그리고 데이터통신을 감청한 죄(패스워드를 빼내기 위해 네트워크 스니퍼를 설치한 죄)가 포함됐다.

최종적으로 형량합의문을 의논하면서, 검찰은 손해배상액으로 150만 달러를 요구했다. 다행히도 연방법에 의하면 손해배상금을 책정하려면 일단 내 지불능력이 고려돼야 했다. 따라서 내게 가혹한 판결을 내리고 싶은 팰처 판사도 내 밥벌이 능력을 감안하지 않을 수 없었다. 아주 까다로운 가석방조건 때문에 보호관찰관은 내가 할 수 있는 일이 햄버거를 뒤집거나 하는 최저임금을 받는 일밖에 없을 거라고 예상했다. 결국 팰처 판사는 보호관찰관이 예상한 대로 3년간 최저임금으로 벌어들일 금액에 맞게 손해배상금을 판결해야만 했고, 마침내 내 손해배상액은 수억 달러가 아닌 달랑 4,125달러로 책정됐다.

후에 나는 가석방된 후 아버지로 하여금 내 롬폭 연방교도소 신분증을 이베이에 경매로 내놓게 했다. 이베이 관리자들은 그 사실을 알고는 '공공성'에 대한 회사규정에 위배된다며 그 경매를 강제로 취소했다. 하지만 오히려 그게 나한테는 큰 도움이 됐는데, 덕분에 엄청난 언론의 관심을 받았기 때문이다. CNN은 그 사건이 매우 흥미로웠는지 톱뉴스로 다뤘다. 나는 이번에는 아마존에 그 신분증을 올렸다. 똑같은 이유로 경매가 다시 취소됐다. (고맙기도 해라!) 마침내 유럽에 사는 한 사내가 자그마치 4,000달러에 그 신분증을 구매했다. 내가 기대했던 것보다 훨씬 큰 금액이었다.

나는 만면에 웃음을 띤 채 그 돈에 125달러를 더해 보호관찰소로 가서 손해배상액을 지불했다. 롬폭 교도소 신분증이 내게는 '감옥에서 준 공짜선물'이었던 셈이다.

연방정부는 이 별 것 아닌 장난에 격노했고, 연방 교정본부는 공개성명을 통해 그 신분증이 '정부자산'이며 판매금액을 압류할 방법을 찾고 있다고 발표했다. 물론 어디까지나 말뿐이었고, 후속조치는 없었다.

1999년 8월 9일, 가석방조건을 어기고 공짜로 휴대전화를 사용했다는 이유로 선고된 22개월 이외에 추가로 46개월의 징역형이 확정됐다. 당시 나는 이미 재판을 기다리며 4년 6개월이나 수감된 후였기에 출소일이 얼마 남지 않은 상태였다.

그 후로 몇 주 뒤 나는 롬폭 연방교도소로 이감됐다. 세 명의 양복차림 사내들이 나를 맞이했다. 알고 보니 그들은 내가 수감될 수감동의 간수장과 교도소 보안 총책임자, 그리고 부교도소장이었다. 아마도 나 아닌 다른 수감자였다면 이런 성대한 환대는 받지 못했으리라.

그들이 나를 일부러 맞이한 이유는 내게 컴퓨터와 전화기에 손대지 말라고 엄포를 놓기 위해서였다. 그들은 만에 하나 내가 장난을 치는 낌새라도 있다면 "아주 험한 꼴을 당하게 될 것"이라고 말했다.

그런 뒤 내게 72시간 내에 교도소 내에서 할 일을 찾아야 한다며, 안 찾는다면 자신들이 직접 일을 골라줄 거고 '결코 대단히 유쾌한 일이 아닐 것'이라고 말했다.

다른 수감자와 얘기를 하다 보니 아주 흥미로운 일자리가 하나 비어있었다. 전화부서 일자리였다.

"미트닉, 자네 혹시 전화에 대해 잘 아나?" 전화부서에서 책임자 역할을 맡고 있는 수감자가 물었다.

"잘 모릅니다." 내가 말했다. "전화를 전화선에 꽂는다는 것 정도만 압니다. 그렇다고 문제될 건 없습니다. 뭐든지 빨리 배우는 편이니까요."

그러자 그는 내게 전화에 대해 가르쳐주겠다고 말했다. 이후 이틀간 나는 롬폭 교도소에서 교도소 내 전화기를 설치하고 수리하는 업무를 맡았다.

3일이 되던 날, 사내 안내방송이 흘러나왔다. "미트닉은 즉각 간수장 사무실로 올 것. 미트닉은 즉각 간수장 사무실로 올 것."

좋은 일로 호출하는 게 아니라는 건 분명했다. 간수장 사무실로 가자 또다시 세 명의 양복을 차려 입은 '환영단'이 나를 맞이했다. 셋 다 몹시 화가 난 표정이었다. 나는 내게 일자리를 찾으라고 지시한 것도 그들이고, 단지 전화부서의 책임자가 나를 뽑았을 뿐이라고 말했다.

내 말에 정말 열을 받은 것 같았다. 이후 몇 주 동안 내가 맡은 일은 교도소 내에서 가장 험하다는 식당 설거지였다.

2000년 1월 21일 이른 아침, 나는 교도소 내 수속부서로 보내졌다. 형을 마쳤고, 마침내 가석방 날짜가 다가온 것이었다. 그런데도 막연한 불안감을 떨칠 수 없었다.

이전에 캘리포니아 주는 내가 차량면허국을 속여 조셉 베른레이자 조셉 웨이스이기도 했고, 에릭 하인츠로도 통하던 저스틴 페터슨의 사진을 불법으로 입수하려 했다는 혐의로 나를 기소한 적이 있었다. 그 사건은 이미 몇 달 전에 기각된 상태였다. 그런데 왠지 뭔가 잘못돼간다는 느낌이 들었다. 나는 가석방을 초초하게 기다리면서 혹시 교도소 문을 열고 나가면 또 다른 주의 사법기관이나 연방기관이 체포영장을 들고 나를 기다리고 있는 게 아닌지 걱정했다. 출소하자마자 다른 혐의로 다시 체포된 수감자들의 이야기도 들은 적이 있었기에, 안절부절 대기실에서 가석방을 기다렸다.

교도소 밖으로 나오자 막상 내가 자유의 몸이라는 게 믿기지가 않았다. 어머니와 치키 숙모가 마중을 나와 있었다. 원래 아버지도 오시려 했지만 가벼운 심장마비가 와서 최근에 수술을 받았고, 그 과정에서 그만 포도상구균에 감염되는 바람에 오시지 못했다. 언론매체들도 많이 보였다. 에릭 콜리와 '케빈 석방' 지지자들도 신이 나서 나를 기다리고 있었다. 우리가 서로 인사를 나누며 대화를 하자 교도소에서는 순찰차를 내보내 교도소에서 더 멀리 떨어지라고 경고했다. 하지만 내 귀에는 그 경고가 전혀 들리지 않았다. 나는 새롭게 태어난 것과 마찬가지였다. 내 미래는 과연 과거의 반복일까, 아니면 전혀 다른 것이 기다리고 있을까?

알고 보니 내 앞날에는 이전에는 감히 상상조차 못했던 새로운 삶이 기다리고 있었다.

100-1111-10-0 011-000-1-111 00-0100 1101-10-1110-000-101-11-0-1 0111-110-00-1001-1-101 111-0-11-0101-010-1-101 111-10-0100 11-00-11

38 에필로그: 역전된 운명

감옥에서 나온 후의 내 삶에 대해 쓰는 건 쉽지 않다. 하지만 그 이야기를 들려주지 않는다면 이 책을 끝마칠 수 없기에 이렇게 적는다.

2000년 3월, 내가 가석방으로 풀려난 지 두 달 후에 미국 상원의원 프레드 톰슨에게서 편지가 왔다. 편지에는 내가 워싱턴DC로 날아와 상원의회 정무위원회의 청문회에서 증언을 해달라는 요청이 적혀있었다. 나는 놀랐지만, 한편으론 미국 상원의회가 내게서 미국정부의 컴퓨터 시스템과 네트워크를 보호할 아이디어를 얻고 싶어 할 만큼 내 컴퓨터 기술을 인정한다는 생각에 기뻤다. 먼저 보호관찰관에게 워싱턴DC 방문에 대한 허락을 받아야 했다. 아마도 '미국 상원에서 증언을 하기 위해' 여행허가를 요청한 건 내가 속한 보호관찰 관할권에서 처음 있는 일이었을 것이다.

청문회 주제는 '사이버공격: 정부는 안전한가?'였다. 내 친한 친구이자 지지자였던 잭 비엘로는 글을 아주 잘 썼고, 내 연설문을 작성하는 걸 도와줬다.

상원 조사위원회의 청문회 장면을 TV를 통해 본 적이 있을 것이다. 하지만 막상 언론에서 자주 보던 익숙한 정치지도자들이 영화관처럼 높이 솟아 있는 의석에 앉아 당신의 입에서 흘러나올 말을 고대하며 내려다볼 때 느끼는 그 감정은 뭐랄까, 끝내주는 기분이다.

회의장은 빈자리가 없었다. 나는 프레드 톰슨 의원이 주재한 청문회의 대표 증인이었다. 패널로는 조셉 리버맨 의원과 존 에드워즈 의원이 참석했다. 나는 연설문을 읽으면서 처음에는 긴장했지만 일단 질의응답이 시작되자 자신감을 되찾았다. 나도 내가 답변을 그렇게 잘 하리라고는 생각하지 못했다. 심지어 이따금씩 농담을 던져 의원들을 웃기기도 했다.

연설이 끝나자 리버맨 의원이 내게 과거에 왜 해킹을 했냐고 물었다. 나는 해킹한 이유가 컴퓨터를 배우려는 의도였지, 결코 해킹으로 이득을 얻거나 시스템을 파괴하기 위해서가 아니었다고 답했다. 그런 후 국세청 직원 리차드 추빈스키의 사례를 언급하면서 법원이 추빈스키가 단지 호기심 때문에 해킹했고, 해킹한 정보를 사용하거나 공개할 의도가 전혀 없었다는 점을 인정해서 항소심에서 무죄를 선고했다고 덧붙였다.

리버맨 의원은 내 연설을 마음에 들어 했고, 내가 직접 판례를 찾아내서 인용까지 했다는 사실에 상당히 좋은 인상을 받았다. 그는 내게 변호사가 되는 게 어떻겠냐고 말했다.

"연방법을 어긴 혐의로 기소된 적이 있기에 변호사 자격시험을 통과하지는 못할 겁니다. 하지만 언젠가 의원님이 대통령이 돼서 저를 사면해주시면 얘기가 달라지겠죠."

청중들이 크게 웃었다.

마치 요술의 문이 열린 것 같았다. 여기저기서 연설을 해달라는 요청이 쇄도했다. 내 가석방조건 때문에 내가 얻을 수 있는 일자리는 한정적인 것처럼 보였고, 상황은 절망적으로만 여겨졌었다. 그런데 막상 의회에서 증언을 하고 나자 꽤 큰 돈벌이가 되는 강연이라는 일자리가 저절로 굴러온 것이다.

하지만 문제가 하나 있었다. 나는 무대공포증이었다. 무대공포증을 극복하기 위해 셀 수 없이 많은 시간을 노력했고, 수천 달러를 들여 대중 앞에서 떨지 않고 연설하는 교습을 받았다.

나는 대중을 상대로 한 연설에 익숙해지기 위해 우리 동네에 있는 토스트마스터스 클럽에 가입했다. 공교롭게도 모임은 내가 한때 잠시 일했던, 사우전드오크스에 위치한 GTE 본사에서 열렸다. 나는 토스트마스터스 방문자 카드로 건물 안을 어디든 자유롭게 거닐 수 있었다. 매번 건물로 들어갈 때면 만약 GTE 보안직원들이 내가 이 건물을 자유롭게 거닐고 있다는 걸 안다면 얼마나 놀랄지를 생각했고, 그럴 때마다 웃음을 참을 수 없었다.
그 무렵 내가 받은 취재 요청 중에 '21세기 미국 국가안보 위원회'의 취재 요청이 있었다. 그 위원회는 미국 의회와 대통령에게 안보정책을 제안하는 연구단체였다. 취재를 위해 국무부에 소속된 두 명의 직원이 위원회 대표로 사우전드오크스에 있는 내 아파트를 방문했고, 이틀에 걸쳐 내게 어떻게 해야 미국정부와 군대에서 사용하는 컴퓨터의 보안을 강화할 수 있는지를 꼬치꼬치 캐물었다.

놀랍게도 나는 여러 뉴스쇼와 토크쇼에도 출연했다. 어느새 나는 유명인사가 돼있었고, 「워싱턴포스트」, 「포브스」, 「뉴스위크」, 「타임」, 「월스트리트저널」, 「가디언」과 같은 저명한 언론과 인터뷰를 했다. '브릴스컨텐트'라는 웹사이트는 내게 매월 기고를 해달라고 요청했다. 나는 가석방조건상 컴퓨터를 사용할 수 없었지만, '브릴스컨텐트' 직원들은 대신 내가 손으로 쓴 기고문도 상관없다고 말했다.

한편 전혀 예상치 못한 일자리들도 들어왔다. 한 보안회사는 내게 자문역을 맡아달라고 제안했고, 파라마운트 스튜디오는 내게 새 TV연속극에 자문을 해달라고 부탁했다.

하지만 내 보호관찰관 래리 호운리는 이런 여러 일자리들에 대해 컴퓨터기술과 관련해 기고를 하거나 관련된 주제를 논의하는 일을 맡아선 안 된다고 알려왔다. 그는 이런 일들이 '컴퓨터컨설팅'에 해당되기에 내 가석방조건에 위배된다고 우겼다. 나는 컴퓨터와 관련한 글을 기고한다고 해서 내가 컴퓨터컨설턴트가 되는 건 아니라고 이의를 제기했다. 내 기고문은 일반대중을 대상으로 한 평범한 글이며, 나아가 케빈 폴슨도 가석방된 후 똑같은 일을 해왔다고 주장했다.

나는 보호관찰관의 반대에 굴하지 않고, 변호사의 도움을 받아 법원의 결정을 받아내기로 했다. 나와 친한 변호사인 셔먼 엘리슨은 무료로 나를 변호해주기로 했다. 법원의 결정을 받아낸다는 건 당연히 팰처 판사 앞에 다시 선다는 걸 의미했다. 거의 3년에 걸쳐 팰처 판사와 재판정에서 맺은 껄끄러운 관계 때문에 우리는 서로 꺼려했다. 다시 얼굴을 맞대고 본다는 건 서로에게 모두 고역이었다.

"본 판사는 언젠기 미트닉 씨를 다시 법정에서 볼 날이 올 거라고 생각했습니다." 팰처 판사가 말했다. 그 말은 언젠가 내가 새로운 혐의로 기소되거나, 가석방조건을 위배해서 다시 법정에 끌려올 거라고 확신했다는 말이다. 하지만 팰처 판사는 결국 내 요청이 변호사와 보호관찰관이 알아서 해결해야 할 사안이라고 판결한 뒤, 다시는 나를 법정에서 볼 일이 없길 바란다고 말했다. 미트닉과 관련된 사건이면 지긋지긋한 게 분명했다.

보호관찰관은 팰처 판사의 메시지를 제대로 알아들었다. "미트닉 건은 좀 더 유연하게 처리해서 다시는 법정에 오는 일이 없게 할 것." 이후로 보호관찰관은 좀 더 합리적인 태도로 내 편의를 봐주기 시작했다.

2000년 가을, 나는 LA 라디오방송국 KFI-AM 640의 인기 있는 아침 방송에 출연해 진행자 빌 핸델과 인터뷰를 마친 후 담당 PD인 데이빗 홀과 대화를 나눴다. 데이빗은 전 세계로 수출되는 토크쇼의 진행자인 아트 벨이 조만간 은퇴할 것이며, 토크쇼 제작사인 프리미어 라디오네트웍스에 후속진행자로 나를 추천할 생각이라고 말했다. 믿을 수가 없었다. 나로선 너무나 황송한 제안이었다. 나는 라디오 토크쇼를 진행해본 경험이 없고, 심지어 즐겨 듣지도 않지만 기회가 온다면 꼭 해보고 싶다고 말했다.

며칠 후, 나는 팀 앤 닐 쇼의 객원진행자를 뽑는 오디션에 참가한 자리에서 데이빗으로부터 내가 직접 진행하는 라디오쇼를 제안받게 된다. 바로 「다크사이드 오브 인터넷」이란 쇼였다. 후에 나는 그 쇼에 공동진행자로 내 친한 친구 알렉스 캐스페라비치우스를 끌어들였다. 우리는 인터넷의 어두운 측면을 조명했고, 청취자들에게 어떻게 사생활침해를 방지하는지를 조언했고, PC를 어떻게 보호할 수 있는지에 대한 청취자들의 전화에 답해줬고, 멋진 웹사이트와 흥미로운 온라인 서비스를 소개했다.

유능한 라디오 PD로 정평이 난 데이빗 홀은 딱 세 가지만 조언해줬다. 흥미, 연관성, 그리고 정보전달이었다. 나는 쇼를 맡고 나서 곧장 스티브 워즈니악, 존 드레이퍼[1]와 같은 게스트를 초대했고, 심지어 유명한 포르노배우 대니 애쉬도 초대했다. 대니 애쉬는 스튜디오에서 윗도리를 벗어 젖혀 자신의 몸매가 얼마나 화끈한 지를 보여주기도 했다. (보고 있나, 하워드 스턴? 내가 당신의 쇼를 그대로 따라 하고 있다고!)

1 존 드레이퍼(John Draper): 전설적인 프로그래머이자 전직 프리커. '캡틴크런치'라는 별명으로 유명하다. – 옮긴이

나는 여전히 컴퓨터를 사용할 수 없었지만, 방송국은 고맙게도 나를 대신해 인터넷검색을 해주는, 자신의 업무 범위 이상의 것을 해주는 PD를 내게 붙여줬다. 내 1시간짜리 토크쇼는 매주 일요일마다 방송을 탔다. 평상시에는 14위 정도이던 방송국의 청취율은 내 방송시간만 되면 2위로 껑충 뛰어올랐다. 그리고 마치 펠처 판사가 내가 지불할 수 있을 것으로 계산한 손해배상 금액을 비웃기라도 하듯, 나는 1회 방송에 1,000달러를 받았다.

내가 한창 토크쇼 진행자로 활약하는 동안 유명한 영화제작자이자 TV 드라마 제작자인 J. J. 에이브람스가 연락을 해왔다. 그는 내 팬이라며, 심지어 자신이 제작한 인기 연속극 「펠리시티Felicity」에 '케빈 석방' 범퍼스티커를 붙인 차량을 등장시켰다고 말했다. 우리는 버뱅크에 있는 한 스튜디오에서 만났고, 에이브람스는 내게 재미로 자신이 제작하는 TV 드라마 「앨리어스Alias」에 FBI요원으로 카메오 출연을 해보는 게 어떠냐고 제안했다. 하지만 시나리오가 수정됐고, 나는 결국 드라마에 등장하는 위험한 국제범죄조직인 SD6에 맞서 싸우는 CIA요원으로 출연했다.

내가 등장한 장면에는 내가 컴퓨터를 사용하는 장면이 있었다. 하지만 연방정부는 드라마에서조차 내가 컴퓨터를 사용하는 걸 허락하지 않았고, 그래서 소품담당자는 내가 사용하는 컴퓨터에 키보드가 연결돼있지 않은지를 여러 차례 확인해야만 했다. 나는 제니퍼 가너, 마이클 발탄, 그렉 그룬버그와 함께 한 화면에 등장했다. 너무나 흥미로운, 아마도 내 인생에서 가장 즐거웠던 경험 중 하나였다.

2001년 여름 무렵, 나는 에디 무노즈라는 사내의 전화를 받았다. 그는 내가 과거에 어떤 해킹을 했는지를 잘 알았고, 나를 고용해서 아주 특이한 문제를 해결하고 싶어 했다. 그는 라스베이거스에서 전화로 '스트립쇼를 하는 댄서'를 보내주는 아주 성공적인 사업을 하고 있었다. 그런데 어느 날부터 갑자기 걸려오던 전화량이 확 줄었다는 것이었다. 에디 무노즈는 그 이유가 마피아가 자신이 사용하던 스프린트 이동전화서비스의 교환기를 해킹해서 자신에게 걸려오는 전화가 마피아가 운영하던 서비스로 전환되게 설정해놓았기 때문이라고 확신했다.

에디 무노즈는 스프린트가 해커의 침입으로부터 시스템을 보호하는 데 소홀했다며 이미 공공사업위원회에 스프린트에 대한 불만을 신고한 후였다. 그는 위원회의 청문회에서 내가 전문가로 증언을 해주길 원했다. 나는 에디의 사업매출이 감소하는 게 과연 스프린트를 탓할 일인지 의심스러웠지만, 아무튼 스프린트가 보안에 취약하다는 점에 대해 증언해주기로 했다.

나는 청문회에 참석해서 과거에 오랫동안 어떻게 전화 회사를 해킹해왔는지를 설명했다. 스프린트가 망을 시험하기 위해 사용하는 CALRS시스템이 퍼시픽벨이 사용하는 SAS와 유사하지만, 보안은 약간 강화돼있다고 설명했다. 예를 들어, 전화국에 설치돼있는 CALRS 테스트 장비를 원격으로 해킹하려면 질문에 대해 정확한 답변을 입력해야 했다. CALRS 장비는 정확히 100개의 질문을 던질 수 있게 프로그램 돼 있었다. 즉, 00부터 99번까지 두 자릿수로 된 숫자를 물을 수 있었고, 각각의 숫자에 맞는 응답은 b7a6나 dd8c처럼 네 자릿수로 된 헥스부호로 되어 있었다. 한 마디로 해킹하기가 쉽지 않았다. 하지만 만약 감청을 하거나, 사회공학 기법을 활용한다면 뚫릴 여지는 충분했다.

나는 위원회 앞에서 내가 CALRS시스템을 해킹한 방법에 대해 설명했다. 일단 시스템을 제조한 노던텔레콤에 전화를 걸어 스프린트 개발부서직원이라고 나를 소개한 뒤, 각 전화국에 설치돼있는 CALRS 테스트 장비와 통신하는 데 필요한 테스트 프로그램을 자체적으로 개발 중에 있다고 말했다. 그렇게 해서 노던텔레콤 기술자로 하여금 내게 100가지 질문과 그에 대한 응답을 담은 목록을 팩스로 보내게 할 수 있었었다고 증언했다.

스프린트 측 변호사가 반박했다. "미트닉 씨는 사회공학 기법을 사용하는 사기꾼입니다. 따라서 거짓말에 아주 능숙합니다. 그러니 그의 증언을 신뢰할 수 없습니다." 그러니까 스프린트 변호사는 회사가 해킹을 당하지도 않았고, 미래에도 그럴 일은 없을 거라고 주장하는 대신, 그저 내가 '거짓말하는 방법을 알려주는 책'인 『해킹, 침입의 드라마』를 쓴 장본인이라고 지적했다(이 책에 대해서는 잠시 후에 더 얘기하겠다). 고작 변호사란 사람의 반박 요지였다.

공공사업위원회의 한 직원도 내게 추궁하듯 말했다. "미트닉 씨의 이 모든 주장은 어디까지나 말일뿐 증거는 하나도 없습니다. 혹시 스프린트가 해킹을 당할 수 있다는 증거가 있습니까?"

확실하지는 않았지만 어쩌면 그 증거가 아직 있을지도 몰랐다. 나는 점심시간에 내가 라스베이거스에 머물면서 도피하기 바로 전에 임대했던 사물함 창고에 들렀다. 사물함 안에는 휴대전화, 휴대전화 칩, 인쇄물, 플로피 디스크와 같은 것들이 가득했다. 도피를 하면서 수중에 지니고 갈 수는 없었지만 결코 버릴 수는 없고, 그렇다고 해서 할머니나 어머니 집에 맡겨두었다간 FBI가 수색영장을 들고 나타날 경우 아주 불리한 증거가 될 수 있는 것들이었다.

놀랍게도 이 많은 물건들 속에 내가 찾던 것이 여전히 있었다. 이제는 오래돼 너덜너덜해지고 누렇게 변색된 종이 한 장이었다. 바로 CALRS 장비의 질문과 응답이 담긴 목록이었다. 나는 다시 청문회장으로 돌아가는 길에 잠시 킨코스에 들러 위원장, 스프린트 변호사, 서기, 증인을 위해 목록을 여러 장 복사했다.

당시 테크놀로지 관련 기자로서 이미 상당한 위치에 오른 케빈 폴슨도 마침 라스베이거스로 날아와 청문회를 취재하던 중이었다. 케빈 폴슨이 내가 증언대에 다시 돌아온 후 벌어진 일을 보도한 내용을 소개하면 다음과 같다.

> 미트닉이 증언했다. "만약 CALRS시스템이 여전히 사용 중이고, 질문응답 목록이 변경되지 않았다면 이 목록을 사용해서 지금도 CALRS에 접속할 수 있을 겁니다. 일단 접속하고 나면 전화선을 감청하거나 전화신호를 조작할 수 있습니다."
>
> 미트닉이 청문회장에 다시 돌아와 목록을 내밀자 스프린트 변호사측이 갑자기 허둥대기 시작했다. 스프린트의 법률자문인 앤 폰그라츠는 누군가에게 전화를 걸며 잽싸게 청문회장을 빠져나갔고, 또 다른 스프린트 직원도 그 뒤를 따랐다.

두 스프린트 직원이 사색이 된 얼굴로 청문회장을 빠져나간 이유는 안 봐도 뻔했다. 스프린트는 여전히 이전과 동일한 CALRS 장비를 쓰고 있었고, 질문응답 목록도 똑같은 것을 사용하고 있었을 것이며, 따라서 폰그라츠와 다른 직원은 내가 언제든 CALRS에 접속해 라스베이거스 전역의 전화선을 감청할 수 있다는 걸 깨달은 게 분명했다.

나는 청문회에서 내 주장을 입증할 수 있었지만, 나를 고용한 에디 무노즈는 그렇지 못했다. 스프린트가 해킹을 당할 수 있다고 해서 결코 마피아나 다른 누군가가 에디의 전화선을 다른 곳으로 돌려 매출을 빼간다는 주장이 성립되는 건 아니다. 결국 에디는 아무런 소득도 얻지 못한 채 돌아설 수밖에 없었다.

내 삶이 또 한 번 크게 바뀐 건 2001년 가을에 출판에이전트 데이빗 푸

케이트를 만나면서이다. 데이빗은 내가 살아온 이야기를 대단히 흥미로워 했다. 그는 재빨리 존와일리앤선즈 출판사에 연락해 내가 책을 쓴다면 기업들과 소비자들이 내가 매우 능숙하게 써먹었던 사회공학 기법에 대해 방비할 수 있을 거라고 제안했다. 출판사는 책에 관심을 보였고, 데이빗은 노련한 작가인 윌리엄 사이먼을 내게 붙여줘 책을 쓰게 했다. 그렇게 탄생한 책이 바로 『해킹, 침입의 드라마The Art of Intrusion』이다.

대부분 책을 내는 사람들은 출판에이전트를 찾고, 믿을 만한 공저자를 확보하고, 괜찮은 출판계약을 따내는 걸 가장 어렵게 여긴다. 하지만 내 고민은 전혀 달랐다. 도대체 컴퓨터 없이 어떻게 글을 쓴단 말인가?

나는 PC가 등장하기 전에 일반인들이 문서를 작성하는 데 사용하던 워드프로세서를 쳐다보며 생각했다. 어차피 워드프로세서는 다른 컴퓨터와는 통신할 수 없으니 보호관찰관을 설득할 수 있으리라고 생각했다. 그래서 나는 보호관찰관에게 워드프로세서를 사용하게 허락해달라고 요청했다.

보호관찰관의 답변은 내 예상을 완전히 벗어났다.

그는 워드프로세서 따위는 집어치우라며, 대신 노트북컴퓨터를 사용해도 좋다고 말했다. 다만 인터넷에 접속하지 말고, 노트북컴퓨터를 사용한다는 얘기를 언론에 흘리지 않는다는 조건만 따라붙었을 뿐이다.

윌리엄 사이먼과 내가 한참 저술을 하고 있을 무렵, 에릭 콜리가 '케빈 석방' 운동을 다룬 다큐멘터리 「프리덤 다운타임」을 공개했다. 그 다큐멘터리는 영화 「테이크다운」에 나온 허위사실들을 반박하는 내용으로 채워졌다. 심지어 다큐멘터리에서 존 마코프는 내가 북미 대공방위 사령부를 해킹했다는 정보를 거짓말을 잘 하는 걸로 유명한 프리커에게서 들었다고 인정했다. 그 프리커는 심지어 기소된 적도 있었다.

다큐멘터리가 공개되자 그와 함께 『해킹, 침입의 드라마』도 18개 언어로 출시될 만큼 세계적인 베스트셀러가 됐다. 심지어 꽤 오랜 시간이 지난 지금도 그 책은 아마존닷컴에서 가장 인기 있는 해킹관련 서적이며, 수많은 대학에서 컴퓨터공학 전공자들의 필독서이기도 하다.

2003년 2월경에 나는 책 홍보를 위해 생각지도 못하던 폴란드를 방문하게 됐다. 첫 번째 홍보장소인 바르샤바에 도착하니 출판사 측에서 내게 비밀경찰처럼 헤드셋을 끼고 양복을 차려 입은 네 명의 경호원을 붙여줬다. 나는 속으로 웃으면서 이 무슨 해괴한 짓이냐고 생각했다. 내게 무슨 경호원이 필요하단 말인가?

경호원들은 나를 호위해 건물 뒤편에 있는 후문을 통해 커다란 쇼핑몰 내부로 들여보냈다. 안에 들어서자 갑자기 왁자지껄하게 많은 사람들이 떠드는 소리가 들렸다. 소리는 점점 커졌고, 수백 명의 팬들이 안전선 밖에서 누군가를 기다리고 있었다. 갑자기 나를 보자 군중들이 앞으로 밀려나왔고, 현장 보안요원들은 그들을 막느라 애를 먹었다.

나는 군중들이 나를 세계적인 유명 인사로 착각했다고 생각했다. 나조차 혹시나 스타가 왔는지 주변을 둘러봤다. 하지만 너무나 놀랍게도 그 군중들은 하나같이 나를 보러 온 사람들이었다.

폴란드에서 내 책은 교황 요한 바오로 2세가 쓴 책도 제치고 베스트셀러 1위에 올라있었다. 한 폴란드인이 내게 그 이유를 설명해줬다. 공산주의였던 폴란드에서는 시스템이나 권위를 깨부순 사람이면 무조건 영웅대접을 받았다.

나는 평생 혼자서 또는 남과 함께 해킹을 하면서 컴퓨터와 통신시스템이 어떻게 작동하는지 배웠고, 그 과정에서 무엇이든 성공적으로 해킹해왔다. 그리고 군중들은 바로 그 점 때문에 나를 록스타처럼 환영해준 것이다. 나로선 결코 예상 못한 반응이었다.

하지만 책을 낸 후 개인적으로 가장 기억에 남는 일은 폴란드가 아닌 뉴욕에서 벌어진 저자사인회였다. 그곳에서 나는 「2600」 잡지를 통해 모인 내 지지자들, 그러니까 내가 가장 힘들었던 시절에 '케빈 석방' 운동을 벌인 이들의 환영을 받았다. 내가 미국 사법시스템에 갇혀 고통스런 싸움을 계속할 때, 누군가 나를 계속해서 지지해준다는 사실은 나에겐 너무나도 큰 힘이었다. 지지자들은 내게 상상도 못할 만큼 대단한 힘과 용기가 돼줬다. 나는 결코 말로 표현하지 못할 만큼 그분들이 고맙다.

감옥에서 출소한 이후 내 인생의 이정표가 된 날은 아마도 내가 다시 컴퓨터를 사용할 수 있게 된 날일 것이다. 체포된 지 8년 만이었다. 그날 내 가족들과 전 세계에 흩어져 있는 내 친구들은 나를 축하해줬다. 축제였다.

「스크린세이버」라는 생방송 케이블TV쇼를 진행하는 레오 라폴테와 패트릭 노튼은 내가 처음으로 다시 인터넷에 접속하는 순간을 생중계하겠다고 요청해왔다.

나는 그 TV쇼에 에릭 콜리와 함께 출연했다. 그는 '케빈 석방' 운동을 조직했고, 여러 차례 내 가장 든든한 지원군 역할을 한 인물이었다. 애플의 공동창업자인 스티브 워즈니악도 함께 출연했다. 그는 내 가장 친한 친구 중 한 명이었다. 에릭 콜리와 스티브 워즈니악은 내가 배우 오탠만에 인디넷을 사용하는 걸 '도와주기 위해' 쇼에 함께 출연했다.

워즈니악은 깜짝 선물로 내게 신형 애플 파워북 G4를 선물했다. 선물을 싼 포장지에는 감옥에 갇힌 한 사내가 막대기를 쇠창살 사이로 집어넣어 밀리 떨어져있는 컴퓨터를 건드리려 애쓰는 우스꽝스런 만화가 그려져 있었다. PC의 창시자라고 할 수 있는 워즈니악으로부터 노트북컴퓨터를 받는 그 순간, 나는 여러 면에서 내 삶이 과거와는 전혀 다른 완전히 새로운 길로 접어들었다는 걸 깨달았다.

감옥에서 나온 지 벌써 11년이 됐다. 그 사이에 나는 컨설팅회사를 차렸고, 꾸준히 사업을 하고 있다. 컨설팅사업 때문에 미국 전역뿐만 아니라 남극을 제외하곤 전 세계를 돌아다녔다.

내가 현재 하는 일은 어쩌면 기적에 가깝다. 누군가의 허락 하에 불법적인 행위를 합법적으로 행하고 그 과정에서 사회에 이로움을 줄 수 있는 일이 있다면 믿겠는가? 한 가지 있다. 바로 윤리적 해킹이다.

나는 해킹 때문에 감옥에 갔다. 그리고 이제 사람들은 나를 고용해서 내가 감옥에 갈 수밖에 없었던 해킹을 또 시킨다. 하지만 그 해킹은 합법적이며, 모두에게 도움이 되는 일이다.

또 하나 내가 결코 예상하지 못했던 건 내가 가석방 이후 여러 컨퍼런스나 기업 회동에서 셀 수 없이 많은 연설을 했고, 「하버드비즈니스리뷰」에 논문을 기재했으며, 하버드법대에서 교수와 학생들을 상대로 강연을 했다는 사실이다. 해커에 대한 뉴스가 보도되면 「폭스뉴스」, 「CNN」을 비롯한 많은 매체들이 가장 먼저 전문가 의견을 요청하는 것도 바로 나다. 나는 「60분」, 「굿모닝아메리카」를 비롯한 수많은 TV쇼에도 출연했다. 심지어 미국 연방항공청, 사회보장국은 물론 내 전과에도 불구하고 FBI의 부속조직인 인프라가드와 같은 정부기관에 고용되기도 했다.

사람들이 종종 내게 자주 묻는 질문 중 하나가 해킹 습관을 완전히 버렸냐는 것이다.

종종 나는 여전히 해커처럼 생활한다. 늦게 일어나서 남들이 점심을 다

먹은 후에야 아침식사를 하고, 새벽 서너 시까지 컴퓨터 자판을 두드리는 그런 생활 말이다.

그리고 실제로 나는 또 다시 해킹을 한다. 차이가 있다면, 과거와는 달리 미트닉시큐리티컨설팅을 위해 윤리적 해킹을 한다는 것이다. 다시 말해, 나는 내 해킹기술을 사용해서 기업들의 물리적, 기술적, 인적 보안장치에 취약점이 있는지를 확인하고, 기업들이 해커들의 먹잇감이 되기 전에 미리 보안을 강화할 수 있게 도움을 준다. 나는 전 세계 기업들을 대상으로 이런 서비스를 제공해왔고, 연간 약 15개에서 20개 기업에서 관련된 강연을 해왔다. 내 회사는 또한 새로운 보안제품이 시장에 출시되기 전에 그 제품을 시험하는 서비스를 제공해서 실제로 그 제품이 약속한 보안기능을 제대로 제공하는지를 검증해준다. 그 밖에도 보안인식 강화교육을 제공해서 기업들이 사회공학 기법을 통한 공격에 대비할 수 있게 도와준다.

내가 지금 하는 일들은 내가 과거에 무단으로 해킹을 해서 충족시켰던 욕구를 똑같이 충족시켜준다. 따라서 현재의 윤리적 해킹이 과거의 불법적 해킹과 차이가 있다면 바로 '무단침입이냐, 아니냐'라는 점이다.

나는 더 이상 무단으로 침입할 필요가 없다.

그리고 무단침입이 아니기에 나는 전 세계에서 가장 악명 높은 해커에서 이제는 전 세계에서 가장 유명한 보안전문가로 변신할 수 있었다. 마치 마법처럼 말이다.

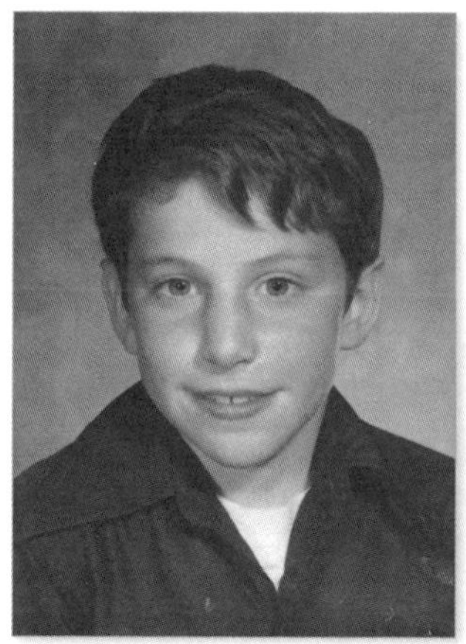

◀ 9살 무렵 해킹에 빠져들기 전 내 모습. 당시 내 취미는 마술로 속임수를 쓰는 것이었다. (Shelly Jaffe 제공)

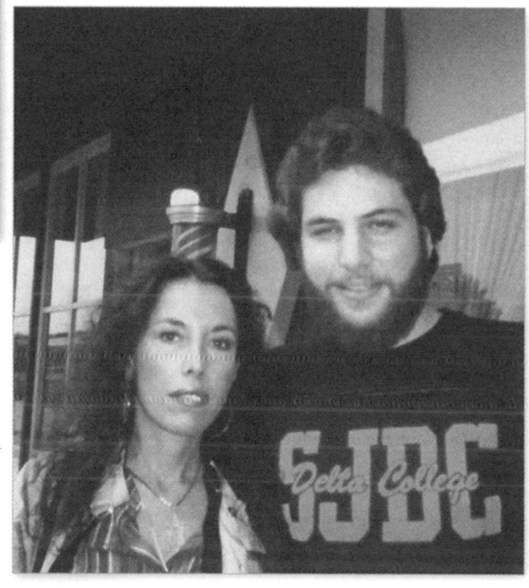

1984년, 21살 때 캘리포니아 스탁턴 ▶ 에서 어머니와 함께

◀ 1987년 7월, 결혼식 피로연에서 보니 비텔로와 함께

◀ 해킹 친구 루이스 드페인. 1992년, 에릭 하인츠라고 알고 있던 저스틴 페터슨과 처음 만났을 무렵에 찍은 사진이다. (Virgil Kasperavicius 제공)

에릭 하인츠라고 알았던 저스틴 페터슨. 그는 FBI 정보원으로 일하면서 내 해킹 증거를 수집하려 했다. 1992년 (John Lester (Count Zero) 제공) ▶

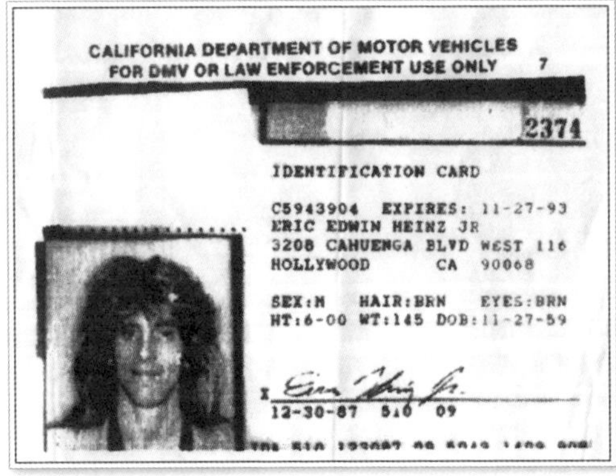

CALIFORNIA DEPARTMENT OF MOTOR VEHICLES
FOR DMV OR LAW ENFORCEMENT USE ONLY 7

2374

IDENTIFICATION CARD

C5943904 EXPIRES: 11-27-93
ERIC EDWIN HEINZ JR
3208 CAHUENGA BLVD WEST 116
HOLLYWOOD CA 90068

SEX:M HAIR:BRN EYES:BRN
HT:6-00 WT:145 DOB:11-27-59

12-30-87 510 09

◀ 에릭 하인츠가 내 뒤를 캘 때 내가 입수한 그의 사운덱스(운전면허증).

▲ 캘리포니아 주 스튜디오시티에 위치한 킨코스매장의 모습. 1992년 이곳에서 나는 크리스마스 이브에 차량면허국 수사관들에게 체포될 뻔했다.

▲ 내가 일했던 법률사무소가 위치한 금전등록기 빌딩. 당시 나는 빌딩 앞에 있는 아파트에서 살았다. (Nick Arnott 제공)

◀ 1993년 4월, 도주생활 중 덴버에서.
당시 29세였다.

▲ 시애틀에서 거주하던 아파트. 1994년 이곳에서 나는 비밀검찰국과 시애틀경찰의 급습을 받았다.
(Shellee Hale 제공)

◀ 1995년 2월 15일, 노스캐롤라이나 롤리에서 체포된 후 교도소에서 찍힌 용의자 식별용 사진

롬폭 연방교도소에 수감됐던 당시 교도소 신분증. 나는 이 신분증을 이베이에 경매로 내놓았다. 이베이는 '회사윤리' 규정에 위배된다며 경매를 강제취소했고, 덕분에 이 물품은 전 세계 언론의 관심을 끌게 되어 결국 4,000달러에 판매된다. ▶

▲ 1998년 나의 지지자들이 미라맥스 영화사 앞에서 시위를 하는 모습. 당시 이 영화사가 제작 중이던 「테이크다운」에서 내가 악당으로 그려진 것에 항의했다. (Emmanuel Goldstein, 「2600」 제공)

▲ 1998년 8월 6일, 내가 수감돼있던 도심구류센터 건너편 모빌 주유소 펌프에 알렉스 캐스페라비치우스가 '케빈을 석방하라'는 스티커를 붙이고 있다. 이 날은 나의 35번째 생일이었다. (Emmanuel Goldstein, 「2600」 제공)

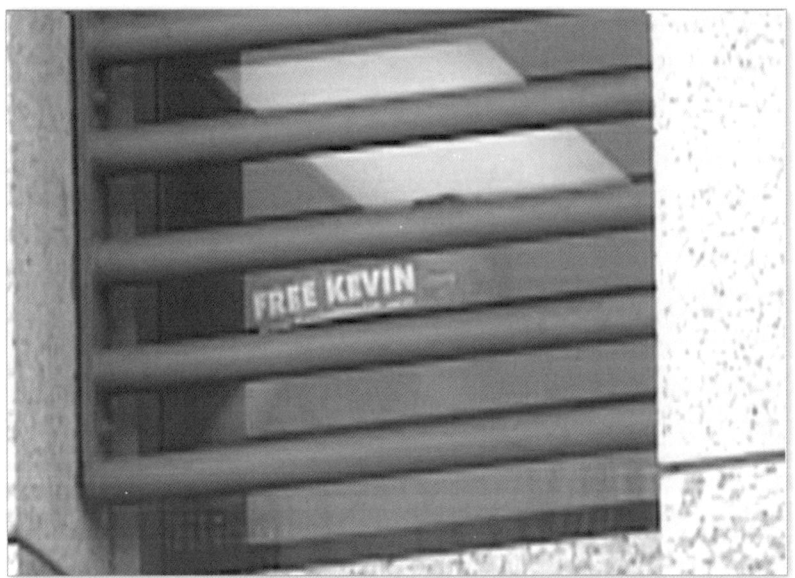

▲ 35번째 생일날 LA 도심구류센터 안에 있는 수감자용 법률도서관에서 내가 밖에 모여 있는 '케빈 석방' 지지자들을 향해 범퍼스티커를 들고 있다. (Emmanuel Goldstein, 「2600」 제공)

◀ 1999년, 36살 때 롬폭 연방교도소 면회실에서

2000년 1월 21일, 롬폭 연방교도소에서 석방된 ▶ 날. 내 나이 36세였다. (Emmanuel Goldstein, 「2600」 제공)

◀ 2003년 1월 20일 보호관찰 기간이 끝나는 날, 스티브 워즈니악이 나와 함께 TV에 출연해 내게 선물로 준 파워북 G4의 포장지에 그려진 만화 (Alan Luckow 제공)

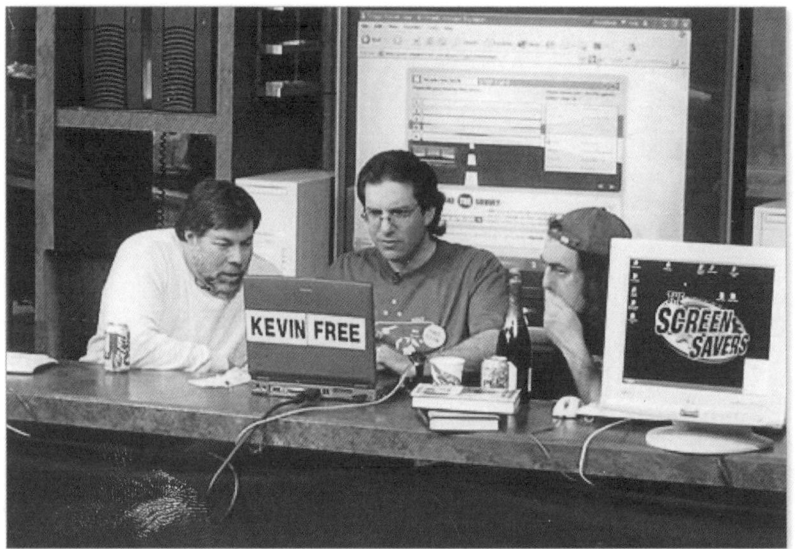

▲ 2003년 1월 20일 애플의 공동창업자 스티브 워즈니악, 나, 에마뉴엘 골드스타인(「2600」 설립자)이 「스크린세이버」 TV쇼에 출연한 모습. 이날 나는 보호관찰기간이 끝나, 완전한 자유의 몸이 되었다. 당시 나는 39세였다. (G4TV 제공)

아이는 아이일 뿐이다. 사이버공간에 빠져들기 ▶ 전 내 모습 (나의 개인 소장 사진)

**독자들이 오래 기다려왔던
이 시대 최고의 해커 케빈 미트닉의 스릴 넘치는 회고록**

케빈 미트닉은 침입의 달인이자 역사상 가장 잡기 힘든 해커였다. 그는 전 세계 대기업들의 컴퓨터와 네트워크를 해킹했고, 좁혀오는 수사기관의 포위망을 유유히 벗어나면서 전화교환기, 컴퓨터 시스템, 이동통신 네트워크를 사유사새로 돌아다녔다. 오랜 세월 동안 동에 번쩍, 서에 번쩌하며 가상공간을 누빈 그는 언제나 수사기관보다 두세 걸음 빨리 앞서갔고, 누구도 그를 막을 수 없었다. 하지만 미트닉은 단지 첨단기술에만 의존하지 않았다. 그는 이전부터 통용되던 속임수와 사회공학 기법을 사용해서 상대방의 의심을 사지 않고 손쉽게 자신이 원하는 정보를 빼냈다.

미트닉은 불가능한 해킹을 성공적으로 해내고픈 욕망에 사로잡혀 있었다. 보안시스템을 우회해서 눈 깜짝할 사이에 대규모 관료조직의 내부로 파고들었다. 그가 해킹한 기업 중에는 모토롤라, 썬 마이크로시스템즈, 퍼시픽 벨처럼 보안이 철저한 기업들도 있었다. 하지만 미트닉은 FBI가 포위망을 좁혀오자 도주자의 삶을 선택했고, 갈수록 정교해지는 숨가쁜 추격전을 피해 여러 도시로 파고들어 신분을 위조한 채 살아간다. 그리고 마침내, 수차례 위기를 모면한 후, 체포에 혈안이 된 FBI와 절체절명의 마지막 대결을 펼치게 된다.

이 책은 흥미와 서스펜스, 스릴이 가득한 실화다. 저자 미트닉은 허를 찌르는 상상력과 기술, 포기하지 않는 집념으로 해킹의 새로운 장을 열었고, 그 결과 그를 추적하는 수사기관들로 하여금 기존의 첨단범죄 수사방법을 개선하게 했으며, 오늘날 컴퓨터 보안업계에 막대한 영향력을 끼쳤다.

차백만 chinakick@naver.com

미국에 10년간 머물면서 경영학을 전공했고, 경영컨설팅회사에서 근무하다가 귀국한 뒤 안철수연구소, CJ푸드시스템 등에서 전략기획과 신사업개발 업무를 수행했다. 현재 전문번역가로 활동 중이다. 옮긴 책으로는 『엘리트 마인드』(비즈페이퍼, 2017), 『천재의 두 얼굴, 사이코패스』(미래의 창, 2013), 『대동령을 위한 수학』(살림출판사, 2012), 『넷 마피아』(에이콘, 2011) 등이 있다.

• 옮긴이의 말 •

「위험한 게임(원제: WarGames)」이란 영화가 있다. 10대 해커가 우연히 미국 국방부 컴퓨터에 잠입했다가 3차 세계대전 시뮬레이션 프로그램을 작동하는 바람에 세계전쟁을 일으킬 뻔한다는 이 영화를 보며, 당시 관객들은 한 사람을 떠올렸다.

케빈 미트닉.

그는 전 세계에서 가장 유명한 해커이자 사회공학 전문가다.

실제로 그는 전화해킹부터 컴퓨터해킹까지 모두 섭렵한 해킹의 달인이었다. 전화교환기를 수없이 해킹했고, 컴퓨터회사에 침입해서 수십억 달러에 달하는 운영체제를 훔쳐냈으며, 여러 차례에 걸쳐 신분을 위조해서 도피생활을 했고, 미국 수사기관의 포위망을 유유히 빠져나가기도 했다. 그리고 이 모든 과정을 겪으며 그는 전설이 됐다.

이 책은 그가 처음으로 펴낸 자서전이다. 그가 이전에 발표한 책들이 해킹기법을 다룬 기술서적이라면, 이 책은 한 편의 드라마(영화라고 하기엔 이야기가 방대하다)와 같다. 케빈 미트닉이 들려주는 이야기에는 속고 속이는 서스펜스, 숨가쁜 추격전, 배신과 복수가 난무한다. 그리고 그가 펼치는 이 숨가쁜 드라마를 보며 독자들은 계속해서 한 가지 의문을 품게 된다.

'왜 끝내 해킹을 그만두지 못하는 걸까?'

케빈 미트닉은 여전히 해킹을 한다. 다만 차이가 있다면 이제는 선량한 해커로서 전 세계 기업들을 대상으로 보안컨설팅을 해준다는 점이다. 케빈은 지금의 삶이 행복하다고 말한다. 하지만 이 책을 옮기면서, 저자에게는 미안하지만, 언젠가 그의 이름이 또 다시 신문 1면에 대문짝만하게 등장할지도 모르겠다는 뜬금없는 생각을 했다. 내가 들여다본 그의 삶은 그만큼 해킹에 중독되어 있다.

이 책에서 반복적으로 등장하는 말이 인간은 남을 잘 믿는 동물이라는 말이다. 그리고 해커들은 그 점을 이용해서 접근해선 안 될 곳에 접근하고, 손에 넣어선 안 될 것을 손에 넣는다. 물론 해킹이 범죄라는 걸 간과하자는 말은 아니다. 하지만 아담은 끝내 선악과를 따먹었다. 유혹 앞에 한없이 약한 인간의 모습이 케빈 미트닉에게서도 보였다.

그건 그렇고, 「위험한 게임」의 주인공은 정말 케빈 미트닉을 바탕으로 했을까? 그 답은 독자 여러분이 직접 찾아보기 바란다.

옮긴이로서, 이 책이 잘 읽히고, 재미있게 읽힌다면 더 바랄 게 없겠다.

– 차백만

케빈 미트닉 Kevin Mitnick

전 세계에서 가장 유명한 (전직) 해커다. 현재는 보안컨설턴트로 활동 중이다. 정보보호 전문비평가로 수많은 TV와 라디오에 출연했고, 미국 상원의회에서 연설을 했으며, 「하버드비즈니스리뷰」에 논문을 게재했다. 베스트셀러 『해킹, 침입의 드라마』, 『해킹, 속임수의 예술』을 쓴 저자이기도 하다. 현재 네바다 주 라스베이거스에 거주하고 있으며 미트닉 보안컨설팅을 운영하고 있다.

윌리엄 사이먼 William L. Simon

30권이 넘는 책을 쓴 「뉴욕타임스」 베스트셀러 작가이자, 저명한 영화작가, 방송작가로도 활동하고 있다.

• 감사의 글 •

사랑하는 어머니 셸리 자페와 할머니 레바 바타니안에게 이 책을 바친다. 두 분 모두 나를 위해 많은 희생을 하셨다. 내가 어떤 상황에 처하든, 특히 나 내가 누군가의 손길을 필요로 할 때 어머니와 할머니는 늘 내 곁을 지켜주셨다. 내 삶에 있어 무조건적으로 나를 사랑해주고 지지해준 고마운 가족이 없었다면 이 책도 없었을 것이다. 지극히 헌신적이고 애정어린 어머니 밑에서 자란 건 나로서는 대단한 행운이었다. 어머니는 또한 나의 가장 친한 친구였다. 남을 돕기 위해 자신이 입고 있던 옷도 벗어줄 정도로 사람들을 아끼고, 남을 위해 자신의 이익도 기꺼이 포기하는 그런 분이다. 할머니도 정말 좋은 분이다. 할머니는 내게 근면함과 늘 미래를 준비하는 삶의 가치를 일깨워주셨다. 궂은 날을 대비해 평상시 돈을 헤프게 쓰지 않는 습관도 할머니에게서 배운 것이다. 할머니는 내게 또 다른 어머니와도 같았다. 애정과 지원을 아끼지 않으셨고, 과거에 내가 나쁜 짓을 할 때도 늘 내 곁을 지켜주셨다.

2008년 12월에 어머니는 폐암판정을 받았고, 이후 병마와 싸우며 항암치료를 받느라 정말 큰 고통을 겪으셨다. 나는 그 비극이 닥치기 전까지 내가 너무나도 오랫동안 어머니 곁을 떠나있었다는 사실을 깨닫지 못했다. 어머니와 할머니는 동정심이 많고, 늘 남을 위하는 분들이셨다. 나 또한 두 분으로부터 타인을 아끼고, 불쌍한 이들에게 손길을 내미는 법을 배웠다. 그래서 두 분의 삶을 흉내 내다보니, 어떤 면에서는 나도 두 분과 비슷한 삶의

발자취를 따라가게 됐다. 일을 하고, 마감을 맞추기 위해 이 책을 쓰는 데에만 전념하다보니 두 분과 함께 카드놀이를 하거나, 영화를 보면서 시간을 보내지 못할 때가 많았다. 어머니와 할머니가 이해해주시길 바랄 뿐이다. 나는 지금까지도 내가 해킹을 하고 체포돼 감옥에 수감되는 과정에서 어머니와 할머니가 스트레스를 받고 불안에 떨며 화를 억눌러야만 했던 그때를 떠올리면 후회가 막심하다. 이제 내 삶을 완전히 바꾸어 사회에 긍정적인 일을 하고 있으니, 이 책이 어머니와 할머니에게 위안이 되었으면 좋겠다. 두 분이 이 책에 등장한 잊고 싶은 수많은 기억들을 약간이나마 지울 수 있다면 좋겠다.

아버지 앨런 미트닉과 내 배다른 형제 애덤 미트닉이 지금까지 살아있었다면 이 회고록이 서점에 깔리는 날, 함께 샴페인을 터뜨릴 수 있었을 것이다. 비록 아버지와 나는 함께 살면서 힘든 시절도 겪었지만, 그만큼 즐거운 시간도 많았다. 특히나 아버지와 함께 배를 타고 캘리포니아 옥스나드의 채널아일랜드에서 낚시를 했던 기억이 떠오른다. 아버지는 나를 사랑했으며 존중해줬다. 그리고 내가 힘들게 수감생활을 할 때 큰 힘이 돼주셨다. 아버지는 「2600」 잡지를 통해 다른 지지자들과 함께 연방법원 앞에서 재판과정의 부당함을 성토하는 시위를 했다. 내가 출소하기 몇 주 전 아버지는 경미한 심장마비를 겪었다. 불행히도 아버지는 수술 과정에서 포도상구균에 감염됐고 이후 급속하게 건강이 악화됐다. 게다가 폐암도 진행 중이었다. 아버지는 내가 출소한 지 1년 6개월 만에 돌아가셨다. 나는 아버지가 내 곁을 떠나고 나서야 비로소 내가 아버지와 시간을 많이 보내지 못했다는 걸 깨달았다.

치키 레벤탈 숙모도 도움이 필요할 때 늘 내 곁을 지켜주었다. 텔텍탐정사무소에서 일하던 1992년, FBI요원들이 내 캘러베서스 아파트를 급습했을 때 치키 숙모는 나를 위해 친하게 지내던 변호사 존 이절디아가에게 도움을 청했다. 이절디아가와 그의 동료변호사 리차드 스타인가드는 고맙게도 내게 법률조언을 해줬고, 나중에는 무료로 나를 변호해줬다. 내가 맨해튼 비치에서 머물 곳이 필요하거나 조언이 필요할 때 치키 숙모는 언제든 나를 도와줬다. 치키 숙모의 오래된 남자친구 밥 벌코비츠 박사도 생각난다. 그는 내게 숙부와도 같았고, 많은 조언을 해줬다.

내 사촌 트루디 스펙터는 고맙게도 어머니와 할머니가 나를 면회하기 위해 LA에 올 때마다 자신의 집에서 묵게 해줬다. 게다가 내 첫 번째 보호관찰 가석방이 만료돼 내가 도피하기로 결정하기 전에도 머물게 해줬다. 그녀가 이 감사의 글을 읽을 수 있다면 너무나 좋겠지만, 안타깝게도 그녀는 심각한 병에 걸려 2010년에 이 세상을 떠났다. 그리도 애정이 넘치고 상냥한 사람이 우리 곁을 떠났다는 게 너무나 가슴 아프다.

마이클 모리스는 나와 우리 가족에게 늘 진실하고 의리 있는 친구다. 그가 보여준 친절함과 관대함에 늘 고맙게 생각한다. 이 책에 나오는 이야기 중 상당수는 그가 알고 있는 이야기일 것이다. 나는 늘 그와의 우정을 소중히 여긴다.

이 회고록을 쓰면서 다시 한 번 베스트셀러 작가 윌리엄 사이먼과 한 팀을 이뤘다는 건 대단한 행운이다. 작가로서 윌리엄의 가장 뛰어난 역량은 내게서 이야기를 이끌어내고, 그 이야기를 평범한 사람이라도 이해할 정도로 쉽게 풀어낸다는 것이다. 윌리엄은 이 책을 쓰면서 그저 계약으로 엮인 공저자를 넘어 이야기를 경청해주는 친한 친구가 되어 주었다. 이야기에 정확성을 기하기 위해 때로는 같은 이야기를 여러 번이나 들어주기도 했다. 함께 책을 쓰면서 해킹에 대한 자세한 기술적인 내용을 얼마나 다룰 것인지를 두고 서로 의견을 달리한 적도 있지만, 그럴 때마다 둘 다 만족스런 결론을 도출해낼 수 있었다. 오랜 논의 끝에 우리는 이 책을 고급 해킹기술이나 네트워크 관련 지식이 없더라도 읽을 수 있는 책으로, 광범위한 독자층을 대상으로 쓰기로 했다. 윌리엄 사이먼 이외에도 나는 책의 후반작업을 도와준 도나 비치에게도 감사한다. 그녀와 일하는 건 매우 즐거운 경험이었다.

성심 성의껏 내 일을 도와준 이들에게도 고맙다는 말을 하고 싶다. 출판 중개인이자 론치북스에서 일하는 데이빗 푸게이트는 많은 시간을 들여 출판계약을 맺고, 이 책의 출판사인 리틀브라운과 나를 연결하는 가교 역할을 해줬다. 강연스케줄을 담당해주는 뉴리프스피커스의 에이미 그레이는 거의 10년 동안 나와 함께 일했다. 그녀는 전 세계 많은 고객들의 강연요청을 사려 깊게, 성실하게, 그리고 훌륭히게 처리해줬다. 에이미, 늘 고맙게 생각합니다. 당신 덕분에 이렇게 유명 연사가 되었어요.;-)

내게 즐겁게 이 책을 쓸 수 있는 기회를 제공해준 리틀브라운 출판사에게도 고마움을 전하고 싶다. 열심히 도와주고 조언을 해준 편집자 존 파슬리에게 감사한다. 뉴욕에서 만나서 즐거웠다.

내 어린 시절 영웅이었던 스티브 워즈니악은 귀중한 시간을 쪼개 일부러 이 회고록의 서문을 써줬다. 너무나도 고맙다. 스티브가 내 책의 서문을 써준 건 벌써 두 번째다. 스티브는 『해킹, 침입의 드라마』에서 처음으로 서문을 써줬다. 스티브가 「스크린세이버스」에 출연해 '보호관찰 가석방기간 만료'를 축하하기 위해 최신 파워북 G4를 선물한 걸 결코 잊지 못한다. 그 선물은 이후 여러 달 동안 생각만 해도 미소가 떠오르는 아주 멋진 선물이었다. 스티브와 함께 여행을 다니는 건 늘 멋진 일이다. 우리는 외국에 갈 때마다 하드락카페에 들러 티셔츠를 수집한다. 스티브, 언제나 좋은 친구로 남아줘서 늘 고맙게 생각한다.

전 여자친구 다씨 우드에게도 함께 했던 시절에 보여준 애정과 지지, 헌신에 대해 고마움을 표한다. 불행히도 남녀관계라는 게 오래가지 못하는 경우가 많다. 아무튼 다씨가 여전히 내 진실한 친구로 남아있다는 게 나로선 매우 고맙다. 다만 다씨에게 우리가 만난 이후로 벌어진 일들에 대해 발설하기 않겠다는 각서만 받아낸다면 아무 문제될 건 없다. 하하, 다씨, 농담이라고, 농담! (아닐 수도 있고.)

가까운 친구 잭 비엘로는 내가 언론과 검찰로부터 받은 불합리한 대우에 대해 가장 앞장서서 항변해준 애정 많은 친구다. 그는 '케빈 석방' 운동에서도 가장 큰 목소리를 냈고, 뛰어난 글솜씨로 연방정부가 쉬쉬하던 케빈 미트닉 사건을 사람들에게 널리 알리는 뛰어난 기사들을 썼다. 그는 결코 두려워하지 않고 나를 위해 항변했고, 내가 강연과 기사를 준비할 때에도 도움을 줬다. 한동안은 내 언론대변인 역할을 하기도 했다. 내가 윌리엄 사이먼과 『해킹, 침입의 드라마』를 거의 마칠 무렵 잭은 세상을 떠났고, 나는 크게 상심했다. 이미 9년이 지난 지금도 잭은 언제나 내 마음 속에 살아있다.

내 친구 알렉스 캐스페라비치우스는 해커는 아니었지만, 늘 내 해킹에 끼어드는 걸 좋아했고, 특히 재미난 사회공학 기법에 끼는 걸 좋아했다. 후에 그는 나와 함께 사회공학 기법과 관련한 교육과정을 마련해 세계를 다니면서 기업들에게 사회공학 기법을 인지하고 막는 방법에 대해 교육했다. 우리는 심지어 오클라호마시티에 있는 미국 연방항공청에서 교육을 하기도 했다. 2000년 말부터는 LA에 있는 KFI-AM 640 라디오방송국에서 「다크사이드 오브 인터넷」이란 인기 있는 토크쇼도 진행했다. 알렉스, 고맙다. 넌 정말 진실한 친구다.

엠마뉴엘 골드스타인으로 통하는 에릭 콜리는 거의 20년 동안 내 친구이자 후원자였다. 내가 감옥에 수감된 지 3년이 지난 1998년 초 '케빈 석방' 운동을 처음으로 시작한 것도 그였다. 에릭은 내가 연방교도소에 수감돼있다는 사실을 세상에 알리려 상당한 시간과 노력, 자금을 썼다. 그는 「프리덤 다운타임」이라는 다큐멘터리도 제작해서 2001년에 세상에 내놓았다. 그 다큐멘터리는 '케빈 석방' 운동을 다뤘고, 뉴욕 필름페스티발에서 최우수 다큐멘터리로 선정됐다. 에릭, 당신의 친절함과 호의와 우정은 말로 표현하지 못할 정도로 내게 소중했어요. 내게 베풀어준 모든 것들, 그리고 언제나 내 곁에 있어준 점 고마워요.

과거에 내 해킹 친구였던 루이스 드페인에게도 감사를 표한다. 그는 일부러 시간을 내서 우리가 함께 했던 과거 해킹들에 대한 내 기억을 가다듬어줬나. 루이스, 고맙다. 우리 둘이 함께 한 길고도 험난한 모험을 잊지 못할 거다. 그리고 언제나 네게 좋은 일만 있길 기원한다.

친한 친구 크리스틴 마리는 이 책의 맨 마지막 장을 쓰는 데 도움을 줬다. 크리스틴, 도와줘서 고맙다.

고맙게도 내 친한 친구 캣 바켄크네히트와 매트 바켄크테이트는 각 장 앞머리에 있는 수수께끼 암호를 고안해내는 걸 도와줬다. 덕분에 정말 멋진 수수께끼를 만들 수 있었다. 과연 얼마나 많은 독자들이 수수께끼를 풀 수 있을지 한 번 지켜볼 일이다.

친구이자 보안전문가인 데이빗 케네디에게도 감사를 표한다. 그는 친절하게도 이 책 일부를 감수하고 좋은 조언을 해줬다.

앨런 루코프는 자신이 그린 그림을 내 책에 실을 수 있게 허락해줬다. 스티브 워즈니악이 「스크린세이버」 쇼에서 내게 선물한 애플 파워북 G4의 포장지에 그려진 그림이 바로 그의 솜씨다.

소셜네트워킹 서비스 트위터에게도 감사한다. 많은 사람들이 트위터를 통해 자발적으로 보내준 사진을 이 책에 실었다. 닉 아놋, 쉘리 헤일, 존 레스터(카운트제로), 미쉘 태커베리를 비롯해 일부러 시간을 내서 도움을 준 이들에게 감사드린다. 참고로 트위터로 나를 팔로우하고 싶은 분들은 twitter.com/kevinmitnick에 방문하기 바란다.

내 사건을 맡았던 전직 연방검사 데이빗 쉰들러는 고맙게도 이 책을 쓰는 과정에서 취재를 허락해줬다.

에릭 하인츠라는 이름으로 이 책에 등장하는 저스틴 페터슨, 그리고 로날드 마크 오스틴에게도 고맙다는 말을 전한다. 둘은 이 책을 위해 취재에 응해줬다. 저스틴 페터슨은 윌리엄 사이몬과 나와 함께 대화를 나눈 지 얼마 후 웨스트 할리우드에 있는 자신의 아파트에서 죽은 채로 발견됐다. 사인은 약물과다복용으로 추정된다. 페터슨이 에릭 하인츠라는 가명을 사용할 무렵, 그를 처음으로 연결해준 사람이 내 동생이었다. 공교롭게 페터슨도 내 동생과 똑같은 사인으로 세상을 떠났다는 게 너무나 안타깝다.

이 글을 쓰면서 나를 아껴주고, 우정을 베풀고, 지원해준 이들과 내가 감사를 표현해야 할 이들이 너무도 많다는 걸 새삼 깨달았다. 최근에 내게 도움을 준 모든 이들의 이름은 너무 많아 기억하기도 힘들고, 만약 그 이름을 일일이 저장한다면 USB 디스크로도 부족할 것이다. 전 세계에서 셀 수 없이 많은 이들이 내게 격려의 편지를 보내왔다. 그들의 격려는 내게 너무나 큰 힘이 됐고, 특히나 내가 가장 힘들었던 시절에 내게 용기를 줬다.

내가 수감돼있던 시절에 일부러 소중한 시간과 열정을 소비해가며 내 소식을 세상에 알린 「2600」 잡지와 모든 지지자들에게 특히나 감사드린다. 그들은 내 상황에 대해 지속적으로 우려의 목소리를 냈고, 연방정부의 불공정한 처사, 그리고 '케빈 미트닉의 전설'로 이득을 보는 이들이 파놓은 암흑의 구렁텅이에서 나를 구해냈다.

나는 그동안 많은 변호사를 만났다. 그 중에서 특히나 내가 불공정한 재판으로 어려움을 겪던 시절에 만난 변호사들에게 감사한다. 그들은 내가 절박할 때 직접 나서서 내게 도움의 손길을 뻗쳤다. 아무런 대가 없이 내게 호의와 친절을 베푼 수많은 변호사들에게 감사하고, 경의를 표한다. 그렉 애클린, 프랜 캠벨, 로버트 카머, 데비 드루즈, 존 두센베리, 셔먼 엘리슨, 오마 피규에로아, 짐 프렌치, 캐롤린 해긴, 로브 헤일, 배리 랭버그, 데이빗 말러, 랄프 페레츠, 미셸 카스웰 프리차드, 도날드 랜돌프, 토니 세라, 스킵 슬레이츠, 리차드 스타인가드, 로버트 탈콧 판사, 배리 탈로우, 그레고리 빈슨, 존 이절디아가에게 감사드린다.

– 케빈 미트닉

나는 『해킹, 침입의 드라마』에서 감사의 글을 쓰면서 케빈에 대해 이렇게 썼다. "이 책은 소설이 아니지만 그 주인공은 내가 쓴 스릴러 시나리오에 나올 법한 인물이다. 나는 이 유일무이한 공저자에게 경의를 표한다." 그런 후 이렇게 덧붙였다. "케빈이 일하는 방식은 내 방식과 너무나 달라서 둘이 함께 한 권의 책을 마친 후 또 다시 이렇게 책을 함께 쓰기로 한 게 이상하게 느껴질지도 모르겠다. 하지만 우리는 둘 다 서로에게 맞추고 배워갔고, 나는 그의 지식과 경험을 재미난 이야기로 풀어내려고 최대한 노력했다." 그런데도 우리가 세 번째로 함께 쓴 이 책은 우리 우정의 가장 큰 시험이었다. 하지만 다행히도 우리의 우정과 서로에 대한 신뢰는 힘든 갈등을 이겨내고 살아남았을 뿐만 아니라 한층 더 돈독해졌다. 이 책이 오래도록 읽혔으면 좋겠다. 그리고 케빈과 내 우정은 그보다 더 긴 시간 동안 지속됐으면 좋겠다.

존 파슬리만큼 뛰어난 편집자를 찾기란 어렵다. 그는 지원을 아끼지 않고, 필요할 때 늘 곁에서 저자로부터 최상의 것을 이끌어내는 재주가 있다. 존의 조언 덕분에 이 책이 훨씬 좋아졌으니 나로서는 큰 빚을 진 셈이다. 교정교열 편집자인 페이 프로덴털도 최고였다. 아주 힘든 과제를 그 누구보다도 잘 해내면서도 결코 짜증 한 번 내는 법이 없었다. 덕분에 케빈과 내가 큰 짐을 덜 수 있었다.

오랫동안 내 동반자였고, 팔방미인인 나의 아내 애린 사이먼이 없었다면 결코 이 책을 끝마치지 못했을 것이다. 아내는 내게 힘을 주고, 내가 적절한 문장을 찾기 위해 좀 더 애쓸 수 있게 도와줬다. 아내의 미소는 내가 글을 쓸 수 있는 원동력이다.

출판에이전트 빌 글래드스톤과 데이비 푸게이트는 이 책이 세상에 나올 수 있게 한 이들이다. 둘 모두에게 경의를 표한다.

케빈 말고도 여러 사람들이 이 책에 실린 이야기들의 단편을 하나로 맞추는 데 도움을 줬다. 특히 케빈의 어머니 셸리 자페와 할머니 레바 바타니안, 전처 보니, 연방 차장검사 데이비 쉰들러, 케빈 폴슨, 전직 퍼시픽벨 보안직원 데렐 산토스, 전직 형사이자 지금은 LA 사법경찰 서장이 된 (그리고 내 쌍둥이 형제인) 데이비 사이먼에게 감사를 표한다. 이 책이 더욱 풍성해진 것도 다 그들이 기꺼이 이야기를 들려준 덕분이다. 무엇보다도 에릭 하인츠라고 알려진, 지금은 고인이 된 저스틴 페터슨에게 특히나 감사하다는 말을 전하고 싶다. 그는 내가 예상한 것 이상으로 솔직하게 취재에 응해줬다.

쉘던 버몬트도 이 책을 쓰는 데 상당한 도움을 줬다. 아울러 내 손주들 빈센트와 엘레나 버몬트의 미소와 열정 덕분에 나는 이 책을 쓰는 동안 늘 즐거울 수 있었다.

마지막으로 이 모든 일을 가능하게 한 샬롯 슈월츠에게 가장 큰 고마움을 전한다.

– 윌리엄 사이먼

• 찾아보기 •

숫자, 기호

ㄱ

ㄴ

ㄷ

ㄹ

ㅁ

ㅂ

네트워크 속의 유령
신출귀몰 블랙 해커의 사이버 범죄 실화

발 행 | 2012년 5월 2일

옮긴이 | 차 백 만
지은이 | 케빈 미트닉 • 윌리엄 사이먼

펴낸이 | 권 성 준
편집장 | 황 영 주
편 집 | 김 진 아
임 지 원
디자인 | 윤 서 빈
표지 디자인 | 그린애플

에이콘출판주식회사
서울특별시 양천구 국회대로 287 (목동)
전화 02-2653-7600, 팩스 02-2653-0433
www.acornpub.co.kr / editor@acornpub.co.kr

ISBN 978-89-6077-300-4
http://www.acornpub.co.kr/book/ghost-in-the-wires

이 도서의 국립중앙도서관 출판시도서목록(CIP)은 e-CIP 홈페이지(http://www.nl.go.kr/cip.php)에서 이용하실 수 있습니다. (CIP제어번호: 2012001926)

책값은 뒤표지에 있습니다.